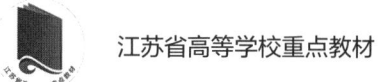江苏省高等学校重点教材

环境系统分析

袁增伟 盛虎 刘欣 主编

中国教育出版传媒集团
高等教育出版社·北京

内容提要

　　本书主要介绍了环境系统分析的基本概念、建模思路、分析方法与典型案例,围绕物质循环的思想进行相关内容梳理。其中,环境系统分析基本概念、环境系统建模、环境数据采集和物质流分析为物质循环提供了基本框架与分析方法,水资源、能源、矿物资源和营养物质的利用与环境分析是社会系统物质循环的主要内容,污染源调查、污染物排放、环境行为、水质和大气质量的响应是人类活动与自然环境界面效应的重点内容,环境系统变化效应与全球环境问题是物质循环所造成的环境影响。

　　本书可作为环境科学与工程类专业本科生专业课教材,也可供该领域研究生和行业专业技术人员阅读参考。

图书在版编目(CIP)数据

　　环境系统分析 / 袁增伟,盛虎,刘欣主编. -- 北京:高等教育出版社,2024.11

　　ISBN 978-7-04-062195-2

　　Ⅰ. ①环… Ⅱ. ①袁… ②盛… ③刘… Ⅲ. ①环境系统-系统分析-高等学校-教材 Ⅳ. ①X21

　　中国国家版本馆 CIP 数据核字(2024)第 094645 号

Huanjing Xitong Fenxi

| 策划编辑　陈正雄 | 责任编辑　黄惠倩　陈正雄 | 封面设计　贺雅馨 | 版式设计　马　云 |
| 责任绘图　于　博 | 责任校对　张　薇 | 责任印制　刘弘远 | |

出版发行	高等教育出版社	网　　址	http://www.hep.edu.cn
社　　址	北京市西城区德外大街 4 号		http://www.hep.com.cn
邮政编码	100120	网上订购	http://www.hepmall.com.cn
印　　刷	唐山市润丰印务有限公司		http://www.hepmall.com
开　　本	787 mm×1092 mm　1/16		http://www.hepmall.cn
印　　张	29.75		
字　　数	710 千字	版　　次	2024 年 11 月第 1 版
购书热线	010-58581118	印　　次	2024 年 11 月第 1 次印刷
咨询电话	400-810-0598	定　　价	60.00 元

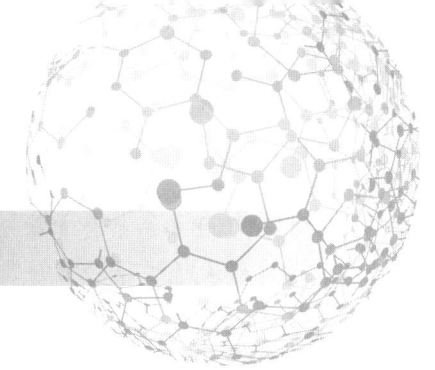

前言

自工业革命以来，人类快速推进工业化和城市化，这不但消耗了大量的自然资源，而且向环境排放了大量的污染物，进而引发了全球性和区域性资源短缺、环境污染和生态破坏等问题，已经成为制约人类可持续发展的瓶颈。然而，基于单一学科、单一视角和局部过程的研究范式，无法解决由人类活动和自然力共同驱动下的复杂系统演化过程的解析与重构问题，更无法由此推理出一套通向人类可持续发展的理性方案。因此，环境系统分析应运而生，即运用系统科学与工程的学科思想来解决人类生存与发展过程中的环境问题。

环境系统分析是环境科学与工程类专业的专业课程之一，它产生于对复杂环境问题形成机制的定量描述，涉及污染物产生、处理、排放及其在水、土、气等环境介质中发生的物理、化学、生物等迁移转化过程的科学解析和定量表达。由此可见，这门课程的理论性很强，需要学生具有较好的系统论和数学功底；同时这门课程的实践性也很强，需要学生具备计算机技能实现问题求解。该领域以往的教材通常会注重每一类介质、每一个过程中数学公式的推导，或者突出软件和代码的教学来提升学生求解问题的能力，却忽视了环境系统分析的内核——对环境问题产生全过程的科学和定量解析，即以环境问题为导向的系统性多学科交叉的解题思路。这具体体现在仅关注污染物在环境介质中迁移转化过程的模拟，而没有考虑环境污染根植于人类活动的全生命周期过程，导致无法让学生更加系统地理解环境问题的发生机制。

因此，本书重构了环境系统分析这门课程的内容架构，在解析特定环境系统的组成要素、各要素之间的关联及其时空变化的基础上，建立"人类活动-资源消耗-污染物排放-环境归趋-环境质量变化-生态环境效应"之间的互馈和响应关系。为帮助学生理解环境系统分析过程，本书第1—3章主要介绍环境系统及环境系统分析的基本概念、环境系统建模原理与环境数据采集方法，让学生对环境系统分析有整体认识；第4—10章从物质流动的角度分析人类活动与资源能源消耗及污染物排放之间的关系，让学生理解人类活动如何实现物质资源属性与环境属性之间的相互转化；第11—13章介绍污染物在环境介质中的物理迁移、化学转化和生物降解行为机理及浓度时空变化模拟，让学生系统理解环境问题的产生过程；第14章介绍如何定量评估环境质量变化对人体及生态系统的影响，让学生理解环境污染可能造成的健康和生态后果；第15章介绍全球环境问题及其成因和效应，拓展学生对全球环境问题的认知。

相比于该领域其他教材，本书一方面突破了仅关注污染物在环境介质中迁移转化过程模拟的局限，将环境系统分析内涵拓展到人类活动-资源消耗-污染物排放-环境归趋-环境质量变化-生态环境效应的资源-人-环境可持续发展层面，从而深化学生对环境系统内涵、视角及分析方法的理解；另一方面，在思考题与习题的基础上配套了"物质循环过程虚拟仿真实验"，该实验是教育部 2018 年认定的第一批"国家虚拟仿真实验教学项目"，2020 年被教育部认定为"国家级一流本科课程"，从而强化学生专业技能和解决实际生态环境问题的能力。因此，本书是环境系统分析领域一本兼具知识性和实践性的综合性教材。

　　鉴于环境系统分析涉及的知识面广、理论与实践更新速度快，加之本书是第一次对该领域知识的重新梳理，受限于编者理论水平与实践经验，内容组织和教材写作上仍会有不足之处，恳请读者批评指正。

编　　者

2024 年 3 月

目录

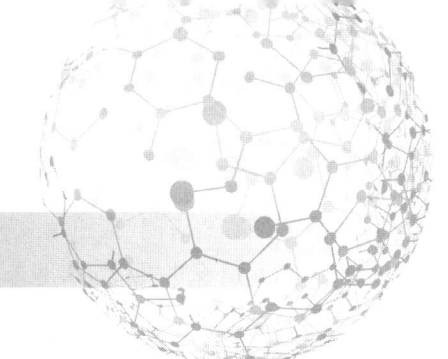

第一章

环境系统分析基本概念

系统是由若干相互联系、相互作用、相互依赖的组成部分或者要素结合而成的、具有一定结构和功能的有机整体，而且这个有机整体又是它从属的更大系统的组成部分。系统思想是在人类对现实世界认识不断深化的实践过程中形成的。快速工业化和城市化带来层出不穷的环境问题，大气污染、水污染、土壤污染等造成的环境污染损失和生态破坏严重制约着人类社会的可持续发展。显然，这些环境问题是因各种复杂因素综合作用产生的，要想解决这些环境问题，同时避免新的环境问题出现，必须从全局的、整体的角度去思考，只有这样才能找到符合各方利益的有效方案和治理措施，综合协调好社会经济发展和生态环境保护之间的关系。

环境系统概念的提出，就是要求从整体和全局的角度看待环境问题，研究环境系统内各个环境组成部分之间对立统一的关系，避免人为地把环境分割为互不相关的各个组成部分，进行片面的调查、分析和决策。在综合考虑解决环境问题的过程中，应遵循生态环境保护与社会经济协调发展的首要原则，将寻求人类社会的可持续发展作为最高目标。

第一节　环境系统的定义

环境系统的概念有狭义和广义两种。狭义的环境系统是指在研究人与环境这对矛盾统一体时，由两个或两个以上环境污染因子及其控制措施组成的有机整体。通常条件下，环境学科的研究都是围绕"污染物"或者"环境污染因子"进行的，如流域水环境系统，不但要考虑流域内水环境中污染物浓度水平、水环境容量及水环境功能等；还要考虑流域内污染物排放，如污染源数量、位置，污染物种类、排放浓度、排放强度、排放方式、处理技术、去除效率等，甚至还要考虑土地利用类型、坡度、降水等，这些要素共同组成了流域水环境系统。通常情况下，环境系统要素考虑得越充分，对环境系统的理解越接近客观现实。

广义的环境系统则是指地球表面各种环境要素、环境结构及其相互关系的总和。环境要素不但包括水、大气、土壤，以及重力、压力、声音等非生物要素，也包括各种生命有机体在内的生物要素，生物要素与非生物要素相互作用、相互影响，共同组成地球表层环境系统。地球表层环境系统实际上是一个不可分割的整体,但通常把地球表层环境系统分为大气圈、水圈、岩石圈(或土壤-岩石圈)和生物圈。在这些圈层的交界面上,各种物质相互渗透、相互依赖和相互作用的关系表现得尤其明显。

环境系统的本质在于维系系统内各种环境要素、各要素之间的关联及其动态变化。研究并揭示这种本质,对于解决当前诸多环境问题具有重要意义。环境系统的空间尺度可以是全球性的,也可以是局部性的,如一片森林、草原或者一个城市都可以构成一个单独的环境系统。全球环境系统包含着各种子系统,如大气-海洋子系统、大气-生物子系统等。环境系统的局部与整体有着不可分割的关系,如果区域性环境变化积累起来,也会影响全球环境系统,例如,热带森林面积因为过度采伐而日益缩小,将会影响全球气候。

环境系统和生态系统是两个既有联系又有所区别的概念,前者着眼于环境要素及其相互关联组成的整体,而后者侧重于生物彼此之间及生物与环境之间的相互关系。环境系统和人类生态系统概念相似,但后者突出人类在环境系统中的地位和作用,强调人类与环境之间的相互关系。环境系统从地球形成以后就存在,生态系统是生物出现后的环境系统,而人类生态系统一般是指人类出现后的环境系统。

第二节 环境系统的分类与特征

一、 环境系统的分类

按照不同的分类方法,如空间尺度、边界类型、保护对象类型等,环境系统可以分为不同的类型,具体分类可见表1-1。

表1-1 环境系统的分类

分类方法	系统名称
空间尺度	全球环境系统、区域环境系统、局部环境系统等
环境要素	水环境系统、大气环境系统、土壤环境系统等
系统特征	流域环境系统、城市环境系统、乡村环境系统等
环境管理	环境监测系统、环境评价系统、环境政策法规系统、环境标准系统等
组成结构	人口-资源-环境系统、环境-经济系统、资源环境系统等
污染源类型	工业环境系统、农业环境系统、交通环境系统、建筑环境系统等

二、 环境系统的特征

(一) 整体性

整体性是环境系统最基本的属性。环境系统是由两个或两个以上具有不同属性并且可以相互区分的环境要素所构成的集合。在一个特定的环境系统中，系统的总体特征和功能不能简单地理解为系统内各个环境要素的特征和功能之和，系统环境要素的特征和功能往往异于它们在孤立状态下的特征和功能。

（二）开放性

环境系统通常是高度开放的系统。环境要素的时空连续性决定了其在人为划定的系统内、外交界面上是连续的，不会因为系统的界定而断裂，这就决定了环境系统与外界时刻都在发生物质、信息或能量的交换。例如，流域水环境系统，一方面通过降水、径流、蒸发等与流域外进行水循环和水交换；另一方面吸收外部太阳能，促进系统内水生生物生长，进而驱动水生态系统运行。

（三）复杂性

环境系统是一个包括了多个子系统和环境要素的综合系统，系统内各种环境要素相互作用、相互影响、密不可分，共同组成了复杂的环境系统。例如，城镇污水处理系统，不但包括污水收集子系统，还包括污水处理子系统，每个子系统内部还可细分为更小的子系统，不同层级的子系统之间相互影响，彼此之间关系错综复杂。

（四）相关性

环境系统中各个环境要素之间是相互关联、相互影响、相互制约的。环境要素的相关性体现在系统内的环境要素之间具有某种特定关系，而这种特定关系往往只有在特定环境系统中才存在。一旦脱离了特定的环境系统，环境要素之间的关系可能就会发生变化，由此形成适应不同新环境系统的环境关联和环境系统功能。例如，岩石圈、大气圈、水圈和生物圈等环境要素随着地球环境的发展依次互为条件而产生，每一个新的要素产生，都会给环境系统整体带来非常大的影响。这些环境要素之间的相关性通过物质转换和能量传递得以实现。

（五）功能性

环境系统都具有某种特定的环境功能，即系统中的环境要素按照一定的结构关联所组成的集合必然具备一定的环境功能。这种环境功能可能是自然选择的结果，如水环境系统的自净功能；也可能是人类社会规律作用的表现，如城镇污水处理系统。一般来说，环境系统的组成要素或者要素之间的关联不同，环境系统所具备的环境功能也不相同。

（六）层次性

环境系统作为一个由环境要素及其关联构成的有机整体，可分为一系列子系统，存在一定的层次结构。环境系统的层次结构特征表明系统中不同子系统的从属或者相互作用关系，不同子系统间存在着一定的物质流、能量流和信息流，构成了环境系统的整体特性。一般来说，层次越高，组织性越强；层次越低，组织性越弱。

（七）适应性

适应性是指环境系统能够随着外界环境条件的变化而改变其结构和功能。任何环境系统都存在于环境当中，并与其外部依存环境之间持续进行物质、能量和信息的交换，外部环境因素的变化会引起环境系统要素、结构和功能的改变；反之，环境系统的改变也会作用到外部环境中，引起更多环境要素的波动。

（八）最差要素限制性

环境质量受到与最优状态差距最大的环境要素的制约，而不是由所有环境要素的平均状态决定，也不能采用处于优良状态的环境要素去代替和弥补。例如，水环境质量水平由一系列污染物浓度指标决定，但只要有一种污染物浓度不达标，即使其他污染物浓度都达标，水环境质量也不达标。因此，在环境质量管理实践中，应按照由差到优的顺序对各种环境要素进行排序，并按照先后顺序依次进行调整，确保环境系统整体水平持续提升。

第三节　环境系统的要素、结构与功能

环境系统中的各种要素之间相互联系，构成了特定环境系统中的环境要素关联网络，也即环境系统结构，而环境要素及其之间的关联决定了环境系统的功能。

一、环境系统的要素

环境要素是构成环境系统的基础，按照形成规律的不同，环境要素可以分为自然环境要素（图1-1）和人工环境要素（图1-2）。自然环境要素是自然界中一切非人类创造但会直接或间接影响人类生产和生活的基本环境物质，包括水、大气、生物、阳光、土壤、岩石等。各种自然环境要素之间相互联系、相互影响、相互制约，共同完成系统中各要素之间的物质转换和能量传递。自然环境要素相互影响和相互作用的范围，下至岩石圈表层、上至大气圈下部的对流层，包括全部的水圈和生物圈。人工环境要素是指为了满足人类的生产和生活需要，在自然环境要素的基础上，通过人类长期有意识的生产活动，创造出的具有特定使用价值的产品体系，既包括农产品、工业产品等物质性产品，也包括支撑物质性产品生产的技术、标准、管理等非物质存在。当强调其社会属性时，也称为社会环境。现实的环境系统多是由人工环境要素与自然环境要素共同组成，两者密不可分，协调发展。

图 1-1　自然环境要素

图 1-2　人工环境要素

二、环境系统的结构

环境系统的结构是指环境要素的配置关系，是环境系统中的自然要素和社会要素在空间上的配置，是描述环境有序性和基本格局的宏观概念。环境系统内部要素及各要素之间的配置关系决定了系统的物质交换和能量流动。人类赖以生存的环境包括自然环境和社会环境两大部分。从全球尺度来看，自然环境可分为大气、陆地和海洋三个子系统；社会环境可以分为城市、工矿区、村落、道路、桥梁、农田、牧场、林场、港口、旅游胜地及其他人工子系统。

随着人类活动强度、范围和方式的不断增长扩展，大量的自然资源被开采加工，制造成各种产品来满足人类的消费需求。资源开发利用和成品加工制造过程中会产生和排放各类污染物，产品经过消费后形成废旧产品进入自然环境(图 1-3)。环境系统要素的配置具有圈层性、地带性、周期性、等级性、稳定性和变异性等特点。

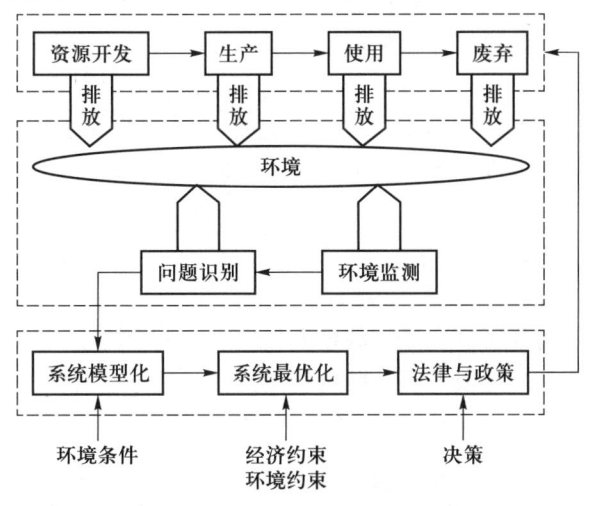

图 1-3　环境系统的组成结构

（一）　圈层性

在垂直方向上，地球环境要素分布具有同心圆状的圈层性。在地球表面分布着土壤-岩石圈、水圈、生物圈、大气圈等环境要素。这个无机界和有机界交互作用最集中的区域，为人类的生存和发展提供了最适宜的环境。另外，地球表面各处的重力作用相差无几，所获得的能量与向外释放的能量处于同一数量级，这对于植物的引种和传播，动物的活动和迁徙，环境系统的稳定和发展，均产生积极的作用。

（二）　地带性

在水平方向上，由于地球表面各处曲率和方向的不同，造成能量密度在空间分布上存在差异，因而产生了与纬线相平行的地带性结构格局。从赤道到两极的气候带依次为：赤道带(跨两个半球)、热带、亚热带、温带、亚寒带和寒带。不同的气候带提供了差异化的环境条件，从而塑造了完全不同的生物群落。

（三）　周期性

在时间上，由于地球形状和运动的固有性质，地球上的环境要素也都各具有谐波状的规律性。这种往复周期过程的影响随处可见。例如，白天生物量增加，夜晚则减少；白天近地面空气中二氧化碳含量减少，夜晚则增加等。太阳辐射能、空气温度、水分蒸发、土壤呼吸强度、生物活动、风化强度、侵蚀等的日变化，都呈现这种周期性规律。

（四）　等级性

在有机界的组成中，依照食物摄取关系，形成了严格有序的食物链结构，制约并调节生物的数量和种类，影响生物的进化、形态、环境结构以及组成方式。例如，自养生物利用光、热、水、气、土、矿物元素等养分，通过光合作用形成糖类，而后被高营养级的草食动物所取食，草食动物又被更高营养级的肉食动物所取食。动植物死亡后，其残体被数量众多的微生物分解为相对简单的化合物。这种在非同一水平上进行的物质与能量传递过程，使环境要素的配置呈现出等级性结构特点。

（五）　稳定性和变异性

环境结构具有相对的稳定性、永久的变异性，以及有限的调节能力。任何一个环境系统的结构，虽然具有自发的趋稳性，但都处于不断的变化之中。在人类出现以前，只要环境中某一个要素发生变化，整个环境系统结构就会相应地发生变化，并在一定限度内自行调节，在新条件下达到平衡。人类出现以后，尤其在工业化和城市化快速发展的过程中，环境结构的变动，无论在深度上和广度上，还是在速度上和强度上，都是空前的。

三、　环境系统的功能

环境系统的功能是指其所具有能够满足人类生产和消费活动的作用属性，这些功能是由环境要素及其相互联系所组成的系统结构所支持的，具体包括以下三个方面。

（一）　资源功能

土壤、水、森林、矿物和海洋生物(地球的"源")等自然资源，为人类生产和生活提供必需的资源和能源。例如，岩石圈提供铜、铁、镍、煤炭、石油等工业生产、生活所必需的各种矿产资源；土壤圈提供农业生产和各类粮食作物生长所必需的营养条件；生物圈提供社会经济生活的各种食物和生产资料。

（二）分解功能

通过分解、转化或储存等途径，环境系统可以消纳和吸收人类生产和消费活动中排放的废物和污染物（地球的"汇"）。例如，人类生产生活排放的各类污水经过污水处理厂处理，达到废水排放标准后排入环境水体中，在受纳水体自净能力作用下逐渐被降解和转化；各类机动车产生的尾气直接排入大气中，经过吸附、迁移、溶解、干湿沉降等一系列复杂的过程，慢慢从大气中消失；农业生产中施用的化肥农药等，部分会残留在土壤中，在土壤微生物的作用下被降解。

（三）环境服务功能

环境系统除了具有上述资源供给和环境分解功能外，还具有环境服务功能，如气候稳定、生物多样性等。同时，所谓"人杰地灵"彰显了优美的环境系统可以使人在精神和人格上得到发展和升华。不同的自然环境系统塑造不同的性格、习俗和区域文化，优美的自然环境系统也是艺术家创作的源泉。

第四节　环境系统的空间异质性

环境系统的空间异质性是指环境系统的要素、结构、功能在空间格局分布上的不均匀性及复杂性，空间异质性一般可以理解为是空间斑块性（patchiness）和梯度（gradient）的总和。空间格局、异质性和斑块性在概念上和实际应用中相互联系、但又略有区别，最主要的共同点在于它们都强调非均匀性及对尺度的依赖。斑块性主要强调斑块的种类组成特征及其空间分布与配置的关系，比异质性在概念上更加具体。

环境系统的空间异质性可分为环境系统空间局域异质性（spatial local heterogeneity）和环境系统空间分层异质性（简称空间分异性）（spatial stratified heterogeneity）。前者是系统内某点属性值与周围不同，如环境热点与非热点区域；后者是指系统间多个类型之间互不相同或者多个区域之间互不相同，如土地利用分类和生态分区（图1-4）。

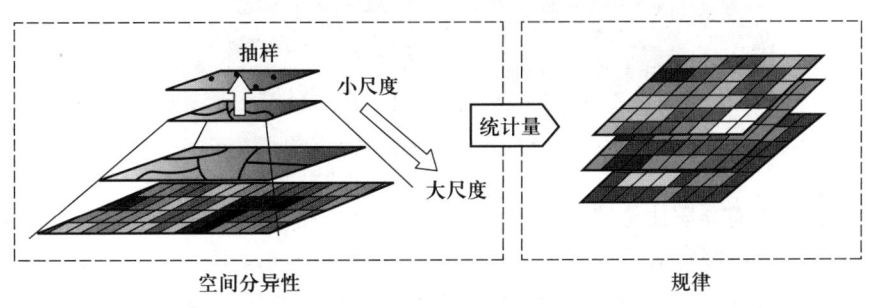

图1-4　环境系统的空间分异性

空间尺度是影响环境系统空间异质性的重要因素。空间异质性的程度取决于度量尺度的大小，环境系统要素在不同的空间尺度上呈现不同的格局，环境系统特性在不同尺度上有着不同的变化速率（梯度）。不同尺度下的环境系统会发生相互关联，小尺度下的环境系统空间异质性研究可以为大尺度下的格局过程研究提供机制方面的解释。各种尺度下的环境系统空间异质性都会受到不同程度的人为或自然干扰，这种干扰通过改变环境系统中非生物环境的状态来影响生物的数量、种类和分布，是形成环境系统空间异质性的主要原因。

环境系统的空间异质性对生物群落的分布也具有重要的影响：环境系统的空间异质性高，意味着有更加多样的小生境，能允许更多的物种共存。生物种群通常在群落中占据了不同的位置，使群落呈现出不同的结构，其空间异质性体现在水平结构和垂直结构等方面。在水平方向上，由于地形起伏、光照明暗、湿度大小等因素的影响，不同地段分布着不同的种群，种群的密度也有所区别。在垂直方向上，生物群落具有明显的分层现象（图1-5）。例如，在森林中，高大的乔木占据森林的上层，往下依次是灌木层和草本植物层。动物群落的垂直分布也有类似的分层现象，如鹰、猫头鹰等动物大多在森林的上层活动，大山雀、柳莺等小鸟在灌木层活动，而獐、鹿等动物则在地面活动。在枯枝落叶层和土壤中，还有许多低等动物。环境系统的空间异质性越高，生物的种群数量越多，群落的层次和结构越复杂，群落多样性也就越高。

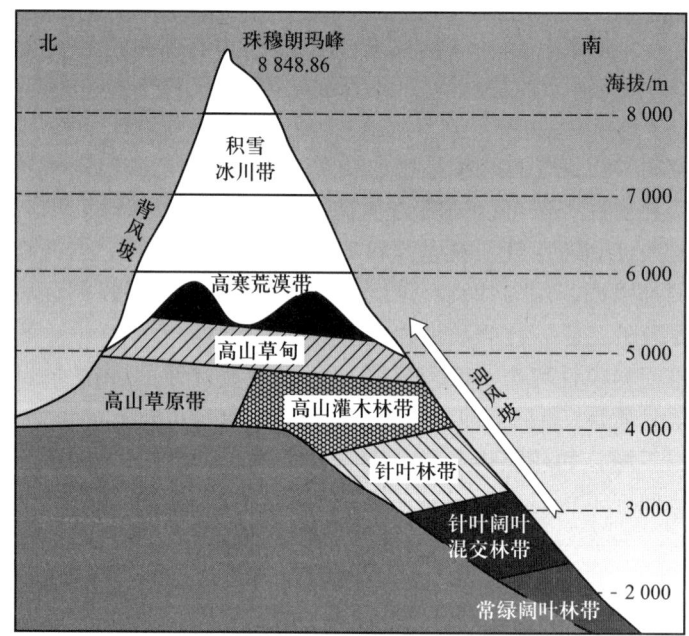

图1-5 珠穆朗玛峰地区自然带的垂直分布

环境系统的空间异质性是理解环境系统异质性时空格局的基础。定量或定性描述环境系统的空间异质性应当针对不同的时空尺度，只有发现不同尺度下环境系统格局变化的关键影响因素才能对环境系统的发展趋势做出准确的预测。数学模型是一种有效的空间异质性量化方法，对分析空间异质性的最恰当尺度及空间异质性的本质有重要作用。常用的数学模型是统计分析模型，适用于实地抽样调查得来的数据，通过假定系统特性在空间上是连续变化的，运用数理统计方法模拟出系统属性的空间变化规律。趋势面分析法是另一种较常用的数学模型分析法，是估计系统特性空间趋势的一种便捷方法。它运用回归分析法对有关数据的趋势面进行拟合，用于描述数据的系统趋势，数据与趋势面的偏差则反映了系统的随机成分。另外，多元分析方法、间接梯度分析或排序，以及分类或聚类分析也被用于空间异质性的定量分析。其中，多元分析方法为处理复杂的、多变量的数据、分析不同系统特性的异质性及其相互关系提供了有力的工具。

第五节 环境系统变化

环境系统变化是指环境系统的组成要素、结构和功能在外界自然力或人为条件干预下的动态变化过程。环境系统变化的结果是环境系统多样性的形式转变。环境系统变化是针对系统整体而言的，是环境系统整体结构、功能随着时间的推移而发生的有别于先前的结构和功能改变。环境系统变化也可理解为：系统原有的宏观稳定状态被破坏、经过失稳阶段而建立新的宏观稳定状态的过程。环境系统变化是其演变的基础，没有变化就没有演变。这种变化可以指系统内部，也可指外部环境；既可针对系统整体，也可针对某一局部甚至某一个点；可以指量的改变，也可以是质的改变。按照变化的层次顺序，环境系统变化可以分为不同类型。

（一） 环境系统组成要素的变化

环境系统组成要素的变化是环境系统结构和功能变化的基础，包括组成要素种类、数量、密度的增加或减少。环境系统组成要素的变化具有统一性，环境系统内每一个组成要素的变化都伴随着其他组成要素的变化，各要素之间的变动相互联系、相互制约。

（二） 环境系统结构和功能的变化

环境系统的结构发生变化，体现在结构层次的上升或下降，而环境系统的功能变化，则包括跨越环境系统结构层次的相互作用关系和新结构层次的形成。环境系统结构和功能的变化会引发一系列生态环境效应，进而对人类的生存和发展产生影响(图1-6)。

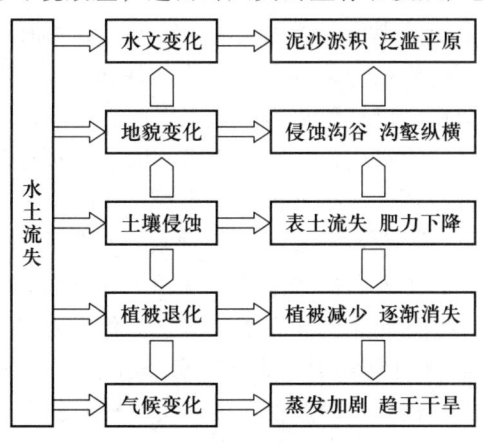

图1-6 环境系统结构功能变化

　　环境系统变化可以从两个方面进行表征：环境系统的空间特征和空间比较。空间特征的研究主要采用数学方法，如运用变异函数、信息指数、分数维等。对环境系统的某些属性空间变异规律进行定量化表征，这对探测空间格局非常有效。同时也可以分析不同尺度上环境系统变化造成的空间异质性程度及变化，通过与环境科学、生态学模型相结合，可有效地解释、预测所观测到的某种格局对环境系统功能与过程的影响。

　　空间比较是在空间特征定量化的基础上，探索环境系统某种属性的变异程度，主要有三种实现途径：① 比较环境系统中同一变量在不同考察时间的变化；② 比较不同地点上的同一变量在不同系统之间的差异；③ 建立同一地点上不同变量之间的相关关系（图1-7）。

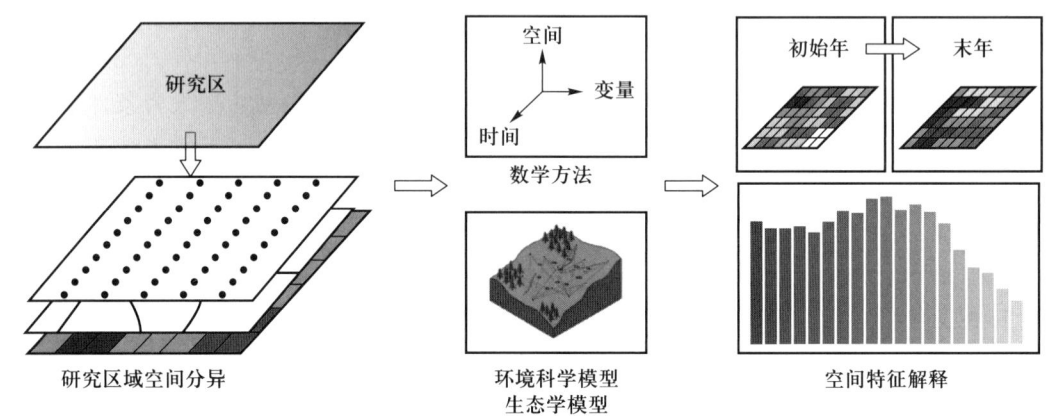

图 1-7　环境系统的空间分析

第六节　环境系统分析及流程

一、环境系统分析概念

　　环境系统分析是基于系统的视角，以人类活动特征、资源消耗和污染物排放规律、污染物迁移转化过程机理、环境质量变化规律、污染物暴露剂量-效应关系、污染物控制技术及环境经济学原理等为依据，以模型化为主要手段描述环境系统功能特征，模拟和揭示环境系统发展与变化规律，并通过优化决策方法对环境系统的要素、结构与关联进行调整甚至重构的过程。具体而言，环境系统分析一方面研究环境系统中各要素的具体性质，解决环境系统要素的具体问题（系统分解）；另一方面着重研究和揭示各个要素的有机联系，特别是研究如何使得系统中各个要素的关系协调融洽，达到系统总目标最优的目的（系统综合）。如为了制定流域水环境质量改善方案，需要对流域水环境系统进行分析，首先，需要通过实地调查，了解流域内有多少污染源，分布在哪里，分别排放哪些种类的污染物，排放强度有多大；其次，需要运用原位监测、实时观测和实验室实验等手段，了解各类污染物在环境介质中的迁移转化过程，把握各类污染物的生物地球化学过程机理，确定各类污染物的差异化归趋因子；最后，还要系统测算水体的环境容量，以便确定污染物削减或者控制目标，进而从源头削减、过程控制、末端治理等全过程提出改善流域水环境质量的系统方案。环境系统分析的基本流程可以分为以下几步。

二、 环境系统分析的流程

第一步，明确界定环境系统边界，即明确环境系统要素及其时间和空间范围。因为一个特定的环境系统中往往包括若干环境要素，理论上所有的环境要素在时间和空间上都是连续的，如果没有清晰的系统边界，就无法开展环境系统分析。

第二步，梳理环境系统要素特征，即综合运用实地调查、野外观测、原位监测、卫星遥感等手段，查明环境系统内的各主要要素及其属性特征，不仅要包括要素种类，还要掌握要素数量、强度、时空分布甚至动态变化等。

第三步，要素、结构与功能分析，即在对环境系统要素进行梳理的基础上，分析各要素之间的关联及其可能对系统特定功能的影响。一般来说，环境要素的组成及其时空配置共同构成了环境系统结构和功能。

第四步，环境系统模拟，即运用定量、半定量或定性的方法描述环境系统内环境要素、环境系统结构与功能特征。这种描述可以是单一要素，如特定污染物迁移转化过程，包括污染物产生、排放、迁移转化、归趋的整个生命周期过程，也可以是环境系统整体功能模拟，如中国国家尺度的资源代谢过程。

第五步，系统优化，即在系统模拟的基础上，基于特定的系统目标，对环境系统组成要素、要素关联、要素配置等进行优化调整的过程。一般而言，这种优化调整尽可能以遵循自然规律和不破坏生态系统为准则。

环境系统分析涉及的主要理论和技术方法包括系统论、环境化学、大气环境学、水环境学、环境微生物学、污染生态学、环境监测、环境建模、环境影响评价、生命周期评价等，属于典型的多学科交叉领域。只有熟练掌握这些理论与技术方法，才能对环境系统进行调查、概化、建模和优化分析。此外，环境系统分析不但要求研究人员具备扎实的自然科学知识，而且还需要具备一定的社会科学知识和解决实际问题的能力。

第七节　环境系统建模原理

在环境系统分析研究中，系统分解和综合的过程都要建立和运用数学模型，所涉及的定量分析模型主要包括 3 类：经验与统计模型、机理与过程模型、优化与决策模型。所谓经验与统计模型是从数据出发，通过归纳的方法形成数据之间定量关系表达的数学模型；所谓机理与过程模型是从现象出发，通过演绎的方法在一定假设条件下构建的具有理论基础和解释能力的数学模型；所谓优化与决策模型是通过建立的经验与统计模型或者机理与过程模型，采用数学方法寻求问题最优解从而辅助决策的数学模型。当然，所有这些模型多是对已发生现象进行刻画，而要想实现对未来各种能够预估但又无法准确判断的现象进行分析，就需要基于这些模型开展情景分析。

一、经验与统计模型

经验与统计模型是最常用的一类模型。在环境系统分析中，经常会遇到一些经验公式，这些经验公式实际上就是经验模型，经验模型的构建往往需要用到统计学的方法，如回归分析。当然，经验模型虽然能够简化分析思路，快速建立变量之间的相互关系，但是经验模型往往存在适用范围与局限性的问题，使用的时候需要注意。在本节中，将会介绍两种环境领域常用的经验模型：清单分析（常用的是排放清单分析）与回归分析。清单分析通常采用的是系数法，系数的确定取决于经验和统计；而回归分析能够通过数据快速建立变量之间的联系，并且评估变量的重要性。

（一）排放清单分析

排放清单是指在某特定区域范围内，各类污染源在一定时间间隔内各种污染物排放量的综合列表。排放清单有多种构建方法，如直接测量法、模型法、调研法及排放因子法等。方法的选择取决于数据可获得性、时间、人力及资金等条件，最常用的方法为"自下而上"的排放因子法。排放因子法利用排放因子及活动水平数据相乘来计算污染物的排放量。排放因子优先采用实测法和物料衡算法确定，不具备相关条件时可利用文献调研法获取数据。目前常用的排放因子库主要来自欧美发达国家，包括美国环境保护署的 AP-42 排放因子库，欧洲经济区的 CORINAIR 和 EMEP 系列排放清单等。我国于 2014 年先后发布了《大气细颗粒物一次源排放清单编制技术指南（试行）》等 8 项有关大气源排放清单的编制技术指南，第一次以官方指南的方式统一制定了我国大气污染物排放清单的编制体系和技术方法，为我国的清单编制工作提供了极大便利。活动水平数据主要根据排放源的分级分类体系来调查获取。根据污染物的产生机理和排放特征差异，将各类排放源按照部门/行业、燃料/产品、燃烧工艺技术及颗粒物末端控制技术分为四级，依据第四级排放源计算的空间尺度确定活动水平获取方法：对于点源而言，优先采用实地调查的方式获取数据，若无法调查，则可从环境统计和污染源普查数据中获取相应信息；对于面源而言，一般通过统计年鉴、行业协会等统计资料获取相应信息。

（二）回归分析

回归分析在统计学上指的是通过某种定量方法建立两种或两种以上变量之间相互依赖关系（函数关系）的分析方法。在定量关系中，自变量又称为解释变量，因变量又称为响应变量。回归分析主要是通过建立因变量与影响它的自变量之间的回归模型，了解自变量和因变量是否相关、相关方向与强度，衡量自变量对因变量的影响能力，进而可以预测因变量的发展趋势。按照自变量数量的多少，回归分析可以分为一元回归分析和多元回归分析；按照因变量数量的多少，回归分析可以分为简单回归分析和多重回归分析；按照自变量和因变量之间的关系类型，回归分析可以分为线性回归分析和非线性回归分析。目前，回归分析已普遍应用于水、大气、固体废物、生物多样性等生态环境问题的研究中。

二、 机理与过程模型

在环境系统分析研究中，还可以通过各种各样的机理与过程模型，系统性地认识和理解环境，从而提出可持续发展的方案。

（一） 环境模拟

通常所说的环境模拟包括气象、水文、水质、水动力、水生态、大气模拟等，针对不同环境介质、不同研究目的进行环境系统建模分析，以识别污染物在环境介质中的迁移转化规律及浓度变化，从而有效地控制环境介质中的污染物浓度，降低其对人类及生态系统的不良影响及健康危害。环境模拟的基本原理来源于数学、物理学、化学、水文学、流体力学、生态学、微生物学等多个学科，通过建立微分方程组（或偏微分方程组）并结合相关学科提出的理论模型与经验公式，构建复杂的环境系统模拟模型，通过计算机（有些时候需要用到高性能计算机）进行模拟仿真。例如，通过 SWAT 或者 HSPF 模型模拟流域内水污染物的迁移转化并计算其污染负荷，通过 EFDC 模型模拟湖泊三维水质浓度场的变化从而识别污染物对于湖体水质的影响。尽管这些模型为环境管理提供了很重要的信息，但驱动这些模型的运行却需要大量的观测数据，这些观测数据主要包括气象观测数据、水文观测数据、水质观测数据、社会经济与污染源数据、数字高程模型图、土壤类型图、土地利用图、河流水系图等。这些数据一方面是模型的重要输入，另一方面也为模型提供了参数校验的依据。

（二） 生命周期评价

生命周期评价是对产品从自然资源开采、制造、销售、使用到最终处置整个生命周期内输入、输出和潜在环境影响的系统汇编和评价，其主要步骤包括评估目标与范围的界定、清单分析、影响评价和结果阐释。所有产品、技术、政策都可能导致环境问题的转移，而生命周期评价则能有效避免环境影响在生命周期阶段、区域、环境问题种类等之间的转移。例如，火力发电厂安装脱硫装置是防治大气污染的重要技术措施之一，可以减少烟气中的二氧化硫排放；但脱硫装置的运行需要消耗电力，会消耗化石能源并排放二氧化碳等温室气体。通过开展生命周期评价，可将多个过程、多种环境影响综合对比，从而识别出对结果造成主要贡献的过程和物质，可以帮助政府、企业和个人根据评价结果做出符合自身利益和目的的选择（图 1-8）。

（三） 物质流分析

物质流分析是指在一定时空范围内关于特定系统的物质流动和存储的系统性分析或评价，量化系统中物质流动与资源利用、环境效应之间的关系。物质流分析的原理是物质守恒定律：输入系统内物质的总量等于输出系统物质的总量与物质在系统的存量的和减去排放到系统外环境当中的量，即"输入=输出+累积-排放"。根据研究的对象不同，物质流分析可分为物质流分析（substance flow analysis，SFA）和经济系统物质流分析（economy-wide material flow analysis，EW-MFA）。针对特定的物质或元素的物质流分析一般也称为元素流分析，例如，重金属、营养元素、碳、塑料、木材、生物质等，研究其向环境排放的主要途径和相关过程，包括产业系统内部的物料存储、浓度及物料在环境中的最终浓度，定量

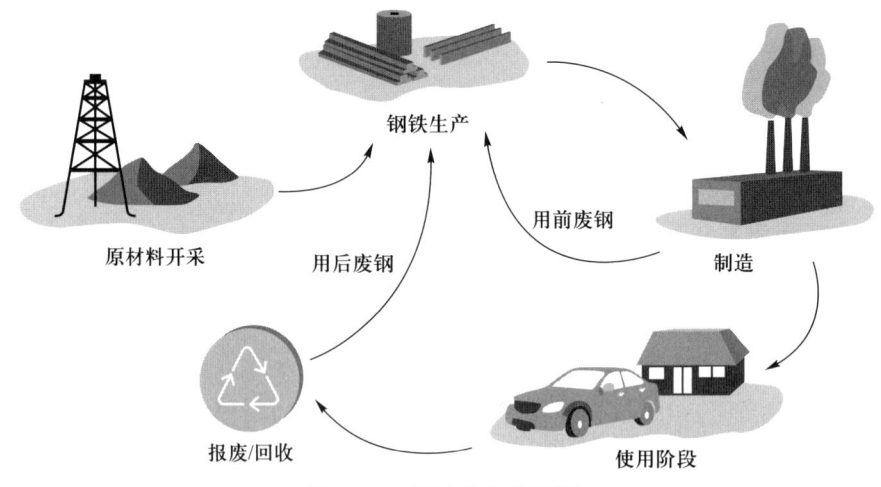

图 1-8 钢铁的生命周期

（资料来源：国际钢铁协会）

掌握社会经济系统中物质的流量与去向。在国家经济系统、特定经济部门或区域层面，还可以开展经济系统物质流分析，对于一定时期内进出系统的各种具体物质，以质量为单位进行加和，形成综合的评价指标。

（四）环境影响评价

环境影响评价是指对建设项目、区域开发计划、规划和国家政策实施后可能造成的环境影响进行系统性识别、预测和评估，提出预防或者减轻不良环境影响的对策和措施，进行跟踪监测的方法。在四个层次中，项目层次的环境影响评价最为普及，于是许多学者提出战略环境影响评价的概念，即对环境影响评价在建设项目以外的层次上延伸，更侧重于在政策、计划和规划层次上的应用，通过关注在政策、计划和规划制订过程中提供有关问题、争议和备选方案的实质性重点来提高环境管理。环境影响评价已成为确定区域经济发展方向和规模、制定区域经济发展规划和对策的基础，同时也为环境保护行政管理机构进行环境管理，制定环保规划、环境保护对策及措施提供了科学依据。

三、优化与决策模型

在环境系统分析研究中，除了要回答"是什么"和"为什么"等问题，还要回答"怎么办"的问题，这是由问题导向型的环境交叉学科特色所决定的。实际上，不仅如此，还要进一步回答"怎么办才能做到最好"的问题。回答这类问题需要用到决策科学的相关方法，主要包括从有限多个备选方案中根据一定准则选择一个最佳方案的多属性决策方法，以及从无限多个可能的决策方案中制定一个实现既定目标的最优化决策方法。前者需要构建多属性决策模型，后者则需要建立最优化决策模型。

（一）多属性决策模型

多属性决策模型是一种针对有限决策方案，通过建立一套涉及多个属性要素的指标体系并计算每一种决策方案的指标综合得分，根据得分值来辅助决策的数学模型。多属性决策模型主要由 3 个部分构成：① 确定决策问题及可行的决策方案；② 构建指标体系并量化各种方案的指标得分与指标权重；③ 构建指标综合得分计算方法，计算各种方案的综合得分，通过比较排序，从中选择最优决策方案。多属性决策模型在环境评估中比较常见，如针对各个地区开展环境绩效评估，针对各个流域开展生态安全评估等。

假设某个决策问题存在 m 个决策方案，用集合 $D = \{D_1, D_2, \cdots, D_m\}$ 表示。为了比较这 m 个决策方案的优劣，构建了一个含有 n 个属性的指标体系，用集合 $H = \{H_1, H_2, \cdots, H_n\}$ 表示。另外，假设 n 个属性指标的权重为 $W = \{W_1, W_2, \cdots, W_n\}$，那么可以得到多属性决策表。表中的综合得分 $Z = \{Z_1, Z_2, \cdots, Z_m\}$ 即多属性决策模型需要求解的比较排序值。为了计算这个值，需要得到每种方案在每个属性下的具体得分值，用矩阵 $[d_{ij}]_{m \times n}$ 表示（表 1-2）。

表 1-2　多属性决策表

属性 H		H_1	H_2	$\cdots$	H_n	综合得分 Z
权重 W		W_1	W_2	$\cdots$	W_n	
方案 D	D_1	d_{11}	d_{12}	$\cdots$	d_{1n}	Z_1
	D_2	d_{21}	d_{22}	$\cdots$	d_{2n}	Z_2
	$\vdots$	$\vdots$	$\vdots$	$\vdots$	$\vdots$	$\vdots$
	D_m	d_{m1}	d_{m2}	$\cdots$	d_{mn}	Z_m

（二）　最优化决策模型

在环境系统研究中，经常会遇到这样一类问题，即在一定客观或者主观限制条件下，需要调控某些指标从而使决策处于一种最优状态，这种最优状态表现为某个或者多个指标达到最大值或最小值。例如，为了保证河流断面达标，需要建立影响断面达标的各个污染源与断面达标之间的响应关系，在断面达标的条件下提出各个污染源最优减排方案，满足总污染治理成本最小化。采用定量方法解决这种决策问题通常需要建立最优化决策模型（简称优化模型，optimization model）。优化模型的三大要素是决策变量、目标函数和约束条件，一般可以写成：

$$\max \text{ 或 } \min z = f(x_1, x_2, \cdots, x_p) \tag{1-1}$$

$$s.t \begin{cases} h_i(x_1, x_2, \cdots, x_p) = 0 & i = 1, 2, \cdots, m \\ g_j(x_1, x_2, \cdots, x_p) = 0 & j = m+1, m+2, \cdots, n \end{cases} \tag{1-2}$$

式中，$x_1, x_2, \cdots, x_p$ 是需要求解的变量，又称为决策变量；当对 $x_1, x_2, \cdots, x_p$ 取一组值时，这组值就称为这个问题的一个解。z 是需要优化的目标，通过选择 $x_1, x_2, \cdots, x_p$ 使得 $f(x_1, x_2, \cdots, x_p)$ 的取值达到最大或最小，因此 $f(x_1, x_2, \cdots, x_p)$ 被称为目标函数。如果一个优化模型中只有一个目标函数，那么这个优化过程就称为单目标优化；如果有多个目标函数，则称为多目标优化。

此外，在决策过程中受到的一些限制条件可以通过一系列等式，如 $h_i(x_1, x_2, \cdots, x_p) = 0$，$i = 1, 2, \cdots, m$ 或者不等式 $g_j(x_1, x_2, \cdots, x_p) \leq 0$，$j = m+1, m+2, \cdots, n$ 来表示，这些等式或不等式又称为约束条件。满足约束条件的所有 $x_1, x_2, \cdots, x_p$ 的集合是可

行域。如果一个优化模型中没有约束条件，那么这个优化就称为无约束优化，反之则称为约束优化。对于满足约束条件的解称为可行解，可行解中满足目标函数最大化或最小化的解称为最优解，一般记为 x_1^*，x_2^*，$\cdots$，x_p^*。

根据决策变量的取值范围及目标函数与约束函数的线性与非线性特征，可以对优化模型进行分类，也可以按照其他标准进行分类。例如，根据模型中参数或者决策变量是否具有不确定性，可以将优化模型分为确定性规划和不确定性规划（包括随机规划、模糊规划、随机模糊规划和区间规划等）；根据目标函数 f 与约束函数 h_i 和 g_j 是否连续、是否可微，可以将优化模型分为光滑优化与非光滑优化。此外，根据研究的需要，还开发了其他的优化模型，如目标规划、多层规划和动态规划等。由此可见，最优化模型并不是一类单一的模型，而是根据对实际问题的理解与抽象形成的一系列模型。

四、情景分析

在对环境系统未来趋势做判断时，往往面临各种未知的因素，导致判断缺乏确定的基础条件。尽管存在各种各样的不确定性，但对环境系统未来的预判却是十分重要的。环境保护的准则是"预防为主，防治结合"，说明针对未来可能出现的各种情景，应提前做好相应的应对措施，这时需要用到的工具就是情景分析。

情景分析也常常被称为情境分析、前景描述、情景描述、情景构建等。情景分析主要是通过假设、预测、模拟等手段生成未来情景，并分析其对预期目标产生的影响。情景分析的主要优势在于，在缺乏数据和存在一定不可量化因素的条件下，能够分析长期不确定性的情形及其影响。

无论是经验与统计模型、机理与过程模型，还是优化与决策模型，总会遇到参数问题。运行模型时，往往基于现在的认识对参数进行赋值。然而，参数在未来存在何种可能的变化是无法预知的，比较可靠的方式是对未来参数可能的各种情况进行推测，看看每一种情况会导致怎样的结果。这样就有利于规避潜在的风险，更加全面地做好风险防范工作。至于情景设置的方法，一般采用的是基于经验的情景假设法，即假定未来这些参数存在几种有限情景。

第八节　环境系统分析发展历程

20 世纪中叶以来，伴随着世界各国工业化进程的发展和城市化进程的加快，一些主要发达国家如美国、日本、英国等开始出现了各种各样的环境公害事件。在解决这些环境公害事件的过程中，人们开始发现这些环境公害事件在广泛的时间和空间尺度上会产生较大的环境效应，这些环境问题具有全局性、复杂性和综合性的特点。为解决这些环境问题，环境系统分析方法被逐步应用到了相关的研究当中。

环境系统分析是以模型化为手段研究环境系统特征的一门交叉学科，其最大特征是追求环境系统的最优化。1960 年前后，美国在特拉华河口的污染控制研究中全面应用了水环境质量模型、决策方案的多目标分析和综合决策方法，成为系统分析在环境领域应用的开端。随后，美国、日本的学者陆续出版了与环境系统相关的论著，阐释环境系统的过程、治理、规划等问题。我国在 20 世纪 70 年代末期开始研究环境系统分析技术，用于解决环境质量评价和环境规划问题。自 80 年代初，国内高等学校开始设立"环境系统分析"或"环境系统工程"课程，讲授环境系统分析的理论方法研究及其应用。1985 年，清华大学傅国伟等主编出版了《水污染控制系统规划》一书，运用系统分析的思想分析水污染控制系统的模型化和最优化问题；同年，南京大学左玉辉出版了《环境系统工程导论》一书，广泛讨论了系统论在环境保护领域的应用问题；1990 年，清华大学程声通等出版了《环境系统分析》一书，这些教材为国内高等学校环境类专业广为采用，致力于帮助读者掌握环境系统分析的基本理论知识，具备正确地运用系统分析思想和方法，认识、分析与解决环境问题的能力，提高环境管理与决策效率。在过去几十年里，国内外发表了许多环境系统分析相关的文章和专著，使系统分析方法在环境系统中的应用更加深入；我国各级政府也设立了许多区域性环境研究项目，它们的实施对环境系统分析在我国的实践与发展起到很大的促进作用。

目前，环境系统分析研究正向着多尺度时空格局的方向发展，综合运用多种方法，致力于分析解决不同尺度下的环境效应问题，其研究成果已用于各级政府及环境行政管理部门的决策当中，各级政府每年都会组织开展一些区域性环境研究课题，这也为环境系统分析的发展提供了动力。

思考题与习题

1. 什么是环境系统？列出几类熟悉的环境系统，并分析各有哪些特点。
2. 如何理解环境系统的空间异质性？
3. 查阅资料，深入理解并说明不同时间尺度下环境系统变化的差异。

主要参考文献

［1］程声通. 环境系统分析教程［M］. 2 版. 北京：化学工业出版社，2012.

［2］郭怀成，陆根法. 环境科学基础教程［M］. 2 版. 北京：中国环境科学出版社，2003.

［3］袁增伟. 环境系统研究方法［M］. 北京：科学出版社，2019.

［4］岳天祥. 空间异质性定量研究方法［J］. 地理信息科学，1999：11(2)：75-79.

［5］Graedel T E. Material flow analysis from origin to evolution［J］. Environmental Science & Technology，2019：53(21)：12188-12196.

［6］Environmental management-Life cycle assessment-Principles and framework：ISO 14040［S/OL］.（2006）［2006-07］.

［7］Environmental management-Life cycle assessment-Requirements and guidelines：ISO 14044［S/OL］.（2006）［2006-07］.

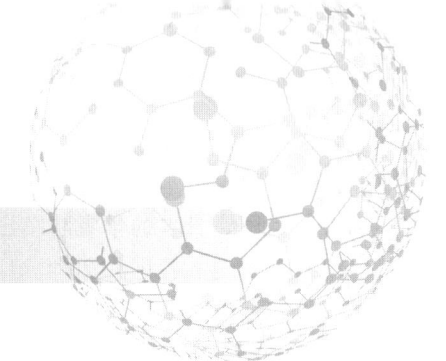

第二章

环境系统建模基本原理

科学研究的方法主要有三种，即实验法、抽象法、模型法。模型法是在对现实系统进行抽象的基础上，把它们再现为某种实物的、图画的或数学的模型，然后通过模型来对系统进行模拟、对比和分析，最终得出结论。它既避免了实验法存在的时间与空间局限性，又避免了抽象法的过于概念化，是现代科学研究中一种最常用的方法。

第一节 环境系统建模定义与分类

环境系统建模就是对所研究的环境问题或环境系统，用一系列有机组合的数学方程进行客观描述，科学揭示环境系统的发展与变化规律，并在这个基础上应用最优化技术对环境系统进行优化决策。环境系统中每一个子系统都可以用数学模型对其某一方面的行为特征进行描述，因此，环境系统中的数学模型也是多种多样的，大致可分为以下几类：第一类，按照建立模型的数学方法，可以分为初等数学模型、几何模型、微分方程模型、图论模型、马尔可夫链模型、规划论模型等；第二类，按照环境要素的不同，可以分为水环境模型、大气环境模型、声环境模型、生态环境模型等；第三类，按照模型用途，可分为环境系统模拟模型和环境系统管理模型，其中，模拟模型主要用于环境系统行为模拟、预测和评价；管理模型是建立在模拟模型的基础上，用于环境系统规划和管理决策。

另外，按照对环境系统的认识程度，可以分为白箱模型、灰箱模型和黑箱模型三种。其中白箱模型又称为机理模型，它是以客观事物的变化规律为基础建立起来的，不仅能反映环境系统的输入-输出关系，而且能够反映环境系统变化过程。建立这类模型的前提是必须对所表述的环境要素或过程规律有清楚的认识，对于各环境因素也要有深刻的了解。但由于环境问题的复杂性，迄今为止，还没有见到可以实际用于环境系统分析的白箱模型。

灰箱模型又称为半机理模型。灰箱模型多用于研究主要因果关系多，清楚的环境问题，但许多环境过程机理细节不明，需要描述环境系统大致变化的情况。构建灰箱模型，往往还要用一个或多个经验系数来加以定量化，这些经验系数的确定则要借助于以往的环境观测数据或试验结果，如用一头猪每天粪便产生量（经验系数）来计算某一特定养猪系一定时期内的粪便产量。环境系统分析中运用到的大多数模型都属于灰箱模型。

黑箱模型又称为纯经验模型，它根据环境系统的输入、输出数据建立各个环境变量之间的关系，而完全不考虑其内在的环境过程机理，反映了环境要素间的一种笼统的因果关系。黑箱模型往往针对一个具体环境系统而建立，建立黑箱模型的首要条件是需要有大量的输入、输出环境数据，这些环境数据可以是常规环境监测中积累的，也可以是在专门环境试验中测定的。根据输入、输出关系，就可寻找拟合曲线构建模型。例如，根据污水处理厂连续 10 d 对进水与出水 COD 的监测数据，构建其对应的数学模型。

最后，根据时间和变量的关系，可分为动态模型和静态模型；动态模型中含时间变化项，静态模型中则不含时间变化项。根据变量之间的关系，可分为线性模型和非线性模型，其中线性模型中函数和自变量都是一次项，非线性模型中函数和自变量有二次及二次以上的项或超越函数。根据变量分布规律，可分为确定性模型和随机模型，其中确定性模型的变量都遵循某种确定的变化规律，是一个由完全肯定的函数关系（因果关系）所决定的模型，包括由微分方程所描述的数学模型，可用解析解法、数值解法和电路模拟方法求解。随机模型中有一个或一个以上的外生变量不确定，并且随着具体条件的改变而改变。根据模型中参数的性质，可分为常系数（参数）模型和变系数（参数）模型，其中常系数（参数）模型中参数可视为不随时空变化，变系数（参数）模型中参数在时间或空间上按一定的规律分布。根据模型所模拟的维度，分为空间零维模型 $Y=f(t)$，空间一维模型 $S=f(t, x)$，空间二维模型 $S=f(t, x, y)$，空间三维模型 $S=f(t, x, y, z)$。

第二节　环境系统建模过程

环境系统建模是对环境系统行为特征真实的反映与描述，所以模型建立必须经过实践、抽象、实践的多次反复。建立环境系统数学模型，一般都要经历图 2-1 所示的几个阶段。

一、建模准备

环境系统建模人员在模型建立前需要深入了解环境问题，明确环境问题的特征与成因并确定建模目的，对所研究的环境系统有初步了解和整体把握。环境系统建模准备阶段需要尽量多地学习和收集环境系统的资料和数据，包括环境系统本身的观测或统计分析资料，以及与所研究问题有关的天文、气象、水文、经济等各方面的资料。对所收集的资料数据进行整理分析，就可以了解所研究环境系统的基本规律。

根据前期准备中所获得的资料，以及环境系统实际情况和模型精度要求，初步构建环境系统模型，这个过程中根据模型构建需要补充对环境系统的深入调查、观测和试验，

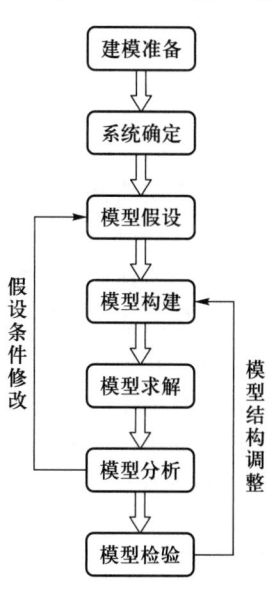

图 2-1　环境系统建模过程

以获取更多的必要数据信息，这样可以提高工作效率，避免前端盲目的工作投入。

例如，在构建磷循环系统模型之前，应采集磷素来源、加工方式、使用途径、消费活动类型、环境归趋过程及其影响因素等资料，风蚀、水蚀、地表挥发、底泥释放等自然过程引起的磷素流动相比于社会经济系统中的磷素流动来说要小得多，因此在模型构建之初，可以先考虑社会经济系统中的磷素流动，之后再进一步采集数据和进行模型更新，持续增加相关自然磷素流。

二、系统确定与模型假设

首先，需要定义研究对象，也就是拟建模的环境系统，包括环境系统时间和空间边界的界定、环境系统要素及其关联网络梳理、系统功能分析等。例如，研究县域社会经济系统磷代谢过程，空间边界为中国安徽省马鞍山市含山县，时间边界为 2008 年，之后通过实地调查、野外观测、抽样访谈等方法确定主要涉磷物质和涉磷活动，并建立相关活动及物质之间的逻辑关联。

确定拟研究的环境系统之后，再根据环境系统特征做出建立模型所需要的前提假设。建模假设就是根据环境系统特征和建模目的，把反映环境问题本质属性的要素、关联、功能等抽象出来，形成建模的必要条件。

模型假设既要来源于对环境问题内在规律的认识，也要来自对环境数据或环境现象的分析。需要建模者积累一些与拟研究环境问题相关的物理、化学、生物、经济等方面的综合知识，同时充分发挥主观能动性对环境系统的主要因素、次要因素做出取舍。在环境系统建模中，最重要的假设是将系统抽象化，确定研究的系统边界、包含的子系统及各子系统之间的关系。这里要做到合理假设，过分追求复杂化会导致模型杂乱、不易求解，但是过分精简模型也会使一些决定性因素被省略，导致模型严重失真。根据假设合理性原则需要做到以下几点。

（1）目的性原则：根据建模目的来取舍环境系统原型中的要素，简化或舍弃与建模目的没有很大关系的因素。

（2）简明性原则：模型假设条件尽可能简洁明了，确保是针对真实环境系统的某个要素或要素关联做出的精简。

（3）真实性原则：模型假设必须是对真实环境系统中的要素或者要素关联，不能主观想象，违背环境系统原型的基本规律。

（4）全面性原则：任何一个环境系统都有其存在的大背景，所以假设不仅要针对环境系统原型本身，也要包括环境系统原型所处的外部条件。

例如，在构建湖库水质模型时，湖库底部凹凸不平会影响容积计算、水动力学条件，毋庸置疑将湖库底部进行无限小划分会使模型更能贴近真实湖库状况，但这无疑会无限制增加模型的复杂性和数据采集的难度。为解决这一问题，现实中往往假设湖库底部光滑，不存在凹凸不平的现象，这就大大简化了湖库底部建模和数据采集难度。

三、 模型构建

环境系统建模是以模型假设为基础，依据系统要素及其关联确定的。首先要区分环境系统中的常量与变量，已知量与未知量，然后确定这些因素在环境系统中所处的地位、作用和它们之间的关系，进而用逻辑结构或数学语言描述这些关系。这一过程可以借助表格、图形或数据结构等来实现，最后选择恰当的数学工具和模型构建方法对其进行表征，进而构建出针对环境系统或实际环境问题的数学模型。

在环境系统建模中具体采用哪种数学方法和工具，要根据实际环境问题的性质和模型假设所给出的建模信息而定，包括确定模型结构具体是白箱、灰箱还是黑箱，确定模型的维度，模型是稳态还是动态，线性还是非线性等。环境系统建模需要综合运用多学科知识，包括物理、化学、生物、地理、数学等。而微积分、线性代数、概率统计、图与网络等应用数学知识是环境系统建模的基础，一般地讲，在能够达到预期目的的前提下，所用的数学工具越简单越好。

环境系统建模中广泛采用灰箱模型，其中待定参数的估计是模型构建中的一个重要环节，具体参数数值确定方法包括经验公式法、图解法、最小二乘法、穷举法和梯度法等，这一部分将在本章第三节中详细讨论。

四、 模型求解

模型求解是环境系统建模中不可或缺的一部分，一个环境系统模型如果不能求解，那么建模就没有意义。具体来说，模型求解是在构造环境系统模型之后，根据已知环境条件和数据，以及环境系统模型特征，来设计或选择求解模型的数学方法和算法，这其中包括解方程、画图形、证明定理、逻辑运算及稳定性讨论等，可以编写计算机程序或运用与算法相适应的软件包，并借助计算机完成对模型的求解，具体的计算机建模工具在本章第七节中介绍。在求解阶段得出的结果一般要求对输入变量和参数变动有不敏感性，即模型的参数与变量之间有一定的稳定性，从而保证整个模型的稳定性。

五、 模型分析

模型分析就是对环境系统模型模拟的结果进行分析。根据环境系统建模的目的要求，对模型求解的数字结果进行不确定性分析，或进行环境系统参数的灵敏度分析，或进行误差分析等。如果模型分析结果不符合要求，就要修改或增减环境系统建模假设条件，重新进行建模，直到符合要求为止；如果环境系统模型分析结果符合要求，还可以对模型进行评价、预测和优化等。具体灵敏度分析方法及不确定性分析方法在本章第五节和第六节分别介绍。

六、 模型检验

只有经过检验或校正的环境系统模型才能在一定范围内应用。环境系统模型的验证是采用输入数据和已确定的参数，通过模型计算的输出，将计算的输出值和实测值进行比较，若计算误差满足预定的要求，则环境系统建模工作告一段落。若计算误差超过了预定的界限，则可通过修正模型参数的数值来调整计算结果。如果调整参数并不能使模型的精确度有所改进，则要考虑模型的结构调整，并重新进行参数的估计和模型验证。在应用过程中，要根据实际环境系统返回的信息对模型进行不断地修正和完善。最终建立的环境系统模型需要满足以下条件。

（一） 模拟结果精确

模型模拟的结果要与实际测量数值保持可接受的误差，才算是结果精确。模拟结果精确度的影响因素包括环境系统要素、环境系统要素之间的关联、特定的时空边界等，所以精确度受到模型应用条件的约束。一般在由人工控制的模拟环境下建立的模型有较高的精确度，但是自然及复合系统主导的模型由于不可控因素较多，精确度相对较低。精确度如何用误差来表征，将在本章第四节中讨论。

（二） 型式简单实用

模型除了精确以外还需要简单实用。越精确的模型一般来说就会越复杂，模型结构的复杂必然导致模型求解困难。所以虽然模型的简单实用化与精确度是对立的，但建模者需要做到两者兼顾，不能过于追求精确，也不能将模型过度精简。

（三） 依据充分可靠

环境系统建模必须有严格的理论依据，不能臆想杜撰，并且在模型构建后需要用可靠的实测数据来检验，由此确保构建的模型符合环境系统的实际情况。

（四） 可控变量必不可缺

可控变量是环境系统模型中通过控制一些条件可以操控的变量，模型中如果没有可控变量存在，则环境系统模型整体将不可控，不能付诸实践。

第三节 模型参数估计方法

模型参数是模型求解过程中给予某些缺乏认识的环境对象或环境过程的经验系数。参数估计是在已知环境系统模型结构时，用环境系统的输入和输出数据计算系统模型参数的过程。模型参数的估计方法有很多，常用的有经验公式法、图解法、最小二乘法、穷举法和梯度法等。

一、经验公式法

经验公式法是人们在研究某一具体问题时，有些参数的使用频率很高，研究者在积累了大量因果关系数据后提出的经验计算方法，如堆放场起尘量（露天堆场和裸露场地的风力扬尘量）的经验公式：

$$Q = 2.1(V_{50} - V_0)^3 e^{-1.023w} \qquad (2-1)$$

式中：Q——起尘量，kg/(t·a)；

$\quad V_{50}$——距地面 50 m 处风速，m/s；

$\quad V_0$——起尘风速，m/s；

$\quad w$——尘粒的含水率，%。

车辆行驶扬尘计算的经验公式：

$$Q = 0.123(V/5)(W/6.8)^{0.85}(P/0.5)^{0.75} \qquad (2-2)$$

式中：Q——汽车行驶时的扬尘量，kg/(km·辆)；

$\quad V$——汽车速度，km/h；

$\quad W$——汽车载重量，t；

$\quad P$——道路表面粉尘量，kg/m^2。

经验公式是前人在研究工作中总结的知识，已经得到了一定时间的实践检验，并且用起来很简便，可以为建模者减少工作量。但在具体操作时需要注意，如果研究的环境系统条件与经验公式所能运用的前提条件相差较大，研究结果会出现较大偏差。在很多情况下研究的问题是没有现成的经验公式可以直接使用的，这就需要利用采集的输入、输出数据和环境系统模型本身来确定合理的参数值。

二、图解法

图解法是利用画图求解线性规划的一种方法。一个既定的公式如果可以被描述成一条直线，或者是通过一定的公式变化后转化为一条直线的，可对其用图解法估计参数。

作图时，将自变量 x 和因变量 y 的各对应点画在直角坐标系上，作出一条直线，使该直线尽可能靠近每一个点。直线的表达式为：

$$y = mx + b$$

式中：m——直线的斜率；

$\quad b$——在 y 轴上的截距。

由此可以从坐标图上估计得到参数 m，b 的数值（图 2-2）。图解法的优点在于获取参数结果直观方便，但对于不能转化为线性关系的问题来说并不适用，而且相比其他方法，图解法的精确度较差。

三、最小二乘法

最小二乘法又称线性回归分析法，建立在两个假定的基础上：① 自变量 x 的值不存在

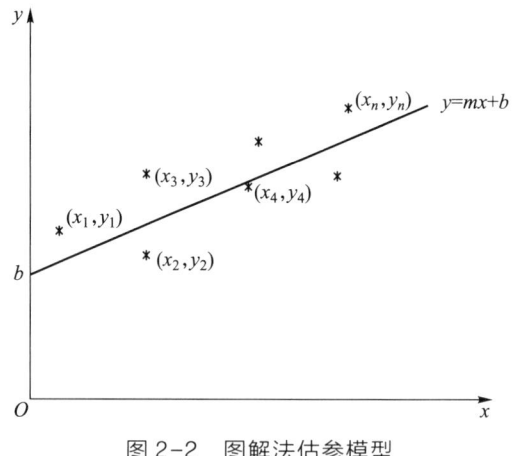

图 2-2 图解法估参模型

误差，因变量 y 的值含有测量误差。② 各测量值到拟合直线的竖向偏差的平方和最小时，拟合的效果最好。偏差的平方和最小意味着各个点的偏差均值很小，所以最佳的直线将尽可能靠近所有的观测点。

设有 n 对 x、y 的值适合线性方程 $y = mx + b$。如果已知 b 和 m 的数值，就可以根据自变量 x 的值计算对应的因变量的值，设为 y'，已知相应于 x 的测量值为 y，令 d_i 为测量值与计算值的偏差，z 为总误差，则：

$$d_i = y_i - y_i' = y_i - (mx_i + b)$$
$$z = \sum d_i^2 = \sum \left[y_i - (mx_i + b) \right]^2$$

b，m 值要求使总误差 z 最小，必要条件（正则方程组）为：

$$\frac{\mathrm{d}z}{\mathrm{d}b} = 0, \quad \frac{\mathrm{d}z}{\mathrm{d}m} = 0$$

由此求得最佳 m、b：

$$b = \frac{\sum\limits_{i=1}^{n} x_i y_i \sum\limits_{i=1}^{n} x_i - \sum\limits_{i=1}^{n} y_i \sum\limits_{i=1}^{n} x_i^2}{\left(\sum\limits_{i=1}^{n} x_i \right)^2 - n \sum\limits_{i=1}^{n} x_i^2}$$

$$m = \frac{\sum\limits_{i=1}^{n} x_i \sum\limits_{i=1}^{n} y_i - n \sum\limits_{i=1}^{n} x_i y_i}{\left(\sum\limits_{i=1}^{n} x_i \right)^2 - n \sum\limits_{i=1}^{n} x_i^2}$$

最小二乘法对于线性模型的参数估计很适用，同时也可以用于一些非线性模型，并且在环境系统分析中非线性模型还是很常见的。如果模型是非线性的，则导出的正则方程组也是非线性的，求解会比较困难。这时可以用一定的数学变换将其转化为线性模型，如应用泰勒级数展开、拉普拉斯变换，以及取对数和变量置换法等，再用线性模型参数估计方法来确定参数值。

四、 穷举法

穷举法在参数估计的方法中相对比较简单，是将各参数所有可能的取值组合都代入模型中计算，寻找计算结果与实测值偏差的平方和最小的那组参数取值组合。

假设某工厂排水中的生化需氧量 BOD 的浓度 y 与某一产品的产量 x 呈如下关系：

$$y = a + bx^c$$

且获取连续 30 天的观测值：(x_1, y_1')，(x_2, y_2')，$\cdots$，(x_{30}, y_{30}')，根据这些数据，确定参数 a，b，c 的最佳值。计算过程如下：

① 首先初步确定参数 a，b，c 的取值范围：$a(a_1, a_2)$，$b(b_1, b_2)$，$c(c_1, c_2)$，根据模拟结果所需精度确定 Δa，Δb，及 Δc，则 a、b、c 取值分别为 $(a_1, a_1+\Delta a, a_1+2\Delta a, \cdots, a_2)$、$(b_1, b_1+\Delta b, b_1+2\Delta b, \cdots, b_2)$、$(c_1, c_1+\Delta c, c_1+2\Delta c, \cdots, c_2)$。

② 将 a、b、c 的不同取值组合代入表达式 $y=a+bx^c$ 中，根据观测的 x 值分别计算出相应的 y 值，并计算其与实际值 y' 的偏差的平方和：

$$z = \sum d_i^2 = \sum \left[y_i' - (a + bx_i^c) \right]^2$$

③ 选出 z 值最小的那组 a、b、c，若 a、b、c 的值都在最初设定的取值范围内，则该组 a、b、c 即为所求的最佳参数值，如果 a、b、c 中有的值是边界值，则说明最佳值在所选的取值范围之外，因此需重新设定取值范围，然后重复步骤，直到取得 z 值最小的那组 a、b、c 在选定的取值范围之内，即为最优的参数 a、b、c。

五、 梯度法

梯度法又称最速下降法，是 1847 年由著名数学家柯西(Cauchy)提出的，它是解析法中最古老的一种，其他解析法或是它的变形，或是受它的启发而得到的，因此它是最优化方法的基础。梯度法的优点是工作量少，存储变量较少，初始点要求不高；缺点是收敛慢，效率不高，有时达不到最优解。

梯度法的目标是构建一种计算途径，该途径下能够最快地找到使目标函数 z 最小的参数变量。因为沿梯度方向函数值变化是最快的，所以先设一初始点，从这个点出发，沿其负梯度方向取一定步长 λ 进行查找，求得在此方向上的目标函数近似极小点，然后再从该点出发沿着新的负梯度方向也取一定步长 λ 进行查找，求得函数 z 在此新的方向上的极小点，继续操作，直到 z 值的精确度满足设定。设某一模型结构：

$$y = f(\vec{x}, \vec{\theta})$$

θ 是一个参数，这里需要求得参数 θ 的值使偏差平方和 $z = \sum d_i^2$ 最小。按照梯度法的思路，将自变量 x 与实际观测值 y' 带入模型表达式后，可将 z 表达为 θ 的函数，选定初始的 θ 点，继而按照上述求解思路可找到设定精度以下的极小值点，此时的 θ 值即为最优参数。因为梯度法求解的过程相对比较复杂，所以具体计算需要通过计算机编程来实现。

第四节　模型检验与误差分析

一、图形表示法

图形表示法是一种非定量化直观方法，在模型检验方法中最为简便。它有两种表现形式。

（一）直接展现

直接将模型中模拟的自变量及因变量的变化关系（一维或者多维）绘制在图形上，再将实际观测的结果叠加到该图形上，根据模拟结果与观测结果的吻合程度来检验模型的精确度。图 2-3 是环境中化学需氧量（COD）的模拟结果，用曲线表示，测量值用小三角表示。可以看出该模拟结果与测量值较吻合，误差不大。

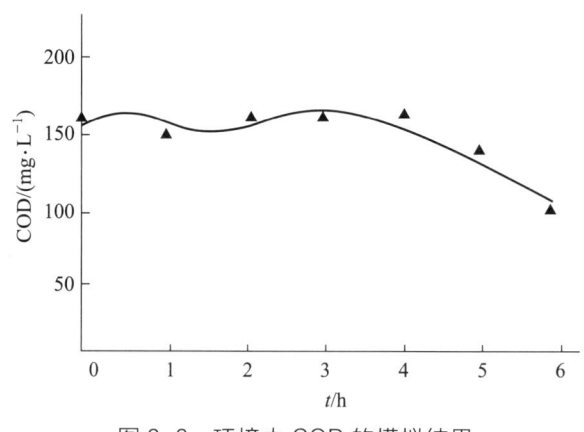

图 2-3　环境中 COD 的模拟结果

（二）45°线图形检验

将模拟结果与观测结果作为两个坐标轴绘制在同一直角坐标系中，观察其对应点是否分布在坐标系的 45°线附近。越是靠近该线分布即表示偏离程度越小，模型就越可靠。这种方法也可以识别模拟误差是系统误差还是随机误差。在系统误差的情况下，观察对应点偏向某一个坐标轴，若偏向测量值轴则模拟结果偏小，若偏向模拟值轴则模拟结果偏大。在随机误差的情况下图中对应的点在 45°线两侧分散。系统误差可以直接修正，但在随机误差较大的情况下模拟结果不可靠，修正模型需要更改模型假设或调整模型结构。图 2-4 中，观测值为 x 坐标，测量值为 y 坐标，观察对应的点与 45°线的距离，可以发现，这张图中模拟结果与测量值吻合程度低，随机误差较大，需要对模型进一步修正。

虽然图形表示法检验模型十分直观简便，但无法做到定量化，没有确定的标准，也无法进行相互间的比较。所以一些定量化的方法如相关系数法、相对误差法、特殊值法等是模型检验中常用的方法。

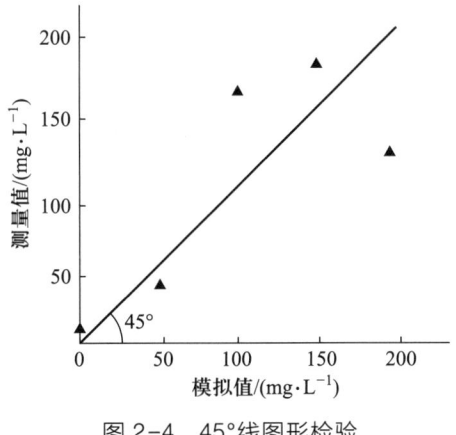

图 2-4　45°线图形检验

二、相关系数法

相关系数最早是由统计学家卡尔·皮尔逊设计的，是用来反映变量之间相关关系密切程度的统计指标。在模型检验中可以用相关系数作为指标来评价测量值与模拟值的符合程度。如果模拟值越接近观测值，则相关系数越接近于 1，表明吻合度越好，模型越精确。如果相关系数越接近于 0，则说明模拟值与观测值关联性越小，模型需要进一步修正。从原理上来看相关系数法与 45°线图形检验法较为相似。在模型检验中相关系数可以用以下公式来计算：

$$r = \frac{\sum_{i=1}^{n} (y_i - \bar{y})(y_i' - \bar{y}')}{\sqrt{\sum_{i=1}^{n} (y_i - \bar{y})^2 \sum_{i=1}^{n} (y_i' - \bar{y}')^2}}$$

式中：y_i 和 y_i'——第 i 个观测值和模拟值；

$\bar{y}$ 和 $\bar{y}'$——观测值和模拟值的算术平均值。

三、相对误差法

相对误差经常用于比较测量值与真实值的差异，衡量测量的可信程度。而在模型检验中，可以用于比较模拟值和观测值的差异，衡量模型模拟的准确性。模拟的相对误差可以表示为：

$$e_i = \frac{|y_i' - y_i|}{|y_i|}$$

式中：e_i——第 i 个观测值和模拟值之间的相对误差；

y_i 和 y_i'——第 i 个观测值和模拟值。

如果存在 n 组模拟值与观测值，而 e_i 只是某一组的相对误差，还不能表示整个模型的误差程度，这时可以引入中值误差来衡量。计算中值误差首先需要对 n 个 e_i 从小到大依次排列，可以计算出小于某一误差值的频率，根据这些误差值及其对应的频率绘制误差的累积频率曲线，如图 2-5 所示。在曲线上可以找到累积频率为 0.5 的点，该点对应的误差值即为中值误差。如果整个模型的中值误差≤0.1，则模型的精确度可满足一般要求。当然，也可以根据建模者对模型精确度的不同要求，指定不同的中值误差。另外中值误差也可以不绘制累积频率曲线，直接用下列公式求出：

$$e_{\frac{1}{2}} = 0.675\,4\sqrt{\frac{\sum\limits_{i=1}^{n} e_i^2}{n-1}} = 0.675\,4\sqrt{\frac{\sum\limits_{i=1}^{n} \dfrac{|y_i'-y_i|^2}{y_i^2}}{n-1}}$$

式中：$e_{\frac{1}{2}}$——中值误差；

y_i 和 y_i'——分别为第 i 个观测值和模拟值。

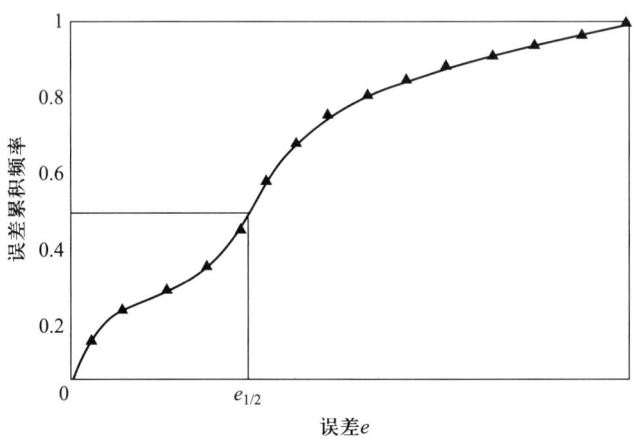

图 2-5　误差的累积频率曲线

四、 特殊值法

特殊值法检验是利用模型中一些特殊状态下模拟的结果，来判断模型的精确度，这些特殊状态包括初始状态、终了状态、条件变化的拐点等。由于环境系统在这些特殊状态下的变化结果，往往是环境系统进一步发展的基础，所以在环境系统模型中这些状态下的模拟结果可能会影响后续的模拟结果。如果这些模拟结果不准确，则最终对系统的模型模拟肯定是不可信的。虽然特殊值法简便直观，但只能作出模型不准确的验证结果，而不能简单作出模型准确的结论，所以仅作为一种初始验证的方法在模型验证的阶段补充使用。

第五节　敏感性分析

模型的敏感性分析研究环境系统模型的参数、初始条件和边界条件等输入的变化对输出的影响程度。由于环境系统是高度开放的系统，容易受到自然条件和人为因素的干扰，而环境系统模型是对环境系统的概念化和抽象化，使用了一些经验公式或物理方程描述各种环境系统的行为，所以往往存在一定的偏差。

随着对环境系统分析的不断深入，为了模拟更真实的环境系统，所建的环境系统模型趋于复杂，需要在模型中使用更多的参数，而且越复杂的模型参数获取也更加困难，这就会导致环境系统模型模拟结果的误差变大。环境系统模型的敏感性分析有助于建模者确定敏感参数、进一步数据分析、帮助设置分析情景、降低模拟误差等，所以敏感性分析过程在整个模型构建中必不可少。

一、敏感性分析的作用

（一）简化模型构造

在对模型参数进行敏感性分析的过程中，可以筛选出一些不敏感的参数，将这些参数设定为常量带入模型中，可以帮助建模者在一些高度复杂的环境系统模型中剔除一些冗余的参数，从而简化模型结构。例如存在模型：

$$y = f(x, a, b, c)$$

如果发现模型只对参数 a、b 敏感，参数 c 的变化对模型结果没有影响，则参数 c 就是这个模型中的冗余参数，可将其固定化。

（二）简化参数率定过程

建模过程中的参数率定是先假定一组参数，代入模型得到计算结果，然后把计算结果与实测数据进行比较，若计算值与实测值相差不大，则把此时的参数作为模型的参数。若计算值与实测值相差较大，则调整参数值后代入模型重新计算，再进行比较，直到计算值与实测值的误差满足一定的范围为止。由于复杂模型中参数量较多，全部进行率定费时费力，这时通过敏感性分析可以筛选出对模型结果影响较大的参数，即敏感参数，再单独对这些参数进行率定，就可以减少参数率定过程的工作量。

（三）增加模型应用的可靠性

通过模型参数的敏感性分析，建模者可以了解模型输出不确定性与模型输入参数不确定性的关系，从而在模型应用中更有针对性。

（四）提高模型的精确度

敏感性分析可以筛选出模型的敏感参数，有利于确定后续实验设计、数据采集工作的优先顺序等，从而减少输入参数和模型结果的不确定性提高模型的精确度。

（五）在具体模型中的作用

敏感性分析可以用于确定环境系统中的关键影响因素，从而指导环境风险的管控，例如，在环境健康风险评价模型中，用于确定主要污染物、识别主要暴露途径等关键因子。而在环境决策管理模型中，应用敏感性分析有助于决策者综合考虑环境效应、经济效益和社会影响等因素作出合理决策。

二、 敏感性分析的数学方法

敏感性分析可以分为局部敏感性分析和全局敏感性分析。局部敏感性分析只检验单个属性对模型输出结果的影响程度。局部敏感性分析因为其在计算方面的简便快捷,所以具有很强的可操作性,在大量的实际应用中出现。但它不能充分描述模型参数的空间分布,而且没有考虑参数之间的作用关系。最常见的局部敏感性分析方法有一次一个变量法(one-variable-at-a-time approach,OAT)和微分分析法(differential analysis)。

全局敏感性分析检验多个属性对模型结果产生的总的影响,并分析属性之间的相互作用对模型输出的影响,所以可以克服局部敏感性分析的缺点。常用的全局敏感性分析方法有回归分析法、Morris 筛选法、Sobol 方法、FAST 方法和 RSA 方法等。

(一) OAT 法

OAT 法顾名思义就是在计算敏感性时每次只变动一个参数,并且只在最佳估值附近做微小变化,如±10%,通过模型模拟得到输出结果的变化率,该变化率的绝对值就是该参数的敏感性。OAT 法操作简单,适用于模型中重要参数的筛选。但也有一定的缺陷,首先,选定的参数在一定范围内的变化所导致的模拟结果的变动并不完全取决于该参数本身,其他参数的选值对其都会有影响,如果其他参数的选值不准确,那么根据 OAT 法得到的该参数敏感性大小也会存在误差。其次,只有在模型输出结果和所分析的参数之间存在线性响应关系,OAT 法才能有效地表现该参数变化对模型的影响,得到该参数的灵敏度。另外,作为一种局部敏感性分析方法,OAT 法同样忽略了参数间的相互作用对模型结果的影响。最后,OAT 法只能局限于评估参数发生微小变化对模型输出的影响,无法在更大变化范围的情况下做分析。因而 OAT 法适合在经验模型或者半经验模型等参数较少的模型中应用。

(二) 微分分析法

微分分析法是用计算得到的函数值来代表所求的参数的敏感性。具体来说,首先将模型进行泰勒展开,求得该泰勒展开式对所分析参数的一阶偏微分函数值,该值即代表了所求参数的敏感性。同理,可以求得模型中所有参数的敏感性。但是微分分析法只能在模拟模型局部可微的条件下才能使用,并且偏微分函数求解困难,需要使用计算机软件帮助实现。

(三) 回归分析法

回归分析法是目前常用的敏感性分析方法之一,现有多种评价指标,如标准回归系数(standardized regression coefficient,SRC)、偏相关系数(partial correlation coefficient,PCC),以及相应的秩变换,如标准秩回归系数(standardized rank regression coefficient,SRRC)和偏秩相关系数(partial rank correlation coefficient,PRCC)。一般情况下,SRC 和 PCC 对于线性关系的模型较为适用,而 SRRC 和 PRCC 适用于非线性但单调的输入输出关系模型。在参数之间不相关的情况下,SRC 和 PCC 能获得相同的结果,但由于 PCC 可以消除相关性的影响,所以在参数间存在相关关系的条件下依旧可用,而 SRC 只能适应于不相关的参数。

回归分析法的优点是在模型输出结果同时被多个参数影响的前提下,能分析单项参数的敏感性，同时能够描述输入与输出间的关系。操作简单方便，可以应用在环境风险评价、水文模型和大气模拟中。但是回归分析法用于非线性关系或非单调关系时效果较差，虽然对部分非线性关系可以通过秩变换进行分析，但不适用于非单调模型且不能将结果转换到原模型中。

（四） Morris 筛选法

Morris 筛选法是最常用的筛选分析法，由 Morris 在 1991 年提出后被广泛应用，适用于筛选和识别模型中最敏感的参数。Morris 筛选法的基本思想是在模型中将选定的参数在既定的变化范围内进行微小扰动，其他变量保持不变，以此来获取该参数的变化量导致的模型输出的变化，由此提出了基效应的概念。

Morris 筛选法用基效应的均值 μ 表示参数的灵敏度，另外用标准差 σ 表示该参数与其他参数之间的相互作用程度，σ 越大，相互作用程度越大。因为部分参数对 μ 存在负效应，会导致敏感性分析的结果存在偏差，为了解决这个问题坎波隆戈（Campolongo）等人使用修正后的均值 μ^* 来表示参数对模型输出的综合效应。假设存在模型：

$$y(x) = y(x_1, x_2, \cdots, x_n)$$

模型中 x_i 是模型的某一输入变量（这里即为所分析的参数），n 是模型中参数的数量，用 $d_i(j)$ 来表示第 i 个参数的第 j 组样本的基效应，得到：

$$d_i(j) = (y^* - y)/\Delta_i$$

式中：y^*——参数扰动后模型的输出值；

$\quad\quad y$——参数变化前模型的输出值；

$\quad\quad \Delta_i$——参数 i 的扰动幅度；

$\quad\quad j = 1, 2, \cdots, t(t$ 是重复抽样的次数）。

由此可以计算得到：

$$\mu_i^* = \frac{1}{t} \sum_{j=1}^{t} |d_i(j)|$$

$$\sigma_i = \sqrt{\frac{1}{t-1} \sum_{j=1}^{t} [d_i(j) - \mu_i]^2}$$

即可用于表征模型中任意参数的敏感性。

Morris 筛选法的最大特点是应用相对简单，计算量小，很适合用于参数多的复杂模型（如 AGNPS、SWAT 等水文模型），通过少量的模型计算就可以获得模型参数的定性排序，在此基础上识别出相对重要的参数来简化模型。不足的是这种方法无法给出参数对模型输出的定量化的影响。所以可以将 Morris 筛选法作为一个初步的参数筛选的工具，将不敏感的参数固定化，再将选出的参数进行定量的全局敏感性分析。

（五） Sobol 方法

Sobol 方法最早是在 1993 年提出的，是最有代表性的全局敏感性分析方法，它基于模型分解的思想，分别得到参数 1、2 次及更高次的敏感度。通常 1 次敏感度反映了参数的主要影响，而 2 次及更高次的敏感度反映了参数间的敏感度。假设模型为：

$$y = f(x)(x = x_1, x_2, x_3, \cdots, x_n)$$

x_i 服从 [0，1] 均匀分布，且 $f^2(x)$ 可积，模型可以分解为：

$$f(x) = f_0 + \sum_{i=1}^{n} f_i(x_i) + \sum_{i<j} f_{ij}(x_i, x_j) + \cdots + f_{1,2,\cdots,n}(x_1, x_2, \cdots, x_n)$$

则模型总的方差也可分解为单个参数和每个参数相互组合的影响：

$$D = \sum_{i=1}^{n} D_i + \sum_{i=1}^{n} \sum_{\substack{j=1 \\ i \neq j}}^{n} (D_{ij} + \cdots + D_{1,2,\cdots,n})$$

对此式归一化，设：

$$S_{i_1, \cdots, i_n} = \frac{D_{i_1, \cdots, i_n}}{D}$$

可获得模型单个参数及参数之间相互作用的敏感度 S：

$$1 = \sum_{i=1}^{n} S_i + \sum_{i=1}^{n} \sum_{\substack{j=1 \\ i \neq j}}^{n} S_{ij} + \cdots + S_{1,2,\cdots,n}$$

始终 S_i 为 1 次敏感度，S_{ij} 为 2 次敏感度，依次类推，$S_{1,2,\cdots,n}$ 为 n 次敏感度，总共有 $2^n - 1$ 项。第 i 个参数总敏感度 S_{Ti} 定义为：

$$S_{Ti} = \sum S_{(i)}$$

和其他敏感性分析方法相比，Sobol 法采样方法比较稳定，可以通过参数对输出方差的贡献比例进行敏感性分级，是定量识别不同参数敏感性的效率较高的方法。但对于拥有大量参数的复杂环境模型而言，Sobol 方法需要消耗巨大的计算资源。

（六）　FAST 方法

傅里叶幅度灵敏度检验法（Fourier amplitude sensitivity test，FAST）来源于傅里叶变换和方差分析方法。基本原理是用一个周期函数的曲线在参数的多维空间内搜索，然后用傅里叶变换计算参数的幅度，幅度越大参数越敏感。FAST 方法通过计算特定参数造成的模型输出方差在整个模型方差中的贡献来衡量参数的一阶敏感性。由于 FAST 方法涉及的数学方法过于专业，本书在这不展开介绍。

FAST 方法的优点有：① 采样速度大于蒙特卡罗方法；② 对模型结构没有要求，可适用于单调、非单调模型；③ 对参数的变化范围没有限制，这一点上优于一些基于相关系数和回归系数的全局敏感性分析方法。

但是 FAST 方法也有一定的缺陷：① 需要较大的采样和计算资源；② 忽略了参数间的相互作用影响，所以不能计算参数的高阶敏感性；③ 不适合计算离散参数的敏感性。对于 FAST 方法的缺陷，学者们也提出了一些改进后的模型，如 RBD-FAST 方法（随机平衡傅里叶振幅敏感性分析方法），其给所有参数设定相同的频率，取样后做随机重组，模型输出的结果可以根据上一步重组的次序再做傅里叶分解，由此可以极大减少计算所需资源。另外有 EFAST（扩展傅里叶振幅敏感性分析方法），该方法是结合了 Sobol 方法和 FAST 方法的优点，可以计算出所有参数及参数的相互作用所引起的模型结构的方差，由此计算参数的高阶敏感性。

（七）　RSA 方法

区域敏感性分析（regional sensitivity analysis，RSA）方法是由 Young 等于 20 世纪 70 年代末、80 年代初提出的。RSA 方法是依据各参数的模拟结果与实测值的比较来确定其敏感性大小。具体步骤如下：

（1）首先确定参数的取值范围和先验分布。将不敏感的参数固定化，只分析较敏感参数的变动对模拟结果的影响。用均匀分布来表示参数的先验分布。

（2）选取目标函数，在参数取值范围内，采取蒙特卡罗方法对参数进行随机采样，获得模型的模拟结果。

（3）将上述获得的模拟结果与实测值进行比较，得到各参数的似然度。拟合程度用 Nash-Sutcliffe 系数表示：

$$L\left(\frac{\theta_I}{Y}\right) = 1 - \sigma_i^2/\sigma_0^2$$

式中：σ_0^2——第 i 组参数的似然判据；

　　　　σ_i^2——变量模拟值的方差；

$L\left(\dfrac{\theta_I}{Y}\right)$——变量实测值的方差。

在计算 Nash-Sutcliffe 系数时，只计算能获得实测值的点，并选择与实测值之间最相近的模拟结果。

（4）重复上述步骤，分析所有选取参数的敏感性。

相较于其他方法，RSA 方法所需假设条件较少，分析结果直观，还能够识别参数。但是缺点是没有考虑参数间相互作用的影响，而且无法量化分析参数敏感性。

三、 敏感性分析方法的选择

对于建模者来说，敏感性分析是环境模型构建中必不可少的一个环节。可供选择的敏感性分析方法较多，但相对来说各有优点也都有局限，只有对某一模型最适合的方法，没有最好的方法。在研究中需要根据具体的模型和研究目标来选择合适的敏感性分析方法。

对于参数较少的经验模型或半经验模型，如环境健康风险评价模型，一般会选择方法简单、计算快捷的局部敏感性分析。但如果模型的结构比较复杂，应用到的参数较多，则需要考虑参数间的相互作用。或者模型的输出与输入并不是线性关系的时候，如机制性环境模型，则需要选择全局敏感性分析。当然，各种全局敏感性分析方法都不能解决所有的问题，例如，Morris 筛选法和 RSA 方法可用于敏感性分析的初步筛选，因为它们只能对参数敏感性做定性的分析，可以识别敏感性大小，将不敏感的参数固定化，敏感的参数可以用其他方法来量化敏感性，并且这两种方法所需要的计算量不大，可以大大提高工作效率。而回归分析法、Sobol 方法及 FAST 方法都能量化参数敏感性，以及各参数间的相互作用。

第六节　不确定性分析

环境系统建模过程中需要对真实环境系统进行必要的简化，模型假设、边界条件就是对目前技术水平难以实现的真实环境因素的简化反应，所以理论值与真实值之间往往会存在差异。而模型不确定性分析就是找出这种差异的方法。

根据不确定性来源不同，环境系统模型的不确定性可分为：环境系统本身所固有的不确定性，以及模型结构、模型输入、模型参数的不确定性。不确定性分析可以量化各个因素对环境系统模型模拟值的影响。

一、不确定性分析与敏感性分析

一般来说，模型参数的不确定性依赖于模型结构，并直接导致了参数的敏感性问题，因此，敏感性分析和不确定性分析通常是相辅相成的。不确定性分析侧重于考量模型不确定性的来源（如模型结构、参数及输入数据等）对模型模拟结果的影响程度，敏感性分析侧重于测度模型参数变异对模型输出结果的贡献率，实际应用过程中敏感性分析和不确定性分析往往是相互联系和相互印证的。不确定性分析方法（蒙特卡罗模拟法、一阶二矩分析法、点估计法、逻辑树分析法和一阶可靠性分析法等）和敏感性分析方法（逐步回归分析法、交互信息分析或熵分析法、分类树分析法等）的应用对比发现，敏感性分析和不确定性分析的结果吻合较好，说明模型的不确定性主要源于重要的敏感参数，因此参数敏感性分析和不确定性分析往往需要同步进行，以全面地反映参数的不确定性影响。

二、不确定性的数学表示方法

较为常用的不确定性数学表示方法有区间数学法、模糊理论法和概率分析法。

（一）区间数学法

区间数学法是用函数的定义域来计算值域，在模型中可以用来评估观测误差及参数选取所导致的不确定性。在很多建模过程中，建模者并不了解参数的具体概率分布情况，只能获得参数的取值范围，这时可以使用区间数学法来有效量化参数选取的不确定性。但是如果参数的概率分布对建模者来说是已知的话，则不推荐使用区间数学法，因为这会忽略重要的分布信息，影响结果的准确性。所以区间数学法适用于概率分析所解决不了的不确定性分析问题。

（二）模糊理论法

模糊理论法是用比较简洁的方法对复杂系统提出比较合乎实际的处理。在通常的系统理论中，一个系统在某一时刻的状态和输入一经确定，下一时刻的状态和输出就有明确的唯一确定，这种系统称为确定性系统，否则就称为非确定性系统。非确定性系统有两类：① 随机系统，系统某一时刻的状态与输入，尽管不能唯一决定下一时刻的状态与输出，但能决定下一状态出现的概率分布。② 模糊系统，系统某一时刻的状态与输入，虽然不能决定下一状态出现的概率分布，但可以决定下一时刻所有可能状态的集合，可以把这种非确定性系统中可能状态的集合用模糊集合来表示。在建模中，如果系统模型不只具有随机性，还具有模糊性，可以使用模糊理论来分析不确定性。模糊理论法在不确定性的定性分析中较为适用，但不适用于定量的不确定性估计。

（三）　概率分析法

当所评估的系统是一个随机系统时，概率分析法是模型不确定性分析中常用的方法。由于模型输入的概率分布已知，可以据此来模拟输出结果，输出结果的概率分布情况即为系统对该输入的不确定性。概率分析法由于原理简单，并且可以依靠计算机技术帮助实现，所以应用较广。根据数据采样方式的不同，会获得不同的不确定性分析结果。常用采样方法有蒙特卡罗方法和拉丁超立方抽样法。

三、　不确定性分析的采样方法

在环境模型的不确定性分析中，采样方法经常会被使用。采样方法比较简单，可以直接在计算机中设定概率分布的运行模型，获得输入输出相对应的关系。蒙特卡罗法和拉丁超立方抽样法、可靠性分析法、响应面法等都是常用的采样方法。

（一）　蒙特卡罗采样法

蒙特卡罗采样法又称统计模拟法，是不确定性分析采样中使用最多的一种方法。原理很简单，由于输入参数的概率分布是已知的，可按照其概率密度函数从其中随机采样，每一次采样都运行一次模型，即可得到模型输出结果的概率分布。采样时具体方法如下：① 首先依照输入参数的概率分布进行随机取样；② 将取样后随机组合的参数带入模型，运行模型进行模拟；③ 获得模型的模拟结果，并进行观察分析。

因为蒙特卡罗采样法要对所有可能的参数组合都进行模拟，并输出结果，所以需要较多的计算资源。如果模型本身很复杂，并且有大量的参数需要进行模拟，则蒙特卡罗采样法可能耗时较长，这时可以对蒙特卡罗采样法进行改进，提高参数抽样的效率，减少参数组合的数量。

（二）　拉丁超立方抽样法

拉丁超立方抽样法是在蒙特卡罗采样法的基础上改进得到的，是抽样技术的新进展。和蒙特卡罗采样法相比，它通过较少迭代次数的抽样，准确地重建输入分布。拉丁超立方抽样的关键是对输入概率分布进行分层。分层在累积概率尺度（0 到 1）上把累积曲线分成相等的区间。然后，从输入分布的每个区间或"分层"中随机抽取样本。抽样被强制代表每个区间的值。

假设要在 n 维向量空间里抽取样本。拉丁超立方抽样的步骤是：① 将每一维分成互不重叠的 m 个区间，使得每个区间具有相同的概率。② 从每一维每个区间内随机抽出一点，将它们组成向量。③ 代入模型获得模拟的输出结果，进行统计分析。

（三）　可靠性分析法

一阶可靠性分析法（first order reliability method，FORM）和二阶可靠性分析法（second order reliability method，SORM），通常用来估计一个事件在研究中的概率（称为"失效概率"）。可靠性分析中失效概率的计算最常用的近似算法为一阶可靠性分析法，但 FORM 没有考虑原极限状态函数的非线性，多数情况会存在较大的误差。因此会使用到二阶可靠性分析法，即将极限状态函数在标准正态坐标系中距离原点最近的点进行二次展开，考虑极限状态函数的非线性，可以得到比 FORM 更为准确的计算结果，但同时需要的计算量也更大。

FORM 与 SORM 比蒙特卡罗采样法计算效率更高，但缺点是在失效函数映射到标准序列过程及函数最小化过程都需要大量的非线性黑箱数字模型来计算。

（四） 响应面法

响应面法是统计学的综合试验技术，用于处理复杂系统的输入和输出之间的转换关系。其基本思想是用响应面函数来拟合原有的隐式极限状态函数。响应面法主要的步骤是：① 初步筛选重要的模型参数；② 选择一些特定值和输入参数组合得出模拟结果；③ 依照模拟结果来拟合一个多项式模型；④ 将拟合得到的响应面替代原有的模型再进行不确定性分析。

当功能函数无法用显式表达复杂系统的不确定性分析，而只能通过一些数值算法得到其离散值时，虽然能用蒙特卡罗模拟等方法进行分析，但需多次进行有限元计算，工作量非常大。为了节省计算时间，常采用响应面法来进行不确定性分析。

第七节 常用的环境系统建模工具

对于环境系统建模者来说，将一个复杂系统抽象模型化，并且对其系统属性进行刻画，需要借助日益成熟的现代建模工具，以及相对高效稳定可重复的计算机软件平台作为支撑。这些建模平台和工具大致可以分为主体类建模平台和通用类科学计算环境两类。

一、 主体类建模平台

主体类建模平台围绕某个主题设计专门的建模与仿真环境，建模者不需要进行底层开发，可直接借助平台实现自下而上的建模策略，一般都有很强的针对性。当前流行的软件平台包括：基于主体(agent)的建模与仿真平台，如 Swarm、Repast、NetLogo、StarLogo 等，以及基于格网或地理坐标的建模与仿真平台，多用于构建空间显式模型，如 MapInfo、Arc-GIS 等。

（一） Swarm

Swarm 是支持建模编程的一组软件库。Swarm 是用来帮助研究者建立低层对象相互作用的模型(通常称为"复杂系统")。这类研究的目的之一是观察由个体层次的具体行为所涌现出来的宏观现象。Swarm 有以下突出的特点：① 面向对象；② 层次性；③ 提供了许多小工具。

在 Swarm 平台中建模基本步骤如下：① 创建一个人工的世界，有时间和空间，还有可以定位在其中的对象，定位在这个世界整个时空中的特定点上，并且允许对象根据自己的规则、内部状态，及环境的状态来决定自己的行为。② 建立一些对象，用来观察、记录、分析世界中各对象的行为所产生的数据。③ 运行这个世界，使模型对象和观察对象在时间上同步前移。④ 通过观察实验对象产生的数据，与实验进行交互，来运行一系列的受控实验。⑤ 根据上述的观察结果，决定是否改变实验设置，然后重新运行。⑥ 发布结论，包括详细的实验设置，以让他人能重复实验和验证实验结果。

（二）　Repast

Repast 是在 Java 语言环境下，设计生成的基于主体的计算机模拟软件构架。优点是使用方便、学习期较短及可扩展。Repast 中提供了一系列生成、运行主体，显示和收集其数据的类库，还能够以图表的形式显示运行中的模型数据、对运行中的模型进行探视并能生成模型运行的影像资料。Repast 在设计结构和方法上与 Swarm 相似。

Repast 的核心包括三个具体的工具，这些工具只是在底层的平台及模型开发语言上有所不同，三者分别是：① 基于 Java 平台的 Repast J（新版本为 Repast S），一般用于定义内核服务，是一种基准工具；② 基于微软 . Net 框架的 Repast. Net；③ 基于 Python 脚本的 Repast Py。推荐建模者在 Repast Py 上用 Python 脚本构建基础模型，在 Repast J 上用 Java 或在 Repast. Net 上用 C#来编写高层模型。

（三）　StarLogo

StarLogo 是一个基于主体的可编程的软件平台，由麻省理工学院多媒体实验室开发。StarLogo 描述了主体、主体与环境，以及主体与主体之间的交互过程，对于环境系统、市场经济等由多个主体构成的复杂系统十分适用。

StarLogo 是由 Java 编写的类库，建模者可以利用类库来构建模拟复杂系统。StarLogo 还拥有图表、按钮和窗口等良好的操作界面，建模者可以通过界面来进行分析、控制及展现结果。在编程语言上，StarLogo 提供了一种类似于 Logo 的并行语言，可以直观形象地向仿真主体发命令来生成图片和动画。

StarLogo 平台的目的就是用简单、直观的建模仿真工具，帮助建模者分析和理解复杂系统。StarLogo 定义了三种主体：海龟、斑块和观察者。海龟是 StarLogo 世界里的主要活动对象，是一种图形化的生物。每一个海龟是一个独立的行为主体。斑块是海龟存在的环境，所有斑块构成的一块大背景就是海龟活动的范围。观察者能够创建新的海龟，并能监控现有的海龟和斑块的行为。StarLogo 通过对海龟和斑块进行编程，使得海龟和海龟所处的环境都具有一定的变化方式。海龟和斑块之间的交互作用体现了主体与环境的关系，海龟与海龟之间的相互影响则体现了主体与主体之间的关系。用户可以通过建立这些角色来构建复杂系统。

（四）　NetLogo

NetLogo 是一款继承了 Logo 语言的编程开发平台，自带模型库，由美国西北大学网络学习和计算机建模中心开发。它起源于 StarLogo，但增加了许多新的特性，语言和用户界面也重新进行了设计。NetLogo 功能强大，简单易用，便于开发。它又改进了 Logo 语言只能控制单一个体的不足，可以在建模中控制成千上万的个体，因此，NetLogo 建模能很好地模拟微观个体的行为和宏观模式的涌现，以及两者之间的联系。NetLogo 可用于模拟自然和社会现象，特别适合于模拟随时间发展的复杂系统。该系统可以在较多主流平台上运行，包括 Mac、Windows 及 Linux 等。它有单机和网络环境两个版本，每个模型可以保存为 Java. applet，嵌入到网页上运行。NetLogo 虚拟世界由主体构成，主体能够接受命令，进行活动，所有主体的行为并行发生。NetLogo 同样有三类主体：海龟、斑块、观察者。

NetLogo 模型包括可视化控件和例程两部分, 二者具有紧密联系。建模的基本过程就是先在 Interface 模块中创建可视化控件, 然后在 Procedures 模块中实现相应的代码, 通过设置控件的属性将二者联系起来。

（五）　MapGIS

MapGIS 是美国 MapInfo 公司开发的一款桌面地理信息系统（GIS）。它为用户提供了完整的地理信息解决方案, 可以帮助用户实现数据的可视化。除此以外, 它自带一个功能强大、面向对象的编程工具——MapBasic, 给建模者提供了一个二次开发的环境。目前 MapInfo GIS 的主要开发方法有 4 种: ① 直接使用 MapBasic 编制应用或分析模型; ② 利用动态数据交换技术（DDE）; ③ 利用 OLE 自动化技术; ④ 利用 MapX 控件技术。相比之下 MapX 控件技术是最先进的, 建模者不但可以编写专业 GIS, 还能利用各种高级语言, 充分发挥主观能动性, 创意化界面风格, 甚至可以脱离 MapInfo 软件来独立运行, 但是其他开发方法则需要在 MapInfo 软件环境下来运行。虽然如此, 实际上每一种方法都有各自的优点, 例如, 直接使用 MapBasic 编制应用或分析模型是最为快捷的方法, 可以适用于短时间内的模型开发, 这时可以调用 VC++编写的 DLL, 使得 MapBasic 能够充分操控地图对象, 还可以利用 VC++可视化编程特点, 避免了在 MapBasic 中烦琐地编写 Windows 基本控件的过程。

（六）　ArcGIS

ArcGIS 是由美国 ESRI 公司开发的专业的三维 GIS 软件平台。目前是国内地理信息界用户群体最大、应用最广的 GIS 技术平台之一。

ArcGIS 产品线为用户提供一个可伸缩的、全面的 GIS 平台。ArcObjects 包含了许多的可编程组件, 从细粒度的对象（如单个的几何对象）到粗粒度的对象（如与现有 ArcMap 文档交互的地图对象）涉及面极广, 这些对象为开发者集成了全面的 GIS 功能。

在 ArcGIS 中建模有很多种方法, 最为简单的是利用 ArcToolbox 构建模型, 此外还有 ArcPy、ArcGIS Runtime 等建模的方法。各方法均有特点, ArcToolbox 能做到可视化, ArcPy 开源, ArcGIS Runtime 则能开源云计算、移动计算和跨平台实现。

ArcToolbox 构建模型在环境系统模型构建中非常常见, 具体步骤为: ① 在 ArcGIS 软件中打开 ArcToolbox, 创建模型; ② 显示工具参数, 创建模型参数; ③ 对模型元素重命名, 设置模型参数顺序与类型, 并对其设置过滤器; ④ 为输出数据设置符号系统, 并管理中间数据; ⑤ 更改模型的常规属性; ⑥ 记录模型。

二、　通用类科学计算环境

较为基础的通用类科学计算环境包括 Maple、MATLAB、Mathematica、R 软件等, 这类软件为用户提供了较为自由的开发环境, 具有相对完整的工具箱与软件包, 集成了人工神经网络、模糊逻辑、遗传算法等软计算方法, 适用于复杂环境系统的建模与仿真。

（一）　Maple

Maple 是由加拿大滑铁卢大学的符号计算机研究小组在 1985 年首次开发, 并持续更新的一款数学类计算软件。Maple 系统内置高级技术, 包括强大的符号计算、无限精度数值计算、创新的互联网连接等，可以用于解决建模和仿真中的各种数学问题。Maple 的数学和分析功能覆盖几乎所有的数学分支，如微积分、微分方程、特殊函数、线性代数、图像声音处理、统计、动力系统等。

Maple 的大部分数学函数和过程是用 Maple 自身的语言写成的，存于外部函数库中。常用的函数在使用时，Maple 会自动将其调入，一些不常用的函数，需要用户在使用时实时现实调入，如数论、统计等专用软件包中的函数等，这使得 Maple 在计算机资源的使用上有很大优势。

Maple 本身也是一种结构良好、方便实用的高级计算机语言。它支持序列、集合、列表、数组、表等多种数据结构。它还包含许多数据操作命令，如类型检验、选择、组合等。用户可以查看 Maple 的非内部函数的源程序，从而方便用户的学习借鉴。用户亦可将自己编的函数、过程加到 Maple 的函数库中，或建立自己的专用函数库，从而使不同专业领域的用户均可方便地对 Maple 加以扩展。另外，Maple 还有一定的决策能力，在一些情况下，Maple 可选择相应情况下最合适的算法。

（二）MATLAB 软件

MATLAB 是 MathWorks 公司于 1982 年推出的一套高性能的数值计算和可视化软件。它集数值分析、矩阵运算、信号处理和图形显示于一体，构成了一个使用方便、界面良好的用户环境。MATLAB 可以认为是一种解释性语言，可以直接在 MATLAB 命令窗口键入命令，也可以在编辑器内编写应用程序，MATLAB 软件对命令或程序中各条语句进行翻译，然后在 MATLAB 环境下对它进行处理，最后返回运算结果。

MATLAB 的特点是：① 可扩展性，MATLAB 最重要的特点是易于扩展，它允许用户自行建立指定功能的文件。用户不仅可利用 MATLAB 所提供的函数及基本工具箱函数，还可方便地构造出专用的函数，从而大大扩展了其应用范围。当前支持 MATLAB 的商用 Toolbox(工具箱)有数百种之多。而由个人开发的 Toolbox 则不可计数。② 易学易用性：MATLAB 不需要用户有高深的数学知识和程序设计能力，不需要用户深刻了解算法及编程技巧。③ 高效性：MATLAB 语句功能十分强大，一条语句可完成十分复杂的任务。如 fft 语句可完成对指定数据的快速傅里叶变换，这相当于上百条 C 语言语句的功能。它大大加快了工程技术人员从事软件开发的效率。

（三）Mathematica

Mathematica 是美国 Wolfram 研究公司生产的一种数学分析型软件，以符号计算见长，也具有高精度的数值计算、强大的图形功能和动画等多媒体集成功能。它吸取了不同类型软件的优点，同时具有 MATLAB 那样强的符号计算能力，也有像 C 语言那样的结构化设计语言。现在 Mathematica 的很多功能在相应领域内处于世界领先地位，它也是使用最广泛的数学软件之一。Mathematica 的发布标志着现代科技计算的开始。自从 1988 发布以来，它已经对如何在科技和其他领域运用计算机产生了深刻的影响。

Mathematica 软件主要功能有：① 作函数的图像。在作图程序中，当输入函数时，计算机直接作出该函数图像。② 数值计算。可简单地计算函数值，积分值等，可求微分方程的数值解等。③ 符号运算。可计算函数的极限、导数、不定积分，求微分方程的通解等。在 Mathematica 开发以前，计算机只能做数值计算，不能做符号运算。

（四） R 软件

R 软件是新西兰奥克兰大学的 Ross Ihaka 与 Rontleman 一同基于 S 语言开发的一个面向对象的编程环境，它是一个免费且开源的计算机运行环境，也是一套完整的数据处理、计算和制图软件系统。

其功能包括：数据存储和处理系统、数组运算工具（其向量、矩阵运算方面的功能尤其强大）、完整连贯的统计分析工具、优秀的统计制图功能、简便而强大的编程语言。R 软件是迄今为止全球统计软件中内容最丰富的软件，几乎涵盖了全世界已经发现的各种算法，有些虽然暂时可能还没有加入进来，但 R 软件包每天都由全世界的学术志愿者在追加新的内容，而且增加的数量和速度相当可观。

说 R 软件是一种数学计算的环境，是因为 R 软件并不是仅仅提供若干统计程序，使用者只需指定数据库和若干参数便可进行一个统计分析。R 软件的思想是：它可以提供一些集成的统计工具，但更大量的是它提供各种数学计算、统计计算的函数，从而使使用者能灵活机动地进行数据分析，甚至创造出符合需要的新的统计计算方法。

思考题与习题

1. 已知模型：$y = ax_1 + bx_2 + c$，观测数据如下表所示，试使用最小二乘法来估计参数 a，b，c 的值。

x_1	1	1.3	1.7	2.5	4.7	5.2	5.9	6.3
x_2	0.03	0.18	0.57	0.89	1.65	3.24	5.22	9.2
y	22.1	39.3	78.3	114.1	187.5	301.1	399.5	501.3

2. 假设污水处理厂出水中 COD 浓度 y，与入水中 COD 浓度 x 的关系模型为：$y = a + cx^b$，已知 a，b，c 的取值范围 $100 \leq a \leq 200$，$1 \leq b \leq 1.5$，$0.9 \leq c \leq 1$，最小单位 $\Delta a = 1$，$\Delta b = 0.01$，$\Delta c = 0.005$。现有 8 个小时的观测数据如下表所示，试用穷举法估计参数 a，b，c 的值，并编程运行。

x	mg/L	497	320	389	461	209	355	373	430
y	mg/L	45.4	21.3	28.5	39.5	15.0	25.1	26.6	35.3

3. 已经构建了模型 $y = 26 + 4.2x^{1.1}$，并同时获得了 10 组观测数据，用相对误差法，求该模型模拟结果的中值误差。

x	0.2	0.9	2.1	4.3	4.6	2.5	1.2	1.9	0.4	3.5
y	26.7	29.7	35.5	46.9	48.5	37.5	31.1	34.5	27.5	42.7

4. 尝试将本章第七节借助 R 软件建模的案例中的节点数据及模型数据补充完整，并

在 R 软件中运行。

5. 选择某一特定的环境系统，针对一个具体问题，构建系统模型，给模型中各参数的重要性做排序，使用蒙特卡罗方法模拟一万次后对模型输出结果进行分析。记录建模的具体步骤。

6. 记录上述建模过程中借助的平台或工具，并阐释选择的理由。

主要参考文献

[1] 程声通. 环境系统分析教程[M]. 2 版. 北京：化学工业出版社，2012.

[2] 郑彤，陈春云. 环境系统数学模型[M]. 北京：化学工业出版社，2003.

[3] 宋新山，邓伟. 环境数学模型[M]. 北京：科学出版社，2004.

[4] 孙培德，楼菊青. 环境系统模型及数值模拟[M]. 北京：中国环境科学出版社，2005.

[5] 陈卫平，涂宏志，彭驰，等. 环境模型中敏感性分析方法评述[J]. 环境科学，2017，（11）：1-12.

[6] Sheng H. Substance Flow Computation[CP]. R package sfc version 0. 1. 0.，2016.

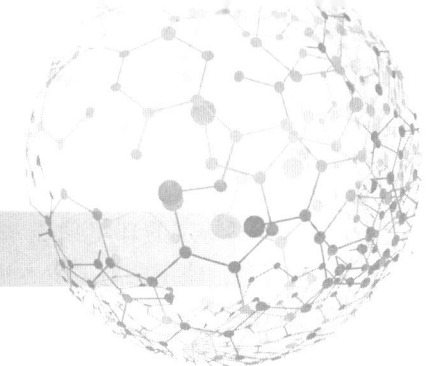

第三章

环境数据采集方法

环境数据是认识和定量分析环境系统的重要基础，也是开展模型研究的必要条件，因此环境数据的采集对于开展相关研究具有重要意义。目前，获取环境数据的方法主要包括：环境监测、污染物检测、野外观测、问卷调查、参观访谈和文献数据库检索等，其中包括一手数据的采集和二手数据的收集。在数据采集过程中，数据质量的控制十分关键。

第一节　环境数据的定义与分类

一、环境数据的定义

环境问题的产生大部分与人类活动有关，这就要求在获取基础数据时，将社会经济系统纳入其中，宏观、全面地理解环境问题。因此，环境数据就是环境各学科中，通过各种手段获取的能够直接或者间接影响、反映环境质量的各项指标数据，如水环境质量、大气环境质量、生态指标、水文气象以及社会经济发展的基础数据。

环境数据是判断环境质量"好坏"的基础，是了解环境系统如何运转的"钥匙"。通过环境数据，可以分析环境系统各个要素之间的关系，预测环境系统未来的发展趋势，并据此提出应对措施。

二、环境数据的分类

环境数据有多种获取方法，包括监测或观测、问卷调查、访谈和文献调研等。根据来源的不同，可以将环境数据分为质量监测、野外观测、问卷调查、参观与访谈、文献与数据库检索等类型。

第二节　环境质量监测

一、大气环境质量监测

（一）布设原则

大气环境具有受温度、气压、湿度及降水等因素影响大的特点，实地监测必须遵照代表性、可比性、整体性、前瞻性和稳定性的布设原则。

（1）代表性：能客观反映一定空间范围内的环境空气质量水平和变化规律，客观评价区域环境空气状况及污染源对环境空气质量的影响，从而满足为公众提供环境空气状况健康指引的需求。

（2）可比性：同类型监测点设置条件尽可能一致，使各个监测点获取的数据具有可比性。

（3）整体性：应考虑区域自然地理、气象等综合环境因素，以及工业布局、人口分布等社会经济特点，在布局上应反映区域主要功能区空气质量和主要大气污染源的现状及变化趋势，从整体出发合理布局，监测点之间相互协调。

（4）前瞻性：应结合城乡建设规划考虑监测点的布设，使确定的监测点能兼顾未来城乡空间格局变化趋势。

（5）稳定性：监测点位置一经确定，原则上不应变更，以保证监测数据的连续性。

（二）点位布设

（1）采样点应设在整个监测区域的高、中、低三种污染物浓度处。

（2）保证监测点位周围 $1~km^2$ 之内没有明显土地使用状况变化；且监测仪器采样口周围应开阔，采样口水平线与周围建筑物高度的夹角应不大于 $30°$。

（3）自动监测采样口应距离地面有 $3\sim20~m$ 的距离。

（4）在污染源比较集中、主导风向比较明显的情况下，应将污染源的下风向作为主要监测范围，布设较多的采样点，上风向布设少量点作为参照。

（5）工业较密集的城区和工矿区，人口密度大及污染物浓度超标的地区，要适当增设采样点；城市郊区和农村，人口密度小及污染物浓度低的地区，可酌情减少采样点。

（三）监测项目

空气中的污染物质多种多样，应根据监测空间范围内实际情况和优先监测原则确定监测项目。一般而言，大气监测指标类型包括基本项目和可选项目（表3-1）。

（四）数量和布设方法

在一个监测区域内，采样站点的设置数目应根据监测范围大小、污染物空间分布、地形地貌、人口分布等因素综合考虑确定。我国城市空气质量监测采样站数目主要依据城市人口与建成区面积而定（表3-2）。点位布设一般采用功能区布点法、同心圆布点法、扇形布点法和网络布点法。

表 3-1　大气监测项目

监测类型		监测项目
基本项目		SO_2、NO_2、CO、O_3、$PM_{2.5}$ 和 PM_{10}
可选项目	有机物	挥发性有机物（VOCs）、持久性有机污染物（POPs）
	温室气体	CO_2、CH_4、N_2O、SF_6、氢氟碳化物（HFCs）、全氟化碳（PFCs）
	湿沉降	降雨量、pH、电导率、硫酸根离子、铵离子、钠离子、镁离子、钾离子、钙离子、硝酸根离子、氯离子
	颗粒特性	元素碳、硫酸盐、硝酸盐、有机碳

表 3-2　环境空气质量评价城市点设置数量要求

建成区城市人口/万人	建成区面积/km^2	最少监测点数
<25	<20	1
25~50	20~50	2
50~100	50~100	4
100~200	100~200	6
200~300	200~400	8
>300	>400	按每 50~60 km^2 建成区面积设 1 个监测点，并且不少于 10 个点

二、 水环境质量监测

（一） 布设原则

监测断面的布设原则主要有：

（1）断面总体和宏观上须能反映水系或水系所在区域的水环境质量状况，断面的具体位置须能反映所在区域环境的污染特征，尽可能以最少的断面获取足够的有代表性的环境信息，同时还须考虑实际采样时的可操作性和便利性；

（2）断面位置应避开死水区、回水区、排污口处，尽量选择顺直河段或者河床稳定、水流平稳、水面宽阔、无急流、无浅滩处；

（3）监测断面力求与水文测流断面一致，以便利用其水文参数，实现水质监测与水量监测相结合；

（4）入海断面要设置在能反映水质并临近入海口的位置。

（二） 监测断面与点位布设

为了评价完整的水系水质，需要设置背景断面、对照断面、控制断面和削减断面。简单而言，背景断面应设在未受人类活动影响的河段，一般设在水系源头处或未受污染的上游河段；对照断面反映的是流入监测区域之前的水体水质，设在所有污染源的上游处；控制断面主要为了反映监测河段两岸污染源对水体水质的影响，因此，具体位置应根据工业布局和排污口分布情况而定，设在排污口（区）下游处；削减断面是水体纳污后，经过稀释扩散和自净作用，主要污染物浓度有明显降低的断面，一般设置于最后一个排污口下游1 200~1 800 m 处。

确定好监测断面后，应根据水面的宽度确定断面上的采样垂线，再根据采样垂线处的水深确定采样点的数目和位置。江、河水系的采样垂线和采样点位按照表3-3 和表 3-4 的标准设置：

表3-3 江、河断面采样垂线设置

河宽	左岸垂线	中泓垂线	右岸垂线
≤50 m		√	
50~100 m	√		√
≥ 100 m	√	√	√

注：① 左岸和右岸垂线应设置于明显水流处；② 当河面太宽时，可依据实际情况，在左岸垂线与中泓垂线之间、右岸垂线与中泓垂线之间分别再设置若干个垂线；③ 左岸、右岸是针对水的流出方向而言的。

表3-4 江、河采样点位设置

河深	水面下 0.5 m 处	1/2 水深处	河底上 0.5 m 处
≤1 m		√	
1~5 m	√		
5~10 m	√		√
≥10 m	√	√	√

注：水深达到一定程度时，水体会有温度分层，此时可以根据实际情况确定采样点数。

（三） 流量测定

河流断面流量测定方法包括：浮标法和仪器法。浮标法的基本原理是通过观测浮标在某固定距离间的漂流时间推算得到流速，再利用流速-面积法测得流量。这种方法适用于河段顺直、水流均匀的水体。浮标要没在水中，以防受风影响。同时，设置的距离应该使漂流时间大于 20s。仪器法是指利用流速仪测定监测断面的平均流速，再根据断面面积计算流量。通常在水深小于 0.76 m 时，以 0.6 m 水深处代表平均流速；当水深大于 0.76 m 时，取 0.2 m 和 0.8 m 水深处流速的均值。市场上也有根据多普勒原理直接测流量的仪器。

排口流量的测定方法取决于排口的形状。排口根据形状可分为圆涵、箱涵以及明渠。对于箱涵，一般污水排水管道位于箱涵内部，需要穿着避水衣下水进入箱涵内部；对于圆涵，方便直接测定的可直接测定，无法直接测定的可使用浮标法测定；对于明渠，优先使用浮标法测定，无法使用浮标法的可以使用堰法（三角形薄壁堰法或矩形薄壁堰法）测定。

（四）采样、监测项目与保存

根据时间、地点、混合比例的不同，水样可以分为瞬时水样、混合水样和综合水样。瞬时水样是指某一时刻、某一地点从水体中随机采集的分散水样，对于水质稳定或其组分长期变化不大的水体具有很好的代表性。将同一采样点、不同时间采集的各个瞬时水样混合后，得到的样品称为混合水样；而把不同采样点、同时采集的各个瞬时水样混合后，得到的样品称为综合水样。混合水样在观察平均浓度时非常有用，综合水样则在某些特定情况下更具现实意义。部分常见的监测项目及其保存方法如表 3-5 所示。

表 3-5　部分监测项目与保存方法

测定项目	容器材质	保存方式	保存期限	备注
色度	P（塑料）或 G（玻璃）		12 h	尽量现场测
浊度	P 或 G		12 h	尽量现场测
pH	P 或 G		12 h	尽量现场测
电导率	P 或 G		12 h	尽量现场测
悬浮物	P 或 G	4℃暗处	14 h	
酸度	P 或 G	4℃暗处	30 d	
碱度	P 或 G	4℃暗处	12 h	
化学需氧量（COD）	G	H_2SO_4，pH≤2	2 d	
五日生化需氧量（BOD_5）	溶解氧瓶	4℃暗处	12 h	
高锰酸盐指数	G	4℃暗处	2 d	
溶解氧（DO）	溶解氧瓶	加入 $MnSO_4$，碱性 KI-NaN_3 溶液，4℃暗处	24 h	尽量现场测
总磷	P 或 G	用 H_2SO_4，HCl 酸化至 pH≤2	24 h	
氨氮	P 或 G	用 H_2SO_4，pH 为 1~2，4℃	21 d	
亚硝酸盐	P 或 G	4℃暗处	24 h	
硝酸盐	P 或 G	4℃暗处	24 h	
总氮	P 或 G	用 H_2SO_4，pH 为 1~2，4℃暗处	7 d	
钠、钾、铜	P	HNO_3，1 L 水样中加浓 HNO_3 10 mL	14 d	
镁、钙、锰、铁、镍、镉、铅	P 或 G	HNO_3，1 L 水样中加浓 HNO_3 10 mL	14 d	
汞	P 或 G			

续表

测定项目	容器材质	保存方式	保存期限	备注
铬	P 或 G	HNO_3，1 L 水样中加浓 HNO_3 10 mL	1 m	
六价铬	P 或 G	NaOH，pH 为 8~9	14 d	

三、 噪声质量监测

噪声的判断与人们的主观感觉和心理因素有关。噪声是人们生活和工作所不需要的声音。广义而言，一切人们不希望存在的声音都可以定义为噪声。

（一） 噪声标准

根据 2015 年 1 月 1 日实施的声环境功能区划分技术规范（GB/T 15190—2014）的声环境功能区分类，我国声环境功能区分为 4 类，并制定了各声环境功能区噪声标准值（表 3-6）：

表 3-6　城市各类区域环境噪声标准值

单位：等效声级 L_{eq}［dB(A)］

声环境功能区		昼间	夜间
0 类		50	40
1 类		55	45
2 类		60	50
3 类		65	55
4 类	4a 类	70	55
	4b 类	70	60

0 类声环境功能区：康复疗养区等特别需要安静的区域。

1 类声环境功能区：以居民区、医疗卫生、文化教育、科研设计、行政办公为主要功能，需要保持安静的区域。

2 类声环境功能区：以商业金融、集市贸易为主要功能，或者居住、商业、工业混杂，需要维护住宅安静的区域。

3 类声环境功能区：以工业生产、仓储物流为主要功能，需要防止工业噪声对周围环境产生严重影响的区域。

4 类声环境功能区：交通干线两侧一定距离之内，需要防止交通噪声对周围环境产生严重影响的区域，包括 4a 类和 4b 类两种类型。4a 类为高速公路、一级公路、二级公路、城市快速路、城市主干路、城市次干路、城市轨道交通（地面段）、内河航道两侧区域；4b 类为铁路干线两侧区域。

（二） 监测原则

环境噪声监测应在无雨、无雪的天气下进行，风速为 5.5 m/s 以上时停止测量。测量仪器性能应符合相关国家标准。测量时传声器需要加风罩，以避免风噪声干扰，同时保持传声器清洁。测量时间应该分为昼间(6：00—22：00)和夜间(22：00—6：00)两个部分。

（三） 点位布设

城市环境噪声点位布设方法包括网格法和定点法。网格法是将测量区域分为若干个等分网格，每个网格中的工厂、道路及非建成区的面积之和不得大于网格面积的 50%。测量点应该位于网格中心，对于中心点无法测定的，根据实际情况将测量点移至中心点附近其他可测量的位置。定点法是在整个测量区内选定能够代表某一区域或整个区域内噪声平均水平的点位，对选定点位进行连续监测。

对于交通噪声，测量点位应选在两路口之间的道路边人行道上，离车行道路边 20 cm、离路口大于 50 m 处。

四、 土壤环境质量监测

（一） 土壤标准

生态环境部关于发布《土壤环境质量农用地土壤污染风险管控标准（试行）》（GB 15618—2018），是《土地环境质量标准》（GB 15618—1995）的第一次修订，旨在保护农用地土壤环境，管控农用地土壤污染风险，保障农产品质量安全、农作物正常生长和土壤生态环境。当土壤中的污染物含量等于或者低于规定的风险筛选值时，农用地土壤污染风险低，一般情况下可以忽略；高于规定的风险筛选值时，可能存在农用地土壤污染风险，应加强土壤环境监测和农产品协同监测(表3-7)。

表 3-7　农用地土壤污染风险筛选值（基本项目）　　　　单位：mg/kg

序号	污染物项目		风险筛选值			
			pH≤5.5	5.5<pH≤6.5	6.5<pH≤7.5	pH>7.5
1	镉	水田	0.3	0.4	0.6	0.8
		其他	0.3	0.3	0.3	0.6
2	汞	水田	0.5	0.5	0.6	1.0
		其他	1.3	1.8	2.4	3.4
3	砷	水田	30	30	25	20
		其他	40	40	30	25
4	铅	水田	80	100	140	240
		其他	70	90	120	170

续表

序号	污染物项目		风险筛选值			
			pH≤5.5	5.5<pH≤6.5	6.5<pH≤7.5	pH>7.5
5	铬	水田	250	250	300	350
		其他	150	150	200	250
6	铜	果园	150	150	200	200
		其他	50	50	100	100
7	镍		60	70	100	190
8	锌		200	200	250	300
9	六六六总量		0.10			
10	滴滴涕总量		0.10			
11	苯并[a]芘		0.55			

注：① 重金属和砷均按元素总量计；② 六六六为四种异构体总量，滴滴涕为四种衍生物总量；③ 对于水旱轮作地，采用其中较严格的风险筛选值。

（二）采样点布设

土壤是一个不均一体，影响它的因素纷繁复杂；同时，土壤环境是一个开放的缓冲体系，与外界不断进行物质交换。因此，点位的选择、样品的采集应遵循以下原则：

（1）土壤的不均匀性决定了采样点数量不宜过少，一般是 5~10 个或 10~20 个，视采样面积而定，但不应少于 5 个；

（2）土壤样品的采集应采混合土样，混合土样一般采集耕层土壤（0~15 cm 或 0~20 cm）；

（3）混合样品每一点的土样厚度、深浅、宽窄应大体一致；

（4）样品可以按照"S"形路线采集；

（5）采样点应避免田边、路边、沟边和特殊地形的部位以及堆过肥的地方；

（6）每个混合样品不宜过重或过轻，以 1 kg 为宜，如果样品过重，可采用四分法选取对角两份混合（图 3-1）。

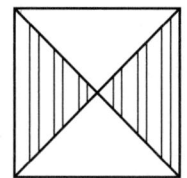 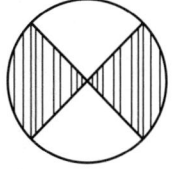

图 3-1 正方形和圆形四分法

（三）样品制备与保存

土壤样品处理过程主要包括：风干、粉碎过筛和保存。

风干：将采回的土样，放入木盘或塑料布上，摊成薄薄的一层，置于室内通风阴干。在土样风干过程中，将大土块捏碎，拣出石块、动植物残体等。

粉碎过筛：将风干过后的土样倒入玻璃器皿，以木棒研细。充分混合后，用四分法分成两份，选择对角的两份混匀，一份物理分析，一份化学分析。

保存：一般样品用磨口塞的广口瓶或塑料瓶保存半年至一年。

第三节　固体废物检测

（一）样品采集

固体废物是指在生产、生活、建设中产生的污染环境的固态、半固态废弃物质。为了便于固体废物的分类处理，我国将其分为 14 类：生活垃圾、餐厨垃圾、大件垃圾、建筑废弃物、城镇污水处理厂污泥、绿化垃圾、粪渣、动物尸骸、医疗垃圾、电子垃圾、废弃车辆、工业废物、农业废物和有害废物。

固体废物的采样工具主要包括尖头钢锹、钢锤、采样探子、采样钻、气动和真空探头、取样铲、带盖盛样桶或内衬塑料薄膜的盛样袋等。采样时，首先根据固体废物批量大小确定采样点个数，其次根据固体废物的最大粒度（95%以上能通过最小筛孔尺寸）确定采样量，最后根据固体废物的赋存状态，选用不同的采样方法，在每一个采样点上采取一定质量的物料，并认真填写采样记录表。

采样点数取决于两个因素：物料的均匀程度和采样的准确度要求。物料越不均匀，采样点数应越多；采样准确度要求越高，采样点数应越多（表 3-8）。

表 3-8　固体废物大小和采样点数量
单位：液体 1 000 L 或固体 1 000 kg

批量大小	采样点数量
<5	5
5~50	10
50~100	15
100~500	20
500~1 000	25
1 000~5 000	30
>5 000	35

采样量的大小主要取决于固体废物的颗粒最大粒径。颗粒越大，均匀性越差，采样量应越多（表 3-9）。

表 3-9　不同粒径样品的最小采样量

最大粒径/mm	最小采样质量/kg
<10	0.5
10~20	1
20~40	2
40~50	3
50~100	5
100~150	15
>150	30

（二）样品制备

样品制备主要包括破碎、筛分、混合、缩分四个步骤，制样时需要重复这一流程，直至达到实验室分析标准为止。主要使用的制样工具有粉碎机械（粉碎机、破碎机等）、药碾、研钵、钢锤、标准套筛、十字分样板、机械缩分器等。

1. 破碎

经破碎和研磨以减小样品粒度，待干燥后根据其硬度、粒径将样品粉碎至符合要求的粒度。

2. 筛分

根据样品的最大粒径选择相应的筛号，分阶段进行筛分，保证样品95%以上处于某一粒度范围。筛上部分应重新返回破碎工序，不得随意丢弃。

3. 混合

过筛后的样品进一步混合均匀的方法有堆锥法、环锥法、掀角法和机械搅拌匀法等。

4. 缩分

根据制样粒度，采用圆锥四分法，将样品逐步缩分，减少样品的质量，直至达到所需分析试样的最小质量。

（三）运输与保存

样品在运送过程中，应避免样品容器的倒置和倒放。样品应保存在不受外界环境污染的洁净房间内，并密封于容器中保存，贴上标签备用。必要时可采用低温、加入保护剂的方法。制备好的样品，一般有效保存期为三个月，易变质的试样不受此限制。

第四节　野外观测

一、湿地观测

（一）湿地定义与特征

国际上对于湿地的定义有多种，虽然各有侧重，但基本上包括水、土、植物三个要素。多水(积水或饱和)、独特的土壤和适水的生物活动是湿地的基本要素。

湿地生态系统的基本特征主要包括:

(1) 湿地都有长期、季节性浅层积水或土壤饱和;

(2) 湿地长期处于厌氧环境或厌氧与好氧交替的环境中;

(3) 湿地一般具有多种多样的适应淹水或土壤饱和条件的动物和植物,缺乏不耐水淹的植物;

(4) 湿地空间一般分布于陆地和水体之间的过渡地带。

(二) 湿地分类

根据《湿地分类》标准,湿地划分为 5 类 34 型,各湿地类、型及其划分标准如表 3-10。

表 3-10　湿地类、型及划分标准

代码	湿地类	代码	湿地型	划分技术标准
I	近海与海岸湿地	I_1	浅海水域	浅海湿地中,湿地底部基质由无机部分组成,植被盖度<30%的区域,多数情况下低潮时水深小于 6 m。包括海湾、海峡
		I_2	潮下水生层	海洋潮下,湿地底部基质由有机部分组成,植被盖度≥30%,包括海草层、海草、热带海洋草地
		I_3	珊瑚礁	基质是由珊瑚聚集生长而成的浅海湿地
		I_4	岩石海岸	底部基质 75%以上是岩石和砾石,包括岩石性沿海岛屿、海岩峭壁
		I_5	沙石海滩	由砂质或沙石组成的,植被盖度<30%的疏松海滩
		I_6	淤泥质海滩	由淤泥质组成的植被盖度<30%的淤泥质海滩
		I_7	潮间盐水沼泽	潮间地带形成的植被盖度≥30%的潮间沼泽,包括盐碱沼泽、盐水草地和海滩盐沼
		I_8	红树林	由红树植物为主组成的潮间沼泽
		I_9	河口水域	从近口段的潮区界(潮差为零)至口外海滨段的淡水舌锋缘之间的永久性水域
		I_{10}	三角洲/沙洲/沙岛	河口系统四周冲积的泥/沙滩,沙州、沙岛(包括水下部分)植被盖度<30%
		I_{11}	海岸性咸水湖	地处海滨区域有一个或多个狭窄水道与海相通的湖泊,包括海岸性微咸水、咸水或盐水湖
		I_{12}	海岸性淡水湖	起源于潟湖,与海隔离后演化而成的淡水湖泊
II	河流湿地	II_1	永久性河流	常年有河水径流的河流,仅包括河床部分
		II_2	季节性或间歇性河流	一年中只有季节性(雨季)或间歇性有水径流的河流
		II_3	洪泛平原湿地	在丰水季节由洪水泛滥的河滩、河心洲、河谷、季节性泛滥的草地以及保持了常年或季节性被水浸润内陆三角洲所组成
		II_4	喀斯特溶洞湿地	喀斯特地貌下形成的溶洞集水区或地下河/溪

代码	湿地类	代码	湿地型	划分技术标准
Ⅲ	湖泊湿地	Ⅲ₁	永久性淡水湖	由淡水组成的永久性湖泊
		Ⅲ₂	永久性咸水湖	由微咸水/咸水/盐水组成的永久性湖泊
		Ⅲ₃	季节性淡水湖	由淡水组成的季节性或间歇性淡水湖(泛滥平原湖)
		Ⅲ₄	季节性咸水湖	由微咸水/咸水/盐水组成的季节性或间歇性湖泊
Ⅳ	沼泽湿地	Ⅳ₁	藓类沼泽	发育在有机土壤、具有泥炭层的以苔藓植物为优势群落的沼泽
		Ⅳ₂	草本沼泽	由水生和沼生的草本植物组成优势群落的淡水沼泽
		Ⅳ₃	灌丛沼泽	以灌丛植物为优势群落的淡水沼泽
		Ⅳ₄	森林沼泽	以乔木森林植物为优势群落的淡水沼泽
		Ⅳ₅	内陆盐沼	受盐水影响,生长盐生植被的沼泽。以苏打为主的盐土,含盐量应>0.7%;以氯化物和硫酸盐为主的盐土,含盐量应分别大于1.0%、1.2%
		Ⅳ₆	季节性咸水沼泽	受微咸水或咸水影响,只在部分季节维持浸湿或潮湿状况的沼泽
		Ⅳ₇	沼泽化草甸	为典型草甸向沼泽植被的过渡类型,是在地势低洼、排水不畅、土壤过分潮湿、通透性不良等环境条件下发育起来的,包括分布在平原地区的沼泽化草甸以及高山和高原地区具有高寒性质的沼泽化草甸
		Ⅳ₈	地热湿地	以地热矿泉水补给为主的沼泽
		Ⅳ₉	淡水泉/绿洲湿地	以露头地下泉水补给为主的沼泽
Ⅴ	人工湿地	Ⅴ₁	库塘	以蓄水、发电、农业灌溉、城市景观、农村生活为主要目的而建造的,面积不小于8 hm²的蓄水区
		Ⅴ₂	运河、输水河	为输水或水运而建造的人工河流湿地,包括灌溉为主要目的的沟渠
		Ⅴ₃	水产养殖场	以水产养殖为主要目的而修建的人工湿地
		Ⅴ₄	稻田/冬水田	能种植一季、两季、三季的水稻田或者是冬季蓄水或浸湿的农田
		Ⅴ₅	盐田	为获取盐业资源而修建的晒盐场所或盐池,包括盐池、盐水泉

(三) 湿地观测指标

湿地是世界上生物多样性最为丰富的生态系统,具有调节气候/径流、调蓄水源、蓄洪抗旱、降解污染、减轻土壤侵蚀的生态环境功能等。不同的湿地区域以及不同的研究目的所需要的观测内容可能存在一定差别,但作为一套完整的观测系统,其最基本的观测内容应包含：湿地的类型、面积与分布；湿地及其周边的气象气候状况；湿地水资源状况；湿地土壤及土地利用状况；湿地的生物多样性及其珍稀濒危野生动植物；湿地周边地区的社会经济发展对湿地资源的影响；湿地的管理状况和研究状况等。

1. 气象及大气环境要素

降雨量、气温、地温、气压、空气湿度、风、蒸发、日照、辐射；贴地层 CO_2、CH_4、NO_x、干湿沉降；小气候和物候等。

2. 生物要素指标

植物群落特征、植物生物量和生产力；水禽种数及主要水禽种群的数量、兽类种数及种群数量、两栖类种数及种群数量、爬行类种数及种群数量、迁徙动物的种类及种群数量、土壤动物的种类和数量、鱼类种类和数量、土壤微生物种类和数量；外来物种等。

3. 土壤要素

湿地土壤的观测指标主要有物理和化学两类。物理要素包括：机械组成、土粒密度、容重、孔隙度、土壤含水量、田间含水量、凋萎含水量、土壤水吸力、水分常数曲线以及土壤呼吸等。化学要素包括：pH、氧化还原电位、有机质、腐殖质组成、全盐量、氮、磷、钾以及土壤微量元素等。

4. 水文及水质要素

水深、水位、流速、水量、地下水位等指标；地表水、地下水以及雨水的水质要素观测指标等。

二、 湖泊观测

（一） 观测点位

对于面积在 1 km^2 以内的湖泊，可只选在湖心区最深部位一个点作为整个水域最具代表性的观测点。对于较大的浅水湖泊，主要选择湖河水流入后充分混合的地方、湖水流出的地点、按环流大小选几个点代表不同的水域、由于排污口和污水流入而经常受到污染的地方、湖内温泉水和涌出水流入的地方等。观测点要能反映水体水质的时空变化特征和受人类活动(如养殖、旅游、沿岸排污工厂、城镇等)的影响。观测点的数量在几个、十几个乃至几十个(表3-11)。

表3-11　不同湖泊面积应设的观测点数目

湖泊面积/km^2	<5	5~20	20~50	50~100	100~500	500~1 000	1 000~2 000	>2 000
观测点数目	2~3	3~6	6~10	10~15	15~16	16~20	20~30	30~50

（二） 观测内容

湖泊是一个自然体，它涉及物理、化学、水生物学、沉积学、生态学等方方面面。湖泊的长期定位监测分析可获取湖泊周边气象、湖泊水物理、湖泊水化学、湖泊生物、湖泊沉积物等方面的数据，对研究湖泊生态系统的长期演变具有重要的科学意义。

1. 湖泊周边气象指标(表 3-12)

表 3-12　气 象 指 标

类别	项目	类别	项目
云	云量	地表温度	定时地表温度
	云状		最高地表温度
	云高		最低地表温度
气压	气压	蒸发量	蒸发量
风	风向	辐射	总辐射
	风速		分光辐射
空气温度	定时温度		反光辐射
	最高温度		净辐射
	最低温度	雪	初雪
降雨	总量		终雪
	强度		雪深
日照时数	日照时数	地温	地温

2. 湖泊水物理指标

湖泊水物理要素是湖泊生态系统的重要参数,包括透明度、水深、水位等。水域形态特征也是重要的指标,如面积、深度、宽度、岸线类型、岸线长度和底质等。

3. 湖泊水化学指标

主要监测湖泊水化学要素的长期变化,包括总磷、总氮、磷酸盐、硝酸盐氮、亚硝酸盐氮、氨氮、溶解氧、化学需氧量、生化需氧量、悬浮物、总有机碳、总无机碳、pH、水温等。

4. 湖泊底质指标

湖泊底质数据即湖泊沉积物数据资源,主要目标为长期监测湖泊沉积物的物理化学性质,包括含水率、全磷、全氮、粒径组成、氧化还原电位、pH 等。

5. 湖泊生物信息

大型植物、浮游植物、浮游动物、底栖动物的生物量和种类组成,游泳动物(鱼类)的种类组成、年龄、体重、体长、肥满度等信息。

三、草地观测

(一) 观测内容

草地生态系统的观测内容主要包括土地覆盖与利用情况、物种多样性、生态系统功能与结构等信息(表 3-13)。

表 3-13 草地生态状况指标

生态学信息类别		指标
草地生态系统的区域和状况		土地覆盖和土地利用
生态学资本	生物材料	所有物种多样性
		本地物种多样性
	非生物材料	养分径流
		土壤有机质
生态功能		生产力(包括碳储量净初级生产力和生产能力)
		土壤有机质
		养分利用效率和养分平衡
生态结构		土地利用
		物种组成成分格局

（二） 取样原则

取样原则主要体现在取样代表性、可重复性和精度。

在土壤和土壤生物取样时，样品必须能代表已被特征化的面积或生态系统内的土壤类型，并提供整个面积内或均一化的亚区内所要得到的土壤参数的总体趋势和变异性等有关信息。在取样、样品处理、运输和贮藏过程中，样品不能以任何方式被污染或改变。样品必须提供不同的土壤层次而不是土壤的深度。取样方法和样品特征应该使分析结果不仅能提供样品的质量，而且能提供特殊的组分信息。

在动物分区随机取样时，先对选定区域进行大规模大尺度调查，并按照植被类型等不同特征划分均一亚区；再确定所需研究的指标物种，并对其分布和丰度进行研究。

第五节 问 卷 调 查

问卷是一种社会研究中用以收集资料的工具。与其他工具(如温度计、压力计、秒表等)不同的是，问卷包含了被调查者的主观意识。

在实际社会调查中，问卷可以划分为：自填式问卷和访问式问卷。自填式问卷是指被访问者自主或在访问员的帮助下填写问卷，而访问式问卷则是问卷调查员与被调查者直接交谈，并由问卷调查员记录在问卷上。虽然这两种不同的问卷形式导致不同的问题设置，但总体上所有问卷都具有相同的或相似的结构与设计原则。

一、 问卷结构

问卷主要由封面信、说明和主体(问题与答案)三个部分组成。

（一）封面信

封面信是在问卷调查开始时向被调查者介绍访问员单位、身份、问卷的目的、主要内容和保密措施等，并请求被调查者合作的一种宣传短信。封面信语言要简练，篇幅不要过长（一般 200 字以内）。封面信的篇幅虽短，但对问卷调查的顺利进行是必不可少的。被调查者第一眼接触的就是封面信，封面信的好坏将直接影响被调查者是否愿意填写问卷。一般而言，相信一个未曾谋面的陌生人，并填写一份很有可能泄露个人信息的问卷，在现代社会是一件很复杂的事情，尤其是邮寄问卷和网络问卷。因此，好的封面信要具有很强的说服力，使被调查者相信、愿意继续问卷填写。

（二）说明

说明用来告知调查者如何正确填写问卷，一般出现在封面信之后，是正式填写问卷之前对调查方法、注意、要求的总结与指导。如"本题为多选""本题如选否，请直接跳到第 7 题""常住人口指的是全年在家居住 6 个月以上"等。一切能引起填写者疑惑的地方均应加以说明。

（三）主体

问卷的主体是问题与答案，也是问卷中最为重要的部分。问题在形式上可划分为开放式问题和封闭式问题，在内容上可划分为背景、事实和态度。

（四）其他资料

与问卷相关的其他信息，如编码、调查员姓名、日期、调研地址及 GPS 定位等。

编码主要是为了方便后期的处理，将问卷中不同类型的问题变为易于分析的数字代码（表 3-14）。

表 3-14 编 码 案 例

A1 您的年龄：_____	1 _____
A2 您的性别：_____	2 _____
① 男　　② 女	
A3 您家庭月收入：_____	3 _____
① 1 000 元以下　　　　② 1 000~3 000 元	
③ 3 000~5 000 元　　　④ 5 000~10 000 元	
⑤ 10 000 元以上	
A4 您家庭收入主要来源是什么：_____	4 _____
① 制陶相关　② 外出务工　③ 公务人员　④ 其他	

注：编码的原则：对于问题 A1，一般的答案都在 99 以内，所以需要预留 2 位数字；对于问题 A2~A4，问题答案只有一位数字，所以预留一位数字。

二、问卷设计原则

问卷设计关系到问卷问题质量、问卷回收率等问卷调查核心指标，因此问卷的设计至关重要。在开始具体问卷设计之前，我们需要了解问卷设计的几个基本原则。

（一）问题设计角度

"提什么问题"与"怎样提问题"是问卷设计中经常被讨论的问题，却也是最容易出错的地方。问卷设计者在开始设计问卷之前都会有一个设想，所有问题的提出都是基于这个设想。例如，研究巢湖流域工业企业对巢湖水质下降的贡献问题，设想工业企业排放的污水越多，巢湖水质下降越快。一旦确立这个假设，接下来的问题设置自然包括污水排放总量、污染物种类、各类污染物排放量、排放浓度以及排放时间等与之相关的问题。

基于假设提出问题，大部分研究者都能够做到，但考虑到"怎样提问"的人却是少之又少，这也是大部分研究者问卷质量不高的原因。他们在实际工作中会发现很多被调查者对于问卷中某一个或一些问题难以回答，因为这些研究者的问题是从自身的角度出发，以自身理解角度提出问题的，忽略了问题的回答者是普通大众。

一个好的问卷，问题的设置应从被调查者的角度出发，这正是"怎样提问题"的关键所在。忽略被调查者的需求，只考虑自己的调查目的，常常会导致问卷页数过多，或问卷页数虽少但每页问题过多等问题。对于被调查者而言，问题最好是读过题干则知答案，不需要回忆很久或计算多次。典型的反例如，您家每周产生多少垃圾？① 1 kg；② 2 kg；③ __。这个例子至少存在三个问题：第一，"每周"太过于笼统，是夏季、还是冬季，因为不同季节产生的垃圾量是不同的；第二，选项的单位"kg"应改为"斤"，更符合普通大众的生活习惯；第三，题干中应添加常用垃圾袋每袋垃圾重量，这是因为大部分家庭只会回忆起每周扔过多少次垃圾，而不会刻意记录其重量。

（二）问卷填写阻碍

问卷填写过程进行得是否顺利对问卷质量的提升具有重要意义。被调查者是否愿意认真填写、是否愿意真实填写等涉及被调查者态度的因素，都有可能对问卷质量提升造成负面影响，因此在问卷设计过程中需要考虑哪些原因可能会对被调查者态度造成负面影响。一般认为有主观障碍和客观障碍两种。

1. 主观障碍

主观障碍是被调查者自身在心理或思想上对问卷填写产生负面想法。产生主观障碍的因素主要包括：① 题量设置不合理：问卷太长、题目太多；② 解释不到位：包含敏感问题而事先解释不够、被调查者对问卷不重视；③ 表达不够简练：题目包含多重含义、答案过长等。

2. 客观障碍

客观障碍是指由于被调查者自身的能力或者条件不足，导致问卷调查失败或者质量不高。这类障碍产生的原因可能是：① 被调查者阅读能力有限：受教育程度低的被调查者在阅读一些设计不合理的问卷时会遇到阅读障碍；② 被调查者理解能力有限：被调查者的受教育程度有限以及提出的问题具有多重含义等都会造成理解障碍；③ 其他障碍：如记忆力障碍、计算障碍等。

（三）影响问卷的其他因素

1. 调查目的

调查目的直接影响问题的设置，根据不同的调查目的，对于问题的描述有所区别。如果调查是想要获取某方面的事实，只需要在问卷问题中尽量全面地收集此方面的事实，尽量弱化不相干的问题设置。

2. 调查内容与对象

对于涉及个人隐私或者具有多个敏感问题的问卷，在实际操作中会困难得多，如个人收入；而对于公众普遍熟悉和关注话题的问卷就相对容易，如空气污染。在实际设计过程中要深入考虑，从被调查者的角度入手，在提问方式和问题数量等不同方面灵活应用。同样，不同被调查者所属社会阶层不同、对于问题的理解能力也不同。农村和城镇地区的问卷在问法、问题数量以及引导方式上显然是不同的。

3. 调查方式

不同问卷调查方式的设计原则也是不同的。对于电邮形式的问卷，问卷介绍是影响被调查者是否接受问卷调查的关键；对于网络问卷，问卷长度、题量以及排版都是需要考虑的方面。

三、 问卷设计步骤

（一） 提出假设与准备问题

问卷的设计不同于问卷问题的设计，所有问卷问题开始设计之前都需要提出假设，这也是问卷设计的原则之一，即问卷设计都来源于一个具体问题的假设（巢湖水质下降的主要原因是巢湖流域工业企业的污水排放）。在确定问卷主题的基础上，通过资料收集、专家座谈等各种方式获得对问题数量、形式、问法等各方面的建议。

（二） 设计初稿

在完成对问卷问题及答案的轮廓的总体了解后，就可以开展问卷初稿的设计工作了。一般而言，问卷初稿设计方法主要有两种：卡片法和图画法。

1. 卡片法

在准备问题阶段将通过资料收集、专家座谈等方法获取的对问题和答案的意见、建议都记录在一张张卡片上，在结束后将所有卡片按照问题的类别予以分类，再通过一定方法（如逻辑顺序、问题难易顺序等）将其排序，最后得到问卷初稿。

2. 图画法

与卡片法不同的是，图画法先将整个问卷的结构画出，并调整问卷顺序以符合被调查者的角度，然后据此规划好问题与选项。图画法不但要考虑问卷整体结构，而且还需在此过程中调整问题前后顺序，达到难易平衡。

（三） 试用、讨论及修改

刚刚完成的问卷初稿不能直接用于正式调查之中，还需经过试用、讨论以及修改才可用于实际工作。

问卷的试用是指可以将初稿用于小范围试用或者请同行专家评阅。在经过小范围试用和专家评阅之后，对其中问题有针对性地修改完善。反复几次之后，才可用于实际调研。

四、 问题设置

（一） 问题形式

问卷问题有开放式问题和封闭式问题两种。开放式问题是被调查者针对提出的问题作出自己认为合适的回答，不需要设计答案，只需给出空格。封闭式问题是被调查者从所给选项中选出自己认为合适的答案，需要研究者给出不同答案选择。从问卷调查开始被用于实际研究以来，封闭式问题就相当流行，也更为常用。主要包括填空题和选择题。

填空题：您的出生年月：_____年_____月

选择题(是否型)：您的性别：□男　　□女

选择题（单选型）：您的月收入_____：① 1 000 元以下；② 1 000～5 000 元；③ 5 000～10 000 元；④ 10 000 元以上。

选择题（多选型）：您在选择冰箱时主要考虑哪些因素_____：① 品牌；② 容积；③ 能耗；④ 价格。

（二） 问题数量与顺序

问题的数量决定着问卷的篇幅，问题的顺序也影响着被调查者答题的积极性。如果一份问卷长达 20 页，大部分人都没有兴趣完成；如果一份问卷填答时间超过 25 分钟，受访者会逐渐失去作答的耐心；如果问卷在刚开始就提及一些敏感问题或者较为复杂的问题，受访者也可能拒绝填写。

（三） 问题表达

1. 题干尽量简短

在设计问题时要言简意赅，避免因题干过长使得被调查者产生主客观障碍，也不要使用专业术语(库兹涅茨曲线、生态补偿等)和抽象概念(较好、优美等)。

2. 避免使用否定句

否定形式的问题容易使被调查者在选择答案时受到误导。如"环境问题不应该完全责怪政府"，在回答这个问题时，很多人会忽略这个"不"字在题干中作用而导致选出与被调查者所想不同的答案。

3. 避免双重含义

双重含义是研究者在题干中问了两个或多个内容的问题而导致的。如"你同意国家加大环保投入，用于土壤污染治理吗?"这个问题实际上包含了"加大环保投入"和"将投入用于土壤污染治理"两个问题。

4. 避免带有倾向性

受访者回答问题除了根据自己实际外，最能够影响他们回答的就是题干本身。不同的问法会产生不同的引导效应。如"经济和环境应该以哪一个为优先顺序"和"发展经济必然带来环境污染，应以哪一个为优先顺序"，第二个问题明显会使得被调查者选择"环境"选项。

5. 其他要求

如避免直接询问敏感性问题、问题应该中肯、让被调查者愿意回答等。

（四）　相倚问题

问卷设计中会出现一部分问题只适用于一部分样本，某个调查者是否需要回答这一问题是根据前面某个问题回答的结果而定的，这类问题就是相倚问题。如"您有小孩吗?"回答可以是"有"或"没有"，它的相倚问题就是"您有几个小孩?"。这部分问题在问卷中的表现形式往往是"如选择'没有'，则跳过第4—7题"。

五、　选项设置

选项是选择题的关键组成部分，选项的好坏直接影响问题答案的有效性。与问题设计一样，选项的设计也有其规则。

首先，选项的设置要与提出的问题具有一致性。这是对选项的基本要求，不能提了 A 类问题，选项却是 B 类问题的答案。

其次，选项要具有穷尽性和互斥性。穷尽性是指将问题的所有可能答案都列举出来。对于每个被调查者来说，他们社会阶层和生活水平不同，回答可能差异很大，选项要尽可能包含所有可能答案，避免遗漏。互斥性是指选项相互之间没有包含的可能。以下是一个范例：

您家庭月收入为：＿＿＿＿＿＿＿

A. <2 000 元；　　　　　　　　　B. 2 000~5 000 元(不包含 5 000 元)；

C. 5 000~10 000 元(不包含 10 000 元)；　　D. 10 000 元及以上

六、　问卷发放、　回收与统计

（一）　问卷发放与回收

问卷发放与回收主要有四种方式：个别发送、邮寄法、集中填答和网络调查。

个别发送是自填问卷中最常用的一种。它是通过派遣调查员将问卷直接送至被调查者手中，同时介绍调查意义、目的和要求，请求对方合作，并商定回收时间和方式(如 3 d 后在原处回收等)的一种问卷发放和回收方式。

例如，我们进行巢湖流域工业企业污染物排放情况调研，派遣调查员到各工业企业，逐一将问卷发放到负责人手中，由企业填写后直接带走或者商定具体时间取走。

邮寄法是研究者把已经准备好的问卷通过邮寄的方式寄给被调查者，待被调查者完成问卷填写之后再邮寄回来。需要注意的是，邮寄法需要事先将已经准备好的邮票放入信中。此法在国外使用普遍，在国内则较为少见。

集中填答是将被调查者集中一处，集中发放问卷、集中回收的一种问卷发放回收方式。例如，针对巢湖流域工业企业污染物排放情况，可以通过政府通知形式将所有被调查企业负责人集中完成填答。

网络调查是在互联网时代最便捷的一种方式。它是通过将问卷放于特定网站或发送电子邮件的方式来达到问卷调查的目的。随着网络的普及与发展，网络问卷必定是将来问卷发放的一种重要手段。

（二） 问卷回收率

问卷回收率是回收的问卷占全部发出去问卷的数量比例。理想状态下，我们希望所有问卷都能回收，但实际操作中几乎不可能达到 100% 的回收率。实际调查中，问卷回收率达到 50%，即可认为合格；达到 70%，则为优秀。

$$回收率 = \frac{回收的问卷数}{发出的全部问卷数} \times 100\%$$

在实际工作中，回收的问卷中有些问卷因为部分信息缺失而无法用于统计分析，可用于问卷统计分析的回收问卷称为有效回收问卷，有效回收问卷占发出的全部问卷比例称为有效回收率。

$$有效回收率 = \frac{有效回收问卷}{发出的全部问卷数} \times 100\%$$

当问卷有效回收率低于预期值时，须补充发放问卷。

（三） 问卷统计

问卷回收后，要第一时间查看问卷填答情况，剔除无效问卷，有效回收率低于预期的要补充问卷。问卷筛查后，即可将问卷信息整理、汇总并录入到电子数据库中，问卷原件应当通过拍照或扫描留存。

第六节　访　　谈

一、 访谈准备

为了使访谈能够顺利进行，在联系访谈之前应做一些准备工作，包括：访谈对象的选择、访谈时间与地点的选择、访谈问题提纲的准备以及访问员的培训工作。

（一） 对象的选择

对访谈而言，实施研究的抽样方法大多是判断抽样，或者是以判断抽样为主，其他方法为辅。在综合性的社区研究中，访问对象的选择可以是偶遇的，也可以根据主观判断选择。在选择受访者时，还要考虑到受访者的背景，应尽可能选择不同背景的受访者以全面了解情况。

（二） 时间与地点

访问对象确定之后就要与受访者约定访问时间和地点。一般来说，以受访者方便为确定访问时间和地点的首要原则。这样做一方面可以表示对受访者的尊重，另一方面在一个由受访者指定的时间和地点访问，可以使其感到安全和放松。对访谈而言，一个比较充分的收集访谈资料的过程应该包括一次以上的访谈；每次访谈的时间应该在一个小时以上，但是最好不要超过两个小时。

（三） 提纲准备

提纲可以帮助访问员明确目的，了解需要收集的信息。为了访谈的成功，在制定访谈提纲时还要对被访人的背景信息有所了解。在上述工作结束后，应当拟定实施访谈的程序表，对要做的工作与时间进行安排，准备访谈所需工具，如身份证明、调查清单、录音摄影器材、记录本等。

（四） 访问员培训

访问员代表研究机构，直接与被调查对象接触，收集第一手资料，因此在访谈前必须要选择合适的人员作为访问员并加以培训。访问员除了必须了解我国有关调查研究的法规，遵守国家的法律以外，还有个人品德、性格、学历、仪表等要求。

首先，访谈研究中访问员的品行是最重要的，这直接影响访谈的质量。访问员要具备诚实认真、吃苦耐劳、尊重他人、责任感强的品德。因为访问员需要跟人打交道，积极主动、性格活泼的人更有利于和受访员交流。其次，一个访问员至少要具有高中教育水平，有良好的语言表达能力、理解能力、协调沟通能力。如果缺乏上述的能力与知识储备，问卷中的某些问题可能很难理解，访谈也就难以继续。同时，良好的语言表达能力和沟通能力也是社会交往的基础，一名优秀的访问员要具有说服力，能够说服被调查对象接受和配合访谈。最后，访问员给受访员的第一印象非常重要，因此外貌要端正，服饰要大方得体。

访问员确定后，还需要对其进行培训，让他们掌握访谈工作的基本知识与技巧。访问员的培训主要包括四个方面。第一，介绍研究课题的基本内容；第二，讲授访谈的方法和基本知识；第三，组织访问员熟悉问卷；第四，如果有条件可以组织模拟访谈，让访问员可以在具体的访谈过程中学习访谈方法以及处理特殊情况的技巧。

二、 访谈礼仪

对于访谈这种人与人面对面接触的调研方式，访问员需要营造一种适合交流的氛围，消除受访者的戒备心理，让受访者产生回答问题的动机。访问结果的可靠性在很大程度上取决于受访者在这个环节的表现。

在访问之前，访问员要了解受访者的参考系统，即受访者的生活环境以及由文化、职业等因素的影响而形成的行为准则和价值系统等。不同的参考系统决定了受访者对事物的不同看法和评价。因此，针对受访者不同的参考系统，要采用不同的开场方式与问话方式，使得问话的语气、用语、方式适合受访者的身份和知识水平。访问员首先要出示身份证明，然后介绍访谈的目的意义、内容，使受访者了解到该研究本身和个人利益有着直接或者间接的关系，激发他们参与调查的热情，消除受访者的戒备、怀疑等情绪。

三、 进入访谈

访谈是收集调查资料的一种替代方法。它是通过与受访者的问答和交流，获取第一手资料的研究性谈话。

（一） 访谈分类

根据是否有中介物，可分为直接访谈和间接访谈（电话等）；根据正式程度，可分为正式访谈和非正式访谈；根据受访者人数，可分为个人访谈和集体访谈；根据谈话结构，可分为结构性访谈、半结构性访谈和无结构性访谈。现在比较常见的是根据谈话结构分类（表3-15）。

　　结构性访谈又称标准化访谈，是一种定量研究方法。结构性访谈要求对在访谈中涉及的所有问题，如选择访谈对象的标准和方法、访谈中提出的问题、提问的方式和顺序、受访者回答的方式、访谈时间和地点等都有统一规定，访谈中不能随意更改。

　　半结构性访谈指按照一个粗线条式的访谈提纲而进行的非正式的访谈。半结构性访谈只有对访谈对象、所要询问的问题等有一个大略的要求。实际访谈中，访问员必须根据实际情况做出灵活调整。对于半结构式访谈，根据问题项目和回答方式又可分为两种，即设定了回答方式但没有设定问题项目，以及设定了问题项目但没有设定回答方式。

　　无结构性访谈又称非标准化访谈，指事先不制定统一的问卷，只根据拟定的访谈提纲或某一题目，由访问员与被访谈者进行自由交谈来获取资料的方式。与结构性访谈相比，无结构性访谈几乎无限制。

表3-15　访谈分类

回答方式	问题项目	
	设定	未设定
设定	结构性访谈	半结构性访谈
未设定	半结构性访谈	无结构性访谈

（二）访谈过程控制

1. 访谈记录的方式

　　受访者的谈话最好能够一字不漏地被记录下来，如果可能的话，访问员应该对访谈进行现场录音或录像。访谈录音或录像前应该把设备充好电，并且检查其能否正常工作。一般来说，在访谈初期，访问员很难知道哪些资料有价值，哪些资料没有价值，因此，最好的预防措施是：记下所有的事情。访问员在事后进行补充记录时一定要注意将自己放回到访谈的情境之中，回忆当时受访者所说的原话。访谈记录时的注意事项如表3-16所示。

表3-16　访谈记录时的注意事项

1. 大略记录下重点，配合关键字、词或说过的第一件或最后一件事，只作暂时帮助记忆用。

2. 两边留下较宽的空白，以便随时填上新的重点，如果事后想起什么，可随时记下。

3. 将不同层次的笔记分开，以便将来找起来比较方便。

4. 记下的重点尽可能具体、完整、详尽，尤其是涉及定量数字的经验数据。

5. 使用常用分段符号和引号。例如，访谈中访者自己的感受思考可以用引号标注加以区别。

6. 记下当时觉得并不重要、琐碎的谈话或例行性谈话，或许后来这些谈话会变得很重要。

7. "跟着感觉走"并快速将之记下，这些灵感以后可能会成为研究的亮点。

续表

8. 最好不要完全用录音或者摄影代替访谈笔录。
9. 笔记中记录下自己的情绪反应与想法。
10. 避免使用评断性的概括性字,应采用客观的细节性描述方法。
11. 访谈结束后,及时阅读笔录补充遗漏的内容,并记录下重读时的想法。
12. 纸质版的访谈笔录最好制作成电子版,便于保存和研究小组成员共享。

2. 访谈中的非言语行为

访谈中交谈双方除了有言语行为,还有各种非言语行为,如动作、面部表情、眼神,人际距离,说话和沉默的时间长短,说话时的音量、音频和音质等。受访者的非言语行为不仅可以帮助访问员了解对方的个性、爱好、社会地位、受教育程度以及他们的心理活动,而且可以帮助访问员理解被访者在访谈中所表现出来的言语行为。访问员本人的非言语行为(如服饰、打扮、动作、表情和目光等)也会对访谈产生十分重要的影响,自始至终都要使自己的表情有礼貌、谦虚、诚恳、耐心。眼神交流,是人与人之间最传神的心灵沟通。在访谈过程中,访问员应该注视说话者,表示专心和兴趣,东张西望既显得心不在焉,也是对受访者的不尊重。但也应注意不要长时间凝视对方的眼睛,可能会让受访者不自在。人的表情是内在态度的反映,访问员可以通过自己的表情与行为表达一定的思想、感情,从而与受访者的谈话起到配合和呼应的作用。

3. 提问的原则

通过引导,访问员与受访者建立起互相信任的感情后,访问员就可以开始提问了。常规的做法是访问员按照问题的先后次序一一提问。但是对于某些不善言谈或者对调查不感兴趣的受访者,可以就受访者关心的问题开始提问,这样既可以创造一个合适的谈话气氛,又可以打开僵硬的局面。提问时访问员要始终保持中立态度、把握方向和主题焦点、注意简练语言、灵活掌握问题的提法和语气。在访谈的过程中,访问员应该学会随机应变,根据具体情况选择最佳的提问方式。访谈的问题,大致可以分成开放型和封闭型、具体型和抽象型、清晰型和含混型三组类型。开放型问题在内容上没有固定的答案、允许受访者做出多种回答,可以引导受访者充分地表达自己的观点、意见、经验等,充分激发受访者的意愿。这类问题通常以"请问您对……的看法""如何……"和"为什么……"之类的问句开始。封闭型问题是澄清特定的问题,希望得到受访者特定的答复。这类问题通常以"能不能……""可不可以……""是不是……"之类的句式提问。在访问的过程中,受访者对于某些问题一时想不起来,或者不愿回答这个问题,回答时含糊其词,为了获得准确的资料,应该进一步追问,引导调查对象作更准确、更充分的回答。追问一般可以采取"立即追问""插入追问""侧面追问""补充追问"等方法,但是应以不使受访者感到厌烦为限度。

4. 深访挖掘的原则

深度访谈需要访问员在访谈过程中对受访者进行深入挖掘,以期得到更为详尽的信息。进行深度访谈的挖掘需要注意以下几点。首先,避免似是而非的信息,所有的说法都要有定义。常用的方法就是对有些抽象或者很重要的词语继续追问,明确定义的则不需要。其次，受访者的个人判断最好能够给出具体的实例。再者，尽量掌握受访者所描述事情的原因。访问员不能根据自己的主观判断来揣摩对方所说的话，而必须通过询问具体原因了解来龙去脉。最后，访谈过程中要将不同事物联系起来理解。例如，编者某次调研某家企业时，受访的企业员工说目前的生产线可以满足满负荷运行的工况，但后面又说目前的实际生产负荷只有 50%。联系受访者的前后描述，则可以继续追问生产线可以满负荷运行但实际生产负荷只有 50% 的原因。企业员工的进一步解释是：因为目前这类产品在市场上供大于求，所以产品出售的市场价格低于生产成本，满负荷运行会损失效益；可是如果完全停产，会影响企业的稳定性，等市场好转的时候再将生产线运行起来，成本会非常高。

5. 倾听的原则

在访谈过程中，倾听也是一门学问。访问员应该将自己全部的注意力都放到受访者的身上，给予对方最大的、无条件的、真诚的关注。在这样的倾听中，访问员给予对方的不仅是一种基本的尊重，而且为对方提供了一个宽松、安全的环境。在这样的环境中，受访者觉得自己是被重视的，更容易敞开心扉表达自己内心真实的想法。在倾听的过程中，除了尽量保持安静、专注、不轻易打断对方的话语，也应不时地记录一些谈话要点（即便用了录音笔）。这不仅有助于对方直观地感受到你对他意见的重视，也有助于你把对方陈述中一些需要在下一步递进追问的问题点记录在案。

在倾听受访者谈话的过程中，访谈者要主动接受和捕捉受访者发出的信息，注意他们使用的本土概念，探询他们所说语言背后的含义。访问员对受访者的谈话可以有适当的情感表露，以示自己能够接纳对方的情绪反应，可以理解对方的情感表达方式。在这种情况下，受访者会受到访问员的感染，更愿意表达自己的情感。

6. 访谈中的回应

回应是指在访谈过程中访问员对受访者的言行做出的反应，其中包括言语反应和非言语反应。回应的方式主要有认可、重复、重组、总结及鼓励对方等。认可是指访问员可以微笑点头示意受访者表示已经听见了，希望对方继续说下去。访问员将受访者所说的事情重复说一遍，目的是引导对方继续就该事情的具体细节进行陈述，同时检验自己对这件事情的理解是否准确无误。重组是指访问员将受访者所说的话换一个方式说出来，检验自己的理解是否正确，邀请对方即时做出纠正，同时起到与对方进行高级共情的作用。总结是指访问员将受访者所说的一段话用一两句话概括地说出来，目的是帮助对方理清思路，鼓励对方继续谈话，同时检验自己的理解是否正确。当受访者对自己的表达有顾虑，不知道自己所说的内容是否符合访谈者的要求，访问员可以鼓励对方按照自己的思路谈下去。在深度访谈中，访问员对受访者所谈的内容就自己有关的经历或经验做出适当的回应是一种自我暴露，有助于激发受访者的共鸣，让访谈更加深入。

在访谈中有两种较为常见的不合适的回应方式：论说型回应和评价型回应。论说型回应是指访问员利用社会或自然科学中一些现成的理论或者访问员个人的经验对受访者所说的内容做出回应，会给受访者语言霸权、居高临下的感受。评价型回应是指访问员对受访者的谈话内容进行价值上的判断，其中隐含有"好"与"不好"的意思。这种回应可能让对方感觉不被尊重，也违反了访问员应当保持中立客观的原则。访问员的回应要把握适当的时机，回应自然、及时，以保证谈话的流畅性为原则。过多的回应会使访谈中断，并且会打断受访者的思路。因此，回应应该在受访者比较完整地表达完自己的谈话内容之后，或者在受访者沉默的时段。

（三） 访谈记录与结束

访谈记录可以是纸质，也可以是录音、录像。实际工作中可以两者混合使用，纸质记录主要内容，录音、录像记录全程。当场记录，尤其是录音、录像需要获得受访者的同意，以免使谈话内容对他人构成损害。

访谈记录的一个基本要求是准确记录，即尽可能记下回答的原话，不要总结、概括或随意分解受访者的回答内容；保证记录可靠性，访谈结束后可将访谈主要内容向受访者核实，以检查是否有错记或漏记。

结构式访谈中，访谈问卷中的问题完成，访问就到了结束的时候。访谈应尽可能以一种轻松、自然的方式结束。访问者可以主动提及结束访问，也可以有意给对方一些语言和行为上的暗示，表示访谈可以结束了。

无结构访谈中，访问员应注意受访者的情绪或状态，一旦发现受访者出现疲倦或交谈时间足够长时，应当主动停止访谈。

最后访问员要向受访者表达对其所提供信息的启发性价值的肯定，感谢受访者百忙中抽出时间接受访谈。如果预计有下次访谈或未来有其他信息补充的必要，可以请受访者留下联系方式。访谈结束应尽快总结记录，以免遗忘。同时，应为访谈总结资料建立文档，不同的访问员、不同的受访者，其访谈结果都必须通过文档收集起来，报告格式必须一致（表3-17）。

表3-17 访谈笔录实例

记录访谈的重要信息，包括访谈对象、目的、时间及地点	访谈对象：某家印染纺织企业的工程师 访谈目的：了解该印染纺织企业各工艺流程、物料的输入输出情况，识别各企业耗能和产污的关键环节及处理情况。 访谈时间：××年××月××日 访谈地点：××省××印染厂
	访问员：××工程师，您好。我是之前电话联系过您的××大学的研究生，非常感谢您能在百忙中抽出时间来接受我们的访谈。（伸出手，握手）
自我介绍并对访谈对象表示友好	工程师：不用谢。你需要了解哪方面的信息？ 访问员：您可以大致先介绍一些贵企业的基本情况吗？例如企业的性质、主要原料与产品、能源类型、生产设备等。
访谈可以先从了解企业的总体情况入手，助于访谈者首先掌握总体情况	工程师：我们企业是一家合资企业，由××有限公司与××进出口有限责任公司合资兴办的，总投资××美元。原料就是坯布，产品是全棉活性印花布。能源类型有电力、煤炭和天然气。主要生产设备有×台圆网印花机、×台日本平网机、×台德国门富士定型机等。 访问员：贵企业的产品主要销往哪里呢？ 工程师：产品主要销往国外，××%销往美国，还有××%左右销往欧洲、亚洲等其他国家。 访问员：那么请问印花的工艺是什么？整个印花工艺的损耗率大概是多少？ 工程师：印花的工艺是连续轧染湿蒸法。损耗率在××%左右吧。

在访谈过程中，问题与问题之间最好有一定的衔接性	访问员：可以大致介绍一下生产工艺流程吗？ 工程师：加工过程主要包括退浆、烧毛、印花、蒸化、水洗、定型、预缩等。通俗来说，就是坯布首先要退浆，也就是退除坯布上的淀粉，然后再快速经过烧毛机去除织物表面的绒毛，获得光洁表面。根据客户要求，有些订单在印花前可能还要经过漂白、丝光等。再接下来就可以印花了，根据印花设备的不同可以分为圆网印花和平网印花。印花完成后，经过蒸汽加热，可以使染料渗入面料中。蒸化后就是水洗、定型。有些订单定型后可能还要做预缩，也就是控制面料的缩水率。最后就可以打卷包装了。 访问员：那么这些工艺过程中，哪些环节是产污比较多的环节呢？ 工程师：退浆和水洗。退浆的废水 COD 含量比较高，水洗阶段的水耗量是最大的，产生的废水量也很大，而且还是有色废水。企业内部有自建污水处理站，可以达到污水处理厂接管标准。
在访谈过程中，当一个问题无法获取到自己所需要的信息时，要善于引导访谈对象，从其他角度入手获取答案	访问员：除了废水，工艺过程会有废气和固体废物产生吗？ 工程师：废气主要是燃煤锅炉废气，固体废物就是污水处理厂的污泥以及一些生活垃圾。 访问员：那能耗比较高的环节是哪些呢？ 工程师：烧毛工艺主要是消耗天然气，蒸化、烘干工艺的蒸气消耗量比较大。
访谈中一时无法获取的定量化信息，后期可以通过电子邮件的形式获得，因此需要与受访者建立好良好的关系，得到其联系方式。在访谈结束时再次对受访者表达谢意	访问员：请问贵企业去年的总产量是多少？ 工程师：××万米左右。 访问员：具体的重量呢？ 工程师：具体的重量这个没有统计。 访问员：那有什么经验方法可以计算出来吗？ 工程师：面料的克重大概是××克每立方米，可以用这个估算一下。 访问员：去年的一年的煤炭、电力、天然气以及新鲜水的消耗量是多少呢？ 工程师：这个详细的数字不太记得了。 访问员：那您方便给我一个您的电子邮箱吗？我到时候给您发一份电子版的问卷到您邮箱。问卷内容包括去年全年的坯布及其他辅料的消耗量、各种能源的消耗量、新鲜水的消耗量，以及三废排放量。您帮我们填写一下？ 工程师：好的，这是我的名片。 访问员：好的，谢谢您，打扰您了。那我明天把问卷发到您邮箱，您帮忙填写一下。 工程师：好的，好的，没问题。

第七节 文献与数据库检索

文献与数据库检索也是环境数据的重要来源。与其他方式相比，文献与数据库中的环境数据范围广、种类多。更为重要的是，文献与数据库中的环境数据都是前人利用实地监测、野外调查、问卷调查和参观访谈等各种不同方式获取的优质数据。通过文献与数据库获取的数据可以节省时间并获得同行认可。但在知识爆炸的今天，尤其是环境系统分析一类的多学科交叉研究，从浩如烟海的知识海洋中寻找出自己想要的资料愈加困难。所以，如何寻找相关文献，并从中挖掘出有价值的信息，是研究者需要首先解决的重要问题。

一、文献数据库

(一) 中文文献数据库

常用的中文文献数据库有中国期刊网、万方数据库和维普中文科技期刊数据库等。本节以使用率最高的中国期刊网为例，讲解如何使用中文文献数据库收集环境数据。

中国期刊网也称中国知网，全称是中国国家知识基础设施(China National Knowledge Infrastructure，CNKI)，是目前世界上最大的连续动态更新的中国期刊全文数据库。收录国内 8 200 多种重要期刊，内容覆盖自然科学、工程技术、农业、哲学、医学、人文社会科学等各个领域。知网平台含有多个子数据库，包括：期刊、硕博士、国内会议、国际会议、报纸、年鉴、专利和标准等。中国知网当前存在三种检索模式：一框检索、出版物检索和高级检索。

1. 一框检索

中国知网首页即有 KDN 一框式检索系统，默认检索数据库为文献，也可根据自己需要在"跨库选择"的多种库中选择。

以"生命周期评价"为检索词，以"文献"为检索数据库，进行检索。在字段可以选择主题、全文、篇名、作者、单位、关键词、摘要、主要参考文献、中图分类号和文献来源等多个字段。

对于检索结果，可提供学科、发表年度、研究层次、作者、机构和基金等不同分组，且每个分组下都包含年份，研究者可以根据自身需求选择。检索结果下方，可以选择排序字段(包含：主题排序、发表时间、被引和下载)和升降顺序。对于检索结果太广的还可以选择"结果中检索"选项，进一步精炼检索结果。

2. 出版物检索

出版物检索可以直接检索出研究者感兴趣的期刊和所有往期文章。点击一框式检索栏右侧"出版物检索"，即可进入出版物检索页面。对于某一领域内全部期刊，可以在期刊导航中选择。以"环境科学"领域全部期刊为例，选择"期刊导航"后，在"学科导航"中选择"工程科技Ⅰ"栏，选择"环境科学与资源利用"，就可检索出环境科学与资源利用领域所有期刊。在此基础上，研究者可以选择"核心期刊"选项，同时可以选择按全部期刊的影响因子排序。

　　3. 高级检索

　　与出版物调出方式相同，"高级检索"栏也在一框式检索栏右侧，点击进入高级检索界面。与一框检索相同，高级检索也提供了文献、期刊、博硕士、会议等一系列数据库，相较于出版物检索，高级检索更复杂，功能更丰富（图3-2）。

图3-2　高级检索界面

　　高级检索在选取数据库、检索字段、检索结果的分组浏览和排序等基本操作上是相同的，不同的是高级检索可以选择多个检索条件。以文献数据库为例，包括：主题、篇名、关键词、摘要、全文、主要参考文献和中图分类号共7种。同时，每个字段可以选择两个条件和各自词频数。对于不同检索字段，还有"包含""并且""或者"和"不含"的下拉框。

　　至于作者发文检索和句子检索，使用方法与高级检索类似，不再赘述。而专业检索一般用于图书情报专业人员查新、信息分析等工作，此处不做介绍。

（二）外文文献数据库

　　目前环境领域中使用最广泛与便捷的外文数据库是科学引文索引（Science Citation Index Expanded，SCIE），它是美国科学信息研究所（Institute for Science Information，ISI）于1961年创办出版的科学引文数据库（SCI）的网络版。

　　当前SCIE数据库存在于ISI Web of Knowledge平台（Thomson Science公司开发的信息检索平台）下Web of Science核心合集数据库中，除此之外，Web of Science还提供了BIO-SIS Citation Index、中国科学引文数据库[SM]、Derwent Innovations Index、KCl-韩国期刊数据库、MEDLINE®、Russian Science Citation Index和SCIELO Citation Index等多种引文数据库。

　　ISI Web of Knowledge平台除了Web of Science引文数据库，还有InCites平台（包含In-Cites、Journal Citation Reports和Essential Science Indicators）、EndNote和Publons共3个不同数据库或功能区。

　　ISI Web of Knowledge平台SCI数据库打开方式：① 选择数据库：Web of Science核心合集；② 时间跨度：选择所有年份；③ 更多设置：只选择Science Citation Index Expanded（Sclerosis-EXPANDED）—1900年至今（打钩）。建议登录，可以保存为默认选择（图3-3）。

　　检索方式分为：基本检索、被引主要参考文献检索、高级检索和更多内容里的作者检

图 3-3 Web of Science 主页面

索、化学结构检索共 5 种。对于一般研究者而言，基本检索即可完成绝大部分的文献检索工作，且其他检索方式与基本检索大同小异。基本检索页面默认为一个检索框，字段默认为主题。可以选择"+添加另一字段"添加多个检索框，字段也可以选择任一字段，不同检索框可选择"AND""OR"或"NOT"关系选项。

以"作者"为检索字段在 SCI 数据库中进行检索时，需要注意的是：只能是英文输入，不区分大小写，姓和名之间要有空格。例如，检索中文名为"李伟"的所有被 SCI 收录文章，应该输入"li wei"或"Li Wei"或"LI WEI"或其他，而不是"liwei""LiWei""LIWEI"或其他。以"Yuan ZW"为作者检索字段检索，检索结果如下（图 3-4）。

检索结果页面主要有检索结果（区域 1）、精炼检索结果（区域 2）、排序方式（区域 3）和文献页面（区域 4）共 4 个不同区域。

1. 检索结果

检索结果位于结果页面的左上部。检索结果为我们提供了以作者"Yuan ZW"为检索字段的检索结果。点击检索词"Yuan ZW"可以显示由同一作者著述的一组论文。点击检索结果中的"更多内容"，可以显示时间跨度和索引数据库。创建跟踪服务是指对检索结果进行保存，且以固定频率（每周或每月）了解"Yuan ZW"的论文被引等情况。

2. 精炼检索结果

精炼检索结果位于结果页面左列。精炼检索结果是平台提供的对检索结果的进一步精炼，包括：过滤结果依据、出版年、Web of Science 类别、文献类型、机构扩展、基金资助机构、开放获取、作者、来源出版物名称、丛书名称、会议名称、国家/地区、编者、团体作者、语种、研究方向和 Web of Science 索引共 17 种。

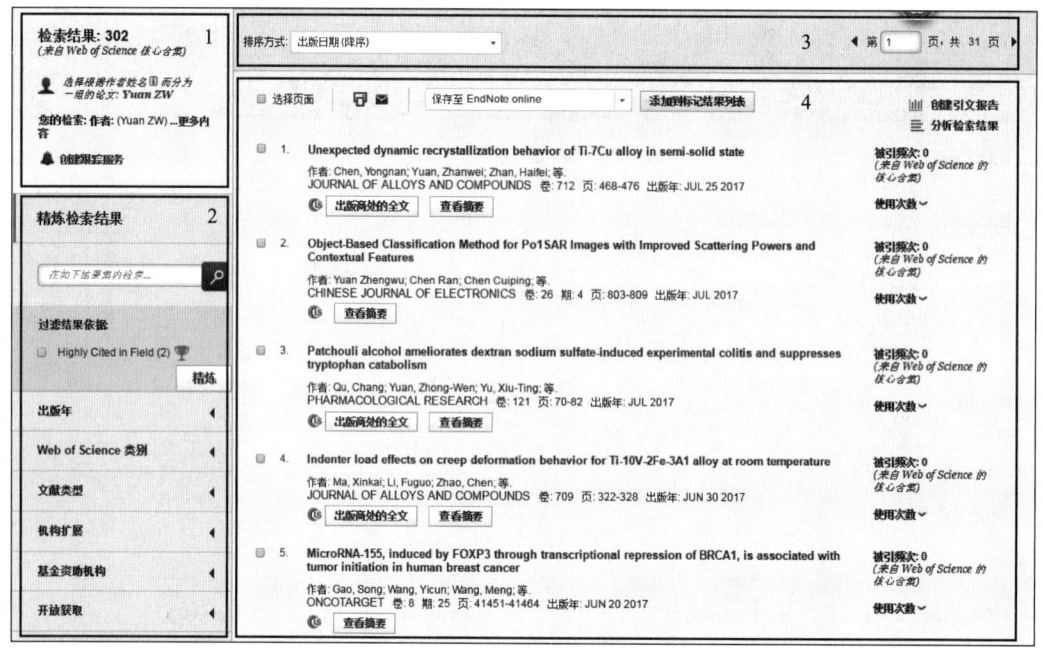

图 3-4 以"Yuan ZW"为作者检索字段的检索结果

3. 排序方式

排序方式位于结果页面上部。作用是将检索结果按照一定方式排序，包括：出版日期、被引频次、使用次数、相关性、第一作者、来源出版物顺序名称和会议标题。研究者根据自身需要选择，不再详述。

4. 文献页面

整个检索结果中，文献页面是占幅最大也最重要的一部分。文献页面中有选择页面、打印和邮件、保存至 EndNote online 或其他、添加到标记结果列表、创建引文报告和分析检索结果等不同选项。其中，创建引文报告和分析检索结果是 ISI 平台提供的两项重要文献分析方式。

创建引文报告提供对检索结果的一系列统计，包括：出版物总数、被引频次总计、去除自引的被引频次总计、施引文献、去除自引的施引文献、每项平均引用次数、h-指数等指标。需要注意的是，引文报告功能不适用于包含 10 000 个以上记录的检索结果。如果检索结果超过 10 000 个，建议对结果进行精炼之后再使用该功能。

举例说明：某学者发表了 A、B、C、D 4 篇论文，其中文献 A 被文献 a、B 和 d 引用，文献 B 被文献 a、b、C 和 d 引用，文献 C 被文献 c 引用，文献 D 被文献 A、d 引用。则这4 篇文献：

被引频次总计是 10 次，即文献 A 的 3 次（a、B、d）、文献 B 的 4 次（a、b、C、d）、文献 C 的 1 次（c）和文献 D 的 2 次（A、d）；

去除自引的被引频次总计是 7 次，即文献 A 的 2 次（a、d）、文献 B 的 3 次（a、b、d）、文献 C 的 1 次（c）和文献 D 的 1 次（d）；

施引文献是 7 篇，即文献 A 的 3 篇（a、B、d）、文献 B 的 2 篇（b、C）、文献 C 的 1 篇

（c）和文献 D 的 1 篇（A）；

去除自引的施引文献是 4 篇，即文献 A 的 1 篇（a）、文献 B 的 1 篇（b）、文献 C 的 1 篇（c）和文献 D 的 1 篇（d）；

每项平均引用次数是 2.5，即 10÷4 = 2.5；

h-指数是 2.5，即表 3-18 中论文 A 和 D 被引频次之间的数。

表 3-18　某学者的 h 因子

序号	论文	被引次数	判别
1	B	4	1<4
2	A	3	2<3
3	D	2	3 >2
4	C	1	4 >1

注：① 论文以"被引次数"降序排列；② "判别"列中，"<""="之前的数字是"序号"，之后的是"被引次数"。

分析检索结果功能，是根据作者、丛书名称、会议名称、国家/地区、文献类型、编者、基金资助机构、授权号、团体作者、语种、机构、机构扩展、出版年、研究方向、来源出版物名称和 Web of Science 类别等指标，对检索结果进行排列分析，在此不展开介绍。

二、年鉴

年鉴是全面、系统、准确地以记录上一时间段事物运动、发展状况为主要内容的资料性工具书。年鉴主要分为：综合性年鉴、专门性年鉴、统计性年鉴和地域性年鉴。如：

综合性年鉴：《中华人民共和国年鉴》

专门性年鉴：《中国环境年鉴》《中国经济年鉴》

统计性年鉴：《中国统计年鉴》《中国环境统计年鉴》

地域性年鉴：《江苏年鉴》《南京年鉴》

三、网站

根据网站来源不同可分为：国内官方网站、国际或区域性组织网站、联合国系统网站和国外政府与组织的环境保护网站等。

（一）国内官方网站

中华人民共和国国家统计局；

中华人民共和国海关总署；

中国科技统计（China Science and Technology Statistics）；

中华人民共和国统计局国家数据（National Data，National Bureau of Statistics of China）。

（二）国际组织网站

世界银行（The World Bank）；

国际货币基金组织(IMF);

世界贸易组织(WTO);

经济合作与发展组织(OECD);

欧洲中央银行(ECB)。

(三) 联合国系统网站

联合国环境规划署(UNEP);

联合国统计司;

联合国粮食及农业组织统计(FAO);

联合国开发计划署(UNDP);

联合国贸易和发展会议(UNCTAD);

联合国亚洲及太平洋经济社会委员会(ESCAP)。

(四) 国外政府与组织的环境保护网站

美国环境保护署;

欧洲环境署。

四、 科技报告

科技报告是描述科研活动的过程、进展和结果，并按照规定格式编写的科技文献，其目的是实现科技知识的积累、传播和交流，其类型包括专题报告、进展报告、最终报告和组织管理报告，如联合国政府间气候变化专门委员会(Intergovernmental Panel on Climate Change, IPCC)的评估报告。

科研人员依据科技报告中的描述能重复实验过程或了解科研结果。建立国家科技报告制度，对财政科技投入形成的科技信息资源进行全面保存和共享，将为科研人员提供科研基础信息，为科技管理者提供决策支持，为社会公众了解和利用国家科研成果提供服务平台，对于提升国家科技实力和创新能力具有重要意义。

我国也有专门网站介绍国家出资的项目结题报告或科技报告，即国家科技报告服务系统。国家科技报告服务系统提供了包括国家自然科学基金委员会、科学技术部、交通运输部和各省来源在内的几十万份科研报告浏览服务，开通了针对社会公众、专业人员和管理人员三类用户的访问权限。

① 向社会公众无偿提供科技报告摘要浏览服务，社会公众不需要注册，即可通过检索科技报告摘要和基本信息，了解国家科技投入所产出科技报告的基本情况。

② 向专业人员提供在线全文浏览服务，专业人员需要实名注册，通过身份认证即可检索并在线浏览科技报告全文，不能下载保存全文。科技报告作者实名注册后，将按提供报告页数的15倍享有获取原文推送服务的阅点。

③ 向各级科研管理人员提供面向科研管理的统计分析服务，管理人员通过科研管理部门批准注册，免费享有批准范围内的检索、查询、浏览、全文推送以及相应统计分析等服务。

五、 其他方式

档案馆、图书馆、生态环境保护局/部、气象局和行业协会等。

第八节 数据质量控制

数据是产品，质量是生命。数据的准确性、可靠性直接影响着结果的科学性和合理性，是工作能否顺利进行的关键因素。

一、 涉及化学实验

（一） 实验室用水

按照《分析实验室用水规格和实验方法》（GB 6682—2008）国家标准规定，分析实验室用水的原水应为饮用水或适当纯度的水，实验室用水目视应为无色透明液体，可分为 3 个级别：一级水、二级水和三级水。一级水一般用于严格要求的分析实验，如高效液相色谱实验用水。一级水可用二级水经过石英设备蒸馏或离子交换混合床处理后，再经 0.2 μm 微孔滤膜过滤来制取。二级水多用于无极痕量分析等实验，如原子吸收光谱分析实验用水，其可用多次蒸馏或离子交换等方法制取。三级水用于一般的化学分析实验，可用蒸馏或离子交换等方式制取。3 个级别的实验室用水在 pH、电导率、可氧化物质含量、吸光度、蒸发残渣和可溶性硅五个指标上须符合相应规定和要求（表 3-19）。

表 3-19 实验室用水标准

名　　　称	一级	二级	三级
pH 范围（25℃）	—	—	5.0~7.0
电导率（25℃）/(mS·m^{-1})	≤0.01	≤0.10	≤0.50
可氧化物含量（以 O 计）/(mg·L^{-1})	—	≤0.08	≤0.4
吸光度（254 nm，1 cm 光程）	≤0.001	≤0.01	—
蒸发残渣（105℃±2℃）含量/(mg·L^{-1})	—	≤1.0	≤0.20
可溶性硅（以 SiO$_2$ 计）含量/(mg·L^{-1})	≤0.01	≤0.02	—

注①：由于在一级水、二级水的纯度下，难于测定其真实的 pH，因此，对一级水、二水的 pH 范围不做规定。

注②：由于在一级水的纯度下，难于测定可氧化物质和蒸发残渣，因此对其限量不做规定，可用其他条件和制备方法来保证一级水的质量。

（二） 试剂选择

试剂是化学实验的直接"参与者"，不同仪器或实验要求不同纯度的化学试剂。当前我国试剂按纯度主要分为高纯、光谱纯、基准、分光纯、优级纯、分析纯和化学纯等 7 种。国家和主管部门颁布质量指标的主要有优级纯、分析纯和化学纯。

优级纯（guaranteed reagent，GR）又称一级品或保证试剂，纯度一般高于 99.8%，瓶签颜色为绿色。其用作基准物质，主要用于精密的科学研究和分析实验。分析纯（analytical reagent，AR）又称二级试剂，纯度一般高于 99.7%，瓶签颜色为红色。其用于一般的科学研究和重要的分析实验。化学纯（chemical pure，CP）又称三级试剂，纯度一般大于 99.5%，瓶签为蓝色。用于要求较高的无机和有机化学实验，或要求不高的分析检验。值得注意的是：各个级别纯度百分比并非是一定的，具体根据国家标准而定。

（三） 器皿选用

实验中使用最为频繁的器皿是玻璃器皿。玻璃器皿又可分为硬质玻璃和软质玻璃。硬质玻璃主要成分是二氧化硅、碳酸钾、碳酸钠、碳酸镁、硼砂等，具有耐温、耐腐蚀及抗击性能好，热膨胀系数小的特性，一般制成需加热的烧瓶、蒸馏器等；而软质玻璃主要成分是二氧化硅、氧化钙、氧化钾、三氧化二硼等，透明性好，但热膨胀系数大，易炸裂、破碎，一般制成不需加热的量筒、玻璃管等。

玻璃器皿的洗涤原则是用毕立即洗刷，一般自来水冲洗干净后用少量纯净水淋洗 2~3 次。需要注意的是：以二氧化硅为主要原料的器皿都不能与氢氟酸（HF）接触。

（四） 设备仪器

对环境要求低的设备仪器可直接置于实验室内，如振荡仪器；对于消煮仪器应放置于通风处；对于环境温度、洁净度要求较高的，需设立专门恒温、无尘实验室且进出需穿戴无尘衣、套等。

精密度高的设备仪器的使用必须安排培训，培训操作合格后方可上机操作，且需建立长期管理机制。同时，仪器设备应定期检修。

（五） 实验操作员

实验分析人员技能的好坏是实验数据质量好坏的一个重要因素。分析人员应做到：

① 具有相当于中专以上的文化水平或有在相关行业从业多年的经验，经过专业的培训、考试和实际操作后方可承担相关工作；

② 熟练地掌握本岗位的监测分析技术，对承担的监测项目要做到理解原理、操作正确、严守规程、准确无误；

③ 测试分析前应准备好所需设备、仪器、试剂等；

④ 认真填写好分析结果，做到准确无误、记录完整、实事求是；

⑤ 任务完成后，做到现场环境整洁。

二、 涉及监测与观测

实地监测与野外观测中，已经形成了一整套的试验、检验、采样、分析、统计、计算和测定的方法和标准。

（一）严格按照标准

从野外观测点选址到样品采集分析都有一系列国家标准或方法，包括：国家标准（GB/T）、环境保护标准（HJ/T 或 HJ）、农业标准（NY/T）、水利标准（SL/T）、国际标准（ISO 和 IET）、其他国家标准（美国 EPA）、环境保护行业内部方法（如《水和废水监测分析方法》）等。

监测或观测开始前要按照标准或方法做好准备工作。对于观测环境、仪器设备、药剂等达不到要求的，可以查阅文献或专业书籍，也可以根据专业人员建议，选择替代性的仪器或药剂。

（二）仪器定期检修

与实验室操作不同的是，部分野外监测仪器或在线监测设备均直接暴露于环境中，有些甚至是强酸强碱等极其恶劣的环境。因此，对于仪器设备的定期检修就显得极为重要，需注意以下几点：① 对于室内的仪器要保证所处环境适合仪器正常工作；② 对于重要的在线监测仪器应安排人员定期巡查；③ 相关检修人员要了解和掌握所属仪器的结构原理和技术原理；④ 做好仪器设备的检修记录。

（三）数据自动汇总

随着电子技术的发展，监测与观测手段由早期的人工观测发展为现在普遍采用配备自动数据采集仪的自动观测。自动数据采集仪器使得监测和观测难度降低、数据质量提高、可观测区域和项目也大幅增加。

传统自动数据采集仪器多以一定容量的内部存储卡来缓存观测数据，需要观测人员定期巡查并取回数据。当观测区域不断扩大、观测点位不断增加、观测周期不断缩短时，对观测系统的维护以及观测数据的获取就成为越来越难以完成的任务。得益于网络技术的飞速发展，大部分自动监测仪器均可实现联网，尤其是部分仪器已实现数据实时传送。因此，网络的通畅、数据的收集、数据的自动预处理以及可视化平台等建设缺一不可。

三、涉及调研

（一）文献、数据库与网络数据

科学研究中经常需要引用其他论文、书籍、报告的数据或结论来支撑自己的研究。但全球每年产生数以亿计字数的文献资料。如何从中寻找出最具可信度、权威性、代表性的文献数据是科学研究中不可避免的重要问题。

数据库与网络数据是近 30 年伴随网络和全球合作加深而产生的新的数据获取方式。相较于传统的数据获取方式，数据库与网络数据获取具有获取便捷、数据量大、范围广和尺度大等优点。但网络的发达与数据上传的便捷也使得数据的不确定性相较于实测大大增加。因此，必须做好数据库与网络数据的筛选工作。

总体而言，选用数据可适当参考遵循以下原则：

① 实测数据

准确度高和准确度低的仪器获得的数据，优先选用准确度高的；实测数据和非实测数据，优先选用实测数据；新数据和旧数据，优先选用新数据。

② 非实测数据

优先选用论文、专著和报告等引用次数多的数据库；官方统计数据与非官方统计数据，优先选用官方统计数据；期刊数据优先选用影响力强的期刊数据（根据期刊影响因子或被引次数）；数据库和网络数据，优先选用数据库数据等。

除了以上数据选用原则外，还应考虑：数据获取途径与格式的一致性、数据的连续性（包括时间、空间和结构）和代表性等。

（二） 问卷与访谈数据

问卷与访谈数据的获取方式和实验、监测、观测数据相比的相同之处在于都需要提前设计。实验、监测和观测需要设计实验细节与进度控制，而问卷与访谈需要设计好问卷、问题、收集和整理方式等。两者之间也有不同之处，主要体现在实验、监测和观测有一系列国家、地方、部门或行业标准，而问卷与访谈中人的影响因素更大，控制好人这个变量，对数据质量至关重要。

一个合格的访问员应具备：① 品行端正、诚实认真、吃苦耐劳；② 至少具备高中教育水平，良好的语言表达能力、理解能力、协调沟通能力；③ 了解或熟知社会学、心理学、统计学等各方面知识。

除具备以上条件外，访问员在开始问卷与参观访谈之前应该接受培训，熟悉问卷或访谈的基本内容、研究意义、实施方法等基本知识。

思考题与习题

1. 什么是环境数据？环境数据分哪几类？

2. 在实地监测中，不同类型介质的点位布设存在哪些异同之处？

3. 选择一个你感兴趣的研究主题，设计一份调研问卷。

4. 在 Web of Science 平台获取环境领域任一期刊过去 5 年的总发文、总被引次数等情况。

5. 以小组合作的方式，针对一个你感兴趣的主题，开展模拟访谈。

主要参考文献

[1] 巴比 A. 社会研究方法［M］. 11 版. 邱泽奇，译. 北京：华夏出版社，2009.

[2] 陈卫，刘金菊. 社会研究方法概论［M］. 北京：清华大学出版社，2015.

[3] 陈伟民，黄祥飞，周万平，等. 湖泊生态系统观测方法［M］. 北京：中国环境科学出版社，2005.

[4] 陈佐忠，汪诗平. 草地生态系统观测方法［M］. 北京：中国环境科学出版社，2004.

[5] 风笑天. 现代社会调查方法［M］. 5 版. 武汉：华中科技大学出版社，2014.

[6] 吕宪国. 湿地生态系统观测方法［M］. 北京：中国环境科学出版社，2005.

[7] 仇立平. 社会研究方法［M］. 2 版. 重庆：重庆大学出版社，2015.

[8] 奚旦立. 环境监测［M］. 5 版. 北京：高等教育出版社，2019.

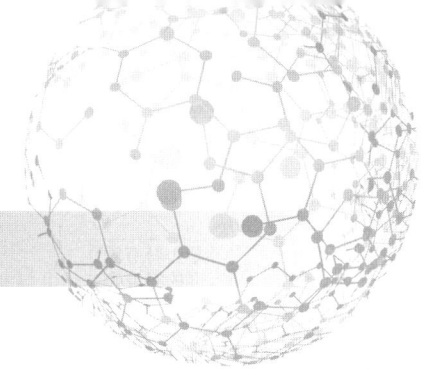

第四章

物质流分析方法

工业革命以来，人类活动对地球表层物质循环的影响不断增强，并已经成为驱动地球表层物质循环路径、格局及效应变化的主要驱动力。根据联合国环境规划署最新报告，1970—2017 年全球主要自然资源开采量从 267 亿 t 增长至 886 亿 t。人类活动的一种基本表现形式是不断从自然界开采资源，将其加工成各种产品来满足生产和生活需要，生产和消费全过程都会向环境中排放污染物。因此，从物质流动的角度来看，人类活动就是将地球表层物质不断进行时空转运和形态重构的过程。伴随着这种剧烈的人类活动，自然力驱动下的物质循环路径和格局被改变，并引发区域性资源短缺和环境污染问题。因此，要破解资源与环境可持续利用难题，必须深刻理解人类活动作用下的物质循环路径与格局演变规律，为解决这一科学需求，物质流分析方法应运而生。

第一节　物质的分类

物质是一个在科学上没有明确定义的词汇。一般而言，任何具有质量和体积的东西都是物质。物质组成了宇宙间的万物，鲜花、大海、绿草、牛奶、足球，甚至空气都是物质的具体体现。物质是人类社会生存和发展的基础，人类社会经济活动离不开对物质的使用。随着现代物理、化学的发展，人们发现客观世界的物质远比想象中复杂很多。原来，物质是由一种或多种元素通过不同的结合方式组成的，这些元素才是构造物质的基本要素，自然界中天然稳定存在的元素有 90 多种。

在物理学家和化学家的眼中，物质世界是由纯净物和混合物组成的（图 4-1）。纯净物是由一种物质构成，有固定的组成、固定的物理和化学性质，有专门的化学符号，能用一个化学式表示。混合物则是由两种或多种物质按照任意比例互相混合而成的，各成分仍然保持其原来的特性，混合物的性质会随各成分的混合比例而改变。纯净物中，由同一种元素组成的纯净物叫做单质，如铜（Cu）、铁（Fe）、氮气（N_2）、氢气（H_2）、氧气（O_2）等。与单质相对应，由两种或两种以上元素组成的纯净物叫做化合物。考虑其常见的物理及化学性质，以及在常规条件下的物态、熔点及沸点、密度等，物质具有很多种描述性分类。例如，根据一般的物理及化学性质，可大致将物质分为金属、非金属，以及在金属和非金属之间的一些类金属；根据特定温度和压力下的物质状态，物质可被分为固态、液态和气态；按照组成元素的特点，化合物可进一步被分为氧化物、酸、碱和盐四类等。

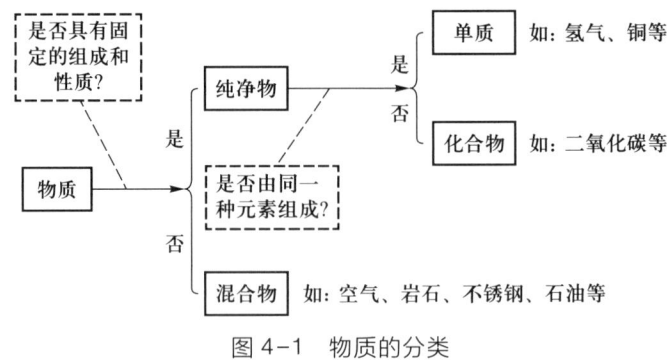

图 4-1　物质的分类

物质作为一个存在体，具有多方面的属性。物质常见的物理属性包括质量、密度、比热容、导电性、弹性、磁性等；常见的化学属性包括酸碱性、可燃性、氧化还原性、热稳定性、反应活性等。除了这些基本属性以外，越来越多的学者开始关注物质的资源属性和环境属性。资源与环境两者相互依存、相互作用，是人类生存和发展不可缺少的自然条件，是人类可持续发展的重要基础。人类发展需求不能超越自然资源与生态环境的承受能力，物质利用过程中呈现的这两大属性对社会经济发展和环境保护发挥着基础作用。

一、资源类

资源概念的内涵广泛。广义的资源是指一切财富的来源，即人类为商品生产而投入的所有自然要素和社会经济要素，包括自然界存在的自然资源和人类劳动的社会经济资源。狭义的资源则特指自然资源，即人类直接从自然界获得并用于生产和生活的物质。1972年，联合国环境规划署对自然资源的定义为："在一定时间条件内，能够产生经济价值、提高人类当前和未来福利的自然环境因素的总称。"

自然资源主要包括土地资源、水资源、气候资源、矿产资源和生物资源等。我国幅员辽阔，自然资源非常丰富。中国地质调查局最新的全国自然资源调查结果显示，我国耕地资源总面积 135 万 km^2，总体质量良好；多年平均水资源量约 2.8 万亿 m^3，水质总体较好，但时空分布不均，人均水资源量仅为世界平均水平的 1/4；陆域石油、天然气、页岩气和特种煤等清洁能源探明地质储量大、潜力大，但目前石油对外依存度较高，特种煤、页岩气处于规模化、产业化开发利用起步阶段；重要大宗紧缺和战略新兴矿产资源类型齐全、储量大，但总体上资源品质不佳，对外依存度高。

二、环境类

环境主要指人类和其他生物赖以生存的客观物质和生态系统所组成的一个整体，包括自然环境和建成环境两部分。《中华人民共和国环境保护法》将环境定义为："影响人类生存和发展的各种天然的和经过人工改造的自然因素的总体，包括大气、水、海洋、土地、矿藏、森林、草原、湿地、野生生物、自然遗迹、人文遗迹、自然保护区、风景名胜区、城市和乡村等"。

根据人类自身生产和生活的需要，部分自然环境被改造建设成为建成环境，两者共同组成了人类生存和发展的基础。在人类发展过程中，如果建成环境中某些要素发生变化，会导致环境恶化，环境质量下降，从而影响人类和其他生物物种的长期生存。到目前为止已经威胁人类生存并已被人类认识到的环境问题主要有：全球变暖、臭氧层破坏、酸雨、淡水资源危机、能源短缺、森林资源锐减、土地荒漠化、物种加速灭绝、垃圾成灾、有毒化学品污染等众多方面。

三、 资源与环境的关系

资源与环境之间相互联系，相互影响，共同构成人类的生命支持系统。然而，在现代社会的发展中，自然界的资源是有限的，环境的自我调节能力也是有限的，有限的资源和环境会制约现代社会的发展。资源和环境概念之间的关系尚不统一，本书主要探讨人类在物质利用过程中对资源与环境造成的压力，且将两者并列考察。

人类对资源不合理的开发和利用，会破坏环境；而由环境污染等因素引起的环境问题，将影响资源供给的数量和质量。从资源和环境角度分析，物质的提取、制备、生产、使用和废弃过程是一个资源消耗和环境污染的过程。物质的资源属性是物质或产品生产过程需要资源要素的投入，如土地资源、水资源、气候资源和生物资源等；物质的环境属性是物质或产品生产过程对环境造成的影响，如大气污染、水污染、土壤污染等。物质的资源属性和环境属性是紧密相连的，必须从系统的视角将两者归一化考虑，旨在面对复杂的资源与环境整体挑战而不是应对某个单一问题。

第二节　物质流的基本概念

人类社会经济活动本质上是资源开采加工、产品制造、产品消费使用、废物排放与处理处置等一系列活动过程的集合，伴随着各种物质、能量和信息的输入、转化和输出。自然生态系统是指存在于人类社会周围的对人类生存和发展产生直接或间接影响的各种天然形成的物质和能量的总体，且未受人类影响，在一定空间和时间范围内依靠生物及其环境本身的自我调节来维持其相对稳定性。人类社会、经济活动和自然条件共同组合形成了人类社会经济系统，其中人类是主体。在人类活动和自然力的共同作用下，物质沿着"开采、生产、使用、存储、报废、排放"的资源开发利用生命周期过程流动，同时发生资源属性和环境属性的交替变化，从而影响资源供给与环境承载力。

因此，物质流（material flow）是指以流的形式展现系统中物质运动和转化的动态过程。由于不同系统的内在因素和管理结构存在差异，物质流的种类、路径、方向、强度、速率等特征也不尽相同。一般情况下，人类社会经济系统的物质流都伴随着能量流动，两者相互依赖。然而，不同于能量流的逐级衰减规律，物质在流动过程中质量守恒，既不会凭空增加也不会无故消失，整体呈现出可循环状态。

总的来说，与自然生态系统的物质流相比，社会经济系统的物质流主要存在两个特点：① 没有形成稳定不变的循环代谢机制，物质流动路径会随着技术进步而变化；② 人为活动干扰往往使得物质流动速度加快、路径变长，并且需要能量输入。

自然生态系统中有比较完备的食物链和食物网，而且由于其捕食食物链和碎屑食物链相辅相成，在生态效率只有 1/10 左右的情况下，各营养级的废弃物都能及时得以分解，而不至于对生态环境产生任何压力，从而形成代谢机制完备的封闭系统。反观社会经济系统，由于人类干扰的因素占主导作用，从生产、运输、加工、分配、消费到废弃，每一环节的物质流动都是单向的，每一环节都产生大量的废弃物，并流向外部环境，造成分解能力不足，物质循环机制不完备，同时对环境造成生态破坏、环境污染等负面影响。

自然生态系统中，由于生产者、消费者、分解者在空间上相邻近，物质在流动或循环代谢过程中的运输所需能量很少，同时由于距离近，对外界的扰动调节起来快；而经济系统中由于消费者的消费量和废弃量很大，生产者和消费者之间的距离通常很长，生产者、消费者、分解者之间物质运输消耗的能量过大，进一步加剧了资源消耗、生态破坏和环境污染的程度。

从社会经济系统物质流动的大体方向上看，传统经济在发展模式上是一种"资源—产品—废物"单向流动的线性经济，其增长依靠的是高强度的开采和资源消耗，同时伴随高强度的污染物排放或生态环境破坏；而循环经济则是希望通过物质的高效利用，实现人类社会经济系统的物质闭路循环，从而对环境表现为低排放或零排放。因此，追踪、估算特定系统的物质输入、输出、贮存情况，量化经济系统中物质流动与资源消耗、环境影响之间的关系，可以为资源环境优化管理提供科学依据，进而推动区域可持续发展。

第三节　物质流分析方法原理

物质流分析方法是在"代谢"研究的基础上逐渐引申而来。"代谢"一词源自希腊语，其基本含义是"变化或者转变"，最早可以追溯到 20 世纪 50 年代。Jarob Moleshott 将"代谢"作为生物学领域的一个概念提出，认为生命是一种代谢现象，是能量、物质与环境的交换过程。随着全球环境保护意识的觉醒，学术界逐渐形成了许多通过研究物质流动来建立经济与环境之间联系的方法。Kneese 等在 1972 年提出通过物料平衡的方法追踪社会中物质的流动，为经济系统物质流分析框架的形成奠定了一定的基础。1978 年，Robert Ayres 运用实证方法详细论述了经济系统中物质的迁移路径。同一时期，欧洲一些国家出于对农产品的流与库存作簿记的传统，开始为特定化学物质（如磷）制作平衡表。进入 20 世纪 80 年代，物质平衡、工业代谢等理论的提出和完善，为物质流分析方法应用于整个社会经济系统夯实了根基。20 世纪 90 年代以来，物质流分析方法体系逐渐成熟。德国 Wuppertal 研究所提出了物质流账户体系，作为定量测度经济系统运行中物质使用量的基本工具。1997 年，世界资源研究所对美国、日本、奥地利、德国和荷兰这几个国家的经济系统物质流动状况进行了全面的分析，得到了各个国家经济系统的物质输入、输出总量及相关指标。2001 年，欧盟统计局（EUROSTAT）出版了第一部经济系统物质流分析研究方法手册,使得物质流分析方法体系更加规范化。随着物质总量流动分析研究的深入进行,对特定物质的流动分析研究也在不断发展。1996 年,荷兰莱顿大学 Ester van der Voet 在其博士论文中详细阐述了单一元素物质流分析的基本研究框架和具体应用。美国耶鲁大学产业生态学研究中心教授 Thomas Gradel 在 2000 年前后提出了 STAF(stocks and flows)框架将物质流分析逐渐标准化,并于 2002 年形成了针对单一物质的物质流分析方法体系。目前,物质流分析方法在国家、城市、流域、工业园区等不同尺度上均得到广泛的应用,逐渐成为对社会经济系统物质代谢进行定量化研究的基本分析工具之一。

物质流分析(material flow analysis,MFA)是对特定系统中物质的输入、迁移、转化、输出进行定量化分析和评价的方法。物质流分析方法的基本观点是,经济和环境间的物质流组成了经济系统的物理基础,且搭建了人类活动和环境影响之间的桥梁。人类活动所产生的环境影响在很大程度上取决于进入社会经济系统的自然资源和物质的数量与质量,以及从社会经济系统排入环境的废弃资源和物质的数量与质量。前者产生对环境的扰动,引起资源损耗和环境退化;后者则引起环境污染和生态破坏。它从实物的质量出发,通过追踪人类对自然资源和物质的开发、利用与废弃过程,研究可持续发展问题,即通过对自然资源在社会经济系统中流动过程的分析,揭示物质在特定区域内的流动特征和转化效率,找出环境压力的直接来源,作为评价该区域发展的可持续性指标,进而提出相应的减少环境压力的解决方案。物质流分析方法具有强烈的政策导向,对政策具有指导意义,受到国际上的广泛关注,为环境政策提供新的方法和视角,为决策者在资源和环境方面决策提供参考。

物质流分析方法(图 4-2)将物质流动的来源(源)、路径、中间过程及最终去向(汇)系统地联系在一起,以质量守恒定律为基本依据,将通过社会经济系统的物质分为输入、贮存与输出三大部分,通过研究三者的关系,来跟踪、定位物质利用及迁移、转化途径。

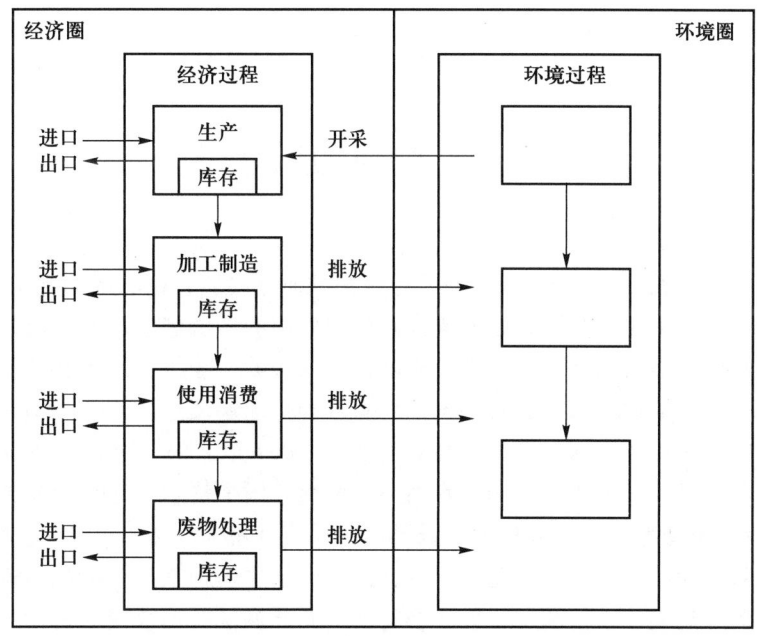

图 4-2　物质流分析框架

不同于投入产出模型以货币量反映社会经济系统各个部门之间的物质相互依存关系，物质流分析方法以物质的质量单位取代货币单位，尽可能独立地追踪各个物质流从自然界进入社会经济系统、经过社会经济系统的代谢作用把废弃的物质排放到自然界中的流动路径。在独立核算物质流的基础上，再运用过程输入输出质量平衡原理，即物质输入总量＝物质输出总量+物质净贮存量，通过比较其所有的输入、贮存及输出过程以控制其简单的物质平衡。正是物质流分析的这种显著特征，使得其成为资源管理、废弃物管理和环境管理等方面的极具魅力的决策支持工具。

物质流分析主要有两种方法：基于通量的物质流分析(Bulk-MFA)和基于单一物质的物质流分析(substance flow analysis，SFA)。两种方法的区别主要是针对的物质对象不同，前者主要针对基本材料、产品、制成品、废弃物，以及向空气、水的排放物通量，后者主要是针对元素、化合物或一类物质等。Bulk-MFA可测量自然环境系统进入宏观社会经济系统的物质投入数量、强度及其结构变化，即物质化或减物质化趋势，从而能够反映可耗竭自然资源的损耗情况。物质化或减物质化趋势意味着流入社会经济系统的物质总量出现了增加或减少，物质使用过程中产生或排放的废弃物、污染物和残余物也相应地增加或减少，因而Bulk-MFA能够反映人类社会经济活动所造成的资源损耗和环境退化的总体情况，评价或预警经济活动的现有及潜在的资源环境压力，是了解宏观经济发展生态可持续性的一个窗口。SFA主要分析与资源消耗和环境污染息息相关或具有重要经济意义一些特定物质的流动和库存情况，将资源开发利用与废物处理排放归一化考虑，通过对这些物质的追踪来理解社会经济系统中物质利用过程出现的某些问题，例如，识别导致某种环境污染问题的经济根源、发现特定资源利用过程中的效率低下问题等，从提高资源开发利用全过程资源利用效率的角度探求减少污染排放的途径和策略。SFA在刻画社会经济系统内部物质流动路径的同时，还可与污染源排放清单方法、生命周期评价方法等相结合，从而更全面具体地反映物质生物地球化学循环过程。

第四节 物质通量分析

基于通量的物质流分析方法(Bulk-MFA)是一种研究物质代谢状况的系统化评估方法，该方法在20世纪90年代中期开始逐渐成为研究和应用的主流。经济和环境之间的物质流组成了经济的物理基础及人类活动和环境影响之间的桥梁。经济系统的代谢可以由物质流核算的一系列指标来描述。我国学者在国家、省级和行业层面运用Bulk-MFA方法开展了诸多应用。例如，在行业层面，有学者定量分析了2007年武汉市造纸业的原材料、水和能源等资源代谢情况，发现武汉市在中水回用方面离全国平均水平还有一定差距；有学者对中国2010年水泥及水泥基材料行业涉及的资源进行了整体分析，并针对关键过程评估了若干降低原料消耗措施的效果；还有学者分别研究了中国钢铁工业物质流动格局和河北省钢铁行业发展的规模、结构和运行效率等特征，并开展了脱钩效应分析。

一、 研究框架与主要指标

Bulk-MFA 对区域经济系统物质流动状况进行研究的框架可见图 4-3，该方法可以用来分析进出经济系统的物质的量及其结构，以及从可持续发展的角度来评价经济系统的代谢性能。Bulk-MFA 的各个指标可以表述一个国家或地区的资源投入、贮存、回收、废物产生及废物再生利用的情况。从研究循环经济的角度，定量地描述自然资源的消耗、废物的产生以及废物的再使用和资源化再生利用与人类经济活动的关系，因而在资源与环境政策领域得到了广泛的应用。

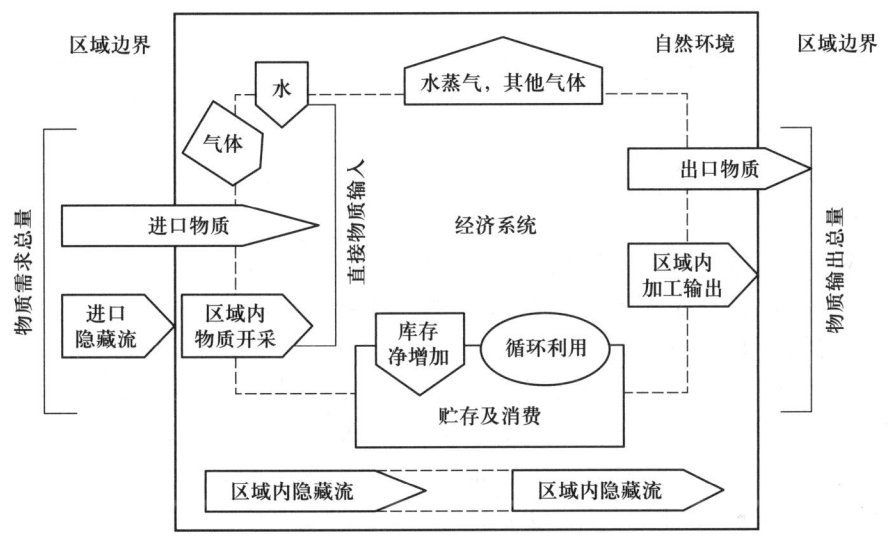

图 4-3　Bulk-MFA 研究框架

在物质输入端，进入经济系统的自然物质分为直接物质输入（direct material input，DMI）和隐藏流（hidden flow，HF）两个部分。直接物质输入（DMI）是指直接进入经济系统的所有固体、液体和气体自然物质，包括生物物质、固体非生物物质（包括化石燃料、工业矿物、建筑材料等）、水、空气四大类，由区域内物质开采（domestic material extraction，DME）和进口（import material，IM）两部分组成。隐藏流（HF）也称生态包袱（ecological rucksack），是指人类为获取直接物质输入而必须动用的数量巨大的环境物质，亦由区域内隐藏流（domestic hidden flow，DHF）和进口隐藏流（import hidden flow，IHF）两部分组成，主要包括：① 开采化石能源、工业原材料时移动的表土量和引起的水土流失量；② 生物收获的非使用部分：木材砍伐的损失、农业收割的损失等；③ 建筑遗弃土方及河流疏浚；④ 自然环境水土流失量。物质需求总量（total material requirement，TMR）考虑了区域内部与进口产品生产过程的隐藏流，是直接物质输入（DMI）、区域内隐藏流（DHF）和进口隐藏流（IHF）三者之和，可以从输入端全面地揭示人类经济活动对自然资源的消耗和对生态环境的冲击。

在物质输出端，物质输出总量（total material output，TMO）衡量的是离开该区域经济系统的物质总量，由区域内加工输出（domestic processed output，DPO）、区域内隐藏流

（DHF）、出口物质（export material，EM）三部分组成。区域内加工输出（DPO）指产品生产和使用过程中进入自然环境且不能再循环使用的固体废物、废水、废气等物质。该指标未包含出口物质，因为与出口物质相关的废物排放发生在区域以外。此外，区域内总输出（total domestic output，TDO）是区域内加工输出（DPO）、区域内隐藏流（DHF）两者之和，表征人类对其自身环境直接输出的环境压力，也是环境污染的直接来源，可以量度一个国家或地区的环境友好程度或人与环境的和谐程度，也可指示当地环境保护与建设的可持续性。

在物质消耗方面，区域内物质消耗量（domestic material consumption，DMC）是指经济系统内部直接使用的物质总量，等于直接物质输入（DMI）减去出口物质（EM）。隐流不计入区域内物质消耗。物质消耗总量（total material consumption，TMC）是指生产和消费活动中所消耗的物质总量，它反映了人类对自然界物质的消耗程度，等于物质需求总量（TMR）减去出口物质（EM）及其隐藏流（export hidden flow，EHF）。物质消耗总量（TMC）越大，意味着人类对自然界的干扰越强烈，也就越不利于资源节约型社会的建立。

二、　数据来源和分析方法

Bulk-MFA 的数据来源主要包括：国家及地方政府统计年鉴、林业统计和核算账户、农业统计资料、工业/产品统计、能源统计和能源平衡、对外贸易统计、单一产品的物料平衡表、环境统计年鉴、经济贸易统计年鉴等。

包含在区域内物质开采的最重要的产业是：农业、畜牧业、林业、渔业、采矿业，还包括其他矿业及开采如砾石、板岩、沙石、黏土、砂砾、原盐等以及其他非金属矿石产品的制造——玻璃、砖瓦、水泥等，还包括电力、煤气、蒸汽及地热的供应、建筑。

主要物质类别的数据来源和分析方法如下：

（1）化石燃料：包括硬煤、褐煤、原油、天然气、其他（原油气、泥炭、油母页岩等）。所有化石燃料都被计入 DMI 指标，不管其是否用作能源用途，除非有特别的说明，例如农药利用的泥炭不作为化石燃料。化石燃料数据主要来自当地统计年鉴及能源统计年鉴，在两者有出入的情况下，以政府公布的统计年鉴为准。

（2）矿物质：包括金属矿石（铁矿石、有色金属矿石等）、工业矿物（盐矿、特殊黏土、专用砂石、农用泥炭等）、建筑矿材（沙石、砾石、碎石、普通黏土等）。其中，工业矿物和建筑矿物之间的区别并不清晰，有时一种矿物既可以用于工业矿物（例如，石灰石作为化学工业的肥料生产）又可以用于建筑矿物（例如石灰石直接作为建筑或水泥生产）。为避免重复计算，建议将工业矿物看作无建筑用途的大宗物质。这部分数据来源包括当地统计年鉴，以及自然资源部的矿业统计年鉴等。

（3）生物物质：包括农业类生物物质（谷物、根茎类、豆类、牧草等作物及其副产品）、林业类生物物质（各类木材及其副产品）、渔业类生物物质（鱼虾等水产品）等。区域内所有生物物质的核算都来自农牧收获统计、林业统计、渔业统计及狩猎统计。另外，畜牧生物的输入可通过饲料统计中获得或通过土地利用、牲畜的营养平衡等来估算。这部分数据在当地统计年鉴中记载得很详细。

（4）进出口物质：原材料（化石燃料、矿物质、生物质等）及其半成品和成品、进出口物质附带的包装材料、最终处理处置的废弃物等。所有进出口物质数据来自当地统计年鉴及中国工业经济统计年鉴中的边境贸易统计。

（5）环境排放：包括污染排放物（废气、废水和固体废物）和产品的耗散性使用及原料的耗散性损失（如化肥、农药等）。数据来源包括环境统计年鉴、环境状况公报等。缺失数据的弥补则需要靠估测来获取，如土壤侵蚀可通过平均侵蚀比例来粗略估计，详细的侵蚀模型则需要考虑坡度、裸露程度及作物类型等因素。

三、 案例研究： 中国造纸业物质代谢演化特征

（一） 中国造纸业物质流分析框架

根据欧盟导则并结合中国实际情况，构建了中国造纸业物质流分析框架（图4-4），包括制浆和造纸两个生产过程，并梳理了2005—2017年各类输入与输出物料的流向。根据输入/输出物料的来源/去向不同，在输入和输出端区分考虑国际和本地两种情况。在输入端，进口输入包括废纸、木材和纸浆；本地输入主要包括废纸、木材和非木材等原料输入，煤炭、天然气和电力等能源输入，以及新鲜水输入。在输出端，本地输出包括纸及纸板产品，废气、废水和固体废物排放等；出口输出包括纸浆、纸、纸板。纸及纸板产品包括新闻纸、箱板纸、瓦楞原纸、未涂布印刷纸、白纸板、涂布印刷纸、生活用纸、包装用纸、特种纸、纸板和其他。由于实际生产过程中，各类原料会存在开采但未被利用的部分，该部分被称为隐藏流，或生态包袱，通常采用隐藏流系数来衡量。循环量具体指造纸业的循环水消耗量。

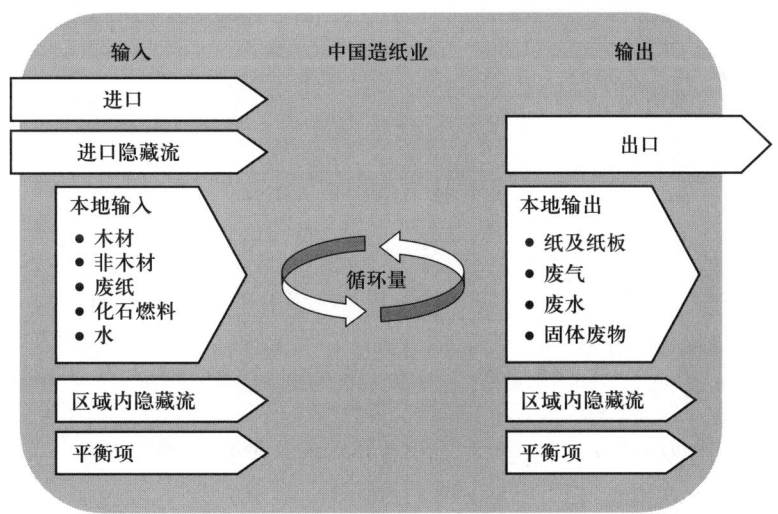

图4-4 中国造纸业物质流分析框架

（二） 计算方法与数据来源

1. 物质输入

（1）纸浆原料

纸浆产量、消耗量和进口量以及废纸进口与本地回收量均来源于《中国造纸工业年度报告》。由于木材和非木材消耗量无相关统计数据，因此，采用以下公式估算：

$$M_i = m_i \times R_j \tag{4-1}$$

式中：M_i——第 i 种原料消耗量；

R_j——第 j 种纸浆消耗量；

m_i——生产 1t 第 j 种纸浆的原料消耗量。

据相关资料，生产 1t 木浆消耗木材约 4.062 5t，而生产 1t 非木浆消耗非木材约 3t。

造纸业消耗的木材来源于国内开采和国外进口，采用以下公式估算：

$$W_{进口} = M_木 \times \alpha \tag{4-2}$$

$$W_{国内} = M_木 \times \beta \tag{4-3}$$

式中：$W_{进口}$ 和 $W_{国内}$——分别为进口木材和国产木材消耗量；

$M_木$——计算得到的木材消耗量；

α 和 β——分别为造纸业进口木材和国产木材的所占比例，由 2005—2017 年的中国统计年鉴中进口木材和国产木材年消费量与总木材消费量的比值估算所得。

造纸工段，不同纸及纸板产品的纸浆消耗量有所差异，需要通过各类纸及纸板产品产量乘以单位产品的纸浆消耗系数来确定（表 4-1）。

表 4-1 制浆和造纸工段的原料消耗、能耗、取水量和废水排放系数

工段	类别	纸浆消耗系数（以纸计）/(t·t⁻¹)	能耗系数[①]/(tce·t⁻¹)	取水系数/(m³·t⁻¹)	废水排放系数/(m³·t⁻¹)
制浆	木浆	—	0.24	25	21
	非木浆	—	0.36	62	51
	废纸浆	—	0.11	8	6
造纸	新闻纸	1.02~1.05	0.264	11	9.4
	箱板纸	1.00~1.05	0.264	11	9.4
	瓦楞原纸	1.05~1.10	0.28	11	9.4
	未涂布印刷纸	0.96~1.00	0.31	17.2	17
	白纸板	1.00~1.05	0.28	13	10.4
	涂布印刷纸	1.00~1.05	0.356	17	14.4
	生活用纸	1.05~1.30	0.466	19.8	16.8
	包装用纸、特种纸及其他	0.92~1.05	0.264	11	9.4

① tce 为吨标准煤。

（2）化石燃料

根据文献资料，确定造纸业的主要能源消费包括煤炭、原油和天然气这 3 种一次能源以及焦炭、汽油、煤油、柴油、燃料油和电力这 6 种二次能源。现有行业层面的 Bulk-MFA 研究在测算能源消耗时采用的方法不尽相同。例如，有研究直接将一次能源和二次能

源消耗量相叠加，作为总的能源消耗量；而有的研究则为了避免重复计算，只考虑一次能源消耗量。由于造纸业的能源消耗主要为煤炭，而煤炭消费量同时包括用于发电和供热的量，为避免重复计算，采用终端煤炭消费量(扣除用于加工转换二次能源的消费量和损失量)计算。同时，为了简化计算，将全部能源物质统一换算成标准煤。

基于各类纸浆/纸及纸板产量及其能耗系数(表4-1)，汇总计算得到制浆和造纸工段的能耗占比，从而将造纸业的总化石能源消耗量根据该能耗占比进一步分配至各个工段。

（3）水

根据文献资料，采用造纸业的工业取水量作为水输入量。基于各类纸浆/纸及纸板产量及其取水系数(表4-1)，汇总计算得到制浆和造纸工段的取水量占比，然后将造纸业的总取水量根据该取水量占比进一步分配至各个工段。

2. 物质输出

（1）纸浆和纸及纸板产品

纸浆的出口总量和纸及纸板产品的产量及出口量均来源于《中国造纸工业年度报告》。

（2）废水

造纸业的废水排放总量来源于《中国造纸年鉴》。制浆和造纸工段，基于各类纸浆产量和产品产量及其相关排放系数，将废水排放总量根据其占比分配至各个工段(表4-1)。

（3）废气

排放到大气中的物质主要有 CO_2、SO_2、烟尘和工业粉尘等。其中，SO_2、烟尘和工业粉尘等废气排放数据来源于《中国造纸年鉴》。然而，统计数据不包括 CO_2 排放量，因此需要通过各类能源的消耗量与燃料燃烧过程的 CO_2 排放系数(表4-2)相乘得到 CO_2 排放量。我国70%以上的电力来自火力发电，所以参照火力发电的煤耗，将电力消耗量转化成煤炭量，即：生产 1 $kW \cdot h$ 电消耗原煤 0.35 kg。

表4-2　燃料燃烧 CO_2 和 H_2O 排放系数

燃料	CO_2排放系数 (以燃料计)/($t \cdot t^{-1}$)	H_2O排放系数 (以燃料计)/($t \cdot t^{-1}$)
煤炭和焦炭	2.00	—
原油和汽油	3.04	1.32
煤油	3.07	1.33
柴油	3.15	1.36
燃料油	3.02	1.39
天然气	2.03($t \cdot m^{-3}$)	1.66($t \cdot m^{-3}$)

（4）固体废物

根据《中国造纸年鉴》获得整个造纸业每年的固体废物排放总量，再通过年度各类纸浆的产量和固体废物排放系数的乘积得到制浆工段固体废物排放量，造纸工段固体废物排放量即为总排放量减去制浆工段排放量。

3. 隐藏流

根据隐藏流的定义，采用以下公式估算：

$$E_i = P_i \times Q_i \qquad (4-4)$$

式中：E_i——第 i 种原料隐藏流；

P_i——第 i 种原料消耗量；

Q_i——第 i 种原料的隐藏流系数。

由于煤炭开采过程中存在未被利用的部分如矸石等，化石能源的隐藏流系数取煤炭工业产排污系数 0.714 3；木材、非木材和废纸在投入生产前需要经过去皮、去叶或除杂和包装等，因此，隐藏流系数分别取 0.175、0.075 和 0.015；外购纸浆在转运至造纸生产前存在部分损失，隐藏流系数根据相关企业调研得到，约为 0.07。

4. 平衡项和循环量

平衡项包括氧气和水蒸气。氧气在工业系统中主要消耗于能源的使用过程，没有直接可用的统计数据，用主要氧化产物（CO_2、SO_2 和水蒸气）的排放量进行汇总估算，即：化石燃料燃烧排放的 CO_2 排放量乘以 32/44，SO_2 排放量乘以 1/2，燃烧产生的水蒸气量乘以 16/18。水蒸气来源于化石燃料的燃烧释放和造纸业生产过程的蒸发损失。化石燃料燃烧释放的水蒸气量等于各类燃料消耗量与其对应 H_2O 排放系数乘积的总和（表 4-2）。不论是整个造纸业还是制浆和造纸两个工段，根据质量守恒定律，生产过程的水蒸气蒸发量为取水量与废水排放量的差值。

循环量主要包括水的循环量，相关数据来源于《中国造纸年鉴》。

（三）造纸业物质代谢评价指标

基于以上数据，进一步选用输入、输出和强度等几类指标，对中国造纸业的物质代谢情况进行分析（表 4-3）。

表 4-3 物质流分析指标

类别	指标	计算公式
物质输入指标	直接物质输入（DMI）	本地输入+进口
	物质总输入量（TMI）	直接物质投入+国内隐藏流
	物质需求总量（TMR）	物质总输入量+进口隐藏流
物质输出指标	生产排放（DPO）	废气+废水+固体废物
	直接物质输出（DMO）	加工排放+出口
	物质输出总量（TMO）	直接物质输出+区域内隐藏流
强度指标	物质输入强度	DMI/纸及纸板总产量
	物质输出强度	DPO/纸及纸板总产量

（四）主要结果分析

2005—2017 年，中国造纸业的物质代谢规模变化明显（图 4-5），物质输入与输出总体呈下降趋势，其中水的贡献最大。造纸产量提高近一倍，化石能源消耗量增长 23%，固体废物和废气排放总量增加 17%。造纸工段的水耗、能耗较制浆工段更高，但制浆工段固体废物、NO_x 排放量更高。

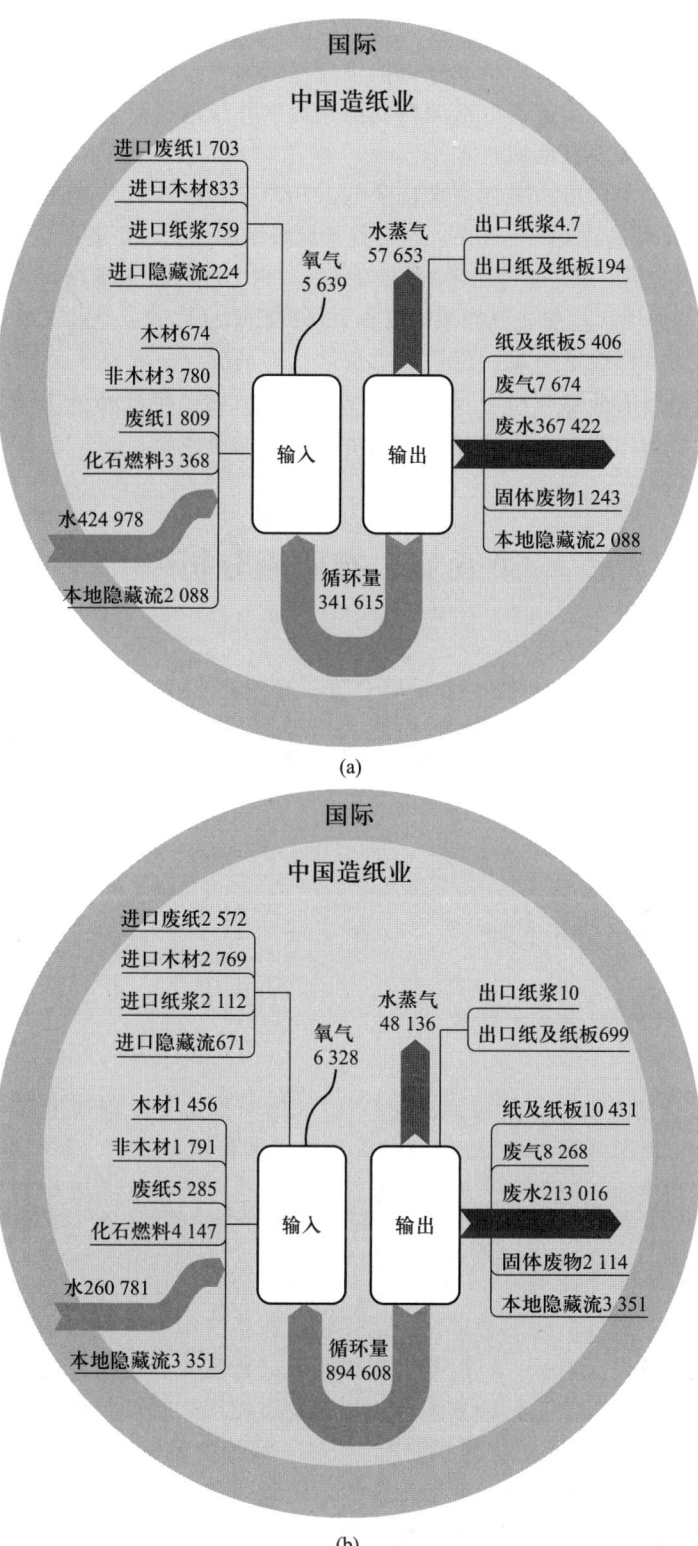

图4-5　2005年（a）和2017年（b）中国造纸业物质流全景

（单位：万t）

造纸业原料结构变化大，非木材投入量大幅降低。在国内木材资源紧缺和国内废纸回收率低的双重影响下，造纸业原料的进口依赖性不断加大。长远来看，应进一步完善废纸原料的供给体系，一方面制定再生纸原料的国家标准并规范进口管理，另一方面加强废纸回收体系建设，提高国内废纸回收水平。

造纸业资源消耗和环境污染强度大幅降低。2005—2017年，中国造纸业生产1t纸及纸板DMI和DPO的降幅高达67%~70%，这得益于原料结构优化、工艺改进和污染控制力度加强等诸多产业升级举措。其中，节水措施成效显著，水循环率由45%增至77%。未来造纸业应继续强化绿色环保理念，推动节能减排进程，保持健康良性的可持续发展态势。

在当前国内废纸回收量不足，进口废纸被禁止的情况下，需从实施更严格的环保标准和加强植物纤维原料的高效利用等方面加强三废污染治理工作，进一步完善排污许可证的相关规定，促进造纸企业形成更加科学、合理的循环经济体系。

第五节　物质流分析

物质流分析（SFA）是MFA的一个重要分支。作为产业生态学领域内的一种重要分析工具，它通过量化某一物质或某一类物质流入、流出特定系统和在该系统内部的流动和贮存状况，从而建立该系统内经济与环境之间的定量关系。SFA的基本原则是质量守恒定律，即输入＝输出＋累积－释放。此外，生命周期评价和投入产出分析的思想在SFA中有所体现。

一、基本要素与分析框架

SFA研究主要包括以下几个要素：

（一）物质

物质是SFA的研究对象，这里的"物质"是从化学意义上来理解的，一般指特定化学元素或者化合物，也包括某一物质或者材料（参考第四章第一节）。对于后者来说，在具体分析时，会涉及物质的不同形态。例如，铜流分析时会考虑铜在系统中转换的各种途径及其所存在的形态，包括铜矿（及其他含铜矿石）、纯铜、铜合金、各类含铜制品等。

（二）过程

过程是进行物质流分析的基本单位，描述物质在系统中的转化、输送或储存。转化和输送过程一般用矩形框来表示，可以被看作黑箱只分析输入和输出情况，也可以被细分为两个或者多个子过程，以便于更细致地分析局部物质流动路径。具体分析的详尽程度视研究目的和研究条件而定。在"过程黑箱"中，如果一部分物质储存下来，则被称为"物质的库存"（stock），一般在矩形框内用更小的框表示。如果物质在某一过程中停留过长（如超过1 000年），此时该过程被称为最终的汇（sink）。

（三）流（流量）

流指单位时间内流经各个过程的物质数量或者质量，是连接各个过程的桥梁，是物质流动强度的表征，一般用 kg/a、t/a 等单位表示。系统内的每一个过程都有输入流端和输出流端，包括一条或多条物质流。输入流端一般包括：从系统外的输入流（进口），从系统内其他子系统（包括社会经济子系统和环境子系统）的输入流；输出流端包括：流出系统的输出流（出口），流向其他子系统的流（包括社会经济子系统和环境子系统）。另外，某些过程的库存还可能发生物质累积或释放。

　　SFA 的分析框架的一般形式如图 4-6 所示。

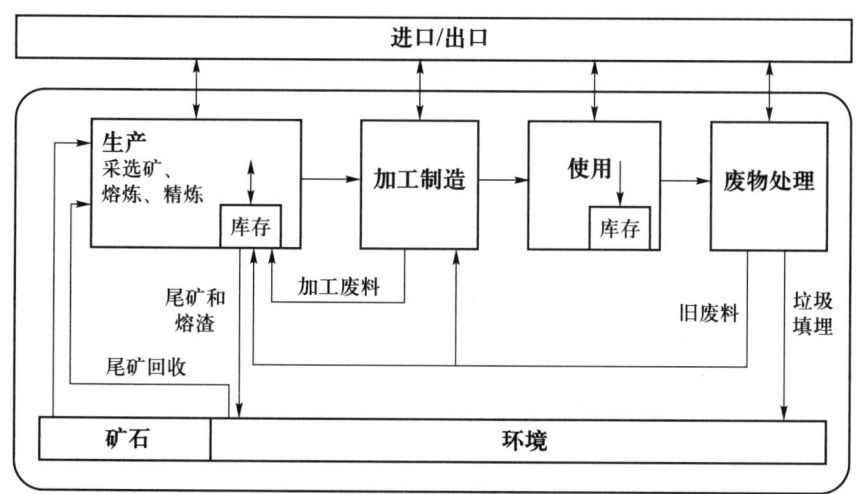

图 4-6　SFA 分析框架的一般形式

　　SFA 对某一经济实体（区域、国家甚至全球）或者地理范畴内的某种物质的流动过程绘制流程图，建立包括社会经济系统和环境系统的分析模型。在社会经济系统中，主要的过程（子系统）包括生产、加工制造、使用消费和废物处理，而每个子系统又可以进一步细分；对于环境系统来说，它可以分为向社会经济系统提供自然资源的自然环境和吸纳废物的自然环境，也可以按照介质类型分为水体、土壤、大气等。物质流一般包括：基于产品或者原料供应关系的正向流、废弃产品流、基于废物循环利用的逆向流、最终废物的处理流、过程损耗而产生的环境排放流和贸易进出口流等。库存包括在经济系统中的库存和在环境系统中的库存两大类。前者包括尚未使用的工业中的产品和原材料、使用中的产品和不再使用但仍未废弃的产品；后者包括岩石圈中的资源和填埋废物。

　　尽管早期 SFA 研究的重点是物质在社会经济系统内部的流动及其在环境界面上的排放，如今越来越多的 SFA 研究结合污染源排放清单、生命周期评价等方法，开始关注物质在环境系统内部的流动路径，从而更全面地刻画物质的生物地球化学循环演变过程。

二、分析步骤和数据来源

　　借鉴生命周期评价的技术框架，当前 SFA 较为公认的分析步骤主要包括三个部分："目标和系统界定""建立数据清单和分析模型"和"结果阐释"。

（一）目标和系统界定

1. 研究目标的确定

首先必须明确所要解决的问题，然后根据问题确定研究目标，如：识别导致特定环境问题的主要物质流，进而追踪这些物质流在社会中的"源头"，鉴定或预测一些污染减轻措施的有效性等。

2. 系统的界定

与研究的目标相对应，系统的界定主要包括三个方面，即物质、时间和空间，另外在有必要的情况下也要对系统内的子系统进行界定，一般会用流程图表示。考虑到统计数据的可获得性，系统的空间边界一般选择行政或者地理空间上相对独立的单元。系统的时间边界越短，更能反映系统的行为特性，而时间边界越长，则更能追踪缓慢的库存累积和结构变化过程。一般而言，选取一年作为时间边界，这无论是从数据可得性还是从政策的制定上都具有明显的优势。

（二）建立数据清单和分析模型

这一阶段是对系统相关的所有过程及流、库存变化进行量化。这一量化过程包括两方面的工作，一方面是收集和筛选相关数据，另一方面是计算（或称为分析）流与库存变化。

1. 数据获取方法

核算数据包括活动水平数据和相关参数两部分。活动水平数据是表征一段时间区域人类活动规模的数据集，主要的数据获取方法可细分为以下两类：第一类，统计年鉴采集，如工业产品产量、人口数量等。第二类，现场直接采集，一些活动水平数据如没有官方统计，还可以通过实地调查、问卷调查和访谈获取。参数反映的是特定人类活动的强度，如食物的营养元素含量、单位面积播种量等，主要的数据获取方式也有两种：第一类，文献资料查阅，在对国内外相关文献查阅的基础上整理归纳出相关参数的合理范围。需注意的是，引用该类数据时一定要注意每个数据的出处、使用条件和误差等。第二类，实地调查与实验分析，在研究区域开展实证研究，通过物理化学实验获取一手数据资料。这种方法收集的参数可能更准确，但数据收集过程的人力物力投入非常大，因此，在大区域（如全国、洲际、全球等）层面开展 SFA 研究时，需根据研究目标和研究条件而选择合适的数据获取方法。

2. 物质流核算方法

可分为三类：① 独立型核算方法：用于描述根据变量进行独立计算即可获得结果的物质流，不依附于其他任何物质流的计算结果。② 依附型核算方法：用于核算依赖于其他物质流计算结果的物质流。这类物质流缺乏能够开展独立型核算的数据变量，但可以在其他物质流计算结果的基础上进行估算。③ 平衡型核算方法：对于实际发生但无法准确定量的若干物质流，通过各过程输入输出平衡方程计算得到这些物质流的累计值。

（三）结果阐释

1. 结果阐释要点

SFA 的研究角度不同，其结果表达的方式也不同。在许多 SFA 研究中，结果以所研究物质的流与积累量来表示，分析的政策相关性直接来源于所研究物质的危害特性。但在某些情况下，需要对数据进行整合，以利于对研究结果开展进一步分析。一种可能的方法是与生命周期评价联系在一起，详述该物质对一些环境问题或者环境影响类别的贡献，如全球变暖、臭氧层损耗和酸雨等。另一种解释方法是选取特定的流或库存作为能反映环境影响的指数，或者计算更复杂的能反映整个链管理的复合指数。例如，可以用某一过程中输入量与输出量（输出可以是产品，也可以是废物）的比例来表示该过程的效率。为衡量可持续发展程度，可以在 SFA 研究中考虑以下指数：对于经济系统及其子过程，可以分析物质的利用水平、循环利用率、利用效率、经济积累、经济损耗等；对于环境系统及其子过程，可以分析物质开采水平、污染物排放水平、浓度、环境积累量等。

2. 不确定性分析

系统界定、数据或参数及时空差异等不确定因素可能会影响结果的可靠性。其中，数据或输入参数的不确定性是目前较容易处理的一类不确定性。为了提高研究结果的可靠性，可以采用蒙特卡罗（Monte Carlo）模拟方法较方便地处理复杂模型中的不确定性问题。它是根据统计抽样理论，通过对随机变量函数的概率模拟、统计试验来进行近似求解的方法。首先应确定各输入变量的概率密度分布函数，以概率分布代替确定数值；然后采用概率分布模型随机抽样数据组合进行上千万次的仿真实验，从而获得目标结果的不确定性范围，提高分析结果的可靠性。

三、案例研究：中国畜禽养殖磷流代谢格局

（一）中国畜禽养殖系统磷流分析框架

磷是地球上生命系统所必需的营养元素之一，并且具有不可替代性。人类对磷资源的开发利用活动涉及生活和工业的方方面面。接下来，以 1600—2012 年中国畜禽养殖为例开展实证研究。

畜禽养殖系统是指通过人工饲养、繁殖，将牧草和饲料等植物能随畜禽等动物生长而转变为动物能，以取得肉、蛋、奶等动物产品的生产过程。畜禽种类包括：猪、牛、羊、禽、马、驴、骡、兔。采用基于质量守恒原则的物质流分析方法，确定中国畜禽养殖系统系统边界（图 4-7），梳理各个主体的磷流输入、输出和库存变化情况。畜禽养殖的输入包

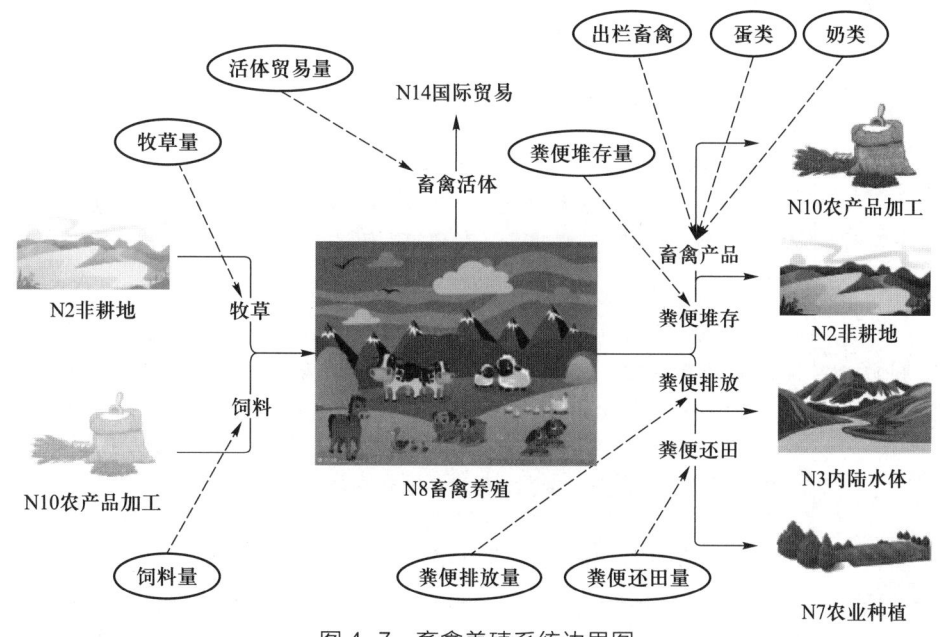

图 4-7　畜禽养殖系统边界图

括非耕地(N2)提供的牧草和农产品加工(N10)提供的饲料等，输出包括进入农产品加工(N10)的出栏畜禽、蛋类和奶类，及分别进入非耕地(N2)、内陆水体(N3)和农业种植(N7)系统里面的畜禽粪便等，以及通过国际贸易(N14)输入或者输出的畜禽活体量。

(二)　主要磷流计算方法及数据来源

畜禽养殖系统主要的输入和输出磷流及其计算方法如表4-4所示。

表4-4　畜禽养殖系统磷流计算方法

变量名	计算公式
出栏畜禽	[每年出栏畜禽含磷量]-[每年净出口畜禽含磷量]
奶类	[每年奶类产量]×[奶类产品含磷系数]
存栏畜禽磷的年际变化	[猪存栏年际变化量]×[猪活体含磷系数]+[牛存栏年际变化量]×[牛活体含磷系数]+[羊存栏年际变化量]×[羊活体含磷系数]+[家禽存栏年际变化量]×[家禽活体含磷系数]+[骡存栏年际变化量]×[骡活体含磷系数]+[骆驼存栏年际变化量]×[骆驼活体含磷系数]+[马存栏年际变化量]×[马活体含磷系数]+[兔存栏年际变化量]×[兔活体含磷系数]+[驴存栏年际变化量]×[驴活体含磷系数]
存栏食草畜禽磷的年际变化	[牛存栏年际变化量]×[牛活体含磷系数]+[马存栏年际变化量]×[马骡驴活体含磷系数]+[骡存栏年际变化量]×[马骡驴活体含磷系数]+[驴存栏年际变化量]×[马骡驴活体含磷系数]+[羊存栏年际变化量]×[羊活体含磷系数]+[兔存栏年际变化量]×[兔活体含磷系数]
排入农田畜禽粪便含磷量	[每年猪粪便含磷量]×[猪粪便还田率]+[每年家禽粪便含磷量]×[家禽粪便还田率]+[每年兔粪便含磷量]×[兔粪便还田率]+[每年骡粪便含磷量]×[马骡驴粪便还田率]+[每年马粪便含磷量]×[马骡驴粪便还田率]+[每年牛粪便含磷量]×[牛粪便还田率]+[每年羊粪便含磷量]×[羊粪便还田率]+[每年驴粪便含磷量]×[马骡驴粪便还田率]
排入水体畜禽粪便含磷量	[每年家禽粪便含磷量]×[家禽粪便排入水体率]+[每年猪粪便含磷量]×[猪粪便排入水体率]+[每年羊粪便含磷量]×[羊粪便排入水体率]+[每年牛粪便含磷量]×[牛粪便排入水体率]+[每年马粪便含磷量]×[马骡驴粪便排入水体率]+[每年驴粪便含磷量]×[马骡驴粪便排入水体率]+[每年兔粪便含磷量]×[兔粪便排入水体率]+[每年骡粪便含磷量]×[马骡驴粪便排入水体率]
排入非耕地畜禽粪便含磷量	[每年兔粪便含磷量]×[兔粪便排入非耕地率]+[每年家禽粪便含磷量]×[家禽粪便排入非耕地率]+[每年猪粪便含磷量]×[猪粪便排入非耕地率]+[每年羊粪便含磷量]×[羊粪便排入非耕地率]+[每年牛粪便含磷量]×[牛粪便排入非耕地率]+[每年马粪便含磷量]×[马骡驴粪便排入非耕地率]+[每年驴粪便含磷量]×[马骡驴粪便排入非耕地率]+[每年骡粪便含磷量]×[马骡驴粪便排入非耕地率]+[每年骆驼粪便含磷量]×[骆驼粪便排入非耕地率]
每年兔粪便含磷量	[兔日均饲养量]×[兔日均排磷系数]×365/1 000 000

变量名	计算公式
每年净出口畜禽含磷量	[马驴骡净出口活体数量]×[马骡驴活体含磷系数]+[家禽净出口活体数量]×[家禽活体含磷系数]+[牛净出口活体数量]×[牛活体含磷系数]+[猪净出口活体数量]×[猪活体含磷系数]+[羊净出口活体数量]×[羊活体含磷系数]
每年出栏畜禽含磷量	[马出栏量]×[马活体含磷系数]+[羊出栏量]×[羊活体含磷系数]+[猪出栏量]×[猪活体含磷系数]+[牛出栏量]×[牛活体含磷系数]+[家禽出栏量]×[家禽活体含磷系数]+[骡出栏量]×[骡活体含磷系数]+[驴出栏量]×[驴活体含磷系数]+[兔出栏量]×[兔活体含磷系数]+[骆驼出栏量]×[骆驼活体含磷系数]
每年家禽粪便含磷量	[家禽日均饲养量]×[家禽日均排磷系数]×365/1 000 000
每年牛粪便含磷量	[牛日均饲养量]×[牛日均排磷系数]×365/1 000 000
每年猪粪便含磷量	[猪日均饲养量]×[猪日均排磷系数]×365/1 000 000
每年羊粪便含磷量	[羊日均饲养量]×[羊日均排磷系数]×365/1 000 000
每年马粪便含磷量	[马日均饲养量]×[马日均排磷系数]×365/1 000 000
每年驴粪便含磷量	[驴日均饲养量]×[驴日均排磷系数]×365/1 000 000
每年骆驼粪便含磷量	[骆驼日均饲养量]×[骆驼日均排磷系数]×365/1 000 000
每年骡粪便含磷量	[骡日均饲养量]×[骡日均排磷系数]×365/1 000 000
活体贸易量	[每年净出口畜禽含磷量]
牧草量	[食草畜禽活体含磷量]+[存栏食草畜禽磷的年际变化]+[食草畜禽粪便含磷量]+[奶类]
畜禽粪便含磷量	[每年牛粪便含磷量]+[每年猪粪便含磷量]+[每年骆驼粪便含磷量]+[每年家禽粪便含磷量]+[每年兔粪便含磷量]+[每年驴粪便含磷量]+[每年骡粪便含磷量]+[每年马粪便含磷量]+[每年羊粪便含磷量]
粪便堆存量	[排入非耕地畜禽粪便含磷量]
粪便排放量	[排入水体畜禽粪便含磷量]
粪便还田量	[排入农田畜禽粪便含磷量]
蛋类	[每年蛋类产量]×[蛋类产品含磷系数]

续表

变量名	计算公式
食草畜禽活体含磷量	[马出栏量]×[马骡驴活体含磷系数]+[骡出栏量]×[马骡驴活体含磷系数]+[驴出栏量]×[马骡驴活体含磷系数]+[羊出栏量]×[羊活体含磷系数]+[牛出栏量]×[牛活体含磷系数]+[兔出栏量]×[兔含磷系数]
食草畜禽粪便含磷量	[每年羊粪便含磷量]+[每年骡粪便含磷量]+[每年兔粪便含磷量]+[每年马粪便含磷量]+[每年驴粪便含磷量]+[每年牛粪便含磷量]
饲料量	[存栏畜禽磷的年际变化]+[每年出栏畜禽含磷量]+[畜禽粪便含磷量]+[蛋类]-[牧草量]

活动水平数据，如每年蛋类产量、出栏量、存栏量等，主要指历年宏观统计数据，来源包括国家/行业统计年鉴、政府工作报告、公开数据库、文史书籍等，主要数据来源有《中国统计年鉴》《中国工业经济统计年鉴》《中国农业统计年鉴》《中国食品工业年鉴》《中国饲料工业年鉴》《中国环境年鉴》等，在此不做赘述。涉磷参数主要来源于国内外文献和专业技术书籍查阅。

（三）主要结果分析

基于 EnVirLab 环境虚拟仿真实验平台模拟的中国畜禽养殖系统磷流动态结果如图 4-8 所示。结果表明，中国畜禽养殖系统中，最主要的输入磷流包括饲料含磷量（2012 年约为 194.7 万 t，占输入总量的 58.4%）和牧草量（2012 年约为 138.4 万 t，占输入总量的 41.6%）；最主要的输出磷流包括畜禽粪便还田量（2012 年约为 146.7 万 t，占输出总量的 43.7%）、畜禽粪便堆存量（2012 年约为 82.1 万 t，占输出总量的 24.5%）、出栏畜禽量（2012 年约为 73.9 万 t，占输出总量的 22.0%）、畜禽粪便排放量（2012 年约为 25.4 万 t，占输出总量的 7.6%）等。由此可见，中国畜禽养殖系统大部分的磷进入到畜禽粪便中（2012 年约 75.8%）。在时间趋势上，磷的输入量中，自改革开放以来，饲料的投入逐渐赶超牧草的投入，并自 1990 年起完全超越牧草投入，说明工业化发展改变了磷的供应格

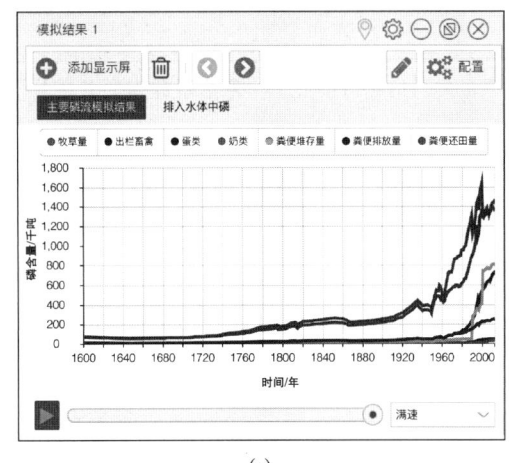

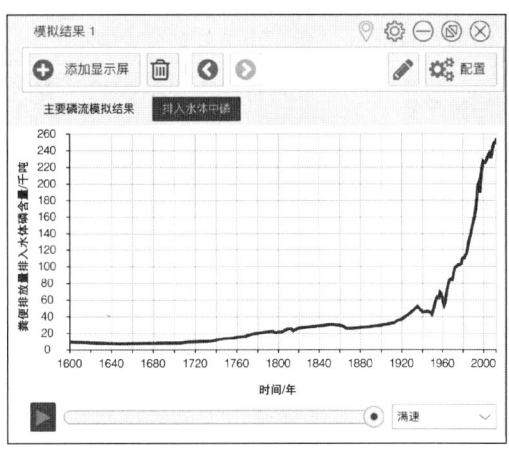

| (a) | (b) |

图 4-8 中国畜禽养殖系统磷流动态模拟结果图

局，支撑了畜禽养殖业的大规模发展；磷的输出量中，除粪便还田量在 1999 年达到峰值外，其他指标随时间整体呈现上升趋势，说明磷肥的大量使用导致畜禽粪便还田量降低，而多出来的畜禽粪便堆存在非耕地中，既造成了资源的浪费也成为潜在的污染源。将排入水体中磷的模拟结果单独提取出来（图 4-8(b)），结果表明，在 1960 年以后畜禽养殖系统排入水体中的磷在持续上升，其原因一方面是由于社会经济发展导致人们对于肉类的需求不断增加，另一方面人口的增长也加剧了这一趋势。这些结果对于发现中国畜禽养殖系统磷流变化规律具有重要意义。

第六节　物质流分析工具

随着物质流分析的研究广泛开展，相应的软件被开发出来，有助于进行数据的组织和分析、对不确定性进行处理、情景分析，以及对系统的图形展现等，以减轻数据的处理量和规范研究过程。目前用于物质流分析或计算的比较成熟的技术平台或软件主要有 Excel、STAN、Umberto、GaBi 等。

基于 Spreadsheet 的计算方法，如 Microsoft Excel 等。Excel 是一种电子表格和分析程序，也是 Microsoft Office 软件包的一个子软件，是人们常用的一个软件，同样可用于物质流分析，而且应用方便，不需为此设计专门的程序，更不需要专门的培训，十分适合初学者。然而，Excel 只能用于比较简单的代谢分析，一般用于考虑的"过程"较少（<20 个）的案例。这类系统的物质流动路径相对简单清晰，时间尺度亦较短。这种分析方法将物质流分析过程割裂成计算和作图两个部分，容易造成分析思路不连贯以及概念模型与核算模型不一致的问题，在刻画复杂系统之间的物质流时，极容易出错。

STAN（subSTance flow Analysis）是由维也纳工业大学（Vienna University of Technology）依据奥地利标准 ÖNORM S 2096（MFA-废物管理应用）所开发出来提供物质流分析的专业软件。该软件采用可视化的形式建立物质流分析模型并定义各条物质流的核算方法，然后通过后台运算，即可获得整个系统的物质流动路径和强度。在可视化方面，主要通过线条的粗细来表征流的大小，并且支持 Microsoft Excel 数据导入、导出。物质流分析结果的展示采用"多阶层分析"方式，第一阶层在整个系统层面上展示物质的总输入量、总输出量和库存变化量、资源利用率、污染物排放等信息；第二阶层则进一步展开到系统内部的主要过程，区分各过程的物质流动情况，识别资源消耗大、污染排放大的关键过程和物质流类型。若有需要，可以继续细分第三、四阶层，进行局部关键过程的管理。

Umberto 软件则是由海德尔堡公司能源与环境研究所（Institute for Energy and Environmental Heidelberg Ltd.，IFEU）与汉堡公司环境情报研究所（Institute for Environmental Informatics Hamburg Ltd.，IFU）联合开发的一种软件，最初应用于 1994 年。该软件将系统的物流过程可视化，通过绘流程图的方式输入和处理数据，这对于复杂系统的分析很有帮助。而且考虑了生命周期的不同阶段，同时提供了评价系统行为的一些指标。该软件的一个重要特色在于，用户可以同时进行环境及经济评价，因此对于考虑经济成本的企业环境管理非常有用。

GaBi 软件则是由德国斯图加特大学聚合体试验与科学研究所（Institute for Polymer Testing and Polymer Science（IKP）at the University of Stuttgart）与欧洲 Gesellschaft mit beschrankter Haftung 股份有限公司（PEEurope GmbH）联合研究开发的一个主要用于生命周期评价的软件系统，并于 1992 年开发出第一个版本。作为一个生命周期评价软件，GaBi 同样适用于物质流分析。该软件同时考虑了物质代谢过程的社会经济投入，在做物质流分析的同时，还可以分析生命周期成本（life cycle cost，LCC）、生命周期工作时间（life cycle work time，LCWT）等指标。其主要功能包括：模拟行业层面工艺过程的物质、能源消耗和污染物排放，具有强大的数据分析功能，支持生命周期评价项目、碳足迹计算、生命周期技术、经济和生态分析、生命周期成本研究、材料和能流分析、环境应用功能设计、基准研究、环境管理系统支持等。

总的来说，Umberto 和 GaBi 是针对物质流分析和生命周期评价等的专业应用软件，以功能强大的数据库为基础，通过构建物流网络模型的方式对能源和材料流动过程中的数据信息进行分析和管理，主要的功能有物质流分析管理（material flow management）、流程优化（process optimization）和生命周期评价（life cycle assessment）等。然而，虽然能用于比较复杂的案例，但是这两个软件本身是针对生命周期评价而开发的，因此在术语的使用、材料的分类方面并不是严格地按照物质流分析方法而设定。

随着对物质循环过程理解和研究的进一步深入，物质流动过程的定量刻画逐渐变得复杂，模拟的时间长度和空间分辨率要求也越来越高，数据结果的可靠性和不确定性也成为建模分析的重要评估指标。在这个背景下，上述传统的软件平台显然已经不能满足当前的研究需求。针对这一问题，编程语言 R、Python 等被广泛用于物质流分析研究中来，有学者提出了一种新的物质流核算技术，该技术将复杂的概念模型以矩阵形式加以刻画，同时将核算模型从复杂的 Spreadsheet 中提取出来，实现模型与数据的分离。按照这种思路开发了 R 软件包 sfc（substance flow computation），成功实现了长时间序列复杂磷循环过程的定量建模分析和不确定性评估。然而，该核算技术脱离了流图的概念，直接通过抽象的数学公式来刻画模型，需要建模者具备一定抽象分析能力，难以推广使用。针对这一问题，近年来有学者提出了复杂物质循环过程模拟模型及其平台实现方法，构建了物质循环过程虚拟仿真平台，实现了交互式模拟，具有广泛的研究和应用前景。

📝 思考题与习题

1. 了解物质的资源属性和环境属性。

2. 写出物质流的定义，并简要说明经济系统与自然生态系统物质流的区别。

3. 画出物质流分析（Bulk-MFA）的研究框架图，并对图内的各种物质流动指标作简要说明和解释。

4. 写出物质流分析（SFA）的步骤及其主要内容。

5. 写出物质流分析结果的不确定性分析方法。

6. 分析物质流分析方法的局限性或缺陷。

📖 主要参考文献

[1] 毕军，黄和平，袁增伟，等. 物质流分析与管理[M]. 北京：科学出版社，2009.

［2］袁增伟. 环境系统研究方法［M］. 北京：科学出版社，2019.

［3］盛虎，刘欣，芦昕雨，等. 复杂物质循环过程模拟方法与平台实现：以畜禽养殖系统磷循环为例［J］. 资源科学，2021，43(3)：465－476.

［4］张玲，袁增伟，毕军. 物质流分析(SFA)方法及研究进展［J］. 生态学报，2009，29(11)：6189－6198.

［5］Liu X，Sheng H，Jiang S Y，et al. Intensification of phosphorus cycling in China since the 1600s［J］. PNAS，2016，113(10)：2609－2614.

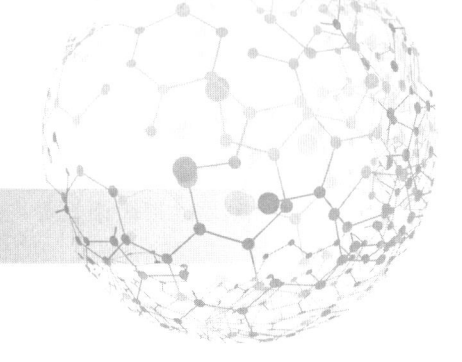

第五章

水资源与水环境分析

　　水是地球上支撑生命成长的重要资源，对于自然生态系统和人类社会发展具有重要意义。之所以水资源能够源源不断地提供给自然生态系统和人类社会，是因为水资源在自然生态系统和人类社会中不断循环。然而，在水资源循环过程中，由于人类向水体中排放污染物，当这些污染负荷超过了水环境容量时，就会造成水环境污染，最终影响到水资源的利用和水生态系统的健康与安全。为此，保证水资源的可持续利用对于自然生态系统和人类社会都是十分关键的。

第一节　水的分类与特征

　　水的化学分子式是 H_2O，是由氢、氧两种元素组成的无机化合物，在常温常压下为无色无味的透明液体。水是地球上最常见的物质之一，是包括人类在内的所有生命赖以生存的重要资源，也是生物体最重要的组成部分。水在生命演化中起到了重要作用，人类生产生活的方方面面都离不开水。

　　水具有显著的资源属性和环境属性，即一方面水可以作为资源满足人类生产和生活需要，体现水的资源属性；另一方面它可以消纳由于人类活动排放进入水中的污染物，体现水的环境属性。水的资源属性和环境属性并存，二者处于一种此消彼长的动态平衡中。例如，一个湖泊既可以作为水源地为流域内居民提供生活、灌溉、养殖等活动用水，也可以接纳流域内居民排放的废水。但随着排入水库中废水量的增加，水质必然下降，此时水的资源属性受损变弱，当水质下降到一定程度，水的资源属性将趋近于零。

一、水资源

　　水在自然界中有三种存在形态：固态、液态、气态。固态水包括冰、雪、霜、冰雹等；液态水包括云、雨、雾、露等；气态水主要是水蒸气。一般只有液态的水才被视为水。在自然界，纯水是罕见的，水中通常含有酸、碱、盐等物质，水本质上是一种溶液，但习惯上仍然把这种水溶液称为水。地球上水总储量约为 $1.386×10^{18} m^3$，根据氯化钠的含量差异可以将水分为咸水和淡水，其中地球上水总量中约有97%是海洋等咸水。淡水是灌溉与孕育陆地生物的必要物质，其来源包括雨水、雪水、河水、淡化海水和地下水、回收水等，主要以冰川和深层地下水的形式存在，河流和湖泊中的淡水量仅占世界淡水总量的0.3%（图 5-1）。

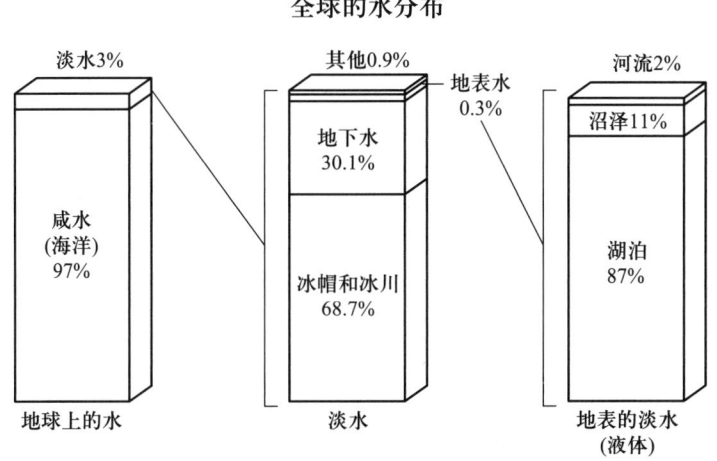

图 5-1　全球水分布估算

（资料来源：美国地质调查局）

根据淡水资源在地球表面的贮存位置，可以分为地表水和地下水两大类：

地表水是陆地表面上各种液态、固态水体的总称。主要有河流、湖泊（水库）、沼泽、冰川、永久积雪等。全球陆地上地表水储量分布极不均匀。河流是最活跃的地表水体。它水量更替快，水质良好，便于取用，是人类开发利用的主要对象。

地下水是贮存于地表以下岩土层中水的总称。广义地下水包括土壤、隔水层和含水层中的重力水和非重力水；狭义地下水指土壤、隔水层和含水层中的重力水。按埋藏条件，地下水又可分为浅层地下水和深层地下水两种。地下水具有地域分布广、随时接受降水和地表水体补给、便于开采、水质良好、径流缓慢等特点。因此，具有重要的供水价值。

根据淡水资源的用途，可分为以下几类：

农业用水：指农田灌溉用水、林牧渔用水和牲畜用水。农田灌溉用水包括水田、水浇地、菜田用水；林牧渔用水包括林果灌溉、草场灌溉及鱼塘补水。

工业用水：指轻工业、重工业、机械工程、土木工程、建筑工程、高科技产业、能源产业等工业用水单位在生产过程中所取用的水量。

服务业用水：指为社会公众服务的行业即第三产业的用水量。包括行政事业单位、部队营区和公共设施服务、社会服务业、批发零售业、住宿餐饮业以及其他公共服务业等单位的用水。

居民生活用水：指所有居民家庭日常生活用水量。包括城市居民、农民家庭、公共供水站用水。

二、　水环境

水污染是指水体中污染物浓度超过水功能区规定的污染物浓度标准，无法满足水功能要求的状态。一般来说，当输入水体的污染物量超过其自净能力后，污染物会在水体中形成累积，典型表现为污染物浓度升高，造成水的使用价值降低或丧失，从而危害人体健康或者造成生态服务功能损失。中国的水污染防治坚持预防为主、防治结合、综合治理的原则，优先保护饮用水水源，严格控制工业污染、城镇生活污染，防治农业面源污染，积极推进生态治理工程建设，预防、控制和减少水环境污染和生态破坏。

《地表水环境质量标准》(GB 3838—2002)将地表水水域环境功能和保护目标按功能高低依次划分为五类：

（一）Ⅰ类主要适用于源头水、国家自然保护区。

（二）Ⅱ类主要适用于集中式生活饮用水地表水源地一级保护区、珍稀水生生物栖息地、鱼虾类产卵场、仔稚幼鱼的索饵场等。

（三）Ⅲ类主要适用于集中式生活饮用水地表水源地二级保护区、鱼虾类越冬场、洄游通道、水产养殖区等渔业水域及游泳区。

（四）Ⅳ类主要适用于一般工业用水区及人体非直接接触的娱乐用水区。

（五）Ⅴ类主要适用于农业用水区及一般景观要求水域。

对应地表水上述五类水功能划分，将地表水环境质量标准基本项目的标准值分为五类，不同功能类别分别执行相应类别的标准值，从法规标准层面防治水污染，保护地表水水质，保障人体健康，维护良好的生态系统。

第二节　水循环过程分析

水循环通常也被称为"水分循环"或"水文循环"，是指自然界的水在地球上、地球中以及地球上空的水圈、大气圈、岩石圈、生物圈四大圈层中存在及连续运动的过程。地球上的水处于不断地运动中，并且不停地变换着存在形式，从液态水变成水蒸气再变成固态水，各种形态的水处在一种动态平衡和相对稳定的循环状态。水循环已经持续了几十亿年，为地球包括人类在内的一切生命创造了得天独厚的适宜生存环境，地球上的所有生命都依赖于水循环。

水的三态转化特性是产生水循环的内因，太阳辐射和重力作用则是水循环的动力。根据水分循环的过程可将自然界的水循环形式分为大循环和小循环。大循环，是指水在海洋与陆地之间的循环(海陆循环)，就是从海洋上蒸发的水蒸气被气流带到大陆上空，在适当的条件下凝结，以降水(雨、露、雪、霜、冰雹等)的形式降落到地表并发生径流。小循环，又分为两种，一是海上循环，指海洋与海洋上空之间的蒸发和降水过程；二是内陆循环，指陆地与陆地上空之间的水循环，包括蒸发和植物蒸腾、降水等。

美国地质调查局(United States Geological Survey，USGS)总结了水循环的主要过程，其水循环示意图如图5-2所示。

图 5-2　水循环示意图
（资料来源：美国地质调查局）

一、蒸发

蒸发是水由液体变成气体的过程，需要从周围环境中吸收热量。水分子一旦蒸发，在空气中的运动大约持续 10 d。研究表明，海洋、湖泊及河流通过蒸发为大气层提供了近 90% 的水分，剩余的 10% 由植物蒸腾作用提供。其中，由于海洋巨大的表面积，海洋中的水蒸发是水运动到大气层中的最基本方式。在全球范围内，蒸发的水量与以降水形式回到地球的水量大致相等，不过这也因地理位置的不同而存在较大的差异。海洋中蒸发的大部分水都以降水的形式重新回到海洋中，只有大约 10% 运动到了陆地上空，然后以降水的形式降落。

二、蒸散

蒸散是指水分从整片植被散失的现象，包括土壤水分的蒸发和通过植物的叶子蒸腾，是维持陆地表面水分平衡的重要组成部分。在植物生长的季节，通过叶子蒸发的水分远大于其自身重量。一株玉米全生育期耗水在 200 kg 以上，其中，仅仅 1% 保留在植物体中参与生理过程，而 99% 的水分则通过叶面蒸腾作用进入大气中去。蒸腾作用消耗水分起到降低叶片温度的作用，如果没有植物蒸腾水分，植物会因光合作用造成叶子温度升高，从而导致叶片灼伤枯死。植物蒸腾速度随空气湿度而变化，空气湿度小，则蒸腾速度大；反之，空气湿度大，则蒸腾速度小；当空气湿度小于植物气孔内的空气湿度时，植物才会蒸腾水分。

三、升华

升华是指雪或冰未经过融化而直接变成水蒸气的过程，是冰雪在某些气候条件下消失的一种最常见的方式。温度较低、风力较大、日照强烈、气压很低等条件下更容易发生升华现象。

四、冷凝

冷凝是水蒸气变成液体水的过程，是蒸发的反向过程。冷凝对于水循环来说非常重要，因为它会形成云。即使在清澈无云的蓝天中，水仍然以气体和小水滴的形式存在。水分子结合空气中的灰尘、盐和烟等微小颗粒，形成云滴，小云滴不断地增加，最终发展为云。随着小云滴互相结合并且不断增大，云也在不断地发展。云在大气层中之所以能形成，是因为含有水蒸气的空气不断上升并冷却。太阳使地球表面的气温升高，使得空气变得更轻，升到湿度较低的高处，当空气变冷时，就会发生更多的冷凝现象，然后不断地形成云。

五、降水

降水是水分以雨、雨夹雪、雪或冰雹等形式从云中释放的过程。这是大气层中的水分回到地球的主要方式。大部分的降水主要是以雨的形式降落的。一般情况下，云中冷凝的水体积太小，不能克服空气的阻力和上升气流的顶托，从而悬浮在空中。然而，当微小的水滴逐渐结合成又大又重的水滴，上升气流再也顶托不住的时候，将以降水的形式从云层中降落，形成雨、雪、雹等降水天气。降水率因地理位置和时间的不同而不同。

六、融雪径流

融雪径流是指冰川冰、粒雪和冰川表面的积雪融水汇入冰川末端河道形成的径流，是高寒山区河流的重要水源。积雪消融的热源主要来自太阳辐射，雪层表面与大气之间的热交换，以及雪层与土壤之间的热交换等。雪层是半透明介质，一部分太阳辐射可以透过一定厚度的雪层，导致雪层内部增温或消融，称为内部消融。这在气温和雪面温度为负温的情况下仍可发生。当气温在 $0℃$ 以上，雪面辐射平衡值为正值时，雪层表面开始融化。每年初春，白天雪层表面的辐射平衡值略为正值，湍流热通量亦很小，雪层表面的消融微弱。在干冷状态下，雪层达到最小饱和含水量后，层内的融水便以指状流或背景流的形式渗到雪层界面冻结，形成雪层中的冰片，凝结时释放热量又改变了雪层的温度状况。如果雪面继续消融，下渗水量不断增加，则融化了冰层，融雪锋面逐渐下降，使整个雪层处于融化状态，融水聚集形成饱和含水带（层）。从饱和含水带渗出的融水，部分渗入土层，部分填洼，少量被蒸发，其余沿地表汇入江河，成为融雪径流。

七、 地表径流

地表径流是从地表流到河流中的降水径流。地表径流可能是因为土壤中的水达到饱和，无法再吸收水分，或者是一些不透水的表面（如屋顶或是路面），使得水顺着地势流动到周围的土壤。地表径流是水循环中重要的一部分，也是造成水土流失的主要原因之一。地表径流会造成地表的侵蚀，沉积物可能会在径流流动一段距离后才会沉积。地表径流还会将水中的污染物输送到地表水体、地下水及土壤，最后会影响环境质量、人体和生态系统健康。正如水循环的其他过程，降水和地表径流之间的交互作用也随时间和地理条件的不同而不同。

河流的源头通常位于高处，河流从源头下流过程中发生侵蚀作用，一直流至侵蚀基准面为止。侵蚀基准面分为两种，一种是"相对侵蚀基准面"，即暂时的湖泊沼泽等，河流来到这就会缓慢而发生沉积作用，但只要湖水继续下流就会继续侵蚀直到来到"最终侵蚀基准面"即"绝对侵蚀基准面"海平面，最后河流在注入海洋之后，都会在海平面上停止侵蚀作用，随后在海底发生沉积作用。

八、 渗透

渗透是水在分子力、毛细管引力和重力的作用下从陆地表面向地表下的土壤和岩石运动的过程。影响渗透的因素有土壤的物理特性、降水特性、流域地貌、植被和人类活动等。降水渗透到地下土层中，通常形成一个饱和带和一个非饱和带。在非饱和带中，有一些水存在于地下岩石的孔隙中，但是地面是非饱和的。非饱和带的上半部分是土层带，土层带中有一些作物根系产生的空间，可以使降水渗透进来，该土层带的水可以被作物利用。在非饱和带的下面是饱和带，在这里水可以完全填充到岩石和土壤颗粒之间的空隙中来。

水循环对地球有很重要的意义，它是地球上最活跃的能量交换和物质转移过程之一，维持了全球水的动态平衡。水循环对太阳辐射能起着吸收、转化和传输的作用，缓解了不同纬度热量收支不平衡的矛盾。水循环又是海陆间联系的主要纽带，陆地径流源源不断地向海洋输送大量的泥沙、有机物和无机盐。水循环还是自然界最富动力作用的循环运动，不断塑造地表形态，使各种水体处在不断更新的状态。推动自然界的物质运动，在众多的生物化学循环中皆扮演着重要的角色。总之，水循环深刻而广泛地影响着全球的地理环境。

第三节 水资源承载力

"承载力"（或"承载能力"）一词起源于物理学，即物体在不产生任何破坏时所能承受的最大负荷。可简单理解为，一个系统对另一个系统所支撑的最大负荷。承载力概念的演化与发展是对发展中出现资源与环境问题的反应与变化结果。在生态学中，其特定含义是指特定区域在某一环境条件下可维持某一物种个体的最大数量。在土地科学中，形成了

"土地承载力"这一较为成熟的概念,其定义为"在一定条件下,土地资源的生产能力所能承载一定生活水平下的人口数量"。

水资源承载力研究随水问题的日益突出而发展起来,已成为当前水资源科学中的一个重点和热点,具有丰富的研究成果。然而,水资源承载力涉及不同地区、不同自然条件的水资源系统、社会经济系统和生态环境系统,具有不确定性和复杂性,其概念和内涵的界定多种多样,从不同的角度给予不同的理解,至今尚未形成统一的认知与理论体系。但无论怎样的定义,大都强调了"水资源的最大开发规模"或者"水资源对经济社会发展的最大支撑能力",因此水资源承载力可以理解为某一地区的水资源在某一具体历史发展阶段下,以可预见的技术、经济和社会发展水平为依据,以可持续发展为原则,以维护生态环境系统良性循环发展为条件,经过合理优化配置,对该地区社会经济系统可持续发展的最大支撑能力。水资源承载力是一个国家或地区可持续发展过程中各种自然资源承载力的重要组成部分,也是水资源紧缺或贫水地区制约区域社会经济发展的"瓶颈"因素,它对一个国家或地区的综合发展有着至关重要的影响。

一、 水资源承载力的特点

水资源承载力具有动态性、目标性和极限性三个特点。

(一) 动态性

主要体现在两个方面:一方面随着经济发展和技术进步,人类开发利用水资源的能力越来越强,因而可利用的水资源越来越多;另一方面由于节水技术的进步,水的利用效率越来越高,可以生产更多的粮食和工业产品。承载力的动态性也使承载力数值具有阶段性的特点。

(二) 目标性

体现在区域发展模式和水资源开发利用方式的多样性上,这些多样性使得某一区域的需水量和供水量均不相同,且相关的发展指标差异也很大,从而导致承载力数值不仅与区域发展模式有关,也与水资源配置模式有关,承载力计算应在区域水资源合理配置的基础上进行。

(三) 极限性

主要体现在某一可预见的发展阶段中,在水资源合理配置的条件下对经济发展和生态环境保护的最大支撑能力。由于是最大支撑能力,因而有一个生态保护准则和生态需水量确定的问题,既要确定经济发展用水和生态环境用水之间的"度",同时也要合理确定单位用水的工农业生产效率这一重要参数。

二、 水资源承载力的影响因素

水资源承载力研究包括社会、经济、生态、环境、资源在内的复杂大系统。在这个大系统内既有自然因素影响,又有社会、经济等因素的影响。水资源承载力的大小还随空间、时间等条件变化而变化,具有动态性、地区性、相对极限性、模糊性等特点。

影响水资源承载力大小的因素可概括为以下方面：

（一）　水资源数量、质量及开发利用程度

由于自然地理条件的不同，水资源在数量上有其独特的时空分布规律，在质量上也有所差异。当地水资源总量及根据法律规定分配给当地可利用过境水量，水资源的矿化度、埋深条件等质量情况，均会影响可以用来进行社会生产的可利用水资源的数量。

（二）　生态环境

生态环境是指影响人类生存与发展的水资源、土地资源、生物资源以及气候资源数量与质量的总称，是关系到社会和经济持续发展的复合生态系统。社会生产不仅需要水资源，而且还需要其他如矿产、森林、土地等资源的支持。生态环境不但自身需要一定的水资源量得以维持，并且通过影响水文循环在相当程度上决定了水资源总量的大小。

（三）　科学技术条件

科学技术条件决定了可开发控制的可利用水量和水资源利用效率。水资源的开发利用方式和程度对提高水资源承载力具有重要影响。

（四）　社会生产力水平

不同历史时期或同一历史时期的不同地区具有不同的生产力水平，决定了水资源可承载社会经济发展规模的差异。在不同的生产力水平下利用相同的水资源可生产不同数量及不同质量的工农业产品，因此在研究某一地区的水资源承载力时必须估测现状与未来的生产力水平。

（五）　社会消费水平与结构

社会消费水平是反映社会成员通过支出个人收入，使用和消耗社会产品和劳务，不断更新和提高自己素质行为的综合性指标。它反映满足社会成员物质文化生活需要的程度，是社会成员实际消费的生活资料和劳务的数量与质量的规定或表征。在社会生产能力确定的条件下，社会消费水平与结构将决定水资源承载力的大小。

（六）　区际贸易

区际贸易通过促进隐含在其中的虚拟水资源的流动对区域水资源平衡产生重要影响。虚拟水资源流动可以通过水资源密集型产品的区际贸易来改变本区域的水资源数量，成为缓解区域水资源平衡约束的重要途径之一，也将间接影响水资源承载力的大小。

三、　水资源承载力测算方法

承载力的研究方法已经由过去单一指标、静态分析发展到系统多目标、动态综合分析。目前研究水资源承载力的方法很多，已有的研究大多是根据地区社会经济发展的状况，从水资源的自然和社会属性角度入手，以可持续发展为目标，借助各相关学科和领域的理论知识，参考决策者的需要，应用已有的和创新的方法来解决水资源承载力的问题。其代表性研究方法主要有经验公式法、综合评价法、系统动力学法及多目标分析法等。

（一）　经验公式法

经验公式法是运用某些经验公式或指标进行计算，以此判断承载力大小。目前已有的

经验公式法包括背景分析法和常规趋势法等。

背景分析法是在一定历史阶段内将自然背景和社会背景相似的研究区域的实际情况作对比，推算对比区域可能的水资源承载力。这种分析法只采用一个或几个承载因子分析，因子之间互相独立、简单易行，但分析多局限于静态的历史背景，忽略了资源、社会、环境之间的相互作用关系，很难处理复杂系统之间的耦合关系。常规趋势法是以可开采水量为基本依据，在满足维持生态环境的基本要求以及合理分配国民经济各部门用水比例的前提下，适当考虑建设节水型工业、节水型农业和节水型社会，并在此基础上计算水资源所承载的人口数量及经济发展规模。这种方法的优点是计算相对简单，不足是忽略了资源、人口、环境、经济、社会等众多因素之间的相互联系，仅从供水量和需水量简单地计算供需平衡不足以反映水资源承载力，因而对调控方案的技术支撑不足。如水利水电规划设计总院 2016 年制定的《建立全国水资源承载能力监测预警机制技术大纲》水量要素评价推荐采用如下公式：

$$I_1 = W/W_0 \tag{5-1}$$
$$I_2 = G/G_0 \tag{5-2}$$

式中：I_1、I_2——采用用水总量与平原区地下水开采量计算得到的水量要素评价系数；

  W——用水总量；

  W_0——用水总量指标；

  G——平原区地下水开采量；

  G_0——平原区地下水开采量指标。

水质要素评价推荐采用如下公式：

$$J_1 = Q/Q_0 \tag{5-3}$$
$$J_2 = P/P_0 \tag{5-4}$$

式中：J_1、J_2——采水功能区水质达标率与污染物入河量计算得到的水质要素评价系数；

  Q——水功能区水质达标率；

  Q_0——水功能区水质达标率要求；

  P——污染物入河量；

  P_0——污染物入河限排量。

该类方法便于操作和推广，因此适用于全国范围内开展水资源承载力评价。

（二）　综合评价法

综合评价法的基本思路是通过选定的指标与评价标准，采用某种评价方法，进行综合评价计算，得到计算值，据此进行承载力评价。目前已有的综合评价法有模糊综合评价法和主成分分析法等。

模糊综合评价法是在对影响水资源承载力的各个因素进行单因素评价的基础上，通过综合评判矩阵对其承载力做出多因素综合评价。该法能够克服经验公式法中因子间相互独立的局限性，从而可以较全面地分析出水资源承载力情况。但模糊综合评价法是一种对主观产生的离散过程进行综合的处理，其方法本身存在缺陷，取大取小的运算法则会遗失大量的有用信息，模型的信息利用率低，当评价因素越多，遗失的有用信息就越多，信息利用率则越低，误判的可能性也越大。

主成分分析法克服了模糊综合评价法的缺陷，其目标是要在力保数据信息丢失最少的原则下，对高维变量空间进行降维处理，即经过线性变化和舍弃一小部分信息，以少数的综合变量取代原始采用的多维变量。其本质目的是对高维变量系统进行最佳综合与简化，同时也客观地确定各个指标的权重，避免主观随意性，而水资源承载力评价的焦点正是如何科学、客观地将一个多目标问题综合成一个单指标形式。

该类方法的优点是数学理论应用比较深入，但对水资源的系统性考虑不足，指标选择难以统一，评价标准难以确定，所以可能存在对评价结果的异议。

（三）系统动力学法

系统动力学法是一种应用系统动力学原理，采用动态系统反馈模拟评价一个地区资源承载力的方法。其特点在于定性和定量相结合，有专业软件辅助，为模型仿真、政策模拟带来很大方便，可以较好地把握系统的各种反馈关系，适合于高阶次、非线性、多重反馈、机理复杂的系统问题，是研究大系统长期动态趋势的较理想方法。它可以根据实际系统的情况和研究的需要，将变化率的描述分解为若干流率的描述。这样使得物理、经济概念明确，不仅利于建模，而且有利于政策实验以寻求系统中合适的控制点。但系统动力学模型的建立受建模者对系统行为动态水平认识的影响，用该方法对长期发展情况模拟时，由于参变量不好掌握，易导致不合理的结论。

运用系统动力学法研究水资源承载力的主要步骤如下：首先，确定系统边界，识别决定水资源承载力的主要因素。其次，设计系统的仿真模型，定量描述人口、资源、环境和经济发展之间的制约和因果关系。最后，输出模型结果，通过各种策略方案的实际模拟，输出模型结果并比较各种决策方案的优劣。

（四）多目标分析法

由于水资源承载力研究涉及因素众多，又具有多目标性、动态性、极限性等特点，可采用多目标分析法研究水资源承载力。按照社会可持续发展的原则，不追求单一目标的优化，只追求整体的最优。该方法是将社会、经济、环境、水资源等子系统内部及它们间的约束机制进行高度概括而得到的一个多目标线性规划模型，描述资金和资源在这个复杂巨系统的各个子系统中的分配关系及其影响机制。对于多目标规划问题的求解，具有代表性的是采用切比雪夫(Chebyshev)求算法。总的来说，这是一个宏观层面的模型，考虑人类不同目标和价值取向，融入决策者的思想，通过多目标的权衡来确定在不同的社会发展模式、不同经济结构，以及不同水资源开发利用方式下，水资源对区域的经济和人口发展的承载力。随着计算机技术的发展和数学规划的日益完善，分析人员可以将研究精力更加集中在模型建立、方案构成和目标选择上。

第四节　水环境容量

环境容量是环境科学的基本理论问题之一，是环境管理的重要实际应用问题之一。水环境容量是环境容量的重要组成部分，是容量总量技术体系的核心内容之一。随着中国水环境管理体系从浓度控制、目标总量控制向容量总量控制的转变，实现流域水质目标管理与水功能区限制纳污红线管理，水环境容量理论及计算方法研究的重要性更加凸显。水环境容量是反映水生态环境与社会经济活动密切关系的度量尺度。目前，较为普遍的水环境容量定义为：在不影响水的正常用途的情况下，水体所能容纳的污染物的量或自身调节净化并保持生态平衡的能力。通常以单位时间内水体所能承受的污染物总量表示。

一、 水环境容量的特点

水环境容量具有以下基本特征：

（一） 地带性

天然水体分布在不同的地理环境和地球化学环境中，在不同的水文、气象条件下，天然水体运动决定了不同地带的水体对污染有着不同的物理自净、化学自净和生物自净能力，从而决定了水环境容量也具有地带性特征。

（二） 资源性

水环境容量是水体的自然属性之一，作为一种可更新的资源，它具有稀缺性的特点，具有价值和使用价值，主要体现在：通过水环境容量所包含对污染物缓冲、稀释作用的潜能，水体可维持存在一定的污染物情况下仍能适应人类生产和生活需要，可以部分代替污水的人工净化，从而节约水污染治理投资。

（三） 不均衡性

水环境容量总是针对某一类特定的污染物和特定的环境目标而言。没有抽象的水环境容量，由于污染物在水体中的迁移转化方式多种多样，如化学、生物、物理转化等，不同性质的污染物对各种迁移转化的响应程度差异很大，这就决定了水环境容量对各种污染物具有不均衡性。

（四） 社会性

水环境容量的社会性特征体现在社会经济和技术水平的发展对水生生态系统的影响程度，以及人类环境目标的制定上。环境目标应满足人类的生产和生活需要，是水环境容量的重要前提条件，水环境容量的实质是表征某种环境目标条件下，污染物对水生生态系统造成的影响，从而约束人们使用水资源的度量。

二、 水环境容量的影响因素

影响水环境容量的因素很多，概括起来包括以下四个方面：

（一） 水域特性

水域特性是确定水环境容量的基础，主要包括：几何特征（岸边形状、水底地形、水深或体积）；水文特征（流量、流速、降雨、径流等）；化学性质（pH 等）；物理自净能力（挥发、扩散、稀释、沉降、吸附）；化学自净能力（氧化、水解等）；生物降解（光合作用、呼吸作用）。

（二） 水环境功能要求

我国各类水域一般划分了水环境功能区，对不同的水环境功能区提出不同的水质功能要求。一般来说，水质要求高的水域，水环境容量小；水质要求低的水域，水环境容量大。

（三）污染物特性

不同污染物本身具有不同的物理化学特性和生物反应规律，不同类型的污染物对水生生物和人体健康的影响程度不同。因此，不同污染物具有不同的水环境容量，但相互之间存在一定联系。提高某种污染物的水环境容量可能会降低另一种污染物的水环境容量。

（四）排污方式

水环境容量与污染物的排放位置和排放方式有关，因此，限定的排放方式是确定水环境容量的一个重要因素。

三、水环境容量的计算方法

计算方法是水环境容量研究的一个重要组成部分，其适当与否直接影响计算结果的准确性。由于我国地域广阔，水体特征分异明显，加大了水环境容量计算方法研究的难度。水环境容量计算的研究方法主要有公式法、模型试错法、系统最优化法、概率稀释模型法和未确知数学法等。

（一）公式法

中国最初的水环境容量计算方法之一是从定义出发直接建立计算公式，可以称这种计算方法为公式法。随着研究的深入，又结合了水环境数学模型公式，即基于水环境容量定义及水环境数学模型，推导一定条件下的水环境容量计算公式，基于水动力模型和水质模型计算水环境容量计算公式中所需的各项参数，进而代入公式计算水环境容量。公式法已成为中国应用最广泛的方法，《水域纳污能力计算规程》和《全国水环境容量核定技术指南》中所采用的计算方法即为公式法。

水环境容量的计算模型（计算公式）很多，但其基本形式均为：水环境容量＝稀释容量＋自净容量＋迁移容量。随着研究的逐步深入，水环境容量计算公式逐步完善，且根据不同的污染物、不同的水体而建立不同的计算公式。公式法可以认为是各类方法中最基本的方法，其他各类方法的计算也以水环境容量计算公式为基础。常用水环境容量计算公式见表 5-1。

表 5-1　常用水环境容量计算公式

污染物类型	计算公式	符号含义	适用条件
可降解污染物	$W = 86.4Q_0(C_s - C_0) + 0.001kVC_s + 86.4qC_s$	C_s 为污染物控制标准浓度；C_0 为污染物环境本底值；V 为区域环境体积；k 为污染物综合降解系数	零维公式，适用于均匀混合水体（河段）或资料受限、精确度要求不高的情况

续表

污染物类型	计算公式	符号含义	适用条件
可降解污染物	$W = \left(\sum\limits_{j=1}^{m} Q_j C_s - \sum\limits_{i=1}^{n} Q_i C_{0i} \right) + kVC_s$	Q_i 为第 i 条入湖（库）河流的流量；C_{0i} 为第 i 条河流的污染物平均浓度；Q_j 为第 j 条出湖（库）河流的流量；其余符号意义同前	零维公式，适用于均匀混合湖（库）
可降解污染物	$W = 86.4 \left[(Q_0+q)C_s \exp[kx/86\,400u] - C_0 Q_0 \right]$	Q_0 为河道上游来水流量；q 为排污流量；u 为河水平均流速；x 为河段长度；其余符号意义同前	一维公式，适用于资料较丰富的中小河流
可降解污染物	$W = \dfrac{1}{2}(C_s - C_0)(u_x h \sqrt{4\pi D_y x^*/u_x}) \cdot$ $\exp[-u_x y^2/4D_y x^*] \exp[-kx^*/u_x]$	u_x 为河流纵向平均流速；h 为平均水深；D_y 为横向离散系数；x^* 为给定混合区长度；y 为污染物横向扩散距离；其余符号意义同前	二维公式，适用于污染物在河道横断面非均匀分布，污染物恒定连续排放的大型河段
营养盐	$W = \dfrac{C_s h Q_a A}{(1-R)V}$	Q_a 为湖（库）年出流流量；A 为湖（库）水面面积；R 为营养盐滞留系数；其余符号意义同前	基于狄龙（Dillon）模型，适用于水流交换条件较好的湖（库）
重金属	$W = C_s Q_0 + C_{s0}(q_1 + q_2)$	C_{s0} 为底泥质量标准，q_1 为底泥推移量；q_2 为底泥表观沉积量；其余符号意义同前	适用于一般河流，考虑了水体及底泥的重金属容量
重金属	$W = C_s h \sqrt{\pi D_y x u}$	符号意义同前	适用于污染物连续排放的宽浅河流，只考虑水体的重金属容量

（二）模型试错法

模型试错法求解水环境容量的基本思路为：在河流的第一个区段的上断面投入大量的污染物，使该处水质达到水质标准的上限，则投入的污染物的量即为这一河段的环境容量；由于河水的流动和降解作用，当污染物流到下一控制断面时，污染物浓度已有所降低，在低于水质标准的某一水平（视降解程度而定）时又可以向水中投入一定的污染物，而不超出水质标准，这部分污染物的量可认为是第二个河段的环境容量；依此类推，最后将各河段容量求和即为总的环境容量。

模型试错法本质上同公式法类似，计算中仍需以水环境数学模型为工具。其最大的缺点在于计算过程中需多次试算，计算效率低，最初一般只适用于单一河道或计算条件简单的其他类型水体的计算；后期随着计算机计算能力的提高及高效数学方法的引入，也在河网等复杂水体得到应用。但相对于其他方法而言，由于模型试错法自动化程度不高，花费人工和机时较多，该方法的研究及应用较少。

（三）　系统最优化法

系统最优化法是运用线性规划法和随机规划法计算水环境容量。方法的基本思路是：首先，基于水动力水质模型，建立所有河段污染物排放量和控制断面水质标准浓度之间的动态响应关系；然后，以污染物最大允许排放量为目标函数（或者基于其他条件建立目标函数），以各河段都满足规定水质目标为约束方程（或者增加其他约束条件）；再者，运用最优化法（如单纯形法、粒子群算法等）求解每一时刻各污染物水质浓度满足给定水质目标的最大污染负荷；最后，将所求区段内的各污染源允许排污负荷加和即得相应区段内的水环境容量。

系统最优化法的优点在于：自动化程度高、精度高、对边界条件及设计条件的适应能力强；方法适用范围广，无论是非感潮的河流、湖库，还是感潮河网、河口均有广泛应用。其缺点在于：相较公式法，系统最优化法计算复杂；在不增加约束条件的情况下，经常会出现某些排污口被"优化掉"的现象，即某些排污口的允许排放量为 0，这在数学上可以取得极值，但是与客观实际不符；优化的结果可能不可行，如可能忽略了公平问题、效率问题等。

系统最优化法在中国学者研究水环境容量计算方法初期就已提出，然而由于计算机计算能力及水环境数学模型发展所限，当时只用于计算边界条件比较简单的水体，如小型河流或大型河流的局部河段；但随着计算机计算能力的提高和大型综合水环境数学模型的出现，由于系统最优化法上述优点，其得到了长足的发展，并成为计算水环境容量最主流的方法。

（四）　概率稀释模型法

概率稀释模型法最早由美国环境保护署在 1984 年提出，中国学者在 1989 年引入并加以改进。概率稀释模型法是根据来水流量、排污量、排污浓度等具有的随机波动性，运用随机理论对河流下游控制断面不同达标率条件下的水环境容量进行计算的一种不确定性方法，是目前从不确定性角度计算河流水环境容量的主要方法之一。方法的基本思路如下：首先，基于特定的基本假定，建立污染物与水体混合均匀后下游浓度的概率稀释模型；然后，利用矩量近似解法求解控制断面在一定控制浓度下的达标率；最后，利用数值积分求解水体在控制断面不同控制浓度、不同达标率下的水环境容量。

概率稀释模型法有如下优点：与确定性计算方法相比，概率稀释模型法直接考虑了河流流量、背景浓度、排污流量、排污浓度等输入项的随机波动过程，从而使水质达标率和水环境容量等输出项也具有了随机波动过程，这无论在理论上还是在实践中都更接近于水体的真实情况。此外，可以避免一般单一设计水文条件下，利用稳态水环境容量计算方法得出的计算结果的"过保护"问题，从而更加充分地利用水环境容量。

概率稀释模型法的最大缺点在于数据需求量大，计算中所涉及的水文、水质数据一般均需长系列监测数据，因此仅用于小河或大河的局部河段的计算，而未用于湖库、河网、流域的计算。该方法提出之初，仅考虑了单污染源（单排污口）的情况，未涉及计算区段内有多个排污口的情况；只考虑了点源污染情况，未考虑非点源污染的处理。同时，该方法只考虑了水环境容量中的稀释容量部分，即只考虑了水体的稀释作用，而未考虑水体的自净作用；虽然经过处理也可以考虑降解、沉降等衰减过程，但许多研究者在计算易降解有机物的水环境容量时，也未考虑污染物的降解过程。此外，该方法是基于对数正态分布建立的，存在着固有缺陷，即当流量较小时将造成错误传递，这将导致流量较大时的计算值偏大。

（五）　未确知数学法

采用未确知数学法计算水环境容量是一种较新的方法。未确知数学法计算水环境容量是在将水体水环境系统参数（流量、污染物浓度、污染物降解系数等）定义为未确知参数的基础上，结合水环境容量模型，建立水环境容量计算未确知模型，然后计算水环境容量的可能值及其可信度，进而求得水环境容量。

未确知数学法可以更加充分地考虑水环境系统中各类参数的不确定性，对水体水环境资料较少情况的适应性较强，并且较概率稀释模型法，无需对水环境系统参数作服从对数正态分布的假设，故计算相对简便。然而至今未有应用此方法进行潮汐河流、大型湖泊等水动力情况复杂水体的报道。该类方法研究时间相对较短，应用相对较少，然而由于其对水环境系统参数不确定性的考虑最为充分，故具有强大的生命力。

总的来说，不管是采用哪种方法计算水环境容量，均需利用水质模型对水体水质进行模拟预测。水质模型是进行水环境容量计算的重要工具，其精确程度影响着计算结果的准确性。有关水质模型的相关介绍详见本书第十二章，在此不做赘述。

第五节　案例分析

研究一定区域的水资源承载力和水环境容量，是判断一定时期内水生态系统与区域经济建设、人口发展的协调程度的依据，有助于为城市经济、人口发展制定科学规划，为调整区域产业结构使水资源达到最优配置提供参考，也对合理制定水环境保护措施，改善城市水环境质量具有重要意义。本书依据最严格水资源管理制度，以武汉城市圈为研究对象，以可承载的人口数量和 GDP 作为承载力的表征指标，分别运用单位 GDP 综合用水量评判法和河流一维水质模型及湖库均匀混合模型计算武汉城市圈 2012 年的水资源承载力及水环境容量。

一、　研究区域简介

武汉城市圈地处长江中游，位于湖北省东部地区，包括武汉、黄石、鄂州、黄冈、孝感、咸宁、仙桃、天门、潜江 9 个城市，荆州的洪湖市和监利县作为观察员先后加入武汉城市圈，故将荆州市也纳入武汉城市圈。该城市圈不仅是湖北省经济发展的重点区域，也是中部地区崛起的重要战略支点。武汉城市圈面积约为 5.78 万 km^2，2012 年 GDP 约占全省的 60%。2003—2012 年多年平均水资源量为 401.38 亿 m^3，水资源开发利用程度为 48.09%。虽然其水资源十分丰富，但水污染日益严峻，汉江支流水质总体为轻度污染，主要湖泊、水库的水质大部分不能满足功能区划要求，湖泊呈现富营养化趋势。

二、 研究方法

（一） 水资源承载力研究方法

水资源承载力计算采用单位 GDP 综合用水量评判法。该方法涉及 3 个方面：第一方面是分析评价水资源承载力的主体，即确定水资源系统中可利用的水资源量；第二方面是分析水资源承载力的客体，即社会、经济系统相关指标的变化情况；第三方面是分析水资源承载力主客体的耦合，为确定水资源承载力提供有效的分析工具和解决方案。

主体方面选择用水总量控制红线作为评价指标；客体方面选取经济指标（人口、GDP）和各行业用水定额作为评价指标；主客体耦合方面则采用单位 GDP 综合用水量作为评价指标。将可承载人口与 GDP 作为计算指标，计算武汉城市圈的水资源承载力，并将用水总量控制目标下的生活用水量与计算得到的承载水平下的生活用水量两者的平衡关系作为检验标准，若两者生活用水量不一致，需要重新试算，直至两者的值接近为止。

（二） 水环境容量研究方法

利用节点划分法在水环境功能区上下边界、监测断面处设置节点，进行计算单元的划分，选取氨氮作为主要控制因子，采用一维水质模型和均匀混合模型分别计算河流和湖库的水环境容量。

1. 河流

考虑到武汉城市圈水质污染主要以可降解的有机污染物（氨氮、COD）为主，并且计算河段的长宽比较大，因此可以忽略污染物沿河宽的变化情况，只考虑有机污染物沿河长的变化情况，故河流水环境容量的计算选取一维水质模型。计算公式如下：

$$W = \left[C_s - C_0 \exp(-kl/u) \right] \times \exp(-kl/2u) \times Q \qquad (5-5)$$

式中：W——水环境容量，t/a；

$\quad C_0$——污物环境本底值，mg/L；

$\quad C_s$——污染物控制标准浓度，mg/L；

$\quad u$——设计流速，m/s；

$\quad k$——污染物降解系数，L/s；

$\quad Q$——设计流量，m^3/s；

$\quad l$——水功能区长度，m。

2. 湖库

武汉城市圈湖泊众多，假定湖库的污染物均匀混合，采用湖库均匀混合模型计算湖库的水环境容量，计算公式如下：

$$W = \Big(\sum_{j=1}^{m} Q_j C_\mathrm{s} - \sum_{i=1}^{n} Q_i C_{0i} \Big) + kVC_\mathrm{s} \tag{5-6}$$

式中：Q_i——第 i 条入湖（库）河流流量，m^3/s；

$\quad\quad C_{0i}$——i 条河流的污染物平均浓度，$\mathrm{mg/L}$；

$\quad\quad Q_j$——第 j 条出湖（库）河流流量，m^3/s；

$\quad\quad V$——湖（库）水体积，m^3；

m、n——分别为出、入湖（库）河流数量；

其余符号意义同前。

（三）数据来源

各行业用水量等数据来源于《2012 年湖北省水资源公报》；各市用水总量控制目标来源于湖北省人民政府网站；GDP 等社会经济数据来源于《湖北省统计年鉴 2012》，水环境相关数据来源于《"十二五"主要污染物总量减排核算细则》《长江中下游水污染防治规划（2011—2015）》、环境统计年报。

三、研究结果

以武汉城市圈各市用水总量控制目标为约束，利用上述研究方法反推出武汉城市圈 2012 年的水资源承载力。同时，污染物入河量基于当年污染物排放系数计算。假定污染物入河量与河流的水环境容量相等，选取氨氮作为污染物控制因子，采用一维水质模型和湖库均匀混合模型计算每个功能区的水环境容量。武汉城市圈 2012 年的水资源承载力和水环境容量结果如表 5-2 所示。

表 5-2 武汉城市圈 2012 年的水资源承载力和水环境容量

武汉城市圈	水资源承载人口/万人	水资源承载 GDP/亿元	水环境容量/$(\mathrm{t}\cdot\mathrm{a}^{-1})$
武汉	1 012	8 004	6 516
黄石	243	1 041	705
荆州	569	1 196	3 292
鄂州	105	560	318
孝感	481	1 105	1 896
黄冈	616	1 193	1 506
咸宁	246	773	1 654
仙桃	118	444	780
天门	142	321	379
潜江	95	442	787
合计	3 627	15 080	17 833

结果表明,选取可承载人口数量和 GDP 作为水资源及水环境的表征指标,可以直接反映区域的水资源、水环境承载状态,简单直观。同时,考虑了最严格水资源管理制度对承载力的影响,并进行定量分析与计算,从而为区域的经济发展规划提供科学依据。

思考题与习题

1. 环境容量的物理内涵是什么?如何测算环境容量?
2. 水环境容量与水资源承载力有什么不同?
3. 尝试构建校园水循环系统。

主要参考文献

[1] 陈家琦,王浩,杨小柳.水资源学[M].北京:科学出版社,2002.

[2] 徐祖信,尹海龙.城市水环境管理中的综合水质分析与评价[M].北京:中国水利水电出版社,2012.

[3] 左其亭,窦明,马军霞.水资源学教程[M].2版.北京:中国水利水电出版社,2016.

[4] 王双银,宋孝玉.水资源评价[M].2版.郑州:黄河水利出版社,2014.

[5] 余新晓.水文与水资源学[M].4版.北京:中国林业出版社,2020.

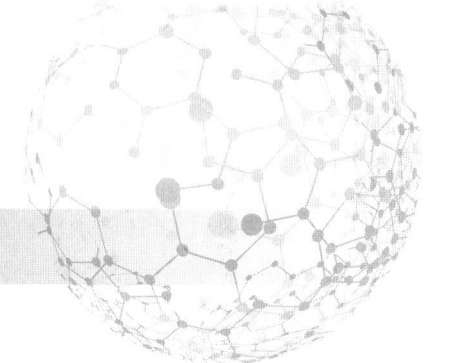

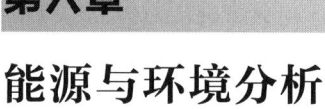

第六章

能源与环境分析

能源是重要的环境要素之一，能源匮乏也是重要的环境问题，而能源在开发利用过程中也会产生环境问题，如果不能妥善处理也会对社会经济发展和人们生活水平提高造成不良影响。在全球生态环境污染，特别是气候变化的大背景下，能源问题已经与碳排放紧密结合在一起，"双碳战略"已经成为我国持续推进产业结构和能源结构调整，加快降低碳排放步伐，引导绿色技术创新，提高产业全球竞争力和生态文明建设的重要举措。

第一节　能源的分类与特征

一、能源概述

能源是可以直接或间接提供人类所需光、热、动力等任一形式能量的载能体资源。

物理学上将能量定义为做功的本领。能量可以使物体产生某种效果或者变化。通常能量的表现形式是做功或者提供热量。能量的存在形式有六种，分别是机械能、热能、电能、辐射能、化学能和核能。人类对能源的利用主要是将不同形式的能量转化为热能和电能为人类的社会生活提供动力，如人类利用水的势能（机械能）进行水力发电，利用化石能源的化学能转换成热能为人类供暖等。

人类的文明发展史与人类利用能源的能力密不可分。能源技术发展经历了三个阶段：薪柴时代、煤炭时代、石油时代，目前发展到了能源的过渡时期。

薪柴时代，远古人类经历从利用自然火到人工取火的进化过程。最初，自然界中的火山爆发、电闪雷击、流星撞击等现象引起地面起火，虽然会带来灾难，但也启发了远古人类利用火来驱散野兽、照明取暖、烹饪食物，而且在使用过程中学会了保存火种。经过漫长的探索过程，人类在制造和使用工具时发现了摩擦生火的现象，并利用这一规律发明了击石、摩擦、钻木等取火方式。火的使用是旧石器时代原始人类的一项重大成就，开启了人类以木材为主要能源的薪柴时代。直至今天，薪柴仍是许多发展中国家农村及偏远地区的主要能源。在社会文明发展过程中，为了便于运输和储存，人们将木材进行干馏生成木炭，木炭具有较高的热值而被用来烧制陶器、冶炼金属，极大地提高了社会劳动生产率，作为木炭原料的木材成为了推动文明进步的重要资源。到了 18 世纪，工业迅速发展消耗了大量木材，森林遭受大面积砍伐，随之而来的是全球水土流失加剧，生物多样性遭受破坏。然而，现代工业对木材的需求仍在不断增加，于是，煤炭作为一种比木炭储存能量更高的化石燃料开始登上历史舞台。

17 世纪中叶，煤炭被炼制成焦炭应用于炼铁行业。1712 年，英国工程师托马斯·纽科门制造出可供使用的大气式蒸汽机，此蒸汽机以煤炭为燃料、功率 5.5 马力（1 马力 ≈ 735 W），但由于热效率低，燃煤消耗量大，仅适用于煤矿等燃料充足的地区。1776 年，英国人詹姆斯·瓦特对纽科门蒸汽机进行了工艺改进，使之成为"万能的动力机"，从此，蒸汽机成为几乎所有工厂的动力设备。蒸汽机将煤炭燃料释放的热能转换成机械能代替人力和畜力，它的出现极大地提高了社会生产效率，推动了工业、交通运输等领域的机械化进程，改变了人类的工作生活方式，极大地促进了煤炭开发利用。然而，煤炭燃烧会产生大量的有毒有害气体，主要包括二氧化硫、氮氧化物、粉尘等；劣质煤炭的不充分燃烧会产生黑烟，其主要成分为灰渣和飞灰、可燃气、一氧化碳、碳氢化合物等。这些大气污染物发生一系列物理、化学反应，造成光化学烟雾、酸雨、雾霾等大气污染现象，使一些地区的环境遭到严重破坏，人类健康受到威胁。历史上有多起由煤炭燃烧造成的环境污染事件，最出名的是伦敦烟雾事件。1952 年，伦敦市居民家中和工厂大规模使用煤炭，产生了大量的燃煤废气，在遭遇大气逆温现象后，大量煤烟及有毒气体在空中聚集停留 4 d 之久，导致 4 000 多人死亡。此后，英国国会颁布法令，禁止在伦敦城市内使用煤炭，随后又禁止英国所有城市居民使用煤炭取暖，仅允许农村居民使用无烟煤取暖。

煤炭的大规模利用为人类提供了能量和动力，但同时带来了粉尘、酸雨、重金属污染等环境污染问题。1876 年，内燃机技术的发明及随后在技术上的一系列改进和突破，促使石油作为一种比煤炭更优越的能源逐渐成为工业的命脉。

工业革命催生了大量的工厂，为了提高产品产量，人们利用鲸油进行照明延长工作时间，但鲸油价格非常昂贵。19 世纪中叶，加拿大人亚伯拉罕·格斯纳在美国申请了一项"被命名为煤油的新型碳氢化合物，可用于照明及其他用途"的专利，从此煤油成为了鲸油的替代品。早期煤油的主要原料是煤而不是石油。1859 年，钻井工比利·史密斯在美国宾夕法尼亚州西北部的泰特斯维尔地下发现了石油，人们开始利用含硫石油馏分等原料制取煤油，至此，石油作为更加便宜的煤油原料应用于大规模的工业生产中。19 世纪末，托马斯·爱迪生发明了电灯，煤油照明被电力照明取代。1896 年，亨利·福特发明了汽车，作为汽车燃料的石油成为新一代能源，推动了世界石油市场的变化。1903 年，莱特兄弟发明了世界第一架飞机"飞行者一号"，并在美国北卡罗来纳州首次试飞成功，导致作为飞机燃料的石油需求量加速上升。第一次世界大战中石油成为海军舰队的主要燃料，相较于煤，石油使舰队航程更远、速度更快和灵活性更高。无论是在以陆战武器坦克为主导的陆地战场，还是以飞机为主导的空中战略轰炸，石油作为主要燃料在促进新型军事技术发展中起到了关键作用。第一次世界大战结束后，石油逐渐转变为一种国家战略性资源。

随着世界经济的发展，人类对化石能源的大量开采和消耗，导致一些国家和地区开始面临化石能源开采殆尽的问题，且化石能源在开采、使用过程中产生了很多环境污染问题，促使人类不断探索和开发环境友好的可再生能源，试图通过提升可再生能源在能源结构中的占比减缓化石燃料带来的负面环境影响。因此，目前人类正处于一个能源体系转换时期，即从石油时代转向后石油时代，也是从化石能源时代向后化石能源时代的过渡时期。这一时期，煤炭、石油、天然气等常规化石能源在能源消费结构中的比重将逐步下降，风能、核能、太阳能、水能等新能源将被更大规模地开发利用。

根据国际能源署统计数据显示，2019 年化石能源的使用占比为 80.89%，其中石油的使用占比为 30.90%，煤炭占比为 26.78%，天然气占比为 23.22%；可再生能源在总能源中的占比仅有 14.09%。尽管新能源的开采技术日趋成熟，但短时间内仍难以改变以化石能源为主导的能源结构现状。在未来一段时间内，人类将逐渐实现从化石能源向可再生能源的过渡。

二、 能源的分类

人类已发现和使用的能源种类很多，世界能源委员会推荐的能源类型分为：固体燃料、液体燃料、气体燃料、水能、电能、太阳能、生物质能、风能、核能、海洋能和地热能。其中前三个类型统称为化石能源，主要包括煤炭、石油、天然气、煤层气、天然气水合物（可燃冰）等；太阳能主要包括太阳能、水能、风能、生物质能、海洋能等。根据不同的使用需求，人们可按照能源的来源、利用方式以及使用过程中造成的环境影响等进行分类。

（一） 按来源途径分类

第一类是来自地球外天体的能源，又称第一类能源，主要为太阳能，包括太阳能及宇宙射线等。这里的太阳能是广义太阳能，指所有来自太阳的能源，除了直接辐射提供能源外，还包括通过能量转化形成的风能、水能、海洋能、生物质能、化石能源等。例如，植物通过光合作用将太阳能转化成化学能，储存在植物体内，经过漫长的历史演变，植物遗体经过生物化学作用和物理化学作用转变为沉积有机矿产，最终形成煤炭资源；太阳能利用空气温度变化产生气压差，推动空气流动形成风能；海洋能亦来自太阳能，海洋表面刮起的风力形成波浪能，储存了海浪的动能和势能。第二类为地球本身蕴藏的能源，它起源于地球的熔融岩浆和放射性物质衰变，包括地热能和核能。地热能是引致火山爆发及地震的能量。核能的燃料是铀的一种同位素 235U，它是自然界至今唯一能够发生可控裂变的同位素，235 为核子数，包含 92 个质子和 143 个中子。第三类是地球和其他天体相互作用而产生的能源，如月球与地球的引力产生的潮汐能。

（二） 按利用方式分类

按照利用方式的不同，可以将能源划分为一次能源和二次能源两类。

一次能源是指自然界中存在的能源，又称为天然能源，它不需要经过人为加工就可以直接被人类使用，例如原煤、原油、天然气、天然铀矿、木材、水能、生物质能、风能、太阳能、海洋能、地热能等。一次能源可进一步划分为两类：能够从自然界连续获得或能在较短周期内获得补充再生的能源称为可再生能源，主要包括太阳能、生物质能、水能、风能、海洋能、地热能等；反之，那些不能连续获取，短时间内无法再生的有限能源则称为非再生能源，如煤炭、石油、天然气、核燃料铀等。

二次能源又称人工能源，是指将一次能源经过一定的加工或转换，成为热值更高、符合人类生产需求的能源，如电力、蒸汽，各类交通工具使用的汽油、煤油，生产机械使用的柴油、润滑油等，以及工业原料液化石油气、丙烷、甲醇、酒精、苯胺、火药等。一次能源可经过多次转换，所得到的另一种能源均称为二次能源。

（三）　按利用过程的环境影响分类

清洁能源指的是在消费过程中一般不会产生或极少产生污染物的能源，如太阳能、风能、水能和氢能等。此外，还包括利用清洁能源技术加工制成的化石能源，如清洁煤、清洁燃油等。因此，清洁能源包含了可再生能源和经过清洁能源技术改造的化石能源。对于环境损害程度较大的原煤、石油等化石能源，称为非清洁能源。表 6-1 给出了能源的分类情况。

表 6-1　能源分类表

能源类别		再生能源	非再生能源
一次能源	常规能源	水能（大型水电站）、生物质能（薪柴、秸秆等）	煤炭、天然气、原油、核能（核裂变）
	新能源	太阳能、风能、水能、生物质能、地热能、海洋能、潮汐能	—
二次能源		氢能、沼气等	电力、煤气、汽油、柴油、焦炭等

资料来源：李全林. 新能源与可再生能源［M］. 南京：东南大学出版社，2008.

（四）　按技术的成熟度分类

技术上成熟、可大规模生产且已广泛投入使用的能源称为常规能源，如一次能源中的煤炭、石油、天然气、水能、核能等，以及二次能源中的煤气、汽油、柴油、电力、蒸汽等；相对于常规能源，新近开发利用或正在处于积极研究、有待推广阶段的能源称为新能源，如太阳能、风能、海洋能、生物质能、地热能等。

三、　能源的换算

能源产品通常是以质量、体积和能量含量为原始物理单位计量的。能源产品计量应采用国际单位制（SI）的基本单位，但日常生产生活中，为了方便，也会使用非 SI 单位。例如，煤炭的原始单位为质量单位（千克、吨），而原油却采用体积单位（桶[①]、升）等。为了方便能源产品之间的比较，在制作能源平衡表时常以"通用"单位显示，因此，能源产品的能量单位需要通过适当的系数进行换算。在能源统计中，相应的国家机构和国际机构均可定义计量单位，但应对原始物理单位换算为选定的通用单位的方法加以说明。表 6-2、表 6-3 分别为《国际能源署的国际能源统计建议（2019）》和我国国家标准委员会发布的《综合能耗计算通则（GB/T 2589—2020）》中提供的不同计量单位和不同能源类型的能量当量换算系数与部分能源折算标准煤参考系数。

---

① 　1 桶（美）= 158.99L。

表 6-2　能量当量换算系数

单位	太焦	百万英热单位	吉卡	吉瓦时	千吨油当量	千吨标准煤
太焦	1	947.8	238.84	0.277 7	2.388×10^{-2}	3.411×10^{-2}
百万英热单位	$1.055 1 \times 10^{-3}$	1	0.252	$2.930 7 \times 10^{-4}$	2.52×10^{-5}	3.6×10^{-5}
吉卡	$4.186 8 \times 10^{-3}$	3.968	1	1.163×10^{-3}	44 838	1.429×10^{-4}
吉瓦时	3.6	3 412	860	1	8.6×10^{-2}	1.229×10^{-1}
千吨油当量	41.868	3.968×10^4	104	11.63	1	1.429
千吨标准煤	29.308	2.778×10^4	0.7×10^{-4}	8.14	0.7	1

示例：吉瓦时（GW·h）换算成太焦（TJ）：1 GW·h=3.6 TJ。

资料来源：《国际能源统计建议》，2019。

表 6-3　部分能源折算标准煤参考系数

能源名称	平均低位发热量	折标准煤系数
原煤	20 934 kJ/kg（5 000 kcal/kg）	0.714 3 kgce/kg
焦炭（干全焦）	28 470 kJ/kg（6 800 kcal/kg）	0.971 4 kgce/kg
原油	41 868 kJ/kg（10 000 kcal/kg）	1.428 6 kgce/kg
天然气	32 238~38 979 kJ/m³ （7 700~9 310 kcal/m³）	1.100 0~1.330 0 kgce/m³
液化天然气	51 498 kJ/m³（12 300 kcal/m³）	1.757 2 kgce/kg
乙醇（用作燃料）	26 800 kJ/kg（6 401 kcal/kg）	0.914 4 kgce/kg
沼气	20 934~24 283 kJ/m³ （5 000~5 800 kcal/m³）	0.714 3~0.828 6 kgce/m³

资料来源：综合能耗计算通则（GB/T 2589—2020）。

第二节　化石能源开采与利用

一、煤炭开采与利用

（一）煤炭的形成与分类

煤炭是由古代植物遗体被泥沙等沉积物覆盖，经过漫长的泥炭化作用和煤化作用，转化成富含碳的固体可燃有机沉积岩。泥炭化阶段，死亡的高等植物有机残体在低温（<50℃）缺氧条件下进行氧化分解，形成腐殖质或半分解有机质。随着地壳下沉，有机质层逐年累积，形成泥炭。煤化作用可分为成岩作用和变质作用两个阶段。成岩作用阶

段，泥炭在地壳压力作用下，被压实、脱水、胶体老化、固结，逐渐转变为褐煤。变质作用阶段，在较高温度（地温达 50~150℃）和一定压力作用下，褐煤内部分子发生一系列物理化学变化，游离腐殖质全部降解为腐黑物，褐煤逐渐变质成为含碳量较高的烟煤。变质作用程度不同，成煤的含碳量也不一样，无烟煤的煤化程度最大，含碳量高达90%以上。

煤炭中的有机质是大量多环芳烃组成的有机高分子，碳、氢、氧、氮、硫五种元素是构成高分子的主要元素。芳烃结构骨架由碳素构成，氢在煤中的作用仅次于碳。每千克氢的燃烧发热量为 32 866 kJ，是纯碳发热量的 4 倍。氢在煤中的含量会随着煤的变质程度加深而降低，碳含量增加氢含量会降低。氧在煤中以有机和无机两种状态存在。褐煤含氧量一般在 20% 以上，烟煤含氧量一般小于 10%，无烟煤中碳含量在 92% 以上时，氧的含量一般会降至 5% 以下。氮在煤中的含量一般为 0.5%~3.0%。硫元素是煤中的有害杂质，以无机硫和有机硫的形式存在，无机硫主要为硫化物和硫酸盐，有机硫为硫醇、硫醚、噻吩等。煤炭中硫含量与形态主要与古地理环境有关。煤炭中的硫在燃烧过程中会生成二氧化硫等大气污染物，硫分是精煤和其他煤炭产品等级划分的重要指标。

国际上煤炭主要按照煤的变质程度、煤岩组分、还原性、发热量大小等指标进行分类。我国煤炭分类标准（GB/T 5751—2009）采用煤化程度参数（以干燥无灰基挥发分等指标表示）将煤炭划分为无烟煤、烟煤和褐煤；再采用挥发分及黏结指数等指标，将烟煤划分为贫煤、贫瘦煤、瘦煤、焦煤、肥煤、1/3 焦煤、气肥煤、气煤、1/2 中黏煤、弱黏煤、不黏煤及长焰煤。

（二）煤炭的储量、产量及消费

2020 年底，全球已探明煤炭储量 10 741.08 亿 t，其中，无烟煤和烟煤 7 536.39 亿 t，占总储量的 70%；次烟煤和褐煤 3 204.69 亿 t，占总储量的 30%。虽然煤炭资源分布广，但存在较大的空间差异，从区域分布来看，煤炭储量主要分布在亚太、北美洲等地区，占总储量的 60% 以上，其中，亚太地区煤炭储量为 4 597.50 亿 t，占全球总储量的 42.8%；北美洲地区储量为 2 567.34 亿 t，占全球总储量的 23.9%。此外，欧亚国家煤炭储量为 1 906.55 亿 t，占全球总储量的 17.8%；欧洲地区储量为 1 372.40 亿 t，占全球总储量的 12.8%。从国家分布来看，世界煤炭储量位居前五位的国家分别是美国、俄罗斯、澳大利亚、中国、印度，其煤炭储量之和占全球总储量的 76%。其中，美国是全球煤炭储量最大的国家，储量约为 2 489.41 亿 t，占全球煤炭储量的 23.2%；俄罗斯煤炭储量位居第二位，煤炭储量为 1 621.66 亿 t，占全球储量的 15.1%；澳大利亚煤炭储量为 1 502.27 亿 t，占全球储量的 14.0%；中国煤炭储量为 1 431.97 亿 t，占全球储量的 13.3%；印度煤炭储量为 1 110.52 亿 t，占全球储量的 10.3%。储产比是企业或者政府机构预测未来资源的可利用程度的指标，是剩余可开采量与当年产量之比。2020 年，世界煤炭储产比为 139 a，美国、巴西、委内瑞拉、乌克兰、新西兰等国家及中东地区储产比大于 500 a，日本储产比为 453 a，俄罗斯储产比为 407 a，而中国的储产比远远低于其他国家，仅 37 a。2020 年底世界探明煤炭储量及其地区分布如表 6-4 所示。

表 6-4 2020 年底世界探明煤炭储量及其地区分布

地区	无烟煤和烟煤/亿 t	次烟煤和褐煤/亿 t	总量/亿 t	占比/%	储产比/a
世界	7 536.39	3 204.69	10 741.08	100.0	139
加拿大	43.46	22.36	65.82	0.6	166
墨西哥	11.60	0.51	12.11	0.1	185
美国	2 189.38	300.03	2 489.41	23.2	*
北美洲总计	2 244.44	322.90	2 567.34	23.9	484
巴西	15.47	50.49	65.96	0.6	*
哥伦比亚	45.54	—	45.54	0.4	90
委内瑞拉	7.31	—	7.31	0.1	*
其他拉丁美洲国家	17.84	0.24	18.08	0.2	*
拉丁美洲总计	86.16	50.73	136.89	1.3	240
保加利亚	1.92	21.74	23.66	0.2	192
捷克	10.81	25.14	35.95	0.3	113
德国	—	359.00	359.00	3.3	334
希腊	—	28.76	28.76	0.3	205
匈牙利	2.76	26.33	29.09	0.3	475
波兰	225.30	58.65	283.95	2.6	282
罗马尼亚	0.11	2.80	2.91	*	19
塞尔维亚	4.02	71.12	75.14	0.7	189
西班牙	8.68	3.19	11.87	0.1	282
土耳其	5.50	109.75	115.25	1.1	168
乌克兰	320.39	23.36	343.75	3.2	*
英国	0.26	—	0.26	*	16
其他欧洲国家	11.09	51.72	62.81	0.6	189
欧洲总计	590.84	781.56	1 372.40	12.8%	299
哈萨克斯坦	256.05	—	256.05	2.4	226
俄罗斯	717.19	904.47	1 621.66	15.1	407
乌兹别克斯坦	13.75	—	13.75	0.1	333
其他欧亚国家	15.09	—	15.09	0.1	336
欧亚国家总计	1 002.08	904.47	1 906.55	17.8%	367

地区	无烟煤和烟煤/亿 t	次烟煤和褐煤/亿 t	总量/亿 t	占比/%	储产比/a
南非	98.93	—	98.93	0.9	40
津巴布韦	5.02	—	5.02	*	153
其他非洲国家	43.76	0.66	44.42	0.4	280
中东地区	12.03	—	12.03	0.1	*
中东地区与非洲总计	159.74	0.66	160.40	1.5	60
澳大利亚	737.19	765.08	1 502.27	14.0	315
中国	1 350.69	81.28	1 431.97	13.3	37
印度	1 059.79	50.73	1 110.52	10.3	147
印度尼西亚	231.41	117.28	348.69	3.2	62
日本	3.40	0.10	3.50	*	453
蒙古	11.70	13.50	25.20	0.2	58
新西兰	8.25	67.50	75.75	0.7	*
巴基斯坦	2.07	28.57	30.64	0.3	396
韩国	3.26	—	3.26	*	320
泰国	—	10.63	10.63	0.1	80
越南	31.16	2.44	33.60	0.3	69
亚太其他国家和地区	14.21	7.26	21.47	0.2	33
亚太地区总计	3 453.13	1 144.37	4 597.50	42.8	78

注：—指无数据，* 指数值<0.05%。

2021 年，全球煤炭产量为 81.73 亿 t，其中，中国煤炭产量高达 41.26 亿 t，占全球煤炭总产量的 50.5%、印度占比 9.9%、美国占比 6.4%、澳大利亚占比 5.9%、俄罗斯占比 5.3%、印度尼西亚占比 7.5%、南非占比 2.9%，世界煤炭开采量排名前 7 个国家开采量占全球开采总量的 79.4%。从地区分布来看，亚洲是全球最大的煤炭开采区，开采量占到全球煤炭开采总量的 75.8%，北美占 7.1%，欧亚国家占 6.9%，欧洲占 6.3%，非洲占 3.1%。世界煤炭生产量具体如表 6-5 所示。

表 6-5　2012—2021 年世界煤炭生产量　　　　　　　　　单位：亿 t

地区	2012	2013	2014	2015	2016	2017	2018	2019	2020	2021
世界	81.86	82.56	81.80	79.48	74.76	76.96	80.69	81.11	77.32	81.73
北美	10.05	9.77	9.90	8.88	7.35	7.76	7.53	7.04	5.39	5.79
拉丁美洲	1.01	1.00	1.04	0.99	1.02	1.00	0.95	0.93	0.60	0.68

续表

地区	2012	2013	2014	2015	2016	2017	2018	2019	2020	2021
欧洲	7.97	7.54	7.10	6.84	6.57	6.60	6.81	5.65	4.81	5.16
欧亚	4.87	4.83	4.80	4.87	4.98	5.35	5.72	5.68	5.24	5.61
中东	0.02	0.02	0.02	0.02	0.02	0.02	0.02	0.02	0.02	0.02
非洲	2.67	2.68	2.77	2.66	2.62	2.71	2.73	2.72	2.61	2.54
亚太	55.27	56.73	56.18	55.22	52.21	53.52	56.92	59.09	58.66	61.94

全球煤炭消费主要集中在亚太地区，该地区 2021 年煤炭消费量占全球煤炭消费总量的 79.7%，其次是北美，占 7.0%，欧洲占 6.3%，这三个地区占 2021 年全球煤炭消费总量的 93.0%。从国家层面来看，中国、印度、美国、日本、俄罗斯，分别占全球煤炭消费总量的 53.8%、12.5%、6.6%、3.0%、2.1%，这五个国家的煤炭消费量占到全球 2021 年煤炭消费总量的 78%。需要注意的是，这里的消费量是按折算后的热值来计量的，并不是煤炭重量，因为不同煤质的煤炭热值有很大的差异。世界煤炭消费量具体如表 6-6 所示。

表 6-6　2012—2021 年世界煤炭消费量　　　　　　单位：10^{18} J

地区	2012	2013	2014	2015	2016	2017	2018	2019	2020	2021
世界	159.06	161.43	162.58	158.60	156.61	157.51	159.54	157.32	151.07	160.10
北美	18.84	19.48	19.39	16.94	15.55	15.30	14.50	12.50	9.97	11.28
拉丁美洲	1.31	1.44	1.51	1.48	1.44	1.41	1.39	1.42	1.31	1.46
欧洲	16.34	15.80	14.84	14.20	13.69	13.04	12.91	11.02	9.48	10.01
欧亚	5.84	5.52	5.39	5.45	5.33	5.22	5.56	5.45	5.08	5.17
中东	0.50	0.47	0.47	0.44	0.41	0.40	0.39	0.40	0.36	0.34
非洲	4.03	4.07	4.26	4.03	4.27	4.27	4.19	4.43	4.17	4.21
亚太	112.20	114.66	116.72	116.05	115.94	117.87	120.59	122.11	120.70	127.63

（三）煤炭的清洁高效利用技术

煤炭是我国主要基础能源和重要的工业原料，我国的资源禀赋决定了煤在能源结构中的特殊地位。2020 年，中国煤炭消耗量为 40.4 亿 t，占能源消费总量的 81%，煤炭在能源结构中的消费占比短时间内将不会有太大的改变。由于目前煤炭的利用存在资源利用率低、污染严重等问题，煤炭的清洁高效利用技术势在必行。煤炭利用的各个过程均存在污染物的排放，因此，对煤炭的清洁高效利用需从开采、提质（前处理）、燃烧、转化、多联产、末端治理等全过程进行控制。目前较为成熟的清洁煤技术有煤炭加工技术、煤炭液化、地下气化、流化床风选技术、煤气化联合循环技术、脱硫脱氮技术等。

1. 煤炭燃烧前加工技术

煤炭的燃烧前加工技术是为了去除煤炭中的杂质及有害物质,有利于提升煤炭质量,提高煤炭的利用效率;主要包括洗选、型煤、煤炭制浆、煤炭转化(气化和液化)加工处理技术。

(1)洗选

洗选是根据煤中杂质、煤的物理化学性质,通过物理、化学及微生物方法,将原煤和灰分、矸石、硫等杂质有效分离,提高煤炭质量等级的技术方法。常见的洗选技术有跳汰洗选、重介质选煤、摇床选煤、水介质旋流器选煤、煤泥浮选等技术。早在 20 世纪 90 年代,德国、英国、美国、澳大利亚等发达国家已实现高灰分高硫分原煤百分百洗选,而我国 2020 年原煤洗选比例仅为 73.2%。

(2)型煤

型煤是将煤粉和低品位煤,在一定的工艺和设备条件下,通过机械加工压制成具有一定形状、尺寸和理化特性的煤产品的过程。常见的型煤(产品)有煤砖、蜂窝煤和煤球等。型煤也可分为工业型煤和民用型煤,其中,工业型煤包括气化型煤、燃料型煤和炼焦型煤等;民用型煤主要用于炊事和取暖,以蜂窝煤和煤球为主。型煤可以解决煤粉过剩的问题,与民用散煤煤质相比,型煤的挥发分、灰分以及全硫、发热量指标都相对稳定,燃烧过程中烟尘和二氧化硫的排放量可减少约 50%。

(3)水煤浆

水煤浆是制浆工艺的产品,即将洗选后的原煤进行破碎、研磨,制成 $250 \sim 300 \ \mu m$ 的微细煤粉,与水和添加剂(一般配比为 60%~70% 的煤粉、30%~40% 的水加入约 1% 的化学添加剂)混合而成的浆体燃料,添加剂一般包含分散剂、稳定剂和其他助剂。水浆煤的热值是燃料油的一半,燃烧效率可达 96%~98%,可用来替代重油或柴油。通常作为常规锅炉和循环流化床锅炉的发电燃料,和气化炉的合成气原料。

(4)煤炭气化

煤炭气化是指在气化炉内,以煤为原料,通过空气或氧气、水蒸气、二氧化碳或氢气等气化介质,加热到足够高的温度并在一定压力条件下,将煤炭催化转化成合成气的过程。合成气的主要成分为 CO、H_2、CH_4 等可燃气体,可作为化工合成和工业燃气应用于合成氨、氮肥、塑料加工、冶金、炼油、能源等行业。煤炭气化技术分为地面气化技术和地下气化技术。地面气化技术主要包括固定床、流化床和气流床三种技术类别,还可以根据进料方式、炉壁保温方式、合成气热量回收方式、烧嘴布置及气化压力等进一步细分。在各种煤气化技术中,应用最广泛的是鲁奇炉加压固定床技术、德士古水煤浆加压气化技术以及煤粉加压气化技术。联合循环发电是合成气的重要应用领域,整体煤气化联合循环发电(integrated gasification combined cycle, IGCC)系统集成了鲁奇炉气化、德士古气化等气化技术,并结合脱硫处理以及碳的捕获和储存技术。与传统燃煤发电装置相比,IGCC系统具有发电效率高、硫和灰渣可资源化利用及温室气体排放量低等显著优势。煤炭地下气化又称为原位煤炭气化,是将地下未经开采的煤层控制燃烧,形成煤气的化学采煤技术。煤炭地下气化通过钻孔或井巷将气化介质送入煤层,使煤层内发生热化学反应,产生的煤气由出气孔排出。煤炭地下气化过程中的二氧化碳排放量少,易于碳捕获和储存;产生的煤灰、煤矸石等废弃物留在地下,不仅能够促进煤炭资源的综合利用、降低运输成本，还能降低环境污染。我国煤炭地下气化技术实验始于 19 世纪 50 年代，至今，已取得了煤炭地下气化技术领域很多重大突破。地下气化技术的应用多依托于国家和地方政府项目，如"八五"重点科技攻关项目，地方性科技攻关项目研发等，但项目周期一般较短，目前还很难实现产业化。

（5）煤炭液化

煤炭液化是将煤炭转换成为可替代石油的液体烃类，用于燃料或者合成化工原料。煤炭液化可分为直接液化和间接液化两种方式。

煤炭直接液化是指煤炭在高温（450～500℃）、一定压力（15～30 MPa）的条件下，借助催化剂和供氢溶剂，与氢气反应，将煤炭转化为汽油、柴油、芳烃等液体燃料或化工原料的技术。煤炭直接液化可生成石油脑、液化柴油、汽油、航空煤油、沥青等，应用于军事、航天、航空、高级炭材料等领域，但由于供氢溶剂价格昂贵、煤浆腐蚀性等问题，煤炭直接液化成本较高，规模较小。

煤炭间接液化是将原料煤在高温条件下与氧气、水蒸气反应，使煤炭气化。气化炉产出的粗合成气经洗涤后送到一氧化碳变换装置，经过变换后调节成符合 F-T 合成装置要求的 CO 与 H_2 比例后，送到净化装置去除其中的杂质，制成洁净的合成气（CO+H_2）。在煤炭间接液化的加工过程中，煤炭中含有的硫等有害元素以及无机矿物质均可脱除，含硫酸性气体在硫回收装置中可以通过硫黄的形态得到回收。煤炭间接液化中的合成技术是不仅可以生产汽油、柴油等普通石油制品，而且还可以提炼出航空油、润滑油等高品质石油制品，是我国目前主流煤制油技术。

2. 煤炭燃烧技术改进

（1）大容量超超临界火电机组

截至 2021 年底，我国发电总装机容量是 23.8 亿 kW，其中，传统发电行业装机容量近 17 亿 kW，占总装机容量的 73%，虽然传统发电机组装机容量占比已从 2011 年的 95% 降至 73%，但装机容量总量却在持续上升。因此，通过对传统火力发电机组的改进能够提高化石能源的利用效率，对降低火力发电的污染物排放尤为重要。

火力发电的原理是将化石能源中蕴含的热能通过燃烧转换成水蒸气内能和动能，水蒸气推动叶轮高速转动，带动汽机转轴，能量转换成为机械能，转轴带动发电机发电，形成电能。因此，水蒸气温度和压力参数是制约火力发电效率的关键。通常将蒸汽参数在 27～35 MPa，593℃ 的火电机组统称为超超临界火电机组。超超临界火电机组的发电效率可达 45%。目前我国在 600℃ 和 700℃ 超超临界燃煤发电技术领域已取得长足发展，蒸汽压力 30 MPa、蒸汽温度 600℃、二次再热等先进技术在百万级机组上的应用，使得发电煤耗可降低至 252 g/（kW·h）。

（2）流化床燃烧技术

能源燃烧过程中可通过提高锅炉燃烧效率实现能源的高效利用和降低污染物的排放。流化床燃烧技术是一种煤在炉床上一定高度内沸腾燃烧的技术。这种流态化燃烧技术具有用煤类型广、燃烧效率高、高效脱硫、污染物排放少等优点。流化床燃烧技术包括鼓泡流化床、循环流化床和加压流化床技术。增压流化床联合循环技术，锅炉燃烧室温度为 800～900℃，煤在燃烧的过程中可以加入脱硫剂进行同步脱硫，燃烧室产生的蒸汽带动蒸汽轮机发电，烟气则经过除尘后带动燃气轮机发电，通过燃气和蒸汽联合循环技术，增压流化床联合循环技术的净发电率可达 40%~41%。2020 年，我国在山西平朔建成世界首台超临界 $660×10^6$ W 机组循环流化床，流化床温度在 860~900℃时，自脱硫效率理论值为 31.6%；添加石灰石脱硫剂后，脱硫效率的理论值可提高至 95.1%。

二、 石油开采与利用

（一） 石油的形成与分类

关于石油成因的假说很多。20 世纪初，现代石油地质学逐渐形成了非生物成油理论和生物成油理论。非生物成油理论认为在一定压力和温度条件下，碳氢系统可在地幔下生成碳氢化合物。在某些高温和高压的实验室条件下能够生成碳氢化合物或非生物油的理论研究，都验证了这一观点。

地质学家和石油公司在石油开采过程中，开发了有效的钻井理论模型，这种模型与石油的生物成油理论较为一致，因此，石油地质学家普遍认为石油是由有机物转化而成。生物成油理论认为，沉积在海洋环境中的有机物质，在缺氧条件下，经过 40 亿年的演变，被淤泥、沙子和其他沉积物层沉积埋藏，伴随压力和温度的升高缓慢地将有机物转化为碳氢化合物（干酪根、油、气）。在石油形成的过程中，各种板块构造（大陆在地幔上漂移）和其他地质现象导致了海洋和大陆的重新排列，因此，陆地和海洋均可发现油田。熟化过程将有机物转化为碳氢化合物。第一阶段是干酪根的形成。随着沉积岩的压力和温度进一步升高，干酪根转化为石油。如果温度在短时间内升高到 130℃以上，原油就会转化为天然气。最初，气体的成分将显示出高含量的 C4~C10 组分（湿气和凝析油），但随着温度的进一步升高，混合物将转化为轻质烃（C1~C3，干气）。来自不渗透沉积岩的碳氢化合物迁移到多孔储层岩石中，形成石油储层，储层岩通常是砂岩和碳酸盐。

原油是相对易挥发的液态碳氢化合物组成的混合物，包含一些氮、硫和氧元素。原油的碳含量都在 82%~87%，氢含量在 12%~15%。原油常有的碳氢化合物类型有石蜡、环烷和芳烃。某些液体石蜡是汽油的主要成分；环烷烃是所有液体炼油产品的重要组成部分，但它们也形成炼油过程中的一些重质沥青状残余物；芳烃通常仅占原油的一小部分，原油中最常见的芳烃是苯，它是石化工业的重要基础原料。

根据美国石油学会（API）的重力标度，原油可分为超重质、重质、中质和轻质，超重质原油 API 度小于 10；重质原油 API 度小于 22.3；中质原油 API 度为 22.3~31.1；轻质原油 API 度在 31.1 以上。根据硫含量的不同，原油也可分为"甜油"或"酸油"，含硫量低于或等于 0.5%的是甜油，反之则称为酸油。硫以硫元素或硫化氢等化合物的形式出现。通常，原油越重，硫的含量越高。为了防止石油燃烧过程中硫氧化物等大气污染物的生成，一般在炼油过程中会从原油中去除过量的硫。

（二） 石油储量、产量与消费

《世界能源统计年鉴 2022》指出，截至 2020 年底，全球石油探明储量 1 734.8 亿桶，相当于 244.4 亿 t，储采比为 53.5 a。从地区分布来看，中东地区石油探明存储量约为 113.2 亿 t，占全球石油探明储量的 48.3%，是石油探明储量最为集中的区域。从国家层面来看，委内瑞拉是世界上石油探明储量最大的国家，约为 48.0 亿 t，占全球石油总储量的 17.5%；其次是沙特阿拉伯，储量为 40.9 亿 t，约占全球储量的 17.2%；之后依次为加拿大、伊朗、伊拉克、俄罗斯、科威特、阿拉伯联合酋长国、美国，分别占全球石油总储量的 9.7%、9.1%、8.4%、6.2%、5.9%、5.6%、4.0%，储量最大的 9 个国家的石油储量占到全球探明储量的 83.6%。世界石油储蓄量，具体如表 6-7 所示。

从全球储采比可以看出，世界石油探明储量的开采年限大于 50 a。随着石油勘探和开采技术的发展，特别是石油采收率（EOR）提高和成像技术的结合，到 2050 年，可开采的石油可能会再增加 5 000 亿桶。拉丁美洲的储采比最高，约为 151 a，而欧洲最低，约为 10 a。

表 6-7　世界石油储蓄量

地区	1998 年	2008 年	2018 年	2020 年			
	10 亿桶	10 亿桶	10 亿桶	10 亿桶	10 亿 t	总占比/%	储采比/a
世界	1 141.2	1 493.8	1 729.7	1 732.4	244.4	100.0	53.5
北美	100	216.6	236.7	242.9	36.14	14.0	28.2
拉丁美洲	95.6	196	325.1	323.4	50.8	18.7	151.3
欧洲	21.4	14.2	14.3	13.6	1.8	0.8	10.4
欧亚	121.1	144.8	144.7	146.2	19.9	8.4	29.6
中东	685.2	753.7	836.1	835.9	113.2	48.3	82.6
非洲	77.2	120.4	125.3	125.1	16.6	7.2	49.8
亚太	40.8	48	47.6	45.2	6.1	2.6	16.6

中东地区的沙特阿拉伯石油探明储量最大，2020 年底石油探明储量为 40.9 亿 t，约为 297.5 亿桶，占世界石油探明总储量的 17.2%，储采比为 73.6 年；伊朗是中东地区石油探明储量第二的国家，2020 年底，探明石油储量为 21.7 亿 t，约为 157.8 亿桶，占世界石油储量的 9.1%，储采比为 139.8 a；伊拉克石油探明储量为 19.6 亿 t，约为 145.0 亿桶，占世界石油探明储量的 8.4%，储采比为 96.3 a。中东地区的石油储量时间节点及储采比如表 6-8 所示。

表 6-8　中东地区石油储蓄量

国家	2000 年	2010 年	2019 年	2020 年			
	10 亿桶	10 亿桶	10 亿桶	10 亿桶	10 亿 t	总占比/%	储采比/a
伊朗	99.5	151.2	157.8	157.8	21.7	9.1	139.8
伊拉克	112.5	115.0	145.0	145.0	19.6	8.4	96.3
科威特	96.5	101.5	101.5	101.5	14.0	5.9	103.2
阿曼	5.8	5.5	5.4	5.4	0.7	0.3	15.4

续表

国家	2000 年	2010 年	2019 年	2020 年			
	10 亿桶	10 亿桶	10 亿桶	10 亿桶	10 亿 t	总占比/%	储采比/a
卡塔尔	16.9	24.7	25.2	25.2	2.6	1.5	38.1
沙特阿拉伯	262.8	264.5	297.6	297.5	40.9	17.2	73.6
叙利亚	2.3	2.5	2.5	2.5	0.3	0.1	158.8
阿拉伯联合酋长国	97.8	97.8	97.8	97.8	13.0	5.6	73.1
也门	2.4	3.0	3.0	3.0	0.4	0.2	86.7
其他中东国家	0.2	0.3	0.2	0.2	^	◆	2.6
中东	696.7	765.9	836.0	835.9	113.2	48.3	82.6

注：^指数值<0.05；◆指数值<0.05%。

截至 2022 年，石油仍然是能源体系中最常用的燃料，根据《世界能源统计年鉴 2022》，2021 年全球石油开采量约为 42.21 亿 t。其中美国石油开采量最大，约为 7.11 亿 t，占全球石油开采总量的 16.8%；其次是俄罗斯和沙特阿拉伯，分别为 5.36 亿 t 和 5.15 亿 t，分别占全球石油开采总量的 12.7% 和 12.2%；紧接着是加拿大、伊拉克、中国和伊朗，这四个国家的开采量分别占全球石油开采总量的 6.3%、4.8%、4.7% 和 4.0%。2012—2021 年世界石油开采情况如表 6-9 所示。

表 6-9　2012—2021 年世界石油开采量　　　　　　单位：亿 t/a

区域	2012	2013	2014	2015	2016	2017	2018	2019	2020	2021
世界	41.20	41.26	42.23	43.65	43.80	43.86	44.87	44.78	41.71	42.21
北美	7.22	7.86	8.72	9.11	8.83	9.20	10.29	11.08	10.59	10.75
拉丁美洲	3.79	3.80	3.93	4.11	3.91	3.74	3.42	3.23	3.05	3.04
欧洲	1.68	1.59	1.60	1.67	1.68	1.65	1.63	1.60	1.68	1.60
欧亚	6.67	6.76	6.79	6.85	6.96	7.02	7.15	7.20	6.61	6.74
中东	13.41	13.22	13.35	14.06	14.93	14.70	14.85	14.08	12.95	13.16
非洲	4.42	4.10	3.91	3.86	3.65	3.86	3.93	3.97	3.31	3.45
亚太	4.01	3.94	3.95	4.00	3.83	3.69	3.61	3.62	3.53	3.48

近 10 年来世界石油消费量稳步上升，2020 年受新冠肺炎疫情影响全球石油消费量有所下滑，2021 年有明显回升，相对于 2020 年增长了 5.9%。从地区分布来看，亚太地区、北美和欧洲是主要石油消费地，这三个地区 2021 年度石油消费总量分别为 16.40 亿 t、9.58 亿 t 和 6.38 亿 t，累积消费量约占全球石油消费总量的 76.2%。从国家层面来看，美国和中国是世界上石油消费量最大的两个国家，2021 年的石油消费量分别为 8.03 亿 t 和 7.19 亿 t，分别占全球 2021 年石油消费总量的 18.9% 和 16.9%。紧跟其后的是俄罗斯、沙

特阿拉伯、巴西、加拿大和德国，这五个国家 2021 年的石油消费量分别是 1.53 亿 t、
1.52 亿 t、1.02 亿 t、0.96 亿 t 和 0.96 亿 t，分别占全球石油消费总量的 3.6%、3.6%、
2.4%、2.2% 和 2.2%。相对于石油储量和开采量而言，石油消费量趋于全球均匀化特征。
2012—2021 年世界石油消费量如表 6-10 所示。

表 6-10　2012—2021 年世界石油消费量　　　　　　　单位：亿 t/a

区域	2012	2013	2014	2015	2016	2017	2018	2019	2020	2021
世界	40.74	41.14	41.39	42.20	43.00	43.62	44.21	44.29	40.19	42.46
北美	9.78	9.87	9.88	10.03	10.09	10.12	10.33	10.25	8.90	9.58
拉丁美洲	2.95	3.05	3.05	2.96	2.84	2.82	2.73	2.70	2.38	2.61
欧洲	6.87	6.73	6.60	6.77	6.93	7.05	7.04	7.00	6.08	6.38
欧亚	1.87	1.84	1.92	1.83	1.89	1.88	1.93	1.97	1.84	1.94
中东	3.73	3.84	3.92	3.88	3.96	3.96	4.02	3.92	3.62	3.75
非洲	1.70	1.76	1.78	1.82	1.83	1.85	1.87	1.87	1.66	1.80
亚太	13.85	14.04	14.25	14.89	15.47	15.94	16.31	16.59	15.72	16.40

（三）　石油的生产加工

石油精炼是原油生产的核心，可将原油转化和提炼成有用的工业产品，如汽油、柴
油、沥青基、燃料油、取暖油、煤油、液化石油气和石脑油等，乙烯和丙烯等石油化工原
料也可以通过原油裂解直接生产。石油精炼主要包括三个重要过程：分离、转化以及
处理。

原油是由碳氢化合物组成的混合物，依据原油中不同分子沸点不同的原理，将原油加
热至 400~500℃，通过将蒸汽送入分馏塔可以实现不同组分的分馏。原油加热产生的液体
和蒸汽排放至蒸馏装置，炼油厂通常使用常压蒸馏装置，而更复杂的炼油厂可能有真空蒸
馏装置。原油通过蒸馏塔分离成馏分。分馏塔中，位置越高，温度越低，石油蒸汽在上升
过程中将逐步液化，冷却后凝结成液体馏分。分馏塔顶部的馏分的沸点低于底部的馏分，
因此，重馏分在底部，轻馏分在顶部。较轻的(分子较小)的馏分，如丁烷和其他液化石油
气(liquefied petroleum gas，LPG)、汽油混合成分和石脑油，蒸发并上升到蒸馏塔的顶部，
冷凝成液体。中等重量的液体有喷气燃料、煤油和馏分油(如家用取暖油和柴油)，留在蒸
馏塔的中间。残渣燃料油等最重的产品，如沥青、重油等可在蒸馏塔底部回收，而沸点最
高的最重馏分则沉降在塔底。

蒸馏后，可以使用更复杂的炼油设备(如催化裂化器、重整器和焦化器)将重的、价值
较低的蒸馏馏分转化成更轻、价值更高的产品，75% 的重馏分被转化为汽油和柴油。使用
热裂解装置将瓦斯油转化为石脑油的历史可以追溯到 1920 年之前，此装置可产生少量不
稳定的石脑油和大量副产品焦炭；1942 年流化床催化裂化工艺的规模化应用不仅提供了使
高沸点瓦斯油转化为石脑油的高效方法，还能满足人类对高辛烷值汽油不断增长的需求。
裂解的原理是利用热量、压力以及催化剂、氢气将重烃分子裂解成更轻的分子的过程。裂

化装置由一个或多个高、厚壁、火箭形反应器和熔炉、热交换器和其他容器网络组成。复杂炼油厂可能具有一种或多种类型的裂化器，包括流化床催化裂化装置和加氢裂化装置。另一种原油转化的方式是催化重整工艺，原理是对烃类分子重新排列分子以增加其价值。例如，烷基化通过结合裂解的一些气态副产物可用来制造汽油组分。该过程基本上是反向开裂，发生在一系列大型水平容器和又高又瘦的塔中。重整可利用热量、中等压力和催化剂将石脑油(一种轻质、价值相对较低的馏分)转化为高辛烷值汽油组分。将不同炼油厂产品混合可制造成品石油燃料汽油，通过一定的辛烷值标准来确定汽油等级和溢价，以满足特定发动机类型的需要。

处理过程是用于生产清洁汽油的过程，可去除或明显减少油产品中的硫、胶质、沥青等杂质，通过这些措施可改善空气质量并优化用于处理废气的催化转化器的效率。处理过程一般通过加热、加氢、吸附以及添加特殊催化剂的方式，实现这些杂质的去除。处理过程的工艺有柴油加氢处理、S-zorb 工艺、脱沥青工艺、润滑油加氢以及糠醛精炼等。以柴油加氢处理(diesel hydrogen treating，DHT)为例，在高温和中等压力(如 370℃ 和 $6×10^6$ Pa)下在反应器中选择性地与氢气反应，使氢气与硫结合形成硫化氢(H_2S)。随着欧盟超低硫燃料法规的实施，加氢处理(hydrotreating，HDT)的研究和开发在催化剂性能和工艺技术方面进行了改进。为了成功生产超低硫柴油(ultra-low sulfur diesel，ULSD)，需要去除几乎所有有机硫物质，包括取代的二苯并噻吩和其他难熔硫物质，HDT 催化剂表面将同时发生多种反应，包括加氢脱硫(hydrodesulphurization，HDS)、加氢脱氮(hydrodenitrogenation，HDN)和加氢脱芳烃(hydrodearomatization，HDA)。

输入的原油和输出的最终产品都临时储存在炼油厂附近油库的大型储罐中，利用管道、火车和卡车将最终产品从储罐运送到全国各地。

三、天然气开采与利用

(一)　天然气的形成

天然气与石油形成的地质时期相同。天然气形成后，由于它比周围岩石密度低，往往会通过岩石中的孔隙空间上升到地表，在到达地表并逃逸到大气之前被不透水层下方的高度多孔、可渗透的岩石阻挡，形成天然气矿床。天然气矿床一般分为两大类：常规和非常规。常规天然气矿床通常与油藏有关，天然气与油混合或者漂浮在油的顶部，施加在地下油藏上的天然气压力可为油的开采提供动力；非常规天然气矿床包括页岩气、致密气砂岩和煤层气等。天然气主要分布在陆地上，有些分布于近海和海底深处，可分为非伴生天然气和伴生天然气。天然气作为石油开采过程中的副产物一起伴生，这种天然气称为油田伴生气，也被称为"湿气"。在煤层中发现的天然气称为煤层气。非伴生气是开采出来的干天然气，称为气田气，储量占天然气总量的 60%。

天然气是一种天然存在的气态碳氢化合物混合物，主要由甲烷和少量乙烷、丙烷、丁烷等高级烷烃组成，通常也包含低水平的微量气体，如二氧化碳、氮气、硫化氢和氦气，如表 6-11 所示。天然气本身(特别是甲烷)和天然气燃烧时释放的二氧化碳都是温室气体，但与其他化石燃料和生物质燃料相比，天然气在燃烧供热或发电时排放的有毒空气污染物、二氧化碳和颗粒物更少，因此，天然气是一种高效清洁燃料。

表 6-11 天然气的主要成分及其含量

主要成分	含量/%
甲烷(CH_4)	70~90
乙烷(C_2H_6)	5~15
丙烷(C_3H_8)和丁烷(C_4H_{10})	<5
CO_2、N_2、H_2S、He 和其他微量成分	剩余部分

2021 年天然气消费量占全球能源消费总量的 24.42%。天然气开采利用的主要环境问题是燃烧带来的 CO_2 排放。1990 年,全球天然气燃烧排放的 CO_2 为 36.77 亿 t,占全球 CO_2 排放总量的 17.9%,同时期煤炭、石油的碳排放量分别占 40.42%、41.44%。2021 年全球化石燃料燃烧造成的碳排放为 338.84 亿 t,其中,天然气使用造成的碳排放约为 75 亿 t,贡献了 22.13%。

(二) 天然气储量、开采与消费

进入 21 世纪以来,得益于天然气勘探技术的发展,全球天然气探明储量稳步上升,从 2000 年的 $1.38×10^{15}m^3$ 增加到 2020 年的 $1.97×10^{15}m^3$,储采比为 48.8 a。从地区分布来看,中东地区天然气储量最丰富,约为 $7.58×10^{14}m^3$,占世界总储量的 40.3;其次是欧亚国家,约占世界总储量的 30.1%。从国家层面来看,俄罗斯、伊朗和卡塔尔是世界上天然气探明储量最大的三个国家,天然气探明储量分别为 $3.74×10^{14}m^3$、$3.21×10^{14}m^3$、$2.37×10^{14}m^3$,分别占全球天然气探明储量的 19.9%、17.1% 和 13.1%。紧接其后的是土库曼斯坦、美国、中国、委内瑞拉、沙特阿拉伯和阿拉伯联合酋长国,这六个国家的天然气探明储量分别占全球探明储量的 7.2%、6.7%、4.5%、3.3%、3.2% 和 3.2%。世界天然气探明储蓄量及其分布见表 6-12。

表 6-12 世界天然气探明储蓄量　　　　　　单位:$10^{13}m^3/a$

区域	2000	2010	2019	2020	世界占比/%	储采比/a
世界	138.0	179.9	190.3	196.9	100.0	48.8
北美	7.3	10.5	14.8	15.2	8.1	13.7
拉丁美洲	6.8	8.1	7.9	7.9	4.2	51.7
欧洲	5.4	4.7	3.3	3.2	1.7	14.5
欧亚	38.6	51.3	56.8	56.6	30.1	70.5
中东	58.3	77.8	75.8	75.8	40.3	110.4
非洲	11.9	14.0	14.9	12.9	6.9	55.7
亚太	9.8	13.5	16.8	16.6	8.8	25.4

根据《世界能源统计年鉴 2022》(表 6-13),2021 年世界天然气开采量为 $40.37×10^{12}m^3$,较 2020 年增加 4.8%。从区域上看,北美天然气开采量最大,约为 $11.36×10^{12}m^3$,占全球

2021 年天然气开采总量的 28.1%；其次是欧亚国家，2021 年开采量为 $8.96×10^{12}m^3$，占全球开采总量的 22.2%；中东地区开采量为 $7.15×10^{12}m^3$，占比为 17.7%；亚太地区开采量为 $6.69×10^{12}m^3$，占比为 16.6%（表 6-13）。从国家层面来看，美国是世界上天然气开采量最大的国家，2021 年天然气开采量为 $9.34×10^{12}m^3$，占世界开采总量的 23.1%；其次是俄罗斯，其开采量为 $7.02×10^{12}m^3$，占世界开采总量的 17.4%；紧随其后的是伊朗、中国、卡塔尔、加拿大、澳大利亚、沙特阿拉伯和挪威，其开采量占比分别为 6.4%、5.2%、4.4%、4.3%、3.6%、2.9% 和 2.8%。

表 6-13　2012—2021 年世界天然气开采量　　　　　　单位：$10^{12}m^3$

区域	2012	2013	2014	2015	2016	2017	2018	2019	2020	2021
世界	33.26	33.65	34.33	35.11	35.45	36.74	38.52	39.68	38.62	40.37
北美	8.50	8.60	9.15	9.49	9.36	9.56	10.53	11.29	11.12	11.36
拉丁美洲	1.71	1.74	1.76	1.78	1.78	1.81	1.75	1.72	1.55	1.53
欧洲	2.88	2.80	2.66	2.61	2.60	2.63	2.51	2.35	2.19	2.10
欧亚	7.64	7.78	7.61	7.54	7.56	7.99	8.41	8.57	8.10	8.96
中东	5.46	5.63	5.83	6.01	6.24	6.40	6.62	6.75	6.88	7.15
非洲	2.07	1.99	2.00	2.08	2.12	2.30	2.42	2.43	2.31	2.58
亚太	5.02	5.12	5.33	5.60	5.79	6.06	6.27	6.57	6.46	6.69

世界天然气消费量呈逐年上升趋势（表 6-14），2020 年受疫情影响略有降低，2021 年显著回升。2021 年世界天然气消费量达到 $40.38×10^{12}m^3$，其中北美、亚太地区和欧亚国家天然气消费量较大，北美天然气消费量为 $10.34×10^{12}m^3$，占世界天然气总消费量的 25.6%；亚太地区天然气消费量为 $9.18×10^{12}m^3$，占世界天然气消费量的 22.7%；独联体国家消费量为 $6.11×10^{12}m^3$，占比为 15.1%（表 6-14）。从国家层面来看，美国是世界上天然气消费量最大的国家，其 2021 年天然气消费量为 $8.27×10^{12}m^3$，占世界总消费量的 20.5%；其次是俄罗斯，天然气消费量为 $4.75×10^{12}m^3$，占比为 11.8%；紧接其后的是中国、伊朗和加拿大，2021 年天然气消费量分别为 $3.79×10^{12}m^3$、$2.41×10^{12}m^3$ 和 $1.19×10^{12}m^3$，分别占世界天然气消费量的 9.4%、6.0% 和 3.0%。

表 6-14　2012—2021 年世界天然气消费量　　　　　　单位：$10^{12}m^3$

区域	2012	2013	2014	2015	2016	2017	2018	2019	2020	2021
世界	33.19	33.73	33.94	34.77	35.56	36.53	38.36	39.06	38.46	40.38
北美	8.61	8.90	9.11	9.35	9.37	9.36	10.25	10.56	10.29	10.34
拉丁美洲	1.62	1.67	1.73	1.78	1.74	1.76	1.69	1.63	1.47	1.63
欧洲	5.66	5.54	5.00	5.09	5.37	5.59	5.47	5.55	5.42	5.71
欧亚	5.43	5.35	5.38	5.28	5.36	5.49	5.80	5.74	5.50	6.11

续表

区域	2012	2013	2014	2015	2016	2017	2018	2019	2020	2021
中东	4.11	4.23	4.47	4.79	5.01	5.17	5.30	5.44	5.57	5.75
非洲	1.15	1.17	1.20	1.33	1.37	1.45	1.54	1.55	1.54	1.64
亚太	6.62	6.86	7.06	7.16	7.33	7.72	8.31	8.60	8.67	9.18

（三）天然气的加工使用

天然气的加工过程没有石油的复杂，但从井里开采出的天然气中含有许多杂质，如气态烃、液态碳氢化合物（也称天然汽油）或原油、酸性气体、氮气和氦气、水以及重金属等。对天然气的加工实质是分离天然气中各种碳氢化合物和杂质，使之符合外输气质量标准。天然气净化处理包括四个步骤：油和冷凝水去除、除水、天然气凝析液（natural gas liquid，NGL）的分离，以及硫和二氧化碳去除。除上述过程之外，通常在井口处或附近安装加热器和洗涤器。洗涤器去除沙子和其他大颗粒杂质。加热器确保气体温度不低于水合物形成温度，否则容易形成冰状晶体，堵塞仪表。

（1）油和冷凝水去除

一般通过安装低温分离器（low-temperature separator，LTS）用来分离油和天然气。LTS适用于生产高压气体以及轻质原油或凝析油的开采井，利用压差的原理来冷却湿天然气并实现油和凝析油的分离。首先，湿气进入分离器并由热交换器冷却，将高压液体"敲除"，随后气体通过一个节流装置流入LTS，使气体进入分离器时膨胀。气体的快速膨胀导致分离器中温度降低。液体去除后，干气通过热交换器返回，并被送入的湿气加热。通过改变分离器各个部分的气体压力，实现温度控制，促使油和部分水从湿气流中冷凝出来。

（2）除伴生水

湿气流中除了分离油和一些冷凝水外，还需要去除大部分伴生水。天然气中大部分液态游离水可在井口处或附近通过简单的分离方法去除，而天然气溶液中存在的水蒸气需要更复杂的处理。天然气"脱水"通常涉及以下两个过程：吸附和吸收。吸附是将水蒸气冷凝并收集在固体干燥剂的表面；吸收是利用脱水剂（例如乙二醇）将水蒸气吸出。

固体干燥剂脱水是利用吸附方法对天然气进行脱水，通常由两个或多个吸附塔组成，吸附塔内装有固体干燥剂。典型的干燥剂包括活性氧化铝、硅胶和分子筛。湿天然气从上到下通过吸附塔，经过整个干燥剂床，将水保留在干燥剂颗粒表面，而干燥的气体则从塔底排出。固体干燥剂脱水器通常比乙二醇脱水器更有效，并且通常安装在低温膨胀机、液化石油气和液化天然气工厂的上游。这些类型的脱水系统最适用于高压条件，因此通常位于压缩机站下游的管道上。使用一段时间（通常为8小时）后，特定塔中的干燥剂会饱和，可通过高温加热器将气体加热，使干燥剂塔中的水蒸发，使干燥剂再生。

乙二醇脱水使用乙二醇溶液，通常是二甘醇（diethylene glycol，DEG）或三甘醇（triethylene glycol，TEG），在所谓的"接触器"中与湿气流接触。乙二醇从湿气中吸收水分后，乙二醇颗粒会变重并沉入接触器底部，从而被去除。除去大部分水分的天然气会被输送出脱水器。此后，利用乙二醇的沸点（204℃）与水的沸点（100℃）差异，进行乙二醇的脱水，脱水后的乙二醇可重复使用。该工艺一般还会安装闪蒸罐分离冷凝器。在吸水过程中，乙二醇溶液偶尔会携带少量甲烷和湿气中的其他化合物，为了减少甲烷和其他化合物的损失量，闪蒸罐分离冷凝器在乙二醇溶液到达锅炉之前会去除这些化合物。脱水后的乙二醇溶液会进入再沸器，再沸器可以配备空气或水冷式冷凝器，用于捕获可能残留在乙二醇溶液中的剩余其他有机化合物。在实践中，该系统的甲烷回收率达 90%~99%。

（3）天然气凝析液（NGL）的分离

天然气凝析液是管式炉裂解制乙烯、丙烯的理想原料，作为单独的产品它具有更高的价值。天然气凝析液的分离需要两个步骤：首先，从天然气中提取液体；其次，将其分离成小分子。从天然气流中分离 NGL 有两种主要技术，分别是吸收法和低温膨胀技术。90%的 NGL 分离采用这两种技术。

吸收方法使用的是吸收油。当天然气通过吸收塔时，会与 NGL 吸收油接触。含有 NGL 的"富"油是由吸收油、丙烷、丁烷、戊烷和较重碳氢化合物组成的混合物，从吸收塔底部排出。富油被送入贫油蒸馏器进行加热，可回收约 75%的丁烷。此外，也可利用冷冻吸油法，将贫油制冷冷却，可使丙烷回收率达 90%，同时可从天然气流中提取 40%的乙烷。使用此过程，其他较重的 NGL 的提取率可以接近 100%。

低温膨胀工艺主要针对乙烷和其他较轻的碳氢化合物，弥补了吸收法提取回收率低的缺点。在经济可行的情况下，可利用低温工艺可实现高的回收率。低温过程将气流的温度降低到大约 -84℃，最有效的冷却方法之一是使用涡轮膨胀机，该过程使用外部制冷剂来冷却天然气流。膨胀涡轮用于快速膨胀冷冻气体，使得温度显著下降，气流中的乙烷和其他碳氢化合物冷凝，甲烷保持气态。该过程可回收 90%~95%的乙烷。

天然气流中去除 NGL 后，需要将 NGL 的混合流分解成它的基础成分才能发挥作用，此过程称为分馏。分馏的原理是基于 NGL 流中烃的沸点不同，将碳氢化合物从最轻到最重一一沸腾，依次分馏出乙烷、丙烷、丁烷等。

（4）硫和二氧化碳去除

从天然气流中去除硫化氢和二氧化碳的过程称为天然气"增甜"。主要去除方式为胺吸收工艺。将含有硫化氢、二氧化碳的气体通过胺溶液（主要是单乙醇胺和二乙醇胺）塔，可将几乎全部的二氧化碳和硫化氢去除。元素硫具有较高的商业价值，因此可利用克劳斯工艺，使用热和催化反应提取硫化氢溶液中的化学硫，该方法的回收率为 97%。

四、化石能源耗竭问题

根据 2021 年化石能源的生产和储量状况可知，目前的技术水平下可开采的石油、天然气仅供人类使用 50 a 左右，煤炭储量可够人类使用约 140 a。随着人类经济发展水平不断提高，对化石能源的依赖度将持续升高，化石能源作为不可再生能源，终有被人类开采耗尽的一天。因此，人类亟待寻找新型可再生能源来替代日益减少的化石能源。

2021 年全球能源消耗总量为 595.15×10^{18}J（表 6-15），其中化石能源仍然是全球能源供应的主要组成部分，约占全球能源消费总量的 82.27%，其中 2021 年全球煤炭消费总量为 160.10×10^{18}J，占全球能源消费总量的 26.9%；石油消费量为 184.21×10^{18}J，占全球能源消费总量的 30.95%；天然气的消费量为 145.35×10^{18}J，占全球能源消费总量的 24.42%。2021 年核能消费量为 6.46×10^{18}J，占全球能源消费总量的 1.09%；水能消费量

为 $40.26×10^{18}$ J，占全球能源消费总量的 6.16%；可再生能源消费量为 $39.91×10^{18}$ J，占全球能源消费总量的 6.71%。由此可见，世界对化石燃料的依赖、以化石能源为主的全球经济生产和消费模式终将导致化石能源短缺乃至耗竭问题。

表 6-15　2021 年世界能源消费状况　　　　单位：10^{18} J

地区	石油	天然气	煤炭	核能	水能	可再生能源	能源消耗总量
世界	184.21	145.35	160.10	25.31	40.26	39.91	595.15
北美	42.06	37.23	11.28	8.34	6.34	8.44	113.70
拉丁美洲	11.31	5.88	1.46	0.23	6.22	3.35	28.46
欧洲	27.57	20.56	10.01	7.98	6.12	10.14	82.38
欧亚	8.47	21.99	5.17	2.08	2.51	0.10	40.32
中东	16.30	20.72	0.34	0.13	0.18	0.18	37.84
非洲	7.86	5.92	4.21	0.09	1.45	0.47	19.99
中国[①]	31.15	13.80	86.32	3.68	12.25	11.32	158.53
印度	9.41	2.24	20.09	0.40	1.51	1.79	35.43
日本	6.61	3.73	4.80	0.55	0.73	1.32	17.74
中国台湾	1.92	0.98	1.67	0.25	0.03	0.12	4.98
亚太总计	1.09	0.40	1.19	-6.46	0.70	0.03	3.40

注：① 中国的统计数据因统计方法不同而未包括港、澳、台地区，中国台湾省的数据单独列出。

国际能源署（IEA）执行主任 Birol 表示，全球仍未能扩大可再生能源和清洁能源的规模。IEA 预测 2019 年至 2024 年，可再生能源发电能力将扩大 50%，太阳能光伏发电将成为主导。然而，太阳能、风能等可再生能源的发展受到现阶段规模、技术、成本、能源密集度、供应稳定性等因素制约，如海上风电的成本过高，聚光型太阳能（CSP）和抽水的储能技术落后，缺少地热开发前期风险规避技术方法等都是制约可再生能源发展的重要因素。对于可再生能源的发展，目标和政策的长期稳定对于增强投资者信心和推动行业持续增长至关重要。因此，政策需要适应不断变化的市场条件，以实现更大的成本竞争力，并促进可再生能源融入体系；面对一些技术仍然相对昂贵，或面临特定的技术和市场挑战的可再生能源，更需要制定针对性、长期的政策。

第三节　能源利用的环境效应

化石能源一直以来是科技、社会、经济发展的重要基石，与此同时，化石能源的利用产生大量的污染物却是造成环境污染的主要来源。根据全球变化数据实验室的数据统计，

2019 年，中国由化石能源使用排放的氮氧化物总量为 2 263.58 万 t；二氧化硫排放总量为 1 213.80 万 t；非甲烷类挥发性有机物（NMVOCs）排放量为 2 940.49 万 t；一氧化碳排放总量为 14 844.72 万 t；二氧化碳排放总量为 933 472.96 万 t，人均二氧化碳排放量为 7.3 t。其中，来自煤炭消费的人均二氧化碳排放量为 5.15 t；石油利用产生的人均二氧化碳排放量为 1.08 t，天然气利用产生的人均二氧化碳排放量为 0.39 t。化石燃料能源的使用导致向大气、水体、土壤等生态环境系统中排放大量的污染物，是引起的温室效应、酸沉降以及光化学烟雾、水体污染等环境污染问题的主要源头。

一、温室效应和气候变化

地球接受来自太阳的辐射能量与向大气层反射的能量强度是相同的，即地球的能量处于一种稳定的能量平衡状态。二氧化碳、甲烷、水蒸气、臭氧等温室气体，会吸收地球表面和云层发出的长波辐射，这些温室气体的存在使地球的温度高出大约 30℃，使地球表面和低层大气变暖，导致地球大气的辐射能量平衡被破坏。据计算，自工业化前至 20 世纪末，温室气体浓度的上升使进入地球-大气系统的净能量增加了约 2.5 W/m^2，这可能比地球历史最后几千年中来源于自然的对系统的扰动要大得多。温室气体对增强温室效应的贡献受到三个因素的制约：① 气体吸收辐射的能力。CH_4 或 N_2O 分子吸收的太阳长波辐射要大于 CO_2 分子，但要小于卤化碳 CFC-12 分子。② 由于气候变化是地球能量平衡在一段时间内持续改变的结果，因此，气体在大气中的寿命是影响温室效应的重要因素之一。几乎所有人为排放的温室气体最终都会与其他大气成分发生反应或被紫外线辐射分解，而 CO_2 则是通过植物的光合作用从大气中去除的。不同温室气体在大气中的去除率不同，因此寿命不同。因素①和②合成了全球变暖潜势（global warming potential，GWP）指数。③ 排放到大气中的温室气体总质量。排放量越大，相对较弱的吸收气体（基于每个分子）可能对温室效应影响越大。不同气体对增强温室效应的相对重要性是通过将 GWP 值乘以排放气体的总质量来获得的。因此，人类活动排放大量的 CO_2 是增强温室效应的关键。

中国是世界上最大的能源消费国以及二氧化碳排放国，二氧化碳排放量约占全球的 30%。相关研究表明，2019 年，我国由能源消费产生的二氧化碳中，煤炭相关的产品使用过程中产生的二氧化碳排放量占排放总量的 75.41%，其中，原煤燃烧产生的二氧化碳排放量占总量的 50.15%，焦炭燃烧过程产生的二氧化碳排放量占总量的 13.19%。石油产品燃烧过程产生的二氧化碳排放量占总量的 11%；天然气产品在燃烧过程产生的二氧化碳排放量占总量的 4%。

（一）火力发电二氧化碳排放环节

火力发电将化石燃料（主要是原煤）的化学能转变为电能。能量转变的主要过程包括：燃料在空气的助燃下燃烧释放热量，将能源中的化学能转变为热能；热能通过辐射、对流、传导等方式传递给水、蒸汽，最终产生高温高压的蒸汽；蒸汽送入汽轮机内膨胀，流速增加，汽温和汽压下降，冲转汽轮机转子旋转，将热能转变为机械能；汽轮机转子旋转带动发电机转子旋转，相当于磁场旋转，定子线圈切割磁力线产生电流发电。完整的发电系统包括燃料系统、汽水系统、电力系统，如图 6-1 所示。

原煤主要在燃烧和脱硫环节产生二氧化碳，主要以有组织排放的形式、经过除尘后由烟囱排放进入大气。脱硫过程的原理是将固硫剂如石灰石（$CaCO_3$）等加入燃烧锅炉，使煤中硫分转化成硫酸盐，以炉渣的形式排出。其反应方程式如下：

$$CaCO_3 \longrightarrow CaO + CO_2 \uparrow \tag{6-1}$$

$$CaO + SO_2 \longrightarrow CaSO_3 \tag{6-2}$$

$$CaSO_3 + \frac{1}{2}O_2 \longrightarrow CaSO_4 \downarrow \tag{6-3}$$

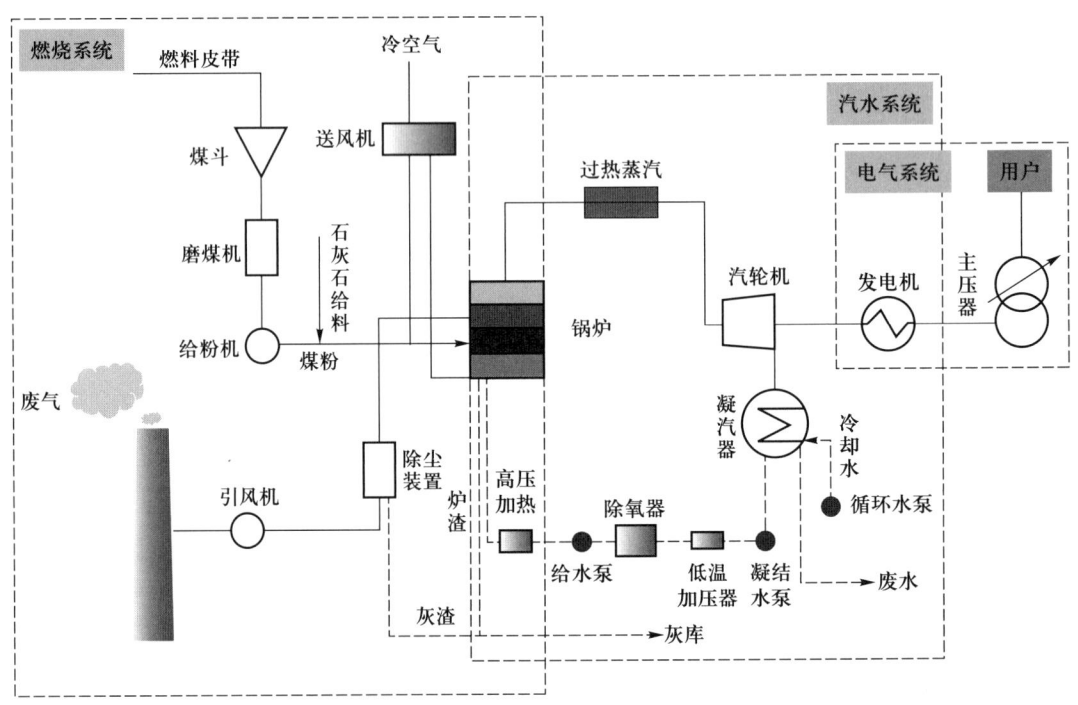

图 6-1 火力发电二氧化碳排放环节

（二）煤化工二氧化碳排放环节

气化过程是煤化工行业重要的二氧化碳排放源。煤炭在气化过程主要产生一氧化碳、氢气、甲烷、二氧化碳、氮气等气体。根据气化的目的，产生的二氧化碳一部分可转化为产品，另一部分将经废气处理系统排放至大气。具体如图 6-2 所示。

煤气化反应过程如下：

① 煤的热分解反应；分解成氢气、烃类气体和木炭（由固定碳和灰分组成的残余固体成分）等挥发性物质。

$$Coal(煤) \longrightarrow H_2 + C_mH_n(烃类) + Char(C)(木炭) \tag{6-4}$$

② 与氧气反应的完全燃烧反应和部分燃烧反应，提供气化所需的反应热。

$$C + O_2 \longrightarrow CO_2 \tag{6-5}$$

$$\frac{1}{2}C + \frac{1}{2}CO_2 \longrightarrow CO \tag{6-6}$$

③ 主要的气化反应方程式，吸热反应。

$$C + CO_2 \longrightarrow 2CO \tag{6-7}$$

$$C + H_2O \longrightarrow CO + H_2 \quad\quad (6-8)$$

$$C + 2H_2O \longrightarrow CO_2 + 2H_2 \quad\quad (6-9)$$

$$CO + H_2O \longrightarrow CO_2 + H_2 \quad\quad (6-10)$$

$$C + 2H_2 \longrightarrow CH_4 \quad\quad (6-11)$$

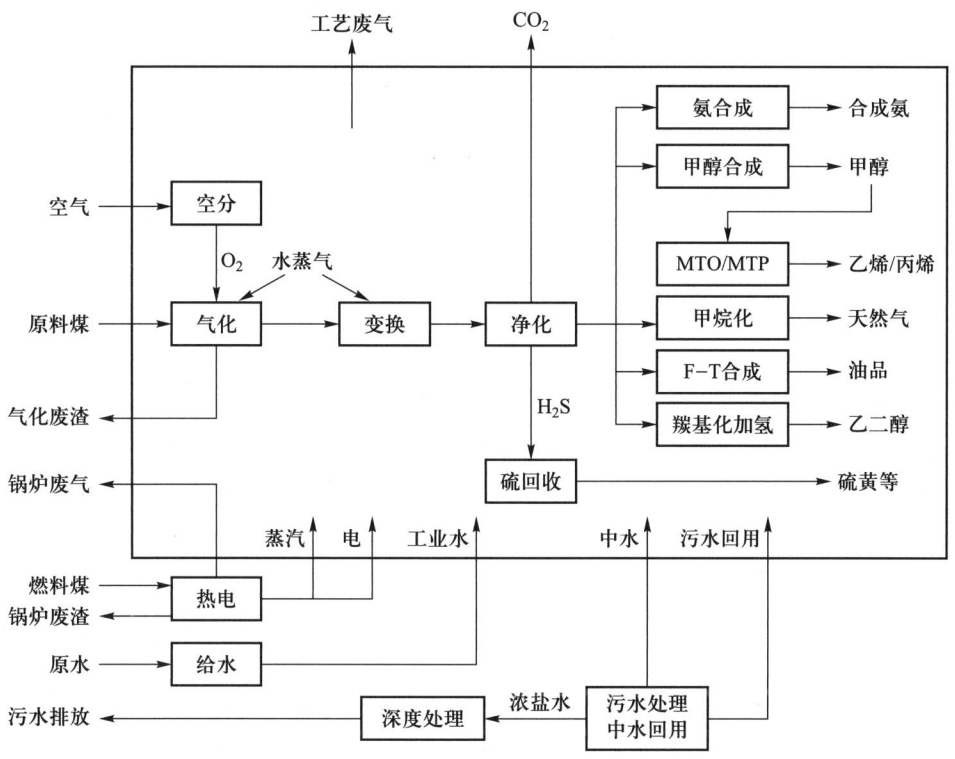

图 6-2 煤化工生产工艺二氧化碳排放环节

（三）石油精炼二氧化碳排放环节

炼油行业二氧化碳的最大排放源是固定燃料燃烧，约占整个行业排放量的 2/3；其次是催化裂化和重整过程，约占 30%；火炬系统二氧化碳排放量约占 3%；硫回收过程占1%；其他过程包括焦炭煅烧装置、工艺通风口、不受控制的排污系统、沥青吹制、设备泄漏、延迟焦化装置、储罐、装载操作和吸附剂使用等过程排放量占总量的 1%。

石油催化裂化反应过程中，沉积在催化剂颗粒上的焦炭会使催化剂失去活性，反应效率降低，因此必须不断地在反应系统中使催化剂再生。油气通过旋风分离器从反应器顶部流出，催化剂利用离心力的作用去除并落回汽提塔。在汽提段，碳氢化合物用蒸汽从废催化剂中去除，催化剂通过汽提塔立管转移到再生器容器中，在其中焦炭沉积物与空气流一起燃烧，在此过程中会产生大量的二氧化碳。由于焦炭中含有氮成分，其在燃烧过程中也会排放少量 CH_4 和 N_2O。在流化床催化裂化装置（fluidized catalytic cracking unit，FCCU）中，催化剂再生器可设计用于完全或部分燃烧。完全燃烧的 FCCU 在充足的空气下运行，将大部分碳转化为二氧化碳。部分燃烧的 FCCU 会产生一氧化碳和二氧化碳，部分燃烧的FCCU 通常会后接一氧化碳锅炉以将一氧化碳转化为二氧化碳。大多数运行 FCCU 的炼油厂会回收催化剂再生过程中产生的热量，用来抵消炼油厂的部分辅助能源需求。

（四）　天然气全生命周期过程对温室效应的影响

天然气分为常规和非常规天然气，从开采经过生产加工至使用需要经历一个漫长的过程。因此，应考虑在全生命周期过程中排放的温室气体对环境的影响。天然气的全生命周期过程包括天然气的开采阶段、加工阶段、传输、储存和分配阶段、使用阶段以及油井报废阶段。

天然气的使用阶段，由于甲烷与空气中的氧气在燃烧条件下反应会产生二氧化碳，是温室气体重要来源之一。然而，天然气对温室效应的贡献不仅源自燃烧过程产生的二氧化碳，还包括其本身的甲烷（CH_4）成分。政府间气候变化专门委员会（IPCC）的第五次评估估计，在 100 年尺度上，CH_4 的全球变暖潜势是 CO_2 的 $28 \sim 34$ 倍，在 20 年尺度上是 CO_2 的 $84 \sim 86$ 倍。全球地表大气中的 CH_4 浓度水平约为 1.8×10^{-6}，但在低层大气中的反应非常缓慢，具有较长的寿命（全球平均寿命为 $8 \sim 9$ a），造成的总直接辐射强迫贡献仅次于 CO_2。

在天然气全生命周期过程中，还存在甲烷的无组织排放，主要是通过天然气泄漏的形式排放至大气。其中，传输过程的天然气泄漏的贡献最大。在传输、储存和分配过程中的排放主要是由于天然气管道等基础设施老化、管道排气和压缩机站维护过程导致的无组织排放。

二、　酸雨

酸雨，也被称为酸性降水或酸沉降，主要由人类活动排放的二氧化硫（SO_2）和氮氧化物（NO_x，主要由 NO 和 NO_2 组成）与空气中的水发生反应，形成 pH 小于 5.6 的降水（如雨、雪、雾等）。酸雨可根据 pH 划分等级：pH<5.6 为酸雨，pH<5.0 为较重酸雨，pH<4.5 为重酸雨。酸雨主要包括湿沉降和干沉降两种形式。其中，湿沉降是酸度以酸雨或雪、雨夹雪、冰雹和雾的形式降落至地面。干沉降是以酸性颗粒和气体的形式形成的酸沉降。在酸敏感地区，酸雨会降低地表水的 pH，降低生物多样性，同时，还会增加树木对压力源（如干旱、极度寒冷和害虫）损害的敏感性。此外，酸雨会耗尽土壤中重要的植物养分和缓冲剂，如钙和镁，并释放出溶解在土壤颗粒和岩石上的铝离子，并使土壤中的铝转换为有毒形态。对于暴露在污染空气中的建筑物、纪念碑等表面，酸雨具有很强的腐蚀作用。

1852 年，苏国化学家罗伯特·安格斯·史密斯在研究英格兰和苏格兰工业城市附近的雨水时首次提出了"酸雨"的概念，1872 年，将其发表在著作《空气与雨：化学气候学的开端》中。然而，直到 20 世纪 60 年代末至 70 年代初，酸雨才被认为是影响西欧和北美东部大片地区的区域性环境问题。后来亚洲和非洲、南美和大洋洲的部分地区相继发生酸雨现象，酸雨逐渐成为一个全球性的环境问题。

根据我国《2021 年中国生态环境状况公报》显示，2021 年，我国酸雨区面积约 36.9 万 km^2，占国土面积的 3.8%。酸雨主要分布在长江以南—云贵高原以东地区，主要包括浙江、上海的大部分地区、福建北部、江西中部、湖南中东部、重庆南部、广西南部和广东中部。根据相关研究，2018 年，我国酸沉降中主要的阳离子为钙离子和铵离子，摩尔浓度比分别为 26.6% 和 15%。主要阴离子为硫酸根离子，摩尔浓度比为 19.9%，硝酸根离子摩尔浓度比为 9.5%。自 1998 年以来，降水中硫酸根离子的比例一直在下降，而硝酸根离子的比例略有增加，表明中国酸雨正在从以前的硫酸主导转变为硫酸和硝酸的共同主导。大气中的二氧化硫与氮氧化物经过一系列化学反应转化为硫酸（H_2SO_4）和硝酸（HNO_3），反应过程如下：

硫酸根的生成：

$$2SO_2 + O_2 \longrightarrow 2SO_3 \text{ 或 } SO_2 + O_3 \longrightarrow SO_3 + O_2 \tag{6-12}$$

$$SO_3 + H_2O \longrightarrow H_2SO_4 \longrightarrow 2H^+ + SO_4^{2-} \tag{6-13}$$

硝酸根的生成：

$$2NO + O_2 \longrightarrow 2NO_2 \tag{6-14}$$

或

$$NO + O_3 \longrightarrow NO_2 + O_2 \tag{6-15}$$

$$3NO_2 + H_2O \longrightarrow 2NO_3^- + NO + 2H^+ \tag{6-16}$$

在臭氧条件下，二氧化氮被氧化成五氧化二氮和氧气：

$$2NO_2 + O_3 \longrightarrow N_2O_5 + O_2 \tag{6-17}$$

$$N_2O_5 + H_2O \longrightarrow 2NO_3^- + 2H^+ \tag{6-18}$$

二氧化氮与空气中的水和氧气发生催化反应，也可转化为硝酸：

$$4NO_2 + 2H_2O + O_2 \longrightarrow 4NO_3^- + 4H^+ \tag{6-19}$$

自 2005 年以来，中国已成为全球最大的二氧化硫排放国。2019 年，中国的二氧化硫排放总量为 1 205 万 t，来源于化石能源燃烧排放的二氧化硫量为 845.16 万 t，占总排放量的 70%，其中，煤炭产品（包括焦炭、无烟煤）燃烧产生的二氧化硫占化石能源排放总量的 63.27%；石油制品（包括柴油、重油、轻质油）燃烧产生的二氧化硫占化石能源排放总量的 7.18%；天然气燃烧产生的二氧化硫占化石能源排放总量的 0.01%。2019 年，中国氮氧化物的排放量仅次于印度和巴西，排世界第三位。氮氧化物排放总量为 2 229 万 t，来自化石能源燃烧的排放量占总量的 85.89%，其中，煤制品燃烧产生的氮氧化物占总量的 44.77%，石油制品燃烧过程产生的氮氧化物占总量的 37.41%，天然气燃烧过程中氮氧化物占总量的 3.7%，其余为工业源排放，占总排放量的 14.11%。

三、臭氧层破坏

地球上大约 90% 的臭氧存在于平流层，距地球表面 15~30 km，臭氧分子在平流层中不断地形成和破坏。自 1957 年，科学家开始对臭氧层进行全球测量，自然周期内的臭氧水平一直保持相对稳定状态。大气中的臭氧浓度随太阳黑子、季节和纬度的变化而自然变化，每一次臭氧水平的自然下降之后，都会自然恢复。然而，从 20 世纪 70 年代开始，科学证据表明，臭氧层的消耗远远超出了自然过程。1969 年，荷兰化学家保罗·克鲁岑发表了一篇论文，描述了影响臭氧水平的主要氮氧化物催化循环。克鲁岑证明，氮氧化物可以与游离氧原子反应，从而减缓臭氧（O_3）的产生，还可以与臭氧生成二氧化氮（NO_2）和氧气（O_2）。1974 年，美国加州大学欧文分校的两位化学家马里奥·莫利纳和舍伍德·罗兰在《自然》杂志上发表了一篇文章，详细介绍了氟氯化碳（CFCs）气体对臭氧层的威胁。当时，CFCs 通常用于喷雾剂和许多冰箱的冷却剂。当它们到达平流层时，太阳的紫外线将 CFCs 分解成单元素的气体，与臭氧结合，造成臭氧层破坏。随着人们认识到 CFCs 和其他消耗臭氧层物质的危害，1987 年通过了《关于消耗臭氧层物质的蒙特利尔议定书》(MP)，CFCs 和许多其他破坏臭氧层的气体被 MP 禁止，目前它们在大气中的浓度已大幅降低。然而，一氧化二氮不受 MP 限制，在其他臭氧层消耗物质(ODSs)的含量下降的同时，大气中一氧化二氮的含量却在增加。有人对人为源臭氧消耗潜势(ozone depletion potential，ODP)进行量化研究，得出一氧化二氮(N_2O)在所有臭氧层消耗物质中的权重最大，因此，N_2O 逐渐成为破坏臭氧层的新的和最重要物质。一氧化二氮催化臭氧分解的化学过程如下：

光催化下 N_2O 去除反应：

$$N_2O \longrightarrow N_2 + O \tag{6-20}$$

10%的 N_2O 通过与氧原子发生化学反应去除：

$$O_3 + h\nu \longrightarrow O + O_2 \tag{6-21}$$

$$3O + N_2O \longrightarrow 2NO + O_2 \tag{6-22}$$

一氧化氮和二氧化氮催化分解臭氧的反应过程：

$$NO + O_3 \longrightarrow NO_2 + O_2 \tag{6-23}$$

$$NO_2 + O \longrightarrow NO + O_2 \tag{6-24}$$

$$净：O + O_3 \longrightarrow 2O_2 \tag{6-25}$$

化石燃料燃烧是产生氮氧化物(NO_x，主要包括 NO、NO_2)主要源头之一，研究表明，目前大气中的氮氧化物的浓度正以每年 0.2%~0.3%的速率增长。化石燃料的燃烧排放的 N_2O 占人为源的 30%，其中，煤炭燃烧的排放量占化石燃料排放总量的 83%。N_2O 和 NO_x 的生成量取决于燃料中的氮含量。标准操作条件(843℃、3.5% O_2)下实验结果表明，木材、泥炭和褐煤等燃料的 N_2O 排放量通常为 15×10^{-6}~50×10^{-6}。次烟煤和烟煤燃烧产生的排放量分别为 40×10^{-6}~100×10^{-6} 和 70×10^{-6}~200×10^{-6}。实际上，监测结果显示，工业气体火焰和其他高温过程(如煤粉燃烧和石油燃烧)排放的 N_2O 低于 5×10^{-6}，但在流化床中发现了大量(超过 50×10^{-6})的 N_2O。

N_2O 在均质气相中由 NH_3 和 HCN 反应生成，这两种物质都存在于煤的挥发物中，其中，HCN 来自吡咯和吡啶分子的热分解，它们分别包含五元和六元芳环，其中包括一个氮原子。另一方面，氨来源于脱挥发分过程中释放的胺。NH_3 可由 HCN 通过一系列反应形成：

$$HCN + OH \Longleftrightarrow CN + H_2O \tag{6-26}$$

$$CN + OH \longrightarrow NCO + H \tag{6-27}$$

$$NCO + H \longrightarrow NH + CO \tag{6-28}$$

$$NH_i + H \Longleftrightarrow NH_{i-1} + H_2 \tag{6-29}$$

$i=1$，2，3。该过程产生 NH_3、NH_2 和 N 原子自由基。最后形成 NO：

$$N + OH \longrightarrow NO + H \tag{6-30}$$

或

$$N + O_2 \longrightarrow NO + O \tag{6-31}$$

一氧化二氮由含氮物质通过 NO 与衍生自 HCN 或 NH 的自由基反应生成：

$$NH + NO \longrightarrow N_2O + H \tag{6-32}$$

$$NCO + NO \longrightarrow N_2O + CO \tag{6-33}$$

当存在煤、炭、沙子或石灰石等固相时，可能会进行第二系列反应，生成和去除 N_2O。炭或煤的存在提供了活性碳(—C)和氮(—CN)位点，N_2O 可以在这些位点上形成和分解。NO 可与(—CN)位点和(—CNO)位点发生反应可形成氮氧化物：

$$(-CN) + NO \longrightarrow N_2O + (-C) \tag{6-34}$$

$$2(-CNO) \longrightarrow N_2O + (-CO) + (-C) \tag{6-35}$$

四、水体污染

化石燃料的开采、生产加工过程会消耗大量的水资源。据统计，2009 年，全球煤的开采和加工过程消耗了 13 亿~45 亿 m^3 的水，石油精炼过程每日消耗水量达 400 万~800 万 m^3。化石燃料开采和生产加工过程中产生的重金属、有机物等有害物质，会导致进入化石能源系统的水在生产现场被污染；此外，产生的固体或液体废物污染进入附近的水体和地下水，会造成严重的水污染。如采矿、钻探过程会将大量的水带出地面，其成分一般会含有溶解盐、微量金属、烃类物质以及放射性核素；地表水流入矿井以及地下水在矿井中累积，均可能会导致酸性矿井水的产生和释放。石油的泄漏也是造成水体污染的重要原因，例如，2010 年深水地平线钻井平台泄漏，导致 490 多万桶(78 万 m^3)原油流入墨西哥湾，大面积水质受到污染。被认为是清洁能源的天然气，在压裂作业下也会对地表水和地下水造成威胁。

有学者对中国化石能源生产造成的水污染进行研究，结果表明，来自化石燃料全生命周期过程排放的石油类污染物对水污染的贡献最大，其中 80% 以上的排放直接来自煤炭开采和石油开采，是我国火力发电全生命周期过程中的关键污染。焦化是一种会产生严重水污染的热化学转化过程，大约有 48% 的化学需氧量(chemical oxygen demand，COD)、40% 的氨氮(ammonia nitrogen，AN)、70% 的聚乙烯(polyethylene，PE)和 98% 的挥发酚(volatile phenol，VP)直接从焦炉中排出。焦化的 VP 污染物排放强度极高($1.5 \times 10^{-8} m^3/J$)，其排放主要来自炼油厂。

焦炉废水实际上是焦炉煤气净化和煤衍生物生产过程中，工艺废水和焦炉厂产生的生活废水的混合物。主要含有酚类及其衍生物(邻苯二酚、醌、连苯三酚)，以及氨、硫氰酸盐和氰化物。典型的污染物浓度通常很高，如苯酚浓度可高达 1 200 mg/dm^3，氰化物的浓度可达 20 mg/dm^3。焦炉废水源自焦炉煤气处理和煤衍生物的回收过程产生高度污染液体，在分离焦油和氨后，成为所谓的焦炉废水。液体在焦炉气体冷却阶段(气体冷却/冷凝单元)形成，在此阶段气体中的焦油、水蒸气、氨水、焦油渣等冷凝析出。液体首先被引导至焦油分离单元，在此形成两个主要流：有机流(焦油)和水相流。下一阶段将通过洗涤方式去除氨和硫化氢。然而，最初形成液体的量总是超过洗涤装置的要求，在这种情况下，过量的液体被引导至氨汽提，剩余的流将沉积到焦炉厂。某厂焦炉废水的形成如图 6-3 所示。

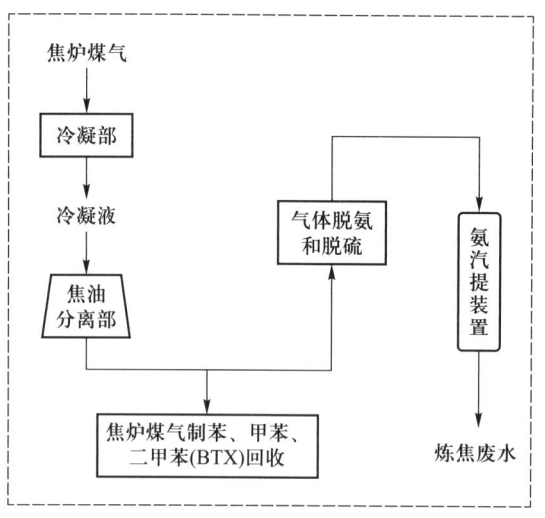

图 6-3　焦炉废水的形成过程

五、 土壤污染

化石燃料在掘进、采矿等过程中提取具有经济价值的矿物后，遗留下大量的固体废物，这些固体废物通常储存在大型尾矿坝中，一般含有氰化物、汞或砷等有毒有害物质，具有放射性、毒性或酸性等特征。在雨水淋蚀、风化作用下，尾矿中的有毒有害物质将被释放到土壤中，从而对周围的土壤以及生态环境造成破坏。

据统计，中国存在 9 500 个废弃的煤矿山。煤矸石(也被描述为矿渣、煤尾矿、废料、岩库、矸、骨或采空区)是煤矿开采过程中遗留下来主要物质，通常是尾矿堆或矸石顶。采矿过程中每产生 1 t 硬煤，就会留下 400 kg 废料。据不完全统计，截至 2010 年，中国累计煤矸石超过 45 亿 t，占地面积超过 1.5 万 km^2。煤矸石是硅铝酸盐、硫化物、无机颗粒矿物和有机物的混合物，富含多种微量元素。其中，硫化物主要含有砷(As)、镉(Cd)、铜(Cu)、铅(Pd)、镍(Ni)、锌(Zn)等元素，硅酸盐中主要包含铁(Fe)、铝(Al)、钴(Co)、钛(Ti)、铬(Cr)等元素。对废物堆材料、渗滤液、土壤、沉积物、新形成的矿物和水的分析表明，由于矿山酸性排水以及长期的自然风化作用下，煤矸石中有害微量元素(As、Co、Cu、Ni、Se、Zn、Mn)会释放到土壤、水环境，对周围土壤和环境存在潜在的影响。

第四节　能源代谢分析

能源代谢分析(energy metabolism analysis，EMA)最早作为城市代谢的一部分进行研究。1965 年，美国人 Wolman Abel 最早提出了"城市代谢"概念，认为"如果日常产生的废物和残余没有得到使其损害、毒性降低到最小的处置，那么城市代谢是不完整的"。城市代谢概念能够解决城市最急切的三个问题：充足的水供给、有效地处理污水和控制大气污染。他提出的城市代谢模型包含输入-输出项，其中输入项包含水、食物和能源，输出项包括废水、固体废物和废气。通过认识城市物质代谢的所有过程和主要机理，能够掌握城市化过程中面临的资源、环境、生态和发展等方面存在的问题。

城市代谢根据研究视角不同可分为：① 多尺度代谢分析，主要是对不同空间尺度和时间尺度开展分析，以便观察物质代谢格局存在的空间差异和时间变化特征。② 城市代谢对于经济部门之间的分析。城市代谢的分部门研究能够打破城市代谢以往研究中的"黑箱模式"，有助于考察城市内部能源的代谢过程和代谢路径。城市系统内部各部门各产业之间的流动代谢状态，包括流量和流向，常用的方法是投入产出分析和生态网络分析以及这两种方法的结合。③ 城市代谢物质要素识别与分析。分析某一元素或某种物质在城市经济系统的流动代谢过程，包括碳元素、氮元素、磷元素、硫元素、水资源、能源等。④ 代谢特征分析与评价。城市代谢研究多用来分析代谢过程中各项物质和能量流动的状态与特征。生命周期评价方法的应用为代谢过程及其环境影响的对比提供了新方法，能够识别产品或服务全生命周期过程中影响代谢的关键节点。

因此，能源代谢分析属于物质流分析（material flow analysis，MFA）的范畴，能够清楚地解构能源消耗类型、结构及排放通量。早期能源系统的研究主要是为了掌握能源利用结构和系统功能，侧重于描述能源系统的静态特征，后来学者又从能源代谢的角度，利用不同方法对城市能源系统及其系统的组分进行研究。能源代谢分析的主要研究方法有能量流分析、投入产出分析和生态网络分析。

一、 能量流分析

能量流分析（energy flow analysis，EFA）遵从能量守恒定律，通过跟踪能量在社会经济系统中的流动途径及过程，揭示能量的流动特征、转化效率和转化强度。能量流分析的缺点在于，在测算社会经济系统的能量输入和输出时采用"黑箱模型"，即只侧重于研究系统的外部特征，如总投入和总产出，不能对能源系统内部能量交换的细节进行足够的分析，忽略了能量流动过程中的隐含能量。有学者提出了"能量代谢"的概念，对能量流分析进行了改进，打破了传统的"黑箱模型"，详细分析了"城市生态系统"内部能源流动状况，但该方法仍未解决中间非能源产品和物质交换中的隐含能量计算问题。

能量流分析通常关注的是评估框架内与经济过程中的能量流，其能源指标的核算包括能源进口、出口以及能源的社会经济存量。利用能量流进行能源代谢分析时，首先确定研究边界，其次是对存量、输入、输出量等指标的核算，其能源平衡方程为：存量=输入量+生产量-输出量（消费量）-损失量。核算单位一般折算成万 t 标煤，电力和热力使用当量值。

二、 投入产出分析

投入产出分析（input-output analysis，IOA）将产品流，从每个被看作生产者的部门流向自身或其他被看作消费者的下一个部门，因此，可以根据部门与其他经济体的相互流通来评估城市中产品生产和服务中隐含流（包括直接和间接）的消耗。该方法能够打开城市系统分析中的"黑箱模型"，明确城市系统内部的能量和物质流动，可用来核算国民经济各生产部门的资源投入、产品产出以及资源和商品在不同部门间的流动，并可用于经济分析、政策模拟、经济预测、计划制订和经济控制等。投入产出分析方法是由里昂惕夫（Leontief）在 20 世纪 30 年代提出的用于研究国民经济各部门间物料平衡关系的方法，可以识别复杂供应链上物质和材料交换背后的具体流动，从而区分最终用户的责任。具体能耗的计算要考虑生产某一产品在本地发生的所有生产过程所需的能源，包括当前位置和上游的过程。投入产出分析是一种公认的核算城市直接和间接能源消耗的方法，但它的缺点是不能详细说明中间产品的生产和交换所隐含的能源消耗和复杂的生态关系。

投入产出分析首先要确定能源分析的系统边界和框架，通常是以棋盘式平衡表的形式，即投入产出表（input-output table，IOT）反映国民经济中各部门在产品投入和产出数量之间的依存关系和经济、物质流动，并对一个国家或区域的所有活动提供了系统的视角。以中国能源和环境的投入产出分析为例，中国环境分析的投入产出模型的编制步骤如下：第一步，设计和选择中国评价基准年环境投入产出模型。以多个部门的国民经济投入产出模型为基础，并根据经济活动中产生的污染物，如 SO_2 对人类健康和自然环境的影响，以及资料取得的可能与研究目的进行编制，污染物生成的计量单位是实物单位。第二步，编制与投入产出表相对应的燃料消费实物量表。编制环境分析投入产出表关键是准确计算污染物的生产量，以 SO_2 为例，SO_2 主要在能源燃烧过程中产生，因此，在一定的技术条件下，燃料消费量与二氧化硫产生量成正相关关系，需要编制与投入产出表相对应的燃料消费实物量表。第三步，计算各部门生成的污染物量。

基于投入产出分析流程，对于特定部门而言，商品所蕴含的间接能源是由于其他经济组件或部门基于里昂惕夫逆矩阵的能源交换；对于城市而言，间接能源的使用包括城市边界外向当地居民和政府提供商品或服务而消耗的初级和最终能源。城市部门的直接和间接能源的计算公式如（6-36）—（6-39）所示。

$$V_{(1\times m)} = E_{\text{direct}(1\times m)} / X_{(1\times m)}^{T} \tag{6-36}$$

$$E_{\text{indirect}(1\times m)} = V_{(1\times m)}(I-A)_{(m\times m)}^{-1} X_{(1\times m)}^{T} - E_{\text{direct}(1\times m)} \tag{6-37}$$

$$E_{\text{direct}} = \sum_{i=1}^{m}\left[E_{\text{direct}(1\times m)}\right] \tag{6-38}$$

$$E_{\text{indirect}} = \sum_{i=1}^{m}\left[V_{(1\times m)}(I-A)_{(m\times m)}^{-1} F_{(1\times m)}^{T}\right] - E_{\text{direct}} \tag{6-39}$$

式中：$V_{(1\times m)}$——m 类别或部门的能量强度矢量；

$E_{\text{direct}(1\times m)}$——每个类别和部门直接能量消耗；

$X_{(1\times m)}$——每个类别或部门的货币总产出的矢量；

I——特征矩阵；

A——a_{ij} 元素组成的技术系数矩阵（$m\times m$），表示从部门 i 至 j 的中间流量；

$F_{(1\times m)}$——居民和政府额最终消费需求；

$E_{\text{indirect}(1\times m)}$——每个部门或类别间接能源消耗矢量；

E_{direct}——整个城市经济的直接能源消耗；

E_{indirect}——整个城市经济的间接能源消耗。

三、生态网络分析

生态网络分析(ecological network analysis，ENA)是由 Hannon 等(1973)提出的，检验基于生态系统各组成部分之间相互作用的间接影响的分析方法。该方法首次将投入产出分析引入到自然生态系统，用来分析物质与能量流动。生态网络分析将传统的黑箱模型拓展到社会经济部门内部和外界环境之间的相互作用关系，在分析城市经济系统、水系统和能源系统中网络结构方面具有优越性。生态网络分析适用于系统内部的关联和反馈分析，对多要素、多层次的复杂网络系统具有较强的针对性，尤其适用于存在隐含流的网络分析。但是要解决经济-能源代谢系统远离平衡态情境下，系统内部的协同演化过程需要借助其他模型。

生态网络模型能够反映能源活动过程中的基础代谢以及各部门间的能量流动关系，这里将能源系统抽象为 4 个能源供需部门，分别是能源开采部门(s1)、能源转化部门(s2)以及生产(s3)和生活(s4)部门 4 个模块，s1 能源开采部门是能源代谢系统的源头，能源流出主要为一级能源；s2 代表能源转化部门，可将一级能源转化为供生产部门和生活部门消费的二级能源，也可以将生产和生活部门产生的废能转化为能源再次流入生产和生活部门；每个部门根据供需结构形成特定的依存关系。每个部门可包含多门类子部门。模型如图 6-4 所示。

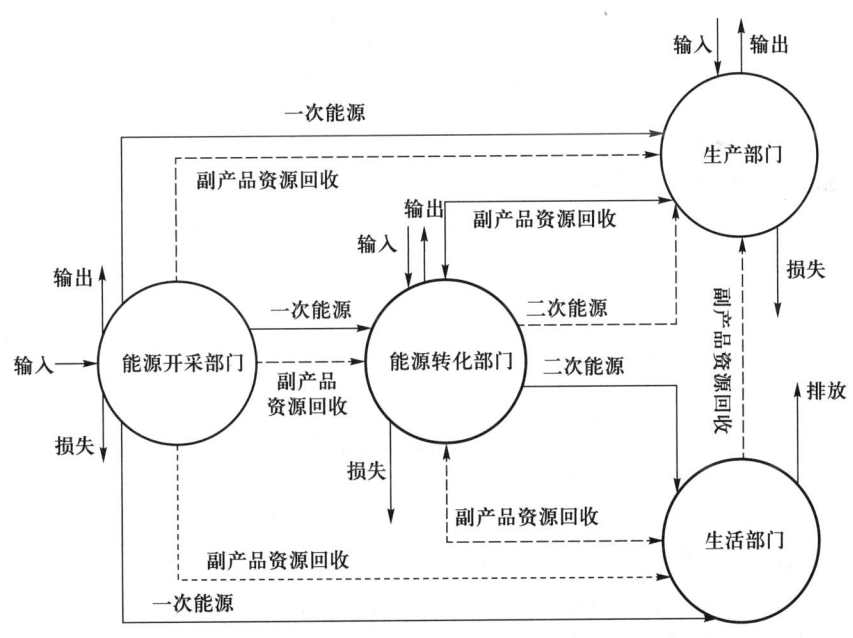

图 6-4　城市能源代谢系统过程的概念模型

生态网络分析中的环境元分析可用于能源、碳、水、硫、氮等要素的分析，主要采用流量控制、效用分析和控制分析等方法。环境元分析包含的指标、指标内涵及其公式如表 6-16 所示。其中，符号 f_{ij} 是能源从 i 部门向 j 部门的输出流量；Z_i 是本地和区域环境的输入流量。N 是输出能量流矩阵，G 是无量纲能量交换强度矩阵；间接关系的效用分析方法同样基于直接效用矩阵的幂级数，D 代表直接效用矩阵，U 符号代表效用分析中的积分关系矩阵。

表 6-16　环境元分析指标

指标	内涵	公式	应用尺度
通量	每一个成员流通量的总和	$T_i^{(in)} = \left(\sum_{j=1}^{n} f_{ij} \right) + z_i = T_i^{(out)}$	自然生态系统；城市系统
综合流量	资源在成员之间流动的数量	$N = (I-G)^{-1}$	自然生态系统；城市系统
综合效用	定量化评价两两成员之间的生态关系	$U = (I-D)^{-1}$	自然生态系统；城市系统
控制程度	识别某一节点对其他节点的控制作用	$CX = (cx_{ij}) = (n_{ij}/n_{ji})$	自然生态系统；城市系统
共生程度	系统整体或每一个成员的效用水平	$S = \text{diag}(T)U$	自然生态系统；城市系统

构建生态网络模型的主要步骤：① 确定研究系统和边界。识别系统内部和外部的能量传输。② 针对代谢系统内的众多功能体，按照不同的特点和功能进行分组，确定生态网络节点。参照生态网络系统的组成：生产者、消费者和分解者，以能源代谢系统为例，该系统可划分为开采部门、能源转换部分、能源消费部门以及能源回收部门，按照行业、产业等可对部门进一步细分。③ 定义能量-物质流通过程中的能量或物质流动路径，构建生态网络模型。生态网络模型的构建可使用 STELLA、Ecopath 等。④ 建立邻接矩阵并进行生态网络定量化分析。在能量或物质的流通路径确定后，通过邻接矩阵可建立每个节点之间的相互作用关系。邻接矩阵 A 以图结构来表示，原则上若存在 j 到 i 的流，则 $a_{ij}=1$，否则 $a_{ij}=0$。

第五节　案例分析

案例采用能量流分析的方法对工业园区能源利用系统中的能量输入、输出、转换过程进行量化分析，能够真实展现能源在工业园区不同部门的使用情况及利用效率。通过能量流分析的相关指标可确定工业园区在国内以及同行业内的发展水平。

一、研究目标与系统边界的确定

某工业园区是 2006 年设立的省级工业园区，规划面积为 3.29 km²。园区主要产业包括高科技化工产业、高端生物医药产业、新材料产业，构建了"一区三基地"的产业布局。

从经济效益的角度，园区的主要产业为高科技化工产业，占园区总产值的69%，主要的能源消耗为煤炭、柴油、汽油等；高端生物医药产业产值占园区总产值的18%，主要消耗的能源为天然气、电力和蒸汽；新材料产业产值占园区总产值的13%，其消耗的主要能源为天然气、电力和蒸汽。该工业园区共有18家企业，煤炭是工业园区最主要的能源，其中，一部分作为原料供化工产业使用，另一部分提供给热电厂进行能源转化。热电厂生产的电力满足自发自用，并为周边企业提供电力和热量，其供热面积为300万 m^2。

该工业园区能源代谢系统边界如图6-5所示。

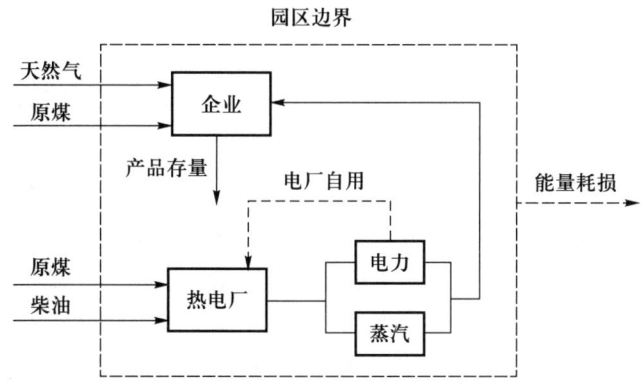

图6-5 某工业园区能源代谢系统边界

电厂为该园区主要的能源转化子系统，化工、生物医药、新材料等产业为主要的能源消耗子系统。在园区综合能耗的计算中仅考虑作为燃料使用的原煤、柴油、天然气等。原煤和燃料油作为电厂的主要能源，经过加工转化为电力、蒸汽，产生的电力除了供电厂辅助设备运行外，一部分供给园区内部企业生产使用，另一部分通过热耗散方式输出到系统外部；热转换过程产生的蒸汽，部分用于机组高压和低压加热器以及除氧器回水，大部分供园区内生物医药和新材料企业生产使用。在热电转化、能量输送、企业内部耗损等过程中均伴随有能量损耗。研究区域的数据来自该工业园区2017年全年数据。

二、数据来源

园区的基础数据主要来自实地调研。对园区内主要企业进行走访调查，掌握能源消费、生产工艺、产品产出、产值规模等基础数据，收集企业能源审计报告、清洁生产报告、环境影响评价、企业节能规划等。通过文献调研的方式，获得省内同类园区能源消耗、供电行业能耗等相关水平数据。

三、计算方法

为了度量工业园区能源生产效率，参照国家发展和改革委员会联合财政部、环境保护部（现生态环境部）和国家统计局发布的《循环经济发展评价指标体系（2017年版）》，工业园区能源代谢的分析包括综合能耗、能源产出率以及能耗水平三个方面。为计算综合能耗，将不同形式的能量转换为标准煤计量，其折算系数取自《中华人民共和国国家标准

（GB/T 2589—2020）》。若该标准中未给出燃煤的折标煤系数，可在企业能源审计报告中找到不同月份能源的"收到基低位发热量"化验数据，将该组数据加权平均可得到能源的折标煤系数；热力（如蒸汽）可按供热煤耗计算。

（一）　综合能耗（万 t 标准煤）

计算公式：

$$E = \sum_{i=1}^{n}(E_i \times k_i) \qquad (6-40)$$

式中：E——综合能耗；

　　　n——消耗的能源种类数；

　　　E_i——生产活动中实际消耗的第 i 种能源量（含耗能工质消耗的能源量）；

　　　k_i——第 i 种能源的折标准煤系数。

（二）　能源产出率

能源产出率是资源产出率的一部分。资源产出率指经济活动中生产商品和服务的自然资源利用效率，通常用消耗单位资源产生的经济价值量来表示。经济价值量通常用工业增加值来衡量。国家发展和改革委员会印发《循环经济发展评价指标体系（2017 年版）》中指出循环经济发展中考虑的资源主要包括化石能源（煤、石油、天然气）、钢铁资源、有色金属（铜、铝、锌、镍）、非金属资源（石灰石、磷、硫）、生物质资源（木材、谷物）。

能源产出率（万元/t 标煤）＝工业园区生产总值（万元）÷能源消费量（万 t 标煤）。

（三）　万元 GDP 能耗（t/万元）

万元 GDP 能耗（t/万元）＝园区综合能耗（t）/工业园区年生产总值（万元）。

四、　结论

煤炭和燃料油是该工业园区的主要能源。根据不同用途可将煤炭分为原料煤和燃料煤。2017 年，园区年消耗煤炭共计 528.60 万 t，其中，洗精煤 352.12 万 t，主要用作高端化工产业炼焦原材料，动力煤 4.45 万 t，用于高端化工产业生产蒸汽；2017 年，热电厂消耗原煤 171.91 万 t，发电量为 310 925.33 万 kW·h，其中，自用 20 382 万 kW·h，周边产业使用 44 117.36 万 kW·h，剩余电量输出至社会电网。来自系统外部的天然气主要作为燃料，用于新材料产业。根据能源代谢分析，该园区的综合能耗为 1 290 559 t 标准煤，资源产出率为 1.61 万元/t 标准煤，万元 GDP 能耗为 0.62 t 标准煤/万元。园区能源平衡关系图如图 6-6 所示。

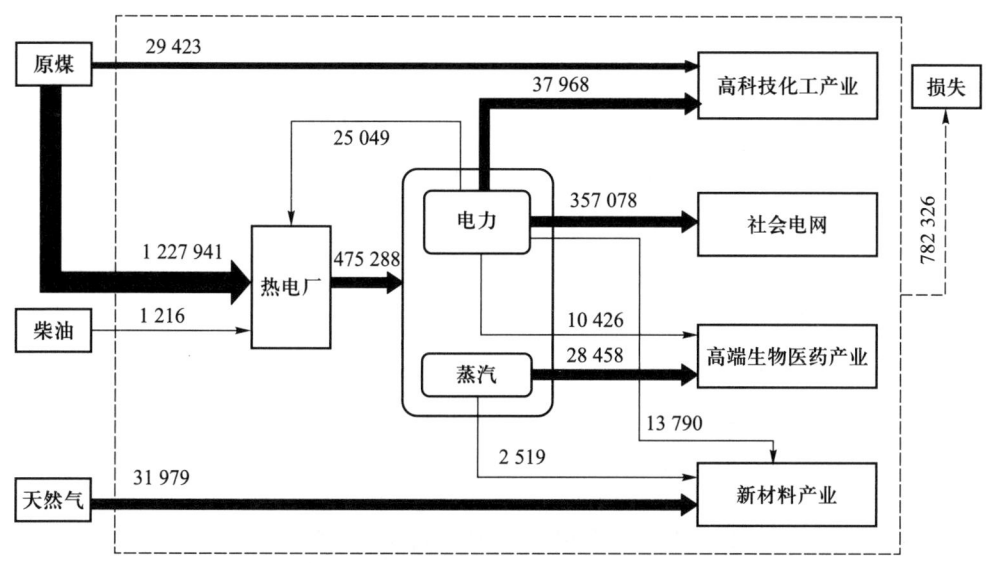

图 6-6 某工业园区能源平衡关系图

（单位：t 标准煤）

思考题与习题

1. 什么是能源？什么是清洁能源？试举例说明。
2. 石油精炼过程哪些环节会产生二氧化碳？
3. 天然气的净化工艺有哪些？
4. 化石能源如何导致臭氧层破坏？
5. 能源代谢分析方法有哪些？各有哪些优缺点？
6. 试阐述生态网络分析的步骤。
7. 什么是资源产出率？

主要参考文献

[1] 黄素逸，高伟. 能源概论[M]. 2 版. 北京：高等教育出版社，2013.

[2] 胡森林. 能源的进化：变革与文明同行[M]. 北京：电子工业出版社，2019.

[3] 李植斌. 低碳能源论[M]. 北京：中国环境出版社，2015.

[4] British Petroleum. Statistical Review of World Energy 2011[R]. London：BP，2011.

[5] Hannon B. Structure of ecosystems[J]. Journal of Theoretical Biology，1973，41(3)：535-546.

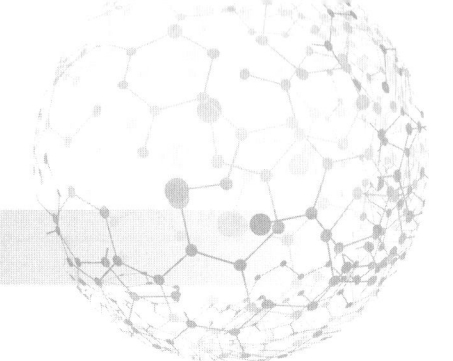

第七章

矿物资源与环境分析

矿物的概念源自人类的生产实践活动。人类对于矿物的早期理解较为粗糙，认为从矿山采掘且未经加工的天然物体即为矿物。但随着科学技术的发展，人类对自然的认识与理解不断深化，与此同时，矿物的内涵也在不断发展与丰富。人类对于矿物的现代理解可以概括为：矿物是指在地质作用过程中形成的自然元素和化合物。矿物是岩石和矿石的基本组成单元，具有相对固定的化学成分和性质。

第一节　矿物的分类与特征

从形态上看，大部分矿物以固态产出（如铁矿石）；但也可以以液态（如自然汞）或气态（如天然气）形式存在。从组成上看，大多数矿物由两种或两种以上的元素组成，这种矿物称为化合物矿物，如方解石（$CaCO_3$）、石英（SiO_2）、钾长石（$K[AlSi_3O_8]$）、黄铁矿（FeS_2）、赤铁矿（Fe_2O_3）、方铅矿（PbS）等；少数矿物由一种元素构成，这种矿物称为单质矿物，如石墨（C）、金刚石（C）、自然硫（S）、自然金（Au）、自然铂（Pt）等。

第一，必须是经过地质作用或者在宇宙天体中形成的，这与在工厂或者实验室中人工制备的产物是有所区别的。由人工合成的、各方面特性与天然矿物相同或者相似的产物，称为合成矿物或者人造矿物，如合成水晶、合成金刚石等；但那些无自然矿物对应的人工合成物，则不能称为合成矿物，如钇铝石榴石、钛酸锶等。虽然来自月球和陨石的矿物与地球上的矿物种类和组成基本一致，但为了强调其来源，特称为月岩矿物和陨石矿物，或统称为宇宙矿物。

第二，矿物是岩石和矿石的基本组成单元，其各部分应该是均一的，即不能通过物理方法将其分解成化学成分上更为简单的不同物质。例如，花岗岩就不是一种矿物。因为花岗岩由石英、长石、黑云母等物质组成，这些物质的物理性质和化学成分各不相同，因此可以从花岗岩中机械地分离出石英、长石、黑云母等矿物，花岗岩实质上是由不同矿物组成的岩石。

第三，每种矿物的化学成分都相对固定，并且可以用化学式来表达。如金刚石、闪锌矿和方解石，其化学成分可分别用化学式 C、ZnS 和 $CaCO_3$ 表示。但是，由于类质同象等因素的存在，矿物中可以含有少量的"杂质"，因而化学成分可以在一定范围内变化，但这种变化在矿物中往往是有约束的。所谓"杂质"并非指外来的机械混入物，而是某些成分有规律地相互替换。例如，闪锌矿中常常含有 Fe，它以离子的形式替代闪锌矿内部结构中的 Zn，Fe 的含量最高可达其质量的 26%。尽管有 Fe 替代 Zn，使其成分在一定范围内变化，但 Zn 和替代它的 Fe 等一起，与 S 仍然保持 1∶1 的定比关系，相应地，化学式可表示为（Zn，Fe）S。因此，可以说，矿物成分是特定的或相对固定的。矿物成分在一定范围内的变化，会引起矿物性质上的一些变异，并能反映其形成时的条件，但是这种变化不会改变该矿物的固有特征，例如，矿物的晶体结构等。

第四，矿物具有确定的晶体结构。这表明矿物应该是晶质体，但只有天然产出的晶体才归属矿物。那些外观表现为固体的无结晶结构的物质，如蛋白石（$SiO_2 \cdot nH_2O$）、水铝英石（$Al_2SiO_5 \cdot nH_2O$）等不能归属矿物。这类在地质作用（包括宇宙天体作用）过程中形成的具有相对固定的化学组成，但无确定晶体结构的均匀固体，称为准矿物或似矿物。准矿物在自然界中的数量是有限的。较常见的有 A 型蛋白石、水铝石英以及某些放射性矿物或含放射性元素矿物的变生非晶质，如变生方钍矿、变生褐帘石、变生锆石等。而天然非晶质的火山玻璃，因无一定的化学成分，不归属准矿物。但准矿物仍然是矿物学研究的对象，而且在一般情况下，往往不对准矿物和矿物严格区分。

还需要注意的是，任何矿物都稳定于一定的物理化学条件范围内，超出这个范围，原来的矿物就会发生变化，生成新条件下稳定的矿物。例如，还原条件下形成的黄铁矿（FeS_2），与空气和水接触后会氧化分解，形成氧化条件下稳定的针铁矿（$FeO[OH]$）。

一、矿物的分类

目前全世界已发现的矿物有 3 000 余种，为了揭示这些矿物之间的联系及其内在规律，掌握矿物之间的共性与个性，必须对矿物进行合理的科学分类。

虽然不少学者从不同的角度出发，提出了多种不同的矿物分类方案，例如，单纯以化学成分为依据的分类方案、以元素地球化学特征为依据的分类方案、以矿物成因为依据的分类方案等，但目前矿物学中广泛采用的是以矿物成分、晶体结构为依据的晶体化学分类方案。矿物的本质是成分和结构的统一，它们决定了矿物本身的性质，并与一定的生成条件有关，在一定程度上也反映了自然界元素结合的规律。因此，这是一种比较合理的分类方法，详见表 7-1。

表 7-1　矿物的晶体化学分类体系

类别	划分依据	举例
大类	化合物类型；化学键	含氧盐大类
类	阴离子或络阴离子种类	硅酸盐类
（亚类）	络阴离子结构	层状结构硅酸盐亚类
族	晶体结构型和阳离子性质	云母族
（亚族）	阳离子种类	白云母亚族

续表

类别	划分依据	举例
种	一定的晶体结构和一定的化学成分	白云母 $KAl_2[AlSi_3O_{10}](OH)_2$
(亚种)	在完全类质同象系列中，根据其所含端元组分的比例划分	—
(变种)	晶体结构相同，成分或物性稍异	含铁白云母 $K(Al,Fe)_2[AlSi_3O_{10}](OH)_2$

矿物分类的基本单位是种。"种"可理解为具有一定的晶体结构和一定的化学成分的独立单位。这里的"一定"是有相对意义的，由于类质同象的替换，它们可在一定的范围内变化。

对于连续类质同象系列，通常可根据矿物端元组分所占的不同比例而划分为几个矿物种或亚种。例如，橄榄石的类质同象系列可分为镁橄榄石 $Mg_2(SiO_4)$、橄榄石 $(Mg,Fe)_2(SiO_4)$、铁橄榄石 $Fe_2(SiO_4)$ 三个矿物种。不同学者对某些系列的划分方法也可以有所不同，例如，有的学者把一个连续类质同象系列视为一个种，其下再进一步划分亚种。但根据国际及中国新矿物及矿物命名委员会的规定，在类质同象系列中，只有端元矿物才能独立命名，而中间成分称为变种。

对于同质多象的各个变体，虽然它们的化学成分相同，但是晶体结构不同，性质各异，因此它们各自应被视为独立的矿物种。

变种的晶体结构相同，但成分或物性稍异，划分的标志如下：

（1）成分稍异：如黄铁矿（FeS_2）中，当含有一定量的 Co 时，就形成异种钴黄铁矿 $(Fe,Co)S_2$。

（2）物性稍异：例如，水晶一般无色透明，而其异种紫水晶具有特征的紫色。

对于多型的不同变体，由于它们的成分相同，在结构和性质上的差异也很小，一般仍把它们视为同属一个矿物种。

根据以上分类原则，可将矿物进行如表 7-2 的具体分类。

表 7-2 矿物分类

大类	类
自然元素矿物	自然金属元素矿物 自然半金属元素矿物 自然非金属元素矿物
硫化物及其类似化合物矿物	简单硫化物矿物 复硫化物矿物 硫盐矿物
氧化物和氢氧化物矿物	氧化物矿物 氢氧化物矿物

大类	类
含氧盐矿物	硅酸盐矿物
	硼酸盐矿物
	磷酸盐、砷酸盐和钒酸盐矿物
	钨酸盐和钼酸盐矿物
	铬酸盐矿物
	硫酸盐矿物
	盐酸盐矿物
	硝酸盐矿物
卤化物矿物	

二、矿物的物理性质

矿物的化学成分和内部结构决定了矿物的物理性质。化学成分和内部结构不同的矿物，其物理性质是不同的。化学成分相同但内部结构不同或者内部结构相似但化学成分不同的矿物，其物理性质也是有差异的。此外，矿物的物理性质与其形成环境有关，同一种矿物在不同地质条件下形成，其物理性质也会表现出一定的差异。

矿物的物理性质主要包括颜色、条痕、光泽、透明度、硬度、解理、断口、相对密度等。

（一）颜色

颜色是矿物吸收了白光中某种波长的色光后所表现出来的互补色。如果矿物对各种色光都均匀吸收则表现为黑色或灰色，如果基本上都不吸收则表现为白色或透明色。矿物的颜色可根据其成因分为自色、他色和假色。

自色是指矿物自身所固有的颜色，它主要是由矿物的化学成分和内部结构所决定的。同种矿物的自色是比较固定的，在鉴定矿物上具有重要意义，例如，孔雀石的翠绿色、方铅矿的浅灰色等。

他色是指由于外来带色杂质的机械混入而呈现的颜色，与矿物本身的化学成分及内部结构无关。例如，纯净的石英为无色透明，但由于不同杂质的混入，可使石英呈现紫色、玫瑰色（蔷薇水晶）、烟灰色（烟水晶）等。矿物的他色一般不具鉴定意义。

假色是由于某种物理原因（主要是光学效应）或氧化作用所引起的，可分为锖色和晕色两种。锖色是指由矿物表面氧化膜引起的颜色。晕色是指某些透明矿物的表现呈现出的一种彩虹状色彩，它是由于照射到矿物表面的光线受到矿物解理面或薄层包裹体表面的层层反射造成的干涉现象。这种现象在白云母、方解石的解理面上常能见到。

（二）条痕

条痕是矿物粉末的颜色，用矿物在白瓷板上刻划，留下的粉末痕迹就是条痕。矿物的条痕可以消除假色，减弱他色，保存自色，比矿物本身呈现的颜色更为固定，因而它更具有鉴定意义。例如，赤铁矿的颜色不论是赤红、铁黑或者钢灰，但它的条痕总为樱红色。

（三）光泽

光泽为矿物对可见光的反射能力，是鉴定矿物的重要标志之一。根据反射光的强弱可分为：金属光泽、半金属光泽、非金属光泽。金属光泽与半金属光泽常为不透明矿物的特征；非金属光泽为透明矿物所具有，按其反光强弱与特征，可进一步分为：金刚光泽、玻璃光泽、油脂光泽、松脂光泽、丝绢光泽、珍珠光泽、土状光泽等。

（四）透明度

透明度是指矿物允许可见光透过的程度。矿物的透明度一般可分为三级：透明、半透明和不透明。

（五）硬度

硬度是指矿物抵抗外力机械作用的能力。在肉眼鉴定矿物时，通常用摩氏硬度计测定矿物的相对硬度。摩氏硬度计分为 10 级，以 10 种硬度不同的矿物为标准。这 10 种矿物硬度由低到高的顺序是：滑石、石膏、方解石、萤石、磷灰石、正长石、石英、黄玉、刚玉、金刚石。

在鉴定矿物时，将与测试矿物和硬度计中矿物相互刻划就可确定矿物的硬度。例如，某矿物能划破方解石，又能被萤石划破，则其硬度介于 3 到 4 之间。

（六）解理

解理是指矿物晶体在外力作用下，严格沿着一定结晶方向裂开成光滑平面的性质。这些光滑平面称为解理面。根据矿物受力后产生解理的难易程度和解理面的光滑程度，可将解理分为五级：极完全解理、完全解理、中等解理、不完全解理、极不完全解理。

（七）断口

断口是指矿物受外力作用后在任意方向上呈各种凹凸不平的断面的性质。断口的断裂面的方向是任意的，表面是不平滑的。断口按其形态可分为贝壳状断口、参差状断口、锯齿状断口和平坦状断口。

（八）相对密度

相对密度是指矿物在空气中的质量与同体积的水在4℃时的质量之比。在肉眼鉴定矿物时，一般根据相对密度将矿物分为三类：轻矿物（矿物的相对密度小于 2.5，如石膏）、中等密度矿物（矿物的相对密度为 2.5~4，如石英、方解石等）、重矿物（矿物的相对密度大于 4，如重晶石、方铅矿等）。

三、矿物的化学性质

矿物的化学性质受诸多因素影响，这些因素包括：矿物化学成分的变化、矿物化学成分类型、矿物化学式、同晶现象、晶体化、矿物的可溶性、矿物的氧化性等。

（一）同晶现象

在矿物晶体中某些原子、离子或分子的位置部分或全部被其他原子、离子或分子所占据，或者晶体中的化学成分不同而晶体结构完全相同属于同一构造类型的结晶体，称为同晶现象。同晶现象包括了类质同象，但是并不意味着它能造成混晶。

（二）类质同象

类质同象是同晶现象中的特殊情况，但是在自然界矿物中是极为普遍的。类质同象是指晶体结构中某些原子、离子或分子的位置被化学性质相似、半径相近、电价相等的原子、离子或分子置换，但是仍然保持原有晶体结构类型、化学键型及离子正负电荷平衡，唯有晶胞参数和物理性质随其置换数量的多寡而作先行变化。具有类质同象的晶体称为固溶体或混晶。

（三）同质异象

同质异象又称同质多象、同质异形、同素异构或同质异晶等。顾名思义，即相同化学成分，不同结构的矿物晶体。如果是单质则称同素异构或同素异形体，例如，石墨和金刚石的成分都是碳，前者为六方晶系，后者为等轴晶系，物理性质完全不同。

四、常见的造岩矿物

造岩矿物是指构成岩石主要成分的矿物，自然界中的矿物种类极多，但造岩矿物种类却很少，主要的造岩矿物有六种：石英、长石、云母、角闪石、辉石、橄榄石。

（一）石英

发育单晶并形成晶簇，或为致密块状、粒状集合体，无解理，晶面具有玻璃光泽，贝壳状断口为油脂光泽，硬度 7，相对密度 2.65，质纯者称为水晶，无色透明；含杂质者分别呈不同颜色。各类岩石中都较常见。

（二）长石

其包括钾长石（$KAlSi_3O_8$）、钠长石（$NaAlSi_3O_8$）和钙长石（$CaAl_2Si_2O_8$）三个基本类型及总称斜长石的、由钠长石与钙长石按不同比例混合形成的多种过渡性产物，如更长石、中长石、拉长石、培长石等。其共同特征是单晶体呈板状，白色或灰白色，玻璃光泽，硬度 6.0~6.5，相对密度 2.61~2.65，有两组近似正交的完全解理。各类岩石中都较常见。

（三）云母

白云母（$KAl_2[AlSi_3O_{10}](OH，F)_2$）单晶体为短柱状或板状，集合体为鳞片状，且平行片状极完全解理，薄片无色透明，珍珠光泽，硬度 2.5~3.0。黑云母与白云母相近，唯颜色随含铁量增加而变暗，多呈棕褐色或黑色。云母是酸性岩浆岩、砂岩和变质岩的组成矿物。

（四）角闪石

单晶体为长柱状或针状，呈暗绿、暗褐至黑色，玻璃光泽，硬度 5~6，具两组平行柱状中等至完全解理，性脆，常见于中酸性岩浆岩和某些变质岩中。

（五）辉石

成分与角闪石相似，但多 Fe、Mg，而无 O、H，单晶体为短柱状，集合体为粒状，呈绿黑色或黑色，玻璃光泽，硬度 5.5~6.0，解理与角闪石相近但交角更大，常见于基性、超基性岩浆岩中。

（六）　橄榄石

粒状集合体，浅黄绿至橄榄绿色，颜色随铁含量增加而加深，玻璃光泽，硬度 6～7，性脆，不完全解理，为基性、超基性岩浆岩的重要组成矿物。

第二节　矿物开采与利用

一、矿物开采的基本概念

（一）　矿床概念

自然界凡是含有具工业价值有益矿物的岩石即为矿石，矿石的自然组合称为矿层（矿体），矿层（矿体）的自然分布和排列则形成矿床，矿床由矿层（矿体）与围岩组成。

（二）　矿层（矿体）形状与产状

矿层（矿体）形态极其复杂，按矿层（矿体）存在空间形态大致可分为以下四类基本矿层（矿体）形状：

（1）层状、似层状矿层（矿体）：煤层、油页岩层为典型代表，海相沉积式矿床亦为层状矿层（矿体）。内生矿床中交代式矿床，例如，岩层面交代形成似层状矿层（矿体），邯邢矽卡岩铁矿体多数为似层状矿层（矿体）。

（2）透镜状矿层（矿体）：由于沉积矿层的不稳定，常形成透镜状矿体，沉积铁、锰均有此例。内生矿床透镜状矿层（矿体）是常见的，大者可达数千立方米，小者可小到数立方米以下。

（3）脉状矿层（矿体）：典型脉状矿体为伟晶盐矿床中的矿层（矿体）。其次，内生矿床脉状矿层（矿体）常见，矿脉延伸方向可达数千米以上。

（4）线性分散状矿层（矿体）：冲积砂矿床多数属此类。

矿层（矿体）产状：由于矿床成因类型复杂性，在构造变动影响下的矿层（矿体）产状亦极为复杂。按层序可划分为正常矿层产状和倒转矿层产状两大类。按其矿层（矿体）倾角可划分为：水平矿（层倾角小于 5°）、缓倾斜矿层（5°～25°）、倾斜矿层（25°～45°）、急倾斜矿层（大于 45°）四种。金属矿层产状：倾斜小于 55°，急倾斜大于 55°。

（三）　围岩概念

广义上讲，围岩是指与矿层（矿体）有直接或间接联系的岩层。

矿层（矿体）的上部岩层统称顶板。与矿层（矿体）直接接触的岩层称为直接顶板，直接顶板以上岩层称为间接顶板（又称老顶）。

矿层（矿体）底部岩层统称底板。直接与矿层（矿体）接触的岩层称为直接底板，直接底板以下的岩层称为间接底板。

除矿层（矿体）的顶底板外，金属矿床的两侧岩层也称为围岩（狭义围岩）。盐湖矿床、油田矿床的四周岩层称为周边围岩。

（四） 矿山巷道概念

为了探矿、开拓及开采矿床等，在矿层上部或侧面围岩中（或在矿层（矿体）中）进行开凿的空间，统称矿山巷道（简称矿坑）。矿山巷道是由几个岩石面所围成的空间。其两侧面叫巷道的"帮"，上部面叫"顶"，其下面的面叫"底"，巷道前进方向的面叫"掌面"，巷道通道地表出口叫巷道"出口"。

开采矿床时，为输送矿石、通风、运料等目的，事先必须开挖很多巷道，这些巷道按用途可划分为：

（1）探矿巷道：以探矿为目的开凿的巷道（临时性的）。

（2）开拓巷道（或称基建巷道）：以开拓为目的开凿的巷道，为整个矿山或某开采水平服务的永久性巷道，如主副井筒、风井、水平运输大巷等。

（3）采准巷道：为某开采区服务的巷道，如石门等。

（4）回采巷道：为回采工作面开凿的巷道。

（五） 开采水平与中段

矿层（矿体）开采过程中在垂直方向上是自上而下或自下而上分段开采的。矿层（矿体）开采设计必须根据矿层（矿体）厚度、产状、埋深等自然因素结合开采方法等确定矿层（矿体）开采最大深度（标高）。在开采深度内确定分阶段开采，并确定阶段标高，煤矿系统称"开采水平"，多数以 100 m 垂高为一个开采水平。冶金系统称开采阶段标高为"中段"，并常以 50 m 为一个中段。

（六） 上山与下山

上山与下山是采矿行业的俗语。煤矿上山开采系指运输大巷向矿层（矿体）倾斜上方开采，工作面前进方向是自下而上，矿石流动（运输方向）自上而下。下山开采与之相反。矿层（矿体）开采时多数是开上山，少数是开下山，但水平开采往往是上山、下山同时开采。

二、 采矿方法的分类与选择原则

（一） 采矿方法的定义及分类

从矿块中开采矿石所进行的采准、切割和回采工作的总称，即为采矿方法。由于金属和非金属矿床的赋存条件千变万化，矿石和围岩的物理力学性质各种各样，加之随着科学技术的不断发展，新的设备和材料不断涌现，新的工艺日趋完善，一些旧的、效率低的、劳动强度大的采矿方法被相应淘汰，而在实践中又创新出各种各样与具体矿床赋存条件相应的采矿方法，故目前存在的采矿方法种类繁多、形态复杂。

近年来，按照简单明了和实用的原则，采矿方法可划分为三类：空场采矿法、充填采矿法、崩落采矿法。

（1）空场采矿法：又称自然支撑采矿法，是指在回采过程中，主要依靠围岩自身的稳固性或少量的矿柱、人工支柱来支撑采空区的采矿方法。一般适用于矿石及围岩相当稳固，允许有相当大暴露面的矿床。

（2）充填采矿法：又称人工支撑采矿法，是指伴随落矿、运搬及其他作业的同时，用充填料充填采空区的采矿方法。充填的目的是支护采空区两帮岩石，并为继续进行上面分层回采造成立足的底板。该法适用范围为：矿石和围岩不稳固，不允许有较大暴露面的矿床；地表需要保护的矿床；稀有贵金属或高品位的矿床；有自燃性的硫化矿床；赋存条件复杂的矿床等。

（3）崩落采矿法：是一种回采过程中，不分矿房矿柱，随回采工作面推进，以强制或自然崩落的围岩充填采空区，以实现采场地压管理的采矿法。沿矿体边界挖有环形运输巷道；在矿体的上盘或下盘开挖切割巷道形成切割空间，在堑沟中向上凿钻扇形炮孔进行爆破，后退回采，其特征在于运输巷道和堑沟巷道，通过切割槽连通环形运输巷道和装矿巷道，简化了采场结构，实现了一巷道多种用途，减少了采掘工作量，降低了采矿成本，科学管理了地压。

（二）采矿方法的选择原则

在分析矿山实际情况和满足政府政策要求的基础上，矿山采矿方法的选择原则如下：

（1）在对矿山进行作业时，应保证其工作环境的安全性，所选采矿方法必须保证生产工作能安全有序地进行，避免发生较大的安全事故。

（2）在选取技术时，尽量选择成熟的技术，以便使得所选的采矿方法能够被相关工作人员熟练掌握，并能够保证在该矿山现有技术条件下可以安全实施。

（3）所选的采矿方法应具有较高的灵活性、适应性，使其可以满足矿区不同赋存条件下的开采作业。

（4）所选方法要能保证较高的生产效率与资源回收率，尽可能降低采矿成本与矿石贫化率，保证矿山较高的经济效益。

三、 矿物的利用

金属矿物的用途多种多样，一般有色金属主要用于导电、电极、手机及各类电器设备；黑色金属中的铁矿主要用于房地产、机器加工设备、军事、航空等领域。稀有金属矿产一般用于航天、钢铁加工业等。

非金属矿物具有多种优异的物理化学性能，广泛应用于国防军工、交通运输、基础工业（如冶金、轻工、石化、机械、纺织等）、电子信息、生物工程、医药卫生、环境保护等领域，是国民经济的重要组成部分。

非金属矿物利用比较广泛的领域主要有以下几个方面：

（一）建筑材料

非金属矿物在建筑材料方面消耗量最大，约占整个产量的90%，占产值的60%。蛭石、珍珠岩等矿物经高温煅烧后可使体积膨胀5~30倍，形成多孔、轻质的保温隔热材料，可广泛用于高层建筑、图书馆、档案室、冷库等建筑物及供暖、供热等设备的保温、隔热、隔音和防火等。多孔隙（吸附类）非金属矿物，如膨润土、凹凸棒土（坡缕石）、沸石等，同属层状或架状含水铝硅酸盐，具有独特的内部结构和晶体化学性质，从而具有强吸附性、膨润性、悬浮性、阳离子交换性、触变性等，其深加工产品为有机膨润土、改性凹凸棒土等，可作建筑涂料增稠剂、防沉剂等。

（二）冶金工业的辅助材料

耐火材料，如菱镁矿、白云石、硅石和耐火黏土等；溶剂材料，如石灰岩、萤石和铝土矿等；铁矿球团的黏合材料，如钠质膨润土是理想的黏合材料。石墨是目前已知的最耐高温的材料之一，它的熔点高达 3 850℃，到 4 500℃ 才气化。在 2 500℃ 时石墨的强度反而比室温时提高一倍。因此，石墨是高温极限条件下最好的耐高温材料，在尖端科技中具有重要的作用。

（三）陶瓷工业

传统陶瓷原料如高岭土、叶蜡石属铝硅酸盐，而硅灰石、钙长石、透闪石等为钙硅酸盐，后者在 20 世纪 60 年代才开始使用，主要优点是节约燃料，提高产品质量和降低成本。

（四）环境保护与"三废"处理

非金属矿物种类繁多，储量丰富，价格低廉，用作环保材料具有投资少、处理效果好、二次污染小及可以重复使用等优点。某些非金属可以用来消除污染、清洁环境。如沸石岩被广泛用于处理废气、污水、放射性废物，净化城市供水等。沸石、凹凸棒土、海泡石、蛭石、蒙脱石、多孔 SiO_2、活性 MgO、活性 Al_2O_3、白云石、硅藻土等非金属矿物和麦饭石等的吸附性、多孔性和阳离子交换性，可有效地吸附有害气体，还可以用于含重金属废水、生活污水和富营养水体的过滤、吸附和净化。蒙脱石、蛭石、凹凸棒土、海泡石具有优良的离子交换性，可用作放射性元素和重金属元素的吸收剂和固定剂、大面积油污的处理剂等。

（五）公路建设

例如，可以将石英岩、玄武岩、石灰岩、浮石和珍珠岩等用于公路的修建。

（六）轻工、日用化工

开发澄清剂、食品保鲜剂、干燥剂等，是非金属矿产开发利用的广阔天地。

（七）农业

如含钾岩石、钾长石、明矾石、硅藻土和珍珠岩等，又如蒙脱石、蛭石、沸石等矿物的晶体结构中存在水分子，这些水的含量的多少和环境的温度密切相关。以它们为主要原料制备出的土壤改良材料就具有保水、调湿的功能。在雨季它们可将水分固定在结构中，当旱季来临时，它们可将结构中的水分释放出来，蒙脱石、蛭石、沸石等具有吸附功能，可将作物所需的营养成分吸附在表面及结构内，使其能缓慢释放，以达到保肥的目的。

（八）矿物填料及矿物材料

包括石棉、重晶石、黏土和硅灰石等。石棉可做建筑隔热、隔音、绝缘的填充材料；重晶石可做钻井泥浆的加重剂；黏土可做大坝的支撑材料；硅土可做轮胎填充材料，以提高橡胶的强度、硬度、耐磨性、耐温性。

（九）节能

节能降耗是节省能源、防止资源浪费，进而维持可持续发展的一个重要方面。非金属矿物材料在绝热、节能和催化工程中起着重要的作用。如利用油页岩作为重要的油气新采源。金属矿物材料的电学性能在现代电子电器工业中起着非常重要的作用。如具有良好节电性能的白云母，长期以来一直是电气工业不可缺少的原材料。一般说来生产一台 10 万 kW 的发电机需要 1t 白云母，随着中国电力、电子和电器工业的发展，云母绝缘材料的用量还将继续快速增长。天然非金属矿物（岩石）保温材料主要有纤蛇纹石石棉、海泡石石棉、硅土、浮岩等。这些矿物材料本身即具有保温材料的一系列特性，经成型处理等即可用作保温材料。

第三节　矿物资源承载力

一、概念演变

（一）承载力

承载力原是物理力学的一个物理量，指物体在保持其性能不被破坏的前提下所能承受的最大负荷，具有力的量纲。后来生态学最早将此概念转引至本学科领域，指某个生态环境内的各类资源能维持的某一生物种群的最大数量。

有关承载力的研究最早可追溯到 1758 年问世的《经济表》一书，其作者为法国经济学家魁奈（Quesnay），该书讨论了土地生产力与经济财富的关系。之后，马尔萨斯（Malthus）针对人口与粮食的思考，提出资源有限并影响人口增长，自然因素对人口增长具有限制作用。在此基础上，韦吕勒（Verhulst）首次将马尔萨斯的理论用数学形式表达出来，即逻辑斯谛（logistic）方程，用容纳能力指标反映环境因素对人口增长的限制作用。

虽然与承载力有关的研究早已开始，但是最早将此概念转引至本学科领域的是生态学。人类生态学者帕克（Park）和伯吉斯（Burgess）于 1921 年在人类生态学杂志上提出了生态承载力的概念，即在某一特定环境条件下（主要指生存空间、营养物质、阳光等生态因子的组合），某种个体存在数量的最高极限。

随着人类社会经济的发展，工业化程度不断提升，资源短缺和环境污染的问题日益严重，对此，人们不得不对全球资源环境重新评估，从资源环境的角度研究其所能支撑的社会经济发展规模，以保证社会经济的可持续发展。于是，承载力的概念在环境、经济、社会的各个领域得到了延伸与应用，各种不同名称的承载力概念应运而生，如资源承载力。

（二）资源承载力

资源承载力主要探讨了人口与资源的关系。20 世纪 80 年代初，联合国教育、科学及文化组织（UNESCO）提出了"资源承载力"的概念，具体含义为：一个国家或地区的资源承载力是指在可预见的时期内，利用该地区的能源及其他自然资源和智力、技术等条件，在保证符合其社会文化准则的物质生活水平下所持续供养的人口数量。

世界自然保护同盟（IUCN）、联合国环境规划署（UNEP）及世界野生生物基金会（WWF）于 1991 年出版的《保护地球——可持续生存战略》（*Caring for the Earth：A Strategy for Sustainable Living*）一书中指出：地球或任何一个生态系统的承载力即为其所能承受的最大限度的影响。人类可以借助技术增大这种承载力，但是往往会以减少生物多样性和弱化生态功能为代价，并且这种增大不是无限制的。

一个地区的资源承载力受诸多因素影响。首要因素是该区域内各类资源的种类、绝对数量、品位和可取性等。其次，资源承载力受技术水平、管理方式和能力的影响，在先进的技术水平和良好的管理方式下，资源承载力也会比较高。此外，人类消费水平以及资源的流动性或贸易因素也会影响资源承载力，区域间的资源流动和贸易往来可大大提高该区域的人口承载力，例如，中国东部沿海地区一些人口稠密的省市能够成为经济增长的龙头。

资源承载力是一个广泛而综合的概念，是可持续发展的重要度量指标。随着世界各国经济的快速发展，资源短缺和环境污染问题愈发突出，为实现社会经济的可持续发展，社会经济发展必须控制在资源承载力之内。

（三） 矿物资源承载力

矿物资源是人类生存和社会发展的重要物质基础，是国民经济发展的重要支柱。矿物资源的可持续利用对国民经济可持续发展起着至关重要的作用。

基于资源制约的角度，矿物资源承载力是一个描述矿物资源支持人类生存或人类社会经济活动能力阈值的概念，是衡量一个国家或区域矿物资源可持续保障供应及满足社会经济发展需要程度的重要指标，也能在一定程度上体现和反映其区域矿物资源的保障能力和承载能力。

二、 定义与特点

（一） 定义

矿物资源承载力的具体定义是：在一个可预见的时期内，在当时的科学技术、自然环境和社会经济条件下，矿物资源存量以直接或间接的方式表现的所能持续供养的人口数量和经济总量。

（二） 特点

与其他自然资源相比，矿物资源承载力具有以下几个特点：

（1）矿物资源承载力具有时间限制性。矿物资源属于可耗竭性、不可再生性自然资源，其资源量有限，用一点就少一点，至于什么时候接近极限，必然有个时间限制，矿物资源承载力的大小与时间成反比。而其他自然资源如水、土地、森林等则不同，它们属于非耗竭性、可再生性自然资源，这些资源的承载力不会因时间的延长而减小。

（2）矿物资源承载力受科学技术的限制。矿物资源的开发利用必须以科学技术进步为前提，科技水平越高，矿物资源的利用率、经济转化率就越高，矿物资源承载力就越大，反之亦然。因此矿物资源承载力大小受科学技术水平的限制，与科技水平成正比。而其他自然资源则不同，例如，土地不管受科学技术影响的大小，都可拿来利用，只是产出产品的质量与数量略有不同而已。

（3）矿物资源承载力具有动态性。矿物资源的可用性是一个动态的概念，所有的矿物资源并非拿来就可以利用，它受两个基本条件的限制：第一，能否开采出来；第二，能否加工冶炼出可供利用的矿产品。只有两者兼备，矿物资源才会对社会有利用价值，才会支持经济发展。矿物资源承载力与科技水平成正比，与时间成反比，这决定了矿物资源承载力的大小是动态值，不同时期内的矿物资源承载力大小不同。

（4）矿物资源承载力具有直接性。矿物资源形成的产品可直接用作物质生产部门的基础原料，直接表现为对经济总量的支持。

（5）矿物资源承载力具有刚性。不同于其他自然资源（如水、土地、森林等），矿物资源的用途选择性较弱，且其开发利用和使用周期相对较长，具有强烈的刚性，很难随消费市场的变化及时调整。而土地可以生产出各种各样的产品，可根据市场的需求随时更改产出的产品。因此，矿物资源呈刚性变化，缺乏弹性。

（6）矿物资源承载力具有矿物利用过程中浪费与环境污染并生的特性。与水、土地、森林、草原等其他自然资源的利用过程不同，如果矿产资源受科技水平的限制，不能充分利用，那么本来有利用价值的矿物资源会被作为废弃物排向外界环境，这既极大浪费了矿物资源，又易导致生态环境的破坏。此外，矿物资源的开采具有破坏性，在开采过程中会破坏土地、污染水源、引发地质灾害，在加工冶炼过程中也会产生大量有毒有害的固态、液态、气态废物，造成环境污染和生态破坏。部分矿物资源的承载力会因环境的恶化而衰减。

（7）矿物资源承载力首先表现为对经济发展的承载能力，其次间接表现为对人口和环境的承载能力。矿物资源对人类生活的影响是通过经济社会的发展间接产生的，而经济的发展与人口的增长不是同步的，所以矿物资源承载力并不直接体现在所供养的人口数量上。

三、 评价指标与模型

矿物资源承载力的评价指标和模型主要有两种：矿物资源经济承载力和矿物资源人口承载力。

（一） 矿物资源经济承载力评价

矿物资源经济承载力是指一定时期某种矿物资源对经济发展的承载能力，具体是指一定时期某种矿物资源的剩余可采储量所能支撑的经济规模。可用两种途径表征矿物资源经济承载力，一是直接表征，即直接计算矿物资源经济承载力；二是间接表征，即用保证年限反映矿物资源承载能力。

（1）矿物资源经济承载力。计算公式为：

$$C_E = \frac{R}{R_G} \tag{7-1}$$

式中：C_E——矿物资源经济承载力；

　　R——矿物资源剩余可采储量；

　　R_G——单位国内生产总值（GDP）矿物消费量。

从时间角度看，矿物资源经济承载力包括现状矿物资源经济承载力和预测矿物资源经济承载力。对于上述计算公式，若 C_E 为现状矿物资源经济承载力，则 R 为现状矿物资源剩余可采储量，R_G 为现状单位 GDP 矿产品消费量；若 C_E 为预测矿物资源经济承载力，则 R 为预测期末矿物资源剩余可采储量，R_G 为预测期末单位 GDP 矿产品消费量。

（2）矿物资源经济平衡。计算公式为：

$$F = \frac{C_{\mathrm{E}}}{G} \tag{7-2}$$

式中：F——评价常数；

$\quad C_{\mathrm{E}}$——某时期的矿物资源经济承载力；

$\quad G$——同一时期的国内生产总值。

$F<1$ 表示缺乏承载力；$F \geqslant 1$ 表示具有承载力，且 F 值越大，承载力越大。

（3）保证年限。矿物资源保证年限是指某时期某种矿物的剩余可采储量在假设矿物消费全部为自给的情况下所能保证的年限长短，通常为静态。计算公式为：

$$Y = \frac{R}{S} \tag{7-3}$$

式中：Y——保证年限；

$\quad R$——矿物剩余可采储量；

$\quad S$——年矿物消费量。

（二）矿物资源人口承载力评价

（1）矿物资源人口承载力。指一定时期某种矿物资源对人口规模的承载能力，指矿物资源剩余可采储量所能间接供养的人口数量。计算公式为：

$$C_{\mathrm{P}} = \frac{R}{R_{\mathrm{P}}} \tag{7-4}$$

式中：C_{P}——矿物资源人口承载力；

$\quad R$——矿物资源剩余可采储量；

$\quad R_{\mathrm{P}}$——单位人均矿物消费量。

从时间角度看，矿物资源经济承载力包括现状矿物资源人口承载力和预测矿物资源人口承载力。对于上述计算公式，若 C_{P} 为现状矿物资源人口承载力，则 R 为现状矿物资源剩余可采储量，R_{P} 为现状单位人均矿物消费。若 C_{P} 为预测矿物资源人口承载力，则 R 为预测期末矿物剩余可采储量，R_{P} 为预测期末单位人均矿物消费量。

（2）矿物资源人口平衡。指在一定时期内根据现有的矿物资源量计算出的矿物资源人口承载力与人口数量之间的平衡。计算公式为：

$$F = \frac{C_{\mathrm{P}}}{P} \tag{7-5}$$

式中：F——评价常数；

$\quad C_{\mathrm{P}}$——某时期的矿物资源人口承载力；

$\quad P$——同一时期的人口规模。

$F<1$ 表示缺乏承载力；$F \geqslant 1$ 表示具有承载力，且 F 越大，承载力越大。

四、提升途径

矿物资源承载力受资源储量和环境容量共同制约。在未来相当长的一段时间内，中国经济持续高速的发展对各类矿物资源的利用规模还将持续扩大，矿物资源承载力水平将成为制约经济可持续发展的瓶颈。为提高矿物资源承载力，可采用以下一些开源节流的途径提高矿物资源的保障能力。

（一）　加大矿物资源勘查力度

随着中国经济社会工业化和城镇化的快速推进，一些重要矿物的储量消耗快于储量增长，矿物资源承载力持续下降，矿物资源供需矛盾日益突出。在矿物资源大量快速消耗态势短期内难以逆转的情况下，加大地质勘查、增加矿物资源供给是提高矿物资源承载力的首选。政府应统筹协调公益性和商业性地质工作，对于基础性和战略性的矿物资源，做好公益性服务，通过加大财政投入，完成矿物资源的潜力评价和矿物资源的愿景调查。同时，利用公益性地质勘查，发挥其对商业性矿物勘查的引导作用，同时还可降低商业性地质勘查的风险并提高其效率。对于商业性地质勘查，可通过进一步完善优化矿业投资环境、建立促进社会资金进入矿物勘查开发领域的新机制、实行积极支持商业性矿物勘查开发的金融政策、建立完善矿物资源的法律法规体系、发展和规范矿业权市场等手段措施，建立适应市场经济需求的商业性矿物勘查开发机制。

（二）　加大现有矿区开发水平

在中国现已探明的矿物储量中，一部分由于技术、经济的原因尚未进入开发阶段或未能得到充分开发，例如，由于生产工艺复杂、开采技术难度过大的深部矿区；一部分由于产能规模经济及价格机制的原因而不能进入开发阶段的地区，如矿区边缘区、小矿区等。按照生产理论的一般原理，可通过提高资源产品的收益和降低资源产品的开发成本实现产量的增加，为此，可通过理顺上下游产品的价格关系、形成反映矿物品实际价值的有效价格市场机制、加大生产工艺的技术研发和创新力度、实施激励性的财政政策措施等方式，提升对现有已探明矿区的开发水平。

（三）　有效利用国外市场

中国矿物资源具有人均储量不足、结构性短缺明显以及资源开发条件受限等特点，这些特点决定了中国必须充分利用"两种资源、两个市场"（即国内资源和国外资源两种资源，国内市场和国际市场两个市场），加速利用国外矿物资源以增加中国矿物资源的有效供给。中国可以根据自身的矿物资源状况、需求结构、重要程度和经济技术条件，采取不同的方式和利用结构，以保证自己能够获得稳定的矿物资源来源。政府可以通过财政扶持、税收优惠、信贷支持等方式，鼓励企业进行直接的海外矿物资源投资活动或贸易。

（四）　提高矿物资源开发利用水平

中国矿物资源利用方式较为粗放，开发利用效率不高，矿物资源破坏浪费现象较为严重。同时，矿物资源粗放式的过度开发，特别是一个时期以来的乱采乱挖，还带来了较为严重的生态环境问题。可通过加强矿业秩序治理整顿和管理，避免人为破坏、浪费矿物资源；依靠科技进步和科学管理，提高采矿回采率、选矿回收率和尾矿、废石的利用程度；实行规模经营和集约生产，切实推进矿物资源开发利用方式由粗放型向集约型转变。

（五）　提高矿物资源利用效率

要按照科学发展观的要求，树立和落实科学的资源观，大力促进资源的节约集约利用。《中共中央关于制定国民经济和社会发展第十一个五年规划的建议》就已提出："要把节约资源作为基本国策。"为此，可通过转变经济增长方式，如通过发展循环经济、调整优化升级产业结构、大力推广节能技术、提高自主创新能力等方式来提高矿物资源的配置和利用效率。

（六）　发展替代资源

矿物资源的不可再生性特点决定了其终将因消费而枯竭，与时俱进地开发替代性资源是走出资源枯竭困境的必然选择。可通过大力发展新型替代资源来逐步提高矿物资源的承载力。以煤炭为例，如通过发展太阳能、风能、核能等新型清洁能源，能有效地降低对煤炭资源的消费。

第四节　矿物资源开发的环境问题

矿物资源既是人类生活资源的来源，又是极为重要的社会生产资料，是一种不可更新的自然资源。旧石器时代以来，人类社会的发展和进步离不开对矿物资源的不断发现与开发利用。即使在人类进入信息社会和知识经济时代的今天，仍有70%的农业生产资料与矿物资源相关，80%以上的工业资料和95%以上的能源都来自矿物资源，采矿业与以矿产品为原料的加工业总产值在工业总产值中的占比约为70%，所以，矿物资源是国家实现工业化和现代化最为重要的物质基础之一。

人类对矿物资源的开发已有数千年的历史，并从中获取了巨大的财富，但是采矿过程所导致的环境污染与破坏以及采后留下的尾矿、废弃地、废渣等都带来了许多生态环境问题。这些环境问题主要表现为以下几个方面：破坏生态景观、污染土壤环境、污染水体环境、污染大气环境、影响生物多样性。

一、　破坏生态景观

矿山开采主要有两种方式：露天开采和井工开采。

矿山露天开采，易对当地自然景观造成破坏，将山体原有的自然景观变得满目疮痍。通常而言，矿地在开采之前都是森林、草地等植被覆盖的山体，但在开采过程中，地表植被会被破坏，土壤会被剥离，岩体遭受挖损，矿渣与垃圾不断堆积，开采后会产生大量的陡坡、大片的裸地、大面积的地陷坑，这与周围绿色的植被生态系统形成了鲜明的对比，与附近优美的景观极不相称，大大损害了城市生态景观的协调统一。

井工开采对地表生态景观的破坏主要表现在以下几个方面：开采导致地表沉陷和产生地裂缝；地质结构的变化会影响地表植物的生长，影响坑洼地水源的聚集或流失，改变地表河道等。

二、　污染土壤环境

（一）　破坏土壤结构

矿物资源开发时，会清除或挖走矿地表土，留下的通常是新土或矿渣，再加上汽车和大型采矿设备的重压，导致土壤基质大量暴露。由于缺乏有机质、养分和水分，这些坚硬、板结的基质既不利于植物的生长，也不利于动物的定居。此外，对于含有硫铁矿的矿地，如果还含有白云石等含钙矿石，就很有可能在前者的氧化和后者的风化淋溶作用下形成一层石膏沉积，从而导致矿地的植被恢复变得更加困难。

（二）污染土壤基质

1. 有毒重金属污染

例如，广东凡口铅锌尾矿中的 Pb 总量高达 34 300 mg/kg，Zn 总量高达 36 500 mg/kg，有效态 Zn 高达 1 963 mg/kg，如此之高的重金属含量会严重抑制绝大多数植物的生长发育，并对其产生严重的毒害作用。又如，煤矸石是中国常见的固体废物，它是一种在煤炭形成过程中与煤伴生、共生的坚硬岩石，是煤炭开采和加工过程中排出的废物。煤矸石堆置占用大量的耕地、林地、居民用地、工矿用地或周边土地，若其露天堆置，经受风吹、日晒、雨淋，在物理风化的剥蚀作用和化学风化作用下，其中的有毒重金属元素（如 Zn、Cd、Hg、Cr 等）经雨水淋溶后进入土壤，增加了土壤中的重金属含量。煤矸石山的重金属污染程度取决于这些元素的含量和淋溶量的大小，这些元素一旦进入土壤，其自然净化和人工治理都相当困难，不但不能被微生物分解，而且可被生物富集，会给矿区居民产生较大的潜在危害。

2. 高度酸化污染

主要由硫铁矿或其他金属硫化物氧化引起。例如，铅锌矿的硫含量高达 15.4%，酸化后可使土壤基质的 pH 降至 2.4 左右，渗出液 pH 甚至降至 2 左右。

三、污染水体环境

（一）水体富营养化

云南昆明的滇池是著名的风景名胜区，但滇池水体曾遭受污染严重。起初治理滇池曾耗费了大量资金，但是效果并不理想，仅局部水体得到改善。究其原因，滇池周边著名的昆阳磷矿难脱干系。昆阳磷矿开发过程中产生了含磷量较高的废水和废物，然后流入滇池，使滇池水体含磷量持续增加，促使绿藻疯狂生长，消耗了大量的溶解氧，导致鱼类和其他生物大量死亡，水质恶化并散发臭味。因此只有先实现昆阳磷矿生态化才能开展滇池治理。

（二）水体重金属污染

在雨水淋溶作用下，土壤基质中的重金属会随雨水渗入采矿水中，并流入下游水域，可能污染饮用水和毒害水栖生物。例如，受煤矿开采影响，美国伊利溪（Ely Creek）流域水体 pH 为 2.7~5.2，其沉积物中 Fe、Al、Mn 的含量分别约为 10 000 mg/kg、1 500 mg/kg、150 mg/kg。

（三）水体酸化

煤矸石中硫分及其他有害元素的含量普遍较高，例如，四川南桐煤矿矸石的含硫量高达 18.93%，贵州六枝煤矿达 8%~16.08%。而黄铁矿是硫的主要存在形式，煤矸石中的黄铁矿结核在长期风化和降水的淋溶作用下，形成硫酸或酸性水，导致地表水体及浅层地下水的酸化污染。例如，美国俄亥俄州某矿区，受长期风化淋溶作用，其煤矸石山附近水体中的硫酸盐浓度在 10 多年的时间内增加了 20 g/L，这种现象在中国西南、西北及山西的一些高硫分矿区尤为突出。

四、污染大气环境

（一）粉尘污染

露天矿山开采及矿石运输、堆放等过程中，其中的细小颗粒粉尘在一定风速下被吹起形成扬尘。这些粉尘中含有很多对人体有毒有害的元素（如 Hg、Cr、Sn、Cu、As 等），若随风悬浮于大气中，一方面破坏了大气的温室效应，使气候出现异常，另一方面威胁人体健康，小颗粒粉尘易被人体吸入肺部，导致气管炎、肺气肿、尘肺等疾病，严重的还会导致癌症，大颗粒粉尘易进入眼、鼻，引起感染。

中国石棉产量最大的矿山——青海茫崖石棉矿，始建于 1958 年，为山坡露天式开采，矿山实际开采面积 0.4 km²，TM 卫星遥感影像图上显示：大气粉尘强烈影响区约 50 km²，是矿区开采面积的 125 倍，中度影响区约 10 km²，轻度影响区 5 km²，累计大气粉尘污染面积 65 km²，是矿山开采面积的 162.5 倍。周围的大气、地表植被、人群均遭受严重威胁。

（二）有害气体污染

煤矸石在野外露天堆放时，日积月累，其中的黄铁矿氧化发热，当温度达到可燃物燃点时，逐级引起混在煤矸石中的原煤自燃，再引起煤矸石自燃。常年自燃的煤矸石山，每平方米燃烧面积可向大气排放 6.5 g 的 SO_2、2 g 的 NO_x、2 g 的 H_2S、10.8 g 的 CO，除此之外，煤矸石自燃还会产生许多严重危害环境的多环芳烃类有机物，如苯并芘、二苯并蒽、二苯并荧蒽等。这些物质以气态形式或者吸附于细颗粒物排入大气，加剧大气污染，降低大气环境质量。自燃煤矸石山周围烟雾弥漫、气味呛人，致使周边居民的呼吸系统疾病发病率明显提升，严重损害人体健康。例如，乌达矿务局某矿山自燃，排出的 SO_2、H_2S 日平均浓度最高达 10.69 mg/m³，使该地区的呼吸道疾病发病率显著高于其他地区；铜川矿务局 13 个煤矿中 6 个煤矿的煤矸石发生自燃，使煤矸石山周围地区的 SO_2、TSP 等严重超标，导致在自燃煤矸石山周围工作 5a 以上的职工都患有不同程度的肺气肿，而且这些地区都是癌症高发区。

五、影响生物多样性

矿物资源开发时要清除植被，挖走表土，同时导致土壤污染和退化，这些致命地打击了矿地的生物多样性。不仅如此，由于渗出液对下游和周围地区产生污染，因此还会影响周围地区的生物多样性。而生物多样性丧失后，受损生态系统的恢复则会变得非常缓慢。

第五节 城市矿产开发与循环经济

一、 城市矿产的概念界定

（一） 城市矿产的概念及其发展历程

"城市矿产"的英文为 urban mining，故还可译为"城市矿藏""城市矿山""都市矿山"等。基于原生矿产资源经过一个多世纪的开发和利用，从地下转移到地上，由矿区转移到城市的事实，人们针对目前全球矿产资源短缺的困境，提出了在城市中"开采"资源的形象表达——城市矿产。城市矿产是相对于自然矿产而言的，可被视为城市代谢过程中的次生产物。从狭义角度看，城市矿产特指废家电、废手机等电子废弃物中的稀贵金属，如金、锂、钛、钯等。从广义角度看，城市矿产指城市废弃物中所有可供循环再生利用的金属、塑料、橡胶、玻璃等资源。

城市矿产概念最早源自美国城市规划学家雅各布斯（Jacobs）于 20 世纪 60 年代提出的设想——将城市作为未来的矿山，从城市废弃的污染物中开采原材料。1971 年美国的斯潘德洛夫发出在城市开矿的号召，推动各种金属回收处理工艺及设备的研发和应用。1985 年中国的杨显万等学者首次在国内阐述了城市矿山相关技术的研究及其应用情况，并提出了针对中国城市矿山产业发展的政策建议。1988 年日本的南条道夫等人将再生资源蓄积场所（如废旧电子电器、机电设备等）定义为"都市矿山"。1989 年中国学者张汉民将城市矿山比喻为"静脉"，认为城市是实施资源再循环的理想场所。2006 年日本的白鸟寿一提出了人工矿床的设想，认为可回收的资源蓄积均可视为矿床，并在考虑回收资源的各种可能性的同时尽可能地降低对环境的影响。2012 年美国的史泰龙（Stallone）认为正在使用的产品、建筑物等也属于城市矿产，而瑞典的巴奇尼（Baccini）和布伦纳（Brunner）进一步丰富了城市矿产的内涵，认为城市代谢产生的产品、建筑、垃圾中的化合物、能量和元素都可称为城市矿产。

（二） 相关概念辨析

1. 与固体废物的区别

固体废物是指人类在生产、消费和生活等过程中产生的固态或半固态的废弃物质。城市矿产是具有经济价值、环境价值和社会价值的资源，并不是所有固体废物在现有的技术条件下都能转变为城市矿产资源进而被开发利用。但随着科学技术的进步，将有越来越多的固体废物转化为城市矿产。

2. 与再生资源的区别

再生资源是指在社会生产和消费生活过程中产生的，已失去原有全部或部分使用价值但经过回收、再生利用能够使其重新获得使用价值的各种废物。城市矿产与再生资源的概念十分相似，但两者侧重的性质不同。再生资源强调的是废旧资源的自然属性，即可被二次利用的自然禀赋。城市矿产更多着眼于其社会属性，是亟待开发的城市矿产资源，强调资源的战略性及开发的环保价值。此外，两者侧重的对象不同。过去再生资源的开发主要以工业废物为原料。然而城市矿产提出时正值城市化进程加速，在此背景下城市居民消费结构发生重大改变，城市的生活废物大量产生。因此，如今城市矿产的开发更多以生活废物为原料。

3. 与自然矿产的区别

自然矿产是自然活动产生的，其开采对象为地壳中可以被利用的自然资源。人们通过矿产开采的方式进行资源采集，然后筛选出可以利用的自然资源，再对矿产资源进行冶炼进而提高资源品位，最后对矿产资源加工利用。自然矿产的储量及理化特征通常是未知的，且其组成成分明显受自然条件影响。而城市矿产是人为活动产生的，其开采对象为城市中可循环再利用的废物。人们通过不同的渠道对其进行回收，然后拆解筛选出可再生利用的部分，再对其进行分离、提纯、富集，最后对这些再生资源进行利用。城市矿产组成成分相对固定，其资源含量及理化特征容易通过测量分析获取。

4. 与城市生活垃圾的区别

城市矿产和城市生活垃圾均由人类生活代谢产生，但两者组成成分有明显的差异。城市矿产产生于消费的末端，往往具有固定形状和有序的物理结构；而城市生活垃圾产生于消费的各个阶段，不仅没有固定形状，而且组分受季节、人类生活习惯、社会经济发展水平影响。

5. 与循环经济的区别

循环经济是对物质闭环流动性经济的简称，本质上是一种生态经济，即把清洁生产和废物综合利用融为一体的经济。它要求运用生态学规律指导人类社会的经济活动，按照自然生态系统物质循环和能量循环规律重构经济系统，使得经济系统和谐地纳入到自然生态系统的物质循环中，建立起一种新形态的经济。而城市矿产是循环经济的重要组成部分，循环经济研究的废物利用部分与城市矿产的研究内容在很大程度上存在重叠。因此关于城市矿产的研究很多散布于以"循环经济"为关键词的相关研究中。

二、 国外城市矿产开发的发展

目前，发达国家的金属再生利用率超过了 40%，显著缓解了其资源环境压力。在全球范围内，铁、铜、铅、铝、锌等主要金属的再生利用量占产量的比例均超过了 30%。据估计，未来 30a 里城市矿产为全球提供的资源替代量将由目前的 30% 显著提高到 60% 左右，新增就业人数高达 3.5 亿人。

美国每年城市矿产的产值已超过 2 300 亿美元。北美每年铝的回收量已经超过 500 万 t，几乎与原生铝的产量相等，因此铝产业未来发展的必然趋势是大力发展铝回收产业。德国是欧盟国家中最早开展城市矿产开采并取得显著成效的国家之一，其城市矿产资源的平均回收利用率超过了 50%（其中塑料等废包装物、报废汽车、废旧电池的回收利用率分别达到了 90%、80%、70%），这每年为其创造的价值超过 410 亿欧元。凭借着城市矿产策略，日本摆脱了矿产资源贫瘠的状态，逐渐变成稀贵金属储量大国。据测算，日本诸多的城市矿产中黄金储量已经超过南非跃居于世界第一，银和铟的储量分别达到世界天然储量的 23% 和 38%，稳居世界第一。

三、 中国循环经济发展与城市矿产开发

（一） 中国循环经济发展历程

20 世纪 90 年代末至 2003 年为第一阶段，这一阶段以学术关注和理论研究为主。基于资源综合利用、清洁生产的理论研究与实践，中国开始引入发达国家的循环经济理念，并从国家层面公开表达中国发展循环经济的重要性和迫切性，提出只有走以最有效利用资源和保护环境为基础的循环经济之路，可持续发展才能得到实现。当时的国家环保总局主管了这一阶段的循环经济工作，并逐步在部分省、市、自治区进行了循环经济工作的尝试，研究循环经济的热潮也逐渐形成。

2004 年至 2014 年为第二个阶段，是实践萌芽和探索时期。2004 年，国家发展和改革委员会接管了中国循环经济工作的有关职能。同年，全国循环经济工作会议召开。2005 年，国务院发布推动循环经济发展的纲领性文件——《关于加快发展循环经济的指导意见》。2009 年，中国正式实施《循环经济促进法》，标志着中国循环经济发展进入法制化轨道。这一阶段，国家发展和改革委员会会同有关部门在重点行业、重点领域开展了循环经济试点示范，进行了园区循环化改造、"城市矿产"示范基地建设、餐厨废物资源化利用和无害化处理试点，中国循环经济得到了蓬勃发展。

2015 年至今为第三个阶段，这一阶段强化推进了经济社会的全面发展。"十三五"以来，随着生态文明和绿色发展理念的提出和顶层设计制度的出台，中国循环经济发展进入历史新阶段。这一阶段，除继续推进园区循环化改造工作外，中国还开展了生产者责任延伸制度试点，研究并完善"限塑令"政策。总结前期循环经济各类试点示范的经验，明确发展循环经济的新目标和重点领域，推动生态文明建设和实现绿色高质量发展，成为这一阶段发展循环经济的新任务。

（二） 中国城市矿产开发现状

2006 年中国开始创建静脉产业园，把再生资源产业作为发展循环经济的重要内容写入国家"十一五"规划，并将其作为中国未来经济社会发展的战略任务。随后提出创建资源节约型、环境友好型社会，更加凸显了中国发展资源再生产业、走可持续发展道路的决心。从资源回收试点城市开始，以静脉产业园区为切入点，逐渐在许多地区形成了"回收、转运、分拣、处理"的立体式产业链条，初步建立了中国城市矿产开采和产业发展格局。

为加快促进城市矿产的开发和再生资源回收利用体系的完善，国家发展和改革委员会、财政部于 2010 年 5 月联合发布《关于开展城市矿产示范基地建设的通知》，提出在接下来的 5 年期间，在全国建成 30 个左右技术先进、环保达标、管理规范、利用规模化、辐射作用强的城市矿产示范基地，随后国务院发布《关于加快发展节能环保产业的意见》，又将示范基地数量增加至 50 个。目前我国已完成六批共 49 个国家级城市矿产示范基地的建设。从空间上看，这 49 个国家级城市矿产示范基地分布于中国 27 个省、自治区、直辖市，呈东密西疏的地理特征，且主要集中在环渤海地区、长三角地区和中部地区。国家级城市矿产示范基地的建设极显著提升了中国城市矿产产业的整体发展水平，积极推动了该产业的规模化、规范化和集聚化。

中国城市矿产回收总量总体上稳步上升。2012—2018年，中国废钢铁、废有色金属、废塑料、废纸、废轮胎、废弃电器电子产品、报废汽车、报废船舶、废旧纺织品、废玻璃、废电池(铅酸除外)等11种城市矿产的回收利用总量从16 067万t增长至31 990.7万t，增长了99.1%。其中，废钢铁、废有色金属、废弃电器电子产品、报废汽车这4种城市矿产增长幅度最为显著，分别增长了153.3%、109.4%、99.3%、92.3%。从回收结构上看，废钢铁、废纸这2种城市矿产约占总量的80%，其余9种城市矿产则只占了约20%。

中国城市矿产回收价值总体上呈波动上升趋势，11种城市矿产回收总值由2012年的5 413.4亿元增加至2018年的8 704.6亿元，增幅达60.8%。其中，2012年至2013年处于下降态势，2014年首次突破6 000亿元，但2015年又明显下降，随后3年稳步上升，2017年首次突破7 000亿元，2018年首次突破8 000亿元。从不同种类城市矿产的价值来看，废钢铁、废有色金属、废塑料、废纸这4种城市矿产的回收总值在总量中占比较大，四者之和约占95%。以2018年为例，废钢铁、废有色金属、废塑料、废纸这4种城市矿产的回收总值分别为3 925.4亿元、2 197.8亿元、1 189.5亿元、970.2亿元，分别占当年城市矿产回收总值的45.1%、25.2%、13.7%、11.1%。

中国城市矿产进口主要集中于废钢铁、废有色金属、废塑料、废纸、报废船舶、废旧纺织品等6种，进口总量总体上呈稳步下降的趋势，从2012年的4 970万t下降至2018年的1 986.6万t，降幅达60.0%。2017年国务院办公厅印发《禁止洋垃圾入境推进固体废物进口管理制度改革实施方案》，提出全面禁止洋垃圾入境，完善进口固体废物管理制度，切实加强固体废物回收利用管理。受此政策影响，2018年中国上述6种城市矿产进口量均出现下滑，整体同比下降45.1%，其中废塑料降幅最大，同比下降99.1%。

四、 城市矿产开发研究

(一) 城市矿产开发潜力研究

1. 城市矿产构成方面的研究

废旧机电设备、电线电缆和塑料包装物中，含有钢铁、有色金属、橡胶和塑料等可循环利用的资源，且组分相对单一，比较容易确定。而废弃电子产品中含有的金属成分具有种类复杂、价值高、开发难度大等特点。近年来，随着废弃电子产品的增多，学者们对其所含金属成分的研究也随之兴起。据测算，废弃电子产品中钢铁、塑料、有色金属的含量分别约为50%、21%、13%，并且有色金属的组分中含有大量的稀贵金属。从元素角度看，废弃电子产品包含金、银、钡、硼、铬、铟、镍、铅、锑、锡、锶、锌、锆、铊、铝、铁、锂、钽、铂、稀土元素等。

2. 城市矿产社会蓄积量测算方面的研究

目前有关城市矿产社会蓄积量的具体概念尚没有明确的界定。有学者认为，可将该概念概括为正在使用的建筑、基础设施、交通工具、机械设备、电子产品等物品中包含的金属、塑料等资源。现有研究主要使用物质流分析的方法对城市矿产社会蓄积量进行测算，即通过对经济活动中物质流动的流量和路径的分析建立物质投入和产出账户。具体的计算方法分为两个视角，即"自上而下"和"自下而上"。前者根据大规模统计数据及估计相关系数估算城市矿产社会蓄积量，是停留在理论上的推演，在计算过程中数据可能会发生较大偏差。后者可以具体测算某一地区或某一行业的金属蓄积量，有利于集成开发，但会遗失一部分数据，并且数据收集工作量大，有些部门数据不易获得。

（二）城市矿产开发价值研究

1. 城市矿产开发经济价值方面的研究

现有研究表明，现阶段城市矿产开发的经济性并不乐观，初始投资巨大。为了解释这种开发利用不经济的现象，学者们对相关因素进行了探究。主要有四方面的因素影响了城市矿产开发的经济性：首先是回收网络因素。回收利用产业链可初步分为回收和加工利用两个阶段，有学者认为回收阶段并不创造价值，因为该阶段中废物只是发生了从产生源到加工厂的空间转移，并且该阶段的费用要靠加工利用阶段的利润来补偿，而降低费用的关键在于建立回收共生网络，使参与企业获得集群经济效益、规模经济效益和范围经济效益进而降低回收成本。其次是经济因素，不仅受废物转化效率、电力、投资和运营等相关要素的费用影响，还受初始投资的影响。第三是政策因素。政策措施对城市矿产开发利用经济性的影响不容忽视，在规范的政治制度框架下市场经济能促进材料很好地循环。最后是技术因素。技术水平越高，拆解得越彻底，获得的收益也越多。

2. 城市矿产开发生态价值方面的研究

学者们通常使用生命周期影响评价的方法来定量评估城市矿产开发的生态价值，即对对象在生命周期内的环境影响进行综合评定。相关研究表明，相比于原生矿开采，城市矿产的开发利用需要的资源更少，排放的污染物更少，具有显著的环境效益。开发城市矿产的目的是节能环保，但在回收处理过程中若有不恰当的行为（如缺少安全指导方针、回收技术不合理），则会对环境造成二次污染，因此，为减少对环境的负面影响，还需发展合理、科学的回收方法。

第六节　案例分析

中国学者对中国在用铜（copper in-use）库存的时空格局进行了研究。

一、1952—2012 年中国在用铜库存增长格局

根据"自上而下"方法的计算结果，中国在用铜的库存总量在 1952—2012 年呈现明显的增长趋势，并且在 2000 年以后出现了近似指数的增长（图 7-1）。人均在用铜库存量从 1952 年的不足 1 kg 增加到 2012 年的 44 kg，约为发达国家的 1/5。两个原因可能造成了这种增长：一方面，铜消费市场在 20 世纪 90 年代中期得到了开放，而在此之前，铜的消费受制于中国计划经济的影响，例如，1988 年物资部禁止在 205 种中国国内产品中使用铜。另一方面，中国城市化进程自 21 世纪初以来不断加速，对城市基础设施的投资也随之增加。统计数据表明，中国城市化率从 1999 年的 30.8% 上升至 2000 年的 36.2%，截至 2021 年以每年 1% 左右的速度持续增长。而在 1999 年之前，中国城市化率增长缓慢，从 1952

年的 12.5%提高到 1998 年的 30.4%。

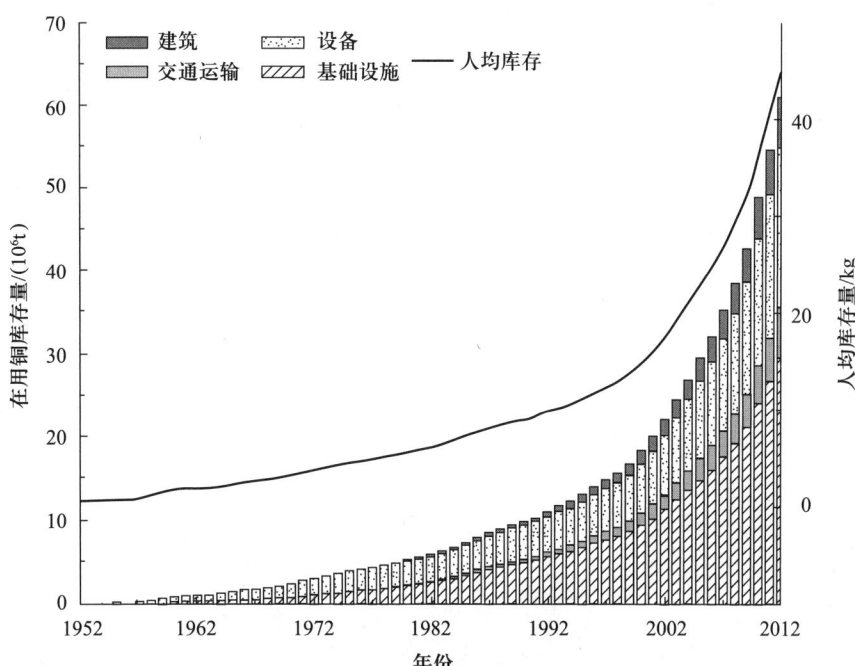

图 7-1 自上而下估算的 1952—2012 年中国在用铜库存

(资料来源：Zhang 等，2015)

在用铜库存结构方面，尽管所有的最终使用部门都在增长，但基础设施和设备仍是最大的两个组成部分。中国 20 世纪 80 年代开始实行改革开放，刺激了城市化进程和相关基础设施建设，基础设施中的铜用量超过了设备，成为最大的贡献者。基础设施中铜的用途主要涉及发电设施、电力传输和分配系统。自 1949 年中华人民共和国成立以来，国家电网已经进行了多次升级，毫无疑问地促使了该类别中铜库存的激增。在设备的子分类中，军事装备在 20 世纪 50 年代到 70 年代期间对铜库存的贡献最大，这主要受当时中国的战备策略影响。之后，铜在军事上的用量有所减少，在其他用途上有所增加。但是由于受计划经济的影响，民用铜在 20 世纪 90 年代中期之前一直都相对稀少。自 20 世纪 80 年代以来，交通和建筑两类中铜的库存都有所增加。城市化促进了建筑的急剧增加，铜主要用于建筑物中的管道和电线。交通部门铜库存的增加可归因于汽车的增加和民用运输系统的发展。

根据"自上而下"的算法，2012 年中国在用铜的存量为 6×10^7 t，这意味着在 1952 年至 2012 年期间，约 84%的社会铜累计消费量保留在库存中。经过 60 a 的开采和使用，社会在用的铜库存已成为中国最大的铜库，其库存量是中国目前铜矿石基本储备量的两倍以上。与地下原生资源相比，再用次生矿床的聚集质量更高。快速增长的趋势和巨大的规模都对未来几十年的回收机会产生重大影响。

二、2012 年中国在用铜库存结构

根据"自下而上"的估算，2012 年中国的在用铜存量为 48×10^6 t（图 7-2）。其中，基础设施部门的铜库存为 28×10^6 t，占总库存量的 58%，而设备、建筑和交通部门中的在用铜存量分别为 9×10^6 t、7×10^6 t、4×10^6 t，分别占总存量的 19%、14%、9%。从子类别具体来看，发电设施、电力传输和分配系统（EPTD）的在用铜库存占比最大，约占总量的 50%。这很可能是因为自 2000 年以来传输和分配设施扩张，而其中电线电缆中使用了铜。此外，基础设施的使用寿命相对较长（估计长达 80 a），也可部分解释这一点。家用耐用品（household durables，HD），居民住宅（residential buildings，RB）和机动车（motor vehicles，MV）中也有大量的铜库存，四者之和占总库存的 80%。此外，工业设备（industrial equipment，IE）和非居民住宅（nonresidential buildings，NRB）均占总库存的 6%。

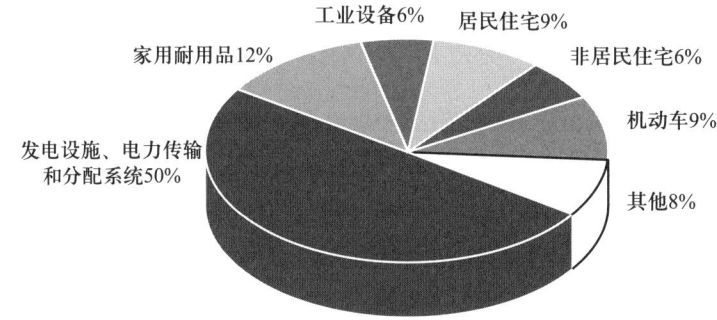

图 7-2　"自下而上"估算的 2012 年中国在用铜库存结构（来源：Zhang 等，2015）

中国人均在用铜库存量约为 36 kg，细分为基础设施 21 kg、设备 7 kg、建筑物 5 kg、交通运输 3 kg（表 7-3）。与美国康涅狄格州的估算值相比，两者的人均数值存在巨大差距，主要在于建筑物类别中，两个地区之间的差距约为 40~70 kg。其中的原因是中国的电气化率比美国低。此外，受消费习惯的影响，中国建筑物中铜管和铜制五金配件的使用也相对较少。

表 7-3　"自下而上"估算的 2012 年中国人均在用铜库存结构

类别	子类别	人均值/kg
	供水分配	0.9
	发电	0.9
	输配电	17.5
基础设施	电信	0.7
	广播电视	0.0
	铁路和城市轨道交通系统	0.1
	街景和交通灯	0.4
	小计	20.5

类别	子类别	人均值/kg
交通运输	机动车	3.1
	飞机	0.0
	民船	0.1
	铁路车辆	0.0
	小计	3.2
建筑物	居民住宅	3.2
	非居民住宅	1.9
	小计	5.1
设备	家用耐用品	4.3
	商用设备	0.1
	工业设备	2.1
	小计	6.5
合计		36

（资料来源：Zhang 等，2015）

三、 2012 年中国在用铜库存空间分布

选用四个确定的主要子系统（即 EPTD、HD、RB 和 MV）来代表中国在用铜库存的整体空间分布。就总存量而言，广东、山东、河南、江苏和河北在中国 31 个（未统计港澳台）省级行政单元中排名前五位（表 7-4）。以每平方千米在用铜的存量（kg）衡量，中国东部地区的空间分布密度高于其他地区，这可能与其较高的人口密度和财富有关。上海是中国最富裕的地区之一，拥有最高的空间分布密度，考虑到所表征的在用铜库存仅占总量的 78%，其实际密度水平应该更高。北京和天津的空间密度也相对较高。北京的在用铜库存人均值最高，而中国西部的大多数省份在该指标上低于东部地区。四川的在用铜库存相对较高（在 31 个地区中排名第六），但其在用铜库存空间分布密度和人均值的排名较低，主要原因是该省人口密度较高。西藏的在用铜库存的总量、空间分布密度和人均值均是 31 个地区中最低的，这反映了该地区经济发展水平和人口密度均比较低。

表 7-4 "自下而上"估算的 2012 年中国在用铜库存空间分布

省份	人均铜存量/(kg·人$^{-1}$)	铜存量总量/(×10^{6}t)	空间密度/(kg·km^{-2})
北京	39.5	0.82	48 607
天津	35.7	0.50	44 638
河北	30.3	2.20	10 723

续表

省份	人均铜存量/(kg·人$^{-1}$)	铜存量总量/(×10^{6}t)	空间密度/(kg·km^{-2})
上海	33.2	0.79	125 321
江苏	31.6	2.50	24 359
浙江	33.4	1.83	17 927
福建	30.1	1.13	9 304
山东	30.9	3.00	19 295
广东	31.8	3.37	18 706
海南	28.7	0.25	7 494
辽宁	28.2	1.24	8 487
吉林	27.0	0.74	3 960
黑龙江	26.7	1.02	2 249
山西	28.7	1.04	6 640
安徽	26.6	1.59	11 383
江西	26.3	1.18	7 093
河南	26.8	2.52	15 103
湖北	27.0	1.56	8 391
湖南	26.4	1.75	8 275
内蒙古	29.2	0.73	615
广西	25.6	1.20	5 082
重庆	26.7	0.79	9 545
四川	26.2	2.12	4 395
贵州	25.2	0.88	4 983
云南	26.4	1.23	3 215
西藏	25.3	0.08	63
陕西	27.3	1.02	5 455
甘肃	25.3	0.65	1 438
青海	27.5	0.16	219
宁夏	28.7	0.19	2 798
新疆	27.5	0.61	370

注：香港、澳门和台湾资料暂缺。（来源：Zhang 等，2015）

从整体上看，在用铜的次级存量主要分布在中国东部地区，该地区的经济发展水平和人口密度均比较高。相反，中国主要的原生铜资源大都位于中西部地区，例如江西、云南和西藏。这种格局差异反映了不发达地区自然资源被开发程度低与发达地区大量消耗资源的矛盾。此外，从未来铜回收利用的角度看，一方面如果在东部城市地区发展铜回收和循环利用系统，则它们的生产力会比较高，因为当地通常具有较高的经济发展水平和人口密度；另一方面，较不富裕地区的工资水平可能较低，因此在当地发展铜回收和循环利用系统可能有利可图，这表明不同地区需要不同的回收策略。

思考题与习题

以某地级市为例，进行在用铜库存量研究。通过查询文献、搜集年鉴、发放问卷等方式获取数据：

（1）分别用"自上而下"和"自下而上"的方法，估算当地 2016 年至 2020 年期间在用铜库存量；

（2）从时间、空间、行业结构三个维度进行在用铜库存量的格局刻画；

（3）选取空间分布密度、人均在用铜库存量等指标，与其他相关研究进行对比，分析差异的原因。

主要参考文献

[1] 范存辉，杨西燕，苏培东. 地质学概论[M]. 北京：科学出版社，2016.

[2] 刘成武，黄利民. 资源科学概论[M]. 2 版. 北京：科学出版社，2014.

[3] 周科平，古德生. 采矿环境再造理论方法及应用[M]. 长沙：中南大学出版社，2012.

[4] 季晓立. "城市矿产"资源开采潜力及空间布局分析[D]. 北京：清华大学，2013.

[5] 曾现来，李金惠. 城市矿山开发及其资源调控：特征、可持续性和开发机理[J]. 中国科学：地球科学，2018，48(3)：288-298.

[6] 王昶，徐尖，姚海琳. 城市矿产理论研究综述[J]. 资源科学，2014，36(8)：1618-1625.

[7] 刘航. 中国城市矿产资源开发利用现状、问题及对策[J]. 中国矿业，2018，27(9)：1-6.

[8] Zhang L, Yang J, Cai Z, et al. Understanding the spatial and temporal patterns of copper in-use stocks in China[J]. Environmental Science & Technology, 2015, 49(11)：6430-6437.

第八章

营养物质循环分析

营养物质是构成生命体的重要组成成分，其循环对于自然生态系统十分重要，尤其是对农业生态系统，它关系到粮食安全与人类社会安定，以及可持续发展目标的达成。目前营养物质的循环主要围绕碳、氮、磷、硫开展研究，这些研究能够帮助我们认识到这些营养物质是如何从自然界进入到人类社会，又是如何从人类社会返回到自然界，在这个过程中会造成怎样的影响，以及我们人类如何可持续地利用好这些营养物质。

第一节　物质循环过程的分类与特征

一、地球物质循环

从地球环境形成演化过程驱动力的角度来看，地球系统中的物质循环可划分为物质的地质循环、物理循环、生物化学循环三大类（表8-1）。其中物质的地质循环过程包括地质学中板块构造运动（如大陆漂移假说）、多旋回构造运动、岩石循环、侵蚀循环（即戴维斯侵蚀循环理论），这些循环过程的物质运动的时间空间尺度都极大，它们控制着地球环境的总体格局，也是形成许多矿产资源和土地资源的重要过程。人类造成的重金属污染等难以完全修复的污染也只能依靠地质循环过程彻底净化，但由于该循环路径十分漫长，利用其完成重金属污染的净化并不理想。

表8-1　物质循环分类与特点

分类	时间尺度	空间尺度	功能
地质循环	大	大	矿产资源、土地资源
物理循环	小	大	淡水资源、水力资源、风能、潮汐能、洋流能
生物化学循环	小	小	提供生物所需营养物质

物质的物理循环包括地球表层大气环流、大洋环流和水循环，这一类循环的显著特点是时间尺度较小（物质运动快），空间尺度较大（全球尺度），物质化学组成变化小而物质

存在状态及物理性质变化显著。地表淡水资源、水力资源和风能、潮汐能、洋流能等可再生能源的形成均有赖于物理循环过程。

物质的生物化学循环是指生物从大气圈、水圈、土壤圈和岩石圈获得营养物质，部分营养物质再通过食物链在生物之间被重复利用，最终均通过生物代谢和微生物的分解作用归还于非生物环境介质的过程，按照营养物质种类可分为碳循环、氮循环、磷循环、硫循环、微量营养元素循环等。在生物化学循环过程中，物质形态变化的时间尺度和空间尺度都比较小，人类的食物、纤维及许多天然药品的形成均有赖于物质的生物化学循环过程。生物化学循环是消除生活废物的环境影响的重要过程，但由于生物化学循环的方式和通量的时空差异显著，所以人们在利用该循环净化环境污染物时必须考虑这种差异。

地球环境系统中物质的地质循环、物理循环和生物化学循环三者之间联系紧密，其中地质循环及其结果在宏观上控制着物理循环和生物化学循环，而物理循环（水循环、大气环流）与生物化学循环相互影响，物理循环是驱动生物化学循环的重要动力之一。

工业革命之前全球人口较少、生产技术落后且生活水平低下，人类参与物质循环过程的速度、规模及通量都较小，人类生产与生活过程与自然物质循环过程相融合，人类活动对自然物质循环过程的影响程度并不显著。例如，绿色植物（生产者）从环境中吸收营养、通过光合作用将太阳辐射能转化为化学能储存于有机物中，动物及人类（消费者）摄食有机物并获得能量，在这一复杂过程中，生产者和消费者都会不断进行新陈代谢，并向环境排放废物，而环境中的分解者（如微生物）则通过分解废物从中获得能量，并将废物中的营养元素重新释放到环境中，供生产者再次吸收利用，形成一个良性的循环系统。在前工业时代，人类消耗物质资源和能源的速度低于自然环境的再生能力，人类向区域环境中排放废物的速度和总量也远低于自然环境的自净能力和环境容量。

工业革命以后，全球人口快速增长、生产消费规模不断扩张，人类消耗物质能源、排放废物的速度和总量不断增加，特别是在传统的粗放发展模式下，物质流动的每个环节都存在低效的资源利用，由此带来了严重的环境污染与资源短缺危机。

20世纪技术模式发生的巨大变革导致物质消耗急剧增加。1960—1995年，全球商品化物质生产量提高了2.4倍，其中塑料生产提高了6倍，水泥生产提高了8倍。自1930年化学工业诞生以来，人类已经生产了100 000种新的化学物质。尽管这些物质的循环回收率不断提高，但资源需求量的持续增加抵消了资源回收量，这些回收并没有降低物质总消耗，很多物质仍在以线性的方式继续采掘与排放。

在三种物质循环方式中尤以生物化学循环与人类生产消费活动关系最为密切，因而理解全球生物化学循环也是解决人口日益膨胀的当今世界的严峻环境污染问题的关键。

二、 生物地球化学循环

生态系统是英国生态学家坦斯利（Tansley）于1935年首先提出来的，指在一定的空间内生物成分和非生物成分通过物质循环和能量流动相互作用、相互依存而构成的一个生态学功能单位。生态系统的物质循环被称为生物地球化学循环，是在20世纪20年代由维尔纳茨基（V. I. Vernadsky）提出，描述生命、空气、海洋、陆地和其化学元素之间的相互作用。地球上各种化学元素从周围的环境到生物体，再从生物体回到周围环境的周期性循环，可分为四大类型，水循环、气体型循环、沉积型循环和生物循环。

（一） 水循环

水循环是指水从地球表面通过蒸发进入大气圈，同时又不断从大气圈中通过降水回到地表的过程。

（二） 气体型循环

气体型循环中，气态物质的主要储存库是大气和海洋，参与气体循环的生命元素主要有 O、C、N、S 等，属于气体型循环的物质有 O_2、CO_2、N_2、Cl_2、Br_2、F_2 等。它们随大气的运动而参与循环。

（三） 沉积型循环

参与沉积型循环的物质主要通过岩石风化和沉积物的分解转变为可被生态系统利用的物质，循环性能一般并不完善。其中 P 是较为典型的沉积型循环元素，另外还有 K、Na、Ca、Mg、Fe、Mn、I、Cu、Si、Zn、Mo 等。

（四） 生物循环

除了上述三大时间跨度大的循环之外，还有一种是在系统内部非生物环境和生物之间进行的生命元素的周期性循环，即生物循环。

在 20 世纪 50 年代以前，经典的元素循环是以自然界的生物地球化学过程为对象，20 世纪 60—70 年代工业、农业的发展带来了化肥、农药、洗涤剂和重金属的全球性污染，在国际科学联合会环境科学问题委员会的倡导下开展了全球碳、氮、硫、磷和重金属的生物地球化学循环研究。20 世纪 80 年代以来，国际生物圈计划以及其他许多全球科研计划针对人类活动引起的系列全球变化，如温室效应、臭氧层破坏、海平面升高、森林锐减、土地退化等进行研究，这些问题均与元素循环有关，给碳、氮、硫、磷生物地球化学循环的研究带来了新的推动力和新的研究内容，使元素循环研究进入一个新的阶段。

三、 物质循环的人为干扰

工业革命以来，全球人口快速增长、生产和消费规模不断扩张、城镇化步伐快速推进、技术进步显著加速，造成人类对自然资源的开采加工能力大幅度提升，进而极大地加快了人类消耗自然资源和能源的速度。虽然人类对自然资源的利用效率会随着技术进步而提高，但消耗速度加快带来了自然资源消耗总量的快速增长，造成了目前自然资源日趋枯竭的局面。同时，人类开采和加工利用自然资源的过程中不断向环境中排放废物和污染物，其排放量增长速度几乎与资源消耗量增加速度同步。当废物产生量超出人类处理设施的处理能力，就形成了"垃圾围城"现象；当污染物排放量大于环境容量，就出现了严重的环境污染问题。因此，某种意义上可以说，正是人类对自然资源的大规模开采利用，造成了人类现阶段的资源短缺和环境污染问题。

在生物地球化学循环中，对于生命来说最重要的就是生命元素的循环，如水循环、碳循环、氮循环、氧循环、磷循环和硫循环，本章接下来着重介绍与环境科学研究密切相关的碳循环、氮循环、磷循环、硫循环及其环境效应。

第二节　碳循环与环境

在地球环境系统中碳元素的存在状态有碳酸盐（$CaCO_3$、$MgCO_3$、Na_2CO_3、$NaHCO_3$等）、CO_2、有机化合物（土壤腐殖质、生物躯体、石油、天然气、煤炭、油页岩等）、单质碳（石墨、金刚石）。碳是构成一切生命体的基本成分，碳元素在生命过程中扮演极为重要的角色，重要性仅次于水。碳元素可通过形成碳链为组成生命体的多种有机物质（蛋白质、磷脂、碳水化合物和核酸）构建相对稳定的骨架；碳元素也是植物在光合作用中将太阳辐射能转化为化学能的重要载体，这些化学能是推动生态系统发展与演化的初始动力。

一、地球系统中的碳库

存储和释放碳的系统被称为碳库或碳池（carbon pool），碳从一个库转移到另一个库的量被称为碳通量（carbon fluxes）。地球上主要的碳库和碳通量构成了全球碳循环。地球系统中的碳库主要有大气碳库、海洋碳库、陆地生态系统碳库和岩石圈碳库（图 8-1）。其中岩石圈碳库主要存在于地球岩石圈中，其循环周期为地质年代尺度，长达数万年，然而现代气候研究主要研究地球系统在工业革命以来近两百多年及未来几百年的变化，相对于地质尺度变化周期，近几百年的岩石圈碳库可以被认为是固定不变的。

大气碳库约含碳 $800×10^9 t$，是 4 个碳库中最小的，但由于大气圈直接影响人类活动，所以是最早引起人们关注的碳库。工业革命以前，碳在大气、海洋、陆地三个碳库之间的循环处于相对平衡状态，大气中 CO_2 浓度基本维持在 $280×10^{-6}$，但是随着 18 世纪工业革命的爆发，大量化石燃料燃烧、水泥生产、金属冶炼等人类活动将储存在沉积物碳库中的碳排放到大气中，导致大气中 CO_2 浓度迅速上升，从 1750 年的 $280×10^{-6}$ 上升到 2005 年的 $379×10^{-6}$，增加了近 $100×10^{-6}$。

海洋碳库的碳贮量约为 $4×10^{13} t$，是大气碳库的 50 倍，陆地碳库的 8 倍，为三大碳库之首。碳在海洋中的存在形式主要是溶解无机碳（dissolved inorganic carbon，DIC）、溶解有机碳（dissolved organic carbon，DOC）、颗粒有机碳（particle organic carbon，POC）、碳酸盐（carbonate）等，其中 97% 以上是以溶解无机碳的形式存在；有机碳主要存在于海洋生态系统生物链中，以生物体及其排泄物等形式存在；碳酸盐如碳酸钙等主要存在于海洋动物的贝壳和骨骼中。海洋碳循环的主要过程包括界面过程和内部过程，界面过程是指存在于海—气界面的 CO_2 交换过程，大气 CO_2 通过这个过程进入或离开海洋，内部过程是指碳在海洋环流和海洋生态系统作用的驱动下进行的迁移运动。

二、自然和人为影响下的碳循环

陆地生态系统碳循环是全球碳循环过程的重要组成部分，是预测未来大气 CO_2 和其他温室气体浓度变化、认识大气圈和生物圈的相互作用等科学问题的关键之一，也是认识地

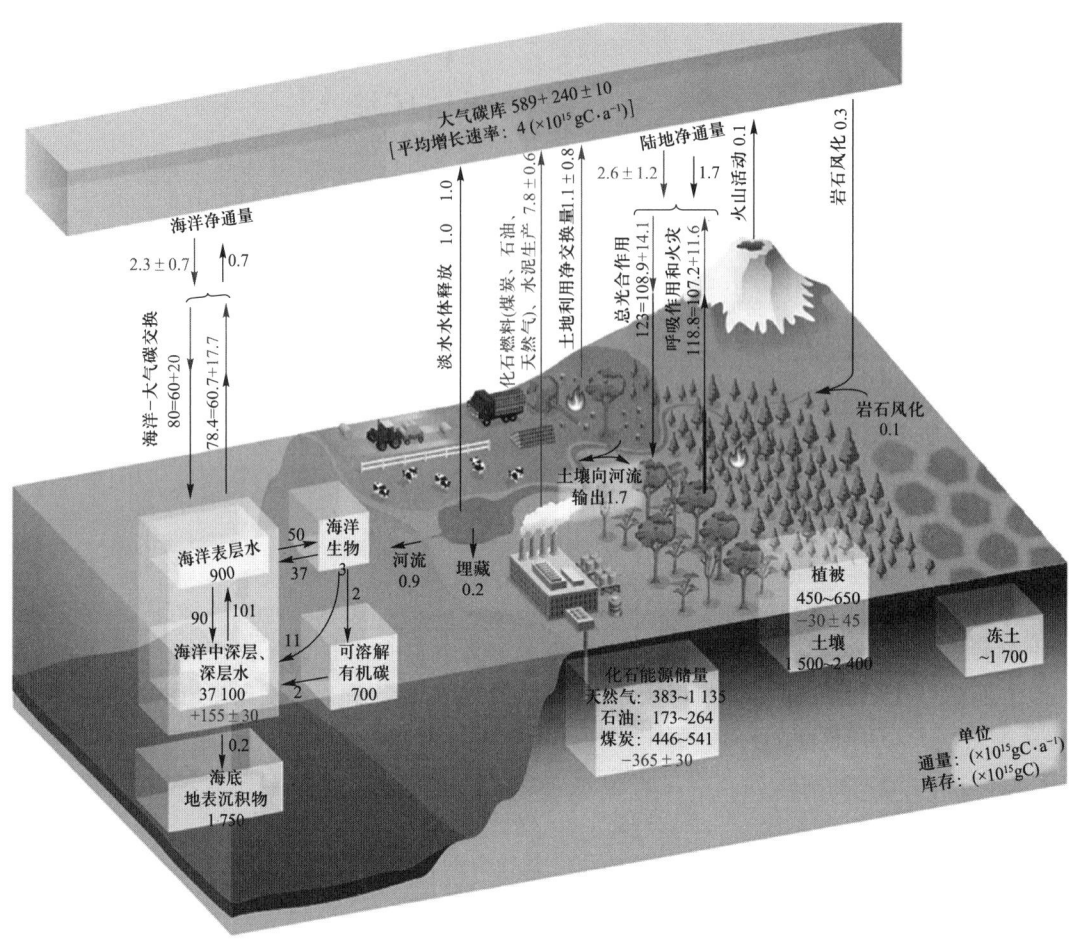

图 8-1　全球碳循环

（图片来源：Ciais 等，2013）

球系统水循环、养分循环和生物多样性变化的基础。陆地生态系统的碳储量约为 $5\,000\times$ 10^9t，其中活植物体碳储存量为 $450\times10^9 \sim 650\times10^9$t，生物残体等土壤有机质碳储存量约为 $1\,500\times10^9 \sim 2\,400\times10^9$t。大气中的 CO_2 通过植物光合作用固化为有机碳储存于植物体内，植物体内的有机碳一部分会通过植物自身的呼吸作用（即自养呼吸）、土壤和植物凋落物中有机质的微生物分解（即异养呼吸）向大气中释放 CO_2。陆地生态系统碳循环过程中，植被通过光合作用固定于植物体内的有机碳称为总初级生产力（gross primary production，GPP），全球陆地生态系统 GPP 约为 $(123\pm8)\times10^9$tC/a。GPP 减去植物自养呼吸为陆地生态系统的净初级生产力（net primary production，NPP），全球 NPP 约为 $50\times10^{-9} \sim 60\times10^{-9}$tC/a，约为总初级生产力的 50%。进一步释放的碳主要发生在死亡有机体和土壤微生物分解上，即为异养呼吸（heterotrophic respiration，R_h），剩下的部分即 NPP 与 R_h 的差值，称为净生态系统生产力（net ecosystem production，NEP），据估计全球约为 10×10^{-9}tC/a。最后去除各种扰动损失，包括水灾、火灾、干旱、作物收获、森林砍伐等人为活动或自然灾害损失的碳，剩余的部分称为净生物群落生产力（net biome production，NBP），全球平均 NBP 为 $1\times10^{-9} \sim 2\times10^{-9}$tC/a。

陆地碳循环中受人为活动影响最为显著的有农田碳循环和城市碳循环。

（一）农田生态系统碳循环

农田生态系统是陆地生态系统重要的组成部分，全球耕地面积占陆地面积的38.5%，农田既是重要的CO_2排放源也是重要的碳汇。根据近年碳排放研究，农林、林业和土地利用直接排放的CO_2占人为温室气体排放量的24%，其中农业的贡献达到10%~12%。虽然只占陆地碳储量的10%左右，农田生态系统却是最活跃的碳库，可以在最短时间内通过人为活动加以调节。

农田生态系统碳循环过程是围绕植被和土壤两大碳库和环境（大气和水体）之间的一系列输入和输出过程，以及碳库不同组分之间的迁移转化过程（图8-2）。植被碳库一般是指植物体部分，包括植物地上和地下部分。植物体通过光合作用固定大量的CO_2以维持生态系统运转，因而植被碳库的活性非常高，它与大气碳库之间的碳交换是碳循环的主要过程之一。基于净初级生产力的评估表明，全球植被的碳储量大约为$550×10^{15}~950×10^{15}g$。土壤碳库是土壤及农田生态系统循环的核心，不仅在维持土壤质量方面起着关键作用，也对温室气体排放及全球气候有重要控制作用。土壤碳库可分为有机碳库和无机碳库，由于无机碳以碳酸盐形态存在，活性很低，对环境因子不敏感，因此大量研究的土壤碳库主要为土壤有机碳库。据统计，全球$1m$深度表层土壤的总碳量为$2~100×10^{15}g$，是大气碳库的3倍，是植被碳库的2~4倍，其中有机碳库储量大约为$1~550×10^{15}g$。土壤有机碳库又可进一步划分为活性有机碳库和非活性有机碳库，其中非活性碳约占土壤总有机碳库的25%以上。也有学者把土壤有机碳库分为活跃碳库，缓效性碳库和惰性碳库三部分，其中活跃碳库指在一定的时空条件下易受植物和微生物影响、溶解性较好、且在土壤中移动速度较快、易氧化分解的土壤碳素，包括糖类、氨基酸和大部分未分解有机碎屑等；缓效性碳库是难分解的植物和较稳定的微生物，包括半分解有机物、有机团聚体和少部分未分解有机碎屑等，它们对土壤微生物降解有一定的抵抗力，但在干扰情况下易发生结构性变化而可以被微生物降解；惰性碳库的物理和化学性质相对稳定，对微生物降解有很强的抵抗力，能长时间地存在于土壤中，主要包括非亲水性有机物、与黏粒粉粒矿物结合的有机酸复合体。

对植被碳库而言，光合作用是最重要的输入过程，植物的呼吸作用、作物收获、生物能源利用则是最重要的输出过程。另外，植被碳库通过种植废弃物还田进入土壤碳库。对土壤碳库而言，输入的碳包括作物秸秆、畜禽粪便、绿肥等各种有机肥以及旱地对甲烷的吸收，输出则主要包括土壤的呼吸作用。

（二）城市系统碳循环

城市系统碳循环是一个包括自然和人工过程、水平和垂直过程、地表和地下过程、经济和社会过程在内的复杂系统。城市系统碳循环过程是"自然—社会"二元碳循环，能源、原料和各种含碳产品的流通和消费带来的碳排放构成了城市系统碳循环的主体。城市系统碳循环包括水平和垂直碳通量两部分，水平碳通量以能源、含碳产品、废物和地下管网的溶解碳的输送为主，垂直碳通量既有人为过程（化石燃料燃烧）也有自然过程（植物和土壤微生物的呼吸作用）。城市系统与外界有着巨大的碳交换，其空间范围主要取决于城市碳代谢通量的大小和交通运输方式。城市碳通量的强度、范围和速率取决于城市发展模式、

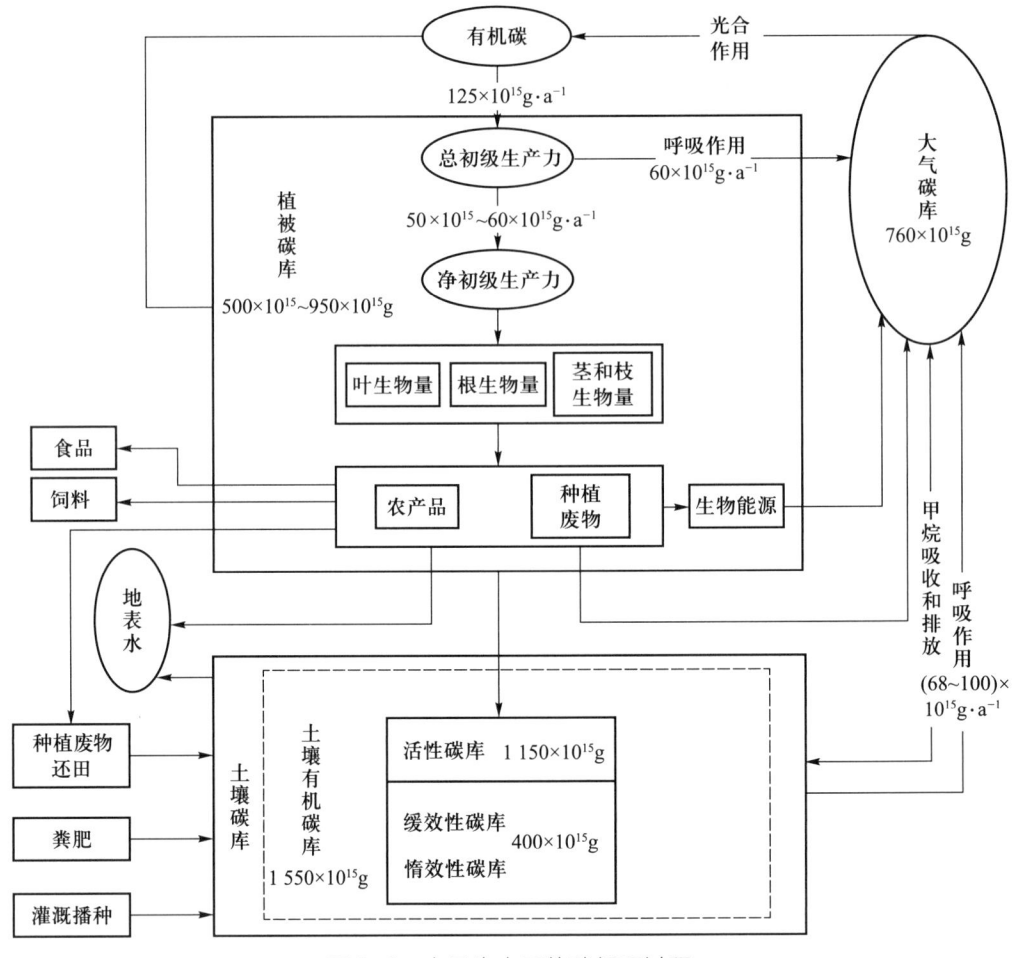

图 8-2　农田生态系统碳循环过程

城市功能、产业类型、经济结构、能源结构及能源使用效率等，因而具有较大的空间异质性。部分碳循环过程存在于城市蔓延区和足迹区之间，且进行单向流动。如能源、食物、纤维、木材等产品由足迹区输入蔓延区，而部分工业产品和垃圾则由蔓延区输出到足迹区。城市系统具有一定的人工碳库，如植被、土壤、建筑物、家具和图书等的碳存量库。作为一个动态扩展的系统，随着城市扩展和经济发展，城市系统碳循环的规模、强度和空间范围都将随之改变。

三、碳排放与低碳经济

改革开放以来中国经济增长迅速，能源消耗不断增加，以煤炭为主的能源消费结构，导致我国碳排放不断增长。根据国际能源机构 IEA 统计数据，从 2007 年起中国二氧化碳排放量超过美国，成为世界最大的碳排放国家。2009 年哥本哈根气候谈判会议要求发展中国家承担减排义务，我国承诺 2020 年实现单位国内生产总值 CO_2 排放比 2005 年下降 40%～45%，我国"十二五"规划关于碳排放强度下降目标是"十二五"末年比"十一五"末年下降

17%。IEA 研究表明产生碳排放的产业主要有能源业、制造业及建筑业、交通运输业和其他行业（包括农业、居民生活和商业等），其中非经济合作与发展组织（OECD）国家的制造业及建筑业所占的比重非常高，是碳排放的主要来源，而 OECD 国家的交通运输业和居民生活的碳排放比重相对较大（表 8-2）。由于企业规模、资本结构和生产方式等方面的差异，不同行业在碳排放方面存在一定差异。

表 8-2　不同国家和行业的碳排放（2008 年）

国家	OECD	非 OECD	美国	日本	澳大利亚	中国
CO_2 排放总量/10^8 t	132.89	166.34	55.96	11.51	3.98	65.51
CO_2 排放占世界比重/%	44.4	55.6	18.7	3.8	1.3	21.9
人均 CO_2 排放/t	10.62	2.86	18.38	9.02	18.48	4.91
每万美元产值的 CO_2 排放/[t·$(10^4 USD)^{-1}$]	0.41	1.58	0.48	0.22	2.50	0.77
各行业所占比重/%　能源工业	6.60	7.91	6.02	4.19	8.52	6.98
制造业及建筑业	27.44	47.13	21.80	34.14	36.92	63.26
交通运输业	27.25	14.56	30.31	20.43	20.78	7.37
其他行业	38.71	30.40	41.87	41.24	33.78	22.40
其中：居民生活	19.71	17.07	20.73	17.08	16.83	12.41

数据来源：IEA. CO_2 emission from fuel combustion highlights 2010. OECD/IEA，Paris，2010.

工业是最主要的耗能产业之一，工业碳排放强度大致是第三产业的 2.5~5 倍，所以大多数学者把工业作为碳排放的重点研究对象。在中国工业分行业中，电力、热力的生产和供应业、黑色金属冶炼及压延加工业、化学原料及化学制品制造业以及非金属矿物制品业等的碳排放占比较大，具有明显的高碳特征。在直接排放中，电力、热力的生产和供应业，以及石油加工、炼焦及核燃料加工业的碳排放量最大，但在终端需求导致的总排放中，通信设备、计算机及其他电子设备制造业、通用设备和专用设备制造业的排放量最大。此外对中国产业部门隐含碳排放的研究结果显示建筑业是隐含碳排放最高的行业。

农业碳排放主要包括农业活动产生的直接碳排放和农业投入导致的间接碳排放，但农作物在生长过程中也会吸收大量碳，因此农业碳排放和碳吸收的数量关系成为研究的重点。农业碳排放的途径有反刍牲畜肠道发酵、农田土壤、化肥、耕作和秸秆焚烧，大气中 90% 的 N_2O、70% 的 CH_4 和 20% 的 CO_2 来源于农业活动及其相关投入。中国东部沿海 10 个省市农田的碳吸收从 20 世纪 80 年代开始呈波动增长趋势，总碳排放则呈现明显增长趋势，两者相比碳排放明显低于碳吸收，但碳排放的增长速度超过了作物生育期碳吸收的增长速度，这在一定程度上增加了碳排放总量。

城市化发展也导致交通运输业的能耗与碳排放量增长迅速，日渐得到人们越来越多的关注。2010 年交通运输业能耗年增长率为 10.8%，高于全社会能耗年增长率（8.74%），是能耗增速最快的行业之一。发达国家的数据表明居民生活中直接和间接能源消费成为碳排放的主要增长点。目前澳大利亚的人均碳排放量的增加主要是由于居民收入的提高，澳大利亚人口只占全世界总人口的 0.3%，但温室气体排放量却占全世界的 1.5%。中国现阶段居民消费水平和人口结构变化对碳排放的影响力已经高于人口规模变化的影响力，居民消费水平与消费模式等的变化有可能成为中国碳排放新的增长点。在南京开展的 1 000 个家庭碳排放调查研究分析了家庭消费特点与碳排放之间的关系，结果显示家庭能耗、生活垃圾、交通出行的碳排放比例为 16:6:3。

联合国开发计划署(UNDP)预测全球碳排放量将在 2020 年达到峰值，发展中国家也达到最高值，2012—2015 年发达国家将达峰值；到 2050 年全球碳排放将在 1990 年基础上减少 50%，其中发达国家减少 80%，发展中国家减少 20%。OECD 则认为到 2050 年全球在 2000 年基础上减排 41%，金砖四国减少 34%。2002 年美国与能源使用有关的 CO_2 排放量为 57.62×10^8 t，2010 年下降到 56.38×10^8 t，未来仍将维持这一下降趋势。

第三节　氮循环与环境

氮是构成生命体(核酸和蛋白质)的重要营养元素。自然状态下，氮以气体的形式存在于地球大气中，占大气总量的 78.08%(体积分数)。氮气是惰性气体，大多数生物不能直接利用这个巨大的氮库，只有通过自然生物和人为活化才能进入氮的生物地球化学循环。氮是动物、植物和原生生物体的重要构成元素和维持高等动植物生命活动的必需元素，氮的生物学效应表现在：氮素是构成植物叶绿素的成分之一；是构成生物体内各种氨基酸的基本成分，也是合成蛋白质的基本元素；植物通过光合作用合成碳水化合物时需要利用氮素；氮素是形成生物体内酵酶素的基本成分；土壤中的氮素能刺激植物根系的生长、促进根系对其他营养元素的吸收和利用。氮素是植物营养的三大要素之一，但是植物只能利用铵态氮(NH_4^+)和硝态氮(NO_3^-)这两种形态的氮，其他形态的氮需要经过微生物转化后才能被植物吸收利用，尿素$[(NH_2)_2CO]$这样简单的氮化合物施入土壤后也要经过尿素酶分解成 NH_4^+ 后才能被作物利用。

一、自然界的氮循环

在没有人类活动干扰的情况下，固氮生物通过生物固氮作用(biological nitrogen fixation，BNF)将氮气(N_2)转变为活性氮(reactive nitrogen，Nr)，是陆地生态系统主要的氮输入过程(图 8-3)，活性氮主要指 NO_x，NH_3，N_2O，NO_3^- 一类可以直接或间接被生物利用的含氮化合物。

自然界各种类型的生物固氮体系可分为自生固氮、共生固氮和联合固氮。其中共生固氮和联合固氮都是固氮微生物同某些植物或低等植物联合在一起而表现出的固氮功能。

(一) 共生固氮

陆地上存在许多种共生固氮体系，其中豆科植物-根瘤菌是最普遍、最重要的一种。

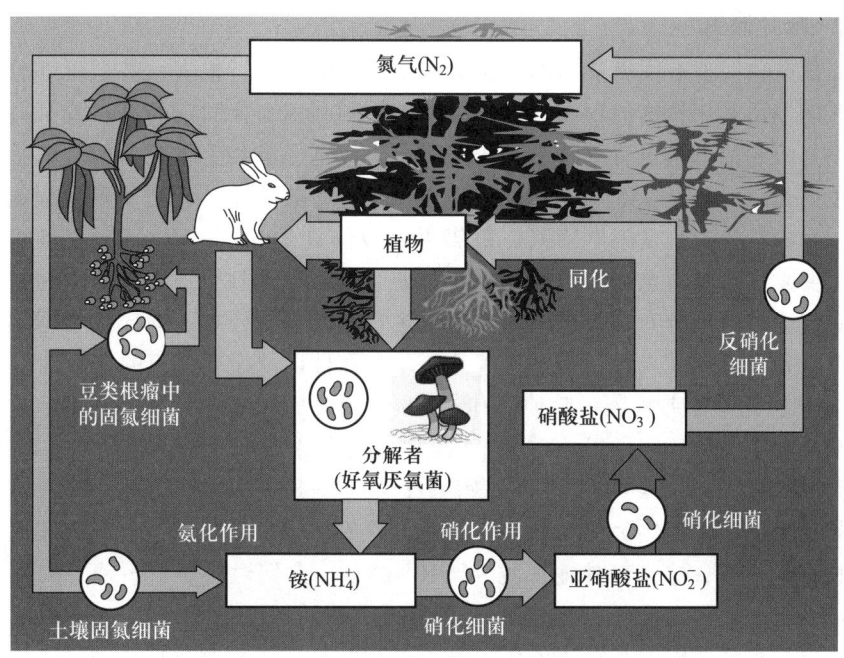

图 8-3　地球氮元素循环过程

不同豆科植物根瘤的形成略有差异，但一般情况下根瘤的形成有以下几个重要环节。第一，根瘤菌首先要打入豆科植物根部的细胞组织；第二，根瘤菌入侵根毛皮层后，不断繁殖并转变为类菌体，根部皮层细胞大量增生形成瘤状组织，共生体之间的生理代谢发生明显变化，形成根瘤菌固氮必不可少的化学成分豆血红蛋白，表明根瘤已经成熟。

自然界有些非豆科植物也能与放线菌共生结根瘤，它们分属于桦、木麻黄、马桑、蔷薇、胡颓子和杨梅等科的 13 个属，多数植物是野生林木，适宜生长于瘠薄环境，对提高森林和干旱地区土壤的氮素营养具有重要意义。另一种固氮体系是萍-藻共生体。据估算，在水稻田中放养绿萍，一个生长季每公顷可固氮 337~670 kg，是增加水田氮素营养的一个重要途径。

共生固氮体系的固氮量大于自生固氮和联合固氮。然而由于生物固氮受很多因素的影响，不仅不同豆科植物固氮量不同，即使同一种豆科植物在不同条件下，固氮量也有很大差异。一般估算结果认为，一年生收籽的豆科植物的固氮量约为年均每公顷 30~100 kg，多年生豆科牧草的固氮量每年每公顷约为 100~190 kg。

（二）　自生固氮

自生固氮是指自然界的一类微生物不需要同其他生物共生，而能独立地进行固氮作用。自生固氮细菌的固氮量比共生固氮细菌的固氮量低得多，据估计，每年每公顷固氮量约为 15~45 kg。营自生固氮作用的微生物除了自生固氮细菌还有固氮蓝藻，它是既能进行光合作用又能进行固氮作用的自养型固氮生物。固氮蓝藻能在不含氮化物的环境中，依靠自身光合作用和固氮作用而独立生活。目前已知的固氮蓝藻有 120 多种，它比自生固氮细菌分布更广，其最适宜生长的环境条件是温热潮湿，水田也适宜蓝藻生长。据估计，水田中的蓝藻每年可固定氮 25~100 kg，是水田土壤氮素的一个重要来源。

（三）联合固氮

联合固氮是由一群有固氮能力的细菌集居于植物的根际、根表，甚至可部分进入根表细胞。集居的细菌利用植物的根系分泌物，而植物则利用细菌固定的氮素或某些生理活性物质。植物与根际的细菌虽有某种形式的二联合，但不形成共生结构，因此这种固氮形式不同于共生固氮，而只是在互利的基础上建立了一种松散的"联邦"进行联合固氮。

另外一种氮输入过程是闪电固氮，每年可以提供氮 $3 \times 10^{16} \sim 10 \times 10^{16} t$。自然状态下系统氮输入主要发生于仅占全球陆地面积 10% 的热带地区，导致全球 3/4 的活性氮输入到热带地区，引起全球范围分布的极度不均。氮通量在空间上的分布不均导致全球不同区域之间氮循环存在很大差异，人类活动加剧了地区不均衡性以及循环过程的复杂性。

1909 年德国化学家弗里茨·哈伯（Fritz Haber）用氮气和氢气合成了 NH_3，这是一件具有划时代意义的事情。Haber-Bosch 固氮法出现以后全球人口开始迅速膨胀，2008 年全球人口增加到 67.5 亿，其中约 48% 的人口得益于 Haber-Bosch 固氮技术（图 8-4）。目前工业固氮每年提供的活性氮约为 $135.8 \times 10^{12} gN/a$。在农业生态系统中，人们继续大量种植固氮作物和牧草饲料等，这又额外输入约 $46 \times 10^{12} gN/a$。人们对煤炭、石油、天然气等化石燃料的大量消耗，使得在漫长时间内固定在燃料中的活性氮经燃烧以 NO_x 的形式释放出来，同时化石燃料燃烧时的高温也催化空气中 N_2 和 O_2 发生化学反应生成 NO_x，这两种途径使化石燃料的燃烧每年能固定约 $25 \times 10^{12} gN/a$ 到大气中，随后通过沉降输入到陆地表面。目前人类活动最主要的三种固氮方式每年共能固定约 $200 \times 10^{12} gN/a$，已经远超过自然状态输入陆地生态系统的活性氮。

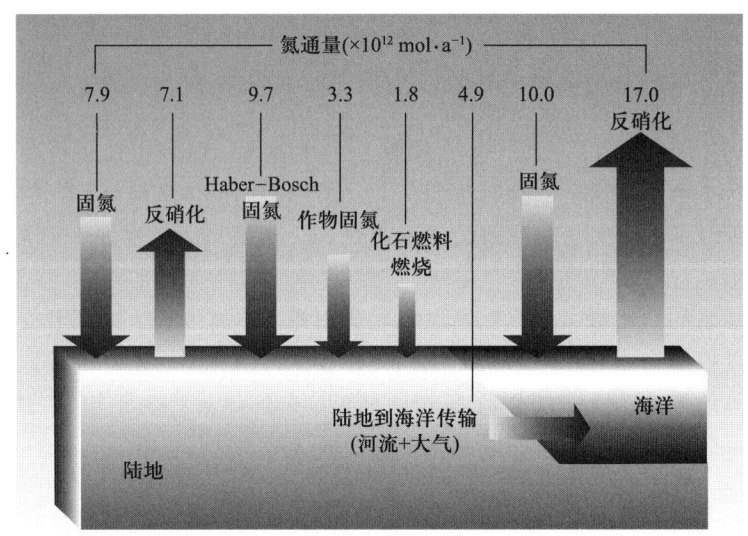

图 8-4　全球氮循环中氮通量速率

注：箭头大小表示通量大小，棕色箭头为人类活动输入（资料来源：Canfield，2010）

人类活动对氮循环的干扰主要出现在人类主导性较强的生态系统中，如农业和城市生态系统。在自然生产系统中，活性氮始终是系统生产力的关键限制元素，尽管从热带到寒带生态系统的氮通量格局显著不同，但活性氮始终处于一种非常紧凑的状态，即氮利用效率(NUE)较高,较少出现氮流失带来的环境污染情况。而在人类-自然耦合系统中这种稳态被打破,人类源的活性氮大量流入特定系统中,如工业固氮主要流入农业生态系统,化石燃料燃烧产生的 NO_x-N 固定主要发生在城市生态系统。大量活性氮输入极大地提高了生态系统的生产力与动力,但也打破了氮元素作为系统关键限制性元素的特征。活性氮流失量增大,形成比生产力所需氮量更大的活性氮流,最终导致"高进高出"的氮循环模式,这种模式与自然状态下渐进性氮限制模式有显著区别:① "高进高出"模式虽然提高了系统生产力,但其氮利用效率却远低于氮限制模式。中国大部分地区存在化肥过量施用现象,这种高活性氮投入模式促进了中国水稻、小麦、玉米产量的快速增加,但也导致流失进入环境中的氮量大大增加,例如,东南亚部分地区每年输入到水田的氮肥有 40% 通过反硝化作用流失。② 氮从限制性元素转变为大量元素,引发环境与健康问题。③ 系统中的其他氮循环过程被抑制,例如,氮肥大量施用抑制了农田生物固氮速率,进而加速改变系统氮输入的人类和自然来源比例。

工业固氮出现之前,牲畜养殖—农田—草地之间存在一种耦合关系,氮在单个系统之间循环流动,该稳态系统具有较高的氮利用效率和较低的生产力。Haber-Bosch 固氮法的普遍应用大大提高了动物蛋白生产力,却使得牲畜养殖系统的氮利用效率下降到不足 20%。另外畜禽养殖场的位置往往远离农田,打破了牲畜养殖—农田—草地这一耦合关系,使得流失的活性氮不能循环回到农田而流失到环境介质中。

二、 氮循环的环境影响

氮循环过程中形成种类繁多的氧化物和氢化物,主要包括 NO, NO_2, N_2O, NO_3^-, NO_2^-, NH_3, NH_4^+ 等。人类活动对氮循环的干扰已经形成了氮循环的级联反应,带来严重的生态、环境与健康问题,涉及地表水体富营养化、地下水硝酸盐富集、酸雨、空气质量下降(光化学烟雾、雾霾等)、全球变暖、生物多样性丧失。

工业化以来大气中 NO, NO_2 和 N_2O 浓度和水体中 NO_3^- 浓度快速升高,其中 N_2O 是重要的温室气体,与全球气候变化有关。不仅如此 N_2O 也能破坏臭氧层,增强地表紫外线辐射,增加皮肤癌的发生概率。

大气中 NO, NO_2 浓度升高是酸雨的成因之一。进入大气的 SO_2 和 NO_x 经过各种氧化途径转化为硫酸和硝酸与雨水一起降落到陆地和水体。NO_x 在酸雨的化学组成中扮演了仅次于 SO_2 的重要角色,因此酸雨不仅是人为活动影响下硫循环的一个环境后果也是人为活动影响下氮循环的环境后果。酸雨之所以受到人们的特别关注,是因为它对生态环境产生的影响是多方面的。最明显的是对森林的直接损害,在德国和瑞典的酸雨区曾出现严重的林木死亡。酸雨会影响林木生长,降低林木生产率,pH 为 4.0 左右的降水可对小麦和大豆的叶子造成伤害,降低籽粒产量。另外,酸雨还会使淡水湖泊和河流酸化,导致水中的鱼类大量减少甚至消失。1975 年,美国纽约州的 214 个湖泊中有一半以上水体 pH 低于 5.0,其中 82 个湖中无鱼生存,到 1979 年无鱼湖泊甚至超过 200 个。酸雨对生态环境的另一个重要影响是土壤酸化。土壤的严重酸化可引起一系列物理、化学、生物性质的改变,土壤 pH 降低将导致土壤有效养分淋失,使土壤中铝、汞、镉离子活性增强,对植物产生毒害。但也有最近的研究表明,中国氮肥过量施用对土壤酸化的贡献是酸雨的 10~

100 倍，因此不同类型人类活动对氮循环的扰动叠加将产生更为严峻的环境影响。

尽管目前关于富营养化产生机理仍有诸多争论，但活性氮输入的增加是一个公认的因素。过多的氮、磷输入使水体中藻类大量增殖，消耗水中溶解氧，进而导致水生生物大量死亡。富营养化的案例在国内外均有大量报道，例如，中国太湖、巢湖、滇池的富营养化带来的水质恶化；大量氮肥流失进入美国墨西哥湾致使近海出现"死亡区域"。藻类暴发所产生的大量藻毒素排放到水体中，人体暴露后会引起健康问题，微囊藻毒素的半致死剂量约为 50~100 μg/kg。人们在洗澡、游泳及进行其他水上休闲运动时，如皮肤接触含藻毒素的水体可引起敏感部位（眼睛、皮肤）过敏；少量饮用被污染的水可引起急性肠胃炎；长期饮用则可能引发肝癌。

氨挥发是地球表面包括土壤、陆地、动物排泄物及水体中的氨向大气的排放。氨挥发是氮循环的一个重要迁移过程。NH_3 挥发不同于硝化-反硝化过程产生的 N_2 和 N_2O，进入大气 NH_3 的一部分又通过干湿沉降的途径返回地表。氨挥发进入大气后又通过大气干湿沉降返回陆地和海洋，不仅成为 N_2O 的二次源，进入森林、草原、自然湿地和水体后还会改变这些生态系统的氮循环。过去对 NH_3 挥发后果的认识一直局限于农业中的氮素损失，然而，NH_3 挥发和沉降跟环境问题关系密切。进入大气中的 NH_3 是大气气溶胶的成分之一，而大气中的气溶胶又与气候变化有关。虽然煤烟对地表增温产生影响，但人为活动形成的气溶胶对气候影响的净效应是使地表趋冷。进入大气的 NH_3 在光化学反应的驱动下与大气中的羟基（·OH）反应，消耗羟基，而大气中的甲烷（CH_4）主要是通过与大气中的羟基的光化学反应而除去（汇），因此氨挥发影响到大气甲烷的氧化。沉降到地面的 NH_3 虽然可增加土壤有效态氮，对植物有利，但也成了 N_2O 的二次源，增加了 N_2O 的排放量。沉降到水体的 NH_3 将增大水体富营养化潜力。因此 NH_3 挥发和沉降受到越来越多的关注。

第四节　磷循环与环境

一、磷的形态与分类

地球环境中的磷元素几乎全部以化合物形式存在，无游离态磷存在。含磷化合物包括无机含磷化合物和有机含磷化合物两大类。无机含磷化合物以磷酸盐、磷酸一氢盐、磷酸二氢盐类物质为主，这些无机含磷化合物主要存在于岩石圈上部、土壤圈和水圈中；有机含磷化合物多属于蛋白质类物质，主要存在于生物圈、土壤圈和水圈的生物代谢产物中，例如，动物骨骼、牙齿和神经中枢组织，植物的果实和幼芽，生物的细胞里都含有磷元素。在地球环境中磷元素多集中分布在岩石圈上部、生物圈、土壤圈和水圈中，而大气圈中磷的含量相对较低。生物圈中磷的绝对丰度为 7 100 mg/kg，岩石圈上部磷的绝对丰度为 1 120 mg/kg，而水圈的淡水中磷仅为 0.005 mg/L，海水中为 0.07 mg/L，土壤圈则在 200~5 000 mg/kg，平均为 500 mg/kg，中国土壤的磷含量大致在 200~1 100 mg/kg。生命有机体中磷的含量仅占 1%左右，但却是生命体所必需的营养元素，磷是合成生物细胞内生化作用的能量（高能磷酸键）所不可缺少的元素。

水体中磷的相关生物化学研究通常根据磷在天然水体中的物理性质、化学形态的不同，以溶解度为标尺进行操作定义，将其划分为可溶态和颗粒态。可溶态磷可再分为可溶态无机磷（DIP）和可溶态有机磷（DOP）。在研究河流、水库和湖泊等淡水水体时，常将总可溶态磷（TDP）分为可溶活性磷（SRP）和可溶非活性磷（SUP），SRP 包括正磷酸盐和无机缩合磷酸盐以及酸性条件下不稳定的有机磷，SUP 包括可溶态有机磷和无机缩合磷酸盐。颗粒态磷主要以有机物颗粒形式结合，难以被生物所直接利用，并受水体微环境和物化性质的影响很大，由于颗粒态磷的形态细分研究尚不充分，加之全球各大水体的数据积累不足缺乏对比性，其所代表的生物和化学意义仍需要深入研究。而近几年，除溶解态和颗粒态外，以胶体形式结合的磷也越来越受到学术界的重视。

针对不同水体、不同研究目的或研究区域，根据沉积物的性质对磷的赋存形态划分差异较大，沉积物中的磷被划分为几种主要形态：可交换态磷、铝结合态磷、铁结合态磷、闭蓄态磷、自生磷、碎屑磷以及有机磷。可交换态磷即弱吸附态磷，主要是指被沉积物中的氧化物、氢氧化物以及黏土矿物颗粒表面吸附的磷；铁结合态磷是指易与铁的氧化物或氢氧化物结合的磷，其吸收和释放易受环境氧化还原电位的影响；铝结合态磷是指易与铝的氧化物或氢氧化物结合的磷，一般含量较低；自生磷和碎屑磷是指与自生磷灰石、湖泊沉积碳酸钙以及生物成因的含磷矿物有关的沉积磷存在形态；闭蓄态磷是指 Fe_2O_3 胶膜所包含的还原溶性磷酸铁以及磷酸铝；有机磷是指藻类及浮游生物等的残体、未矿化降解的有机污染物等。

二、全球磷循环与人为扰动

地球磷循环属于沉积循环，岩石圈表层及土壤中磷酸盐被风化、迁移转化、淋溶流失进入水圈再沉积形成磷酸盐。在土壤生态系统中，磷素大多数来自成土母质，有少部分磷素来自大气干湿沉降，人类开采磷矿、合成磷肥并以施肥的形式输入土壤中，由于土壤生态系统中磷没有气相化合物，磷元素的挥发流失可以忽略不计。在农业生态系统中，农作物或牧草种植从土壤中吸收磷素，人类又将生活废物、排泄物和磷肥施入土壤，磷元素在土壤中各类生物的作用下，在无机磷和有机磷间不断转化，从而推动土壤圈的磷循环。在自然生态系统中磷很少以气态形式存在，磷循环的路径较碳循环、氮循环更为简单。在人类文明的时间尺度上，磷元素呈现从陆地到海洋的单向流动，沉积在海底的磷要经过漫长的地质构造运动才能再次形成磷矿，这一循环的完成需要 $10^7 \sim 10^8$ a。因此，在人类文明的时间尺度上磷是一种不可再生资源。除了横跨生物圈、水圈、大气圈和岩石圈的全球大循环以外，在各圈层与生态系统内部还存在小尺度的磷循环。在无人类干扰的原始生态系统中，磷循环是较为"紧凑的"，在系统内部生物与土壤之间转移的磷量远大于系统之间的交换量。地球上主要的磷库包括沉积物、土地、矿石储量、陆生生物体、海洋生物体、淡水生物体、淡水水体和海洋。

（一）自然状态下的磷循环

1. 磷源

地球上最大的磷库是岩石圈中的磷灰石矿物，主要由海洋和内陆水体沉积物组成（图8-5(a)）。地球上初始的生物可利用磷主要来源于土壤形成过程中磷灰石矿物的化学风化作用，全球各地磷的风化速率差异很大，在每年 $50\sim720\ m^2$ 的范围内，全球每年因化学风化作用释放的磷约为 $(1.5\pm0.4)\times10^{12}g$。物理风化作用产生的是难以被生物利用的细颗粒物，但这些颗粒为化学风化作用提供了原料，根据大陆剥蚀和地壳磷含量进行估计，全球每年物理风化的磷量（图 8-5(a) 中 F1）约为 $10.0\times10^{12}\sim15.0\times10^{12}g$。

2. 从陆地到海洋的运输

磷从陆地到海洋的运输是通过大气降水对土壤的侵蚀过程实现的。土壤中的磷通过流水侵蚀、地表径流、地下渗流作用进入淡水水体。在自然状态下，全球每年从陆地输入到淡水水体中的磷（F_2）约为 $(6.5\pm1.5)\times10^{12}g$，通过河流径流流入海洋的磷（$F_4$）约为 $(4.5\pm2.5)\times10^{12}g/a$。淡水磷输入减去流入海洋的磷即为淡水水体磷的滞留量（F_3），约为 $(2.0\pm1.5)\times10^{12}g/a$。大部分进入海洋的磷素沉积于河口和沿海的底泥中（$F_3$），沉积速率约为 $2.0\times10^{12}\sim3.0\times10^{12}g/a$。通过大气沉降到海洋的磷（$F_{12}$）远少于河流运输的磷量，仅为 $(0.5\pm0.5)\times10^{12}g/a$，这是由于尘粒在大气中的停留时间较短，大部分尘粒通常在源头附近的位置再沉降（F_{11}），其中磷的沉降量约为 $(1.7\pm0.3)\times10^{12}g/a$。

3. 有机磷循环

陆地和水体有机循环过程推动了磷素在环境和生物体间的转移，生物间的转移则通过食物网实现。陆地的有机磷循环是指从土壤到植物体和动物体，然后返回土壤，再次通过矿化作用形成可被植物吸收利用的磷。据估计，全球土壤磷库存量在 $0.23\times10^{17}g$ 到 $2.0\times10^{17}g$ 之间。当忽略土壤磷含量空间异质性采用平均值的方法估算出的存量较高，达到 $0.96\times10^{17}\sim2.0\times10^{17}g$，而考虑土壤磷含量的空间差异后估算出的存量较低，为 $0.23\times10^{17}\sim0.59\times10^{17}g$。所有陆生生物体内的磷量（$R_4$）为 $(4.7\pm0.8)\times10^{14}g$，土壤与陆生生物之间的磷通量（$F_7$）为 $(0.8\pm0.2)\times10^{14}g/a$，根据这二者可估算磷在陆地有机循环中的平均停留时间为 $5\sim6\ a$。

海洋磷库和海洋生物磷库分别为 $(1.0\pm0.2)\times10^{17}gP$ 和 $(1.0\pm0.3)\times10^{14}gP$（$R_8$ 和 R_5），两个库之间磷的迁移速率为 $(1.0\pm0.2)\times10^{15}g/a$（$F_9$）。磷在海洋循环中的停留时间约为 $0.1\ a$，远低于陆地有机磷循环的停留时间，海洋循环效率明显更高。淡水生物磷库（R_6）为 $0.34\times10^{12}gP$，淡水生物的磷吸收量为 $1\times10^{13}g/a$（F_{10}），磷在淡水循环中的停留时间约为 $0.3\ a$。

（二）人为影响下的磷循环

人类对全球磷循环改变的途径有多种，包括矿石开采、农作物种植导致的肥料施用、畜禽养殖以及食物消费导致的废物产生过程。

1. 磷酸盐矿石开采

从矿藏中提取磷矿是人类改变全球磷循环中的主要过程。19 世纪 40 年代，磷酸钙生产技术在英国首次应用于生产普通过磷酸钙，截至目前，人类累计从矿石中提取磷约 11×10^7t（图 8-6）。20 世纪 40 年代以前，磷酸盐岩开采量较小，20 世纪 40 年代到 80 年代，磷肥的广泛使用导致磷矿石开采量增长了 10 倍。20 世纪 80 年代以后，随着苏联解体以及西欧和北美国家化肥需求量减少，磷矿石开采量略有下降。进入 21 世纪后，发展中国家肥料需求迅猛增长，磷矿石开采量再次激增。

磷肥的生产方法主要包括湿法和热法两大类。湿法工艺采用硫酸、盐酸、磷酸等无机

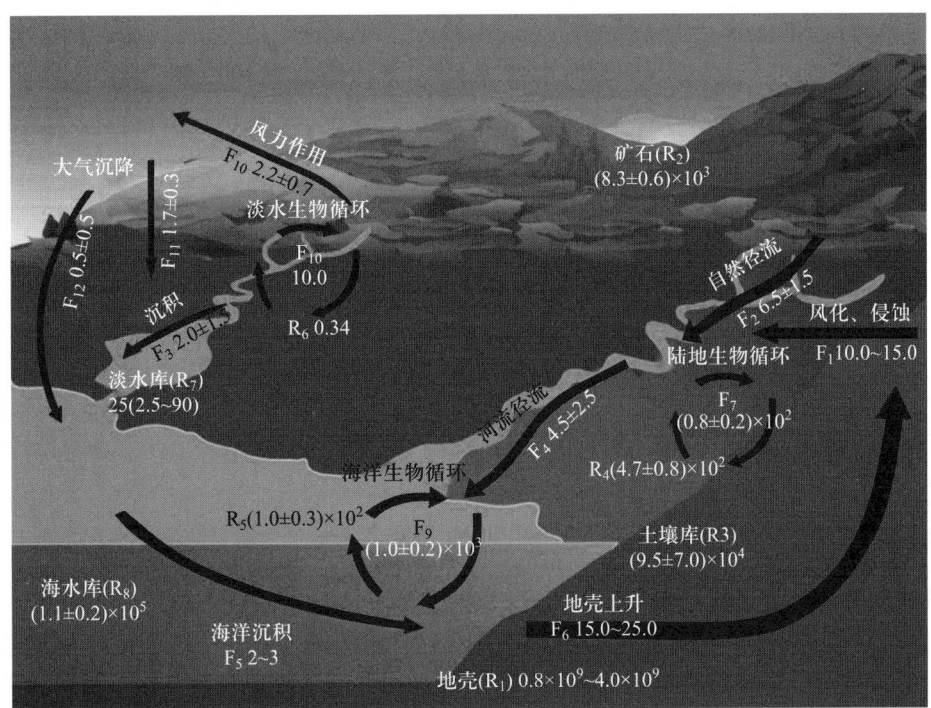

(a) 自然状态下

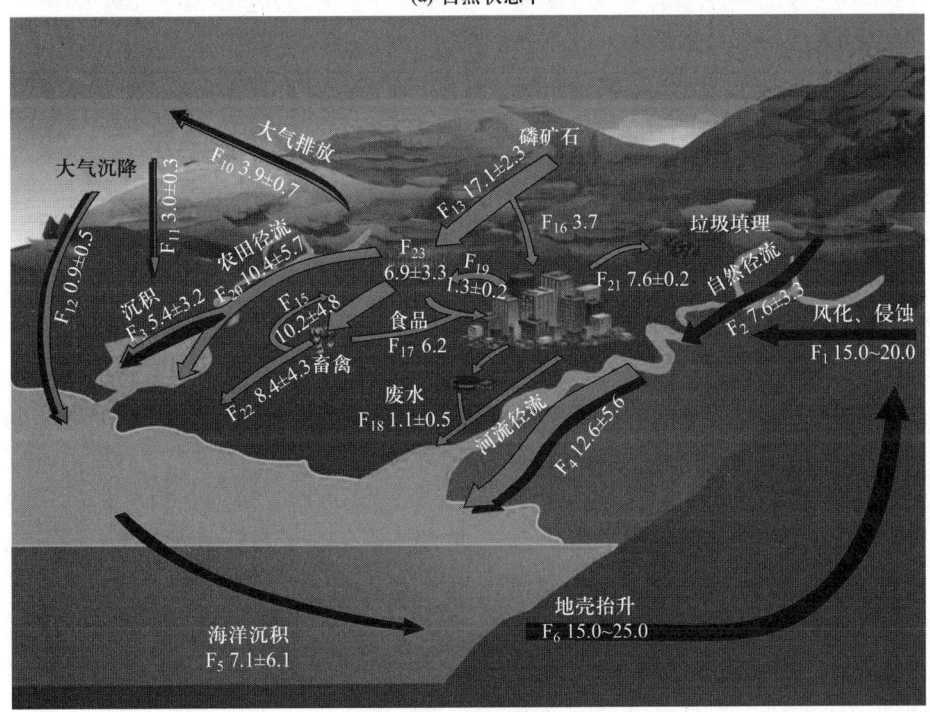

(b) 人为影响下

图 8-5　全球磷循环示意图（来源：Yuan 等，2018）

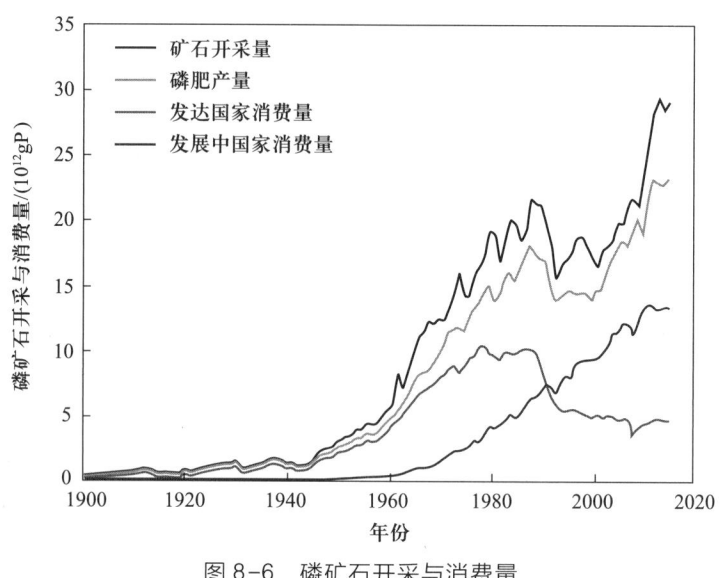

图 8-6　磷矿石开采与消费量

酸处理含磷矿物，工艺过程中生成中间产物磷酸。热法工艺利用高温还原磷酸盐制备单质磷（即黄磷），再利用黄磷氧化吸收生成磷酸，进而生产磷肥。几乎所有湿法工艺生产的磷酸都用于肥料生产。全球磷肥生产集中于少数几个国家，中国和美国是最重要的磷肥生产国，占全球磷肥总产量的一半以上。热法工艺制取的磷酸则大部分用于生产精细化学品，进一步加工成食品和饲料添加剂、洗涤剂、农药、表面活性剂、润滑剂、阻燃剂和金属表面处理剂。尽管含磷的精细化学品已在许多行业中广泛使用，但其中的磷含量仅占矿石开采磷量的 20%。

2. 作物种植

传统农作物种植的磷来自土壤和有机废物的循环，这构成了数千年来的农业生产模式。但是，从 20 世纪 40 年代起发达国家的无机肥料消费量呈指数增长。进入 21 世纪后，发展中国家化肥消费量的增长促成了无机磷肥产量的另一个高峰。目前全球农田化肥的施用量达到 $(17.1\pm2.3)\times10^{12}$gP/a（图 8-5(b)中的 F_{13}），而收获作物吸收磷量为 $(12.3\pm0.3)\times10^{12}$gP/a，作物吸收量的增长率远低于农田磷施用量的增长率，这表明作物种植过程磷的利用效率（phosphorus use efficiency，PUE）显著下降。农业种植对化学磷肥（diphenyl chlorophosphate，DCP）的依赖程度越来越高，中国等一些发展中国家农业种植 PUE 的降低速度更快，从 1949 年到 2012 年，我国磷的施用量从 5.4 kg/hm^2 增加到 77.5 kg/hm^2，伴随着 PUE 的持续降低。在一些发展中国家，PUE 下降的趋势已经开始逆转。在全球范围内 PUE 与经济发展水平呈正相关，而化肥施用比例与人均国内生产总值（人均 GDP）呈负相关，人均 GDP 较高的国家往往具有较高的 PUE，以及较低的化肥施用比例。但是，也存在一些例外的情况，在经济发展水平极低的非洲国家（如乌干达），由于农民无法承受无机肥料的价格，因而其人均 GDP 和化肥施用比例都极低。

3. 畜禽养殖

自 20 世纪 60 年代以来，全球用于畜禽养殖的饲料中的磷量增加了 2 倍，每年生产的畜产品（肉，奶，蛋）中的磷量则增加了三倍，目前，约 8% 的饲料磷素会转化为畜产品，畜牧业的磷利用效率在过去半个世纪有所提高。动物粪便也是重要的磷素载体，每年畜禽养殖产生的动物粪便约为 $15.0 \times 10^{12} \sim 24.0 \times 10^{12} \mathrm{gP/a}$。在畜禽养殖密集的地区，农田已经无法消纳过量的动物粪便，这是由于畜禽养殖模式从分散的小农户养殖转为规模化养殖。例如，我国是全球最大的生猪生产国，生猪的规模化养殖比例已经从 20 世纪 80 年代的 5% 增长到 2010 年的 64%。

受制于运输成本，畜禽粪便远距离还田在经济上是不可行的。全球每年产生的畜禽粪便中仅有 50%~60% 会作为肥料还田（F_{15}），约为 $(10.2 \pm 4.8) \times 10^{12} \mathrm{gP/a}$。在西欧和北美，牲畜粪便磷素的 73%~82% 会还田，非洲、亚洲和南美等地区的还田比例为 30%~50%。未被回收利用的畜禽粪便中的磷（F_{22}）约为 $(8.4 \pm 4.3) \times 10^{12} \mathrm{gP/a}$。

4. 人类消费与废物产生

自 20 世纪 60 年代以来，人类消费的含磷产品量增长迅速，这主要由于食物生产加工过程对磷矿石的大量消耗。人均食物磷消费量为 $0.86 \mathrm{~kg \cdot 人^{-1} \cdot a^{-1}}$，其中 $0.40 \mathrm{~kg \cdot 人^{-1} \cdot a^{-1}}$ 最终进入生活废水与固体废物中。发达国家人均污水磷排放量通常高于发展中国家。

由于人体每天摄入的磷素的 98% 进入排泄物，全球人口每年可产生排泄物 $3.3 \times 10^{12} \mathrm{gP/a}$，其中仅 20% 会被回收利用。人类粪便的回收有着几千年的历史，到 20 世纪 80 年代，我国居民粪便的还田比例仍超过 90%，但近年来随着抽水马桶的普及和市政污水处理系统的完善，农村居民的粪便还田率已经降至 60%，城市则仅为 10%。目前，东亚国家人类粪便的回收率为 20%~27%，而欧洲国家则为 5%~20%。人类消费所产生的含磷废物中，较少比例排放到淡水中（F_{18}）或回收到农业系统中（F_{19}），大部分进入垃圾填埋场或其他非耕土地（F_{21}）。

（三）环境影响

农田侵蚀和径流造成的磷损失是水体磷负荷的最主要贡献者，约 56% 的水体磷输入来自农田。全球从农田进入淡水水体的磷量为 $5.0 \times 10^{12} \sim 26.4 \times 10^{12} \mathrm{gP/a}$。自然侵蚀造成的流入淡水水体的磷量为 $(7.6 \pm 3.3) \times 10^{12} \mathrm{gP/a}(F_2)$，随着淡水磷输入的增加，通过河流径流进入海洋的磷也有所增加，为 $(12.6 \pm 5.6) \times 10^{12} \mathrm{gP/a}(F_4)$。淡水中的磷量为 $(5.4 \pm 3.2) \times 10^{12} \mathrm{gP/a}(F_3)$。

磷化合物的形态较为稳定，因此如果输入到农田中的磷超过作物收获输出的磷，就会导致磷素在土壤中的累积。目前磷在土壤中的平均累积速率为 $(6.9 \pm 3.3) \times 10^{12} \mathrm{gP/a}(F_{23})$，全球超过 70% 的耕地面临磷盈余的问题。据估计，1965—2007 年，全球农田磷累积量达到 $42 \times 10^{13} \mathrm{g}$，预计在未来 50 年将再增加 $60 \times 10^{13} \mathrm{g}$。我国耕地土壤从 20 世纪 60 年代起由磷亏损转变为磷积累状态，目前磷累积速率达到 $41 \mathrm{~kgP \cdot hm^{-2} \cdot a^{-1}}$。累积在土壤中的磷有潜力被作物重新活化并吸收，是潜在的磷资源。

全球每年排入大气的磷量（F_{10}）为 $(3.9 \pm 0.7) \times 10^{12} \mathrm{gP/a}$，沉降到陆地和海洋的磷量分别为 $(3.0 \pm 0.3) \times 10^{12} \mathrm{gP/a}$ 和 $(0.9 \pm 0.5) \times 10^{12} \mathrm{gP/a}$（$F_{11}$ 和 F_{12}）。化肥施用、开垦放牧和森林砍伐等人类活动会增加土壤磷含量和加强风蚀作用，进而增加进入大气的磷。在过去的一百年中，全球农田土壤的平均磷含量增加了 15%，但这部分增加的磷仅为风蚀作用进入大气的总磷量的 1.7%。

第五节 硫循环与环境

硫是生物必需的大量营养元素之一，生物体平均含硫量为10.2%数量级水平。硫是蛋白质、酶、维生素 B_1、蒜油、芥子油等的组成成分。地球环境中硫元素的分布十分广泛，在地壳中硫化物的数量仅次于氧化物，居第二位，其中能与硫化合形成各种化合物的化学元素约有40多种。据维尔纳茨基估算，含硫化合物的总质量约占地壳总质量的0.15%，这些化合物中金属元素 Fe 和 S 的化合物最为重要，另外与硫易形成硫化物的金属元素还有 Zn、Pb、Cu、Ag、Sb、Bi、Ni、Co、Mo、Hg、Cd 等。氢与硫化合对金属硫化物的形成起着重要的作用，硫与轻金属元素（Ca、K、Mg、Na 等）所形成的化合物能溶解于水。在地球环境系统中硫元素有4个稳定同位素即 ^{32}S、^{33}S、^{34}S 和 ^{36}S，它们的相对丰度是95.1%，0.74%，4.2% 和 0.016%。岩石圈上部硫元素的绝对丰度为 340 mg/kg；水圈（淡水）中硫的绝对丰度为 3.7 mg/L，水圈（海水）中硫的绝对丰度为 885.0 mg/L；土壤圈中硫的绝对丰度在 30～10 000 mg/kg，平均为 700 mg/kg；在生物圈中硫的绝对丰度为 5 100 mg/kg，其中海洋植物体内硫的含量为 12 000 mg/kg（烘干重），陆地植物体内硫的含量为 3 400 mg/kg（烘干重），海洋动物体内硫的含量为 5 000～19 000 mg/kg（烘干重），陆地动物体内硫的含量为 5 000 mg/kg（烘干重）。

一、自然与人为影响下的硫循环

硫循环属于沉积与气体复合型循环。硫元素化学性质活泼，因此在各种无机态和有机态之间的转化复杂多样且速率快。硫循环的基本过程是岩石圈中的硫化物、火山喷发的硫化物以及海洋挥发的含硫化合物被氧化成 SO_2 进入大气圈，SO_2 在大气圈中经过光化学氧化、催化氧化形成硫酸或硫酸盐气溶胶，再通过干湿沉降进入生物圈、土壤圈、水圈，土壤中的硫元素被植物根系吸收同化，经过食物链在生物之间传递，最后返回土壤圈或大气圈中（图8-7）。

人类活动对全球硫循环产生重大影响。没有人类的影响，硫元素将在岩石中封存数百万年，直到通过地质构造作用升高，再通过侵蚀和风化过程释放出来。煤、天然气等化石燃料的燃烧大大增加了大气和海洋中的硫，减少了沉积岩层的硫。在世界上酸沉降最严重的地区，硫酸盐沉积量增加了几十倍。

目前人类对硫循环产生的影响可能是地质记录中前所未有的。人类活动大大增加了进入大气的硫，其中一部分硫在全球大气圈中迁移。人类通过采煤、提取石油等途径将硫从岩石圈中开采出来，这类硫的迁移速度约为 150×10^{12} g/a，是 100 年前的两倍。人类对这些过程的影响导致全球循环中二氧化硫（SO_2）的总量增加，地壳中硫的储量减少。因此人类活动并不会导致全球硫库总量出现重大变化，而是引起每年进入大气的硫量大大增加。

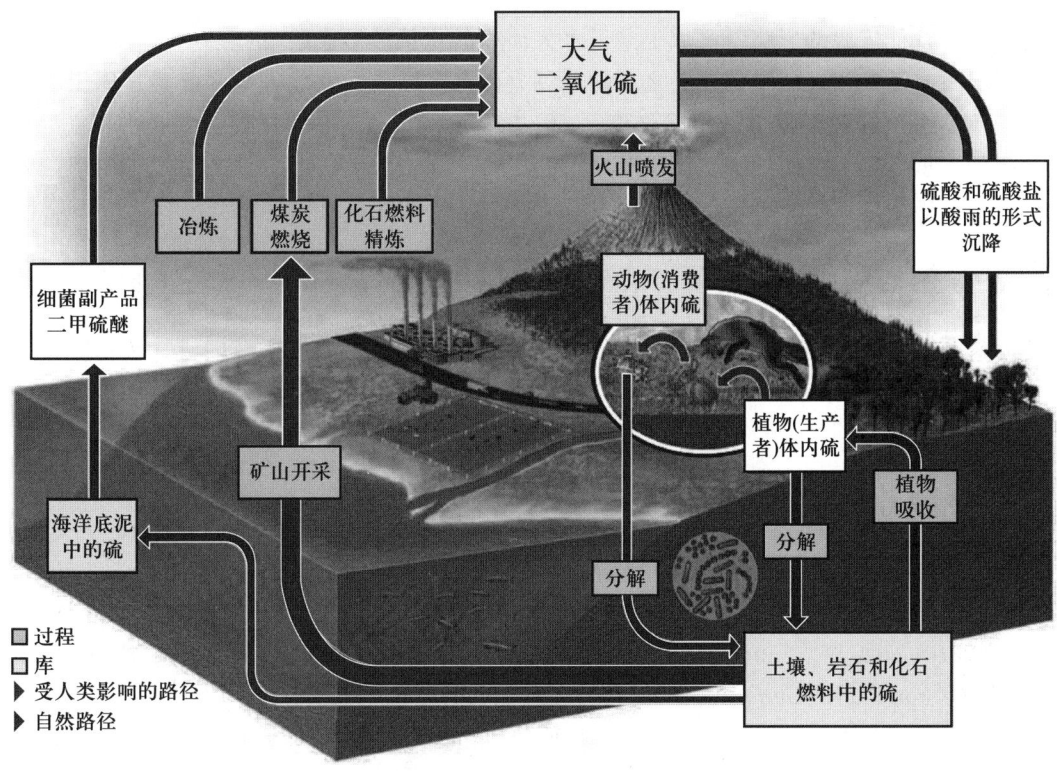

图 8-7　地球硫元素循环过程

二、 硫沉降的环境影响

1975 年在美国举行的第一届国际酸雨性降水和森林生态系统研讨会以来,硫沉降问题受到了普遍重视。硫沉降一般指硫酸性酸雨沉降,酸雨的前体物质主要是硫氧合物和氮氧合物,其 SO_4^{2-}/NO_3^- 的比例为 2~6。随着燃煤型大气污染的逐步治理、汽车保有量的快速增加以及氮肥的大量施用,大气污染类型有所转变,降雨中 SO_4^{2-}/NO_3^- 的比值有所降低,但中国的酸雨还是以硫酸型酸雨为主。

酸雨的硫源主要有人为成因硫、天然生物硫和远距离输送硫源 3 种。人为成因硫主要是来自煤和石油的大量燃烧所释放的硫氧化物(主要是 SO_2),1850—1990 年,全球因煤和石油燃烧向大气释放的 SO_2 量增加了数十倍,中国 SO_2 排放量的急剧增加始于 20 世纪 70年代。生物成因的硫是通过微生物作用使水体(海洋、湖泊、河流、沼泽等)中 SO_4^{2-} 还原产生,也可以由陆地动植物组织中含硫物质经过生物作用分解生成,主要以硫化氢和二甲基硫化物(DMS)等形式释放,具有相对低的 $\delta^{34}S$ 值(δ 值指样品中某元素的稳定同位素比值相对标样比值的千分偏差,样品的 δ 值越高,同位素越富集)。海洋的 DMS 的 $\delta^{34}S$ 值为15‰,沿海地区生物成因硫平均在 0‰左右,而加拿大北部偏远地区排放的生物成因硫约为-2.4‰。大量生物成因硫排放到大气层中会对当地大气降水的硫同位素组成产生显著影响。在有些环境较清洁的地区有时也会形成酸雨,排除人为成因硫与生物成因硫外,远距离硫源也会导致酸雨形成。这些地区由于受气流控制，大气降水的 δ 值受来自气流方向带有明显标识特征硫源的影响，区域上空云水大面积酸化从而形成酸雨。

中国南方已成为继西欧、北美之后的第三大硫沉降区，受其危害地区已超过国土面积的 40%，一些研究估计南方硫沉降强度达 $30 \sim 85$ kg·hm^{-2}·a^{-1}。我国亚热带地区硫沉降污染尤为严重，以长沙、株洲、南昌等城市为中心的华中酸雨区污染水平超过了西南酸雨区，成为全国酸雨污染最严重的区域。

思考题与习题

以校园或社区为单位完成该区域内的某一元素循环分析。通过实地调研、文献资料查阅等途径获取相关数据，定量分析特定时间范围内该区域内某元素或物质的循环情况。分析内容包括物质流的循环路径、循环强度，并尝试将循环分析结果做图像化展示。

主要参考文献

［1］袁增伟，程明今. 物质循环科学的研究对象、理论与方法［J］. 资源科学，2021，43（3）：435-445.

［2］Erisman J W, Sutton M A, Galloway J, et al. How a century of ammonia synthesis changed the world［J］. Nature Geoscience, 2008, 1(10): 636-639.

［3］Falkowski P, Scholes R J, Boyle E E A, et al. The global carbon cycle: A test of our knowledge of earth as a system［J］. Science, 2000, 290(5490): 291-296.

［4］Galloway J N, Dentener F J, Capone D G, et al. Nitrogen cycles: Past, present, and future［J］. Biogeochemistry, 2004, 70(2): 153-226.

［5］Naylor R, Steinfeld H, Falcon W, et al. Losing the links between livestock and land［J］. Science, 2005, 310(5754): 1621-1622.

［6］Peñuelas J, Poulter B, Sardans J, et al. Human-induced nitrogen-phosphorus imbalances alter natural and managed ecosystems across the globe［J］. Nature Communications, 2013, 4: 2934.

［7］Prell J, White J P, Bourdes A, et al. Legumes regulate Rhizobium bacteroid development and persistence by the supply of branched-chain amino acids［J］. Proceedings of the National Academy of Sciences, 2009, 106(30): 12477-12482.

［8］Schindler D W, Hecky R E. Eutrophication: more nitrogen data needed［J］. Science, 2009, 324(5928): 721-722.

［9］Jiang S, Yuan Z. Phosphorus flow patterns in the Chaohu watershed from 1978 to 2012［J］. Environmental Science & Technology, 2015, 49(24): 13973-13982.

［10］Yuan Z, Jiang S, Sheng H, et al. Human perturbation of the global phosphorus cycle: changes and consequences［J］. Environmental Science & Technology, 2018, 52(5): 2438-2450.

［11］Canfield D E, Glazer A N, Falkowski P G. The evolution and future of earth's nitrogen cycle［J］. Science, 2010, 330(6001): 192-196.

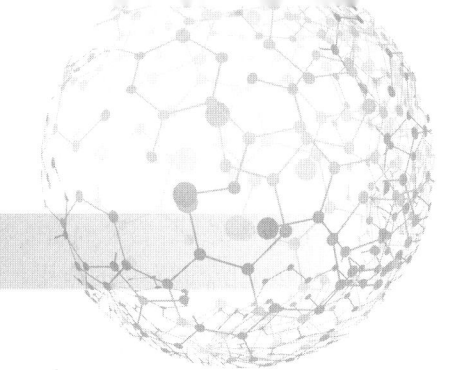

第九章

污染源调查与评价

污染源调查与评价是环境系统分析的基础工作,也是环境保护技术的重要组成部分,是认识和研究环境科学必不可少的一个环节。认识和治理环境首先需要对研究对象进行深入和全面的调查,采集各类污染源数据,建立污染源档案,并将调查得到的数据系统科学地加以分析,在选定评价方法和标准的基础上,研究多种污染因素的综合作用,识别影响环境的主要污染源和主要污染物,从而为治理重点污染源和控制环境污染提供科学依据。

第一节　污染源的定义

污染源是指污染的发生源。通常指由人类活动引发的,能产生物理(如声、光、热、振动、电磁辐射和核辐射等)、化学(如有机物和无机物)或生物(如细菌、真菌和微生物等)有害物质或不正常能量的设备、装置、场所或其他环境污染发生源。《全国污染源普查条例》中所定义的污染源是指:因生产、生活和其他活动向环境排放污染物或者对环境产生不良影响的场所、设施、装置以及其他污染发生源。

与污染源相关的另一概念是污染物,即以不适当的浓度、能量、速度和形态进入环境系统而产生污染或降低环境质量的物质和能量。

第二节　污染源的分类与特征

一、　污染源的分类

根据污染物的来源,可将污染源分为自然污染源和人为污染源。自然污染源是指因自然界的运动而形成各种污染物的发生源,自然污染源又可分为生物污染源和非生物污染源;人为污染源是指由于人类生产和生活活动造成环境污染的发生源,人为污染源又可分为生产性污染源和生活污染源。对于人为污染源,还可以根据人类活动的性质,将污染源分为工业污染源、农业污染源、生活污染源和交通运输污染源等。工业污染源是指在工业生产过程中产生的"三废"(废气、废水、废渣)以及工业原料与产品本身。农业污染源是指在农业(包括种植业、畜禽养殖业和水产养殖业)生产过程中对环境造成有害影响的各种农业措施,包括化肥和农药的施用、土壤流失和农业废物等。生活污染源主要来自人类生活,包括生活污水(洗涤和粪便冲洗污水等)、废气(做饭、取暖造成的大气污染)和固体废物(主要是生活垃圾)。交通运输污染源由交通运输设施和设备产生,主要包括运输过程中产生的噪声、排放的废气和运输过程中产生的泄漏等。

此外,根据污染物对环境要素的影响,可将污染源分为大气污染源、水体污染源、土壤污染源、噪声污染源和生物污染源;根据污染源的空间分布形式,可分为点源、线源、面源和体源;根据污染源的运动特征,可分为固定源和移动源。

二、污染源的特征

在污染治理工作中,对不同种类的污染源往往采用不同技术手段,因此有必要了解它们的特征。其中最重要的是区分点源和非点源污染。

点源污染有固定的排放口,如烟囱、入河排水口、填埋场等,污染物排放量相对稳定,时间上具有一定的规律性,且污染物组成相对清晰,含量相对稳定,便于集中收集和处理,能够及时在源头进行控制。非点源污染没有固定的排放口,如农田、城市地表等,具有时间和空间上的双重不确定性,时间上的不确定性包括降雨的持续时间,雨前干燥期,年尺度的气候变化等,空间的不确定性包括汇流的区域性,地域性等因素。因此相对于点源,非点源的不确定性特征更为突出,治理难度也更大。

第三节　污染源调查方法与步骤

污染源调查是根据控制污染、改善环境质量的要求,对某一区域或某一污染源造成污染的原因进行调查,掌握国家、区域、流域或行业污染源的数量、结构和分布状况,以及污染物的产生、排放和处理情况。通过污染源调查,建立污染源档案,能够为比较各类污染源对环境的危害程度和潜在危险,即污染源的评价提供资料基础,从而识别该区域的重点管控对象,为加强污染源监管、改善环境质量、防控环境风险、制定环境与发展综合决策提供依据。

一、污染源调查的方法

污染源调查主要采用社会调查法,需要深入到工厂、企业、机关、学校,通过印发调查表、召开座谈会、现场调查等方式,获取污染源信息的一手资料。

(一)区域或流域的污染源调查

区域或流域的污染源调查分为普查和详查两个阶段,对区域内所有污染源进行的全面调查称为普查,对重点污染源进行的具体调查称为详查,合理安排普查和详查可以使污染源调查工作有的放矢，突出重点。

1. 普查

普查是概略性的调查，一般通过调查表的方式，从主管部门处获取污染源数据。对于调查所需的表格，可以根据特定的目的进行编制。普查的内容主要包括污染源的名称、位置，污染物的名称、排放量、排放强度、排放方式、排放去向（排向大气或水体等）、排放规律（定时集中或连续均匀）等。在对一个地区的污染源进行调查时，要注意统一调查的时间、项目、调查方法、标准和计算方法等。

2. 详查

详查的对象主要为重点污染源。根据普查结果，在同类污染源中选取污染物排放量大、危害程度大、影响范围广的污染源作为重点污染源进行详查。详查的深度和广度均大于普查，调查人员需深入现场实地调查污染物排放情况并开展监测，针对不同的污染源，详查的内容有所不同，应尽可能准确详实地记录污染源位置、排放方式和排放强度等数据，并保证数据的完整性。

综合普查和详查的资料，可以获得各个重点污染源的基本情况和区域污染源的整体情况，最后整理表格和图件，建立污染源档案，并撰写调查报告。

（二）　具体项目的污染源调查

具体项目的污染源调查方法类似于上述区域污染调查方法，但应针对具体项目进行剖析，侧重点有所不同。主要内容包括：对污染物的排放方式和规律进行调查；针对污染物的物理、化学和生物特性，提出需要进行评价的主要污染物；对主要污染物进行追踪分析；对污染物的流失原因进行分析等。

二、　污染源调查的程序与步骤

根据污染源调查的目的，污染源调查一般可分为四个阶段：准备阶段、调查阶段、总结阶段和验收阶段。

（一）　准备阶段

在准备阶段主要完成污染源调查的前期准备工作，主要包括明确调查目的、制订调查计划、做好调查准备和确定调查试点四个部分。其中，调查准备包括资料收集、组织准备、分析准备和工作准备；调查试点分为普查试点和详查试点。准备阶段需要明确任务，掌握方法，并收集有关资料，做好调查所需的物资和技术准备。

（二）　调查阶段

调查阶段是污染源调查的核心部分，主要包括污染物排放情况调查、污染物危害调查、污染物治理调查、生产管理和生产发展调查。其中，污染物排放情况调查主要包括污染物种类、排放量、排放方式和排放规律调查。排放量的调查可以使用物料衡算法、排放系数法和现场检测法等。

（三）　总结阶段

总结阶段是污染物调查的收尾阶段，主要包括数据处理、污染源档案建立、污染源评价、文字报告撰写和污染源分布图绘制等工作。

（四） 验收阶段

这一阶段主要针对国家和区域性的污染源调查，由生态环境部门与其他有关部门组织专业人员进行检查验收，确保填报内容、监测方法和计算方法正确，数据可靠，调查内容完整，能如实反映污染源的基本情况。验收不合格者应进行修改完善，直至验收合格。

三、 污染源调查的内容

根据污染源的性质，参考《第二次全国污染源普查方案》《第二次全国污染源普查技术规定》和《全国污染源普查条例》对污染源的分类方式设计污染源调查的内容，下面主要介绍工业污染源、生活污染源、农业污染源、集中式污染治理设施和移动污染源的调查内容。

（一） 工业污染源

调查对象为产生废水、废气及固体废物的工业企业。此外，对可能伴生天然放射性核素的企业还需进行放射性污染源调查。调查的主要内容包括：

（1）企业环境状况：企业所在的地理位置、地形、环境功能区等。

（2）企业基本情况：企业名称、地址、行业类别、开工年份、主要产品、产值、产量、利润、固定资产、职工人数、厂区面积、厂区绿化面积、厂区布局等。

（3）生产工艺和排污情况：工艺流程、主要反应方式和主要工艺技术指标，污染物产生的位置、排放量、排放方式和去向，污染物的种类、浓度和绝对量。

（4）能源、水源和原辅材料情况：能源的构成、产地、成分、实际消耗量，主要产品的消耗定额、节能潜力及措施；水源的类型、供水方式、供水量、给水处理措施、中水回用及节水潜力；原辅材料的种类、产地、成分及含量、消耗量、消耗定额、节约原材料的潜力及措施。

（5）污染防治设施情况：主要分为治理的现状和规划。治理现状包括已运行的项目、方法、工艺、投资、成本、效益和存在的问题；治理规划包括规划的项目、方法、工艺、投资金额及来源、预期效果和经济效益估算。

（6）污染危害：危害对象、程度、原因、损失和作业人员健康状况；污染事故发生的时间、原因、损失、危害程度、处理情况。

（7）生产发展情况：发展方向、规模、布局、预期污染物排放量及影响、"三同时"（环保项目审批、设计、竣工验收与主体项目同时进行）措施等。

调查的废水污染物主要包括化学需氧量、氨氮、总氮、总磷、石油类、挥发酚、氰化物、汞、镉、铅、铬、砷等。废气污染物主要包括二氧化硫、氮氧化物、颗粒物、挥发性有机物、氨、汞、镉、铅、铬、砷等。工业固体废物的调查包括工业企业建设和使用的一般工业固体废物，以及危险废物的产生、贮存、处置和综合利用情况。

（二） 生活污染源

调查对象为除工业企业生产使用以外所有单位和居民生活使用的锅炉，城市市区、县城、镇区的市政入河（海）排污口，城乡居民能源使用情况，生活污水产生、排放情况以及服务业企业的产排污情况等。

城乡居民生活污染源调查内容主要包括：

（1）城乡居民人口调查：包括总人数、总户数、流动人口、人口构成、人口分布、人口密度、居住环境等。

（2）民用燃料调查：燃料构成、来源、成分、供应方式、消耗量和人均燃料消耗量。

（3）城乡居民用水及排水情况：获取居民小区、办公楼、餐饮服务业、行政机关单位、学校、医院的用水类型和人均用水量，对下水道的设置情况，有无化粪池及小型污水处理厂等情况进行调查。

（4）生活垃圾及处理方法调查。调查垃圾的种类、成分、构成、数量及人均垃圾产生量，垃圾场的分布，垃圾的运输方式和处置方式等。

（5）结合实地排查，获取市政入河（海）排污口基本信息。对各类市政入河（海）排污口排水（雨季、旱季）水质开展监测，获取污染物排放信息。结合排放去向、市政入河（海）排污口调查与监测、城镇污水与雨水收集排放情况、城镇污水处理厂污水处理量及排放量，利用排水水质数据，后续可以核算城镇生活污水及污染物产生量和排放量。利用已有统计数据及抽样调查获取农村居民生活用水排水基本信息，根据产排污系数法，后续可以核算农村生活污水及污染物产生量和排放量。

服务业企业污染源选取与居民生活相关的，有一定规模并且有污染物排放的服务业企业进行调查，调查内容主要包括：

（1）住宿业与餐饮业：包括开业时间、经营天数、用水总量、废水治理设施处理能力、废水处理工艺，排水去向、垃圾收集方式、燃料类型与消耗量、锅炉运行情况、废气治理设施等。住宿业需要记录床位数，餐饮业则需要记录经营面积、餐位数、灶头数与油烟净化设施的情况等。

（2）居民服务和其他服务业：包括经营面积、经营天数、用水总量、排水去向、废水处理工艺、废水治理设施处理能力、燃料类型与消耗量、锅炉运行情况等。根据行业类别进行针对性的调查，例如，洗染服务业需要记录设备容量，理发及美容保健服务业需要记录床位、座位数，洗浴服务业需要记录衣柜、座位数，摄影扩印服务业需要记录扩印设备情况，汽车、摩托车维护与保养服务业则需要记录车位数、专业洗车设备情况等。

（3）医院：包括床位数、用水总量、废水处理工艺、废水治理设施处理能力、医疗垃圾产生量及处理形式、燃料消耗量、锅炉运行情况、医用电磁辐射设备（频率大于 500 Hz 且功率大于 5 kW）和放射源与射线装置等。

（4）具有独立燃烧设施的机关、事业单位：包括锅炉运行情况、废气治理设施处理能力、燃料消耗量、燃料硫分与灰分、除尘、废水治理设施处理能力、排水去向等。

调查的废水污染物主要包括化学需氧量、氨氮、总氮、总磷、五日生化需氧量、动植物油等。废气污染物主要包括二氧化硫、氮氧化物、颗粒物、挥发性有机物等。对于其他未涉及的服务业企业，可根据工作需要制定相应的调查方案。

（三）　农业污染源

调查范围包括种植业、畜禽养殖业和水产养殖业。种植业污染源主要针对粮食作物（包括谷类、豆类和薯类等）、经济作物（包括棉花、麻类、桑类、油料、糖料、烟草、茶、花卉、药材、果树等）和蔬菜作物（包括根茎叶类、瓜果类、水生类等）开展肥料、农药、农膜和秸秆污染调查。畜禽养殖业污染源的调查需要区分规模化养殖场和规模以下养殖户作为不同调研对象，针对猪、奶牛、肉牛、蛋鸡和肉鸡养殖过程中产生的畜禽粪便和污水开展调查。水产养殖业污染源以池塘养殖、网箱养殖、围栏养殖、工厂化养殖以及浅海养殖、滩涂养殖等有饲料、鱼药、肥料投入的养殖单元为对象，针对鱼、虾、贝、蟹等养殖过程中产生的污染开展调查。

调查的主要内容包括：

1. 种植业

基本情况：农户数量、农村劳动力人口数量、耕地面积、类型、坡度、耕作方式、排水去向、机械化程度等。

肥料：主要针对肥料(包括化肥和有机肥)的施用和流失情况开展调查。其中，化肥包括氮肥、磷肥、钾肥、复合肥；有机肥包括商品有机肥、畜禽粪便等。调查内容包括肥料名称、有效成分及其含量、施用量、施用方式等。

农药：针对污染重、难降解、用量大、未禁用的农药(如吡虫啉、克百威、乙草胺等)施用和流失情况开展调查，主要包括施药目的、农药名称、有效成分及其含量、施用量、施用方式、稳定性等。

农膜：针对地膜残留污染开展调查。内容主要包括地膜使用量、回收状况等。

秸秆：针对粮食作物(谷类和豆类等)和经济作物(棉花和油菜等)生产过程中的秸秆及其去向开展调查。内容包括秸秆产生量、丢弃量、还田量、饲料利用量、燃料利用量、堆肥利用量、原料利用量等。

2. 畜禽养殖业污染源(分为规模养殖场和规模以下养殖户两个部分)

规模养殖场：基本情况的调查包括养殖场名称、畜禽种类、存栏和出栏数量、养殖设施类型、饲养周期、饲料投入情况等。粪污处理情况的调查包括粪便与废水处理方式、利用去向及利用量、配套利用农田面积等。

规模以下养殖户：主要包括调查区域内不同畜禽种类养殖户数量、存栏和出栏数量、饲养阶段、饲养周期、不同清粪方式、不同粪便与污水处理方式下的养殖量等。

3. 水产养殖业污染源

养殖基本情况：包括养殖品种、养殖模式、养殖水体、养殖类型、养殖面积/体积、投放量、产量、水体排放量及去向、水体交换情况、换水频率、换水比例等。

投入品使用情况：包括饲料名称、主要成分及含量、使用量，肥料名称、主要成分及含量、施用量、施用方法，渔药名称、主要成分及含量、施用量、施用方法等。

调查的废水污染物主要包括氨氮、总氮、总磷，畜禽养殖业和水产养殖业排放的化学需氧量。废气污染物主要包括氨气和挥发性有机物。

农业污染源以已有统计数据为基础，在确定抽样调查对象后开展抽样调查，获取当年度农业生产活动基础数据，根据产排污系数法，后续可以核算污染物产生量和排放量。

（四）集中式污染治理设施

调查对象为集中处理处置生活垃圾、危险废物和污水的单位。生活垃圾集中处理处置单位包括生活垃圾填埋场、生活垃圾焚烧厂以及以其他处理方式处理生活垃圾和餐厨垃圾的单位。危险废物集中处理处置单位包括危险废物处置厂和医疗废物处理(处置)厂。危险废物处置厂包括危险废物综合处理(处置)厂、危险废物焚烧厂、危险废物安全填埋场和危险废物综合利用厂等；医疗废物处理(处置)厂包括医疗废物焚烧厂、医疗废物高温蒸煮厂、医疗废物化学消毒厂、医疗废物微波消毒厂等。集中式污水处理单位包括城镇污水处理厂、工业污水集中处理厂和农村集中式污水处理设施。

调查内容包括单位基本情况，设施处理能力，污水或废物处理情况，次生污染物的产生、治理与排放情况。

调查的废水污染物包括化学需氧量、氨氮、总氮、总磷、五日生化需氧量、动植物油、挥发酚、氰化物、汞、镉、铅、铬、砷。废气污染物包括二氧化硫、氮氧化物、颗粒物、汞、镉、铅、铬、砷。此外，还需调查污水处理设施产生的污泥、焚烧设施产生的焚烧残渣和飞灰等产生、贮存、处置情况等。

根据调查对象基本信息、废物处理处置情况、污染物排放监测数据和产排污系数，后续可以核算污染物产生量和排放量。

（五）　移动源

调查对象为机动车和非道路移动污染源。其中，非道路移动污染源包括飞机、船舶、铁路内燃机车和工程机械、农业机械等非道路移动机械。调查内容包括各类移动源保有量及产排污相关信息，挥发性有机物（船舶除外）、氮氧化物、颗粒物排放情况，部分类型移动源二氧化硫排放情况等。

利用相关部门提供的数据信息，结合典型地区抽样调查，获取移动源保有量、燃油消耗及活动水平信息，后续可以结合分区分类排污系数核算移动源污染物排放量。通过机动车登记的相关数据和交通流量数据，结合典型城市、典型路段抽样观测调查和燃油销售数据，更新完善机动车排污系数，后续可以核算机动车污染物排放量。通过相关部门间信息共享，获取非道路移动源保有量、燃油消耗及相关活动水平数据，后续可以根据排污系数核算非道路移动源污染物排放量。

除上述这几种污染源调查以外，还有噪声调查、电磁辐射调查和放射性污染源调查等。此外，还应同时调查污染源周围的自然环境背景信息和社会背景信息，可根据实际调查的情况，选择不同的侧重点进行调查。

第四节　点源污染概述

一、　点源污染的基本概念

点污染源是指具有确定空间位置的、集中在一个点或可视为一个点的小范围内排放污染物的发生源。在数学模型中，点污染源可被近似视为一点以简化计算。点源污染，是指由可识别的单污染源引起的空气、水、热、噪声或光等污染。美国环境保护署将点源污染定义为任何由可识别的污染源（包括但不限于管道、沟渠、船舶或烟囱）产生的污染。

对于大气污染而言，点源一般指高架源，即污染物通过烟囱排放的污染源，也可以指一个工厂或工业区。对于水污染而言，点源主要包括工业源、城镇生活源和规模化畜禽养殖业源，污染物通常由固定的排污口集中排放。

二、 点源污染的特征

点源污染的来源较为明确，相对稳定，且排放强度呈现一定的规律性，如生活源的排放往往呈现早中晚三个高峰期的特点。点源污染物含量相对稳定，主要成分一般能够根据排放源进行预测。此外，点源污染存在瞬时排放量大、排放集中和污染物浓度较高等特点，可在短时间内对人体健康和生态安全造成损害。

三、 点源污染评价

污染源评价是对污染源调查获得的数据按照统一的标准进行处理，依据对环境质量影响的程度，识别各行业、各地区或各流域的主要污染物种类和主要污染源的过程，评价结果以直观明了的方式展现主要污染物因子和污染源的时空变化和相对强度。对点源污染进行评价是点源污染调查的继续与深入，也是调查形成结论的关键过程。

点源污染评价的工作程序如下：

（1）确定评价区域的重要污染源和污染物；

（2）确定评价区域内对环境有一定影响的因子，作为待评价项目，获取相关数据；

（3）确定评价标准；

（4）确定评价方法，列出表达式，阐释各参数含义，并列出计算结果；

（5）得出明确的评价结论，确定区域内主要的污染源和污染物。

在评价项目的选取方面，原则上要求对调研区域内点污染源排放出的大多数污染物都进行评价，但考虑到污染源数量大、污染物种类多的情况，全面评价耗时费力、收益甚微。因此在实际操作中，选择的评价项目包括本区域内引起污染的主要污染源和污染物即可。

评价标准的选择是衡量污染源评价结果是否科学合理的关键因素之一。不同污染源和污染物的毒性和计量单位不统一，因此需要先进行标准化，使不同量纲的污染物具有可比性。所选的标准一方面要制定合理，能反映出污染源在区域环境中可能造成的危害，另一方面标准中包含的污染物种类应该涵盖调研区域 80% 以上的污染物。一般采用对应的环境质量标准或污染物排放标准。

在污染源评价方法中，目前最常用的方法为等标污染负荷法。该方法通过确定等标污染负荷、等标污染负荷比，最终得出主要的点污染源和主要污染物。具体计算过程如下：

（1）计算某点源污染物的等标污染负荷（P_{ij}）为：

$$P_{ij} = \frac{c_{ij}}{c_{0i}}Q_{ij} \qquad (9-1)$$

式中：P_{ij}——第 j 个点污染源中第 i 种污染物的等标污染负荷（有量纲）；

c_{ij}——第 j 个点污染源中第 i 种污染物的排放浓度；

Q_{ij}——第 j 个点污染源中第 i 种点源污染物的排放量；

c_{0i}——第 i 种污染物的排放标准。

故第 j 个点污染源中 n 种污染物的总等标污染负荷为：

$$P_j = \sum_{i=1}^{n} P_{ij} \qquad (9-2)$$

在 m 个点污染源中第 i 种污染物的总等标污染负荷为:

$$P_i = \sum_{j=1}^{m} P_{ij} \qquad (9-3)$$

该区域点源污染的总等标污染负荷为:

$$P = \sum_{i=1}^{n} P_i = \sum_{j=1}^{m} P_j \qquad (9-4)$$

(2) 等标污染负荷比计算公式为:

第 j 个点污染源中第 i 种污染物的等标污染负荷比为:

$$K_{ij} = \frac{P_{ij}}{P} \qquad (9-5)$$

调查区域内第 i 种污染物的等标污染负荷比为:

$$K_i = \frac{P_i}{P} \qquad (9-6)$$

调查区域内第 j 个点污染源的等标污染负荷比为:

$$K_j = \frac{P_j}{P} \qquad (9-7)$$

K_{ij} 越大,表示该污染物在第 j 个点污染源中对环境的影响越严重,根据 K_{ij} 的大小可以对第 j 个点污染源内部各种污染物的危害程度进行排序。

(3) 确定主要污染物和主要污染源

按照调查区域内污染物的等标污染负荷比 K_i 排序,计算累积百分比,将前 80% 的污染物列为该区域的主要污染物。同样,按照调查区域内污染源的等标污染负荷比 K_j 排序,分别计算累计百分比,将前 80% 的点污染源列为该区域的主要污染源。

第五节　非点源污染概述

一、非点源污染的基本概念

非点污染源也称为面源,是指除入河排放口、烟囱等具有固定排放口的污染源以外的其他各类污染源。美国《联邦水污染控制法》(1977) 对非点污染源的解释是,凡是向环境排放污染物的过程为不连续的分散过程,且不能通过一般常规处理方法获得改善的排放源,即为非点源污染源。非点源污染有广义与狭义两种理解。广义非点源污染是指各种没有固定排污口的环境污染,包括空气或地表的污染物在降水或融雪冲刷作用下,通过径流过程汇入受纳水体造成的水污染;地面的各种污染物质如城市垃圾、农田中的化肥、农药、重金属等造成的固体污染;以及种植、养殖活动排放的挥发性有机物、悬浮颗粒物等造成的大气污染。狭义非点源污染通常限定于水环境,即与降水过程伴随产生的地表径流污染。以下主要介绍狭义非点源污染的特征和评价方法。

二、非点源污染的特征

根据非点源污染源的发生区域，可以将非点污染源分为城市面源、农业面源、矿山面源和大气沉降等，其中最为常见的非点污染源是城市面源和农业面源。

（一）城市面源的特征

城市面源污染是指在降水的条件下，雨水和径流冲刷地面，受到污染的径流通过排水系统进入受纳水体造成的水质污染。非降雨期，人类活动在城市的不透水地面（商业区、工业区、居民区和道路等）累积大量污染物，降雨期间，这些污染物通过暴雨的冲刷随径流流动，通过排水系统进入水体，进而对受纳水体产生污染。由于城市独特的下垫面特征和高强度的人类干扰，城市面源污染产生和输出与农业面源污染相比，具有明显不同的规律，其主要特征有：

（1）具有突发性和间歇性，主要受降雨径流过程影响；

（2）具有空间上的广泛性，污染发生在整个排水区域；

（3）具有初期冲刷效应，径流污染浓度随时间呈现明显波动；

（4）具有间断性，从时间上看，污染物在晴天累积，在雨天排放；

城市面源污染的影响因素较为复杂，主要影响因素包括降雨特征、污染物特征、大气污染状况、下垫面条件、排水结构和城市卫生管理水平等。土地利用和降雨前期干旱时间决定了污染物的初始含量，而降雨强度则对冲刷过程的影响较大。

（二）农业面源的特征

农业面源污染是指在进行农业活动时产生的沙砾、农药残留、营养盐、重金属、畜禽粪便及生活垃圾等污染物，受降水或灌溉的影响，通过径流或地下渗透进入受纳水体或土壤产生的污染。农业面源污染主要来自种植业、养殖业和农村生活。种植过程中过量使用的农药和化肥，残留在农田中的农膜，畜禽养殖过程中处置不当的畜禽粪便和水产养殖产生的水体污染物，以及农村居民生产生活产生的废物均是农业面源污染的重要来源。其主要特征有：

1. 分散性和隐蔽性

由于没有固定的排污口，农业面源污染较为分散，污染物会随着地貌地形、水文特征、土地利用状况、气候等差异具有空间异质性和时间不均衡性，因而具有污染的分散性，导致面源污染的地理边界不易识别，空间位置不易确定，从而具有较强的隐蔽性。

2. 随机性和不确定性

从起源和产生过程看，由于降水过程存在随机性，其他自然因素也具有不确定性，导致农业面源污染具有较大的随机性。此外，由于农业面源污染的污染源不明确，排污点不固定，污染物排放随着自然因素的变化具有间歇性特征，因此农业面源污染还具有不确定性，管控也较为困难。

3. 广泛性和难监测性

根据农民从事农业生产活动的特点，以农户为单位分散经营会导致污染的主体具有广泛性。此外，由于不同区域内污染物的排放具有交叉性、径流的时空差异大，农业面源污染也具有广泛性和时空差异性。由于面源污染的分散性、隐蔽性、随机性和不确定性，对单一污染物或单一污染源排放量的监测及其对水体污染贡献率的确定具有较大困难。

4. 潜伏性和滞后性

施用于农田中的农药化肥长期累积于地表，在降雨之前均不会发生污染，因此农业面源具有潜伏性。当降雨发生进而产生汇流时，潜伏期累积的污染物在降雨的驱动下随径流迁移，导致污染发生，将滞后于污染物的排放时间。

三、非点源污染的产生机理

非点源污染从产生机理来看，主要包括径流形成、径流冲刷地面、形成土壤侵蚀和泥沙及氮磷污染物进入水体四个过程。在一定的下垫面条件下，降雨及其形成的径流溶解、冲刷地表污染物，经过迁移转化最终进入受纳水体，引起非点源污染。因此非点源污染模型的结构主要包括三个部分：产汇流模型（降雨径流模型）、土壤侵蚀模型和污染物迁移转化模型。其中研究重点为由陆地进入水体前的迁移转化过程，进入水体后的过程常用点源污染模型近似。

（一）产汇流机理

产汇流理论主要描述地面水流、河道水流和土壤水流的运动规律，理论基础来源于1856 年达西（Darcy）提出的渗流力学基本定律——达西定律和 1871 年圣维南（St. Venant）提出的明渠缓变非恒定流的基本微分方程组——圣维南方程组。随后，产汇流理论日趋成熟，如 Horton 产流机制、山坡水文学、蓄满产流理论、超渗产流理论、界面产流规律、流量演算法、瞬时单位线等方法理论。目前，研究领域已延伸至产流与产沙、产流与产污、汇流与汇沙、汇流与溶质输移等相互关系及耦合变化规律等方面。

SCS 模型由美国农业部土壤保持局于 1972 年提出，是应用较为广泛的一类产汇流模型，原理是用曲线数（curve number, CN）计算径流量。SCS 模型的构建基于一个假设：流域的实际入渗量（F）和实际径流量（Q）的比值，等于该降雨的最大可能入渗量（S）和最大可能径流量（Q_m）的比值，即：

$$\frac{F}{Q} = \frac{S}{Q_m}$$

假设最大可能径流量（Q_m）是降雨量（P）和由径流产生前植物截留、初渗和填注蓄水组成的降雨初损（I_a）的差值，即：

$$Q_m = P - I_a$$

实际渗入量为降雨量（P）减去初损（I_a）和实际径流量（Q），即：

$$F = P - I_a - Q$$

则有：

$$Q = \frac{(P - I_a)^2}{P + S - I_a}$$

初损（I_a）受土地利用、种植习惯、水利条件、枝叶截留、下渗等情况的影响，和土壤最大可能入渗量（S）成正比。美国土壤保持局进行了长时间的实验研究，分析数据后认为该比例关系为 0.2，即：

$$I_a = 0.2S$$

代入可得到 SCS 模型公式：

$$Q = \frac{(P - I_a)^2}{P + 4I_a} \quad P \geqslant I_a$$

$$Q = 0 \qquad\qquad P < I_a$$

在预测土壤的最大可能入渗量（S）的过程中，引入径流曲线数（runoff curve number，RCN）指标，用于表征降雨开始前的特征：

$$S = 25400/RCN - 254$$

RCN 值越大，S 就越小，即更容易形成径流。影响 RCN 的条件很多，包括前期地表湿度、土壤情况、植被覆盖情况、地面管理水平和坡度等。

在 SCS 模型使用手册中，按照以下步骤来获取 RCN 值：

（1）参照表 9-1 中土壤下渗率范围，得到流域土壤属性。

表 9-1　SCS 模型土壤属性划分

土壤类型	最小下渗率/$(mm \cdot h^{-1})$	土壤质地
A	>7.26	砂土、壤质砂土、砂质壤土
B	3.81~7.26	壤土、粉砂壤土
C	1.27~3.81	砂黏壤土
D	0.00~1.27	黏壤土、粉砂黏壤土、砂黏土、粉砂黏土、黏土

（2）区分降雨前土壤的湿度情况，按照模型设置的 AMC 指标评价土壤湿度条件。

AMC Ⅰ：降雨前期土壤较干，但植物尚能生长，可以进行农作和收获。

AMC Ⅱ：通过实验和观察获取的导致洪水泛滥事件之前的平均土壤湿度情况。

AMC Ⅲ：降雨前的五日出现过小到中雨事件，或者出现低温情况，此时土壤水分较充足（见表 9-2）。

表 9-2　决定 RCN 值的土壤前期湿度

AMC	前 5 日降雨总量/mm	
	休眠期	生长期
Ⅰ	<13	<36
Ⅱ	13~28	36~53
Ⅲ	>28	>53

不同前期土壤湿度条件下的 RCN 转换关系为：

$$RCN_{\mathrm{I}} = 4.2RCN_{\mathrm{II}}/(10 - 0.058RCN_{\mathrm{II}})$$

$$RCN_{\mathrm{III}} = 23RCN_{\mathrm{II}}/(10 + 0.13RCN_{\mathrm{II}})$$

（3）在 SCS 模型使用手册中的 RCN 表中查询适合于相应研究的径流曲线数值。

（二）土壤侵蚀机理

土壤侵蚀是指地球表面的土壤及其母质受水力、风力、冻融、重力等外力的作用下，发生的各种破坏、分离、搬运和沉积的现象。正常侵蚀的过程进展较为缓慢且能够保持自然生态系统平衡，而加速侵蚀则会干扰或破坏自然生态系统的平衡，这种侵蚀过程会造成土壤肥力下降、土壤理化性质恶化和养分利用率降低，进而影响作物产量。土壤侵蚀与非点源污染密不可分，特别是在农业非点源污染中，土壤侵蚀为污染发生的主要形式，是农业非点源污染的重要来源。例如，土壤侵蚀产生的泥沙不仅本身就是一种非点源污染物，而且泥沙（特别是细颗粒泥沙）中包含的有机物、金属、铵离子、磷酸盐以及其他毒性物质会造成受纳水体水质的污染。由土壤侵蚀产生的大量沉积物引起的环境污染，和农业区域地表径流引起的化学物质迁移进而造成的水源污染是目前研究的重点。

1960 年以来，国内外学者开始对土壤侵蚀和非点源污染进行定量化研究。早期定量化研究的基本数据来自野外实地考察和监测，收集工作强度大、效率低、周期长、成本高，且存在数据资料缺乏或可靠性差等问题，估算精度不高。1980 年以来，遥感技术、人工模拟试验技术等新兴技术的应用提高了模拟的效率和精度，如 GIS 与通用土壤流失方程式（USLE）结合可以估测土壤侵蚀量和侵蚀率。土壤侵蚀模型经常作为子模型嵌套于综合性农业非点源污染模型中。

（三）污染物迁移转化机理

污染物在土—水界面的迁移一般是指污染物在外力条件下从土壤向水体的扩散迁移过程。主要有以下两种方式：一是悬浮态流失，即污染物结合在悬浮颗粒上，随土壤流失进入水体；二是淋洗态流失，即水溶性较强的污染物被淋洗、溶解而进入水体。氮素和磷素是植物生长的重要营养元素，也是农业化肥的主要成分，理解这两种元素在土—水界面的迁移转化过程，对管控面源污染具有重要意义。

氮的生物化学循环主要有矿化与固定、反硝化、植物吸收、挥发、渗滤与地表径流等过程。氮的迁移可以分为径流迁移和淋溶迁移。径流迁移是指溶解于径流的矿质氮或吸附于泥沙颗粒表面的氮，以无机或有机态氮的形式随径流损失。淋溶迁移是指土壤中的氮在降水淋溶作用下，沿垂直方向向下迁移至根系活动层以下，无法被作物根系吸收而造成的氮素损失。

氮素随化肥的施用进入土壤后，主要存在形式有 NH_4^+-N 和 NO_3^--N 两种，后者更为稳定。NH_4^+-N 呈球形扩散，NO_3^--N 则主要以质流方式进行迁移。NH_4^+-N 进入耕作层后，大部分被作物吸取、土壤吸附以及在硝化作用下转化为 NO_3^--N；小部分通过下渗和弥散作用迁移至下包气带后，除了继续被土壤吸附之外，还要进行硝化和反硝化作用，形成 NO_3^--N、少量 NO_2 及 N_2；极少部分的 NH_4^+-N 和 NO_3^--N 可迁移进入土壤含水层。

土壤中的磷来源于土壤中矿物的风化和其他多种稳定的矿物质，在土壤中不容易移动。但磷素在土—水界面上的迁移转化及其化学反应机理远比氮素要复杂，主要包括溶解态磷的吸附与解吸、磷酸盐的沉淀与溶解、生物固定或矿化、含磷颗粒的沉降与再悬浮等物理、化学、生物过程及其相互作用。吸附过程包含吸收和吸附，吸收即磷渗透并固结的过程，吸附则是磷在土壤粒子表面固定和保持的一种生物化学过程。解吸是吸附的相反过程。沉淀或分解过程是指，在碱性或钙质土壤（高 pH）中，磷易与钙形成二钙或三钙磷酸盐沉淀，由于这些沉淀有很大的表面积，磷素可以缓慢地释放到水体中；而对于富含黏粒和有机质（低 pH）的土壤，磷和铁铝结合形成难以溶解和难以被植物吸收利用的沉淀。矿化是有机磷转化为无机磷的过程，而固定是生物将矿质磷转化为有机磷的过程。磷污染迁移传输方式主要有两种，一是表面径流传输过程，二是土壤壤中流传输过程。

影响氮素和磷素径流损失的因子主要包括流失形态、降雨过程（降雨类型、强度及持续时间）和下垫面因素（地形、地貌、土壤的化学和物理状况，植被或作物特征，以及农业生产措施）等。

四、 非点源污染的研究方法

非点源污染研究的本质是理清降雨过程、下垫面条件与污染负荷之间的关系。目前对非点源污染的研究主要有以下几类方法：

（一） 野外实地监测

野外实地监测是非点源污染研究中不可缺少的一种手段，可以获取研究区域的一手资料，但由于非点源污染具有随机性和不确定性的特点，获取的资料存在一定的偶然性。另外，该方法存在劳动强度大、效率低、周期长、成本高等问题。因此，野外实地监测在多数情况下作为辅助手段，主要用于模型的验证和参数的校正。野外实地监测方法主要分为综合试验场法和源类型划分法。

综合试验场法是在研究区域选择典型径流小区，通过监测小区内降雨径流的水量和水质情况，计算得到小区的单位污染负荷量，再外推至整个研究区域，估算非点源污染负荷。这种方法忽略了非点源污染时空异质性的特点，核算精度不高。

源类型划分法则先对研究区域进行土地利用调查，根据土地利用状况划分不同的非点源类型区，然后在不同土地利用的区域分别选择典型径流小区，通过监测不同土地利用类型小区内降雨径流的水量和水质情况，计算得到小区的单位污染负荷量，再估算整个研究区域的非点源污染负荷量。与综合试验场法相比，该方法的结果精度更高，但相应的工作量和成本也增加了很多。

（二） 人工模拟试验

人工模拟试验依托人工降雨器，通过调节雨量大小模拟不同的降雨类型，进而研究不同自然条件下的非点源污染，解决了传统实地监测方法耗时长、成本高的缺陷，广泛运用于面源污染机理和模型的研究中。

（三） 平均浓度法

对于资料有限、监测条件困难、时间跨度大、流域面积较大的非点源研究工作，在不要求研究结果精度的情况下，可以采用平均浓度法，利用年径流量和污染物平均浓度，估算多年平均及不同频率代表年的非点源污染负荷。

（四） 3S 技术

遥感（RS）技术具有视野广、分辨率高、多时相、多波段等优势；地理信息系统（GIS）技术具有灵活、快速、人机对话、可视化等优点；全球导航卫星系统（GNSS）技术可以对流域调研点进行精准定位。这三种技术可为研究提供可靠的背景资料，目前广泛运用于非点源负荷模型中，如 GIS 与土壤通用流失方程（USLE）结合可估测土壤侵蚀率和侵蚀量等。3S 技术提高了研究精度和工作效率，但对于具体研究区域，仍需地面监测工作的支持。

五、 非点源污染的研究模型

随着非点源污染研究从初期的定性化研究转向定量化研究，数学模型逐渐成为非点源污染定量化评估和模拟的重要手段。根据模型建立的途径和所模拟的过程，模型通常可分为经验模型、物理模型和概念模型。

（一） 经验模型

经验模型也称为黑箱模型，是指在一定条件下，以实地观测数据或实验数据为基础构建的输入数据和输出数据之间的关系式，这种关系可能是简单的线性关系，也可能是复杂的非线性关系，模型的可靠性往往与实际经验有很大关系。经验模型无法对物理过程进行模拟，不适用于有关机理、过程模拟等研究。最常见的一种经验模型是通用土壤流失方程——USLE（universal soil loss equation），以及由 USLE 演变而成的其他经验模型，如 RU-SLE（revised universal soil loss equation）等。

（二） 物理模型

物理模型采用原理和理论的推导构建模型，对整个事件或系统过程进行模拟。物理参数可以通过实测获得，也可通过方程求得。常见的物理模型包括 SWMM、SWAT、CRE-AMS、ANSWERS、WEPP、AGNPS 等。

（三） 概念模型

概念模型也被称为半物理模型，有别于物理模型，概念模型将物理过程简化，将各个阶段分别采用简化的方法进行处理或模拟，适用于物理过程基本原理缺乏、资料条件不足的情况。

第六节　污染源空间数据库构建

污染源空间数据库以污染源信息为核心，以地理信息空间数据库为载体，通过统一的规范标准，建立动态更新的环境空间数据体系，将污染源数据处理、数据库管理、数据库维护等融合至一个载体上，不仅可以为污染物的建模研究提供数据基础，还可以借助其特有的空间分析功能和可视化功能，实现对海量污染源信息数据的高效集成化管理。

一、 污染源数据的采集与融合

根据污染源信息管理的需要，污染源空间数据库主要包括基础地理信息数据和污染源数据两大核心数据。

（1）基础地理数据：包含行政区划、道路及铁路、水系、地形地貌、土地利用、气象、矿产、能源、基础设施、社会经济等要素。

（2）污染源数据：以污染源的空间分布形式，将待建库的污染源信息分为点源数据和非点源数据两大类，或者根据人类活动的性质，将污染源数据分为工业污染源数据、生活污染源数据、农业污染源数据、集中式污染治理设施污染源数据和移动源数据。除了本章第三节污染源调查的内容中提到的各类污染源相关信息，还可以补充监测数据点位及相关监测信息。

在建立污染源空间数据库之前，需要完成数据采集、数据校准以及数据融合和同化。

（一）　数据采集

本章第三节已对污染源调查方法进行过阐释，参考本章第三节提供的调查方法，能够获取污染源空间数据库建库所需的核心污染源数据。本节将补充基础地理信息数据和污染源经纬度信息的采集方法。

根据研究范围及调研允许情况，污染源经纬度的采集方式分为直接采集与间接采集。

1. 直接采集

对于规模较小，调研条件允许的污染源，使用直接采集方法，即使用 GNSS 测量仪对各类污染源中心经纬度进行测量，或直接从政府部门获取相应污染源中心经纬度信息。GNSS 测量仪采用 GNSS 卫星导航系统，能够提供实时的经度、纬度、高程等导航和定位信息。对于居民小区等占地面积较大的污染源，可使用无人机进行航拍，配合 Google Earth 等影像图以便计算出污染源的实际占地面积。

2. 间接采集

对于规模较大、调研条件不允许或污染源原始坐标信息有误的情况，使用间接采集方法，即从互联网地图上获取坐标信息。由于污染源信息庞杂，普通搜索功能耗时耗力，因此采用批量获取地理坐标的方式。运用 XGeocoding 等工具，搭载百度、高德等互联网地图，对点源信息地址进行批量化的经纬度解析转换，并对异常值进行校正。

（二）　数据校准

数据校准的目的是剔除基础地理信息数据和污染源数据中的错误数据，修正重复数据及空数据。通过移除空的数据行或重复的数据行、过滤数据行、聚集或转换数据值、分开多值单元等方式对错误数据进行修复。

根据互联网地图服务规定，国内互联网地图必须使用国家测绘局加密的 GCJ-02 坐标系，高德地图和谷歌地图在中国使用的坐标系都是这一坐标系，百度地图在 GCJ-02 的基础上，又做了一次加密。因此需对间接采集的坐标进行纠偏，与基础地理信息数据进行匹配。

在 ArcMap 中启动 ArcBruTile 插件，该插件可以实现加载在线地图的功能。以 GCJ-02 坐标转换为例，分别加载 OSM 道路地图和高德道路地图，工作界面选择显示在研究城市范围内，在可编辑状态下选择空间校正（spatial adjustment）功能，校正方法选择仿射，并选取 5 个以上的标志性地物点（道路交叉处、河流分界点等）。点击高德地图上的某点，然后点击 OSM 地图上的对应点，反复 5 次以上，建立数个置换链接，并保存链接文件。

在 ArcMap 中加载含有坐标信息的污染源数据，右键选择显示 x，y 坐标，在 x 一栏选择经度数据，在 y 一栏选择纬度数据，得到污染源原始点位分布图层并保存为 .shp 文件。在可编辑状态下，加载链接文件，点击校准，结束编辑状态并保存修改结果，即得到纠偏后的坐标信息。此结果可直接显示在 ArcMap 工作区域，加载基础地理信息数据后可导出成图。

（三）数据融合与同化

数据融合与同化技术可以实现基础地理信息数据、污染源数据的时序一致、空间无缝衔接。主要分为数据拼接、多源环境数据配准、坐标一致化与时空尺度一致化。

1. 数据拼接

通过网络数据库获取的遥感影像图一般以条带号和行编号为单位，往往出现研究城市范围跨越几幅相邻遥感影像的情况，因此需要对多幅遥感影像图进行拼接。在 ENVI 软件中，选择已进行辐射校正、几何校正的、成像时间和条件接近的遥感影像，以正确的叠置顺序运行 Mosaic 命令，完成拼接，并对拼接后的色彩（灰度）进行调整，保持拼接后图层色彩一致。

2. 多源环境数据配准

由于污染源数据来源广泛，往往出现数据不匹配的情况，因此需要对数据进行配准，主要分为矢量数据配准和栅格数据配准。矢量数据多为行政区划数据、河流水系数据与路网数据。在 ArcGIS 软件中加载在线 OSM 道路地图及多源数据，选择显示信息正确的图层为基准图层，在可编辑状态下使用空间校准工具，勾选需要配准的图层，手动建立多个置换链接，校准后结束编辑状态并保存修改结果。栅格数据多为人口密度、遥感影像、DEM 等数据，可使用 ArcToolbox 中的 Georeferencing 工具建立置换链接、输入控制点，完成校正与空间匹配。

3. 坐标一致化

坐标系一致化可以实现多源水环境数据坐标系统的一致性。ArcGIS 中的坐标系统主要分为地理坐标系统和投影坐标系统。地理坐标系统是使用经纬度来定义球面或椭球面上点的位置的参照系，是一种球面坐标系。最常见的位置参考坐标系统就是以经纬度来量算的球面坐标系统。常见的地理坐标系统有 WGS84 坐标系、Xian1980 坐标系等。投影坐标系统是定义在一个二维平面的坐标系统，有着恒定的长度、角度和面积。常见的投影坐标系统有 UTM 坐标系、World Mercator 坐标系等。可采用 ArcToolbox 中的投影变换工具或设置参数法对坐标系不同的数据进行坐标一致化。

4. 时空尺度一致化

对不同时空分辨率的污染源数据进行关联和整合，能够有效保证污染源数据的一致性、有序性和完整性。通过时间或空间的升、降尺度，将不同时空分辨率的污染源数据统一至所需尺度范围和尺度单位，进而达到污染源空间数据相互融合的目的。

污染源数据时空分辨率不一致的主要原因是数据来源部门和统计方式的不统一，如市政府和区政府的部门数据、按月和按年统计的数据等。可以进行加和使分辨率变低，或通过分配的方式使分辨率变高。数据重分类主要解决栅格数据（如 DEM 数据、人口数据等）分辨率不一致的情况。根据栅格图形的地理意义，分为插值重分类和组合重分类。在 Arc-GIS 中使用栅格重分类工具，以分辨率低的数据为基准，调整分辨率高的数据的像元值，使二者分辨率一致。

完成上述步骤，即可构造具有相同时空分辨率的污染源空间数据，为数据入库做准备。

二、　空间数据库模型

在对污染源数据进行采集和融合工作后，需要按照一定的格式和载体存放数据，才能对污染源信息进行管理。因此，需要选取适宜的空间数据库模型，从而实现对空间数据存储、管理和快速查询检索的功能。

（一）　数据模型

实体和实体之间存在的联系是数据模型建立的核心依据。根据数据存储在数据库中的方式，可以对数据模型进行分类。目前使用比较多的数据模型一共有 4 种，分别是层次模型、网状模型、关系模型和面向对象的数据模型。

（1）层次模型：可以使数据与数据之间产生一对多的联系，该类模型利用关键词来访问层次结构中的每个具体部分，具有数据存取方便、运行速度快、便于理解和易于修改的优点。不过，该类模型的层次架构不够灵活，重复数据较多。

（2）网状模型：通过连接指令和指针，构建多个数据之间的联系，使数据像网络一样连接起来。网状模型的优点主要包括清晰的结构表达和较少的数据重复度，缺点主要包括较为复杂的架构和烦琐的数据修改流程。

（3）关系模型：通过记录组或记录表的方式来记录数据，可以充分发挥地理实体和属性之间相互关联的优势，有效建立属性数据和空间数据之间的连接。关系模型可以较为灵活地存储数据，并且能快速搜索、快速组合和快速比较不同数据，此外还具有较好的独立性和保密性。

（4）面向对象的数据模型：指的是属性和操作属性的方法封装在对象类结构中的模型。可以通过将一个对象类嵌套或封装在另一个类里来表示类间的关联，新的对象类可以从更一般化的对象类中导出。面向对象数据库适合存储类型多样化的数据，包括图片、数字和声音等信息。与前面三种模型相比，面向对象的数据模型效率非常高，但是该类数据模型的稳定性不好，且不支持传统的编程方式。

（二）　空间数据模型选择

由于污染源信息存在数据量大、数据之间的关系错综复杂、随时空变化且不断更新的特点，因此需要选择数据结构较为简易、质量较为稳定、易于修改的数据库模型。关系模型存储信息的空间是表格，由于表格所具有的性质，可以迅速对多行和多列数据进行处理，且存储位置固定，易于修改，模型的理论基础是关系数学，能有效保证数据库的质量问题，满足上述要求。因此，选择关系模型作为污染源空间数据库的建模方式。

GeoDatabase 模型是一种采用标准关系数据库的技术来存储和表现地理空间位置信息的数据模型。基本实现原理就是一系列简单的数据表，这些数据表的信息能够直接存储和显示在要素类、栅格数据集和属性类数据表中。GeoDatabase 能够展示四种不同的地理数据：利用矢量数据来表示要素；利用栅格数据表示图形影像数据以及地面数据；利用不规则的三角网来表示地面；利用地址数据来查找地理位置。

三、 空间数据的组织与数据库设计

污染源空间数据和属性数据的组织和数据库设计是数据库构建的关键。数据库的设计主要分为三个阶段，第一阶段是对概念结构的设计，第二阶段是对逻辑结构的设计，第三阶段是对物理结构的设计。

（一） 概念结构设计

概念结构设计依托于现实需求，是对复杂的现实世界的一种抽象。利用"实体—联系"模型（E-R 模型）将各类数据简化成一种相互关联的关系，通过这种关系来反映各个主体之间的关联，最后转化成能被计算机识别的信息结构。污染源空间数据库的 E-R 模型如图 9-1 所示，矩形表示模型中的实体，椭圆形表示属性，菱形表示实体与实体之间的联系，l 代表一对一，n、m 代表多对多。

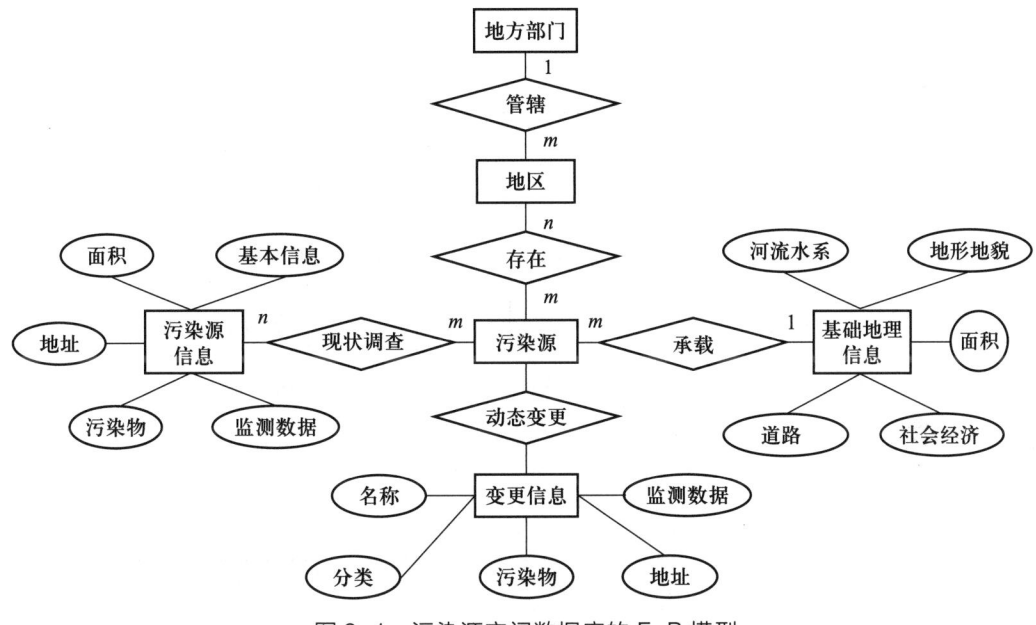

图 9-1 污染源空间数据库的 E-R 模型

（二） 逻辑结构设计

逻辑结构设计主要是指将概念结构，即 E-R 模型中的实体、实体的属性和实体之间的联系转化转换成关系模式。根据空间数据的分类原则，将污染源数据进行分类抽象，首先根据数据类别分为不同的数据集，然后根据空间数据的不同特性将空间数据划分为点、线、面、注记、文本等图层，然后根据对象的相关信息，划分出各个对象的属性。

依据上面的 E-R 模型，根据各个不同实体之间的相互关系，可以将污染源空间数据库分为矢量数据库、栅格数据库和属性数据库三类。矢量数据是一种用 x、y 坐标表示地图图形或地理实体的位置和形状的数据，其元素为点、线和面等。在污染源数据中，行政边界、河流水系、道路交通、基础设施以及污染源点位等数据一般为矢量数据。栅格数据以像元作为最小单位，是指将空间分割为有规律的网格，并赋予相应属性值来表示地理实

体的一种数据。在污染源数据中，地形地貌、土地利用（包括解译土地利用所需的遥感影像数据）、社会经济（人口密度、GDP 千米网格数据、畜禽养殖数据等）、气象数据等为栅格数据。在表达地理实体的过程中，矢量数据和栅格数据被赋予一定的属性值，这部分数据为属性数据，与矢量数据和栅格数据紧密相关。污染源空间数据库的逻辑结构如图 9-2 所示。污染源数据的类型及清单如表 9-3 所示。对于污染源数据而言，属性数据下对应的数据集（如工业废气数据集）可以根据实际的需求进行拓展，形成下一级结构。在下一级数据集中，可能涵盖不同的数据类型，即矢量数据和栅格数据并存于新一级数据集中。

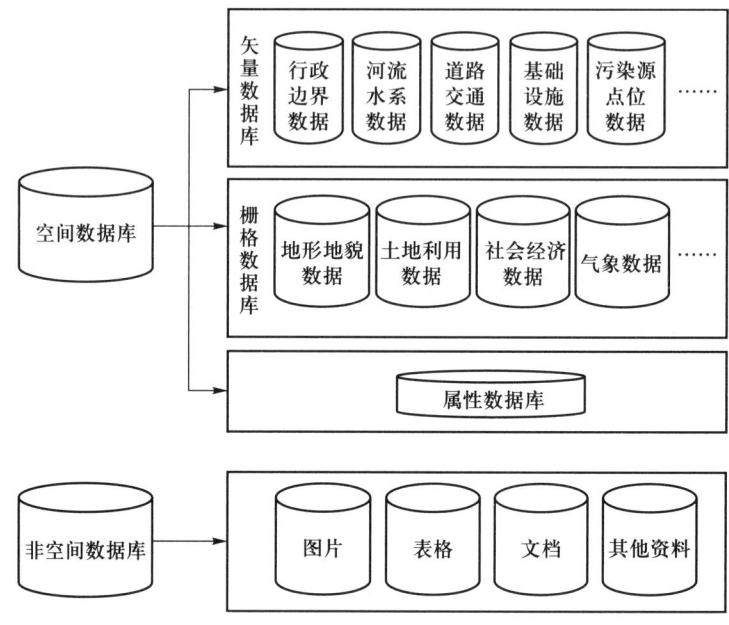

图 9-2　污染源空间数据库的逻辑结构

表 9-3　污染源数据类型及清单

数据集类型	图层名称	数据类型	属性数据
基础地理数据	行政区划	矢量数据	编号、类型、名称、面积、数据来源
	道路及铁路	矢量数据	编号、类型、名称、等级（仅针对道路）、数据来源
	水系	矢量数据	编号、类型、名称、等级、数据来源
	数字高程模型	栅格数据	编号、类型、数据来源
	土地利用类型图	栅格数据	编号、类型、数据来源
	年降水量空间插值数据	栅格数据	编号、类型、数据来源
	年平均气温空间插值数据	栅格数据	编号、类型、数据来源
	人口空间分布千米网格图	栅格数据	编号、类型、数据来源
	GDP 空间分布千米网格数据	栅格数据	编号、类型、数据来源

数据集类型	图层名称	数据类型	属性数据
污染源 数据	工业污染源	矢量数据	编号、类型、名称、地址、经纬度、联系人、联系方式、基本信息、工业废水数据集、工业废气数据集、工业固废数据集、危险废物数据集、辐射设备数据集、其他种类数据集、数据来源
	生活污染源	矢量数据	编号、类型、名称、地址、联系人、联系方式、基本信息数据集、生活污染源数据集、住宿餐饮业数据集、居民服务和其他服务业数据集、医院污染源数据集、数据来源
	农业污染源	矢量数据	编号、类型、名称、地址、联系人、联系方式、基本信息数据集、种植业数据集、畜禽养殖业数据集、水产养殖业数据集、数据来源
	集中式污染治理设施污染源	矢量数据	编号、类型、名称、地址、联系人、联系方式、污水处理厂数据集、垃圾处理厂数据集、危险废物处理厂数据集、医疗废物处理厂数据集、数据来源
	移动源	矢量数据	编号、类型、名称、地址、联系人、联系方式、机动车污染源数据集、非道路移动污染源数据集、数据来源

（三） 物理结构设计

数据的物理结构即数据存储在磁盘中的方式，也可称为存储结构。通过构建污染源空间实体和污染源属性数据的映射关系，实现空间库和属性库之间的连接。可以采用赋予 ID 的形式将空间数据和属性数据进行链接，实现一种属性信息与一个空间信息的一一对应关系。

在数据库存储方面，GeoDatabase 将地理数据以文件的形式存储到磁盘上，或存放在关系数据库里，如 Oracle、Microsoft SQL Server、PostgreSQL、IBM DB2 和 IBM Informix 等。选择空间数据引擎 ArcSDE，连接 ArcGIS 与关系数据库，可以使所有的 ArcGIS 应用程序都能够使用这些数据。

四、 污染源空间数据库的应用

（一） 地理基础底图应用

基础底图可以提供研究区域的底层数据信息，是了解区域本底情况的重要途径。基础底图可根据比例尺的逐步放大而逐步增加底层数据信息的内容与细节。以某地分辨率为 5m×5m 的土地利用数据为例，随着比例尺由 1：200 000 逐步放大到 1：10 000，涵盖的数据范围逐渐变少，数据细节逐渐增加，通过对比例尺进行调节，可实现基础底图由宏观到详细再到局部的分层展示过程，不仅能了解此地区的整体土地利用信息，还能对重点关注的空间范围进行详细考察。

（二）污染源属性信息查询与更新

污染源空间数据库也可以应用于污染源空间查询中，所有污染源专题信息均可以通过在地图上直接点击进行浏览。由于空间数据与属性数据已经通过 ID 实现关联，因此可以通过点击空间数据的属性表来实现跨类别数据关联访问效果，跟踪数据的来龙去脉，还可以通过 ArcMap 软件中的 Selection 工具对目标污染源进行选定，直接对污染源属性表进行修改，实现污染源信息的更新与补充。如图 9-3 就是直接在 ArcGIS 环境下查询的工业污染源属性数据表。

Table

工业企业_环统

行业类别名	开业时间	开业时间_1	所在流域代	所在流域名	排水去向	排水去向_1
齿轮及齿轮减、变速箱	1976	7	FM00000000	太湖	E	进入城市污水处理
日用塑料制品制造	1992	4	FM00000000	太湖	E	进入城市污水处理
其他合成纤维制造	2007	7	FM	长江流域--太湖	E	进入城市污水处理
其他建筑、安全用金属	2000	11	FC39240100	北兴塘	E	进入城市污水处理
钢压延加工	2006	9	FM00000000	太湖	E	进入城市污水处理
汽车用发动机制造	1943	9	FC39120700	无锡下游段	E	进入城市污水处理
其他未列明制造业	2005	7	FC39150000	南西漳河	E	进入城市污水处理
助动车制造	2012	11	FC39250500	走马塘	E	进入城市污水处理
化学药品原料药制造	1943	7	FC39240400	新兴塘	E	进入城市污水处理
毛染整精加工	2009	9	FC39240400	新兴塘	E	进入城市污水处理
钢压延加工	1992	10	FC39240400	新兴塘	E	进入城市污水处理
金属表面处理及热处理	1995	1	FC00410400	向阳河（江都）	E	进入城市污水处理
包装装潢及其他印刷	1998	3	FC39250500	走马塘	E	进入城市污水处理
其他电子元件制造	2003	11	FC39240400	新兴塘	E	进入城市污水处理
化纤织物染整精加工	2003	9	FC39240400	新兴塘	E	进入城市污水处理

1　(0 out of 268 Selected)

工业企业_环统

图 9-3　工业污染源属性数据表

（三）污染模拟分析与环境管理应用

污染源空间数据作为底层数据源，可以为后续污染模拟提供数据基础，通过对模型所需的海量基础数据的统一存储和管理，结合数据库与 ArcGIS 空间可视化功能，能够清晰直观显示模拟的结果，为构建污染源空间数据管理与信息共享服务平台提供技术支持。

第七节　污染源管控措施

污染源管控是指在污染源调查的基础上，通过技术手段、经济调控、法律政策等对污染源进行监督管理，控制污染物排放量，从而改善环境质量。在对污染源调查和评价的基础上，构建源项解析、源头消除、过程消减、管理控制、末端治理的全过程精细化污染源管控路径，削减污染物的排放，达到防治环境污染、保证环境质量、维护生态平衡的目的。

一、 污染源管控的主要方法

污染源管控遵循全过程治理的思想，充分体现"源头削减、过程控制、末端治理"的理念，具有系统性、整体性和完整性的特点。管控措施主要分为工程措施与非工程措施。工程措施主要包括源头、过程和末端的各类控制和削减污染物排放的措施，如低影响开发措施、提标改造和污染物处理设施建设等。非工程措施是指体制机制的建立、法律法规的建设和相应的经济手段等。

污染源管控的非工程措施主要包括：

（一） 管制手段

管制手段是污染源管控的最主要措施，是指国家行政部门根据相关法律、法规和标准等，对生产者的生产工艺或使用产品进行管控，禁止或限制某些污染物的排放，或者将一些活动限制在一定的时空范围内，直接影响污染者的环境行为。最具代表性的是排污标准的执行。

（二） 环境经济手段

环境经济手段是指管理者按照价值规律，运用价格、税收、信贷、收费、保险、利息等经济杠杆，调节或影响市场主体的行为，培育环保市场，以实现环境与经济协调发展的目的。主要包括排污许可证制度、污染收费、环境补贴、排污权交易、环境税和保证金等。其中排污许可证制度、污染收费和环境补贴制度是我国广泛应用的环境经济手段。

1. 排污许可证制度

排污许可证制度是指运用经济规律，在环保部门的监管和政策、法规的约束下，各个持有排污许可指标的单位有权利排放一定量的污染物，也可以将排污许可指标在排污市场上进行交易，借助经济效益激励排污者减少污染物排放。排污许可证制度与排污申报、排放标准、排放监测方案、达标判别方法、排污口设置管理、环保设施监管和限期治理等其他政策紧密相关。

2. 污染收费

污染收费是环境保护行政主管部门对企业排放的污染物进行收费，根据污染物排放量的不同向污染者收取不同的费用。主要形式包括排污收费、产品收费、使用者收费或管理收费。污染收费将外部不经济性内在化，要求污染者承担污染物排放造成的损失，从而促进污染者积极治理污染。

3. 环境补贴

环境补贴是通过直接支付或税收减免的形式，向减少污染或计划未来削减污染的单位或个人提供的财政资助，是一种产业优惠政策。主要有排污削减设备补贴和污染减排补贴两种类型。

工程措施按照应用领域一般分为污染防治工程和生态保护工程。由于工程措施依赖于具体的污染源和污染物的类型，下面将对大气污染源和水体污染源的管控措施展开详细说明。

二、 大气污染源管控措施

大气污染源管控措施主要包括大气污染源管理政策与法规、经济政策和技术措施，主要针对目前常见的大气污染物，如二氧化硫（SO_2）、悬浮颗粒物（TSP）、氮氧化物（NO_x）、挥发性有机物（VOCs）、光化学氧化物和温室气体等，通过这些管控手段的实施达到治理大气污染的目的。

（一） 大气污染源管控政策与法规

制定并修订大气污染控制的政策与法规是大气污染管控的政策基础。以我国为例，《中华人民共和国大气污染防治法》是大气环境保护的重要法律依据，对防治我国的大气污染，保护和改善生活环境和生态环境，促进社会与经济的持续发展发挥了重要作用。

（二） 大气污染源管控的经济政策

经济政策包括：保证必要的环境保护投资用于控制大气污染，二是健全排污交易市场，明确排污许可证制度，对废物循环利用和治理污染的产品给予经济上的支持。

（三） 大气污染源管控的技术措施

大气污染源管控的技术措施主要包括宏观管控技术和微观管控技术。宏观管控技术主要包括调整产业结构、完善区域空气质量监测管理体系、加强颗粒物污染物监控系统建设、对重点污染源进行集中治理、减缓机动车尾气排放、控制扬尘和区域生物质来源等。微观管控技术主要包括洁净燃烧技术、除尘技术、气态污染物净化技术和汽车尾气控制技术。

1. 宏观管理技术

（1）调整产业结构，改善能源结构

调整产业结构是从源头解决污染排放最为有效的措施，通过调整产业结构，淘汰落后产业并进行产业结构升级，从而控制颗粒物排放，降低二氧化硫、氮氧化物等污染物的排放量。落后的生产工艺和资源利用方式将导致大气污染，因此选用节能环保的方式，对资源进行合理的分配与应用，并优化生产工艺从而降低资源和能源的消耗量，是一个有效的减缓大气污染的方式。合理利用清洁能源（水能、太阳能、天然气、风能及核能等），开发、推广更多的节能环保技术，提高资源利用效率。

（2）植物净化手段

植物不仅具有美化环境、调节气候的功能，还能截留粉尘，吸收有害气体。针对影响范围较广、浓度比较低的大气污染物，植物净化是有效可行的方法。在居民区、道路和工业区，扩大绿地面积，实施城市绿色生态工程，建设城市森林系统，是大气污染综合防治的长效手段。

（3）减缓机动车尾气排放

由于机动车保有量存在随着收入水平的增长逐年上升的现象，严禁超标车辆的行驶，逐步淘汰较高污染的车辆是对机动车尾气源控制的重要手段。

（4）控制区域生物质来源

生物质燃烧一般产生于城市之外的乡村地区，是重要的大气颗粒物来源。加强区域间协调，减少市郊和乡村地区大范围户外生物质燃烧是控制大气污染的有效途径。

2. 微观管理技术

（1）洁净燃烧技术

洁净燃烧技术遵循清洁生产原则，是指在燃烧过程中减少污染物排放与提高燃料利用效率的加工、燃烧、转化和污染排放控制等所有技术的总称。主要包括先进的燃煤技术，如整体煤气化联合循环发电（IGCC）、循环流化床燃烧（CF-BC）、煤和生物质及废物联合气化或燃烧、低 NO_x 燃烧技术等；燃煤脱硫、脱氮技术，如先进的煤炭洗选技术、型煤固硫技术、烟气处理技术、先进的焦炭生产技术等；煤炭的液化气化技术以及煤气化联合燃料电源、煤的热解等；提高煤炭及粉煤灰的有效利用率。

（2）除尘技术

除尘技术是将颗粒污染物从废气中分离出来并加以回收的过程，可分为干式除尘和湿式除尘；根据除尘过程中的粒子分离原理，可分为重力除尘、惯性除尘、离心力除尘、洗涤除尘、过滤除尘、电除尘和声波除尘。

（3）气态污染物净化技术

气态污染物种类繁多、特点各异，针对不同的气态污染物，采用不同的净化方法，常用的方法有吸收法、吸附法、催化法、燃烧法、冷凝法、膜分离法、电子束照射净化法和生物净化法等。

针对二氧化硫的控制方法包括：采用低硫燃料和清洁能源替代、燃料脱硫、燃烧过程中脱硫和末端尾气脱硫。针对氮氧化物的控制方法主要是烟气脱氮技术，应用液态或固态的吸收剂或吸附剂来吸收吸附 NO_x，达到脱氮的目的。

（4）汽车尾气控制技术

主要包括燃料处理技术、机内净化技术和机外净化技术。燃料处理技术是对现有燃料进行处理或采用代用燃料；机内净化技术是采用对燃烧方式进行控制或对发动机进行改进的方式，控制燃烧过程，尽可能少地排放有害物质的量或使排放出的废气尽可能无害。机外净化技术主要包括空气喷射、热反应器、催化净化反应器等。

三、水体污染源管控措施

由于水环境污染分为点源污染和非点源污染，针对不同类型的污染，因其排放特征的差异，管控措施也有所不同，下面分别介绍相应的管控措施。

（一）点源管控措施

点源存在瞬时排放量大、排放集中、毒性较强的特点，可在短时间内对人体健康和水生态安全造成重大损害。与控制非点源相比，点源污染排放控制更具成本有效性。点源管控措施主要有以下几个方面。

1. 点源污染管控的政策与法规

制定并修订水污染防治的政策与法规是水体污染源管控的政策基础。以我国为例，根据《中华人民共和国水污染防治法》，水体污染源管控的主要政策法规包括：重点水污染物排放实施总量控制制度；直接或者间接向水体排放工业废水和医疗污水以及其他按照规定应当取得排污许可证方可排放废水、污水的企业事业单位和其他生产经营者，应当取得排污许可证；直接或者间接向水体排放污染物的企事业单位和个体工商户，应当按照国务院环境保护主管部门的规定，向县级以上地方人民政府环境保护主管部门申报等。

对于超出水环境、水资源承载力的区域，政府部门应暂停审批该区域向受纳水体排放废水的建设项目。已超过承载能力的区域要制定实施水污染物削减方案，加快调整发展规划和产业结构。严格控制地下水超采区和饮用水水源补给区、自然保护区等敏感区域高耗水、高污染行业发展。

2. 点源污染管控的经济政策

在健全排污交易市场，明确排污许可证制度的基础上，针对环保市场准入、经营行为规范相关管理办法，形成促进节能环保产业快速健康发展的激励和约束机制，推进先进适用的节水、治污、修复技术，以达到从经济政策的角度管控点源污染的目的。

3. 点源污染管控的技术措施

（1）污水集中处理

点源污染主要包括工业源和生活源污染，通过修建污水处理设施，对污水进行处理，并提高污水处理厂的覆盖率，是控制水体污染的关键措施。污水管网的目的是收集工业废水和生活污水。工业废水在预处理后接管，生活污水则直接接管，污水顺着管网排入污水处理厂进行处理，处理后达标的污水才能排入受纳水体，污水处理厂一般设置在城市的下风向和河流的下游。

污水处理厂提标改造是提高污水处理厂出水水质和改善水环境的主要途径。通过进行前期资料调研和进出水水质分析，确定执行新标准的难度指标，同时对污水处理厂进行全流程技术评估，结合水质、水量特征和设施本底情况，在此基础上优化污水处理厂的运行管理和提出提标的可行工程措施。

（2）推行清洁生产工艺

推行清洁生产工艺，采用先进的工艺技术，如以气冷设备代替水冷设备，逆流漂洗系统代替顺流漂洗系统，压力淋洗系统代替重力淋洗系统等，能够有效提高水资源的利用效率。发展工业用水的重复使用和循环使用系统，化工等高耗水企业采用废水深度处理回用技术，提高中水回用率。

（3）开发污水处理新技术

通过科技创新，不断研发处理功能强、出水水质好、处理效果稳定的污水处理新技术，如物理吸附技术、声能处理技术、生物膜处理技术和光催化技术等。物理吸附技术利用矿物质吸附污水中的杂质，具有应用成本低、操作简单、处理效率高的优势，并且可以降低二次污染概率。声能处理技术利用设备产生的超声波，使污染物逐渐与分散体分离，从而达到有效降解化学污染物、有机污染物的目的。生物膜处理技术针对活性污泥处理技术加工效率较低、抗冲击负荷能力低的缺陷，在提高污水处理效率的同时，增强了抗冲击负荷能力，使用过程相对稳定，能有效去除污水中有机污染物。光催化技术利用光催化和还原反应，将污水中的一部分污染物分解为水和盐，常见的是二氧化钛技术，具有稳定性强且无毒害的特点，可在紫外线照射下分解为自由电子，激活空气中的氧气，产生自由基和活性氧，实现污染物分解，从而达到净化水质的目的。

（4）废水处理和利用

在保证技术措施有效的前提下，污水处理的过程能够去除污水中的微生物和重金属微量元素等，使污水可以再利用，如用于工业冷却用水、洗涤用水或工艺用水，或灌溉绿地和公园、浇洒道路、洗涤车辆以及用作消防等。此外，处理过程中得到的污泥可以作为园林绿化、矿山修复、沙漠化土壤改良等营养基质来使用，进一步提高其利用率。

（二）面源管控措施

1. 降雨径流源管控措施

降雨径流源的管控措施主要分为工程措施和非工程措施。根据降雨径流源的产生特点，工程措施主要分为源头控制措施、过程控制措施和末端控制措施。

源头控制措施是指针对降雨形成的地表径流，在源头采取措施削减径流量及污染物总量的手段。其中，低影响开发（low impact development，LID）是一种有效的手段。通过对径流污染产生的源头就地进行截留和处理，降低水流速度，延长雨水径流时间，并对初期雨水进行拦截，经过低影响开发措施处理之后的初期雨水可以直接排放。绿色屋顶、透水地面、植草沟和雨水花园是常见的低影响开发措施。

过程控制措施是指在市政排水系统中对雨水携带污染物进行控制，主要包括管道截流、雨水调蓄等。管道截流主要目的为收集初期雨水，是指按照一定的标准，对管网中的雨水进行截留，截取降雨径流前期浓度较高的雨水并进行处理，后期清洁的雨水则直接排放。雨水调蓄主要对径流雨水进行储存、滞留、沉淀、蓄渗或过滤，能够减轻初期雨水污染，减少溢流频次和污染负荷，实现对雨水径流的污染控制。

末端控制措施是对污水进入受纳水体之前进行的处理，包括雨水处理设施、污水处理厂等。雨水处理设施是指分散建设的专门用于雨水处理的成套设施，包括旋流处理器、过滤设施、入渗设施以及中小型雨水处理设施，处理工艺一般采用物理化学方法。在实际运行的过程中，还需考虑雨季流量处理、截流初期雨水和雨污混流水的现实需求，在运行时宜采用晴天和雨天两种模式，增大对峰值流量的处理能力。

非工程措施依赖管理性手段，从源头减少降雨径流源污染的产生和累积，主要包括：定期进行道路清扫、垃圾精细化管理、施工现场管控、"城中村"综合治理、餐饮服务业和畜禽养殖业等重点污染区域的管控等。

2. 农业面源管控措施

农业面源管控措施主要分为种植业、畜禽养殖业、水产养殖业、农村生活污染源管控措施这几类。

（1）种植业污染源管控措施

作物种植过程中，施用化肥能够有效提高作物产量，但过量施肥会引起营养元素通过淋溶、径流、侵蚀等方式进入水环境，从而带来面源污染。此外，由于种植业存在污染监测难度大，农户生产行为和意识落后的特点，治理难度较大。

① 种植业污染管控的政策手段

以我国为例，种植业污染管控政策体系主要涵盖《水污染防治法》《固体废物污染环境防治法》《农业技术推广法》等环境保护政策和针对农药、化肥和作物秸秆管理的相关政策和技术导则。例如，在化肥管控方面，遵循的原则主要包括：在保障生产的同时，减少化肥不合理投入，通过转变肥料利用方式，提高肥料利用率，确保粮食稳定增产、农民持续增收、农业可持续发展；根据不同区域、不同作物生产实际和施肥需要，因地制宜选择相应耕作模式，加强分类指导，制定分阶段、分区域、分作物控肥目标任务；统筹考虑土肥水种等生产要素和耕作制度，按照农机农艺结合的要求，综合运用行政、经济、技术、法律等手段，有效推进科学施肥；坚持政府主导、农民主体、企业主推、社会参与的模式，充分调动各方积极性，构建长效机制。

② 种植业污染管控的经济手段

现有种植业管控的经济手段主要针对农户生产资料进行补贴，与污染源管控联系不够紧密。因此，需要调动农户积极性，制定种植业污染减排激励及生态补偿政策，完善地方政府激励机制，"以奖促治、以奖代补"，引导农户参与污染减排，并实施动态管理。

③ 种植业污染管控的技术手段

种植业污染管控技术主要包括源头控制措施、过程控制措施和末端强化措施等。

源头控制措施主要包括科学划分种植区域、化肥减量技术、科学施肥技术、种植制度优化、土壤耕作优化和节水灌溉技术等。

提倡绿色种植业，在此基础上科学划分种植区域，选择适宜的作物品种，并根据目标用地与受纳水体的距离，划分禁止作物种植的核心区、限制种植的缓冲区和适宜种植的扩展区。

采用有机无机科学配施技术、测土配方施肥技术和施用缓释肥技术等实现化肥减量的效果。有机肥是改良土壤的主要物质，微生物在分解过程中产生的腐殖质可以提高土壤的保肥性能，促进土壤团粒结构形成，增强土壤保水保肥能力，还可以增加土壤微生物的数量、增强活性，利用土壤微生物先将营养元素同化，再缓慢释放，可以提高肥料的利用率，减少营养物质流失。使用有机肥替代一部分化肥，即采用有机无机科学配施技术，不仅可以减少化肥的使用量，而且可以降低径流和淋溶的污染物含量。考虑作物需肥规律、土壤供肥特性和肥料效应，实施测土配方技术，在保证满足作物生产需要的情况下提高肥料利用率，减少养分流失。缓释肥针对传统速效化肥释放速度快的特点，一般通过包膜材料阻隔尿素与土壤脲酶的直接接触，从而控制养分释放速率和释放量。

科学施肥技术指的是针对不同季节、不同时刻、不同轮作周期和不同土壤类型，对于不同作物，采取适宜的施肥方式。如为减少氨挥发，不宜在中午施用氮肥；对于容易产生渗漏的土壤，应该施用铵态氮肥而非硝态氮肥，以减少环境风险。

采用套种、间作、轮作等技术，通过改变化肥的投入量和水分管理方式，优化种植制度，提高土壤抗蚀性能，进而降低污染发生风险。

针对旱地，采用保护性耕作方式如免耕、等高耕作和沟垄耕作技术等，最大限度降低地表产流次数和径流量，从而减少养分流失。

节水灌溉技术指的是采用喷灌技术和微灌技术等方式，在满足农作物用水的基础上，减少地表径流从而防止污染物迁移的技术。

④ 过程控制技术

过程控制技术指的是在携带污染物的降雨径流进入水体前，通过建立生态拦截系统，从而阻断径流中的氮、磷等污染物进入水环境的技术。主要包括污染物在农田内部的拦截技术和污染物离开农田后的拦截控制技术，在农田内部的拦截技术如稻田生态田埂技术、生态拦截缓冲带技术、生物篱技术等，污染物离开农田后的拦截控制技术主要包括生态拦截沟渠技术和生态护岸边坡技术等。

⑤ 末端控制措施

末端控制措施是指作物种植产生的污染物在离开农田后，形成的汇流被收集后再进行资源化处置，如前置库技术、生态塘技术、人工湿地技术等。该措施不仅能有效拦截种植过程产生的污染物，而且可以在净化结束后回田再利用，在确保污染物减量化的同时实现水资源的再利用。

（2）畜禽养殖业污染源管控措施

目前畜禽养殖业普遍存在养殖规划缺失，区域养殖分布不均，畜禽养殖业产生的粪便与农田存在时间、空间上的不平衡，养殖废物产生连续性与种植需肥间断性之间存在矛盾，有机肥应用的配套措施不够完善，肥料利用效果不佳的特点，导致畜禽养殖污染源仍是农业面源的一个重要贡献源。畜禽养殖业污染源的污染控制措施主要包括：

① 畜禽养殖业污染管控的政策手段

完善国家和地方畜禽养殖发展和污染防治规划的制定，促进畜禽养殖业合理布局，因地制宜综合考虑各地区农田纳污能力，确定地区畜禽养殖量和养殖规模，实现种养结合的目的。科学合理划定畜禽禁养区，落实禁养区规模化畜禽养殖场的关停，确定畜禽养殖污染物减排目标，最大限度地减少废弃物的处理压力。

创新畜禽养殖污染环境监测与监管体系，国家和地方层面统筹协调责任权限与协作机制，并加强畜禽养殖污染防治宣传教育，组织相关从业人员的技术培训工作，并做到日常督察、定期核查、随机抽查，加强监督管理。

此外，还应根据养殖品种与规模进行分类管理，基于畜禽养殖业的特殊性，规模化畜禽养殖场一般作为点源管控，实现达标排放；按照畜禽养殖污染防治和总量减排的要求，建设配套的废物综合利用和污染治理设施，并确保设施稳定运行。养殖小区和散户一般作为非点源管控，地方政府应按照国家非点源污染防治规划建立相应的非点源污染管理计划，采用"共建、共享、共管"的模式，建设污染防治设施，或依托现有规模化养殖场的治污设施，实现养殖废弃物的统一收集、集中处理。

② 畜禽养殖业污染管控的经济手段

依靠地方政府在财政方面的投入，采取增加补贴、减免税收等模式，吸引社会资本投入，加强政策引导，优化以资源化利用为主体的粪污治理模式。采用奖励的方式，解决企业因低利润、高风险的行业特点而产生的治理局限，相关行业如以畜禽粪便为原料的有机肥厂也应配套相应奖励机制。

③ 畜禽养殖业污染管控的技术手段

畜禽养殖业污染的管控遵循全过程综合治理思想，从饲料配方、粪便收集方式、污水处理系统、粪便资源化利用等方面，考虑源头消除、过程消减、末端治理的全过程精细化污染源管控路径，削减畜禽养殖业污染物的排放，进而达到防治环境污染的目的。

畜禽养殖的主要污染物来自畜禽粪尿、圈舍冲洗水及降雨径流，粪污排放量主要取决于饲养品种、方式、设施、清粪方式及粪污含水率等因素。根据养殖品种，合理配比饲料成分，在满足畜禽生长所需的营养成分的条件下，尽可能减少畜禽的排泄量和粪便中污染物浓度。减少畜禽栏舍冲洗水量，建议采用干清粪工艺对畜禽粪便进行处理。其中，干粪部分由机械或人工收集并转运，这样能最大限度保留粪的肥效，由于其含水量低，营养成分损失较小，因而肥料价值高。尿及污水进行后续处理。对于采用水冲粪、水泡粪处理粪便的养殖场，要逐步改为干清粪方式，并实施雨污分流，建立独立雨水径流收集排放系统。

目前堆肥发酵的专业处理技术正在被普遍应用于畜禽养殖领域。固体粪便中含有大量的有机质和营养元素，同时也含有大量的微生物和寄生虫。经过无害化处理，在消灭病原微生物和寄生虫的情况下，进行干燥处理、堆肥和沼气发酵等。好氧堆肥由于具有成本低廉、节能、发酵产物活性强及产物干燥易包装施用的优势，被广泛应用于粪污资源化处理中。

对于畜禽养殖产生的污水，可采用厌氧处理、好氧处理、厌氧+好氧处理、氧化塘及人工湿地等方式。最常见的是利用厌氧工艺对养殖废水进行处理，产生的沼气作为燃料使用，沼渣分离后加工成颗粒肥料，而达到排放标准的水又可作为冲洗水进行回用，沼液因富含氮、磷、钾等营养元素，可灌溉还田作速效肥施用，实现畜禽养殖业废弃物的资源化利用。

对于散户，应尽量采取干清粪的方式对粪污进行分离，畜禽养殖产生的粪便资源经过堆放发酵后就地还田，对于没有污水处理能力的散户，可以将粪污暂存，并用吸粪车收集转运后统一处理。

（3）水产养殖业污染源管控措施

水产养殖污水中污染物的排放量受养殖模式、养殖种类、产量和密度的影响。常见的水产养殖模式包括池塘养殖、网箱养殖、围网养殖和工厂化养殖。水产养殖业污染物排放强度取决于养殖模式、水产品种类和数量的差异，而不同水产品种类的排污系数差异也使其排污量也存在一定的波动。水产养殖业污染源管控的主要措施包括以下几点。

① 水产养殖源管控政策与法规

由于当前渔业相关法规主要以渔业整体为出发点，一般性规定较多，单项法规相对较少，且存在地方法律法规不完善的问题，因此需要在现有《环境保护法》《渔业法》和《水污染防治法》的基础上，完善水产养殖的法律法规体系。明确渔业水质标准、水产健康养殖、药物安全使用等方面的标准和技术规范的制定，并配套相应的处罚措施。

② 水产养殖源管控的经济政策

在建立水产养殖排污许可证制度的基础上，推进水面经营权改革，稳定水面承包经营关系，促使经营者加强对环保设施的投入和管理。同时，强化地方政府的政策和金融保险支持，保障渔民利益。参照种植业和畜牧业发展的相关政策，在池塘标准化改造、环保设施、装备设备、净化设施运行管理等方面给予资金和政策支持。

③ 水产养殖源管控技术手段

水产养殖源管控技术手段遵循降低养殖密度、优化饵料结构、建立科学养殖体系的污染源管控思路。对于工厂化养殖，配套污水集中收集处理系统，达到养殖废水达标排放的目的。对于池塘养殖，应避免水产养殖污水集中排放，利用稳定塘、人工湿地、土地渗滤等工艺处理水产养殖污水。养殖场匹配进水净化、尾水收集存储和净化设施，合理使用高效复合微生物制剂、底质改良剂来调节养殖水，达到减排的目的。

（4）农村生活污染源管控措施

农村生活污水主要由洗涤污水、厨用废水和冲厕污水组成，由于普遍存在接管率不高，直排现象严重的问题，在加重非点源污染的同时，直接威胁到农村居民的饮用水安全。农村生活污染源存在集中收集和分散排放两种形式，集中收集部分属于点源范围，而分散排放多以直排入受纳水体及降雨径流冲刷带入受纳水体两部分，降雨径流污染物的浓度与农村生活垃圾紧密关联。农村生活污染源管控措施主要包括：加快农村生活污水集中处理设施建设，改善农村人居环境，开展农村小型河流河道清淤疏浚、生活垃圾集中处置和改水改厕等建设工程。对于生活垃圾，鼓励农户将有机垃圾堆肥后还田，对有毒有害、不可降解及可回收利用等垃圾采用分类回收模式，可采取网格化的管理手段确保政策实施的有效性。

思考题与习题

1. 污染源的定义是什么？可以分为哪几类？
2. 如何进行污染源调查？
3. 污染源评价的工作程序是什么？
4. 非点源污染主要由哪些因素引起？如何进行管控？

主要参考文献

［1］国务院第二次全国污染源普查领导小组办公室.第二次全国污染源普查方案［Z］.生态环境部，2017.

［2］国务院第二次全国污染源普查领导小组办公室.第二次全国污染源普查技术规定［Z］.生态环境部，2018.

［3］钱瑜.环境影响评价［M］.3版.南京：南京大学出版社，2020.

［4］叶文虎，张勇.环境管理学［M］.3版.北京：高等教育出版社，2013.

［5］张文君，蒋文举，王卫红.区域环境污染源评价预警与信息管理［M］.北京：科学出版社，2012.

［6］吴根义.农业源控制管理制度与减排政策示范［M］.北京：中国环境出版集团，2019.

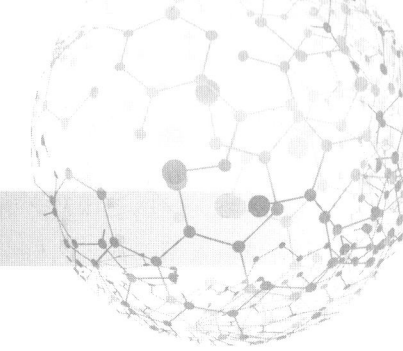

第十章

污染物排放清单分析

污染物排放清单是我们认识污染物特征与数量的一个重要工具，它能够直观地告诉我们在怎样的人类活动中，排放了什么样的污染物，这些污染物以怎样的形态存在，各种形态的量有多少，在什么时间什么位置排放的。了解到这些信息，我们就能够有针对性地去解决环境污染问题。

第一节　清单分析的基本概念

一、　污染物排放清单定义

污染物排放清单是指在特定的地理范围和时间间隔内，各类排放源所排放的一种或者几种污染物排放量的列表。

在环境污染综合防治过程中，构建全面、详细、更新及时、高时空分辨率的污染物排放清单对于制定科学有效的污染控制政策以及环境管理决策具有重要意义。一份完整的污染物排放清单不但需要覆盖各类污染源及各类污染物的详细排放量数据，同时还需要包含详细的污染特征背景信息，如产业结构特征、部门技术水平、污染物削减能力等。此外为了更好地达到质量模拟以及预警预报的需求，排放清单应具备较高的时间和空间分辨率。在此基础上，排放清单还应做到动态更新，以反映最新的技术进步和政策变化对污染物排放造成的影响。

污染物排放清单是污染物排放控制的重要基础性工作，在弄清污染物来源、识别污染物排放强度、解析污染物排放特征等方面发挥着重要作用。在环境污染治理的过程中，不管是研究污染物的形成机制，还是制定污染物控制方案，抑或是污染控制效果评价，首要的基础工作便是"摸清底数"，即掌握污染物排放来源，了解污染物排放量，明晰污染物排放特征，只有在获取这些信息的基础上，方可制定出有理有据、科学可靠、切实有效的污染物减排措施。

二、　污染物排放清单类型

按照排放源的性质进行分类，可分为天然污染源、人为源污染物排放清单，其中前者是指自然界中由于物理、化学、生物过程而导致的污染物排放，如土壤盐渍、植物入侵、闪电击穿、火山喷发、海盐飞沫等；后者则是指由于人类生产生活而导致的污染物排放，如工业燃烧、工艺废弃、机动车尾气排放、畜禽养殖排泄等。

　　按照排放源的运动状态进行分类，可分为固定源、移动源污染物排放清单，前者是指位置相对较为固定的排放源，如电力、钢铁等工业污染源、民用化石燃料燃烧等生活面源等；后者是指污染源存在移动的形式，如道路移动源（机动车）、非道路移动源（飞机、船舶、建筑机械、火车等）等。

　　按照源排放轨迹进行分类，可分为点源、线源和面源污染物排放清单，其中点源是指污染源排放集中在固定排放点，如工业企业等；线源是指污染物的排放轨迹以线形展现，如道路移动源（机动车）、非道路移动源（飞机、船舶、建筑机械、火车等）等；面源是指污染源源强较小，但数量相对较多，并且在空间上呈现较为分散的特征，导致无法明确分辨，如农村面源污染等。

　　按照污染物进行分类，可分为空气污染物排放清单，例如，SO_2、氮氧化物（NO_x）、总悬浮颗粒物（TSP）、可吸入颗粒物（PM_{10}）、细颗粒物（$PM_{2.5}$）、CO、NH_3、挥发性有机物（VOCs）等；温室气体排放清单，例如，CO_2、CH_4、N_2O 等；重金属排放清单，例如，Hg、As 等；水污染物排放清单，例如，COD、NH_3-N、总氮（TN）、总磷（TP）等。

　　按照覆盖的空间尺度进行分类，可分为全球尺度排放清单、国家尺度排放清单、区域尺度排放清单以及城市尺度排放清单等。

第二节　清单分析方法与步骤

　　污染物排放清单编制的技术流程如图 10-1 所示，包含确定目标边界、排放源分类、确定清单计算方法、数据调查收集与质量控制、编制排放清单、排放清单评估与验证等流程，具体流程将在本节进行详细介绍。

一、排放源分类

　　构建排放源分类系统是编制污染源排放清单的前提，分类是否合理直接影响着清单的科学性以及可操作性。一方面，科学有效地进行排放源分类可以在一定程度上避免清单编制过程中出现重复计算或者是漏算污染源的现象，确保了清单编制的科学性；另一方面，排放源分类系统的合理性为清单分析指明了方向，确保后续的清单评估具有可操作性。

　　构建科学有效的排放源分类系统，需要考虑以下几个原则：

（一）统一性

　　在进行排放源分类时，同一系统的分类应尽可能一致，例如，对于不同的大气污染物，应采用同样的排放源分类方法。一方面在相同的时空区域中，有利于比较同一污染源排放的不同污染物的排放水平，另一方面分类系统的统一规范，有利于不同时空范围内排放清单的比对分析。

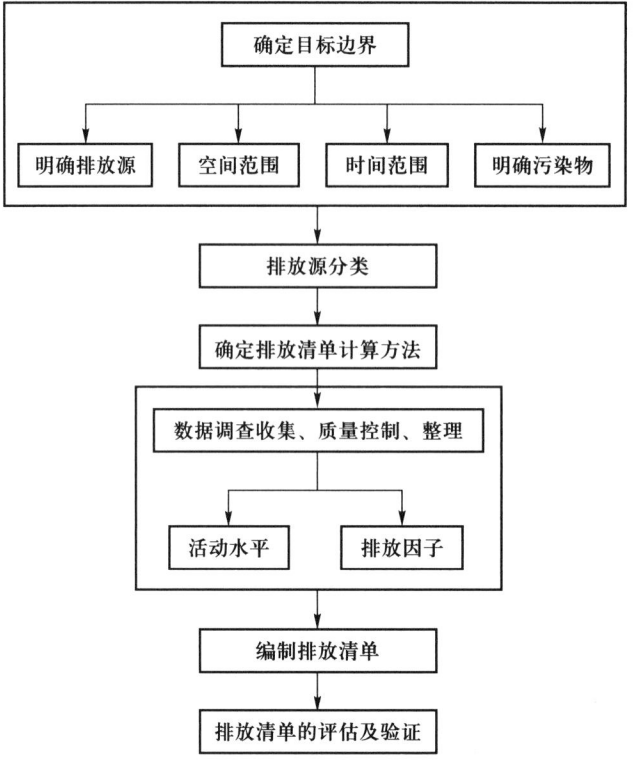

图 10-1　排放清单编制技术流程图

（二）全面性

排放源分类应全面细致，尽可能覆盖污染物排放涉及的所有部门，不管是已知活动部门，还是潜在的可能造成污染物排放的相关部门，均应涵盖在内，避免造成排放源遗漏或者缺失，影响清单的科学性。

（三）层次性

排放源划分的细致程度直接影响着清单的最终精度，通常来说划分越细致，清单精度越高。但在进行分类时，并不能一味追求细致，同时需要考虑到成本、现有条件的限制，在分类过程中要做到主次分明。在已有研究的基础之上，首先判别排放源的贡献大小，将排放源按贡献大小进行排序，对于污染物排放量贡献较大的排放源，需要充分考虑技术类型、能源结构、控制措施等影响，结合此类因素对排放源进行系统细致分类。而对于贡献相对较小或者在现有条件下，因数据获取、时间成本等问题而难以再进行深层分类的排放源，建议此类排放源可粗略合并成为一个基本排放单元。

（四）可操作性

排放源分类的可操作性体现在两个方面：① 基本数据的可获取性。排放清单的基本数据主要来源于政府部门及行业协会的统计数据、国内外专家公开发表的文献资料及实地调研监测等形式。要确保在对排放源进行分类后，后续清单的制定过程能够从以上途径中获取相关可靠数据。② 基本数据的代表性。清单的编制通常针对不同的时空区域进行，要确保在对排放源进行分类后，能够获取代表在此时间范围内当地排放源的排放水平、控制措施等信息。

国外相关机构和组织开展排放清单研究工作相对较早，在大气污染物排放源分类上已经形成了较为成熟规范的体系。

1. SNAP 97 源分类体系

SNAP 97（selected nomenclature for reporting of air pollutants）源分类体系是欧洲环境署（European Environment Agency，EEA）按照污染物的产生类型差异，将排放源进行三级分类，一级分类包括 11 个主要部门，分别是能源和转化工业燃烧、非工业燃烧、制造业燃烧、生产过程排放、化石燃料和地热的开采和分配、溶剂和其他产品使用、道路运输、其他流动排放源与机械、废物处理与弃置、农业、其他排放源。在一级分类的基础之上，按照行业、技术特征再继续分为第二级以及第三级。例如，能源和转化工业燃烧按照行业继续分为公共电力、区域集中供热厂、石油/天然气精炼、固体燃料转化工厂、煤炭/石油/天然气开采与管道压缩机 5 个二级分类，而二级分类公共电力又继续按照技术特征分为锅炉装机容量≥300 MW、50 MW≤锅炉装机容量<300 MW、锅炉装机容量<50 MW、燃气轮机、固定式发动机 5 个三级分类。

2. SCCs 源分类体系

SCCs（source classification codes）源分类体系是美国环境保护署研发的，将污染源分为 4 级，一级分类按照总体特征进行划分，分别是外部锅炉燃烧、内燃机、工艺过程源、移动源、天然源、石油和溶剂挥发、溶剂使用、固定燃烧源、存储和运输、废物处理、其他面源。二级分类则是在此基础之上按照部门进行细分，三级分类则以原料、燃料、产品为划分依据进行划分，最后的四级分类则是考虑了具体生产工艺的影响。

3. 中国源分类体系

我国大多数研究的排放源分类体系，均采用三级或者四级分类，部分延伸至五级分类。第一级分类一般较为简洁，涵盖各大类污染源，如四级大气排放源分类体系中，第一级分类涵盖 11 个排放源，分别是固定燃烧源、工业过程源、道路移动源、非道路移动源、有机溶剂使用源、存储与运输源、扬尘源、农牧源、生物质燃烧源、天然源和其他排放源；第二级分类则是划分为各个子源，一般以部门/行业作为依据进行分类，如固定燃烧源按照能源使用部门继续划分为电厂/热电厂、工业、民用、商业机构四类；第三级分类依据各子源的排放特性进行划分，常见的分类依据有燃料类型、产品类型、使用过程等，如固定燃烧源在进行三级分类时，按照燃料类型主要分为燃煤（如无烟煤、烟煤、褐煤、洗精煤等）、燃油（如原油、燃料油、柴油等）、燃气（如液化石油气、天然气等）；第四级分类主要按照子源的精细化分类划分，常见的分类依据有燃烧设备类型、生产工艺、溶剂类别、排放方式等，如固定燃烧源在进行四级分类时，按照燃烧设备类型可以继续分为煤粉炉、循环流化床、燃气锅炉等。此外，若掌握足够的基本数据，可在第四级分类基础上继续进行分类，如固定燃烧源可以继续按照燃烧器布置方式进行分类，如直流切圆、墙式对冲等。

二、 排放清单建立方法

排放清单的建立方法有监测计算法、污染源调查法、物料衡算法、模型估算法、排放因子法等。

（一） 监测计算法

监测计算法是指在污染源处直接测量数据，如在废气的排气管处，利用在线仪器或者测量设备监测获取某个特定污染源的实时排放信息，如气体流速、气体流量、污染物浓度等，并通过一定的计算转化获得各污染物的排放量。监测计算法一般适用于配备了在线监测仪器的大型重点固定点源，例如，大型火电厂、钢铁厂、水泥厂排放的 SO_2、NO_x、$PM_{2.5}$ 等污染物，相对而言适用于微观尺度排放清单的建立。

监测计算法的监测时间较为灵活，可以仅关注短时间段内的污染物排放，也可以长时间持续监测。烟气排放连续监测系统（continuous emission monitoring system，CEMS）是一套可以实时持续监测烟气中污染物浓度并且计算其排放量的在线监测系统。该系统操作简单，可以显示、打印污染物的各种参数以及图表，并且可以通过传输系统将各项数据传送至管理部门，为环境管理提供依据。该系统监测的对象主要涵盖烟尘（颗粒物）、SO_2、NO_x 等气态污染物、温室气体以及烟气排放参数（温度、流速、压力、湿度、氧量等）。

总体而言，通过监测计算法获取的数据精度最高，最能够反应污染物排放的真实情况，但该方法成本较高，必须配备监测仪器，我国仅有部分国控或省控重点企业配备了在线监测系统，仅可获取少量点源数据，在部门清单制定中具有较大的局限性。

（二） 污染源调查法

污染源调查法是指通过逐一调查获取每个排污设备的各项基本参数，例如，排污设备的位置、生产工艺、原辅料消耗、能源消耗、产品产量、污染控制措施等基础信息，并以此作为核算依据估算出污染物排放量。

污染源调查法大多由政府部门牵头，较适用于中小尺度排放清单的建立，例如，局部地区或者城市区域范围，能较为准确地反应污染物排放的实际情况。但该方法所需人力成本、时间成本相对较高，涉及的污染物一般为纳入环境统计范畴的污染物，如 SO_2、NO_x、烟粉尘等常规污染物，关注的污染物较少，涵盖的污染源范围不够全面，较少关注污染物排放的时间、空间特征等。

（三） 物料衡算法

物料衡算法是指以质量守恒定律作为基础，计算某一物质在生产过程中投入与产出的差值，以此来确定该物质的排放量。在生产过程中投入系统的物料总量必须等于产出的产品总量与物料流失总量之和。运用物料衡算法进行污染物排放量的计算时，需要充分调研分析生产过程中的原辅料投入消耗情况、能源投入消耗情况、能源成分、生产工艺、生产设备特性、污染治理设施等信息。

物料衡算法既适用于整个生产过程中的物料平衡，也适用于某一局部生产过程中的物料平衡。既适用于物料总量，也适用于某一特定物质和元素。因此在充分获取基本信息，科学分析关键指标的基础上，需要合理选择衡算界面以及需要进行衡算的元素、物质和物料。物料衡算法可以较为准确地反应各个企业或者各个生产过程中污染物排放的实际情况。但该方法所需信息量较大，要确保资料易于调研收集，数据可信等，对于简单系统，该方法易于操作实施，但对于复杂系统，该方法容易出现误差。

（四）　模型估算法

模型估算法是指在充分获取实测数据之后，利用数学统计、物理分析等方法手段对数据进行归纳总结，描述污染物在各影响因素作用下的排放特征和规律，以此为依据构建各参数之间的数据统计关系模型。常见的排放清单模型包括：

1. 天然源估算模型

目前常用的估算模型主要有：BEIS、GloBEIS 及 MEGAN。BEIS（biogenic emission inventory system）是由 USEPA 以美国数据库作为基础进行构建开发的天然源估算模型。GloBEIS（global biosphere emissions and interaction systems）模型在 BEIS 模型的基础之上改进开发，可以估算任何时间尺度和模型域的植被 VOCs 排放、CO 排放和土壤 NO 排放。MEGAN（model of emissions of gases and aerosols from nature）模型将污染物进一步拓展到了 NH_3 和 CO 等，并且可以对不同区域或者全球范围内的天然源排放进行估算。

2. 机动车排放模型

MOBILE 模型由 USEPA 于 1978 年开发，主要适用于计算机动车宏观、中观层面的排放因子。COPERT（computer programme to calculate emissions from road transport）模型由 EEA 资助开发，模型需要输入的参数较少，更适用于交通基础资料数据库不完善的国家。MOBILE 和 COPERT 属于平均速度模型，IVE（international vehicle emission model）模型由加州大学河畔分校的工程学院环境研究与技术中心（CE-CERT）、国际可持续研究中心（ISSRC）和全球可持续体系研究组织（GSSR）携手开发。该模型属于行驶工程模型，基于机动车行驶工况，具有较高的分辨率，其车型和车辆的控制技术水平分类更适合发展中国家。

模型估算法不但可以计算污染物综合排放因子，估算污染物排放总量，分析污染物各部门分担率，还可以用来预测未来污染物的排放水平，适用于影响因素较多、排放特征复杂的污染源估算。与此同时，模型所用参数均具有地域差异性，如何对各输入参数进行本地化修正，使得估算结果更合理可靠，是运用该方法的难点所在。

（五）　排放因子法

排放因子法是指将污染源按照部门行业、燃料类型、技术类别等特征进行逐级分类，分别统计各类污染源的活动水平数据和排放因子信息，利用活动水平数据与排放因子相乘，从而得到污染物的排放量。具体公式如下：

$$E = AD \times EF \qquad (10-1)$$

式中：E——污染物的排放量；

　　AD——活动水平数据（activity data）；

　　EF——污染物排放因子（emission factor）。

活动水平数据是指能够对污染物排放造成影响的各种活动量，例如，能源消耗量、产品产量等；从广义层面上而言，除活动量之外，活动水平数据还应包括影响污染物排放的排放源特征信息，例如，基础排放单元的地理位置、工艺特征、设备信息、污染控制措施等。排放因子是经过大量测试得出的具有代表性的统计平均值，将污染物的排放量与该排放相关的活动水平联系在一起，反映了两者之间的数值比例关系，例如，单位煤炭燃烧产生的 NO_x 排放量、单位水泥生产产生的 PM_{10} 排放量等。

排放因子法是目前清单制定中使用最为普遍的方法，适用于各个尺度的排放清单编制，尤其适用于全球、洲际、国家、区域等实测数据难以获取的大尺度污染物排放量估算。此外，排放因子法适用的污染物范围也较为广泛，适用于绝大部分污染物的清单编制。但该方法估算结果的精确度受到活动水平数据以及排放因子的直接影响，因此保证活动水平数据及排放因子的可靠性、代表性是关键所在。

在排放清单的实际构建中，可以仅基于一种方法构建，也可以使用多种方法组合构建。方法的选取主要取决于清单制定时多方条件的影响，在选择建立方法时，需要综合考虑多种因素，选取最为合适的方法。首先需要明确此次清单制定的目的，从而确定清单的分辨率等，在此基础上要考虑到数据的可获取性、代表性、合理性等问题，同时还需要考虑到人力、物力、时间、金钱等外部条件的限制。

三、 数据采集

数据采集包括活动水平和排放因子两部分，采集方式主要包括实地调研、统计数据获取、文献调研等。数据采集方式的选择与排放清单构建方法一样，同样取决于清单制定的目的性、数据可获取性、人力、物力、资本等多因素的影响。

（一） 活动水平数据采集

活动水平的获取应与排放源分类相匹配，针对排放源分类，逐一制定活动水平数据调查方案。在人力、时间、资本等条件允许的情况下，可以采取逐一实地调研的方式，以获取最为详细的一手数据，例如，每一家工业企业各类型燃料的消耗量、燃料硫分、燃料灰分、锅炉类型、各类型产品产量、工艺信息、污染物控制技术、污染物去除效率等。在一手数据无法获取的情况下，可以采用现有统计数据进行核算。活动水平数据主要来源包括：

（1）各级统计机构公布的统计信息，如各级政府统计年鉴、各行业统计公报等；

（2）现有环境数据统计体系，如环境统计数据、污染源普查数据、总量核查数据、污染物排放申报登记年度统计数据，以及某些重点源的在线监测数据等；

（3）部门行业统计数据、统计报告等，如车管所机动车登记信息数据库、干洗行业协会统计数据等；

（4）目前已编制完成、公开发表的相关报告，如环境影响评价报告等。

在排放清单的实际编制中，由于清单所需数据类型较为多样，并且部分排放源所需的数据我国统计体系目前尚未覆盖，因此在活动水平数据采集时需要做到多源数据的挖掘融合。对于部分缺失的数据，可以通过采用数据转换、分配、插值等方式获得。

1. 数据转换

建筑机械耗油量的数据目前统计部门尚未涉及，可以通过走访当地住房和城乡建设局或者建筑机械行业协会获取相关油耗系数，利用建筑土方量、年混凝土运输量、建筑机械保有量等数据估算得到建筑机械耗油量。

2. 数据分配

江苏省统计年鉴中仅登记了江苏省农用柴油消耗量，可以利用江苏省农用机械总动力与各市的农用机械总动力等指标作为分配参数，"自上而下"估算得到各地级市的农用柴油消耗量。

3. 数据插值

在制定多年份清单时，可能存在某一年份数据缺失的问题，可以通过插值的方式利用相关数值关系估算得到缺失数据。

此外，由于统计口径问题的存在，同一指标在不同的统计信息中可能存在数据不吻合的现象，此时需要结合清单所需分辨率、目的、用途等要求，通过数据融合、清洗等方法，获取最适宜数据。

（二）排放因子采集

排放因子的主要来源包括：开展实地测试，以获取本地排放因子；利用排放清单估算模型，输入本地相关数据，借助模型缺省值，估算相关排放因子；已公开发表的国内外相关文献、指南、手册等。

在排放因子的选择上，应考虑因子的可获取性、代表性等因素，遵循国内优于国外、最新测试结果优先的原则，即在人力、物力、时间、经费预算允许的条件下，可以通过现场实测获取排放因子或者相关参数，例如，选取具有现场监测条件的代表性企业进行污染源测试，获取实际条件下污染源的污染物排放因子。在无法进行实测的情况下，采用文献调研的方式获取相关排放因子，优先考虑国内文献中的实测数据，尤其是与清单制定区域环境状况、经济发展状况、污染物治理状况相似区域的测试结果。若无国内实测因子，则借鉴欧美发达国家已建立的系统排放因子数据库。主要因子数据库包括：

1. USEPA 颁布的 AP-42 排放系数资料库

该资料库按照排放系数的可靠性及准确性加以分级（从 A 到 E，A 表示最佳），除了包含 SO_2、NO_x、CO 等常规污染物之外，还包含了 188 种有毒有害污染物。该排放系数资料库目前已经更新至第五版，可在 USEPA 的官网上下载。

2. EEA 颁布的 EMEP/CORINAIR 排放清单编制手册

该编制手册几乎涵盖了所有的污染源种类，提供了较为完善的排放因子和技术细节，采用分级管理的方法，提供了三级计算方式。目前已经更新至 2019 年版本，可在 EEA 的官网上下载。

3. IPCC 颁布的《2006 年 IPCC 国家温室气体清单指南》

该指南涵盖了能源活动、工业过程和产品使用、农业、土地利用变化和林业、废物处理五个领域，是温室气体排放清单编制的重要依据。该指南同样提供了三级计算方式，从层级 1 到层级 3，方法的复杂性以及精确性不断提高。2019 年已经颁布该指南的最新修订版，可在 IPCC 官网进行下载。

我国排放因子数据库构建相比欧美发达国家而言，尚处在研究阶段，还未形成系统的排放清单编制技术指南。我国生态环境部曾于 2008 年颁布了《第一次全国污染源普查工业污染源产排污系数手册》，该手册共包含十册，涵盖了占据我国工业污染物产排量绝大部分的 351 个小类行业，但覆盖的污染物仅包括 SO_2、NO_x、烟粉尘，难以支撑高分辨率排放清单的构建。2014 年，生态环境部先后颁布了《大气细颗粒物（$PM_{2.5}$）一次源排放清单编制技术指南(试行)》《大气挥发性有机物源排放清单编制技术指南(试行)》《大气氨源排放清单编制技术指南(试行)》《大气可吸入颗粒物(PM$_{10}$)一次源排放清单编制技术指南(试行)》《扬尘源颗粒物排放清单编制技术指南(试行)》《道路机动车大气污染物排放清单编制技术指南(试行)》《非道路移动源大气污染物排放清单编制技术指南(试行)》和《生物质燃烧源大气污染物排放清单编制技术指南(试行)》8 项排放清单编制技术指南,为我国大气污染物排放清单编制工作提供了基础技术支撑。

四、 数据质量控制

数据质量控制应贯穿整个清单编制过程,覆盖数据收集调查、数据处理计算、报告编写、报告归档等过程。数据质量控制包括透明性检验、完整性检验、一致性检验、准确性检验等。

(一) 透明性检验

清单编制过程中使用的各种方法、各项数据来源(包括活动水平、排放因子、其余估算参数等)以及各种假设条件等均需详细记录,便于清单结果的可复制性以及后续评估。

(二) 完整性检验

包括检查清单涵盖的排放源类型是否全面,确保排放源分类体系合理,不能出现重复计算的现象,同时也不能遗漏相关排放源。

(三) 一致性检验

包括检验清单中对于不同排放源的调查,例如,时空范围是否一致;对于多类别中使用到的共同参数、共同方法是否一致等。

(四) 准确性检验

包括是否使用了合理的数据,数据之间的转化是否正确;计算过程是否准确合理,避免因人为失误而导致结果错误等。

五、 排放清单评估及验证

排放清单可以通过不确定性分析方法来评估清单的准确性。在清单的编制过程中,由于关键数据缺失、数据来源缺乏代表性、数据源不规范、模型设计误差、试验系统误差等因素的存在,导致排放清单具有一定的不确定性。排放清单不确定性分析方法包括定性评估、半定量评估、定量评估三种。

(一) 定性评估

指通过描述性语言来评估清单制定过程中存在的不确定性大小。例如,按照从 A 至 E 来评价不确定性,从 A 至 E 不确定性逐级增大,A 表示不确定性较小,E 表示不确定性较大。定性评估不需要大量数据基础,但该方法主观性较强,无法对不确定性给出定量评判。

(二) 半定量评估

指利用数值的评级方式,采用主观判断打分来识别清单的置信度。主要步骤如下:首先制定等级标准，其次按照等级标准对各相关参数进行不确定性等级计算，在此基础之上，计算各类排放源的不确定性等级，最后进行各类排放源的合并计算，获得清单总的不确定性等级。半定量评估可以快速评估清单的不确定性大小，但与定性评估一样，无法定量提供清单的不确定性范围，无法识别清单不确定性的关键来源。

（三）定量评估

指通过各输入参数的概率分布特征，进行各输入参数的不确定性定量分析，利用不确定性在清单估算中的定量传递演算得到清单的不确定性。可以通过蒙特卡罗模拟方法来进行不确定性计算，具体步骤如下：首先，需要确定各输入数据的概率分布函数。若输入参数具有足够的观测数据，可以利用统计分析方法确定其分布，如若无充分观测数据，可以采用专家判断的方法来确定分布。其次，根据输入数据的概率分布类型，在个体概率密度函数上选择随机值，计算相应的输出值，根据定义次数重复循环计算，形成输出值的概率密度函数，当输出值的平均值不再变化时，模拟达到基本稳定状态，结束计算，得到清单的不确定度。

排放清单可以通过验证的方法来评估清单的可靠性。常用的验证方式包括：与其他研究的对比分析、趋势对比分析、基于受体模型的源贡献对比分析等。

（一）与其他研究结果进行对比分析

主要是指针对同一区域同一基准年或者同一区域不同基准年的研究结果进行对比分析，若有其他学者制定了类似清单，可以比较两份清单排放量、主要排放源贡献率、污染物时空分布等指标之间的差距，若出现较大差距，则应进行重点审核。若同一区域内未有类似清单的制定，则可以与其他经济发展状况类似区域清单进行对比，利用单位 GDP 污染物排放量、单位人口污染物排放量、单位工业产值污染物排放量等指标进行比对分析。

（二）趋势对比分析

主要是指将清单计算所得污染物排放量与相关宏观统计数据、环境监测数据等进行对比，主要从时间变化趋势、空间分布特征等角度进行合理性对比分析。例如，利用与道路移动源相关的污染物年均浓度监测数据，与清单计算所得污染物排放量进行时间变化趋势对比验证。

（三）基于受体模型的源贡献对比分析

主要指源分担率和时空分布的对比分析。需要说明的是，目前受体模型源解析主要研究对象为颗粒物及挥发性有机物，并且贡献特征通常包含二次来源，因此在进行对比分析时需要将受体模型结果均一化为一次排放。

第三节　大气污染物排放清单分析

大气污染物排放清单是环境空气质量管理的基础，一套完整的大气污染物排放清单应涵盖工业源、交通源、生活源、扬尘源、农业源、废物处理源等排放源，覆盖 SO_2、NO_x、CO、TSP、PM_{10}、$PM_{2.5}$、VOCs、NH_3 等大气污染物。本节将详细介绍与人类生活密切相关的主要人为源大气污染物排放量的常用估算方法，并以本研究团队建立的无锡市人为源大气污染物排放清单为例进行分析。

一、 工业源大气污染物排放估算方法

工业源的核算包括燃烧和工艺过程两部分。主要采用排放因子法进行污染物的核算，具体计算公式如下：

$$E_i = \sum_{i,\,j,\,m} A_{i,\,j,\,m} \times EF_{i,\,j,\,m} \times (1 - \eta_{i,\,j,\,m}) \qquad (10-2)$$

式中：E_i——污染物排放量，kg；

    i——大气污染物类型；

    j——工业企业；

    m——燃料/技术类型；

    $A_{i,j,m}$——燃料消耗量/产品产量/原辅材料活动水平数据，t；

    $EF_{i,j,m}$——未安装处理设施前的排放因子，kg/t；

    $\eta_{i,j,m}$——处理设施的污染物去除效率。

工业燃烧过程中的 SO_2、TSP、PM_{10}、$PM_{2.5}$ 排放通常采用物料衡算法计算。具体计算公式如下：

$$E_{SO_2} = 2 \times S \times A \times C \times (1 - \eta_{SO_2}) \times 10^3 \qquad (10-3)$$

式中：E_{SO_2}——SO_2 的排放量，kg；

    2——SO_2(64)与 S(32)的相对分子质量之比；

    S——燃料含硫率；

    A——燃料消耗量，t；

    C——燃料中硫的转化率；

    η_{SO_2}——SO_2 的去除效率。

$$E_i = A \times Aar \times (1 - ar) \times f_i \ (1 - \eta_i) \times 10^3 \qquad (10-4)$$

式中：E_i——颗粒物排放量，kg；

    i——指 TSP、PM_{10} 及 $PM_{2.5}$；

    A——燃料消耗量，t；

    Aar——平均燃煤收到基灰分；

    ar——灰分进入底灰的比例；

    f_i——排放源产生的总颗粒物中颗粒物 i 的占比；

    η_i——颗粒物 i 的去除效率。

二、 交通源大气污染物排放估算方法

交通源包括道路移动源和非道路移动源两部分。

（一） 道路移动源

包括小客车、出租车、公交车、长途客车、货车、摩托车等。道路移动源污染物的排

放特征受到车型、燃料类型、排放标准等多因素的影响，一般采用机动车排放模型进行计算，如 MOBILE 模型、COPERT 模型、IVE 模型等。

（二）非道路移动源

包含农用机械、农用运输车、建筑机械、船舶、铁路内燃机车、飞机等。非道路移动源主要以内燃机产生动力，主要燃料为重油或者柴油。计算主要采用环保部发布的《非道路移动源大气污染物排放清单编制技术指南（试行）》中推荐的方法。

非道路移动源中 SO_2 的计算采用物料衡算法，具体计算公式如下：

$$E_{SO_2, m} = 2 \times S_m \times Q_m \times 10^3 \qquad (10-5)$$

式中：$E_{SO_2, m}$——污染物排放量，kg；

　　　2——SO_2(64) 与 S(32) 的相对分子质量之比；

　　　S_m——燃料 m 的含硫率；

　　　Q_m——燃料 m 的消耗量，t。

非道路移动源中其余污染物主要采用排放因子法进行计算。

1. 铁路内燃机车、内河及沿海船舶

对于铁路内燃机车、内河及沿海船舶，其大气污染物排放量计算公式如下：

$$E_i = Y \times EF_i \qquad (10-6)$$

式中：E_i——污染物排放量，kg；

　　　i——大气污染物类型；

　　　Y——燃油消耗量，t；

　　　EF_i——排放因子，kg/t。

2. 民航飞机

对于民航飞机，其大气污染物排放量计算公式如下：

$$E_i = C_{LTO} \times EF_i \qquad (10-7)$$

式中：E_i——污染物排放量，kg；

　　　i——大气污染物类型；

　　　C_{LTO}——民航飞机起飞着陆循环次数，次；

　　　EF_i——排放因子，kg/LTO。

3. 其他非道路移动源

其他非道路移动源包括建筑机械、农业机械等非道路移动机械。根据所获活动水平数据的精细化程度，可选择不同的计算方法。从方法一到方法三，对于数据的要求逐级详细。

（1）方法一

若仅获取了各类非道路移动机械的燃料消耗量，推荐方法一，计算方法见公式（10-6）。

（2）方法二

若获取了分类别、排放阶段的非道路移动机械的燃料消耗量，建议使用方法二。

对于农用运输车，其大气污染物排放量计算公式如下：

$$E_i = \sum_{i, j, k} P_{i, j, k} \times EF_{i, j, k} \times M_{i, j, k} \qquad (10-8)$$

式中：E_i——污染物排放量，kg；

i——大气污染物类型；

j——农用运输车类别；

k——排放阶段；

$P_{i,j,k}$——农用运输车保有量，辆；

$EF_{i,j,k}$——排放因子，kg/km；

$M_{i,j,k}$——年均行驶里程，km/（a·辆）。

对于其他非道路移动机械，其大气污染物排放量计算公式见公式（10-6）。

（3）方法三

若获取了分类别、功率段、排放阶段的非道路移动机械保有量及活动水平，建议使用方法三。

对于农用运输车，其大气污染物排放量计算公式见公式（10-8）。

对于其他非道路移动机械，其大气污染物排放量计算公式如下：

$$E_i = \sum_{i,j,k,n} P_{i,j,k,n} \times G_{i,j,k,n} \times LF_{i,j,k,n} \times hr_{i,j,k,n} \times EF_{i,j,k,n} \qquad (10-9)$$

式中：E_i——污染物排放量，kg；

i——大气污染物类型；

j——非道路移动机械类别；

k——排放阶段；

n——功率段；

$P_{i,j,k,n}$——保有量，辆；

$G_{i,j,k,n}$——平均额定净功率，kW/辆；

$LF_{i,j,k,n}$——负载因子，表示平均额定功率下典型操作负荷；

$hr_{i,j,k,n}$——年使用小时数，h/a；

$EF_{i,j,k,n}$——排放因子，kg/（kW·h）。

三、 生活源大气污染物排放估算方法

生活源包括民用化石燃料燃烧、生物质燃烧、民用生物质燃烧、餐饮、人体排泄、存储和运输、非工业溶剂使用等。主要采用排放因子法进行计算，具体计算公式如下：

$$E_i = A_i \times EF_i \times (1 - \eta_i) \qquad (10-10)$$

式中：E_i——污染物排放量；

i——排放源；

A_i——活动水平数据；

EF_i——排放因子；

η_i——污染控制技术对污染物的去除效率。

在这里需要特别说明，生物质燃烧中秸秆露天焚烧以及牲畜粪便燃烧两个类别的活动水平具体计算公式如下：

$$A_{秸秆} = P \times N \times R \times \eta \qquad (10-11)$$

$$A_{牲畜粪便} = S \times Y \times C \times R \tag{10-12}$$

式中：P——农作物产量；

  N——草谷比，指秸秆干物质量与作物产量的比值；

  R——焚烧比例；

  η——燃烧率。

  S——牲畜年底存栏数；

  Y——单一牲畜年均粪便产量；

  C——牲畜粪便中干物质含量；

  R——焚烧比例。

四、扬尘源大气污染物排放估算方法

扬尘源包括道路扬尘、施工扬尘以及堆场扬尘。扬尘源排放的主要污染物为颗粒物，计算主要采用环保部发布的《扬尘源颗粒物排放清单编制技术指南（试行）》中推荐的方法。

（一）道路扬尘

道路扬尘包含两类，分别是铺装道路扬尘和非铺装道路扬尘。其中每条道路的颗粒物排放量计算如下：

$$E_i = \sum_{i,j} \mathrm{EF}_{i,j} \times L_j \times V_j \times (1 - n_r/365) \times 10^{-6} \tag{10-13}$$

式中：E_i——道路扬尘中颗粒物 i 的排放量，t；

  i——分别指 TSP、PM_{10} 及 $PM_{2.5}$；

  j——道路类别；

  $\mathrm{EF}_{i,j}$——排放因子，g/（km·辆）；

  L_j——j 等级道路总长度，km；

  V_j——j 等级道路在一定时期内的平均车流量，辆/年；

  n_r——不起尘天数，该指标若无法通过实测得到，一般使用一年中降水量大于

   0.25mm/d 的天数表示。

铺装道路颗粒物排放因子计算公式具体如下：

$$\mathrm{EF}_{i,j} = k_i \times sL^{0.91} \times W^{1.02} \times (1 - \eta_i) \tag{10-14}$$

式中：k_i——第 i 种颗粒物的粒度乘数，g/（km·辆）；

  sL——道路积尘负荷，g/m²；

  W——平均车重，t；

  η_i——污染控制技术对颗粒物的去除效率。

非铺装道路颗粒物排放因子计算公式具体如下：

$$\mathrm{EF}_{i,j} = k_i \times (s/12) \times (v/30)^a / (M/0.5)^b \times (1 - \eta_i) \tag{10-15}$$

式中：k_i——第 i 种颗粒物的粒度乘数，g/（km·辆）；

  s——道路表面有效积尘率；

  v——车辆平均行驶速度，指通过某等级道路的所有车辆平均车速，km/h；

  M——道路积尘含水率；

η_i——污染控制技术对颗粒物的去除效率；

a、b——经验常量。

（二）施工扬尘

施工扬尘颗粒物排放具体计算公式如下：

$$E_i = EF_i \times A \times T \qquad (10-16)$$

式中：E_i——道路扬尘中颗粒物 i 的排放量，t；

i——分别指 TSP、PM_{10} 及 $PM_{2.5}$，参考粒径系数分别为：1、0.49、0.1；

EF_i——施工工地 i 的平均排放因子，$t/(m^2 \cdot 月)$；

A——施工面积，m^2；

T——工地施工月份数。

施工扬尘颗粒物的排放因子有两种估算方法，一种为总体估算，另一种为基于各个施工过程的精细化核算。

排放因子总体估算法计算公式如下：

$$EF_i = 2.69 \times 10^{-4} \times (1 - \eta_i) \qquad (10-17)$$

式中：η_i——污染控制技术对颗粒物的去除效率。

排放因子精细化核算法计算公式如下：

$$EF_i = 0.025\,34 \times D \times u^{1.983} \times M^{-1.993} \times sL^{0.745} \times N^{0.684} \times (1 - \eta_i) \times 10^{-6}$$
$$(10-18)$$

公式（10-18）为 PM_{10} 的排放因子计算公式，TSP 及 $PM_{2.5}$ 的排放因子可根据粒径系数进行估算。

式中：D——采样施工工地的起尘面积率；

u——地面 2.5m 处的风速，m/s；

M——工地表面积尘含水率；

sL——工地路面积尘负荷，g/m^2；

N——施工工地每小时运行的机动车数量，辆。

（三）堆场扬尘

堆场扬尘包含两部分，分别是因装卸、运输引起的扬尘和堆积存放期间因风蚀而引起的扬尘。具体计算公式如下：

$$E_Y = \sum_{i=1}^{m} EF_h \times G_{Yi} \times 10^{-3} + EF_w \times A_Y \times 10^{-3} \qquad (10-19)$$

式中：E_Y——堆场扬尘颗粒物总排放量，t；

EF_h——堆场装卸运输过程中的颗粒物排放因子，kg/t；

m——每年料堆物料装卸总次数；

G_{Yi}——第 i 次装卸过程的物料装卸量，t；

EF_w——料堆受到风蚀作用的颗粒物排放因子，kg/m^2；

A_Y——料堆表面积，m^2。

堆场装卸运输过程中的颗粒物排放因子计算公式如下：

$$EF_h = k_i \times 0.001\,6 \times (u/2.2)^{1.3}/(M/2)^{1.4} \times (1 - \eta_i) \qquad (10-20)$$

式中：k_i——物料的粒度乘数；

u——地面平均风速，m/s；

M——物料含水率；

η_i——污染控制技术对颗粒物的去除效率。

料堆受到风蚀作用的颗粒物排放因子计算公式如下：

$$\mathrm{EF_w} = k_i \times \sum_{i=1}^{n} P_i \times (1 - \eta_i) \times 10^{-3} \qquad (10-21)$$

$$P_i = \begin{cases} 58 \times (u^* - u_t^*)^2 + 25 \times (u^* - u_t^*); & u^* > u_t^* \\ 0; & u^* \leqslant u_t^* \end{cases} \qquad (10-22)$$

$$u^* = 0.4u(z) / \ln\left(\frac{z}{z_0}\right) \qquad (10-23)$$

式中：k_i——物料的粒度乘数；

n——料堆每年受扰动的次数；

P_i——第 i 次扰动中观测到的最大风速的风蚀潜势，g/m^2；

η_i——污染控制技术对颗粒物的去除效率；

u^*——摩擦风速，m/s；

u_t^*——阈值摩擦风速，即起尘的临界摩擦风速，m/s；

$u(z)$——地面风速，m/s；

z——地面风速检测高度，m；

z_0——地面粗糙度，m。

五、 农业源大气污染物排放估算方法

农业源包括化肥施用、畜禽养殖和农药使用。其中化肥施用和畜禽养殖涉及的污染物主要为 NH_3，具体计算公式见公式(10-24)；农药使用涉及的污染物主要为 VOCs，具体计算公式见公式(10-10)。

$$E_i = A_i \times \mathrm{EF}_i \times \gamma \qquad (10-24)$$

式中：E_i——污染物排放量；

i——排放源；

A_i——活动水平数据；

EF_i——排放因子；

γ——氮-大气氨转换系数，畜禽养殖行业取 1.214，其他行业取 1.0。

（一）化肥施用

化肥施用过程中的氮肥种类包括尿素、碳铵、硝铵、硫铵、其他氮肥 5 类。化肥施用过程的氨排放因子需进行本地化修正，主要采用英国国家氨减排措施评价系统（NARESE）模型中的修正方法，具体修正公式如下：

$$\mathrm{EF} = \mathrm{EF}^* \times \mathrm{RF}_{\mathrm{soil, pH}} \times \mathrm{RF}_{\mathrm{landuse}} \times \mathrm{RF}_{\mathrm{rate}} \times \mathrm{RF}_{\mathrm{rainfall}} \times \mathrm{RF}_{\mathrm{temperature}} \qquad (10-25)$$

式中：EF——各类氮肥实际排放因子，%；

EF^*——各类氮肥最大排放因子,%;

$RF_{soil,pH}$——土壤 pH 消减因子;

$RF_{landuse}$——土地利用率消减因子;

RF_{rate}——氮肥施用率消减因子;

$RF_{rainfall}$——降雨消减因子;

$RF_{temperature}$——温度消减因子。

（二）畜禽养殖

畜禽养殖的氨排放因子应分别考虑畜禽种群、养殖方式、气温条件的影响,单位为 %TAN,TAN 为总铵态氮量。TAN 的计算方式主要采用生态环境部发布的《大气氨源排放清单编制技术指南(试行)》中推荐的方法,具体计算方法如下:

养殖方式共包括三种类型:散养、集约化养殖、放牧,三种养殖方式在室内和户外的总铵态氮计算公式如下:

$$TAN_{室内,户外} = Q \times E \times N \times w \times h \tag{10-26}$$

式中:Q——畜禽年内饲养量,对于饲养周期大于 1 年(365 d)的畜禽,畜禽年内饲养量可视为"年底存栏数",对于肉用畜禽来说,畜禽年内饲养量可视为"出栏数";

E——单位畜禽排泄量;

N——含氮量;

w——铵态氮比例;

h——室内户外比。

粪便管理包括户外、圈舍内、粪便存储处理和后续施肥共 4 个阶段。户外排泄阶段总铵态氮为 $TAN_{户外}$。圈舍内、粪便存储处理和后续施肥则与室内排泄量相关,且需根据粪便形态区分为液态和固态,分别进行计算。

1. 圈舍内排泄阶段总铵态氮

$$A_{圈舍-液态} = TAN_{室内} \times X_{液} \tag{10-27}$$

$$A_{圈舍-固态} = TAN_{室内} \times (1 - X_{液}) \tag{10-28}$$

式中:$A_{圈舍-液态}$——圈舍内排泄阶段液态粪肥总铵态氮;

$A_{圈舍-固态}$——圈舍内排泄阶段固态粪肥总铵态氮;

$X_{液}$——液态粪肥占总粪肥的质量比重。

2. 粪便存储处理阶段总铵态氮

$$A_{存储-液态} = TAN_{室内} \times X_{液} - A_{圈舍-液态} \times EF_{圈舍-液态} \tag{10-29}$$

$$A_{存储-固态} = TAN_{室内} \times (1 - X_{液}) - A_{圈舍-固态} \times EF_{圈舍-固态} \tag{10-30}$$

式中:$A_{存储-液态}$——粪便存储处理阶段液态粪肥总铵态氮;

$EF_{圈舍-液态}$——粪便排出阶段,室内环境下液态粪便的氨挥发率;

$A_{存储-固态}$——粪便存储处理阶段固态粪肥总铵态氮;

$EF_{圈舍-固态}$——粪便排出阶段,室内环境下固态粪便的氨挥发率。

3. 后续施肥阶段总铵态氮

$$A_{施肥-液态} = [TAN_{室内} \times X_{液} - A_{圈舍-液态} \times EF_{圈舍-液态} - A_{存储-液态}$$
$$\times EF_{存储-液态} - EN_{N损失-液态}] \times (1 - R_{饲料}) \tag{10-31}$$

$$A_{施肥-固态} = \left[TAN_{室内} \times (1 - X_{液}) - A_{圈舍-固态} \times EF_{圈舍-固态} - A_{存储-固态} \times \right.$$
$$\left. EF_{存储-固态} - EN_{N损失-固态} \right] \times (1 - R_{饲料}) \tag{10-32}$$

式中：$A_{施肥-液态}$——后续施肥阶段液态粪肥总铵态氮；

　　　$EF_{存储-液态}$——存储阶段液态粪便的氨挥发率；

　　$EN_{N损失-液态}$——液态粪便存储过程中氮的损失，具体计算见公式(10-33)；

　　　$A_{施肥-固态}$——后续施肥阶段固态粪肥总铵态氮；

　　　$EF_{存储-固态}$——存储阶段固态粪便的氨挥发率；

　　　$R_{饲料}$——粪肥用作生态饲料的比重，通常仅考虑集约化养殖过程；

　　$EN_{N损失-固态}$——固态粪便存储过程中氮的损失，具体计算见公式(10-34)。

$$EN_{N损失-液态} = \left[TAN_{室内} \times X_{液} - A_{圈舍-液态} \times EF_{圈舍-液态} \right] \times (EF_{存储-液态-N_2O} + $$
$$EF_{存储-液态-NO} + EF_{存储-液态-N_2}) \tag{10-33}$$

$$EN_{N损失-固态} = \left[TAN_{室内} \times (1 - X_{液}) - A_{圈舍-固态} \times EF_{圈舍-固态} \right] \times $$
$$f \times (EF_{存储-固态-N_2O} + EF_{存储-固态-NO} + EF_{存储-固态-N_2}) \tag{10-34}$$

式中：$EF_{存储-液态-N_2O}$——液态粪便存储过程中 N_2O 的排放因子；

　　　$EF_{存储-液态-NO}$——液态粪便存储过程中 NO 的排放因子；

　　　$EF_{存储-液态-N_2}$——液态粪便存储过程中 N_2 的排放因子；

　　　$EF_{存储-固态-N_2O}$——固态粪便存储过程中 N_2O 的排放因子；

　　　$EF_{存储-固态-NO}$——固态粪便存储过程中 NO 的排放因子；

　　　$EF_{存储-固态-N_2}$——固态粪便存储过程中 N_2 的排放因子；

　　　f——固态粪便存储过程中总铵态氮向有机氮转化的比例,%。

六、　废物处理源大气污染物排放估算方法

废物处理源包括污水处理、垃圾焚烧、垃圾填埋、垃圾堆肥等，具体计算公式见公式(10-10)。

七、　大气污染物排放清单案例分析

为了更好地让读者了解大气污染物排放清单构建的过程，本书以作者研究团队所建立的无锡市人为源大气污染物排放清单为例，详述清单分析过程。

（一）　区域概况

无锡市地处江苏省东南部，是我国长三角城市群中的重要城市，面积 4 627 km^2。2015 年底全市常住人口 651.1 万人，地区生产总值 8 518.26 亿元，位居江苏省第 3 位，全国第 14 位。在经济快速发展的同时，无锡市也面临着严峻的大气污染问题。2015 年，市辖区及下辖的江阴市和宜兴市的空气质量达标天数比例分别为 64.1%、64.9% 和 63.0%。除 SO_2 年均浓度达到二级标准之外，可吸入颗粒物、NO_2 和细颗粒物年均浓度均出现超标现象。与此同时，无锡市 2015 年空气质量综合指数仅为 6.02，在全国 74 个新标准第一阶段监测实施城市中排名 48 位。由此可见，无锡市的大气环境问题依旧非常严峻，因此建

立高分辨率的人为源大气污染物排放清单，解析无锡市大气污染物的关键排放源及其空间排放特征，将为有针对性地提出切实有效的污染控制对策提供理论依据，对改善无锡市大气质量具有重要意义。本研究以无锡市作为研究对象，核算范围涵盖无锡市全境，包含崇安、南长、北塘、锡山、惠山、滨湖 6 个市辖区及江阴市、宜兴市 2 个县级市。核算基准年为 2015 年，核算物质为 SO_2、NO_x、TSP、PM_{10}、$PM_{2.5}$、CO、NH_3 和 VOCs 8 种污染物质。

（二）排放源分类

基于第十章第二节提到的排放源分类原则，将大气污染物人为源分类细分至 5 级。第 1 级分类，包括工业源、交通源、生活源、农业源、扬尘源和废物处理源 6 大类。第 2 级分类以行业作为依据，包括：① 工业源包含电力、钢铁、水泥、石灰、化工、有色金属、玻璃、砖瓦炉窑、纺织、印刷、工业涂装、人造板、半导体、制酒及工业燃烧等 15 类行业；② 交通源包含道路和非道路移动源。其中道路移动源包含小客车、出租车、公交车、长途客车、货车、摩托车等 6 类车型；非道路移动源包含农用机械、农用运输车、建筑机械、船舶、飞机等 5 类（表 10-1）；③ 生活源包括民用化石燃料燃烧、户用生物质燃烧、餐饮、人体排泄、加油站、殡仪馆、建筑涂料、干洗、汽车维修保养、医院、去污脱脂、生活和商业溶剂使用等 12 类；④ 农业源包含畜禽养殖、化肥施用和农药使用等 3 类；⑤ 扬尘源包括道路扬尘和施工扬尘等 2 类；⑥ 废物处理源包括污水处理、垃圾焚烧和垃圾填埋等 3 类。

表 10-1　交通源 5 级分类体系

1 级	2 级	3 级	4 级	5 级
交通源	道路移动源	小客车/出租车	汽油/柴油/压缩天然气	国 1/国 2/国 3/国 4
		公交车/长途客车	汽油/柴油/生物柴油	国 0/国 1/国 2/国 3/国 4
		货车	汽油/柴油	国 1/国 2/国 3/国 4
		摩托车	汽油	国 1/国 2/国 3
	非道路移动源	农业	农用机械/农用运输车	
		建筑	建筑机械	
		交通运输	船舶	柴油/燃料油

（三）排放清单建立方法

采用第十章第二节介绍的排放因子法和物料平衡法，"自下而上"地进行计算，具体计算公式见第十章第三节。活动水平数据来源于现场调研、网上填报、统计年鉴、企业访谈等；排放因子主要通过文献调研获得。

（四）清单分析

1. 大气污染物排放清单

根据上述方法建立了 2015 年无锡市人为源大气污染物排放清单，见表 10-2。

表 10-2　2015 年无锡市人为源大气污染物排放清单

污染源	行业	SO₂	NOₓ	TSP	PM₁₀	PM₂.₅	CO	NH₃	VOCs
工业源	电力	12 737.75	33 276.22	12 167.59	9 551.17	5 310.20	28 199.78	—	3 047.84
	钢铁	10 763.75	11 980.27	5 671.44	2 324.13	1 719.46	419 566.21	—	8 397.91
	水泥	1 221.65	4 297.63	27 537.54	10 869.37	6 662.53	14 420.15	—	417.22
	石灰	685.90	1 097.44	6 859.00	823.08	96.03	14 950.00	—	50.70
	化工	2 826.14	2 185.01	2 677.03	628.10	363.27	43 488.51	1 337.20	43 339.04
	有色金属	201.61	507.35	6 752.98	5 022.23	3 681.18	577.83	—	23.16
	玻璃	0.85	13.44	145.90	138.70	132.76	5.82	—	108.38
	砖瓦炉窑	132.65	33.93	50.05	29.43	18.78	2 357.56	—	34.46
	纺织	1 976.21	2 476.75	963.45	399.62	251.47	9 827.68	1.05	12 784.01
	印刷	—	—	—	—	—	—	—	1 036.54
	工业涂装	—	—	—	—	—	—	—	5 558.06
	人造板	—	—	—	—	—	—	—	0.28
	半导体	1 673.51	1 509.84	56.05	53.94	—	—	—	3 382.41
	制酒	0.28	26.49	45.07	9.02	3.16	97.56	—	40.09
	工业燃烧面源	2 905.54	7 343.99	3 272.34	969.17	470.03	30 797.38	—	740.12
交通源	道路移动源	598.68	15 398.64	1 302.81	1 302.81	828.47	54 116.59	—	6 107.93
	农用机械	7.01	1 346.98	90.05	85.38	80.71	575.00	—	1 778.72
	船舶	307.99	5 097.03	420.82	400.57	366.67	926.68	—	456.25
	建筑机械	140.61	6 245.20	289.26	273.19	259.13	2 342.20	—	3 676.01
	飞机	16.70	248.14	10.41	10.41	10.22	139.86	—	15.74

续表

污染源	行业	SO₂	NOₓ	TSP	PM₁₀	PM₂.₅	CO	NH₃	VOCs
生活源	民用化石燃料燃烧	20.43	253.52	8.36	8.36	8.36	216.66	—	20.93
	户用生物质燃烧	32.01	12.02	221.62	199.56	185.62	2 841.11	11.97	228.63
	餐饮	—	—	—	—	—	—	—	5 664.57
	人体排泄	—	—	—	—	—	—	311.14	—
	加油站	—	—	—	—	—	—	—	963.17
	殡仪馆	4.00	29.20	1.36	1.23	1.23	4.96	—	0.46
	建筑涂料	—	—	—	—	—	—	—	2 272.63
	干洗	—	—	—	—	—	—	—	130.22
	汽车维修保养	—	—	—	—	—	—	—	1 881.91
	医院	—	—	—	—	—	—	—	209.24
	去污脱脂	—	—	—	—	—	—	—	286.48
	生活和商业溶剂使用	—	—	—	—	—	—	—	651.10
农业源	畜禽养殖	—	—	—	—	—	—	5 467.89	—
	化肥施用	—	—	—	—	—	—	1 753.16	—
	农药使用	—	—	—	—	—	—	—	1 155.43
扬尘源	道路扬尘	—	—	181 174.94	73 877.16	17 589.80	—	—	—
	施工扬尘	—	—	37 334.86	20 739.42	7 840.32	—	—	—
废弃物处理源	污水处理	—	—	—	—	—	—	157.86	769.11
	垃圾焚烧	603.73	1 068.44	170.13	127.27	85.46	606.11	263.93	1 040.49
	垃圾填埋	—	—	—	—	—	—	475.79	195.41

2. 排放源贡献分担率

对排放清单进行部门占比分析，可以清楚了解各污染物的关键来源，制定针对性的大气污染物治理措施。2015 年无锡市人为源大气污染物排放量各行业占比情况具体见图 10-2。

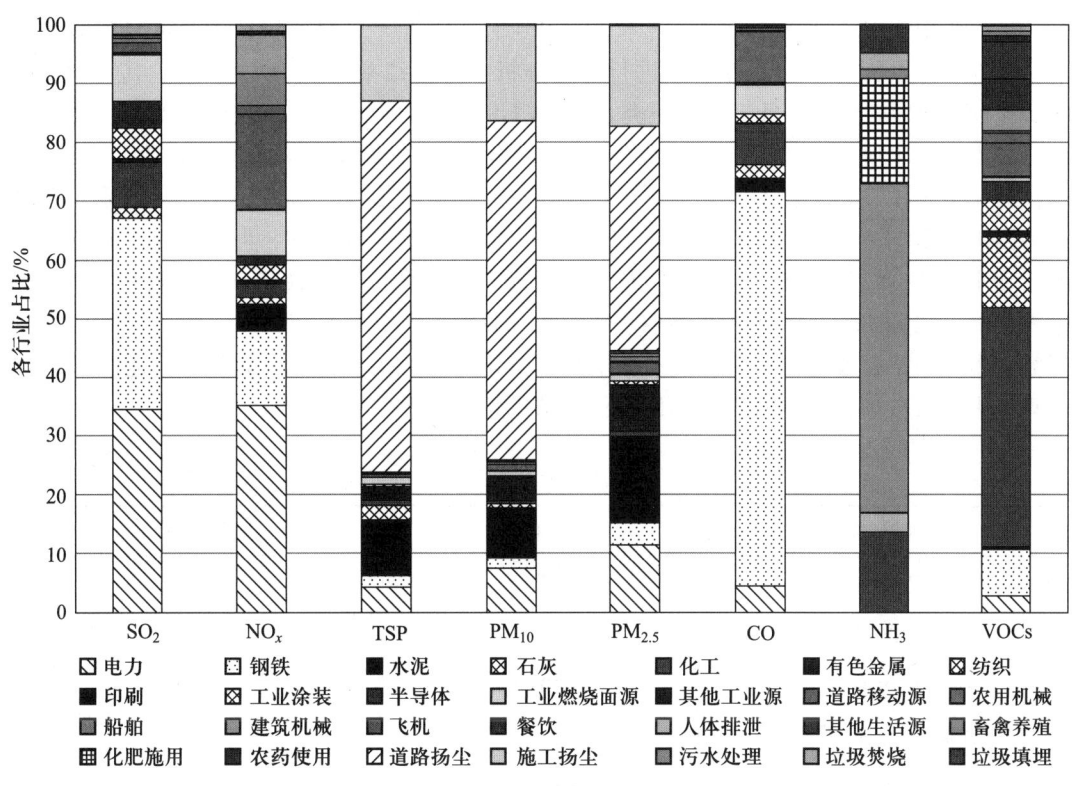

图 10-2　无锡市人为源大气污染物排放量各行业占比情况

其他工业源包含玻璃、砖瓦炉窑、人造板、制酒；其他生活源包括民用化石燃料燃烧、户用生物质燃烧、干洗、加油站、汽车维修保养、医院、殡仪馆、建筑涂料、去污脱脂、生活和商业溶剂使用

从图 10-2 可以看出，电力、钢铁、工业燃烧面源为 SO_2 的主要来源，排放量分别为 1.27 万 t、1.08 万 t、0.29 万 t，占比分别为 34.6%、29.2%、7.9%。电力、道路移动源、钢铁为 NO_x 的主要来源，排放量分别为 3.33 万 t、1.54 万 t、1.20 万 t，占比分别为 35.2%、16.3%、12.7%。道路和施工扬尘、水泥为 TSP 的主要来源，排放量分别为 18.12 万 t、3.73 万 t、2.75 万 t，占比分别为 63.1%、13.0%、9.6%。道路和施工扬尘、水泥为 PM_{10} 的主要来源，排放量分别为 7.39 万 t、2.07 万 t、1.09 万 t，占比分别为 57.8%、16.2%、8.5%。道路和施工扬尘、水泥为 $PM_{2.5}$ 的主要来源，排放量分别为 1.76 万 t、0.78 万 t、0.67 万 t，占比分别为 38.3%、17.1%、14.5%。钢铁、道路移动源、化工为 CO 的主要来源，排放量分别为 41.96 万 t、5.41 万 t、4.35 万 t，占比分别为 67.0%、8.6%、6.9%。畜禽养殖、化肥施用、化工为 NH_3 的主要来源，排放量分别为 5 467.89t、1 753.16t、1 337.20t，占比分别为 55.9%、17.9%、13.7%。化工、纺织、钢铁为 VOCs 的主要来源，排放量分别为 4.33 万 t、1.28 万 t、0.84 万 t，占比分别为 40.7%、12.0%、7.9%。

（五）　排放清单的评估及验证

1. 与其他研究的对比

根据本书第十章第二节所述，排放清单可以通过验证的方法来评估清单的可靠性，在此本研究利用与其他研究的对比分析来进行验证。

以人为源 VOCs 排放量为例，将本研究得到的无锡市大气污染物排放清单与其他排放清单研究中涉及无锡市的计算结果进行对比分析，对比结果如表 10-3 所示。总体而言，本研究的 VOCs 核算值略低于其他研究，但部门占比与其他研究较为相似。首先，在排放源分类方面，本研究的核算行业相对较多，涉及较多其余研究尚未涉及的行业，如医院、殡仪馆、半导体等。并且本研究的单个行业核算分类更为细致，考虑了工艺、产品、产能等多因素的影响，对单个行业不再简单采用一个排放因子进行核算。再者，因本研究获取的活动水平数据较为详细，有较多的行业被列为点源进行计算，最终点源排放在 VOCs 总排放中的占比为 48.7%，而在其余四项研究中，点源占比最高也仅为 37.0%。此外，其余研究大多忽略了企业对于有机废气的末端控制，未考虑相关 VOCs 去除效率，造成了部分核算结果相对较高。总体而言，本研究估算结果较为合理可靠。

表 10-3　无锡市人为源 VOCs 排放量对比

清单	基准年	排放量/万 t
Huang 等（2011）[1]	2007	19.17
翟一然（2012）[2]	2008	19.73
Fu 等（2013）[3]	2010	14.75
周亚端（2016）[4]	2012	16.7
本研究	2015	11.13

[1] Huang C，Chen C H，Li L，et al. Emission inventory of anthropogenic air pollutants and VOC species in the Yangtze River Delta region，China [J]. Atmospheric Chemistry and Physics，2011，11(9)：4105-4120.

[2] 翟一然. 长江三角洲地区大气污染物人为源排放特征研究[D]. 南京：南京大学，2012.

[3] Fu X，Wang S，Zhao B，et al. Emission inventory of primary pollutants and chemical speciation in 2010 for the Yangtze River Delta region，China [J]. Atmospheric Environment，2013，70：39-50.

[4] 周亚端. 江苏省高精度大气污染物排放清单的建立及空气质量模拟评估[D]. 南京：南京大学，2016.

2. 不确定性分析

根据本书第十章第二节所述，排放清单可以通过不确定性分析方法来评估清单的准确性，在此采用蒙特卡罗方法对研究结果的不确定性进行了定量评估。

由于本研究所获取的活动水平数据已相对较为详细充分，能较好反映无锡市实际情况，因此暂不考虑活动水平数据带来的不确定性，重点考虑排放因子带来的不确定性。在确定排放因子分布类型的基础上，利用 Crystal Ball 软件，对相关排放因子进行随机 10 000 次的模拟运算，得到的不确定性结果如表 10-4 所示。

表 10-4　2015 年无锡市人为源大气污染物排放清单不确定性分析结果（以 95% 置信区间表示）

部门	不确定性范围/%						
	工业源	交通源	生活源	农业源	扬尘源	废弃物处理源	合计
SO_2	-2.8~2.8	-9.3~9.1	-36.6~0.4	—		-49.1~48.7	-2.9~2.8
NO_x	-0.8~0.8	-8.9~9.0	-16.1~16.0	—		-80.7~81.5	-3.3~3.3
TSP	-1.4~0.4	-10.2~10.1	-15.7~16.9	—	-17.3~17.3	-6.0~6.2	-13.6~13.8
PM_{10}	-1.5~0.6	-10.7~10.5	-56.3~60.0		-16.8~17.0	-31.7~32.1	-13.5~13.2
$PM_{2.5}$	-1.6~0.7	-8.7~8.8	-55.7~60.4		-17.3~17.3	-16.6~16.6	-10.8~10.7
CO	-31.2~23.7	-15.6~15.2	-53.3~50.1			-81.4~80.7	-27.1~20.1
NH_3	-12.0~12.1	—	-10.9~11.1	-12.9~12.6		-9.4~10.9	-9.9~10.1
VOCs	-0.8~0.7	-8.2~8.5	-12.4~12.3	-32.9~32.9		-8.0~7.8	-2.5~2.4

从表中可以看出，由于工业源的数据信息收集较为充分，划分较为细致，因子匹配度相对较高，因此工业源各污染物的不确定性相对较小。相比之下，生活源的 PM_{10}、$PM_{2.5}$、CO 排放和废物处理源的 SO_2、NO_x、CO 排放不确定性相对较高，95% 置信水平下的变化范围达到 ±40%，这主要与各污染物的因子来源相关。生活源的 PM_{10}、$PM_{2.5}$、CO 排放主要来源于户用生物质燃烧，由于缺乏无锡市本地实测因子，本研究采用了全国、全省的缺省值，但各地农业情况不一，谷草比及燃烧效率不同，采用非本地值造成的不确定性相对较大。对于废物处理源而言，由于各地垃圾构成不一样，原则上应采用本地值进行计算，但由于国内缺乏相关测试，废物处理源的 SO_2、NO_x、CO 排放因子主要来源于欧盟的测试值，造成不确定性较大。2015 年无锡市人为源大气污染物 SO_2、NO_x、TSP、PM_{10}、$PM_{2.5}$、CO、NH_3、VOCs 的不确定性范围分别为 -2.9%~2.8%、-3.3%~3.3%、-13.6%~13.8%、-13.5%~13.2%、-10.8%~10.7%、-27.1%~20.1%、-9.9%~10.1%、-2.5%~2.4%，总体而言，本研究不确定性相对较小，核算结果相对较为可靠。

第四节　水污染物排放清单分析

水污染物排放清单的构建，有利于准确识别水体负荷产生的"热点"，从而为控源减排措施提供详细具体的数据支撑。不同于大气污染物排放清单，水污染物排放清单需先测算主要污染物的产生负荷，包括点源产生量和面源产生量。在此基础之上，厘清污水处理厂削减量以及面源过程损失量，由此计算污染负荷直排量及最终的入河总量即排入环境量（图 10-3）。本节将详细介绍污染负荷产生量、污染负荷直排量及排入环境量的测算方法，并以作者研究团队建立的望虞河西岸综合示范区水污染物排放清单为例，具体分析水污染物排放清单。

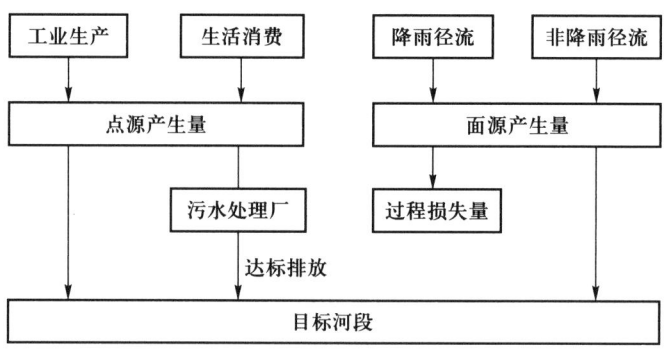

图 10-3　主要污染物入河示意图

一、 点源污染负荷测算方法

点源包括工业生产以及生活消费，可由用水量、废水产生系数、污染物浓度相乘获得，即：

$$W_{i,j} = C_{i,j} \times Q_i \times \theta_i \qquad (10-35)$$

式中：$W_{i,j}$——点源 i 污染负荷 j 的产生量；

$C_{i,j}$——点源 i 污水总排口处污染负荷 j 的平均浓度；

Q_i——点源 i 的自来水用量；

θ_i——点源 i 的废水产生系数。

二、 面源污染负荷测算方法

面源包括降雨径流、农村生活、农业种植、农业养殖等排放源。

（一） 降雨径流污染负荷测算

雨水冲刷产生的面源污染，可由用地类型面积、降雨径流深、污染物浓度相乘获得，即：

$$W_j = \sum_{i=1}^{n} (S_i \times C_{i,j} \times Q_i) \qquad (10-36)$$

式中：W_j——第 j 类污染物面源总负荷；

S_i——第 i 种用地类型的面积；

$C_{i,j}$——第 i 种用地类型上第 j 类污染物的浓度；

Q_i——第 i 种用地类型的降雨径流深。

（二） 农村生活污染负荷测算

农村生活污水产生的面源污染，可用农村人口数、产生系数、流失系数相乘获得，即：

$$W_j = P \times C_j \times r \qquad (10-37)$$

式中：W_j——农村生活污水第 j 类污染物的排放负荷量；

P——未接管的农村人口总数；

C_j——农村生活污水第j类污染物的产生系数；

r——流失系数。

（三）农业种植污染负荷测算

水稻种植规律性主动排水产生的非降雨径流面源污染，可由水稻种植面积累计排水深度、水田面积、污染物浓度相乘获得，即：

$$W_j = S \times h \times C_j \tag{10 - 38}$$

式中：W_j——水田排水第j类污染物的排放负荷量；

S——水田总面积；

C_j——水田排水第j类污染物的浓度；

h——水田在一季水稻种植的累计排水水深。

（四）农业养殖污染负荷测算

农业养殖的污染排放主要包括畜禽养殖和水产养殖。

畜禽养殖产生的面源污染，可由畜禽饲养量、畜禽产污系数、畜禽养殖粪尿污染物的入水率相乘获得，即：

$$W_{i, j} = Q_i \times J_{i, j} \times K_{i, j} \tag{10 - 39}$$

式中：$W_{i, j}$——第i类畜禽养殖的第j类污染物排放负荷量；

Q_i——第i类畜禽年内饲养量，对于饲养周期大于 1 年（365 天）的畜禽，畜禽年内饲养量可视为"年底存栏数"，对于肉用畜禽来说，畜禽年内饲养量可视为"出栏数"；

$J_{i, j}$——第i类畜禽养殖的第j类污染物的产生系数；

$K_{i, j}$——第i类畜禽养殖的第j类污染物的入水率。

水产养殖排水产生的面源污染，可由累计排水深度、水产养殖面积、污染物浓度相乘获得，即：

$$W_j = S \times h \times (C_{j, \text{ out}} - C_{j, \text{ in}}) \tag{10 - 40}$$

式中：　W_j——水产养殖第j类污染物的排放负荷量；

S——水产养殖的总面积；

h——水产养殖的累计排水水深；

$C_{j, \text{ in}}$ 和 $C_{j, \text{ out}}$——水塘进水和排水的第j类污染物的浓度。

三、污染负荷直排量及排入环境量测算方法

根据点源及面源污染负荷的产生量、污水处理厂收水范围内的收水量和经污水处理厂处理后的排放量可计算出污染负荷直排量及排入环境量。具体计算方法如下：

（1）计算核算范围内的点源及面源污染负荷总产生量Q_s；

（2）统计核算范围内各污水处理厂的全年污水处理量及污水中各污染物的浓度，利用污水处理量×进水中污染物浓度，得到污染负荷收集处理量$Q_{w, \text{in}}$。利用污水处理量×出水中污染物浓度，得到经处理后污染负荷排放量$Q_{w, \text{out}}$；

（3）污染负荷直排量$Q_{s, d}$的计算方法是：点源污染负荷产生量-污染负荷收集处理量+

面源污染负荷产生量，即 $Q_{s,d} = Q_s - Q_{w,in}$；特别注意的是，由于测算量可能与实际处理量之间存在偏差，即可能存在点源污染负荷小于污染负荷收集处理量的情况。在此种情况下，将"点源污染负荷-污染负荷收集处理量"项作为平衡项进行处理，并解释差异的原因；

（4）污染负荷直排量 $Q_{s,e}$ 的计算方法是：污染负荷直排量+经处理后污染负荷排放量，即 $Q_{s,e} = Q_{s,d} + Q_{w,out}$。

四、水污染物排放清单实例分析

为了更好地让读者了解水污染物排放清单构建的过程，本书以作者研究团队所建立的江苏省无锡市望虞河西岸综合示范区水污染物排放清单为例，详述清单分析过程。

（一）区域概况

望虞河位于太湖流域北部，是江苏省十五条主要入太湖河道之一，也是目前唯一一条将长江水源直接引入太湖的通道，在保障太湖供水安全方面有着重要作用。望虞河西岸区域地处江苏省无锡市，人类活动类型较为复杂，其污染物排放进入水体后很大程度上影响着下游望虞河和太湖的水质。在"河长制"先行的太湖流域，全面推行精准化污染治理，逐渐实现粗放治理向精准治污转变。因此，从源头精准防治的角度来看，构建望虞河西岸综合示范区水污染物排放清单，准确刻画区域污染排放的时空格局并甄别高负荷敏感时段、地点等，为流域尺度精准治污全过程控制提供更为详细具体的决策支撑已显得十分必要。

（二）排放源分类

核算的排放源共包括2个点源：工业源、生活源，4个非点源：降雨径流、水田排水、畜禽养殖、水产养殖。

（三）排放清单建立方法

采用第十章第二节介绍的排放因子法，"自下而上"地进行计算，具体计算公式见第十章第四节。活动水平和排放因子数据来源于现场监测、统计数据等途径。

（四）清单分析

1. 水污染物排放清单

根据上述方法建立了2017年望虞河西岸综合示范区水污染物排放清单，具体排放量见表10-5。

2. 排放源贡献分担率

在不考虑路牙、田埂的情况下，69%的 COD 污染负荷来源于生活源，20%的 COD 污染负荷来源于面源，11%的 COD 污染负荷来源于工业源；88%的 NH_3-N 污染负荷来源于生活源，6%的 NH_3-N 污染负荷来源于面源，6%的 NH_3-N 污染负荷来源于工业源；86%的 TN 污染负荷来源于生活源，8%的 TN 污染负荷来源于面源，6%的 TN 污染负荷来源于工业源；76%的 TP 污染负荷来源于生活源，23%的 TP 污染负荷来源于面源，1%的 TP 污染负荷来源于工业源。在考虑路牙、田埂的情况下，70%的 COD 污染负荷来源于生活源，19%的 COD 污染负荷来源于面源，11%的 COD 污染负荷来源于工业源；88%的 NH_3-N 污染负荷来源于生活源，6%的 NH_3-N 污染负荷来源于面源，6%的 NH_3-N 污染负荷来源于工业源；86%的 TN 污染负荷来源于生活源，8%的 TN 污染负荷来源于面源，6%的 TN 污染负荷来源于工业源；82%的 TP 污染负荷来源于生活源，17%的 TP 污染负荷来源于面源，1%的 TP 污染负荷来源于工业源。

表 10-5　2017 年望虞河西岸综合示范区主要污染源污染负荷

污染源类别			COD/t	NH$_3$-N/t	TN/t	TP/t
点源	工业源		9 238	425	1 051	68
	生活源		55 902	6 408	14 234	618
面源	降雨径流	考虑路牙、田埂	14 965	432	1 243	125
		不考虑路牙、田埂	16 041	445	1 359	190
	非降雨径流		143	6	17	2
直排量	考虑路牙、田埂		7 524	715	8 020	125
	不考虑路牙、田埂		8 600	728	8 136	190
排入环境量	考虑路牙、田埂		13 063	920	10 537	180
	不考虑路牙、田埂		14 139	933	10 653	245

（五）排放清单的评估及验证

1. 与其他研究的对比

根据本书第十章第二节所述，排放清单可以通过验证的方法来评估清单的可靠性，在此本研究利用与其他研究的对比分析来进行验证。

以点源污染负荷为例，将本研究得到的望虞河西岸综合示范区水污染物排放清单与其他排放清单的研究结果进行对比分析，点源污染负荷测算对比结果如表 10-6 所示。此外，本研究在进行生活源测算时采用"人均综合生活用水量"，包含人均生活用水量和人均服务业用水量，而望虞河西岸地区的研究则采用人均生活用水量进行测算。此外，将本研究结果与前期安徽省合肥市十五里河流域的测算结果进行对比，由于十五里河流域和望虞河西岸地区均处于南方经济较发达区域，城市化水平和人口密度相近，用水特征类似，故具有一定对比参考意义。对比发现，生活源负荷测算结果与两流域面积呈正相关。在工业源测算结果上，望虞河西岸地区单位面积工业源污染负荷远高于十五里河流域。这主要是由于两区域工业企业分布密度相差较大，十五里河流域内单位面积工业企业数仅有 323 家，单位面积工业企业数为 3 家/km^2，而望虞河西岸综合示范区内的单位面积工业企业数为 18 家/km^2。

2. 不确定性分析

根据本书第十章第二节所述，排放清单可以通过不确定性分析方法来评估清单的准确性，本研究采用定性分析的方法进行不确定性分析。本研究的不确定性主要来源于核算所用的产排污系数，受限于经费、时间等因素，本研究未对所有产排污系数进行本地测量，部分产排污系数来源于已发表的文献和相关系数手册，与该地实际情况存在相关偏差，从而造成相关不确定性。

表 10-6　点源污染负荷测算结果对比

研究区域	工业源				生活源			
	COD/t	NH₃-N/t	TN/t	TP/t	COD/t	NH₃-N/t	TN/t	TP/t
综合示范区①	9 238	425	1 051	68	55 902	6 408	1 4234	618
望虞河西岸	—	1 170	3 386	207	—	3 596	6 283	436
十五里河流域	970	100	307	14	29 903	3 762	4 986	478

① 王水，潘国权，张扬，等. 望虞河西岸地区水环境综合整治的探讨[J]. 污染防治技术，2009，22(5)：19-22.

第五节　排放清单的空间可视化

排放清单的空间可视化是指以排放源的地理位置或者与排放源有相同空间分布特征的其他基础地理信息数据为依据，根据分布特征来建立相应的权重分配因子，将污染物排放总量分配到空间网格中，以此呈现研究区域内污染物排放的空间异质性，识别污染物空间分布特征，制定更有针对性的污染控制措施。本节将以作者研究团队所建立的 2013 年南京市大气污染物排放清单空间可视化研究为例，具体讲述排放清单的空间可视化步骤。南京市大气污染物排放清单空间可视化研究主要以 ESRI 公司研发的 ArcGIS 软件作为基础研究平台。

一、空间分配总体原则

（一）确定空间分配精度

排放清单的空间可视化首先需确定研究区域的空间分配精度，常见的空间分配精度有 1 km×1 km、3 km×3 km、9 km×9 km 等。因南京市大气污染物排放清单的研究区域为城市层面，因此将平面空间分布精度定为 1 km×1 km，共计 7 102 个网格。

（二）确定分配原则

南京市大气污染物排放清单主要包括电力、钢铁、水泥、化工、其他工业、加油站、溶剂的使用、民用(化石燃烧)、民用(生物质)、民用(生物质露天燃烧)、道路移动源、非道路移动源、建筑扬尘、道路扬尘、NH₃ 排放、工业面源和建筑扬尘面源 17 类排放源。根据排放源的空间排放特征以及所获数据的详细程度，将排放源分为点源、线源、面源三类。点源包括电力、钢铁、水泥、化工、其他锅炉、工业炉窑等；线源包括机动车、船舶、火车机车等；面源包括扬尘排放源(道路以及建筑工地)、燃料燃烧排放源(工业分散燃烧、民用燃烧和秸秆等)、VOCs 排放源(涂料、油墨使用、胶黏剂、织物涂层胶以及其他溶剂使用等)、NH₃ 排放源(畜禽养殖、化肥使用、化肥生产、垃圾处理等)。针对每类排放源污染物排放的空间分布特征，建立空间分配总原则(表 10-7)。

表 10-7 南京市大气污染物排放空间分配总体原则

排放源	分配原则	所需信息
电力	点源	坐标
钢铁	点源	坐标
水泥	点源	坐标
化工	点源	坐标
其他工业	点源	坐标
加油站	点源	坐标
溶剂使用	面源	人口密度分布
民用(化石燃料)	面源	人口密度分布
民用(生物质)	面源	人口密度分布
民用(生物质露天焚烧)	点源	坐标
道路移动源	线源	交通系统分布
非道路移动源	面源	土地利用类型分布、交通系统分布
建筑扬尘	点源	坐标
道路扬尘	线源	交通系统分布
NH_3 排放	面源、点源	土地利用类型分布、人口密度分布、交通系统分布
工业面源	面源	工业企业分布信息面处理
建筑扬尘面源	面源	建筑工地分布信息面处理

二、 点源分配方法

作为点源的排放源,其排放点均有详细的空间经纬度坐标信息,可以直接按照经纬度坐标进行点源污染物排放量的分配。对于点源而言,排放点的空间定位是排放清单空间可视化过程中的关键。点源的经纬度信息可以通过环境统计、排污申报、污染源调查等手段获得,但是这些数据存在着点位信息缺失、格式紊乱、点位错误等问题,需要进一步的校正方可使用。具体校正步骤如下:① 汇总已有空间位置信息,去除重复单位;② 采用GIS空间分析方法对已有坐标信息的单位进行核实;③ 对未有坐标信息的单位和未通过坐标核实的单位进行补充,主要可以通过 XGeocoding 软件,利用软件内置地址和名称双重查询法进行完善补充。

校正完毕之后,进一步利用 GIS 工具将经纬度坐标转化为空间化地图,并通过坐标系统及投影转换使之与其他地理基础数据配准。各排放源按照"自下而上"的分配模式通过排放点的几何中心经纬度信息定位到对应的网格。

三、线源分配方法

线源是依据基础地理信息数据处理得到的权重分配因子进行排放量的空间分配。常见的基础地理信息数据包括内陆航道网数据、航海数据、道路交通系统分布等。当研究分辨率较低时，可以仅利用单个网格的线路长度占研究区域所有线路总长度之比得到权重分配因子；当研究分辨率较高时，权重分配因子的确定则需要考虑多种因素的影响，例如，不同等级航道的通航能力、不同的道路等级、道路的车流量等。

线源空间分配的具体做法为以 GIS 为工作平台，综合考虑网格切分面积、具体路线的性质、长度和车流量的分布特点等，根据相应的权重比例关系，计算出该条道路的排放总量对模式系统各网格排放强度的贡献比例关系。对于道路移动源，根据道路类型分别获取高速路、城区道路和农村道路的污染物排放量，将排放量分配到相应的道路网格中；对于道路扬尘，根据道路类型分别获取快速路、主干道、次干道和高速路的污染物排放量，将排放量分配到相应的道路网格中。

四、面源分配方法

面源与线源一样，同样是利用基础地理信息数据处理得到的权重分配因子进行排放量的空间分配。常见的基础地理信息数据包括土地利用类型分布、人口密度分布、畜禽密度分布等。接下来以南京市大气污染物排放清单空间可视化为例，介绍面源污染物的空间分配。面源的空间分配依据及所需地理基础数据具体见表 10-8。

表 10-8　面源空间分配依据及所需地理基础数据

排放源	分配依据	地理基础数据
溶剂使用	涂料的使用与城市建设和装修相关	人口密度分布
化石燃料燃烧	家用煤气等和人口数量相关	人口密度分布
生物质	主要集中在农村地区	农村人口密度分布
农用机械	集中在农村地区	农村人口密度分布
工程机械	集中在城市区域	城市人口密度分布
氮肥使用	农田系统	土地利用类型分布
人体排泄	农村未经处理的粪便，与人口密度相关	农村人口密度分布
畜禽养殖	集中在农业较为发达的村落	农村人口密度分布
工业面源	集中在工业分布区	工业点源核密度处理
建筑扬尘面源	集中在建筑工地密集区	建筑工地点源核密度处理

按照地理基础数据性质，从以下三个方面详细介绍排放源的网格化过程：

（一）人口密度分布

2006 年美国橡树岭国家实验室开发的 LandScan 人口分布模型，是目前能公开获取的分辨率最高且最能代表全球人口密度的数据，分辨率达到 1 km×1 km，利用该数据可得到南京市详细的人口密度信息。对获取的南京市人口密度分布数据进行统计分析，得出该数据库中南京市人口为 783 万，与《江苏省统计年鉴》中数据相当。其中人口密度值大于 11 人/栅格的栅格人数总和为 512 万，和南京市城市人口数相一致，所以以人口密度值 11 人/栅格为划分界限，高于此为城市人口分布区，反之为农村人口分布区。在此基础上，依据人口密度分布数据，对应溶剂的使用、化石燃料燃烧、生物质、农用机械、工程机械、人体排泄、畜禽养殖等进行空间分配。

（二）土地利用类型分布

土地利用类型分布数据来源于中国科学院地理空间数据云的 2000 年全国 1∶500 万土地利用分类数据，该数据将国土类型分为湿地、草地、河流、湖泊、农田、针叶林、灌木林和阔叶林。采用 GIS 的分割功能，提取南京市范围内的土地利用分类，进一步提取农田信息，分配到 1 km×1 km 网格。利用土地利用类型分布数据，可以对应各种肥料使用量进行空间分配。

（三）核密度分析

工业面源/建筑扬尘产生的污染物主要分布在工业/工地密集区域，借助于 GIS 软件中空间分析模块的密度分析命令计算每个网格内的工业企业/工地密度值，将网格单元的核密度值(kernel density)进行聚类分析，其中该值越高代表单位网格面积内的工业企业/工地污染源点密度越大。

采用"自上而下"方法，根据上述所获取的基础地理数据将各排放源的污染物排放总量分配到 1 km×1 km 的网格中。将各排放源的各污染物排放量按照点源、线源、面源的分类，依据上述方法分别进行处理，得到多个图层，将同一种污染物的图层在 GIS 中进行叠加，便可得到研究区域该污染物的空间分布图。

📝 思考题与习题

1. 污染物排放清单的定义是什么？包含哪些要素？排放清单的作用是什么？
2. 污染物排放清单有哪些类型？
3. 排放清单的编制具体分为哪些步骤？
4. 排放清单的分类需要考虑哪些原则？
5. 排放清单的建立方法有哪些？各有什么优缺点？
6. 排放清单的数据调查收集有哪些来源？
7. 排放清单的数据质量控制方法包括哪些？
8. 排放清单有哪些评估及验证方法？
9. 在排放清单的空间可视化过程中，按照排放源的空间排放特征，可以分为点源、线源、面源三类，请简述这三种类型的具体空间分配步骤。

📖 **主要参考文献**

　　［1］郑君瑜，王水胜，黄志炯，等. 区域高分辨率大气排放源清单建立的技术方法与应用［M］. 北京：科学出版社，2014.

　　［2］钱瑜. 环境影响评价［M］. 3 版. 南京：南京大学出版社，2020.

　　［3］花慧. 无锡市人为源大气污染物排放特征研究［D］. 南京：南京大学，2017.

　　［4］EMEP EEA. EEA air pollutant emission inventory guidebook 2016［M］. Copenhagen：European Environment Agency，2016.

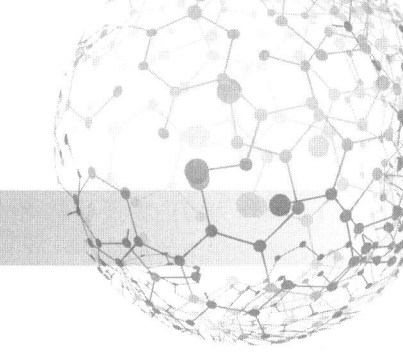

第十一章

污染物的环境行为

通过污染物排放清单可以了解到污染物是如何排放的，也可以通过排放到环境中的污染物的迁移归趋过程，了解到它们在环境中的行为。污染物的环境行为包括物理迁移、化学转化和生物降解等过程，这些过程发生在水、大气和土壤等各种介质中，同时也会在各个界面上发生。这种跨界面的污染物环境行为是很普遍的，如果把人类社会和自然生态系统放在一个整体考虑，排污过程也可以看作跨界面的污染物迁移行为。研究污染物的环境行为对于污染物的过程控制十分关键。

第一节　环境介质的定义与分类

一、 环境介质的定义

环境介质，是指环境中各个独立组成部分中所具有的物质。如大气、水体、土壤和岩石、生物体中所具有各自特性的气体、水、固体颗粒、肌肉和体液等不同介质（或不同的相），它们之间常发生相互作用或关联。

环境介质是污染物发生迁移、转化和归趋等环境行为的场所。污染物进入环境介质后，将发生一系列物理、化学和生物反应，产生空间位移、浓度和形态变化，从而导致环境问题出现。因此，对不同环境介质中污染物行为规律的认知，能帮助我们理解各类环境问题产生的机理，从而科学评估污染物的环境效应、研究有效的污染治理技术和社会经济调控手段。

例如，随化肥施用进入农田土壤的氮磷等营养元素，在一定条件下会通过淋洗和径流等途径进入水体，从而使得水体中氮磷浓度升高，增加水体富营养化风险。通过研究化肥中含氮、磷的化合物在农田土壤和水体中的形态转化、迁移、富集等过程，能为合理适量施肥提供科学依据，减少农业面源污染。

二、 环境介质的分类

环境介质按照环境要素特征，一般可以分成大气环境、水环境、土壤环境等，这些环境介质与地球系统划分的大气圈、水圈、土壤和岩石圈、生物圈等有较大相似度。但不同的是，环境介质作为污染物迁移转化的介质，更特指受人类排污活动影响较大、对人类或其生存环境有较强作用的部分。

（一）大气环境

地球表层受地心引力作用而随地球旋转的大气被称为大气圈，其质量约为 $6×10^{15}$ t。自然状态下的大气不仅包含多种气体，还混有水滴、冰晶和固体颗粒等非气态物质，因此大气也可以看作由干洁空气、水蒸气、悬浮物（气溶胶质粒）等组成。干洁空气是一种理想概念，现实中，可以在乡村或远离大陆的海洋上空等受人类活动影响较小的区域监测其化学组分。距地表 85 km 以下的干洁空气成分相对稳定（表 11-1），主要为 N_2（78.08%）、O_2（20.95%）、Ar（0.93%）、CO_2（0.03%）。

20 世纪以来，人类活动产生的温室气体（如 CO_2、CH_4、N_2O 等）、大气污染物（如 SO_2、NO_x、$PM_{2.5}$ 等）迅速增加，改变了自然条件下的大气成分，从而影响全球气候条件、引发严重的空气污染问题。因此，作为一种重要的环境介质，大气环境受到环境科学研究者的广泛关注。

表 11-1　干洁空气成分

成分	相对分子质量	体积分数/%	成分	相对分子质量	体积分数/10^{-6}
氮（N_2）	28.01	78.084±0.004	甲烷（CH_4）	16.04	1.2
氧（O_2）	32.00	20.946±0.002	氪（Kr）	83.80	0.5
氩（Ar）	39.94	0.934±0.001	氢（H_2）	2.016	0.5
二氧化碳（CO_2）	44.01	0.033±0.001	氙（Xe）	131.30	0.08
氖（Ne）	20.18	18	二氧化氮（NO_2）	46.05	0.02
氦（He）	4.003	5.2	臭氧（O_3）	48.00	0.01~0.04

注：郑乐平，2004。

虽然大气层的总高度约 2 000~3 000 km，但由于受地心引力作用，绝大部分质量集中在下部：距地表 5 km 以下范围包含 50% 的质量，10 km 以下范围包含 75% 的质量，30 km 以下范围包含 90% 的质量。大气在垂直方向上的物理性质有显著差异，根据温度、成分、荷电等物理性质差异，以及大气垂直运动状况，可以将大气分为五层：对流层、平流层、中间层、电离层、逸散层（图 11-1）。

对流层位于大气圈的最底层，下界为地面，是大气圈中与人类活动关系最密切的层级。对流层的温度随海拔升高而升高，其中不间断地发生着湍流、对流作用，是云、雾、雪等主要天气现象所在的圈层。由于对流强度随纬度和海拔变化，对流层的厚度也具有明显的纬度差异：低纬度地区一般为 17~18 km，中纬度地区为 10~12 km，高纬度地区为 8~9 km。虽然对流层厚度在大气各个圈层中相对较小，但其大气质量占据总量的 3/4。对流层的上界称为对流层顶，是厚度约为几百米到 1~2 km 的过渡层；其下层厚度一般为 1~2 km，气流运动受地面阻滞和摩擦作用影响很大，称为大气边界层（又称摩擦层）。大气边界层中，靠近地面约 50~100 m 的部分称为近地层。大气污染主要发生在对流层，尤其是

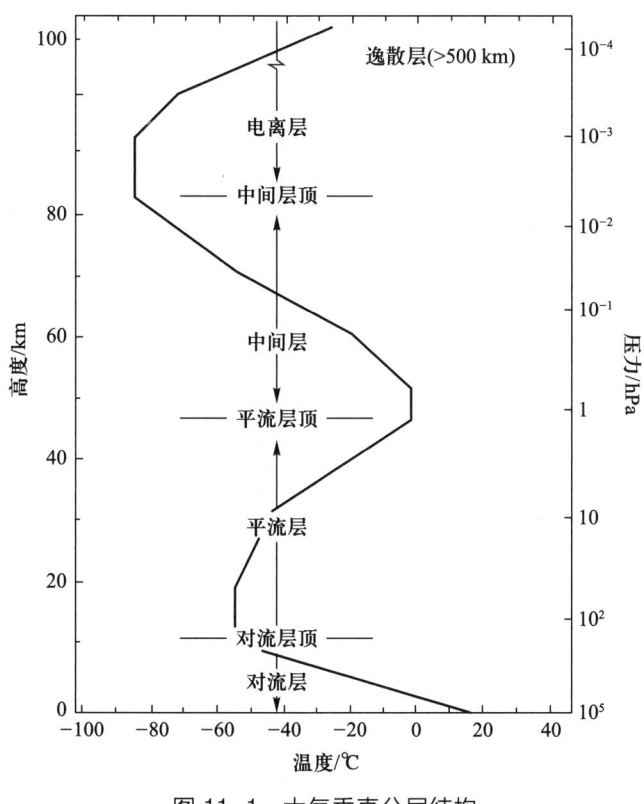

图 11-1 大气垂直分层结构

（资料来源：Seinfeld 等，2016）

大气边界层中，因此这部分大气是环境研究者重点关注的环境介质。

平流层是指对流层顶到海拔高度约 50 km 的大气层，其顶部称为平流层顶。在平流层中，其下部（海拔 30~35 km 以下）温度随高度变化不明显，而上部的气温随海拔升高迅速增加。因为这一层中大量臭氧在太阳紫外线照射下分解成氧分子和氧原子，随后又化合生成臭氧释放大量热能。由于平流层中对流弱，气体大多做水平运动，天气条件较为稳定，因此是飞机航行的理想场所。但也因为稳定的天气条件，使得进入该层的污染物停留时间较长。例如，曾经备受关注的"臭氧层空洞"问题，就是由于氟氯烃（CFCs）等污染物进入平流层，与臭氧发生光化学反应从而导致臭氧含量减少。

中间层是平流层顶至海拔高度约 85 km 的大气层。该层中发生剧烈的光化学反应，温度随海拔升高而迅速增加。电离层是从中间层顶至约 500 km 的大气层。在太阳短波辐射作用下，该层中大部分空气分子发生电离。距地表 500 km 至 2 000~3 000 km 的大气层称为逸散层，是地球大气与宇宙空间的过渡层。由于地球引力作用较弱，该层内的部分粒子能够克服地球引力逃逸到宇宙中。

大气是各种环境介质中流动性最强的，因此污染物一旦进入大气环境，将会迅速迁移转化，很难进行人为控制。同时，大气也是与人类和其他生物直接接触最多的环境介质，这使得空气污染很容易直接对生物体健康产生影响。另外，大气流动的区域性、全球性也使得大气污染问题容易跨过地域和行政区的限制，为污染治理带来了较大的挑战。

在我国当前的环境管理中，《环境空气质量标准》（GB 3095—2012）是衡量大气环境优劣的重要依据,其规定了各类环境空气功能区的污染物浓度限值。其中将"环境空气"定义为:指人群、植物、动物和建筑物所暴露的室外空气。这体现了人们关注的大气环境介质是与人类活动密切相关的。同时,由于人类创造了越来越多的人工环境(如办公室、学校、商场、住宅等),其中的空气与自然环境中的大气在成分和污染物环境行为等方面产生了明显区别,因此室内空气也成为一种备受关注的环境介质。

(二) 水环境

水环境与地球水圈有相似却不同的概念。水圈指的是地球上的海洋、陆地、大气、生物体中的以固态、液态、气态形式存在的一切水,它们共同构成了一个大体连续、相互作用、不断交换的圈层。水环境则是指围绕人群空间及可直接或间接影响人类生活和发展的水体,具有自然和社会功能性。水环境不是纯水,还包含了水体中的各种杂质。一般而言,水环境不包括大气、土壤和生物体中的水,也不包括固态的冰和气态的水蒸气。然而,水环境不是封闭的水体,它通过地球水循环与水圈融为一个整体,不断发生着物质交换。

水环境可以按照区域划分(城市水环境、流域水环境、全球水环境等)、自然形态划分(河流水环境、湖泊水环境、海洋水环境等)、所处界面划分(地表水环境、地下水环境等),也可以按照功能划分(水库水环境、渔业水环境等)。诸多划分方式体现了水环境的多样性,也意味着不同水体的化学成分和含量有很大区别。通常来说,天然水的溶质组成可以粗略分为五类(表 11-2)。

表 11-2　天然水的溶质组成

分类	组成
溶解性气体	含量较多:O_2、CO_2、H_2S;含量较少:N_2、CH_4、He
主要离子	Na^+、K^+、Ca^{2+}、Mg^{2+}、Cl^-、SO_4^{2-}、HCO_3^-、CO_3^{2-}
营养物质	氮和磷的化合物
微量元素	含量低于 0.01% 的阴离子(如 I^-、Br^-、F^-)、微量金属离子、放射性元素等
有机质	腐殖质胶体等

注:左玉辉,2002。

天然水中常见的八种主要离子(Na^+、K^+、Ca^{2+}、Mg^{2+}、Cl^-、SO_4^{2-}、HCO_3^-、CO_3^{2-})占天然水中离子总量的 95%~99%。这些离子与 H^+、OH^-、NO_3^- 可以用来表征水体的主要化学特征(表 11-3)。

表 11-3　水中主要离子组成

阳离子	硬度	酸	碱金属
	Ca^{2+},Mg^{2+}	H^+	Na^+,K^+
阴离子	碱度	酸根	
	HCO_3^-,CO_3^{2-},OH^-	Cl^-,SO_4^{2-},NO_3^-	

　　水体不仅是环境介质，也是人类生产生活必需的资源。因此，对水体造成的污染不仅会影响人类的生存环境，还会造成水质型缺水等资源短缺问题。随着全球人口数量增长和工业化进程加速，工业废水、生活污水和农业尾水量不断增加，自然水体需要承载的污染负荷越来越多。当污染负荷超过水体自净能力时，水环境质量迅速降低，甚至出现水体退化的现象。应对水污染问题，根本方法是控制污染物源头排放，减少水体污染负荷，这与治理大气污染的思路类似。但相比于大气流动性强、没有固定的形态，水体具有相对固定的形态和流向，水量有限，因此有可能对已经进入水环境中的污染物进行控制。例如，对于部分污染、退化严重的水体，可以使用物理清淤、生态修复等方法重新构建水生生态系统，从而复原自然清洁水体。对已经进入环境介质中的污染物进行控制的难易程度，是大气和水体这两种相似的流体环境介质的一大不同之处。

　　相比于大气整个连成一体，水环境在重力的作用下形成了一个个流域单元，如中国有长江流域、黄河流域、淮河流域、太湖流域、巢湖流域等。除了自然边界，水环境还具有人工的边界，如水库、池塘、城市中的景观水池等。具有相对固定边界和多样的用途，使得水环境更容易被划分成不同的功能区加以管理。例如，我国的《地表水环境质量标准》（GB 3838—2002）将地表水划分成五类（表11-4），分别执行不同的污染物浓度限值，采取不同的保护目标。

表11-4　地表水环境功能区划

分类	功能
Ⅰ类	主要适用于源头水、国家自然保护区
Ⅱ类	主要适用于集中式生活饮用水地表水源地一级保护区、珍惜水生生物栖息地、鱼虾类产卵场、仔稚幼鱼的索饵场等
Ⅲ类	主要适用于集中式生活饮用水地表水源地二级保护区、鱼虾类越冬场、洄游通道、水产养殖区等渔业水域及游泳区
Ⅳ类	主要适用于一般工业用水及人体非直接接触的娱乐用水区
Ⅴ类	主要适用于农业用水区及一般景观要求水域

资料来源：《地表水环境质量标准》（GB 3838—2002）。

　　污染物在不同的水环境介质中具有明显不同的特点。一般来说，地表水（河流、湖泊）、地下水、海洋分别具有如下特点。

　　地表水——河流：污染程度随径流量变化、污染扩散快、污染影响大；

　　地表水——湖泊：污染来源广、途径多、种类复杂，污染稀释和搬运能力弱，生物降解和累积能力强；

　　地下水：污染来源广、污染难以治理、污染危害严重；

　　海洋：污染源多而复杂、污染持续性强、污染扩散范围大。

（三）　土壤环境

　　土壤是由地表裸露的岩石经风化和成土作用而形成的。自然界中，土壤是结合地理环境各组成要素的纽带，是大气圈、水圈、岩石圈、生物圈等圈层的过渡地带。因此，土壤也是污染物在不同环境介质间迁移转化的重要媒介。

从组成来看,土壤是一种由固体、液体和气体三相共同组成的多相体系。土壤固相主要由矿物质和有机质组成,前者占固相总质量的 90%~95%,后者占 1%~10%。土壤液相指的是土壤水分及其中的溶质,又被称为土壤溶液,是植物和微生物从土壤中吸收营养物质的媒介,也是土壤中污染物迁移的主要途径。土壤孔隙中的空气即为土壤气相。在典型土壤中,有 35% 的体积为充满空气的孔隙。土壤空气的一部分由大气进入,主要由 O_2 和 N_2 组成;另一部分由土壤内部产生,主要由 CO_2 和水蒸气组成。土壤中还含有丰富的生物体,包括昆虫、线虫、节肢动物和各类微生物等,它们也可以被视为土壤有机质的一部分。

土壤矿物质是地壳的岩石经过物理风化和化学风化作用形成的产物,可分为原生矿物和次生矿物。原生矿物是原始成岩矿物,仅经过物理风化作用,而原本的化学组成、矿物晶格没有发生变化。原生矿物构成了土壤的骨架,主要可以分为硅酸盐类、氧化物类、硫化物类和磷酸盐类矿物。次生矿物大多是由原生矿物经过化学风化作用后形成的,其化学组成和矿物晶格发生了变化。次生矿物可以分为简单盐类、铁铝氧化物和次生硅铝酸盐类等。颗粒粒径小于 0.002 mm 或小于 0.001 mm 的次生矿物称为次生黏土矿物或土壤矿物胶体,是土壤环境中矿物质部分最活跃的成分。

土壤有机质主要累积于土壤地表和上部土层,虽然质量只占土壤固相的 10% 以内,却是土壤环境最重要的组成部分,是土壤形成的标志。土壤有机质主要来自动植物和微生物的残体,可以分为两大类:一类是组成有机体的有机物,包括蛋白质、糖类、树脂、有机酸等,是土壤活有机体(如植物根系、动物、微生物等)的组成成分;另一类是腐殖质,主要包括腐殖酸、富里酸和腐黑物等。土壤腐殖质是一种主要的土壤有机胶体,对土壤性质具有重要影响。

土壤水分可以通过土壤颗粒表面的吸附力和细微孔隙的毛细管力而保持住,水分含量与土壤孔隙度有关。孔隙越大的土壤保持水分的能力越差,越容易发生水土流失等问题。土壤溶液中包含无机盐、有机物、无机胶体、有机胶体、溶解性气体和各种离子等。植物通过土壤溶液吸收养分,污染物也主要在土壤溶液中迁移转化。

土壤空气与大气的主要成分都是 N_2、O_2、CO_2,但在含量上有较大区别。例如,土壤中的生物呼吸和有机质分解作用使得 CO_2 含量远高于大气,一般为 0.15%~0.65%,甚至高达 5%。土壤空气存在于一个个土壤孔隙中,因此是一个不连续的体系,无法完全自由流动。但土壤空气并非与外界隔离,通常与近地面大气进行气体交换。交换方式有两种,第一种方式是大气与土壤空气整体交换,这是因为土壤与大气温度不同,从而产生气压差,使得气体由高压处流向低压处;另一种方式是部分气体交换,也是最主要的交换方式,是基于气体性质差异发生的扩散过程。

从结构来看,土壤包括了土粒—土壤结构体—土层—土体这四个层次,从而具有丰富的功能。

土粒是土壤最基本的组成要素和功能单元,是形成土壤结构的基础,它创造多孔状的骨架,是行使吸、供、保、调能力的基础。土粒由各种矿物质组成,是矿物质风化作用的产物。根据已有研究,往往抗风化能力强的矿物质形成土粒粒径较大,反之则粒径较小。不同粒径大小的土粒具有明显不同的化学成分。土粒按粒径大小可以分成四级(表 11-5)。

表 11-5　土粒粒径分级

名称	粒径大小	特点
黏粒	<0.002 mm	矿物化学风化产物,比表面积大,易吸水膨胀
粉砂	0.002~0.02 mm	矿物物理风化的极限,未改变原始矿物的化学成分
砂粒	0.02~0.6 mm	矿物物理风化产物,比表面积小,通透性强,水分保持能力较弱,热容量较小
砾石	0.6~20 mm	矿物物理风化产物,比表面积小,通透性强,水分保持能力较弱,热容量小

　　土壤结构体是土粒的规律性结合体,通过多孔体的结构将固、液、气三相同时保存在一定空间中。一般而言,土壤结构体可以分成似立方体结构、似柱状结构、似片状结构三种类型。土粒密度、土壤密度、孔隙度三个指标可以用来描述土壤结构:土粒密度指的是不计土壤孔隙时,单位体积土壤的质量;土壤密度则是计入孔隙体积的单位体积土壤质量。土壤孔隙度以两者的差值表示(土粒密度和土壤密度单位均为 g/cm^3):

$$土壤孔隙度(\%) = \left(1 - \frac{土粒密度}{土壤密度}\right) \times 100\%$$

　　土层是土壤性质在垂直方向上表现出差异,并向水平方向上延伸形成的层次单元。典型自然土在垂直方向可以大致分成五层,其结构如图 11-2 所示。

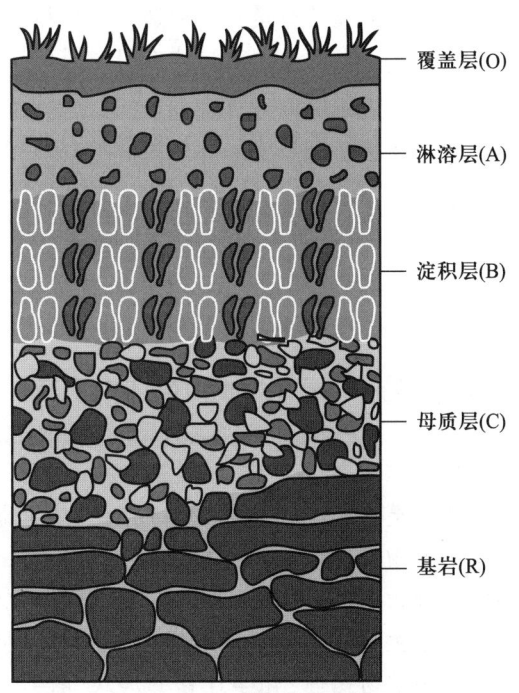

图 11-2　土壤剖面示意图

(资料来源:Parker,2009)

　　最上层为覆盖层(O),由枯枝落叶等构成。其中上半部分是疏松的、尚未分解的枯枝落叶,下半部分是半分解的有机质。接下来是淋溶层(A),是土壤有机质集中的一层,也是土壤中生物最活跃的场所。金属离子和黏土颗粒等在该层发生显著的淋溶作用。第三层是淀积层(B),接纳上一层淋溶下来的物质。第四层是母质层(C),由风化的成土母岩构成。第五层是未风化的基岩(R)。A、B两层又合称为土壤层。

土体是土壤基质在空间上的立体单元。土体的划分界限主要是考虑土壤性质在水平方向上的差异。

土壤的组成和结构影响污染物在其中的环境行为。例如,黏粒由于比表面积大,所以具有较强的物理吸附能力,从而将土壤中的污染物吸附到土粒表面,阻止污染物进入土壤溶液进行迁移;而砂粒由于比表面积小,通气透水能力强,故而吸附能力较差,容易使污染物发生迁移。

正是由于土壤环境的多样性和不可直接观测性,土壤环境质量标准难以统一制定。我国通过《土壤环境质量　建设用地土壤污染风险管控标准(试行)》《土壤环境质量　农用地土壤污染风险管控标准(试行)》两项标准,对容易受到污染、对人体健康影响较大的两类土地环境质量控制做出了要求。

(四) 其他环境介质

生物环境:人类的生物环境是指地球上除人类以外所有生物的总和。与其他非生命的环境介质不同,生物环境是由丰富多样的生物体构成的。生物能通过呼吸、进食等方式,从周围环境和食物链中蓄积污染物。一部分易降解的污染物在生物体内发生生物化学作用后转化为其他物质,另一部分难降解的污染物将会在生物体内积累从而超过环境中该污染物的浓度。污染物在生物环境中,可以通过食物链传递,也可以通过排泄、生物死亡等方式重归自然环境。与其他环境介质不同的是,生物体本身也是污染物作用的受体,会产生机体的健康损害、胚胎的毒害和遗传物质的毒害等。

物理环境:物理性污染的传播往往依赖于空气、水等具有实体的环境介质,但与化学污染物不同的是,一般而言纯粹的物理性污染(如噪声、辐射等)可以通过控制源头而即时消除,几乎不残存于环境介质中,且影响范围通常较为有限。常见的物理环境有声环境、辐射环境等。

第二节　污染物的物理迁移

污染物在环境介质中的迁移是指污染物在环境中发生的空间位移及其所引起的富集、分散和消失过程。现实中,污染物迁移常常伴随着形态变化。

污染物迁移方式主要可以分为物理迁移(机械迁移)、物理-化学迁移和生物迁移。污染物物理迁移指的是污染物通过大气、水的扩散和搬运作用,以及重力作用发生的迁移,迁移过程中只涉及物理变化;污染物物理-化学迁移的形式多样,无机污染物可以通过溶解-沉淀、氧化还原、水解、配位和螯合、吸附-解吸等理化作用实现迁移,有机污染物还可以通过化学分解、光化学分解作用迁移;污染物生物迁移是通过生物吸收、代谢、生长、死亡过程实现迁移。

对于不易被降解的污染物来说,物理迁移是其在环境中的主要行为,是产生环境影响的主要机制。而对于易于发生化学反应的污染物，受物理迁移的影响相对较小，很容易转化为其他物质。

一、大气中污染物的物理迁移

大气中污染物的物理迁移机制是由于空气运动而导致的运输和扩散。污染物从污染源排出进入大气后，迁移过程往往使其浓度降低。但在一定条件下，迁移也有可能导致局部污染物浓度上升，或为不同空间位置排放的污染物之间发生物理化学反应提供机会。

大气污染物的物理迁移主要发生在大气边界层，尤其是近地层，因此不仅受空气运动的动力学和热力学特征影响，还与下垫面性质有关。总体而言，大气介质的流动是污染物进行物理迁移的基础，与污染物本身的物理性质一同决定了迁移的方向和速度。

根据迁移方向，大气中污染物的物理迁移机制可以分成湍流（无规则运动）、风（水平运动）和垂直温度分层（垂直运动）。一些地区由于特殊的天气形势和下垫面性质，污染物还会出现局地环流，造成区域性的大气污染。

（一）大气污染物的扩散——湍流

湍流是流体的一种特有运动方式，是流体的主要脉动物理属性，如脉动速度、脉动温度、脉动压力等随时间和空间发生随机变化的一种运动。

湍流产生的机制尚不明确，但一般分为机械作用（动力作用）和热力作用两种类型。机械作用湍流是由于空气运动的不均匀性导致的速度切变所产生。例如，在大气边界层中，由于地面摩擦作用，风速越靠近地面越小，从而产生了风速的垂直梯度，即风速的切变。风速的切变越明显，则湍流越容易产生。在近地面大气中，机械作用的湍流一般由地面摩擦、地形阻挡和起伏等因素产生。热力作用湍流主要指由于空气内部温度不均匀并且造成的不稳定而产生的湍流。例如，地面辐射使靠近地面空气层升温，高于上部空气温度，造成空气层不稳定。大气湍流的强弱取决于动力因子和热力因子两个因素，在气温出现垂直方向强递减分布时，热力因子占主导，反之则动力因子占主导。

大气中的湍流运动往往不是单独发生，而是与风叠加在一起使污染物做涡旋运动，形成湍涡。

（二）大气污染物的水平迁移——风

水平气压梯度力导致的大气水平运动称之为风。风能够使污染物从上风向向下风向迁移，并同时使之与空气混合，降低污染物浓度。一般而言，风速越大风的搬运和稀释能力就越强，因此风速是影响空气污染程度的重要因素。对风速和风向变化规律的认识，能帮助评估和控制污染程度。

在边界层大气中，越靠近地面摩擦力越大，风速越小，因此风速在垂直方向由高到低具有大体递减的规律。由于地表不同、介质热力性质不同，因此在相同太阳辐射作用下升高的温度不同，导致水平方向大气出现温差，从而产生气压差。这种机制使得不同时间和不同地表状况下，风速会有较大的变化。

水平移动的风和不规则运动的湍流叠加后出现涡旋运动，这是污染物在大气中物理迁移的动力学机制。湍涡的尺度变化非常大，边界层内最大的湍涡尺度和边界层厚度相当，而最小的湍涡只处于毫米量级。大气污染物被各种尺度的湍涡夹带、输送,在顺着平均风向下风向输送的过程中不断向不同方向扩散。这意味着输送距离越长则扩散范围也越广,污染物被稀释得更多。这也是大气环境自净的主要物理机制。

(三) 大气污染物的垂直迁移——大气稳定度与逆温层

1. 大气稳定度

大气层结是大气中温度和湿度等的垂直分布,影响大气垂直运动,是大气污染物在垂直方向迁移的物理机制。大气稳定度用来表示大气中某一气块在垂直方向上的相对稳定程度。大气中的某一空气团受到外力扰动后将会发生垂直运动,此时若除去外力,空气团可能发生三种情况:① 气块受到与速度方向相反的加速度,趋于回到原位,此时气块所处气层相对该气块是稳定的;② 气块受到与速度方向相同的加速度,趋于继续向前运动,则此时气块所处气层相对该气块是不稳定的;③ 若气块没有趋向回到原位或继续向前的趋势,将停留在当前位置,则该气层为中性气层。

显然,大气稳定度是表示大气层结对气块能否产生对流的一种潜在能力量度,并非已经存在的垂直运动。那么大气稳定度有什么样的判定依据呢?

气象学中普遍采用"气块法"来分析大气稳定度。气块法假设气块的垂直运动满足三个假设:① 气块作垂直运动时,周围环境大气仍保持静力平衡状态;② 气块与周围环境不发生质量和热量交换;③ 在任意时刻气块气压与该高度环境空气气压相等。符合准静力条件。设气块初始温度 T_0、气压 p_0、密度 ρ_0,且与环境空气相同。气块受外力作用从 z_0 高度垂直位移 dz 到达 z,此时气块属性变为温度 T、气压 P、密度 ρ,所处环境空气 T_e、气压 p_e、密度 ρ_e。此时气块在垂直方向受重力和浮力,合力为:$f = \rho_e g - \rho g = (\rho_e - \rho) g$,故加速度为:

$$a = \frac{f}{\rho} = \left(\frac{\rho_e - \rho}{\rho}\right) g$$

将气体状态方程 $\rho = \dfrac{p}{R_d T}$,$\rho_e = \dfrac{p_e}{R_d T}$,和准静力条件 $p = p_e$ 代入上式,可得:

$$a = \left(\frac{T - T_e}{T_e}\right) g$$

结果表明,气块温度与所处环境空气温度的差值,将决定气体接下来的运动状态:① 当气块温度低于环境空气温度时,气块有与速度反向的加速度,趋向回到原位;② 当气块温度高于环境空气温度时,气块有与速度同向的加速度,趋向加速运动;③ 当两者温度相同时,气块无垂直加速度。

实际应用中,为方便判别往往用干绝热递减率(Γ_d)和大气垂直递减率(Γ)来改写判别方程。干绝热递减率指的是在静力平衡大气中,未饱和湿空气在绝热升降运动过程中气块温度随高度的变化率。大气垂直递减率指的是气温随高度升高而降低的程度。两者分别写作:

$$\Gamma_d = -\frac{dT}{dz}, \quad \Gamma = -\frac{dT_e}{dz}$$

将这两个变量代入判别方程,可以得到新的判别式:

$$a = \left(\frac{\Gamma - \Gamma_{d}}{T_e} \right) g \mathrm{d}z$$

所以大气稳定度的判定依据为：

$$\Gamma \begin{cases} > \Gamma_d, & 不稳定 \\ = \Gamma_d, & 中性 \\ < \Gamma_d, & 稳定 \end{cases}$$

当大气垂直方向不稳定时，如果污染物排放入大气，在垂直方向上将迅速扩散，浓度迅速降低。而当大气稳定度较高时，垂直大气对流较弱，污染物难以扩散。

2. 逆温层

对流层内温度一般随高度上升而降低，即 $\Gamma > 0$。但在一定条件下会发生反常现象。当 $\Gamma = 0$ 时，称为等温气层。当 $\Gamma < 0$ 时，称为逆温层，此时下层空气温度较低，上层空气温度较高，大气层出现较为稳定的结构，大气的垂直运动受到抑制。这也意味着，如果污染物排放入逆温层中，将不会发生垂直方向与空气的混合，无法得到稀释，从而持续累积和停留，可能产生严重的污染事件。

逆温层的形成机制较为多样。在近地面层的逆温多由于热力条件形成，如辐射逆温、平流逆温、融雪逆温、地形逆温等；边界层上方自由大气中的逆温层多由动力条件造成，如湍流逆温、下沉逆温和锋面逆温等。

辐射逆温是由于地面强烈辐射冷却作用，使得近地面大气迅速降温低于上层大气温度而形成的，多发生在距地面 $100 \sim 150 \mathrm{~m}$ 的高度。辐射逆温通常发生在晴朗平静的夜晚，在日落前开始形成，夜间随着辐射冷却加强，逆温层逐渐增厚，黎明前达到最厚。日出后地面受太阳辐射逐渐升温，近地空气层温度高于上层，辐射逆温开始消失。当夜晚风速超过 $2 \sim 3 \mathrm{~m/s}$ 时，空气层受到较强的扰动，垂直方向混合较为剧烈，逆温层不易形成；当云层厚度较高时，地面有效辐射降低，靠近地面的空气层不易降温，因而逆温层也很难形成。辐射逆温是近地层逆温现象中最为普遍的一类。

地形逆温发生在谷底、盆地等低洼地区。夜间地势较高处的空气迅速冷却，沿斜坡下沉到谷底，将谷底原先的暖空气抬挤上升，从而在谷内形成了逆温层。著名的比利时马斯河谷烟雾事件，就是由于在冬季形成逆温层，河谷工业区排放的大量 SO_2 气体在上空积累无法扩散，从而导致了严重的急性大气污染事件，造成一周内 60 多人死亡。这一案例充分说明在工业区、居民区选址时，要充分考虑不同地形和天气条件下污染物的环境行为。

平流逆温是指暖空气层水平移动到较冷的地表或气层上方时，暖空气下层迅速降温，上层降温速度相对较慢，因此出现的逆温层。与辐射逆温不同的是，平流逆温可能伴随较大的风。

湍流逆温又称乱流逆温，是指由于低层空气湍流混合作用而形成的逆温。当低层空气发生湍流混合后，气层的大气垂直递减率逐渐接近干绝热递减率，因湍流上升的空气温度升高速率变低，使得混合层顶端的温度低于上层大气，形成逆温层。下沉逆温是由于空气层下沉压缩增温而形成。这种逆温常发生在副热带反气旋高压区。锋面逆温是由于锋面上下冷暖空气温度差异形成的。

（四）　大气污染物的区域循环——局地环流

在天气形势和地形地势的作用下，一些区域会出现局地环流，使污染物发生区域内的循环运动。如海陆风、城郊风和山谷风等。

海陆风是由海洋和陆地热力性质差异引起的。在白天，陆地表层大气增温较快，迅速受热上升，而海洋上空大气则升温相对较慢。这使得海洋上空气压高于陆地，从而在近地面生成由海洋吹向陆地的风，在高空生成陆地吹向海洋的风。在夜间，海水降温比陆地更慢，使得海洋上空气温反而高于陆地，从而在近地面生成陆地吹向海洋的风，高空生成海洋吹向陆地的风。

在城市中，集聚的生活生产活动产生大量的热能，使得市区气温高于郊区，出现城市"热岛效应"。市区暖空气迅速上升，使得郊区空气向城市流动，从而形成环流。这种环流使得城市近地面空气中的污染物难以向四周的郊区输送和扩散，增加了大气污染程度。

山谷风是由地形引起的一种局地环流。在白天，靠近地面的大气吸收热量迅速升温，但是山地和谷地的海拔高度不同，这就使得在同一高度时，山地上空气温高于谷地上空气温。因此，山地的暖空气上升，来自谷底的冷空气向山地补充，形成谷风。在夜晚则相反，山地上空大气冷却相对更快，谷底上空气温更高，所以形成山风。

这些局地环流决定了污染物的迁移路径，是进行工厂选址、城市布局等工作时需要着重考虑的因素。

二、 水中污染物的物理迁移

污染物在水环境中随水体流动发生迁移。在不同水体中，污染物的迁移特征也具有不同的特点。例如，河流一般深度较浅、宽度较窄、纵向水流速度较快，因此污染物主要沿河流流向迁移扩散。这种特点使得入河污染物浓度会迅速降低，但一些难降解污染物也容易流动得更远。而湖泊与"窄长"的河流不同，一般具有宽阔的水面面积，水力停留时间长，污染物容易在湖面横纵方向迁移扩散。相较于湖泊而言，水库深度更深，污染物也可能发生明显的垂直迁移。总体而言，虽然污染物在不同水体中的分布不同，但物理迁移的机制都是水的移流和扩散。除此之外，水中的污染物还可以通过吸附与解吸、沉淀与再悬浮等物理化学作用机制发生迁移。

污染物在水中的混合与输移过程主要包括分子扩散、随流输移（移流）、紊动扩散以及剪切流离散等。

（一） 分子扩散

分子扩散是指由于物质分子的布朗运动而引起的物质迁移。一般来说，水体中污染物分子扩散的量级远小于其他因素引起的迁移。

分子扩散定律由阿道夫·菲克（Adolf Fick）在 1855 年提出，即在各向同性的介质中，在一定时间内通过单位面积扩散输送的物质与该断面的浓度梯度成正比，如下式：

$$\vec{q} = -D\,\frac{\partial C}{\partial n}\vec{n}$$

式中：$\vec{q}$——单位时间内通过单位面积的物质分子扩散量；

C——该物质在水体中的浓度；

$\vec{n}$——扩散面的内法向量；

D——分子扩散系数。

分子扩散系数由液体和扩散物质的物理性质确定，可以通过实验测定。一些常见物质的分子扩散系数见表 11-6。

表 11-6 常见物质在水中的分子扩散系数

溶质	温度/℃	分子扩散系数/ $(10^{-9}\mathrm{m^2 \cdot s^{-1}})$	溶质	温度/℃	分子扩散系数/ $(10^{-9}\mathrm{m^2 \cdot s^{-1}})$
O_2	20	1.80	乙醇	20	1.00
H_2	20	5.13	甘油	10	0.63
CO_2	20	1.50	甘油	20	0.72
N_2	20	1.64	食盐	0	0.78
NH_3	20	1.76	食盐	20	1.35
H_2S	20	1.41	酚	20	0.84

注：槐文信，2006

根据欧拉法，可以得到分子扩散作用的偏微分方程为：

$$\frac{\partial C}{\partial t} = D_x \frac{\partial^2 C}{\partial x^2} + D_y \frac{\partial^2 C}{\partial y^2} + D_z \frac{\partial^2 C}{\partial z^2}$$

如果认为介质中的分子扩散是各向同性的，即 $D_x = D_y = D_z$，则可得：

$$\frac{\partial C}{\partial t} = D\left(\frac{\partial^2 C}{\partial x^2} + \frac{\partial^2 C}{\partial y^2} + \frac{\partial^2 C}{\partial z^2}\right)$$

（二）随流输移（移流）

水的移流作用是指水体质点在空间上平均的运动，体现在水的时均流速上。时均流速指的是水体质点的瞬时速度。污染物通过水的移流作用而迁移，称为随流输移。

污染物的输移率表示单位时间内通过某断面的污染物质量，输移通量表示单位面积的输移率，分别可以表示为：

$$F_x = uC$$

$$F_A = \overline{u}\,\overline{C}A = Q\overline{C}$$

式中：F_x——过水断面上某点沿 x 方向的污染物输移通量，mg/(m²·s)；

u——某点沿 x 方向的时均流速，m/s；

C——某点污染物时均浓度，mg/m³；

F_A——断面 A 的污染物输移率，mg/s；

$\overline{u}$——断面的平均流速，m/s；

$\overline{C}$——断面污染物平均浓度，mg/m³；

Q——断面 A 的过水流量，m³/s。

水体的运动过程同时包含随流输移和分子扩散，因此常常用移流扩散方程来描述水的运动。考虑移流作用和分子扩散后，在方向 x 上的物质通量可以写作：

$$F_x = u_x C + \left(-D_x \frac{\partial C}{\partial x}\right)$$

在三维流场中选择一微小六面体，根据物质守恒原理可得：

$$\frac{\partial C}{\partial t} + u_x \frac{\partial C}{\partial x} + u_y \frac{\partial C}{\partial y} + u_z \frac{\partial C}{\partial z} = D_x \frac{\partial^2 C}{\partial x^2} + D_y \frac{\partial^2 C}{\partial y^2} + D_z \frac{\partial^2 C}{\partial z^2}$$

同样，如果认为介质中分子扩散是各向同性的，上式可化为：

$$\frac{\partial C}{\partial t} + u_x \frac{\partial C}{\partial x} + u_y \frac{\partial C}{\partial y} + u_z \frac{\partial C}{\partial z} = D\left(\frac{\partial^2 C}{\partial x^2} + \frac{\partial^2 C}{\partial y^2} + \frac{\partial^2 C}{\partial z^2} \right)$$

上式即为移流扩散方程，也可简称为扩散方程。

通过该方程，可以大致探究污染源在水体中移流扩散后的浓度分布情况。假设在一个均匀流场中，流速不受其他因素影响，可以设 $u_x = u$，$u_y = 0$，$u_z = 0$，则移流扩散方程为：

$$\frac{\partial C}{\partial t} + u \frac{\partial C}{\partial x} = D\left(\frac{\partial^2 C}{\partial x^2} + \frac{\partial^2 C}{\partial y^2} + \frac{\partial^2 C}{\partial z^2} \right) = D\nabla^2 C$$

式中：∇——哈密顿算子。

如果有一瞬时点源，则污染物会在 x 方向做移流扩散运动，在 y 和 z 方向做分子扩散运动。这与现实中污染物进入河流的状态相类似（河流流向速度远大于侧向速度）。该方程的一维解可以描述一维河流表面污染物浓度的分布：

$$C = \frac{M}{\sqrt{4\pi Dt}} \exp\left[-\frac{(x - ut)^2}{4Dt} \right]$$

式中：M——污染物总质量。

从方程中可以看出，在一定的时间 t，C/M 在 x 方向呈现正态分布。浓度最高值出现在距污染源 ut 的点，这一点将随着时间增加而不断向下游移动。

现实中，污染物排放口往往会在一段时间内连续排污。这种情况可以抽象为一在时间上连续稳定的点源，可以得到简化解：

$$C(x, y, z, t = \infty) = \frac{m}{4\pi Dx} \exp\left[-\frac{u(y^2 + z^2)}{4Dx} \right]$$

式中：m——点源单位时间内排放的质量。

（三）紊动扩散

前文所讨论的分子扩散和移流输送是分别在静流和层流条件下的，而自然水体中水流运动大多处于紊流状态。紊动扩散，又称湍流扩散，是指由紊流中涡旋不规则运动（脉动）而引起的物质迁移过程。与层流不同，紊流中涡旋的各种物理量在空间和时间上呈现随机特性和扩散特性，这导致紊流中任意一点的流速、压力、浓度、温度等都会出现随机变化。

对于紊流状态下移流扩散方程的推导，可以选择在时均量（速度、浓度）上增加一个脉动量，如：

$$u_x = \overline{u_x} + u'_x, \quad u_y = \overline{u_y} + u'_y, \quad u_z = \overline{u_z} + u'_z$$

$$C = \overline{C} + C'$$

将上述物理量代入层流状态下的移流扩散方程，可得：

$$\frac{\partial \overline{C}}{\partial t} + \overline{u_x} \frac{\partial \overline{C}}{\partial x} + \overline{u_y} \frac{\partial \overline{C}}{\partial y} + \overline{u_z} \frac{\partial \overline{C}}{\partial z} = -\frac{\partial}{\partial x}(\overline{u'_x C'}) - \frac{\partial}{\partial y}(\overline{u'_y C'}) - \frac{\partial}{\partial z}(\overline{u'_z C'}) + D\nabla^2 C$$

在上式中，方程左边的后三项是由时均运动产生的移流扩散项，方程右边的前三项是由脉动引起的紊动扩散项，方程右边最后一项是由分子扩散导致的迁移。

紊动扩散又称雷诺传质，与分子扩散的形式类似，可以写成：

$$\overline{u'_x C'} = - E_x \frac{\partial \overline{C}}{\partial x}$$

$$\overline{u'_y C'} = - E_y \frac{\partial \overline{C}}{\partial y}$$

$$\overline{u'_z C'} = - E_z \frac{\partial \overline{C}}{\partial z}$$

与分子扩散不同的是，紊动扩散系数不是各向同性的，并且是关于空间的函数。同时，实验表明一般状况下水中紊动扩散远远大于分子扩散作用，故在紊流状态下可以忽略分子扩散效应。将上述三个式子代入紊流下的移流扩散方程，并去除分子扩散项，可得：

$$\frac{\partial \overline{C}}{\partial t} + \overline{u}_x \frac{\partial \overline{C}}{\partial x} + \overline{u}_y \frac{\partial \overline{C}}{\partial y} + \overline{u}_z \frac{\partial \overline{C}}{\partial z} = \frac{\partial}{\partial x}\left(E_x \frac{\partial \overline{C}}{\partial x} \right) + \frac{\partial}{\partial x}\left(E_y \frac{\partial \overline{C}}{\partial y} \right) + \frac{\partial}{\partial x}\left(E_z \frac{\partial \overline{C}}{\partial z} \right)$$

（四）剪切流离散

在前面的讨论中，水体流速被认为是均匀的，然而现实中由于固壁存在及其对水流的阻滞作用，流速分布往往很不均匀。例如，一条河流中的流速在岸边和底部较小，在中心和表面较大。水体中流速不均匀分布会产生流速梯度和剪切力，具有流速梯度的流动称为剪切流动，由于剪切流动中流速分布不均匀而导致的附加物质扩散称为离散（也称分散或弥散）。

在自然河流中，纵向离散作用远大于紊动扩散作用。如果用类似的形式定义纵向离散系数，其可以写作：

$$\vec{q} = - K \frac{\partial C}{\partial n}\vec{n}$$

式中：$\vec{q}$——单位时间内通过单位面积的物质纵向离散量；

C——该物质在水体中的浓度；

$\vec{n}$——扩散面的内法向量；

K——纵向离散系数。

比较分子扩散系数 D、紊动扩散系数 E、纵向离散系数 K 的大小可以看出三种作用的强弱。一般来说，D 的数量级为 $10^{-9} \sim 10^{-8}\,\mathrm{m}^2/\mathrm{s}$，$E$ 的数量级为 $10^{-2} \sim 10^{-1}\,\mathrm{m}^2/\mathrm{s}$，而 K 可达 $10 \sim 10^3\,\mathrm{m}^2/\mathrm{s}$ 的数量级。显然，纵向离散作用占据主导，在考虑实际情况时往往可以忽略分子扩散和紊动扩散作用。

在移流和三种扩散作用下，污染物在水环境中发生迁移，并不断与周围水混合。污染物混合主要分成三个阶段：竖向混合阶段、横向混合阶段和纵向混合阶段。以河流为例，污染物刚刚排放入河后，迅速在三个方向迁移扩散，此时需要用三维水质模型来描述发生的物理过程。天然河流的深度往往很浅，因此在污染物首先在竖直方向混合均匀，完成此过程的时间段称为竖直混合阶段。这一阶段所耗费的时间往往很短。当河流在竖直方向基本混合均匀后，将继续在横向和纵向迁移扩散。此时使用二维水质模型即可描述发生的变化。因为天然河流的宽度比深度要长得多，所以河流横向混合均匀比竖直混合均匀花费的时间更长。从开始到横向混合均匀的阶段称为横向混合阶段。当河流的竖直方向和横向混合均匀后，主要发生纵向的迁移，而这一过程所花费的时间往往很长。此时可以使用一维水质模型来模拟污染物的迁移过程。

除了通过移流扩散，水环境中的污染物还可以通过吸附-解吸、沉淀-再悬浮等物理和物理化学过程发生迁移。

污染物除了可以在地表水环境中迁移，还可以通过降雨径流、地下水等介质传输，这些途径实际上不仅涵盖水环境，还包括土壤和岩石等其他环境。地表在形成降雨径流后，可以使原本位于土地表层的污染物发生迁移，进入其他土地或水体中。在城市建成区，由于地面渗水作用极度减弱，容易形成降雨径流，从而导致城市地面的污染物进入雨水管网排入水体，这一面源污染贡献在许多地区占据越来越大的比例。一些土壤中的污染物还可以下渗进入地下水，例如，在未做好防渗工作的垃圾填埋场中，高浓度渗滤液容易污染地下河流。污染物一旦进入地下水体，将难以监测和治理，并通过地下水系传输。而且，由于地下水自净能力差，污染物很容易累积，造成严重污染。

三、 土壤中污染物的物理迁移

相比于大气和水，土壤中污染物的迁移能力较弱，很难发生长距离的空间位移，但容易通过迁移转化进入生物体、大气、水等其他介质中。土壤中的污染物迁移方式主要包括溶解迁移、还原迁移、螯合迁移、悬粒迁移和生物迁移。大体来说，土壤中污染物的物理迁移大都发生在土壤溶液中，依靠分子扩散和水的机械搬运作用而运动。物质自身特性和土壤性质差异影响污染物在土壤中的形态变化，这决定了其在土壤液相中存在的难易程度和时间长短，从而影响物理迁移过程。由于污染物和土壤性质的多样性和复杂性，很难概括土壤中物质迁移的统一规律，因此接下来将以两种重要的土壤污染物——农药和重金属为例来简单说明土壤中有机物和无机物的物理迁移过程。

（一） 土壤中农药的物理迁移

农药是一种典型的有机污染物，其难降解性、致毒性和过量施用对生态系统和人体健康造成了严重的威胁。20 世纪 60 年代，美国海洋生物学家蕾切尔·卡逊创作的《寂静的春天》一书揭示了 DDT 等农药使用对环境和人体造成的损害，首次大规模引发人们对环境污染问题的关注和思考。农药在土壤中通过蒸气和非蒸气的方式迁移，主要包括扩散和质体流动两种形式。

Shearer 等根据农药在土壤系统中的扩散特性提出了农药在土壤中的扩散方程：

$$\frac{\partial c}{\partial t} = D_{vs} \frac{\partial^2 c}{\partial x^2}$$

$$D_{vs} = \left[\frac{D_v P^{\frac{7}{3}}}{P_T^2 (R+1)} + \frac{R}{R+1} \right] \times \frac{D_s + D_A K' \beta + \beta D_1 R'}{\beta K' + \theta + \beta R'}$$

式中：c——土壤中农药的浓度，g/g；

D_v——空气中农药蒸气的扩散系数，cm^2/s；

P、P_T——分别表示土壤的充气空隙度和总空隙度，cm^3/cm^3；

　　R——农药蒸气密度和土壤中农药浓度之间的平衡系数；

　　D_A——吸附在液—固界面分子的表观扩散系数，cm^2/s；

　　D_s——表观液相扩散系数，cm^2/g；

　　K'——溶液浓度和液—固界面的浓度之间的平衡系数，cm^2/g；

　　β——土壤密度，g/cm^3；

　　R'——溶液浓度和液—固界面浓度之间的平衡系数，cm^3/g；

　　D_I——吸附在液—汽界面的分子表观扩散系数，cm^2/s；

　　θ——土壤含水量，cm^3/cm^3；

D_{vs}——总表观扩散系数，cm^2/s。

由此可见，影响农药扩散的因素非常多，包括了土壤性质（含水率、空隙度、密度、温度等），也包括了农药自身性质。

质体流动是指由水或土壤颗粒或两者共同作用引起的物质流动。在土壤中，农药可以溶于土壤溶液、悬浮于水中、吸附在土壤颗粒上或存在于土壤有机质中，因此可以随水或土壤颗粒发生质体流动。稳态土—水流的农药质体流动方程为：

$$\frac{\partial c}{\partial t} = D' \frac{\partial^2 c}{\partial x^2} - v_0 \frac{\partial c}{\partial x} - \beta \frac{\partial S}{\theta \partial t}$$

式中：D'——分散系数，cm^2/s；

　　c——溶液中农药浓度，g/cm^3；

　　v_0——平均孔隙水流速度，cm/s；

　　β——土壤密度，g/cm^3；

　　θ——土壤含水量，cm^3/cm^3；

　　S——吸附在土壤上的农药浓度，g/g。

（二）　土壤中重金属的物理迁移

重金属是备受人们关注的一类土壤污染物，主要包括镉、铜、铅、锌、汞，在特定土壤中的重金属会对人体健康产生较大的影响。例如，部分水稻农田土壤中的镉超标，使得生产的大米中富集较多的镉，被人摄入后容易引发"骨痛病"。

重金属极难在土壤中迁移，往往位于表层土或亚表层土，很少向底层扩散。虽然土壤对重金属具有很好的固定作用，但重金属仍然在土壤中不断发生迁移转化。

重金属的物理迁移主要通过质体流动的形式。土壤溶液中的重金属离子或配合离子可以随水流迁移到地表水体。包含于矿物颗粒内或吸附于土壤胶体表面的重金属，既可以被土壤水分搬运，也可以被风搬运。前者往往发生在雨水充足的湿润地区，后者往往发生在干旱地区。

实际上，重金属在土壤中发生更多的物理化学迁移和化学迁移，通过溶解-沉淀、吸附（离子交换、螯合等）-解吸作用在土壤液相和固相间转化。重金属还可以被植物根系吸收，从而发生生物迁移。

第三节　污染物的化学转化

　　污染物在环境介质的迁移过程中，总伴随着形态转化。经过复杂的物理、化学和生物作用后，污染物可能转化为无毒无害物质，也有可能转化为毒性更强的物质。因此，理解污染物在环境介质中的转化机制可以帮助判断污染形成的原因和发展的趋势。在上述三种转化类型中，化学转化是污染物改变化学形态的最主要途径。

一、大气中污染物的化学转化

　　空气污染现象主要发生在对流层。对流层中污染物种类丰富、大气运动活跃，因此发生着非常复杂的化学变化。来自天然源和人为源的含硫化合物、含氮化合物、含碳化合物、含卤素化合物、持久性有机污染物、光化学氧化剂、气溶胶等物质，在多变的气象条件下，发生气相、液相、固相反应，形成损害人体或生态系统的光化学烟雾、雾霾、酸雨等环境污染问题，也与气候变化产生相互作用。

（一）光化学烟雾

　　光化学烟雾是指大气中的氮氧化物（NO_x）和挥发性有机物（VOCs）在紫外线照射下发生反应形成高氧化性产物（如 O_3、醛类、PAN、HNO_2 等）的混合气团，是一种典型的二次污染。它是一种具有强氧化性的淡蓝色烟雾，会刺激人体黏膜系统、伤害植物叶片、破坏橡胶等高分子材料，降低大气能见度。光化学烟雾一般在强日光和低湿度条件下，出现在中午和午后，于夜间消失，污染可达下风向几十到几百千米范围。光化学烟雾于 1940 年的美国洛杉矶被首次发现，随后相继出现在日本、欧洲、澳大利亚及中国等地，被认为与汽车尾气排放有明显相关性，因此也被称为交通型污染。

　　光化学烟雾的形成与光化学反应和自由基密切相关。

　　光化学反应是指分子、原子、自由基或离子吸收光子而发生的化学反应，可以分为初级过程和次级过程。初级过程是化学物种吸收光量子后形成激发态物种，如下式：

$$A + h\nu \longrightarrow A^*$$

式中：A^*——物种 A 的激发态；

　　　　$h\nu$——光量子。

　　激发态 A^* 可能进一步发生如下反应：

$$A^* \longrightarrow A + h\nu（辐射跃迁）$$

$$A^* + M \longrightarrow A + M（碰撞失活）$$

$$A^* \longrightarrow B_1 + B_2 + K（光解反应）$$

$$A^* + C \longrightarrow D_1 + D_2 + K（直接反应）$$

　　其中，前两项是光物理过程，不产生新物种。后两项产生了新物种，是光化学过程，也是大气中污染物化学转化的关键过程。次级过程是指初级过程的反应物、生成物进一步发生的反应。

自由基是指由于共价键断裂而生成的带有未成对电子的碎片，是对流层大气中重要的氧化剂。大气中存在的主要自由基包括 OH、HO_2、RO、RO_2 自由基等，其中 OH 和 HO_2 自由基尤为重要，合称 HO_x 自由基。

对流层大气中的 OH 自由基经过光化学反应生成。清洁大气中，OH 自由基来自平流层向下输送的 O_3 的光解。而在污染大气中，O_3 和 NO 可以与 HO_2 自由基反应生成 OH 自由基。HO_2 自由基主要通过 OH 自由基与 CO、NO_3、VOCs 反应生成。具有强氧化性的 HO_x 自由基将会与还原性物质反应，再通过干、湿沉降离开大气。由于具有高反应活性，所以 HO_x 自由基在大气中的浓度和寿命都极低。HO_x 自由基是大气中能氧化痕量气体的最主要的反应物，因此 OH 自由基浓度也可以作为大气氧化能力的指标，是局地大气对痕量气体自净能力的量度。

光化学烟雾正是基于一系列自由基参与的光化学反应形成的。简化来看，其形成机制可以用两个循环来表示——NO_x 循环和 HO_x 循环（图 11-3）。在 NO_x 循环中，NO_2 的光解导致 O_3 生成，但是这一反应在没有其他物质参与的情况下会迅速达到稳态，O_3 无法积累。在 HO_x 循环中，由于 VOCs 的存在生成过氧自由基（HO_2、RO_2），促进了 NO 向 NO_2 转化，提供了更多生成臭氧的 NO_2 源，并抑制了 O_3 与 NO 的反应。在这两个循环的共同作用下，大气中的 NO 不断转化为 NO_2，从而逐渐积累 O_3，直到环境中的自由基完全反应。在整个链反应中，NO_2 既起到链引发作用，又起到链终止作用。

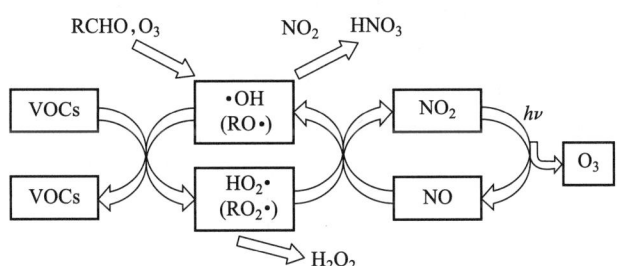

图 11-3 光化学烟雾的形成机制（唐孝炎等，2006）

上述机制可以通过 20 个化学反应组成的简化机制来表示：

引发反应：

$$NO_2 + h\nu \longrightarrow NO + O$$

$$O + O_2 \xrightarrow{M} O_3$$

$$O_3 + NO \longrightarrow NO_2 + O_2$$

自由基形成：

$$O_3 + h\nu \longrightarrow O(^1D) + O_2$$

$$O(^1D) + H_2O \longrightarrow 2 \cdot OH$$

$$HCHO + h\nu + O_2 \longrightarrow HO_2 \cdot + CO$$

$$HCHO + h\nu \longrightarrow H_2 + CO$$

自由基传递反应：

$$RH + \cdot OH \longrightarrow RO_2 \cdot + H_2O$$

$$HCHO + \cdot OH \longrightarrow HO_2 + H_2O + CO$$
$$RCHO + \cdot OH \longrightarrow RC(O)O_2 + H_2O$$
$$RO_2 + NO \longrightarrow NO_2 + HO_2 + RO$$
$$RC(O)O_2 + NO \longrightarrow NO_2 + RO_2 + CO_2$$
$$RO + O_2 \longrightarrow R'CHO + HO_2 \cdot$$
$$HO_2 \cdot + NO \longrightarrow NO_2 + \cdot OH$$

终止反应：

$$\cdot OH + NO_2 \xrightarrow{M} HNO_3$$
$$HO_2 \cdot + HO_2 \cdot \longrightarrow H_2O_2 + O_2$$
$$RO_2 \cdot + HO_2 \cdot \longrightarrow ROOH + O_2$$
$$RC(O)O_2 + NO_2 \xrightarrow{M} RC(O)O_2NO_2$$
$$RC(O)O_2NO_2 \longrightarrow RC(O)O_2 + NO_2$$
$$HO_2 + O_3 \longrightarrow \cdot OH + 2O_2$$

已有研究表明 O_3 生成浓度与 VOCs、NO_x 两个前体物有高度非线性关系。不同初始浓度的 VOCs 和 NO_x 都可以得到一个 O_3 生成的最大值，用该最大值与相应的两个前体物浓度作图就可以绘制出 O_3 最大值等浓度曲线，即经验动力学模拟方法（empirical kinetic modeling approach，EKMA）曲线（图 11-4）。在图中做 VOCs/NO_x = 8:1 直线，可以将曲线分成左右两部分：在右半部分，VOCs 浓度改变对 O_3 浓度影响较小，而 NO_x 浓度改变对 O_3 浓度影响较大，因此这一区间可以说是 NO_x 控制区；相反，在左半部分，NO_x 浓度改变对 O_3 浓度影响较小，而 VOCs 浓度改变对 O_3 浓度影响较大，是 VOCs 控制区。了解这一规律能够帮助制定 O_3 控制方案，科学地调整区域的污染物排放量。

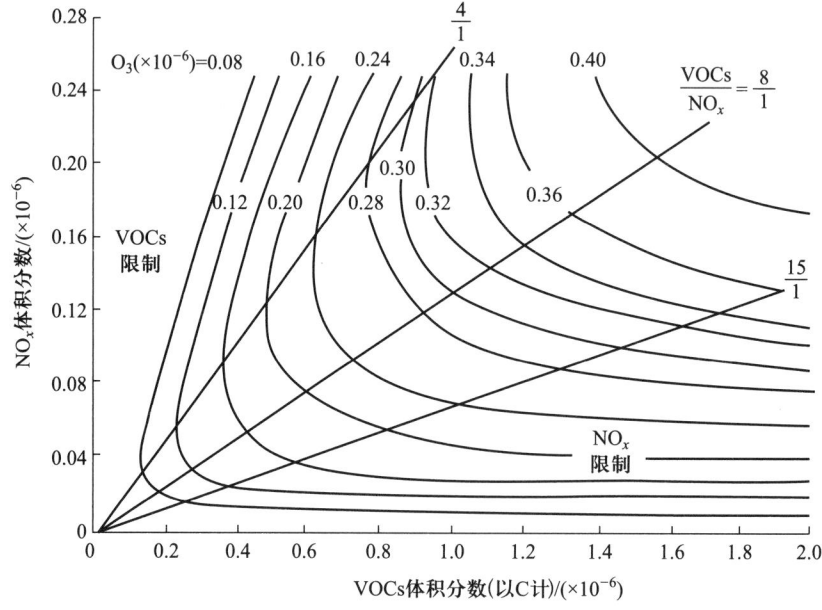

图 11-4 EKMA 方法中的 O_3 等浓度曲线

（资料来源：Dodge,1977）

（二） 大气颗粒物

气溶胶体系是液体或固体微粒均匀地分散在气体中形成的相对稳定的悬浮体系。其中分散的各种粒子可以称为大气颗粒物。大气颗粒物不同的物理化学性质及其所引起的大气非均相化学反应具有不同的环境、健康和气候效应。从环境污染角度来说，高浓度颗粒物会降低能见度、促进大气复合污染，形成人们熟悉的"雾霾"；从健康角度来说，空气中漂浮的颗粒物很容易通过人的呼吸作用进入人体，沉积在支气管和肺部，并由于粒子本身的毒性或携带的有毒物质，对人体造成损害；从气候角度来说，气溶胶通过直接和间接辐射强迫改变地球大气反照率，从而影响全球气候变化。在诸多影响中，污染化学更关注大气颗粒物的粒径、化学组成、来源及发生的大气非均相反应。

粒径是大气颗粒物最重要的物理特征，与颗粒物来源、光散射能力、沉降速率等息息相关。但是颗粒物形状各异、极不规则，很难用几个有限的变量进行描述。因此，在度量大气颗粒物大小时，一般采用等效直径法，即粒子群在某项统计特征上，与直径均为 D 的虚拟球体粒子群相同，则 D 就是该粒子群的等效直径。根据测量方法不同，等效直径可以分为光学等效直径、体积等效直径（几何直径）、空气动力学等效直径。顾名思义，光学等效直径是指具有相同的光散射能力，体积等效直径是指具有相同的体积。空气动力学等效直径是指与所研究粒子群有相同终端降落速率的密度为 1 g/cm^3 的球体直径，与沉降速率密切相关，因此也是大气颗粒物研究中最常用的等效直径。按照粒径大小不同，可以将颗粒物分为如表 11-7 所示的 6 类。其中 PM_{10}、$PM_{2.5}$ 因为能够长时间在空气中漂浮，且会通过呼吸道进入人体造成健康损害，因此受到广泛关注。我国颁布的《环境空气质量标准》（GB 3095—2012），用 PM_{10}、$PM_{2.5}$ 年平均和 24 小时平均浓度值来表征大气颗粒物污染。

表 11-7 大气颗粒物按粒径大小分类

名称	英文简写	粒径大小	描述
总悬浮颗粒物	TSP	绝大多数<100 μm，大多数<10 μm	用标准大容量采样器（流量在 1.1~1.7 m³/min）在滤膜上所收集到的颗粒物总质量
飘尘	—	<10 μm	可在大气中长期漂浮的悬浮物
降尘	—	30~100 μm	由于自身重力快速沉降的颗粒物
可吸入颗粒物	PM_{10}	≤10 μm	可进入呼吸道的颗粒物
细颗粒物	$PM_{2.5}$	≤2.5 μm	可进入肺泡
超细颗粒物	PM_1	≤1.0 μm	可通过肺泡进入血液系统

大气颗粒物粒径分布与其来源、归宿有密切关系。Whitby 提出了气溶胶三模态模型，将大气颗粒物按粒径大小分为爱根核模（Aitken mode）、积聚模（accumulation mode）、粗粒子模（coarse particle mode）（图 11-5）。爱根核模的粒子粒径小于 0.05 μm，积聚模的粒子粒径在 0.05~2 μm，两者合称细粒子。粗粒子模的粒子粒径大于 2 μm，称为粗粒子。爱根核模主要来源于燃烧过程所产生的一次颗粒物和气体分子通过化学反应均相成核生成的二次颗粒物。它们粒径小、数量多、表面积总量大，因此很不稳定，容易相互碰撞合并转

化为积聚模。积聚模主要来源于爱根核模的凝聚，燃烧过程产生的水蒸气冷凝、凝聚，以及各种气体转化成的二次气溶胶等。这一范围内的粒子不易被干、湿沉降去除，一般通过扩散去除。粗粒子模多由机械过程导致的扬尘、海盐溅沫、火山灰和风沙等一次气溶胶组成，化学成分与地表土壤相近且变化不大，主要通过干、湿沉降去除。

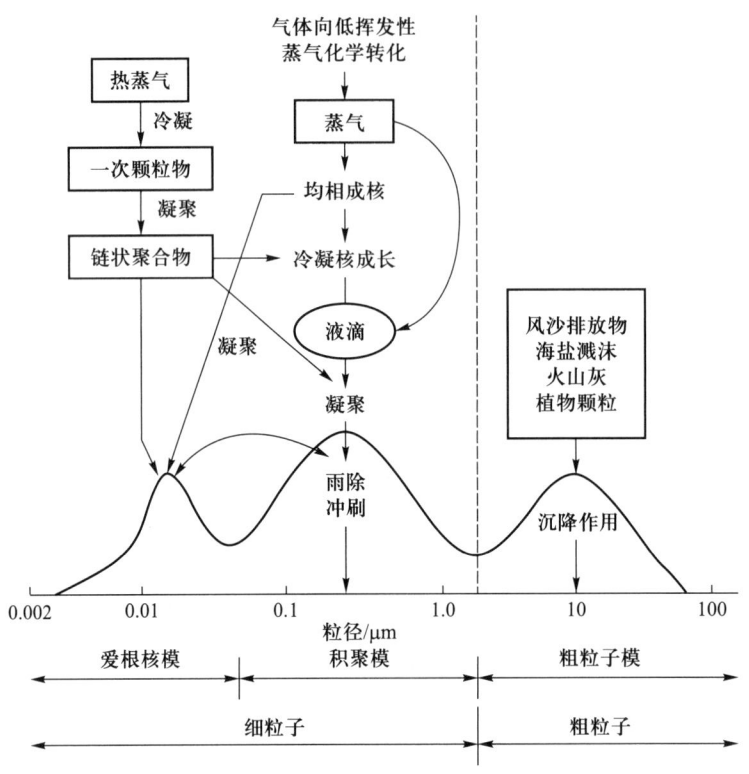

图 11-5　气溶胶粒径分布及其来源和汇

(资料来源：Whitby, 1978)

　　大气颗粒物的化学组成十分复杂，跟来源、粒径大小、季节等因素有很大关系。例如，细粒子中的化学物质主要包括 SO_4^{2-}、NH_4^+、NO_3^-、Pb、C 等，而粗粒子中主要包括 Fe、Ca、Si、Na、Cl、Al 等，具有很大差异。一般可以将颗粒物的化学组成分为无机物和有机物两大部分，其中无机组分包括水溶性离子(硫酸盐、铵盐、硝酸盐、钠盐、氯盐)、微量元素(痕量金属、地壳物质)，有机组分包括有机碳和元素碳等。相应地，只含有无机物质的颗粒物称为无机颗粒物，而含有有机物质的颗粒物称为有机颗粒物。

　　水溶性离子是大气颗粒物的重要化学组分，在 0.1~0.3 μm 粒径范围内占比可达 30%。二次水溶性离子是主要的离子组分，主要包括硫酸盐、硝酸盐和铵盐，表 11-8 列出了中国部分地区 $PM_{2.5}$ 中二次水溶性离子浓度水平。

　　非海盐硫酸盐在对流层气溶胶中普遍存在，其中大陆硫酸盐颗粒物的气态前体物是人为源 SO_2。这部分硫酸盐颗粒物除了极少部分是硫酸化工业排放的一次颗粒物外，绝大多数都是二氧化硫氧化后形成的二次颗粒物。相比于气态二氧化硫，硫酸和硫酸盐颗粒物具有更强的氧化性，是导致降雨酸化和酸雨的主要因素。含有硫酸盐的细颗粒物不易沉降去除，所以很容易降低大气能见度、损害人体健康，历史上著名的伦敦烟雾事件就是一个典型的例子。因此，颗粒物中的硫酸盐是大气污染研究重点关注的对象。硝酸相比于硫酸更容易挥发，这导致大气颗粒物中硝酸盐的形成对温、湿度等因素更为敏感，因此硝酸盐颗粒物的大气物理化学规律更不易把握。所以，目前对硝酸和硝酸盐颗粒物的研究远不及硫酸盐深入。在城市污染大气中，硝酸和硝酸盐是重要的组成部分，也是氮氧化物光化学反应的产物。氨是大气中唯一的碱性气体，主要来源于生物代谢等自然过程，人为源氨排放只占天然源的 1/10 左右。大气中的氨容易与硫酸、硝酸形成硫酸铵与硝酸铵，或者与燃煤排放的氯化氢反应生成氯化铵，是细颗粒物中的重要组成部分。除了二次水溶性离子外，大气颗粒物中还存在 Cl^-、Na^+、K^+、Mg^{2+}、Ca^{2+} 等离子，大部分来自海洋和土壤，其中 K^+ 被认为主要源于生物质燃烧过程。

表 11-8　部分地区 $PM_{2.5}$ 中二次水溶性离子浓度水平　　　　单位：$\mu g/m^3$

观测地点	年份	SO_4^{2-}	NO_3^-	NH_4^+	数据来源
广东广州	2008	14.2	2.3	3.2	陶俊，2010
江苏南京	2010—2011	11.4	0.2	4.5	薛国强，2014
辽宁沈阳	2018—2019	8.50	8.67	5.30	王国祯，2021
广西南宁	1988—2010	30.38	6.46	5.17	廖碧婷，2015
海南三亚	1988—2010	10.31	1.86	0.92	廖碧婷，2015
北京	2009—2010（冬季霾天）	38.8	39.0	23.8	黄怡民，2013
北京	2009—2010（冬季对照天）	16.7	10.4	3.1	黄怡民，2013

有机物同样是大气颗粒物的主要组成部分，一般占颗粒物总质量的 10%~50%，且其中 55%~70% 的粒子粒径小于 2 μm，属于细颗粒物的范畴。有机颗粒物具有重要的环境、健康和气候影响，然而其种类繁多、结构复杂、物理化学性质各异，相比无机物而言更难研究它的化学组成、浓度水平与形成机制。目前人们已检测到的有机颗粒物，按照来源可以分为两类：一类是直接排放入环境中的一次颗粒物，如植物蜡、树脂、长链烃等；另一类是人为或生物源排放的挥发性有机物发生气粒转化生成的二次颗粒物，如多环芳香族化合物、芳香族化合物、含氮氧硫磷类化合物、羟基化合物、脂肪族化合物、羰基化合物和卤化物等。在各种有机物中，多环芳烃（PAHs）具有显著的毒性，它是由若干个苯环彼此耦合，或若干个苯环和戊二烯耦合在一起的一类化合物的总称。在城市大气中代表性致癌 PAHs 的浓度大约为 20 $\mu g/m^3$，在煤炉排放废气中 PAHs 浓度可超过 1 000 $\mu g/m^3$。在 PAHs 中，苯并[a]芘（BaP）被认为是毒性最强的，并且已经通过全球大气循环从城市污染源迁移到海洋、南极等地，是研究者关注的重点污染物。

大气颗粒物中还含有种类众多的微量元素，已经发现的就有 70 余种，其中铅、砷、铍、镉、铬、铜、硒、锌等元素可以引起人类短期或长期的疾病问题。这些元素的天然源主要是风沙和火山喷发，往往以粗粒子模存在；人为源主要是燃煤、冶炼等高温燃烧的工业过程，一般以细粒子形式存在。

（三）酸沉降

酸沉降可以分为酸性湿沉降和酸性干沉降，前者是指大气中的酸通过降水（如雨、雾、雪等)迁移到地表,而后者是指在含酸气团气流的作用下直接迁移到地表。19世纪50年代,英国的史密斯(R. A. Smith)最早提出"酸雨"一词表示酸性湿沉降。20世纪70年代以来,随着工业发展和化石燃料使用不断增多,酸雨对森林、土壤、湖泊造成越来越明显的危害,成为全球热议的人类环境问题。我国从20世纪70年代末期开始对酸雨的监测和研究,并将酸雨控制列为"七五""八五"和"九五"计划中的重点攻关课题。理解酸沉降过程中的化学转化机制,是分析酸雨成因、提出控制措施的关键。接下来,简要探讨酸雨的判定和形成机理。

1. 酸雨的判定

降水酸度一般用降水 pH 来表示,那么 pH 小于多少的降水可以称为酸雨呢?目前普遍用 pH<5.6 作为判定标准,这是考虑自然大气中 CO_2 与 H_2O 平衡的结果,即:

$$CO_2(g) + H_2O \rightleftharpoons CO_2 \cdot H_2O$$

$$CO_2 \cdot H_2O \rightleftharpoons H^+ + HCO_3^-$$

$$HCO_3^- \rightleftharpoons H^+ + CO_3^{2-}$$

令 K_H 为 CO_2 的亨利常数,K_1 为 $CO_2 \cdot H_2O$ 的电离平衡常数,K_2 为 HCO_3^- 的电离平衡常数,则根据电中性原理可得:

$$[H^+] = [OH^-] + [HCO_3^-] + 2[CO_3^{2-}]$$

$$= \frac{K_W}{[H^+]} + \frac{K_1 K_H p_{CO_2}}{[H^+]} + \frac{2K_1 K_2 K_H p_{CO_2}}{[H^+]^2}$$

式中:K_W——水的离子积;

p_{CO_2}——CO_2 在大气中的分压。

在一定温度下代入以上各常数值,可以得到 pH 约为5.6。因此,pH 为5.6被认为是天然雨水的酸度,被广泛用作未污染天然雨水的背景值。但实际上,大气中的 SO_2、H_2S、NH_3、HCl、HNO_3、HNO_2 等痕量气体也会影响降水酸度,因此也有人认为 pH 为5.6不能作为降水酸化和人为污染的判定标准,提出了如下主要论点:一方面,从降水酸化判定来看,降水 pH 受降水中各种酸碱物质的影响,且降水中的强酸物质并非都来自人为源,例如,生物过程、火山喷发等都对雨水中的硫酸有贡献,因此自然降水 pH 并非正好是5.6。另一方面,从人为污染判定来看,H^+ 并非守恒量,相同 pH 的降水中各酸碱离子浓度可能有非常大的差异,因此无法代表雨水受污染程度。综上所述,降水 pH 背景值和最佳人为污染指示剂是什么成为酸雨判定的重要科学问题。

为此,有人对全球不同地区降水 pH 背景值和组成成分展开研究,表11-9展示了全球部分地区的降水 pH 和离子浓度。从中可以看出,用 pH 为5.0作为大陆、pH 为4.8作为海洋降水 pH 背景值是更为合理的。也就是说,当降水 pH<5.0时,一般可以认为降水酸度受到了人为影响。当然,如前文所述,即使 pH>5.0也并不意味着降水酸度没有受到人为干扰,例如,中国东北的某些城市大气中碱性尘粒和碱性气体含量较大,原本酸化的雨水冲刷后 pH 会显著增高,而且其中的 SO_4^{2-} 浓度足以产生生态损害。因此,为了准确指示人为污染,需要使用比 H^+ 更不易受到化学、生物变化影响的相对守恒量。Galloway 等(1982)在分析了全球5个背景点的降水成分后发现,按雨量加权平均的非海盐 SO_4^{2-} 浓度不仅在南北半球、海洋陆地间变化不大,还是对生态系统有明显影响的化学成分,因此是美国东北部和偏远地区最佳的指示剂。对于我国来说，酸雨的人为源主要是工业 SO_2 排放，属于硫酸型降水，因此用 pH 和 SO_4^{2-} 相结合能够较好地判断降水是否酸化，以及是否受到人为污染。

表 11-9　全球部分地区降水 pH 背景值和离子浓度

离子浓度单位：μeq/L[*]

背景点	pH	SO_4^{2-}	NO_3^-	Cl^-	Mg^{2+}	Na^+	K^+	Ca^{2+}	NH_4^+	H^+	CH_3COO^-	$HCOO^-$
青藏高原丽江	4.99	9	2.3	0.1	1.8	0.9	1.6	4.6	6.8	10	3.25	6.11
印度洋阿姆斯特丹	4.92	30.6	1.7	208	38.7	177	3.7	7.4	2.1	12	2.4	6.76
北冰洋阿拉斯加	4.96	7.2	1.9	2.6	0.2	1	0.6	0.1	1.1	11	—	—
太平洋凯瑟琳	4.96	6.3	4.3	11.8	2	7	0.9	2.5	2	16.6	7.4	24.6
大西洋委内瑞拉	4.81	2.9	2.6	2.5	0.5	1.8	0.8	0.3	2.3	15.5	3.76	18.8
大西洋百慕大群岛	4.79	36.3	5.5	175	34.5	147	4.3	9.7	3.8	16.2	—	—

[*]：刘嘉麒，1996；Galloway，1982。

2. 酸雨的形成机理

大气中的主要酸性气体 SO_2、NO_x 可以通过气相反应、液相反应、气液界面反应三条路径转化成降水中的强酸，如图 11-6 所示。

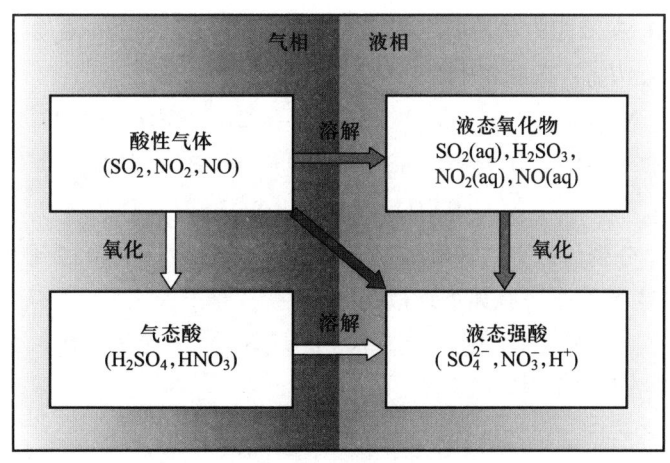

图 11-6　降水中强酸的生成路径

在气相反应路径中，SO_2、NO_x 先被空气中的 ·OH、HO_2· 、O_3 等氧化剂氧化成 H_2SO_4

和 HNO_3，再溶解于液相。气相氧化过程中 $\cdot OH$ 是最重要的自由基，主要发生的化学反应为：

$$SO_2 + \cdot OH \xrightarrow{\text{多步}} H_2SO_4$$

$$NO_2 + \cdot OH \longrightarrow HNO_3$$

据估计，在 SO_2 的气相氧化中，$\cdot OH$ 作为氧化剂贡献了 H_2SO_4 生成量的 98% 左右；在 NO_2 的气相氧化中，$\cdot OH$ 是最主要的氧化剂。

在液相反应路径中，SO_2、NO_x 气体通过吸收（溶解）平衡进入液相，再被氧化。吸收平衡是指液体吸收气体至饱和时达到的平衡状态，符合亨利定律，即：

$$A(g) \Longleftrightarrow A(aq)$$

$$H_A \Longleftrightarrow \frac{[A(aq)]}{p_A}$$

式中：H_A——物种 A 的亨利常数，$mol/(L \cdot Pa)$；

$\qquad p_A$——物种 A 在液面上的分压，Pa；

$[A(aq)]$——物种 A 在液相中的浓度，mol/L。

设一定压力和温度下，SO_2 的亨利常数为 H_{SO_2}，H_2SO_4 的一级和二级电离常数分别为 K_{a1}、K_{a2}，则液相中溶解的总硫为：

$$
\begin{aligned}
[S(IV)] &= [SO_2 \cdot H_2O] + [HSO_3^-] + [SO_3^{2-}] \\
&= [SO_2 \cdot H_2O]\left(1 + \frac{K_{a1}}{[H^+]} + \frac{K_{a1}K_{a2}}{[H^+]^2}\right) \\
&= H_{SO_2}\left(1 + \frac{K_{a1}}{[H^+]} + \frac{K_{a1}K_{a2}}{[H^+]^2}\right)p_{SO_2}
\end{aligned}
$$

由上式可知，总硫浓度除了与气态 SO_2 浓度、温度、气压相关，还会受到 pH 的影响。当温度为 273～298 K，pH 为 0～6 时，总硫浓度为 $10^{-9} \sim 10^{-2} mol/L$。一般而言，大气液滴的 pH 为 2～6，此时大气液相中的总硫主要以 HSO_3^- 的形态存在。

相较而言，NO_x 在液相中的溶解平衡更为复杂。设一定压力和温度下 NO_2 和 NO 的亨利常数分别为 H_{NO_2}、H_{NO}，在液相中存在如下平衡：

$$NO_2(aq) + NO_2(aq) + H_2O \Longleftrightarrow 2H^+ + NO_2^- + NO_3^-$$

$$NO(aq) + NO_2(aq) + H_2O \Longleftrightarrow 2H^+ + 2NO_2^-$$

$$HNO_2 \Longleftrightarrow H^+ + NO_2^-$$

令 K_1、K_2、K_3 分别为以上三个化学方程式的平衡常数，又考虑到 NO_3^- 是 $NO_2(g)$ 和 NO(g) 在液相中的主要形态，有如下近似：

$$[H^+] = [OH^-] + [NO_2^-] + [NO_3^-] \approx [NO_3^-]$$

综合以上各式，可以得到：

$$[NO_3^-] = \left(\frac{H_{NO_2}^3 K_1^2 p_{NO_2}^3}{H_{NO} K_2 p_{NO}}\right)^{1/4}$$

$$[NO_2^-] = \left(\frac{H_{NO}^3 K_2^3 p_{NO}^3}{H_{NO_2} K_1^2 p_{NO_2}}\right)^{1/4}$$

$$[\,HNO_2\,] = \left(\frac{H_{NO_2}H_{NO}K_2p_{NO}p_{NO_2}}{K_3}\right)^{1/2}$$

在溶解进入液相后，SO_2 溶解产物在多种氧化剂的作用下生成强酸，而 NO_x 在液相中构成一个平衡体系。液相中的 H_2O_2 可能是 $S(IV)$ 最有效的氧化剂，一方面，因为其亨利常数较大，在液相中浓度较高；另一方面，在 pH > 1.5 时，其对 $S(IV)$ 的氧化速率与 $S(IV)$ 溶解速率随 pH 变化的方向相反，使得实际氧化速率与 pH 无关。除此之外，O_3 也是一个重要的氧化剂，其在液相中对 $S(IV)$ 的氧化速率比在气相中更快，在较低 pH 时同 $SO_2 \cdot H_2O$ 的反应占优势，而在较高 pH 时同 SO_3^{2-} 的反应占优势。ROOH、·OH、氮氧化物及 $Fe(III)$ 催化氧化也是 $S(IV)$ 的潜在氧化剂。

二、 水中污染物的化学转化

20 世纪 60 年代，美国学者把水体中的污染物大体划分为八类，分别是：好氧污染物、无机物及矿物质、合成有机物、致病污染物、植物营养物、由土壤或岩石等冲刷下来的沉积物、放射性物质，以及热污染等。通常，污染物进入水体后以可溶态或悬浮态存在，其在水体中的迁移转化与其存在形态相关。本小节将以重金属和有机污染物为重点，介绍水体中污染物化学转化的基本原理和过程。

（一） 吸附-解吸作用

当污染物进入水体并溶解后，与悬浮于水中的泥沙等固相物质接触时，将被吸附在泥沙等物质的表面，并在适宜条件下随泥沙等物质沉入水底，因此水体中污染物的浓度降低；但当水体条件（如流速、pH、温度等）改变时，被泥沙等物质吸附的污染物也可能又重新溶于水中（即解吸过程），使水体污染物浓度增加。水体中胶体颗粒的吸附作用大体可分为表面吸附、离子交换吸附和专属吸附等。表面吸附属于物理吸附，由于胶体具有巨大的比表面积和表面能，因此固液界面存在表面吸附作用，且胶体表面积越大，所产生的表面吸附能也越大，胶体的吸附作用就越强。离子交换吸附属于物理化学吸附，由于环境中大部分胶体带负电荷，因此容易吸附各种阳离子，且在胶体吸附阳离子的同时，也释放等量的其他阳离子（即进行了离子交换）。这种吸附反应是可逆的并能够迅速达到可逆平衡，不受温度影响，在酸碱条件下均可进行，但其吸附能力与溶质的性质、浓度及吸附剂性质等有关。专属吸附是指在吸附过程中，除了化学键的作用外，还有加强的憎水键和范德瓦尔斯力或氢键在起作用。专属吸附可以改变表面电荷的符号，还能使离子化合物吸附在同号电荷的表面上。在水环境中，配合离子、有机离子、有机高分子和无机高分子有特别强烈的专属吸附作用。

水体中颗粒物（吸附剂）对溶质（吸附质）的吸附是一个动态平衡过程，在一定的温度条件下，当吸附达到平衡时，颗粒物表面上的吸附量（G）与溶液中溶质平衡浓度（c）之间的关系可用吸附等温线来表达。水体中常见的吸附等温线有三类，即亨利（Henry）吸附等温式，弗罗因德利希（Freundlich）吸附等温式和朗缪尔（Langmuir）吸附等温式，简称为 H型，F型和 L型。

F型等温式为：

$$G = kc^{\frac{1}{n}} \qquad\qquad (11-1)$$

若两侧取对数，则有：

$$\lg G = \lg k + \frac{1}{n}\lg c \qquad\qquad (11-2)$$

$\lg G$ 和 $\lg c$ 呈线性关系，k 值为 $\lg c = 0$ 时的吸附量，可大致反映吸附能力的强弱。$\frac{1}{n}$ 为斜率，表示吸附量随浓度增长的强度。但是该等温线不能给出饱和吸附量。

当取式(11-1)中 $n = 1$ 时，可得 H 型吸附等温式：

$$G = kc \qquad\qquad (11-3)$$

式中：k——分配系数。

该等温式表明溶质在吸附剂与溶液之间按固定比例分配，故等温线为直线型。

L 型吸附等温式为：

$$G = \frac{G^0 c}{A + c} \qquad\qquad (11-4)$$

式中：G^0——单位表面上吸附达到饱和时的最大吸附量；

　　　A——常数。

G 对 c 作图得到一条双曲线，其渐近线 $G = G^0$，即当 $c \to \infty$ 时，$G \to G^0$。将式(11-4)转化为：

$$\frac{1}{G} = \frac{1}{G^0} + \frac{A}{G^0}\frac{1}{c} \qquad\qquad (11-5)$$

可见 $\frac{1}{G}$ 和 $\frac{1}{c}$ 也呈线性关系。

吸附等温线的具体形式在多数情况下与实验所用溶质浓度区段有关。当溶质浓度较低时，可能在初始区段中呈现 H 型，当溶质浓度较高时，曲线可能表现为 F 型，但统一起来仍属于 L 型的不同区段。

实际上，水中污染物的吸附-解吸作用也受到多种因素的影响，例如，溶液的 pH、水体的温度、污染物的性质和浓度、多种离子共存的竞争作用，以及颗粒物的粒度和浓度等。例如，水中颗粒物对重金属的吸附量随颗粒物粒度的增大而减小，且当溶质浓度范围固定时，吸附量随颗粒物浓度增大而减小。

（二）　溶解和沉淀作用

溶解-沉淀是污染物在水环境中分布、积累、迁移和转化的重要途径。一般金属化合物在水中的迁移能力可以用溶解度来衡量：溶解度小，迁移能力弱；溶解度大，迁移能力强。在固-液平衡体系中，一般需用溶度积来表征溶解度。天然水中各种矿物质的溶解度和沉淀作用也遵守溶度积原则。

下面重点介绍重金属氧化物和氢氧化物、硫化物及碳酸盐等的溶解-沉淀平衡问题。

1. 氧化物和氢氧化物

金属氢氧化物沉淀有多种形态（氧化物可看成是氢氧化物脱水而成），它们在水环境中的行为差别很大。实际上，这类化合物的溶解-沉淀平衡涉及水解和羟基配合物的复杂平衡过程。但是，其溶解-沉淀平衡可用强电解质的最简单关系表述，如下：

$$Me(OH)_n(s) \Longleftrightarrow Me^{n+} + nOH^-$$

因此，溶度积为：

$$K_{sp} = [Me^{n+}][OH^-]^n$$

所以，与氢氧化物沉淀共存的饱和溶液中金属离子的浓度为：

$$[Me^{n+}] = K_{sp}/[OH^-]^n$$

而在水体中有$[OH^-] = K_W/[H^+]$，代入上式，并取负对数，则可以得到：

$$-\lg[Me^{n+}] = n\lg K_W + n\text{pH} - \lg K_{sp}$$

若以 pM 代替$-\lg[Me^{n+}]$，则有：

$$\text{pM} = n\text{pH} + pK_{sp} - npK_W$$

根据上式，可以发现溶液中的$\lg[Me^{n+}]$与溶液 pH 呈线性关系，如图 11-7 所示，其斜率为$-n$，截距为 pM = 0 时的 pH。因此，该截距为：

$$\text{pH} = pK_W - \frac{1}{n}pK_{sp} = 14 - \frac{1}{n}pK_{sp}$$

结合图 11-7 可以发现，价态相同（即 n 相同）的金属离子，其斜率也相同，在图 11-7 中表现为平行的直线；且从左至右，金属氢氧化物的溶解度逐渐增大。图 11-7 揭示了各类金属离子在不同 pH 的溶液中所能存在的最大饱和浓度。

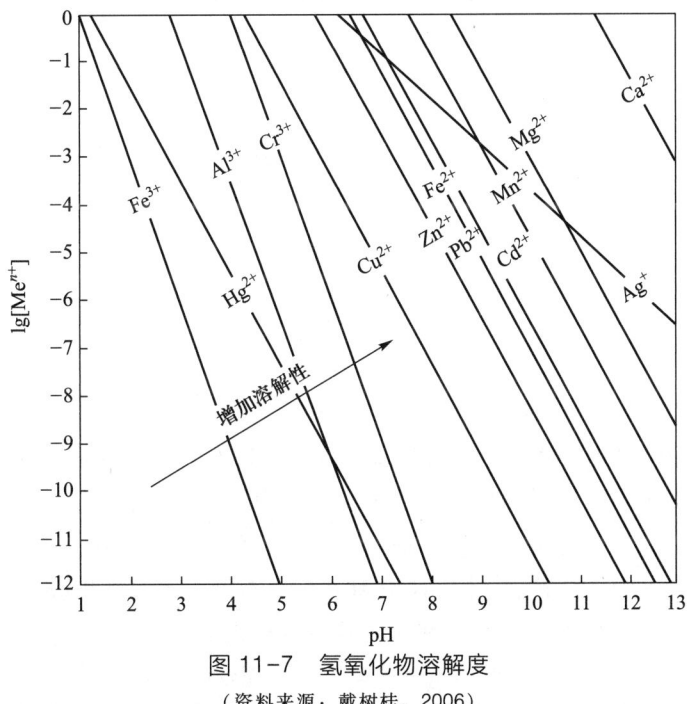

图 11-7　氢氧化物溶解度

（资料来源：戴树桂，2006）

2. 硫化物

金属硫化物比金属氢氧化物溶度积更小、更加难溶。实际上，重金属硫化物在中性条件下是不溶的。在盐酸中，Fe、Mn 和 Cd 的硫化物是可溶的；Ni 和 Co 的硫化物是难溶的。而 Ca、Pb 和 Hg 的硫化物只有在强氧化性酸（如硝酸）中才可溶解。表 11-10 中列出了重金属硫化物的溶度积。可以看出，几乎所有的重金属离子都可以被水体中少量的 S^{2-}

沉淀去除。这种化学转化，使得重金属离子的迁移能力大大降低。下面通过对金属硫化物的溶度积计算具体说明其难溶性。

表 11-10 重金属硫化物的溶度积

分子式	K_{sp}	pK_{sp}	分子式	K_{sp}	pK_{sp}
Ag_2S	6.3×10^{-30}	49.20	HgS	4.0×10^{-53}	52.40
CdS	7.9×10^{-27}	26.10	MnS	2.5×10^{-13}	12.60
CoS	4.0×10^{-21}	20.40	NiS	3.2×10^{-19}	18.50
Cu_2S	2.5×10^{-48}	47.60	PbS	8×10^{-28}	27.90
CuS	6.3×10^{-36}	35.20	SnS	1×10^{-25}	25.00
FeS	3.3×10^{-18}	17.50	ZnS	1.6×10^{-24}	23.80
Hg_2S	1.0×10^{-45}	45.00	Al_2S_3	2×10^{-7}	6.70

（资料来源：戴树桂，2006）

当硫化氢（H_2S）气体溶于水时，呈现二元酸的状态而分级电离：

$$H_2S(1) \Longleftrightarrow H^+ + HS^-$$

$$K_1 = \frac{[H^+][HS^-]}{[H_2S]} = 8.9 \times 10^{-8}$$

$$HS^- \Longleftrightarrow H^+ + S^{2-}$$

$$K_2 = \frac{[H^+][S^{2-}]}{[HS^-]} = 1.3 \times 10^{-15}$$

二者综合起来：

$$H_2S(1) \Longleftrightarrow 2H^+ + S^{2-}$$

$$K_{1,2} = K_1 \cdot K_2 = \frac{[H^+]^2[S^{2-}]}{[H_2S]} = 1.6 \times 10^{-22}$$

H_2S 在水中的电离十分微弱，在饱和水溶液中，H_2S 的浓度总是保持在 0.1mol/L，因此可认为饱和溶液中 H_2S 分子浓度仍为 0.1mol/L。代入上式得到：

$$[H^+]^2[S^{2-}] = 0.1K_1 \cdot K_2 = 1.16 \times 10^{-23} = K'_{sp}$$

因此可把 1.16×10^{-23} 看成是任何 pH 下 H_2S 饱和溶液中的溶度积（K'_{sp}）常数。

当溶液中有二价金属离子 Me^{2+} 存在时，其溶度积为：

$$K_{sp} = [Me^{2+}][S^{2-}]$$

因此，当溶液中硫化氢和金属硫化物均达到饱和状态时，溶液中金属离子的饱和浓度为

$$[Me^{2+}] = \frac{K_{sp}}{[S^{2-}]} = \frac{K_{sp}}{K'_{sp}}[H^+]^2$$

因此，水体中只要有少量的 S^{2-} 存在，即可生成难溶的金属硫化物沉淀。例如，当水体中 S^{2-} 的浓度为 1×10^{-10} mol/L 的时，水体中 Cu^{2+}、Cd^{2+}、Hg^{2+} 的平衡浓度分别为 6.3×10^{-26} mol/L、7.9×10^{-17} mol/L、4.0×10^{-43} mol/L，说明这些金属离子已经被完全沉淀出来。

3. 碳酸盐

水体的 pH 和 CO_2 的含量很大程度上决定了水中碳酸盐的溶解度。水体中的 CO_2 能促使碳酸盐的溶解。以二价金属碳酸盐为例，其在水体中（有 CO_2 存在）的反应过程为：

$$MeCO_3(s) + H_2O + CO_2 \Longleftrightarrow Me^{2+}(l) + 2HCO_3^-(l)$$

当上述反应达到平衡时，根据 $MeCO_3(s)$ 的溶度积 K_{sp} 和碳酸的一级、二级电离常数 K_1、K_2，可得到：

$$[Me^{2+}] = \frac{K_{sp}K_1[CO_2]}{K_2[HCO_3^-]^2}$$

其推导过程如下：

对于二价金属碳酸盐，其在水溶液中的溶度积如下：

$$K_{sp} = [Me^{2+}][CO_3^{2-}]$$

而碳酸是一种二元酸，其在水中的电离分两步进行：

$$CO_2 + H_2O \Longleftrightarrow H^+ + HCO_3^-$$

$$K_1 = \frac{[H^+][HCO_3^-]}{[CO_2]}$$

$$HCO_3^- \Longleftrightarrow H^+ + CO_3^{2-}$$

$$K_2 = \frac{[H^+][CO_3^{2-}]}{[HCO_3^-]}$$

$$[CO_3^{2-}] = \frac{K_2[HCO_3^-]}{[H^+]} = \frac{K_2[HCO_3^-]^2}{K_1[CO_2]}$$

因此，

$$[Me^{2+}] = \frac{K_{sp}}{[CO_3^{2-}]} = \frac{K_{sp}K_1[CO_2]}{K_2[HCO_3^-]^2}$$

若是已知水体 pH 和总无机碳量，可由上式推算出碳酸盐的溶解度。例如，当水体中的总无机碳量为 $1×10^{-3}$ mol/L 时，碳酸盐在 pH = 7 和 pH = 9 的水体中的溶解度分别为 3.7 $×10^{-5}$ mol/L 和 3.1 $×10^{-7}$ mol/L。可见当水体 pH 升高，碳酸盐溶解度下降，金属离子的迁移能力减小。

此外，水体中的 SO_4^{2-}、Cl^- 等阴离子也能与一些金属离子形成难溶化合物（如 AgCl、$PbSO_4$、Hg_2Cl_2 等），从而影响其在水体中的迁移。

（三）水解作用

水解是水体中污染物和水体之间的重要反应之一，它是指水体中化合物与 H_2O 解离产生的 H^+ 和 OH^- 发生交换，从而结合生成新物质的反应，根据化合物的性质，水解反应可分为金属离子水解和有机物水解。

1. 金属离子水解

金属离子的水解过程可看作是金属离子和 H^+ 对 OH^- 的争夺。离子半径大、电价低，即离子电位低的金属离子（如 K^+、Na^+、Pb^{2+} 等）对 OH^- 的吸引力小于 H^+，因此这类金属离子不能水解或要在很高的 pH 下才可水解。而离子半径小、电价高，即离子电位高的金属离子，在水溶液中存在的形式与溶液的 pH 有关。一般来说，若 pH 较低，则金属离子在溶液中以简单离子的形式存在；若 pH 较高，则金属离子争夺 OH^- 形成羟基配合离子。实际上，金属离子的水解作用是羟基对金属离子的配合作用。

多数高价金属离子，如 Fe^{2+}、Cr^{3+}、Th^{4+} 等，在较低 pH 的溶液中即可发生强烈水解；而许多二价重金属离子，如 Cu^{2+}、Pb^{2+}、Ni^{2+}、Co^{2+}、Zn^{2+} 等，在天然水的 pH 范围内可发生水解；碱土金属（如 Ca^{2+}）则仅在碱性溶液中水解。

2. 有机物水解

水解作用是大多数有机物化学转化的重要途径之一。在水环境中，烷基卤、酰胺、胺、氨基甲酸酯、羧酸酯、环氧化物、腈、磷酸酯、磺酸酯、硫酸酯等均可以发生水解反应。而烷烃、烯烃、苯、联苯、稠环芳烃、醇、醚和酮等则不易水解。在水解反应中，有机物 RX 的官能团（X—）可以和 H_2O 中电离的 OH^- 发生交换生成新的有机物，如下所示：

$$RX + H_2O \rightleftharpoons ROH + HX$$

水解反应过程还可能包括一个或多个中间体的形成，有机物通过水解反应而改变了原化合物的化学结构。但水解产物的毒性可能降低也可能强于原化合物的毒性；水解产物的挥发性可能增强也可能减弱，但离子化水解产物的挥发性可能为零。一般来说，水解产物比原有机物更易生物降解。

（四）配合作用

配合作用是指金属离子同电子供体（配体）通过配位键结合生成配合物的反应。在水环境中，存在着多种多样的天然和人工合成的配体。它们能与重金属离子形成不同配合物或螯合物，对重金属离子在水体中的迁移转化有很大影响。天然水体中常见的配体可分为无机物和有机物两类。常见的无机配体有 OH^-、Cl^-、HCO_3^-、SO_4^{2-}、NH_3、PO_4^{3-}、F^-、S^{2-} 等。有机配体根据产生来源又可分为两类，分别是以水体中动物、植物、微生物的新陈代谢产物或其残骸的分解物为主的天然源配体（如腐殖质），和以洗涤剂、农药、表面活性剂为主的人工合成配体。

下面分别介绍无机物和有机物配体与金属离子的配合作用。

1. 无机配体对重金属离子的配合作用

（1）羟基对重金属的配合作用

（a）单核羟基对重金属的配合作用

羟基对重金属的配合作用其实是重金属离子的水解过程，产物包括氢氧化物沉淀和各种羟基配合物。它们存在的条件和状态与溶液 pH 有关。

以二价金属离子 Me^{2+} 为例，其与羟基的配合反应如下：

$$Me^{2+} + OH^- \longrightarrow MeOH^+ \qquad K_1$$

$$MeOH^+ + OH^- \longrightarrow Me(OH)_2 \qquad K_2$$

$$Me(OH)_2 + OH^- \longrightarrow Me(OH)_3^- \qquad K_3$$

$$Me(OH)_3^- + OH^- \longrightarrow Me(OH)_4^{2-} \qquad K_4$$

通常，在实际计算中以累积稳定常数表示，则：

$$Me^{2+} + OH^- \Longrightarrow MeOH^+ \qquad \beta_1 = K_1$$

$$Me^{2+} + 2OH^- \Longrightarrow Me(OH)_2 \qquad \beta_2 = K_1K_2$$

$$Me^{2+} + 3OH^- \Longrightarrow Me(OH)_3^- \qquad \beta_3 = K_1K_2K_3$$

$$Me^{2+} + 4OH^- \Longrightarrow Me(OH)_4^{2-} \qquad \beta_4 = K_1K_2K_3K_4$$

用 φ 表示各种羟基配合物占金属总量 $[Me]_T$ 的百分数,它与累积稳定常数和 pH 有关,可推导如下:

$$[Me]_T = [Me^{2+}] + [MeOH^+] + [Me(OH)_2] + [Me(OH)_3^-] + [Me(OH)_4^{2-}]$$

$$[Me]_T = [Me^{2+}] \cdot (1 + \beta_1 \cdot [OH^-] + \beta_2 \cdot [OH^-]^2 + \beta_3 \cdot [OH^-]^3 + \beta_4 \cdot [OH^-]^4)$$

设 $\alpha = (1 + \beta_1 \cdot [OH^-] + \beta_2 \cdot [OH^-]^2 + \beta_3 \cdot [OH^-]^3 + \beta_4 \cdot [OH^-]^4)$

则

$$[Me]_T = [Me^{2+}] \cdot \alpha$$

所以

$$\varphi_0 = \frac{[Me^{2+}]}{[Me]_T} = \frac{1}{\alpha}$$

依此类推

$$\varphi_1 = \frac{[MeOH^+]}{[Me]_T} = \beta_1 \frac{[Me^{2+}][OH^-]}{[Me]_T} = \beta_1 \cdot \varphi_0[OH^-]$$

$$\varphi_1 = \frac{[Me(OH)_2]}{[Me]_T} = \beta_2 \frac{[Me^{2+}][OH^-]^2}{[Me]_T} = \beta_2 \cdot \varphi_0[OH^-]^2$$

$$\cdots\cdots$$

$$\varphi_n = \frac{Me(OH)_n^{n-2}}{[Me]_T} = \beta_n \frac{[Me^{2+}][OH^-]^n}{[Me]_T} = \beta_n \cdot \varphi_0[OH^-]^n$$

在一定温度下,β_1、β_2、$\cdots$、β_n 为定值,因此 φ 仅为 pH 的函数。

（b）多核羟基对重金属的配合作用

通常,单核配合物是以金属离子为核心外加配体,而多核羟基配合物,则是通过羟基桥联将各单核配合物的金属离子结合起来,成为具有桥联结构的化合物。该过程释放出水分子,使得生成物的配位水减少,羟基配位增加,羟基数目增多,有利于进一步的羟基桥联,生成更高级的多核配合物,最终生成难溶的氢氧化物沉淀,如氢氧化铝沉淀等。

许多金属离子如 Fe^{2+}、Al^{3+}、Zn^{2+}、Cu^{2+}、Mg^{2+}、Pb^{2+}、Hg^{2+}、Sn^{2+} 等都具有多核配合物的特性。

（2）氯离子对重金属的配合作用

Cl^- 是天然水体中最常见的稳定配合剂之一。例如,Cl^- 与重金属离子 Me^{2+} 的配合作用主要存在以下几种形态:

$$Me^{2+} + Cl^- \Longrightarrow MeCl^+ \qquad \beta_1 = K_1$$

$$Me^{2+} + 2Cl^- \Longrightarrow Me(Cl)_2 \qquad \beta_2 = K_1K_2$$

$$Me^{2+} + 3Cl^- \Longrightarrow Me(Cl)_3^- \qquad \beta_3 = K_1K_2K_3$$

$$Me^{2+} + 4Cl^- \Longrightarrow Me(Cl)_4^{2-} \qquad \beta_4 = K_1K_2K_3K_4$$

Cl^- 的浓度及重金属离子对 Cl^- 的亲和力决定了 Cl^- 对重金属配合作用的程度。例如,

Cl^- 对 Hg^{2+} 的亲和力较强,即便在较低的 Cl^- 浓度下也可以生成不同配位数的氯络汞离子。而 Zn、Cd、Pb 则必须在较高的 Cl^- 浓度下才能生成氯络离子。氯离子对上述 4 种重金属离子配合能力的顺序为:Hg>Cd>Zn>Pb。

由于水体中 Cl^- 和 OH^- 通常是同时存在的,因此它们对重金属离子的配合作用会发生竞争,并且水环境的 pH 和 Cl^- 浓度也会影响生成的离子配合物的组成。例如,在 pH 较低和 Cl^- 浓度较大的条件下,Hg(II) 以 $HgCl_4^{2-}$ 为主要存在形态;在 pH 较高(6.5~8.5)和可能的 Cl^- 浓度条件下,Hg(II) 以 $Hg(OH)_2$、$Hg(OH)Cl$、$HgCl_2$ 为主要存在形态。

2. 有机配体对重金属的配合作用

腐殖质是由生物体物质在土壤、水和沉积物中转化而成,是天然水体中最重要的有机配体。在河水中,腐殖质的平均含量为 10~50 mg/L,底泥中腐殖质的含量更为丰富,一般占底泥的 1%~3%,某些地区可达 8%~10%。腐殖质的相对分子质量为 300~30 000,甚至更高,一般根据其在碱和酸溶液中的溶解度划分为腐殖酸(可溶于稀碱液但不溶于酸的部分)、富里酸(可溶于酸又可溶于碱的组分)和腐黑物(酸、碱皆不溶的组分)三种重要组分。在腐殖酸和腐黑物中,碳含量为 50%~60%,氧含量为 4%~6%,氮含量为 2%~4%。富里酸中碳和氮的含量较少,分别为 44%~50% 和 1%~3%,氧含量较多,为 44%~50%。腐殖质的相对分子质量及元素组成与其来源和地区有关。

腐殖质在结构上的显著特点是中间含芳环骨架,其中能够起配合作用的基团主要是分子侧链上的多种含氧官能团,如羧基、羟基、羰基和氨基等。特别是,当羧基邻位有酚羟基,或者两个羧基相邻时,有利于螯合作用。研究表明,水体中几乎所有的金属离子都能与腐殖质形成螯合物,但腐殖质的螯合能力与金属离子的性能有关,并表现出较强的选择性。例如,湖泊腐殖质对下列金属离子的螯合能力依次降低,分别是:Hg^{2+}、Cu^{2+}、Ni^{2+}、Zn^{2+}、Co^{2+}、Cd^{2+}、Mn^{2+}。腐殖质对金属离子的螯合能力也与自身的分子质量有关,一般来说,分子质量越小的腐殖质对金属离子的螯合能力越强,如富里酸、棕腐酸、黑腐酸对金属离子的螯合能力则依次降低。腐殖质的螯合能力还与水体的 pH 有关,当水体 pH 降低时,腐殖质螯合能力较弱。另外,水环境中的各种阳离子如 Ca^{2+}、Mg^{2+} 等也会参与到腐殖质的螯合竞争中,而阴离子如 Cl^- 等则会和腐殖质一起竞争金属离子。例如,湖水中的 Hg^{2+}、Cu^{2+} 可与腐殖酸形成稳定的螯合物,但是在海水中,因为 Cl^- 的含量高,腐殖酸主要与 Ca^{2+}、Mg^{2+} 发生配合作用;Hg^{2+} 主要以 $HgCl_3^-$、$HgCl_4^{2-}$ 的形式存在。

水环境中的重金属离子与有机配体生成金属配合物后,改变了金属离子的特征,会在一定程度上影响重金属离子在水环境中的迁移转化。

(五) 氧化还原作用

氧化还原作用对水体中污染物的迁移转化有重要意义。例如,Cr 在电位较低的还原性水体中,可以形成 Cr(III) 的沉淀;但是在电位较高的氧化性水体中,则可能以可溶形态 Cr(VI) 存在。这两种状态 Cr 的迁移能力和毒性有较大的不同。

在本文的原理介绍中,体系都假定处于热力学平衡。但是实际上许多氧化-还原反应非常缓慢,很难达到平衡状态,即使达到了平衡状态,也只在很小的局部状态发生。但这种平衡体系的假设有助于用一般方法认识污染物在水体中发生化学变化的趋向。

1. 电子活度(pE)和氧化还原电位(E)

通常,使用电子活度(pE)来描述水体的氧化还原性质,它取决于水体中氧化剂(还原剂)的电极电位及 pH。

类比于 pH 的定义,由于还原剂和氧化剂可以定义为电子供体和电子受体,因此可以定义 pE 为:

$$pE = -\lg\alpha_e^-$$

式中: α_e^-——水溶液中电子的活度。

因此,pE 是平衡状态下(假设)的电子活度,它衡量溶液接受或给出电子的相对趋势,在还原性很强的溶液中,其趋势是给出电子。因此,pE 越小,电子浓度越高,体系提供电子的倾向就越强,反之,则越弱。

对任意一个氧化还原半反应:

$$Ox + ne^- \to Red$$

根据能斯特(Nernst)方程一般式,上述氧化还原半反应有:

$$E = E^\ominus - \frac{2.303RT}{nF}\lg\frac{[Red]}{[Ox]}$$

当反应达到平衡状态时,$E = 0$,则:

$$E^\ominus = \frac{2.303RT}{nF}\lg\frac{[Red]}{[Ox]} = \frac{2.303RT}{nF}\lg K$$

理论上也可将平衡常数 K 表示为:

$$K = \frac{[Red]}{[Ox][e^-]^n}$$

所以

$$[e^-] = \left(\frac{[Red]}{K \cdot [Ox]}\right)^{\frac{1}{n}}$$

两边同时取负对数,且结合 pE 的定义,则有:

$$pE = -\lg[e^-] = \frac{1}{n}\left(\lg K - \lg\frac{[Red]}{[Ox]}\right)$$

所以

$$E = E^\ominus - \frac{2.303RT}{nF}\lg\frac{[Red]}{[Ox]} = \frac{2.303RT}{nF}\lg K - \frac{2.303RT}{nF}\lg\frac{[Red]}{[Ox]} = \frac{2.303RT}{F}pE$$

所以可以得到 E 和 pE 的关系为:

$$pE = \frac{EF}{2.303RT}$$

当 $T = 298$ K 时,将 $R = 8.314$ J/mol,$F = 96\,500$ C 代入上式,得到:

$$pE = \frac{E}{0.059\,1}$$

pE 是量纲为 1 的指标,它可以衡量溶液可提供的电子的水平。

同理

$$pE^\ominus = \frac{E^\ominus F}{2.303RT}$$

当 $T = 298$ K 时:

$$pE^{\ominus} = \frac{E^{\ominus}}{0.059\,1}$$

因此，根据能斯特方程可以推导出，pE 的一般表现形式为：

$$pE = pE^{\ominus} + \frac{1}{n}\lg\frac{[\text{反应物}]}{[\text{生成物}]}$$

对于包含 n 个电子的氧化还原反应，其平衡常数为：

$$\lg K = \frac{nE^{\ominus}F}{2.303RT}$$

当 $T = 298$ K 时，有

$$\lg K = \frac{nE^{\ominus}}{0.059\,1}$$

此处 E^0 为整个反应的 E^0，所以平衡常数

$$\lg K = n \cdot pE^{\ominus}$$

2. 水体的电位

天然水体是一个复杂的氧化还原混合体系，其中具有许多无机或有机氧化剂和还原剂，进行着大量的氧化还原反应。

水体中常见的氧化剂有溶解氧、Fe(Ⅱ)、Mn(Ⅴ)、S(Ⅵ)、Cr(Ⅵ)、As(Ⅴ)等，常见的还原剂有有机物、Fe(Ⅱ)、Mn(Ⅰ)和 S^{2-}。水环境中氧化剂和还原剂的种类和数量决定了水体的氧化还原性质，其中最重要的氧化还原物质为溶解氧、有机物、铁、锰。事实上，氧参与绝大多数的氧化还原反应。并且，可根据水中是否存在游离氧把水环境分为氧化环境和还原环境。

一般情况下，水体中的溶解氧起决定电位的作用。但在有机物较多的缺氧情况下，有机物起着决定电位的作用；如水体处于上述两种状况之间，那么决定电位的则是溶解氧体系和有机物体系电位的综合。此外，铁和锰也是环境中普遍分布的变价元素，它们也参与了水体中多数的氧化还原反应；在特殊条件下，甚至是起决定电位作用的物质。至于 Cu、Hg、Cr、V、As 等含量甚微的变价元素，对水体电位几乎没有影响。然而，水体电位却能决定它们的迁移转化。

3. 水体氧化还原条件对重金属迁移转化的影响

根据水体中游离氧、硫化氢及其他氧化剂和还原剂存在的情况，水体环境可分为氧化环境、不含硫化氢的还原环境和含硫化氢的还原环境。

在氧化环境中，水体中含有游离氧，有时也含有其他强氧化剂。当水体处于碱性条件下，E 稍大于 0 V，通常大于 0.15 V，最高为 0.6~0.7 V；而在酸性条件下，E 均在 0.4~0.5 V 及以上。所以在酸性条件下，游离氧具有较强的氧化能力，能把 Fe(Ⅱ)、Mn(Ⅱ)氧化成 Fe(Ⅲ)、Mn(Ⅴ)等，并形成难溶化合物，降低其迁移能力；同时，处于较高氧化态的 V(Ⅴ)、Cr(Ⅴ)、S(Ⅴ)，易形成可溶性盐，其迁移能力明显增强。

在不含（或含量极微）游离氧但具有丰富的有机残骸的弱矿化水中，由于所含 SO_4^{2-} 很少，可形成不含 H_2S 或含有十分少量 H_2S 的环境。同时，在兼性厌氧微生物的分解作用下，水中会出现 CH_4、H_2 及其他化合物和离子。在缺氧条件下，有机物起决定电位的作用。当水体中处于酸性条件下时，$E < 0.5$ V；而在碱性条件下时，$E < 0.15$ V。此时，铁、

锰以低价态存在，有较高的迁移能力。当 E 很低时，可使 V(V)、Cu(Ⅱ)还原形成不溶化合物。

在不含游离氧和其他强氧化剂，而含大量 H_2S 的还原环境中，许多重金属离子(如 Fe、Zn、Cu、Pd、Ag 等)形成难溶的硫化物沉淀。在这样的水环境中，E 值一般低于 0 V，甚至可低至 $-0.6 \sim -0.5$ V，这与不含 H_2S 的还原环境相似。因此仅根据 E 值的大小无法直接判断重金属元素的迁移能力。即使 E 值相同，但 H_2S 含量不同时，同一元素的迁移能力也不同。

氧化还原作用还可能改变某些污染物的毒性程度。例如，含 Cr 废水中，Cr(Ⅵ)必须存在于氧化环境中，其生物毒性远大于 Cr(Ⅲ)；而在还原环境中，Hg(Ⅱ)的甲基化程度则会受到抑制。

（六）光化学作用

光化学反应是指有机物分子在紫外至可见光范围的波长的辐射下，吸收光量子而进行的光化学转化，可导致物质结构的不可逆改变，强烈影响有机物的环境归趋和生态效应。有机污染物在水体中的光化学分解是其迁移转化的重要途径。然而，有的有机污染物的毒性却不一定随着光化学分解过程而减小。光化学反应主要发生在具有比较好的太阳辐射条件下，而有机物自身的化学结构在相当程度上决定了光化学反应发生的可能性。含有不饱和键或者苯环结构的物质对紫外及可见光的照射最敏感。例如，具有高度共轭分子结构的稠环芳烃最容易发生光化学反应。

光化学反应一般可以分为三类，分别是直接光解、敏化光解和光氧化反应。

1. 直接光解

直接光解是指有机污染物直接吸收太阳能后而进行的化学分解反应。因此污染物的吸收光谱要与太阳的发射光谱在水环境中的部分相适应才能发生光解。而水中太阳光辐射产生的光子能否被吸收又与光的波长有关。一般来说，在紫外和可见光范围的波长的辐射作用，可有效地把能量传给光化学反应物。

水环境中的污染物光吸收作用仅来自太阳辐射可利用的部分，并且，只有光化学反应中吸收的光子的能量大于分子化学键键能时，激发态分子的能量才能够使化学键断裂，即光化学反应才能发生。通常，把进行光化学反应的光子占吸收总光子数之比，称为光量子产率。

本文以 HCHO 为例，简要介绍其光解过程。

HCHO 分子的 C—H 键键能为 356.5 kJ/mol，可以吸收 $240 \sim 360$ nm 的光，分子吸收光子后可以发生如下反应：

初级过程(光激发分子直接发生的反应)：

$$HCHO + h\nu \longrightarrow H \cdot + HCO$$

$$HCHO + h\nu \longrightarrow H_2 + CO$$

初级过程的反应物和产物之间会进一步发生次级过程：

$$H \cdot + HCO \longrightarrow H_2 + CO$$

$$2HCO \longrightarrow H_2 + 2CO$$

$$2H \cdot \longrightarrow H_2$$

若有 O_2 存在，还可以发生 $HO_2 \cdot$ 自由基的反应。其他醛类的光解也可以通过同样的方式生成 HO$_2$· 自由基。

$$H· + O_2 \longrightarrow HO_2·$$
$$HCO· + O_2 \longrightarrow HO_2· + CO$$

除了参与光化学反应之外,被激发的分子还可能产生包括磷光、荧光的再辐射,光子能量内转化为热能等过程。

水体中污染物的光解效率与光量子产率有重要的关系,它直接影响着污染物的光解作用。水体中的悬浮物通过影响光量子产率,增加光的衰减作用,间接影响污染物的光解效率。此外,水中的化学吸附作用也会影响光解效率,同一种有机酸或碱的不同存在形式可能有不同的光量子产率,从而造成不同的光解效率。

2. 敏化光解

敏化光解,也称为间接光解。天然水体中能够直接吸收太阳光发生光解的物质是极其稀少的,但间接光解的过程却更加常见。所谓间接光解是指天然水中存在的某些能够直接吸收太阳光的物质——光敏剂(敏化剂),在吸收太阳光后,将其能量传递给其他污染物分子,使污染物发生化学分解的过程。光敏剂本身在反应前后并不发生变化。这样的反应叫作光敏化,也叫作光催化反应。

例如,天然水中存在的腐殖质可以吸收波长小于 500 nm 的光。吸光后,引起 2,5-二甲基呋喃很快降解,即产生敏化反应。但在蒸馏水中的 2,5-二甲基呋喃在阳光下却无反应。因此,这里腐殖质就是光敏剂,2,5-二甲基呋喃则为受体分子。

该类反应可表示为:

$$C \xrightarrow{h\nu} C^*$$
$$C^* + A \longrightarrow (AK)^* \longrightarrow B + K$$

式中:C——光敏剂。除腐殖质外,叶绿素、亚甲蓝、蒽醌、鱼藤酮、二苯甲酮、对二羟基二苯甲酮及某些芳香胺等,也是光敏剂。另外一类半导体催化剂如过渡金属的氧化物、硫化物、硒化物、磷化物和砷化物等,也是重要的光敏剂。

3. 光氧化反应

天然水体中存在的某些物质在受太阳辐射后,也可以与溶解氧或其他物质作用,进而形成氧化性极强的单重态氧($^1O_2$)、烷基过氧自由基(RO$_2$·)、烷氧自由基(RO·)或羟自由基(HO·)。这些自由基虽然是光化学反应的产物,但它们是与基态的有机物发生作用的,属于自由基氧化过程,因而将其放在氧化反应这一类。这些氧化性的中间体使有机污染物氧化分解的过程叫作有机污染物的光氧化降解。

例如,水体中的有机物苯,可能常温下通过以下过程被光氧化为酚:

$$C_6H_6 + HO· \longrightarrow C_6H_5· + H_2O$$
$$C_6H_5· + HO· \longrightarrow C_6H_5OH$$

副反应为:

$$2C_6H_5· \longrightarrow C_6H_5 - C_6H_5$$
$$C_6H_5· + H· \longrightarrow C_6H_6$$

三、 土壤中污染物的化学转化

进入土壤中的污染物质将会在各种因素的综合作用下,参与到复杂多样的土壤形成过程中。同时污染物质与土壤物质（固相、液相、气相和土壤生物体）或污染物和污染物之间还会经历各种物理、化学和生物学过程，这些过程将决定这些污染物质的形态、活性和毒性。事实上，由于土壤孔隙也包含一定的水，因此土壤中的多数反应也发生在各类局部水环境中。土壤中污染物质进行化学转化的过程主要可分为以下几种类型。

（1）氧化类型：例如，将还原性土壤水环境中的低价态铁、锰氧化为铁锰氧化物并形成沉淀的过程，这与水环境中发生的氧化反应类似。

（2）还原类型：例如，将氧化性土壤水环境中高价态的 U、V、Cu、Se 和 Ag 还原成为低价态氧化物并形成沉淀的过程。该过程的发生通常是由有机物质的进入、还原性气体或水流的进入引起的。

（3）还原性硫化物型：含有 Cu、Ag、Zn、Pb、Hg、Ni、Co、As 和 Mo 的硫酸盐溶液经过还原反应，生成重（类）金属硫化沉淀物的过程。该过程通常是由硫酸盐还原细菌的活动或有机物质的注入引起的。

（4）硫酸盐和碳酸盐型：在化学平衡转换的过程中，碱土金属如 Ba、Sr 和 Ca 以碳酸盐或硫酸盐形式沉淀析出。

（5）碱化型：酸性溶液浸入富含碳酸盐和硅酸盐的土层，与土层中原有的碱性溶液相互作用可生成一些金属（如 Ca、Mg、Sr、Mn、Fe、Cu、Pb 和 Cd）沉淀物。

（6）吸附型：所有的过渡性金属元素都容易被吸附在黏土矿物或其他颗粒物表面。

（7）氧化-还原型：土壤水溶液中的微量金属元素的移动性主要受控于其环境的氧化还原状况。自然土壤中存在多种氧化剂（如 O_2、NO_3^-、Fe^{3+}、Mn^{4+}、V^{5+}、Ti^{4+} 等）和还原剂（如有机质、NH_3、H_2S、CH_4、Fe^{2+}、Mn^{2+} 等）。此外，土壤生物活动也会影响氧化还原反应。一般来说，当土壤的 $E>400$ mV 时，土壤处于氧化条件下，土壤有机物质被快速分解，土壤中 N 元素以 NO_3^- 形式存在，土壤中铁锰均以 Fe^{3+}、Mn^{4+} 存在；当 -100 mV$<E<$ 400 mV 时，土壤中发生反硝化反应且土壤中 NO_3^- 开始逐渐转化为 NH_4^+ 和 N_2；当土壤渍水时，其 $E<-100$ mV，此时土壤的 Fe^{3+} 还原为 Fe^{2+}，SO_4^{2-} 开始还原为 H_2S，土壤中的重金属元素逐渐形成重金属硫化物沉淀。

（8）聚合物的形成与螯合作用型：土壤中含有多种配体如羟基、氯离子、氨基、亚氨基、酮基、羟基及硫醚的基团，且水分子是极性分子，因此当土壤溶液中重金属离子浓度较低时，重金属离子与这些配体发生配合—螯合作用，形成多种重金属的配合物或螯合物，可改变土壤中重金属的活性和毒性。通常，处于有机结合态的重金属具有较强的移动性、生物活性和毒性。

土壤中污染物的化学转化过程十分复杂，因此本文以重金属和有机物（农药）为例，分别介绍其在土壤中的迁移转化过程。

（一）土壤中重金属的转化

土壤中本来就含有一定量的重金属元素，其中很多都是作物生长所需的微量营养元素。但当土壤中累积的重金属元素的浓度超过了作物需要和可忍受的程度，而表现出受毒害的症状或者作物生长并未受害但作物产品中某些重金属含量超标而对人畜造成危害时，可认为土壤受到了重金属污染。重金属不能被土壤微生物降解，但却会在土壤中不断积累，也会被生物富集并通过食物链而最终在人体中累积，从而危害人体健康。

下面以铬(Cr)为例，对重金属在土壤中的转化进行简要介绍。

铬是人体和动物必需的元素，也是现代工业广泛应用的重金属元素之一。铬在自然界中广泛存在，其在地壳中含量为 $80 \sim 200$ mg/kg，平均为 125 mg/kg，而在地壳中的相对丰度约为 0.018，比 Cu、Zn、Co、Ni、Pb、Cl、Br 等元素的相对丰度都高。由于成土母质、地理条件和气候以及人为因素的影响，土壤中铬的含量差异很大。我国土壤中铬的含量一般少于 100 mg/kg，农业土壤中铬的平均背景值为 64.6 mg/kg。当土壤中铬浓度过高时，会对植物有害。

土壤中的铬通常以四种形态存在，分别是 Cr^{3+}、CrO_2^-、$Cr_2O_7^{2-}$、CrO_4^{2-}。在低氧化还原电位条件下，铬以三价形态存在，在低 pH 时为 Cr^{3+}，高 pH 时为 CrO_2^-；在高氧化还原电位条件下，铬以六价形态存在，低 pH 时为 $Cr_2O_7^{2-}$，高 pH 时为 CrO_4^{2-}，如图 11-8 所示。

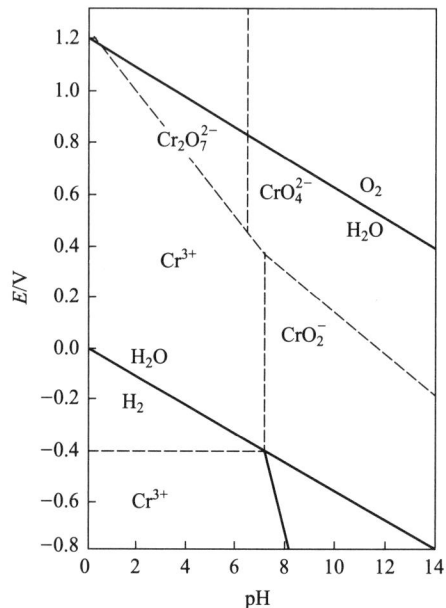

图 11-8　铬离子形式的 E-pH 图

（资料来源：李学垣，2001）

在土壤 pH、氧化还原电位和有机物等的作用下，这四种离子态铬可在土壤环境中互相转化。在通气良好的土壤中，三价铬可能被二氧化锰或土壤水溶液中的溶解氧氧化成六价铬；而在还原性条件下，六价铬可能被 Fe^{2+}、硫化物或某些带有羟基的有机物等还原成三价铬。其反应过程如下：

$$Cr^{3+} + 3OH^- \underset{H^+}{\overset{OH^-}{\rightleftharpoons}} Cr(OH)_3 \downarrow \underset{H^+}{\overset{OH^-}{\rightleftharpoons}} CrO_2^- + H_2O + H^+$$

$\uparrow$ 还原剂　　　　　　　　　　　　　　$\downarrow$ 氧化剂

$$Cr_2O_7^{2-} + H_2O \underset{H^+}{\overset{OH^-}{\rightleftharpoons}} 2CrO_4^{2-} + 2H^+$$

三价铬化合物是土壤中铬的主要存在形式，当它们进入土壤后，其中90%以上会被土壤迅速吸附固定，再难以在土壤中迁移，也不易被植物吸收，生物有效性低。但是土壤对六价铬的吸附固定能力较低，仅为 $8.5\% \sim 36.2\%$。土壤中六价铬的生物毒性较强，具有较高的流动性和植物有效性，且易被还原。

（二）　有机物的化学转化

土壤中有机物（主要是农药和化肥）的化学转化主要为降解过程，主要分为光化学降解和化学降解（一般为水解反应和氧化还原反应）。

例如，土壤表土层中的有机氯农药可在太阳辐射的作用下发生分解。特别是在紫外线的作用下，表土层中的有机氯农药分子发生光化学反应（如光分解、光氧化、光水解或光异构化），致使有机氯农药分子中的 C—C 键、C—H 键断裂，引起分子结构的转化，这就是有机物的光化学降解过程。由于太阳光线难以穿越土层，因此仅表土层中的农药有光化学降解作用。并且，由于有机氯农药属于化学性质相对稳定的持久性有机污染物，故化学降解对土壤中有机氯农药的降解作用有限，但水解和氧化可促进其降解。

水解反应是土壤中许多农药化合物降解的主要步骤。一些农药在土壤中的水解速度甚至高于许多无土的水系，这主要是由于土壤对农药的吸附催化作用。各种磷酸酯、硫代磷酸酯或者碳酸酯类农药易发生水解反应。

例如，有机磷农药在土壤中易发生酯键上的水解反应，如马拉硫磷，在 $pH = 7$ 的土壤中，降解半衰期为 $6 \sim 8$ h，其降解机理如下：

另外，还有一些农药可在土壤嫌气条件下发生还原反应。例如，氟乐灵在嫌气条件下硝基还原成氨基，再继续分解，其反应机理如下：

第四节　污染物的生物降解

一、 环境污染物在生物体中的迁移转化

生物体为了维持自身的生长繁殖，必须不断从周围环境中吸收物质。而吸收的物质不仅包括了生物体所必需的营养物质，还包含了生物体不需要甚至有害的物质。通常，在受到污染的环境中，污染物会随着营养物质一同进入生物体，并通过生物代谢作用发生一系列的变化，这些变化通常是形态、组分和性质的变化。例如，酚类污染物会被微生物分解成水和二氧化碳，供植物体生长需要，而植物生长过程又可以合成酚，植物死后，残体内的酚又被微生物分解。

而污染物在生物体内的迁移转化过程中，其既可能对生物个体、种群、群落产生负面影响，又可能在复杂的物理化学生物反应作用下被净化。因此，生物过程是污染物生物地球化学循环的关键一环，理解环境污染物的生物过程机理不仅有利于发现污染物的毒性效应，还是研发污染物生物净化技术的基础。

（一） 污染物的生物转运

生物转运是指环境污染物经各种方式和途径同生物机体接触而被吸收、分布和排泄等过程的总称。而环境污染物在被生物机体吸收、分布和排泄的每一过程都需要先通过细胞的膜结构。污染物透过细胞膜的主要方式有被动转运、特殊转运及胞饮作用。

其中，被动转运特点是生物膜不起主动作用，不消耗细胞的代谢能量，包括简单扩散和滤过两种方式。简单扩散指的是污染物顺浓度梯度从生物膜高浓度一侧向低浓度一侧扩散，脂溶性有机物通常采用这种方式进行转运。而滤过过程指的是污染物由亲水性孔道通过生物膜的转运过程，其中亲水性孔道通常由膜上的蛋白质分子的亲水性氨基酸组成，直径一般在 $0.4 \sim 4$ nm，直径小于亲水性孔道直径的水溶性化合物透过生物膜的主要方式就是滤过作用。

特殊转运的特点是具有特定结构的环境污染物和生物膜中的蛋白质构成的载体形成可逆性复合物从而进行转运过程，生物膜有主动选择性。主动转运和易化扩散是特殊转运的两种形式。主动转运是污染物质由生物膜低浓度一侧逆浓度梯度向高浓度一侧转运，因此这种方式需要消耗细胞代谢能量，通常水溶性大分子化合物会采用这种方式进行转运。研究主动转运对于探究从体内排出已经吸收的污染物具有重要的意义。易化扩散指的是环境污染物质与生物膜上的载体结合，顺浓度梯度进行转运，不消耗细胞代谢能量。

胞饮作用是指由于生物膜具有可塑性和流动性，因此，对颗粒状物质和液粒，细胞可通过细胞膜的变形移动和收缩，把它们包围起来最后摄入细胞内。血液中的白细胞的吞噬作用就是胞饮作用。污染物以何种方式通过细胞膜，主要取决于污染物本身的化学结构、理化性质及各种组织细胞膜的结构特征。

（二） 污染物的生物转化

生物转化是指外源化合物进入生物机体后在有关酶系统的催化作用下的代谢变化过

程。污染物经生物转化，对生物的作用受到了直接影响。生物体内的生物转化过程一般分为Ⅰ、Ⅱ两个连续的作用过程，即相Ⅰ反应和相Ⅱ反应。相Ⅰ反应即外源性化合物在有关酶系统的催化下经由氧化、还原或水解反应改变其化学结构，形成某些活性基团（如—OH、—SH、—COOH、—NH$_2$ 等）或进一步使这些活性基团暴露，产生的一级代谢物在另外的一些酶系统催化下通过上述活性基团与细胞内的某些化合物结合，生成二级代谢物。结合产物的极性（亲水性）一般有所增强，利于排出。经相Ⅰ反应产生的一级代谢产物也可以直接排出体外，或直接对机体产生毒害作用。此外，也有一些外源性化合物本身已含有相应的活性基团，因而不必经过过程Ⅰ，即直接进入过程Ⅱ与细胞内的物质结合而完成生物转化。相Ⅱ反应又称为结合反应，是指相Ⅰ反应的产物或带有某些基团的外源性化合物在酶的作用下，与细胞内物质发生结合反应。其作用一方面可以使有毒化合物某些功能基团失活，另一方面可以使大多数化合物的水溶性增加，从而由肾脏加快排出，因此结合反应也是一种解毒反应。结合反应由于结合物种类的不同可以分为不同类型，如表11-11 所示。

表11-11　结合反应的主要类型

结合反应类型	结合物	异物或某一级代谢物
葡萄糖醛酸化	UDPGA	酚、醇、羧酸、胺、磺胺、硫醇
硫酸化	PAPS	酚、芳香胺、醇
甲基化	SAM	多元酚硫醇、胺、N-杂环化合物
乙酰化	乙酰辅酶A	胺、芳香胺、氨基、化合物
甘氨酸结合	甘氨酸	羧酸（以酰基辅酶A形式）
谷胱甘肽结合	谷胱甘肽	卤化物硝基化合物、环氧化物

（三）污染物在生物体内的浓缩、积累与放大

各种物质进入生物体内，经过一系列代谢作用后，其中生命必需的物质，部分参与了生物体内的构成，多余的物质中，易分解的会经代谢作用很快地排出体外，而对于不易分解、脂溶性较强、与蛋白质或酶有较高亲和力的物质就会长期残留在生物体内。当生物机体或处于同一营养级上的许多生物种群，从周围环境中蓄积某种元素或难分解的化合物，使生物体内该物质的浓度超过环境中的浓度的现象就称为生物浓缩，生物浓缩的程度用浓缩因子或富集因子来表示，也可认为是生物机体内某种物质的浓度和环境中该物质浓度的比值，其大小与物质本身的性质以及生物和环境等因素相关。生物积累是指生物在其整个代谢活跃期通过吸收、吸附、吞食等各种过程，从周围环境中蓄积某些元素或难分解的化合物，以致随着生长发育，浓缩系数不断增大的现象。生物放大是指在生态系统中，由于高营养级生物捕食低营养级生物，导致某种元素或难分解化合物在生物机体中的浓度随着营养级的提高而逐步增大的现象，又称为生物学放大。

二、污染物的生物降解原理

生物降解是指由于生物的作用，污染物大分子被转化为小分子，从而实现污染物的分解或降解。在各种生物中，微生物的降解作用最大，在废水生物处理等领域中运用最为广泛，其降解机理研究也相对更为成熟。但随着环境问题的不断发展，污染土壤修复、固体废物处理等需求的不断增长也促进了对植物、真菌、昆虫等生物转化原理的研究。

（一）微生物对污染物的降解与转化

自然环境中的有机物，受到物理、化学和生物的作用而降解转化。许多微生物可以对生物外源性物质进行化学转化使其转变成为毒性较小或易于被其他微生物所降解的化合物，转化形式主要是一系列化学反应。而微生物对污染物的降解是指在微生物的作用下，大分子化合物一步步变成小分子化合物的过程。有些污染物可以被彻底降解，变成水和二氧化碳等小分子化合物或元素，而有些污染物质则不能被彻底降解。微生物对污染物的降解与转化速率往往不尽相同，有的转化速率很快，例如，一些较易代谢的化合物进入微生物含量高的水体或土壤中都能很快地被净化，而金字塔中的千年木乃伊则能保持很长时间不腐烂，这主要是因为金字塔中的环境不适宜微生物的生存，因此代谢速率很慢。

在自然界，各种转化作用往往是综合交叉发生的。光解或水解反应可使化合物分子变小，从而使生物降解更容易进行。而完全的生物降解通常是由混合种群的综合作用而非靠单一菌种的作用。此外，值得注意的是，在生物降解过程中产生的中间体可能会更难降解，并且往往会在自然环境中长时间停留，甚至有的还会对人类身体健康产生危害，如致癌、致畸及致突变。

（二）微生物对物质降解与转化的特点

微生物对环境中的物质具有强大的降解与转化能力，主要因为微生物有以下特点。

1. 体积小，比表面积大

微生物的体积非常小，以大肠杆菌为例，一个大肠杆菌的大小为 $0.5 \sim 3 \ \mu m$，成年男性的头发直径一般为 $0.08 \sim 0.4 \ mm$，一个大肠杆菌相当于成年男性头发丝直径的 $1/100$，而物体体积越小，其比表面积就越大。因此，微生物具有非常可观的比表面积，对于营养物质的接收、代谢废物的排泄与环境信息交换都有积极影响。

2. 种类多，分布广泛

微生物主要包括细菌、真菌、病毒及一些原生生物，涵盖了有益和有害的众多种类。在各种环境中，凡是有生物存在的地方都有微生物的存在，即使是在极端环境中，一些极端微生物也可以生存。正是由于各种微生物的存在，才使得形形色色的环境污染物都得以降解。

3. 繁殖快，适应强，易变异

由于微生物的比表面积大，因此其对环境条件的变化有很高的敏感性，又由于微生物繁殖速度很快，例如，大肠杆菌的世代时间为 $16.5 \sim 17 \ min$，深红红螺菌的世代时间为 $5 \ min$，因此，微生物可以在较短的时间内产生大量变异的后代，还可以通过基因突变，改变代谢类型，从而降解环境中新的污染物。

4. 有多种降解酶，降解能力强

微生物体内有一种环状 DNA 分子，称为降解性质粒，当环境中存在有毒物质时，降解性质粒就可以给微生物体带来具有选择优势的基因产物。研究发现，复杂芳烃类化合物的降解往往需要降解性质粒的存在。当把不同菌株的降解性质粒转移到一个微生物体内时，就可以得到一个多质粒菌株，这对利用微生物研究有机废物资源化具有十分深刻的意义。

5. 共代谢作用

对于不能为微生物生长提供可利用能源的有机物，即微生物只能使有机物发生转化，而不能利用其作为碳源和能量以维持生长的，必须补充其他基质，这就称为共代谢作用。大部分难降解的污染物都是通过共代谢降解的，通过添加额外的一些碳源及能源物质可以促进微生物的生长，有助于提高降解效率。有研究发现，根际土壤内芘的降解在有菲存在的条件下可以得到促进。

（三）微生物降解污染物的一般途径及影响因素

动物、植物和微生物能分解各种有机物，特别是微生物能通过它的代谢活动，发生氧化还原脱羧基脱氨基、加水分解脱水、酯化等种种反应。因此，自然界化学物质的降解虽然常是光降解、化学降解和生物降解三种方式综合交叉进行的，但其中与微生物代谢的化学作用关系最大。微生物通过它的代谢活动表现出在环境中的化学作用主要有：氧化作用、还原作用、脱羧作用、脱氨基作用、水解作用、酯化作用、脱水作用、缩合作用、氨化反应及乙酰化作用。影响微生物对物质降解转化作用的最主要因素是微生物本身的代谢活性，其次，微生物的适应性和被驯化的能力、污染物的化学结构、环境物理化学因素（如温度、酸碱度、营养、氧、底物浓度）、降解或转化污染物后生成的中间体或终产物等，都会影响微生物的降解转化效率。

（四）典型污染物的微生物降解

微生物降解环境污染物的本质是通过好氧分解与厌氧分解将污染物转化为无机物的过程，其中，好氧分解主要是指细菌和真菌的好氧呼吸，涉及的主要过程为：有机 $C \rightarrow CO_2 +$ 碳酸盐+重碳酸盐、有机 $N \rightarrow NH_3 \rightarrow HNO_2 \rightarrow HNO_3$、有机 $S \rightarrow H_2SO_4$、有机 $P \rightarrow H_3PO_4$，生成物往往无毒无臭。厌氧分解主要指的是厌氧细菌的发酵和厌氧呼吸，涉及的主要过程为：有机 $C \rightarrow RCOOH$（有机酸）$\rightarrow CH_4 + CO_2$、有机 $N \rightarrow RCH(NH_2)COOH \rightarrow NH_3$（臭味）+有机酸（臭味）、有机 $S \rightarrow H_2S$（臭味）、有机 $P \rightarrow PO_4^{3-}$。接下来详细介绍几种常见污染物的降解与转化。

1. 生物大分子有机物的降解

（1）多糖类的转化

多糖类是一类高分子缩聚物，如纤维素、淀粉、原果胶、半纤维素等。微生物降解多糖类物质时通常都是先利用相应的细胞外酶系统将其水解成单体，然后再由细胞内酶进一步降解。接下来详细介绍纤维素、半纤维素、淀粉及原果胶的基本降解原理。

纤维素是植物细胞壁的主要成分，是天然有机物中数量最大的一类环境污染物，有待进一步开发利用。由于纤维素由 300～2 500 个葡萄糖分子组成，因此其性状稳定，只有在纤维素降解菌的作用下，纤维素才会被分解为二糖或单糖。与纤维素相比，半纤维素比较容易被微生物降解。

淀粉是重要的碳源和能源物质，异养微生物产生的淀粉酶，可以将淀粉水解成麦芽糖和葡萄糖，再进入细胞内被微生物分解、利用。

原果胶是高等植物细胞间质的主要成分，并且不溶于水。在原果胶酶的作用下，原果胶被水解成可溶性果胶和多缩戊糖，可溶性果胶又在果胶甲基酯酶作用下被水解成果胶酸，之后进一步被果胶酸酶水解，生成半乳糖醛酸，半乳糖醛酸进入细胞内，通过糖代谢途径被分解、利用并释放出能量。

（2）木质素的生物降解

木质素主要存在于植物木质化组织的细胞壁中，是一种高分子的芳香族聚合物，其功能是增强植体机械强度。木质素的结构十分复杂，是由以苯环为核心，带有丙烷支链组成的一种或多种芳香族化合物（如苯丙烷、松柏醇等）缩合而成，并常与多糖类结合在一起。分解木质素的微生物主要是真菌中的担子菌类，如干腐菌、多孔菌、伞菌等。自然环境中，木质素在微生物的作用下，先被分解成芳香族化合物，再由细菌、放线菌、真菌等继续进行分解。

（3）脂类的生物降解

动植物体内脂类物质主要有脂肪、类脂质和蜡质等。它们的生物降解过程主要是在脂肪酶的作用下，油脂被转化为甘油和高级脂肪酸；在磷脂酶类作用下类脂质转化为甘油（或其他醇类）、高级脂肪酸、磷酸和有机碱类；蜡质在酯酶类作用下生成高级醇和高级脂肪酸。

2. 烃类的转化

烃类是一系列分子质量由 16 到 1 000 左右的碳氢化合物。其中有的是气体，如甲烷、乙烷、丙烷、丁烷、乙烯、丙烯、乙炔；有的是挥发性液体，如苯、甲苯；也有固体，如蜡。它们分别属于烷烃类、烯烃类、炔烃类、芳烃类、脂环烃类。

（1）烷烃类

首先以甲烷为例，目前已分离出一百多个能依靠甲烷生长的具有专一性的甲基营养型细菌，主要有：甲烷氧化弯曲菌（*Methylosinus*）、甲基孢囊菌（*Methylocystis*）等。

甲烷氧化的途径如下：

$$CH_4 \rightarrow CH_3OH \rightarrow HCHO \rightarrow HCOOH \rightarrow CO_2$$

由甲烷到甲醇的氧化涉及一个单加氧酶系统，其机理可能如下：

$$CH_4 + 2\,细胞色素 - C_{co}Fe^{2+} + 2H^+ + O_2 \rightarrow CH_3OH + 2\,细胞色素 - C_{co}Fe^{3+} + H_2O$$

由甲醇转化为 CO_2，涉及多种脱氢酶系。部分甲烷还参与菌体的组成。

乙烷、丙烷、丁烷的降解通常依靠降解甲烷微生物的共代谢作用，即这些微生物利用甲烷作为维持自身生长的营养物质，与此同时把乙烷、丙烷、丁烷等降解成一些酸类或酮类，这些酸类或酮类可以比较容易地被其他微生物进一步降解。除此之外还存在专门降解乙烷、丙烷等的微生物。

高级烷烃类的降解通常有以下三种途径：生成羧酸、生成二羧酸及生成酮类。其中，比较常见的是生成羧酸。主要过程机理为：在单加氧酶的作用下，一个末端的甲基变成一种伯醇，再经过两步连续的脱氢作用先后生成醛和脂肪酸，脂肪酸再通过 β-氧化，降解为乙酸，乙酸进入三羧酸循环（tricarboxylic acid cycle，TCA）最后彻底降解为 H_2O 和 CO_2。

参与反应的微生物主要是食油假单胞菌（*Pseudomonas oleovorans*）及一种棒状杆菌。

（2）烯烃类

烯烃类的微生物降解过程受双键位置的影响较大。当双键在中间部位时，通常和烷烃类代谢方式相似；而当双键在1，2碳位时，则有三种可能：① 水加到双键上，形成醇类。② 生成一种环氧化物，再氧化成二醇。③ 在分子饱和末端先发生反应。

（3）芳烃类

芳烃类的微生物降解过程一般都是从侧链开始分解，之后再进行芳香环的氧化：引入羟基、环开裂，随后氧化过程和脂肪类的降解相似，最终被分解为 CO_2 和 H_2O。以芘为例（图11-9），通过K区氧化降解进入TCA循环是芘降解的主要途径之一，该途径下芘的降解可分为三种途径：① 芘在K区被降解为二羟基菲，随后被转化为邻苯二甲酸，继续被降解并最终进入TCA循环完成反应；② 芘首先在K区进行双加氧反应生成二氢二醇，二氢二醇继续反应生成邻苯二甲酸盐，接着进一步降解为原儿茶酸，继续转化为TCA循环的中间体进入中心代谢完成降解；③ 芘首先在K区被氧化为4，5-二羟基芘，随后进行氧化和环裂解反应生成菲和邻苯二甲酸二异丙酯，其继续被氧化为2-羟基-苯甲酸戊酯，再被降解为苯甲酸，最终被转化为丙酮酸进入代谢生成 CO_2。

（4）脂环烃类

脂环烃类可以说是最难降解的烃类。脂环化合物通常不能作为微生物生长的直接碳源，并需要两种氧化酶的共同作用才能将其降解，基本过程是一种氧化酶先将其氧化为环醇，接着脱氢形成环酮。目前已知有两种假单胞菌能通过共代谢作用降解环己烷，它们以庚烷作为碳源与能源，把环己烷共氧化为环己醇，环己醇再被许多其他微生物降解，实现环己烷的转化。

3. 石油的微生物降解

石油是一种复杂混合物，由链烷烃、环烷烃、芳香烃等组成。石油的生物降解性由构成它的烃分子的类型及大小决定，中等长度的正构烷烃最易降解（表11-12）。据报道，能够降解石油的微生物有200多种，细菌、放线菌、霉菌和酵母菌属中都存在能够降解石油的菌种。石油烃类的降解分为好氧降解和厌氧降解。好氧降解是在好氧微生物和兼性微生物作用下，将有机物转化为 CO_2、H_2O 和 NH_3 等，降解时需要充分供氧，pH需维持在6.5~8.5，转化速率较快。厌氧降解是指在厌氧菌和兼性菌作用下，有机物被转化为 CH_4 和 NH_3 等。厌氧降解往往速率慢，所需时间长，并且对环境的要求比较严苛，pH需维持在6.7~7.4。

表11-12 各类烃的降解过程和产物

烃类	具体的降解过程和产物
正烷烃	正烷烃→羧酸→二碳单位的短链脂肪酸+乙酰辅酶 A+CO_2
烯烃	烯烃→二羧酸
环烷烃	环烷烃→环醇→环酮
芳香烃	芳香烃→二醇→邻苯二酚→三羧环循环的中间产物

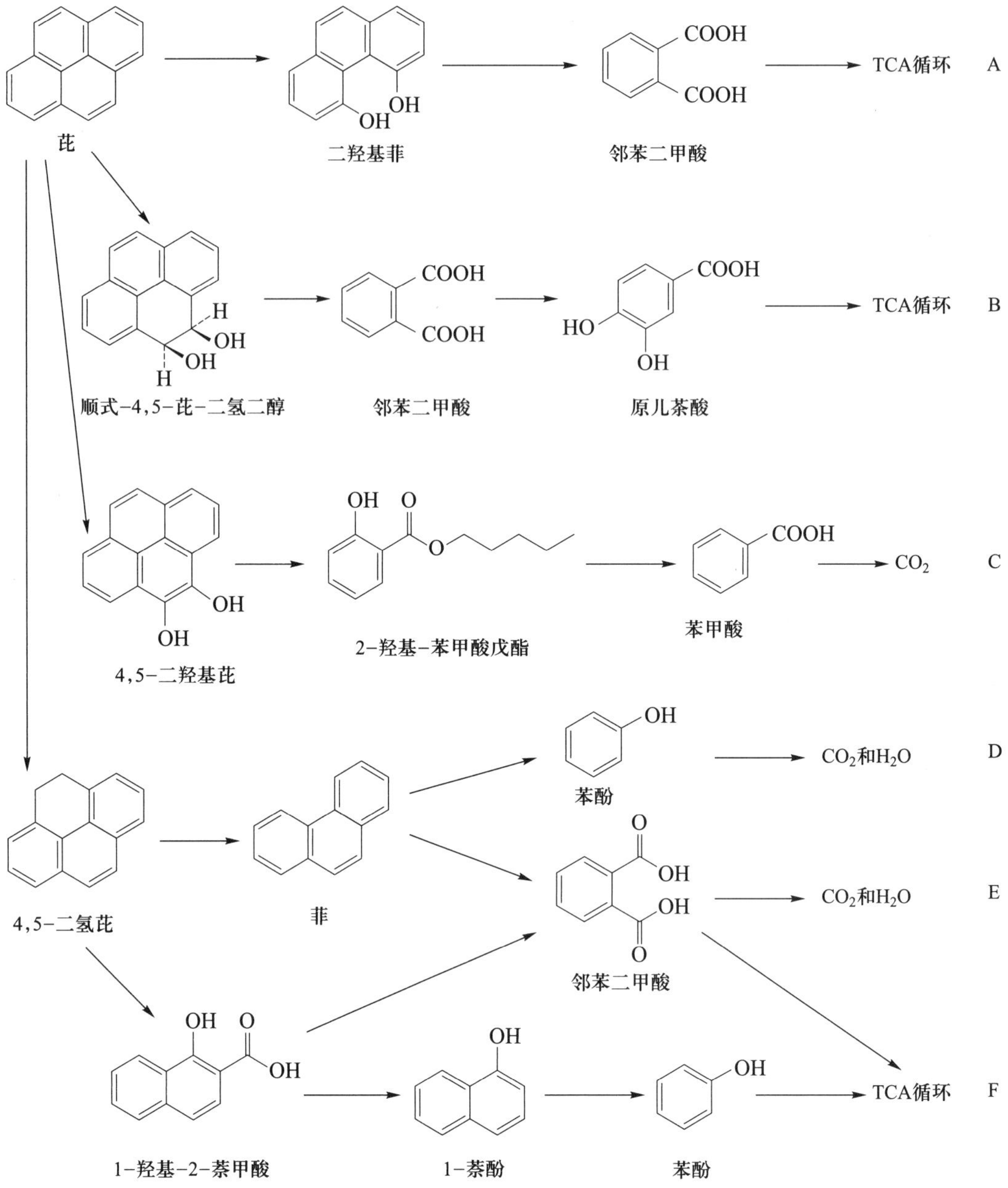

图 11-9　芘的降解途径

第五节　污染物的界面过程

　　污染物在大气、土壤、水体、生物等介质间的迁移、转化和累积均为界面行为。界面通常决定污染物的赋存形态，影响其迁移转化过程，从而影响污染物的生态效应和环境风险。

环境污染物的界面过程研究是控制、修复环境污染的重要基础，也是环境科学与工程研究的前沿基础领域。本节主要介绍典型污染物(重金属、有机污染物)的界面过程，用以描述这些污染物在各个界面的迁移、转化和归趋规律。

一、重金属的界面过程

重金属一般指的是密度大于 4.5 g/cm³ 的金属，包括金、银、铜、铁、汞、铅、铬、镉等，其界面过程存在于它的产生、转移及治理等多个过程。重金属在人体累积会造成慢性中毒，并且重金属在环境中难以被自然降解，会在食物链的作用下成倍富集，从而威胁人类健康。因此，在环境中应用较广、毒性较高的汞、镉、铬、砷、铅等重金属(砷为非金属)，在环境领域中受到研究者的广泛关注，同时由于这些重金属的危害较大，均被列入生态环境部公布的有毒有害水污染物名录(第一批)。

（一）汞

汞是唯一在常态下以液体存在的金属，俗称水银。其蒸气和化合物大多有剧毒性，是一种典型的致癌重金属。

不论是单质汞、还是无机汞和有机汞都对人体有毒害作用。通常说的水银即单质汞，挥发性强，进入人体血液中会进入血清被输送并停留在大脑中，或沉积在肌肉、乳腺、肾脏、皮肤、甲状腺等人体组织或者器官中，导致功能性障碍，而排出汞的半衰期则根据沉积位置的不同而不同，在几天到几年不等。甲基汞是有机汞在环境中的主要存在形式，也是最容易通过鱼类累积的汞物质，进入人体的甲基汞易通过血液流通到全身各处的组织和器官，包括大脑、肾脏及胎盘等，甲基汞在人体中的半衰期在 70 d 左右。而无机汞中的朱砂常用作传统中药，毒性甚至是甲基汞的千倍左右，主要损伤肾脏。

汞在自然界的含量较少，主要来源是火山喷发和地质沉积，但是分布较广，在水体、土壤和大气中均有存在。汞污染主要是由于工业应用造成大量汞进入环境，而汞相对于其他金属而言，能以零价态存在于大气、土壤和水体中，同时汞和汞化合物还具有易挥发的性质，其中，有机汞更易挥发。空气中的汞就是因为汞的化合物在使用、加工的过程中在土壤、水体中挥发所导致，而空气中的汞吸附到颗粒物上，最终落入土壤或者水体中，进入土壤的汞会沉积到底泥中，最终随着沉积物进入海洋，并且在迁移转化的过程中随着食物链累积到人体，导致中毒。例如，受到汞污染的水体中的鱼体内的汞含量就比水中高万倍以上，随着食物链累积进入人体的汞是人类汞中毒的重要来源，受到学者的广泛关注和研究。1953 年日本熊本县发生的水俣病就是由于生产氯乙烯的工厂使用汞作为催化剂，污水没有经过处理大量排放，而汞在水生生物中形成了汞的甲基化合物所致。

汞在环境中的行为主要和环境的氧化还原电位及 pH 紧密相关。Hg^{2+} 和 $Hg(OH)_2$ 等在更高的 pH 和氧化还原电位条件下是稳定的。土壤中的汞由于低环境氧化还原电位和硅酸盐水解，发生如下反应：

$$Hg^{2+} + 2HS^- + 2OH^- \longrightarrow 2H_2O + HgS_2^{2-}$$

因此位于沉积物上的汞就会溶解进入水体，加大了汞的迁移扩散的风险。

（二）镉

镉是一种有色重金属，常用于电镀、颜料等行业。

　　1955 年的日本富山县痛痛病即是镉的滥用和无管理排放所致，由于上游锌矿冶炼排出大量含镉废水被用作饮用水和灌溉水，直接或间接进入人类的食物链，最终让周围居民产生由镉引发的慢性病。镉通过食物链被人体吸收后会在体内形成镉硫蛋白积蓄到肾脏和肝脏等重要器官，干扰正常的人体代谢，引发中毒。症状表现为从发病时的疼痛到骨萎缩、骨弯曲等，到最后呼吸困难、身体极易骨折，通常患者会在极度疼痛中死亡，故称痛痛病。

　　镉在自然界丰度较低，约为 20 ng/g，常与锌、铅共生，所以冶炼锌会产生大量镉污染，同时，在冶炼铅时也会产生镉污染。镉在环境中易形成配合物或者螯合物，为 +2 价，受氧化还原电位和 pH 影响下，价态稳定，只是结合的基团发生改变，例如，在氧化性淡水中，主要存在形式为 Cd^{2+}，在厌氧水体中，大多为 CdS，这是由于厌氧微生物利用 SO_4^{2-}，与镉作用形成 CdS，这也是在缺氧水体中镉的赋存量明显要少于有氧水体的原因，反应过程如下：

$$2CH_2O + SO_4^{2-} + H^+ \longrightarrow 2CO_2 + HS^- + 2H_2O$$
$$CdCl^+ + HS^- \rightarrow CdS(s) + H^+ + Cl^-$$

　　环境中的镉主要来源于工业生产。如有色金属的冶炼、矿石的煅烧、塑料制品的焚烧都会将硫酸镉、硒硫化镉等含镉化合物排放到大气中，以气溶胶或者吸附在固体颗粒的形式存在，最后通过干、湿沉降进入地表水或者土壤表面。土壤中的镉污染同样和工业有关，例如，在炼铝厂下风口的土壤中，镉的含量较高，含镉废料的堆积也会造成土壤中镉含量过高，土壤中的镉通过地表径流和下渗进入水体。水体中的镉污染主要来自地表径流和工业废水，例如，制取硫酸和磷肥时排出的废水，以及有色金属冶炼形成的镉颗粒等。虽然镉同样也会沉积到水环境的底泥中，被底泥吸附，但是镉的化合物在水中溶解度比汞大，所以更容易随着水体迁移。

（三）铬

　　铬比较特殊，三价铬是人体必需微量元素，参与到人的代谢功能和胰岛素的功能，但是六价铬对人体有严重毒害作用，六价铬吸入会导致支气管炎和哮喘，入口会导致腹泻、便血，暴露严重时甚至致癌。

　　铬在自然界的主要来源是岩石风化，大多呈三价，而废水中的铬主要是含六价铬的铬酸根离子（CrO_4^{2-}）。铬在大气中约为 1 ng/m^3，在水中可以高达 40 μg/L，在海水中的正常值为 0.05 μg/L，但是海洋生物对铬却有较强的富集作用，其铬的含量可达到 50~500 μg/L。工业污染是铬污染的主要来源，包括铬的开采、冶炼和电镀、皮革、染料工业排出的含铬废气、废水和废渣。进入水体中的三价铬会在低 pH 的条件下形成较为稳定的配合物，随着 pH 的增大，沉淀效果增强，接近中性时完全沉淀。在强碱介质中，三价铬会向六价铬转化，而在酸性条件下，六价铬被还原成三价铬。而进入生物的铬容易被排泄出生物体外，所以食物链的毒性累积效应较汞、镉低。

（四）砷

　　砷是一种非金属，但其中毒后的解毒方式和重金属相似。As_2O_3 是典型的有毒物质，俗称砒霜。

　　砷化物会被人体的呼吸道、消化道和皮肤吸收，逐渐累积于肝、肾、肺等器官和组织中。单质砷毒性较低，但是砷的氧化物和砷酸盐的毒性较高，砷的价态也影响毒性，其中三价砷的毒性较五价砷更高。三价砷和细胞中的含巯基的酶作用后，会抑制细胞氧化，并且还会麻痹血管运动中枢。砷排出人体的途径主要为排泄。

砷的来源分为天然来源和人为来源。天然来源主要是砷黄铁矿、雄黄矿、雌黄矿，地壳中的砷含量在 $1.5 \sim 2 \ mg/kg$，土壤本底值在 $0.2 \sim 40 \ mg/kg$，空气中的砷在几纳克每立方米，地表水中的砷含量较低，只有一些特定的温泉水中砷含量较高，例如，日本地热水中的砷为 $1.8 \sim 6.4 \ mg/L$。人为来源主要是以含砷化合物农药为主，如砷酸铅、亚砷酸钠和有机砷酸盐等。

砷在水中的主要形态受到 pH 和 pE 的影响。在氧化还原电位高，pH 为 $4 \sim 9$ 时，砷以 $H_2AsO_4^-$，$HAsO_4^{2-}$ 形式存在，在氧化还原电位低，pH 小于 4 时，以 H_2AsO_3 为主；在 pH 大于 12.5 时，以 $H_2AsO_3^-$ 为主。在土壤中，砷则是和铁、铝水合化合物以胶体的形式结合，水溶态的砷在土壤中极少。土壤中的砷容易被带正电荷的胶体所吸附，如 $Fe(OH)_3$ 和 $Al(OH)_3$。不仅如此，氧化还原电位降低会使砷的主要形态从 AsO_4^{3-} 转化成容易被植物吸收的 AsO_3^{3-}，同时 pH 升高，胶体所带正电荷减少，可溶性砷含量增加。

（五）铅

铅是一种高密度柔软金属，是最早被人类提炼并使用的金属之一。

进入人体中的铅会形成难溶性的磷酸铅沉积于骨骼中，其余则通过排泄系统排出体外。铅会损害神经造血系统引起贫血，影响神经系统造成运动和感知障碍，常接触铅的人，当血铅在 $60 \sim 80 \ \mu g/100 \ mL$ 时，会引起身体不适，如头痛、疲乏、失眠等症状，并常伴有食欲不振、便秘、腹痛。

铅在自然界的储量比较丰富，约占地壳含量的 0.001 6%。矿产资源主要以方铅矿（PbS）、白铅矿（$PbCO_3$）和硫酸铅矿（$PbSO_4$）为主，少量铅存于其他矿石中，如铀矿和钍矿。铅是目前蓄电池、橡胶、弹药、颜料、塑料、电缆等物质的原材料，同时也是汽油的添加剂，含铅的化合物如硼酸铅盐可用于玻璃制造、防火涂料、漆催干剂，电子粉体材料、彩色电子超黑显像管中也含铅。铅的广泛应用也造成一定程度的铅污染，主要的含铅污染源包括涉及铅冶炼、制造和使用的工矿企业，在生产过程中所排出的含铅"三废"，含抗爆剂（四乙基铅）汽油在使用时排出的含铅废气。

铅的环境行为主要如下：大气中的铅以气溶胶和颗粒物等形态在大气中迁移，后经过干、湿沉降进入地表水和土壤。在土壤中的铅比较稳定，为残渣态和铁锰氧化态，pH 升高后，铅主要为 $Pb(OH)_2$、$PbCO_3$、PbS 沉淀，土壤中铅的赋存形态与土壤的酸度相关，在土壤开始酸化时，土壤中的 H^+ 会逐渐将铅重新释放出来，使土壤中更容易通过地表径流和淋溶进入地下水和地表水中的可溶性铅增加，增加进入人体的风险。水中铅含量过高会影响水体的自净作用，河水中的铅主要是以与悬浮颗粒物结合的形态而存在，其赋存形式和 pH 有关。在 pH>6.0 的水体中，当水体中不存在足够的配体和 Pb^{2+} 形成可溶性配合物时，可溶性的铅就逐渐降低，在酸性条件（pH<6.0）下，铅易和腐殖酸形成较稳定的螯合物。有机铅在水中溶解性较低，易被光照分解。

二、有机污染物的界面过程

（一）持久性有机污染物

持久性有机污染物（persistent organic pollutants，POPs）指通过各种环境介质能长距离、长期存在于环境中，具有高毒性、持久性、远距离迁移性和生物累积性，对环境和人类健康有严重危害的天然或人工的有机污染物质（图11-10）。

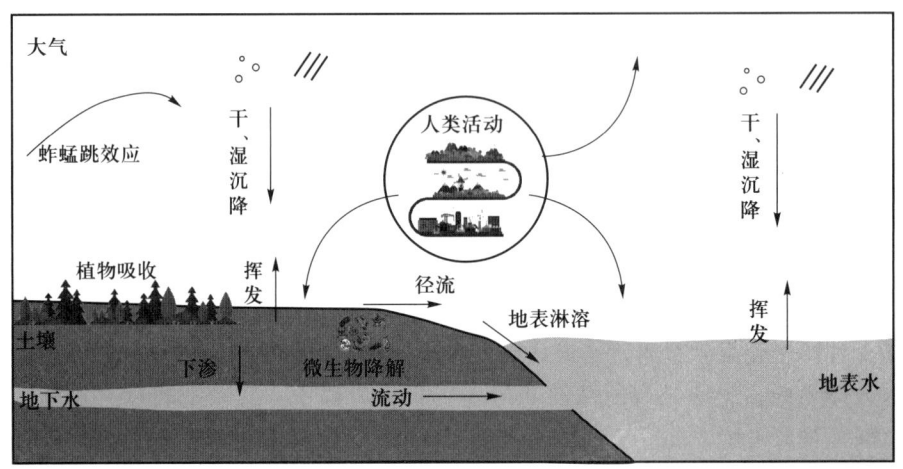

图 11-10　持久性有机污染物在环境中的迁移转化

POPs 包括三类：第一类是农业生产上使用的有机氯农药，包括滴滴涕、氯丹、灭蚁灵、艾氏剂、狄氏剂、异狄氏剂、七氯、毒杀酚等；第二类是工业生产过程中产生的化学品，如六氯苯和多氯联苯（PCBs）；第三类是生产过程中产生的副产品，如二噁英（多氯二苯并对二噁英（PCDD））、呋喃（多氯二苯并呋喃（PCDF））。

持久性有机污染物的全球循环涉及大气、土壤、水体、生物等层面的迁移转化。大气中的干、湿沉降是 POPs 循环中重要的过程，大气中的 POPs 以这种方式进入土壤、海水等界面，通过洋流和大气环流进行空间尺度的传输，在大气的传输过程中，温度的改变让POPs 产生蚱蜢跳的行为，即气温较低时，POPs 会沉降到地表，温度升高时，POPs 挥发进入大气。经过传输、沉降和气-地交换等环境过程，POPs 最终汇入海洋、冰冻圈、森林和土壤中，进入水体、土壤的 POPs 通过食物链进行累积，后通过动植物的排泄、死亡回归土壤和水体，土壤和水体中的 POPs 则通过挥发等作用进入到大气中。

（二）有机卤化物

有机卤化物指的是含有卤素的有机物，常见的有机卤化物包括卤代烃、多氯联苯、有机氯农药等。

1. 卤代烃

卤代烃主要是指烃中的氢被卤素取代后形成的化合物，根据取代卤素的不同可以分为氟代烃、氯代烃、溴代烃和碘代烃。

卤代烃的毒性在于其进入人体后会侵犯人体神经中枢或者累积于人体内脏导致中毒。

卤代烃的毒性大小和取代基、卤代烃的饱和程度、卤素取代个数等有关，例如，碘代烃的毒性>溴代烃>氯代烃>氟代烃，饱和卤代烃比不饱和卤代烃毒性更强，多卤代烃的毒性比卤素少的烃要强。

卤代烃主要是通过自然和人为途径进入大气，大气中的卤代烃主要以 CH_3Cl、CCl_2F_2、CCl_3F、CCl_4、CH_3CCl_3、$CHClF_2$ 为主。人类活动是这些物质的主要来源，例如，CH_3Cl 除了部分来源于海洋外，主要来源于汽车尾气和聚氯乙烯等废物的燃烧；CCl_2F_2、CCl_3F 由于广泛应用于制冷剂、塑料发泡剂等而在大气中累积。CCl_4 则是广泛被用作灭火剂、干洗剂，同时也是制备氟利昂的原料之一。

卤代烃的大气消除过程包括脱氢、光解等过程，直至反应成氯化氢在降雨时被清除。

2. 多氯联苯

多氯联苯(PCBs)是联苯中的氢原子被多个氯原子取代形成的氯代芳香烃化合物(图11-11)，是一类致癌物质。纯化的 PCBs 一般为晶体，混合物则是油状液体，黏稠度随氯原子数增加而增加。PCBs 物理化学性质稳定，耐腐蚀，绝缘、隔热性能好，抗氧化，因此广泛被生产作为绝缘油、热载体和润滑油等，PCBs 还可作为涂料、复印纸等产品的添加剂使用。

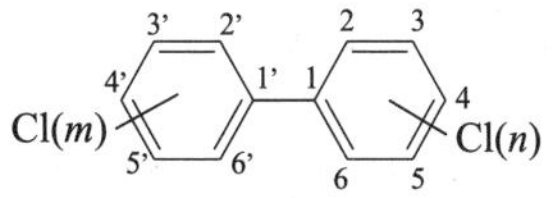

图 11-11　多氯联苯结构图

注：氯取代个数 $1 \leqslant m+n \leqslant 10$

由于 PCBs 挥发性较低，溶解度较小，其在大气、水体中的含量较小。例如，美国大气中 PCBs 质量浓度通常在 $1 \sim 10$ ng/L；PCBs 在水中最大残留量很少超过 2 ng/L，而地下水中的 PCBs 被越来越多地检测出来。此外，PCBs 易被颗粒物吸附，所以在沉积物中，PCBs 含量可达 $2\,000 \sim 5\,000$ μg/kg。

PCBs 易在食物链富集。水生植物中 PCBs 富集系数为 $1 \times 10^4 \sim 1 \times 10^5$。随鱼类对水生植物的食用，PCBs 在鱼类(湿重)中的含量在 $1 \sim 7$ mg/kg，甚至通过食物链的富集，在人乳中也能检测到 PCBs。

环境中的 PCBs 具有较强的毒性，例如，水中 PCBs 质量浓度为 $10 \sim 100$ μg/L 时，便会抑制水生植物的生长；黑头鲹鱼与 PCBs 接触 30 d，其半致死量为 3.3 μg/L；PCBs 对哺乳动物的肝脏可诱导腺瘤及癌症等症状。

PCBs 主要通过挥发进入大气中，随干、湿沉降转入湖泊和海洋。进入水体的 PCBs 则吸附在颗粒物上，随时间沉到水体底部的沉积物中，而由于 PCBs 较为稳定，沉积物中的 PCBs 并不容易被降解，当然也有部分 PCBs 在环境中发生化学或者生物转化。而 PCBs 在环境中的主要转化途径是光化学分解和生物转化。

(1) 光化学分解：PCBs 在紫外线作用下发生碳氯键断裂，产生芳基自由基发生二聚反应，2，2′，6，6′邻位上碳氯键会在此过程中优先断裂，从而破坏了联苯的平面结构，使其激态分子变得不稳定，直到邻位碳氢键断裂后，联苯分子的共轭平面结构得到恢复，故邻位碳氯键优先断裂。

(2) 生物转化：单氯到四氯联苯均可被微生物降解，而高取代的 PCBs 不易被生物降解。PCBs 的生物降解性取决于化合物中碳氢键数量和氯原子数量。相应的未氯化碳原子数越多，也就是含氯原子数量越少，越容易被生物降解。

PCBs 也可以被代谢作用转化，转化速率随分子中氯原子的增多而降低。例如，含五氯或六氯 PCBs 仍然可被缓慢氧化，但七个氯以上的高氯 PCBs 则几乎不被代谢转化。

目前 PCBs 的处理方法主要是焚烧，但是产物中常含有强致癌物质——多氯二苯并对二噁英，所以发展其他更加绿色、高效的方法处理 PCBs 也是研究的热点。

3. 多氯二苯并对二噁英和多氯二苯并呋喃

多氯二苯并对二噁英（PCDD）和多氯二苯并呋喃（PCDF）是目前已知的毒性最大的有机氯化合物（图 11-12）。这两类污染物可以形成 75 种 PCDD 异构体和 135 种 PCDF 异构体。PCDD 和 PCDF 的毒性强烈取决于氯原子在苯环上取代的位置和数量，其中以 2，3，7，8-四氯二苯并对二噁英（即 2，3，7，8-TCDD）毒性最强。

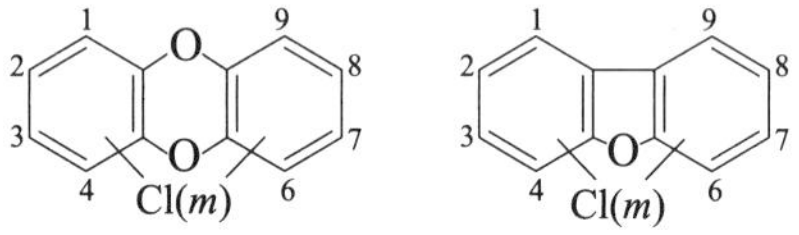

图 11-12　PCDD 和 PCDF 结构图

由于 PCDD 和 PCDF 具有相对稳定的芳香环，并且越高的卤素含量越能提升其在环境中的稳定性、亲脂性、热稳定性及耐氧化还原的能力，使它们在环境中可以广泛存在。

PCDD 和 PCDF 主要是在某些物质的生产、冶炼燃烧及使用和处理过程中进入环境。例如，用于森林除草剂的 2，4，5-三氯苯氧乙酸（2，4，5-T）和 2，4-二氯苯氧乙酸（2，4-D），制作氯酚（杀菌剂、防腐剂）的副产物，PCBs 产品中和生产苯氧乙酸除草剂、氯酚、PCBs 的化学废物中。

由于 PCDD 和 PCDF 在水中的溶解度较小，如 2，3，7，8-TCDD 在水中的溶解度为 0.2 pg/L，所以一般 PCDD 和 PCDF 主要存在于大气颗粒物、土壤和沉积物中。而水体中的 PCDD 和 PCDF 主要以地表径流和生物富集的形式迁移。例如，在越南南部，由于 2，4，5-T 的大量使用，西贡河中鱼（湿重）的 TCDD 平均含量为 70～810 ng/kg。而鱼体对 TCDD 的生物浓缩系数为 5 400～33 500，PCDD 和 PCDF 通过食物链的富集对人类造成较大威胁。2，3，7，8-PCDD 是已知最毒的几种环境污染物之一，0.1 ng/L 即可抑制蛋的发育。当鳄鱼暴露在含 TCDD 为 2.3 mg/kg 的饵料中 71 d 后，平均死亡率高达 88%。PCDD 的同系物和衍生物对鱼类的毒性比 2，3，7，8-TCDD 小得多。TCDD 对哺乳动物也具有毒性，表现出急性慢性和次慢性效应。在急性发作期间，肝是主要受害器官。

自然界中微生物对二噁英和呋喃分子结构的影响较小，通常难以自然消除。二噁英和呋喃的控制主要是通过加强资源回收，减少含 PCDD 和 PCDF 的物质进入垃圾，并且对其进行过程控制，通过优化燃烧过程来减少二噁英和呋喃在焚烧炉内和炉外再生的量。而环境中的 PCDD 和 PCDF 的光化学分解是其在环境中转化的主要途径，其产物为氯化程度较低的同系物。其中 TCDD 的光化学分解不仅需要紫外线，而且需要质子供体和光传导层存在。例如，在乙醇溶液中，无论是以实验光源还是以自然光照射，TCDD 都可很快分解。生物降解中，仅有 5% 的微生物菌种能够分解 TCDD，其微生物降解所需时间较长，半衰期一般在 230~320 d，而且与细菌种类有关。TCDD 在动物体内的代谢很慢，其半衰期为 13~30 d。TCDD 在人体中的代谢与动物中不同，1968 年发生的日本米糠油事件使上千人受到影响，米糠油中有 40 多种三氯至六氯代的 PCDF，18 个月后分析患者的脂肪样品，2，3，7，8-TCDD 仍能在人体脂肪样品中检测出，并且 11 a 后仍可检测到。

（三） 多环芳烃

多环芳烃(PAHs)是一种广泛存在于自然界的致癌物质。PAHs 根据苯环的连接方式分为联苯和联多苯类、多苯代脂肪烃类和稠环芳烃类。除自然存在和自然的生物合成过程可以产生多环芳烃外，人类的生产过程也会产生 PAHs，主要是由各种化石燃料(如煤、石油和天然气等)、纸、木材、等不完全燃烧或在还原条件下热解形成(图 11-13)。

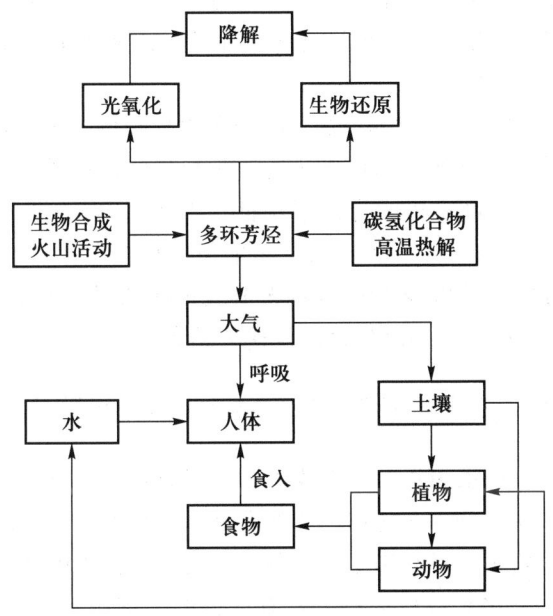

图 11-13 多环芳烃在环境中的迁移、 转化

(资料来源：戴树桂，2006)

大气中的 PAHs 主要来源于人类活动的工业排放、交通和日常生活的排放，PAHs 通常随着烟尘、废气进入大气，和大气中的颗粒物与气溶胶结合存在大气中，大气中 PAHs 迁移转化受到颗粒的粒径、大气气候等多方面影响。例如，粒子的粒径越大，在大气中的滞留时间越长。大气中的 PAHs 通过干、湿沉降进入土壤和水体以及沉积物中，并进入生物圈。

水体中 PAHs 来源于大气沉降、雨水冲刷及污水排放等途径。水中 PAHs 会逐渐沉积到沉积物中，而土壤中 PAHs 主要以吸附的形式存在于土壤中，来源包括大气中 PAHs 的干、湿沉降及水体中多环芳烃的迁移。

PAHs 进入水环境和土壤环境中后，同样会发生吸附解吸、挥发沉降，也会有光降解、生物降解等行为。

（四） 表面活性剂

表面活性剂是分子中同时具有亲水性和疏水性基团的物质，具有良好的乳化、破乳，湿润、渗透，分散、凝聚等作用，能显著降低水的表面能。表面活性剂根据亲水基团的类型和结构可以分成：阴离子表面活性剂、阳离子表面活性剂、两性表面活性剂、非离子表面活性剂。

表面活性剂因为能改变固体和液体的表面性质，而被广泛应用于纤维、造纸、日用化工、医药等行业。它主要是以废水的形式进入环境中，由于表面活性剂的亲水性，不仅其本身能分散于水体，同时还可以使其他疏水性物质分散于水中，其只有与水体悬浮物结合时才能沉入水底。

表面活性剂进入水体主要靠微生物对其进行降解，降解机制为微生物表面活性剂烷基链的甲基氧化、β-氧化、芳香族化合物的氧化降解和脱硫化。甲基氧化是将疏水基团末端的甲基氧化成羟基的过程；β-氧化是氧化分子中的羧酸，使末端第二碳键断裂的过程；芳香族化合物的氧化降解一般是苯酚、水杨酸的开环反应；脱硫化指表面活性剂中如烷基苯磺酸钠（ABS）脱磺酸基的过程。

表面活性剂的降解程度分为三个阶段：① 初级生物降解，表面活性剂基本功能丧失；② 达到环境可接受程度的生物降解，降解产物不再导致污染；③ 完全生物降解。

表面活性剂的生物降解难易程度有以下特征：① 疏水基团起主要作用，疏水基线性程度越高，生物降解性越好；② 亲水基性质对生物降解度有次要的影响，例如，直链伯烷基硫酸盐（LPAS）的初级生物降解速率远高于其他的阴离子；③ 磺酸基和疏水基末端之间的距离越大，烷基苯磺酸盐的初级生物降解速率越高。

📝 思考题与习题

1. 环境介质是什么？主要可以分成几类？各自具有什么特点？

2. 污染物在大气中水平和垂直迁移的机制是什么？逆温层的形成对污染有什么影响？

3. 水体中污染物的物理迁移机制主要是什么？自然水体中哪些机制占据主导地位？

4. 土壤中污染物的迁移具有什么特点？举例说明土壤中污染物形态转化与迁移之间的关系。

5. 大气、水和土壤中主要污染问题及其发生的关键化学机制是什么？

6. 微生物的哪些特点使其在环境污染处理过程中起着不可替代的作用？

7. 重金属污染修复技术有哪些？各自的优缺点是什么？

8. 二噁英是怎么形成的？控制二噁英形成的关键技术是什么？

📖 主要参考文献

[1] 戴树桂. 环境化学[M]. 2版. 北京：高等教育出版社，2006.

[2] 蒋维楣. 空气污染气象学[M]. 南京：南京大学出版社，2003.

[3] 孔繁翔. 环境生物学[M]. 北京：高等教育出版社，2000.

[4] 李学垣. 土壤化学[M]. 北京：高等教育出版社，2001.

[5] 唐孝炎，张远航，邵敏. 大气环境化学[M]. 2版. 北京：高等教育出版社，2006.

[6] 赵烨. 土壤环境科学与工程[M]. 北京：北京师范大学出版社，2012.

[7] 郑乐平. 环境地学概论[M]. 北京：地质出版社，2004.

［8］左玉辉. 环境学［M］. 北京：高等教育出版社，2002.

［9］槐文信. 河流海岸环境学［M］. 武汉：武汉大学出版社，2006.

［10］陶俊，张仁健，董林，等. 夏季广州城区细颗粒物$PM_{2.5}$和$PM_{1.0}$中水溶性无机离子特征［J］. 环境科学，2010，31(7)：1417-1424.

［11］薛国强，朱彬，王红磊. 南京市大气颗粒物中水溶性离子的粒径分布和来源解析［J］. 环境科学，2014，35(5)：1633-1643.

［12］王国祯，任万辉，于兴娜，等. 沈阳市冬季大气$PM_{2.5}$中水溶性离子污染特征及来源解析［J］. 环境科学，2021，42(1)：30-37.

［13］廖碧婷，吴兑，陈静，等. 华南地区大气气溶胶中EC和水溶性离子粒径分布特征［J］. 中国环境科学，2015，35(5)：1297-1309.

［14］黄怡民，刘子锐，陈宏，等. 北京夏冬季霾天气下气溶胶水溶性离子粒径分布特征［J］. 环境科学，2013，34(4)：1236-1244.

［15］刘嘉麒. 降水背景值与酸雨定义研究［J］. 中国环境监测，1996，34(5)：7-11.

［16］Parker R. Plant & Soil Science：Fundamentals and applications［M］. Delmar：Cengage Learning Inc，2009.

［17］Dodge M C. Combined use of modeling techniques and smog chamber data to derive ozone-precursor relationships［M］. Research Triangle Park，NC：U. S. Environmental Protection Agency，1977.

［18］Whitby K T. Physical characteristics of sulfur aerosols［J］. Atmospheric Environment，1978，12(1-3)：135-159.

［19］Galloway J N，Likens G E，Keene W C，et al. The composition of precipitation in remote areas of the world［J］. John Wiley & Sons，Ltd，1982，87(C11).

［20］Seinfeld J H，Pandis S N. Atmospheric chemistry and physics：from air pollution to climate change［M］. 3rd edition. New Jersey：John Wiley & Sons，Inc，2016.

［21］Winfrey M R，Rudd J W M. Environmentalfactors affecting the formation of methylmercury in low pH lakes［J］. Environmental Toxicology and Chemistry，1990，9(7)：853-869.

第十二章

水质模拟

前面已探讨过水的资源属性，本章主要围绕水的环境属性进行说明。表征水的环境属性的重要指标是水质，由于水环境是一个连续的界面，所以水质也会存在时间和空间上的分异。用于研究水质时空分异的工具就是水质模拟模型，通常按介质的类型分可以包括湖库、河流、河口和近岸、地下水等模拟模型；按照模拟的维度分可以分为零维、一维、二维、三维模拟模型。研究水质模拟模型，可以为制定水质管理目标提供科学量化依据。

第一节　基本水质问题

水是一种人类生存所需的不可替代资源，是社会可持续发展的重要支持之一。中国水资源总量多，但人均占有量少。2015 年全国水资源总量 27 962.6 亿 m³，其中地表水资源总量 26 900.8 亿 m³，地下水资源总量 7 797.0 亿 m³，水资源总量仅次于巴西、俄罗斯、美国、加拿大位居世界第五位（图 12-1）。但由于人口众多，人均水资源占有量较少。按

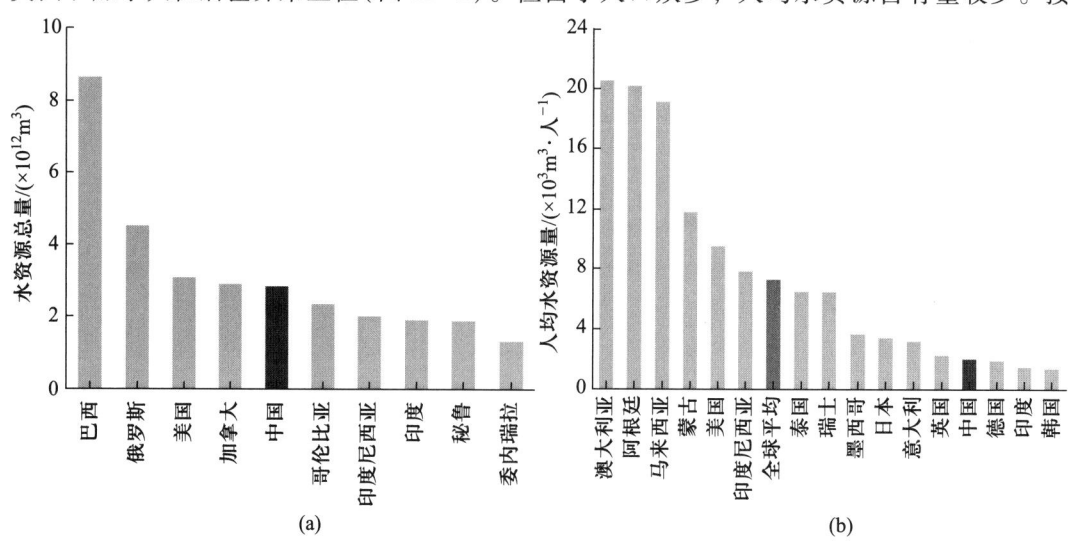

图 12-1　中国水资源总量（a）和人均水资源占有量（b）在全球的排名

照国际上年人均拥有水资源量在 1 000~2 000 m³ 时会出现缺水现象这一标准，中国已经处于水资源缺乏的边缘。在地区分布上，中国地表水资源量呈现南多北少的特点，水资源分布与人口、经济和社会发展布局极不协调。中国 83.1% 的水资源量集中在用水总量仅占全国 54.7% 的南方 4 个流域片区，而占全国用水总量的 45.3% 的北方 6 个流域片区仅拥有全国 16.9% 的水资源量（表 12-1）。在时间分布上，由于中国处于季风气候区，降水集中于夏季。根据全国 2 474 个观测站 1961—2013 年逐日降水观测资料，每年的 5—8 月集中了全年 45% 以上的降水量。较低的水资源人均占有量及极不均匀的水资源时空分布格局使水资源短缺已经成为制约中国经济社会可持续发展的重要因素。

表 12-1 中国水资源量及用水量分布

水资源一级区	降水量 /（亿 m³）	水资源量			占比 /%	用水量 /（亿 m³）	占比 /%
		地表水 /（亿 m³）	地下水 /（亿 m³）	总量 /（亿 m³）			
全国	62 569	26 901	7 797	27 963		6 103	
北方 6 区	19 554	3 836	2 358	4 734	16.9	2 762	45.3
松花江区	4 721	1 276	474	1 480	5.3	502	8.2
辽河区	1 504	226	163	304	1.1	203	3.3
海河区	1 653	108	214	260	0.9	369	6.0
黄河区	3 274	435	337	541	1.9	396	6.5
淮河区	2 678	607	374	854	3.1	607	9.9
西北诸河区	5 723	1 183	796	1 294	4.6	686	11.2
南方 4 区	43 016	23 065	5 439	23 229	83.1	3 341	54.7
长江区	20 223	10 190	2 546	10 330	36.9	2 055	33.7
东南诸河区	4 282	2 537	554	2 548	9.1	327	5.3
珠江区	10 088	5 323	1 163	5 337	19.1	857	14.0
西南诸河区	8 423	5 014	1 176	5 014	17.9	103	1.7

数据来源：中华人民共和国水利部《2015 年中国水资源公报》

中国的经济社会发展曾长期以"高投入、高消耗、高污染"为特点，导致环境质量整体恶化，其中水环境污染尤其是水体富营养化问题十分严峻。所谓富营养化，是指在人类活动影响下，氮、磷等营养物质大量输入河流、湖泊、海湾等水体，引起藻类及其他浮游生物迅速繁殖，水体中的溶解氧（dissolved oxygen，DO）含量下降，鱼类及其他水生生物大量死亡的现象。水体富营养化会破坏水体水质，造成透明度下降，从而影响水中植物的光合作用；以蓝藻和绿藻为优势种的大量水藻繁殖，不但会直接消耗溶解氧，其死亡后的分解还会间接消耗溶解氧；此外蓝藻会分泌藻毒素，并含有腥臭味，直接影响水体的饮用水功能。2007 年 5—6 月，太湖蓝藻大规模爆发，造成沿岸无锡市数百万居民面临饮用水危机，引起了巨大社会恐慌。除了太湖，巢湖、滇池、辽河、淮河、海河、渤海湾等也面临着富营养化的困扰。2016 年，全国 1 940 个国家地表水考核断面中，32% 以上的断面被评估为 Ⅳ 类及以下标准，失去饮用水功能。112 个重要湖泊（水库）中，35% 处于 Ⅳ 类及以下状态，失去饮用水功能，其中太湖、巢湖和滇池仍然处于严重污染状态，主要污染指标为总磷、总氮、化学需氧量和高锰酸盐指数等。

另外，我国各类突发性水污染事件时有发生（图 12-2）。2010 年，福建紫金矿业铜酸水泄漏，造成汀江部分水域严重的重金属污染，企业主瞒报事故 9 d，致使当地居民无人敢用自来水。2012 年，广西龙江发生 20 t 镉泄漏事件，污染龙江河段 300 km，造成柳州市居民饮用水恐慌。2014 年，兰州市中国石油兰州石化分公司发生原油管道泄漏事故，污染供水企业的自流沟，造成自来水中苯含量超标，严重影响兰州市居民供水安全。2015 年，甘肃省陇南市西和县发生尾砂泄漏，造成嘉陵江及其一级支流西汉水数百千米河段锑浓度超标，嘉陵江上游锑浓度超标水过境于广元市流域，致广元市生产生活用水吃紧。因此，加强河长制等地方管理势在必行，守土有责。

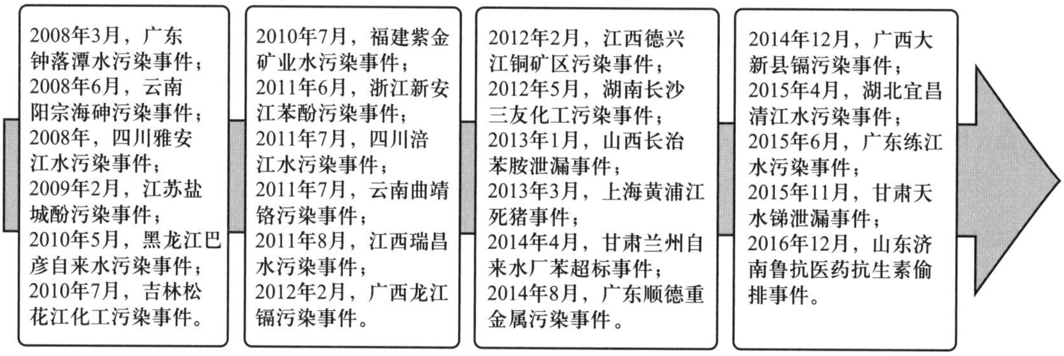

2008年3月，广东钟落潭水污染事件；2008年6月，云南阳宗海砷污染事件；2008年，四川雅安江水污染事件；2009年2月，江苏盐城酚污染事件；2010年5月，黑龙江巴彦自来水污染事件；2010年7月，吉林松花江化工污染事件。	2010年7月，福建紫金矿业水污染事件；2011年6月，浙江新安江苯酚污染事件；2011年7月，四川涪江水污染事件；2011年7月，云南曲靖铬污染事件；2011年8月，江西瑞昌水污染事件；2012年2月，广西龙江镉污染事件。	2012年2月，江西德兴江铜矿区污染事件；2012年5月，湖南长沙三友化工污染事件；2013年1月，山西长治苯胺泄漏事件；2013年3月，上海黄浦江死猪事件；2014年4月，甘肃兰州自来水厂苯超标事件；2014年8月，广东顺德重金属污染事件。	2014年12月，广西大新县镉污染事件；2015年4月，湖北宜昌清江水污染事件；2015年6月，广东练江水污染事件；2015年11月，甘肃天水锑泄漏事件；2016年12月，山东济南鲁抗医药抗生素偷排事件。

图 12-2 近 10 年中国突然性水污染事件

总体来看，我国水资源短缺形势严峻，水质污染造成的水质性缺水则进一步加剧了水资源短缺，因此迫切需要科学评估水体污染程度，为有重点、有计划地开展水环境治理提供科学依据。

第二节 水质模拟基本原理

水质模拟（water quality modelling）是利用数学模型（mathematical simulation techniques）来描述和预测污染物在水体中的运动和迁移转化规律。可用于水质评价、水质预报和预测、污染物排放标准制定和流域水环境管理，是实现水污染科学管控的有效工具。要进行水质数值模拟，首先需要建立水质模型，就是利用数学语言对水体中污染物迁移转化相关的物理、化学、生物因素进行抽象、提炼和简化。

可以从不同的角度对水质模型进行分类。例如，根据模拟的空间特征，可以分为零维模型、一维模型、二维模型、三维模型；根据研究对象，可以分为河流、河口、湖泊（水库)和非点源模型；根据模拟的水质组分，可以分为单一组分、耦合和多重组分模型；根据模拟的时间特征，可以分为稳态和非稳态模型；根据模型的性质，可以分为黑箱模型、白箱模型、灰箱模型；根据反应动力学特征，可以分为纯输移模型、纯反应模型、生化模型、输移和反应模型、生态模型；根据变量的特点，可以分为确定性模型和随机性模型。

一、零维模型

特定条件下，对于湖泊、水库、某河流的河段等特定水环境系统，可以将其看成一个完全混合的反应器。其特点是任意一个空间方向上都不存在环境参数的变化，因而进入该反应器的污染物可瞬时均匀分散到所研究的水环境系统中，即系统中各处浓度值相等。

根据质量守恒原理，完全混合反应器中物质平衡的数学表达式，即水环境系统的零维水质模型为：

$$V \frac{dC}{dt} = QC_{in} - QC_{out} + S + rV \qquad (12-1)$$

式中：V——水环境系统的容积，m^3；

Q——输入输出水环境系统的流量，$m^3 \cdot s^{-1}$；

C_{in}——输入水环境系统的污染物浓度，$g \cdot m^{-3}$；

C_{out}——输出水环境系统的污染物浓度，$g \cdot m^{-3}$；

r——污染物的衰减速率，$g \cdot m^{-3} \cdot s^{-1}$；

t——输入、输出时间，s；

S——污染物的源、汇项，是系统内非主要因素（如降雨、取水、底部渗滤等）引起的污染物的增加与衰减，$g \cdot s^{-1}$。

当没有源、汇项，即 $S=0$ 时，式(12-1)可以写成：

$$V \frac{dC}{dt} = Q(C_{in} - C_{out}) + rV \qquad (12-2)$$

当污染物的反应符合一级反应动力学衰减规律，即 $r=-KC$ 时，式(12-2)可以写成：

$$V \frac{dC}{dt} = Q(C_0 - C) - KCV \qquad (12-3)$$

式中：K——反应衰减速率常数，s^{-1}。

由式(12-3)，在稳态条件下，即 $\frac{dC}{dt}=0$，得其稳态解析解为

$$C = \frac{C_0}{1 - t_r K} \qquad (12-4)$$

式中：$t_r = V/Q$——理论水力停留时间。

由式(12-3)，在非稳态条件下，即 $\frac{dC}{dt} \neq 0$，给定初始条件 $t=0$，$C=C_0$ 时，可得

$$C(t) = \frac{rC_0}{K+r} + \frac{rC_0}{K+r} \exp[-(K+r)t] \qquad (12-5)$$

式中：$r=Q/V=1/t_r$，为冲刷速率常数。

二、一维模型

当水环境系统中污染物浓度只在某个空间方向上存在显著差异时，就用一维模型对其进行描述。一维模型可通过一个微小的体积元的质量平衡推导，在该体积元中只在某个方向上存在浓度梯度。图 12-3 表示的是在 x 方向上存在输入和输出的体积元。

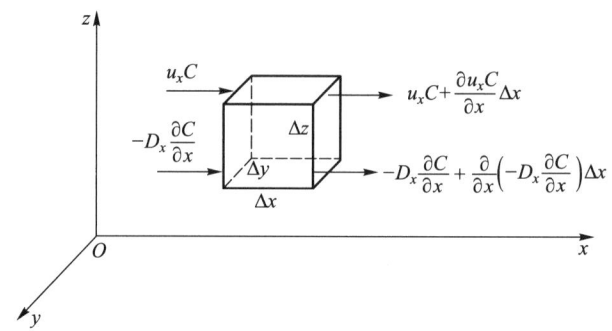

图 12-3　体积元质量平衡

单位时间内输入图 12-3 中体积元的污染物量为：

$$\left[u_x C + \left(- D_x \frac{\partial C}{\partial x} \right) \right] \cdot \Delta y \cdot \Delta z$$

单位时间内污染物输出量为：

$$\left[u_x C + \frac{\partial u_x C}{\partial x} \cdot \Delta x + \left(- D_x \frac{\partial C}{\partial x} \right) + \frac{\partial}{\partial x} \left(- D_x \frac{\partial C}{\partial x} \right) \cdot \Delta x \right] \cdot \Delta y \cdot \Delta z$$

若污染物在体积元内发生一级衰减反应，则由衰减造成的污染物的变化量为 $-KC \cdot \Delta x \cdot \Delta y \cdot \Delta z$，在单位时间内体积元污染物总输入、总输出量为：

$$\frac{\partial C}{\partial t} \Delta x \Delta y \Delta z = \left[u_x C + \left(- D_x \frac{\partial C}{\partial x} \right) \right] \Delta y \Delta z$$

$$- \left[u_x C + \frac{\partial u_x C}{\partial x} \Delta x + \left(- D_x \frac{\partial C}{\partial x} \right) + \frac{\partial}{\partial x} \left(- D_x \frac{\partial C}{\partial x} \right) \Delta x \right] \Delta y \Delta z - KC \Delta x \Delta y \Delta z$$

$$(12 - 6)$$

对式(12-6)进行简化，并令 $\Delta x \to 0$，得：

$$\frac{\partial C}{\partial t} = - \frac{\partial u_x C}{\partial x} - \frac{\partial}{\partial x} \left(- D_x \frac{\partial C}{\partial x} \right) - KC \qquad (12 - 7)$$

在均匀流场中，u_x 和 D_x 都可以作为常数项，则式(12-7)可以写成：

$$\frac{\partial C}{\partial t} = D_x \frac{\partial^2 C}{\partial x^2} - u_x \frac{\partial C}{\partial x} - KC \qquad (12 - 8)$$

式中：C——污染物的浓度，$g \cdot m^{-3}$；

　　　D_x——污染物纵向弥散系数，$m^2 \cdot s^{-1}$；

　　　u_x——水流速度，$m \cdot s^{-1}$；

　　　K——污染物的衰减速率常数，s^{-1}。

（一）在稳态条件下，即 $\dfrac{\mathrm{d}C}{\mathrm{d}t}=0$，式（12-8）可简化为：

$$D_x \frac{\partial^2 C}{\partial x^2} - u_x \frac{\partial C}{\partial x} - KC = 0 \qquad (12-9)$$

该二阶线性偏微分方程的特征方程为：

$$D_x \lambda^2 - u_x \lambda - K = 0$$

其特征根为：

$$\lambda_{1,2} = \frac{u_x}{2D_x}(1 \pm m)$$

其中：

$$m = \sqrt{1 + \frac{4KD_x}{u_x^2}}$$

则式（12-8）的通解为：

$$C = A e^{\lambda_1 x} + B e^{\lambda_2 x}$$

对于守恒和非守恒污染物，λ 都应取非正值，在给定初始条件 $x=0$，$C=C_0$ 时，式（12-8）的解为：

$$C = C_0 \exp\left[\frac{u_x x}{2D_x}\left(1 - \sqrt{1 + \frac{4KD_x}{w_x^2}}\right)\right] \qquad (12-10)$$

对一般条件下的水环境系统，由推流导致的污染物迁移作用比弥散作用大得多，因此在稳态条件下可忽略弥散作用，则式（12-8）的解为

$$C = C_0 \exp\left(-\frac{Kx}{w_x}\right) \qquad (12-11)$$

式（12-9）和式（12-10）中的 C_0 可由式（12-11）计算：

$$C_0 = \frac{QC_1 + qC_2}{Q + q} \qquad (12-12)$$

式中：Q——水流流量，$\mathrm{m^3 \cdot s^{-1}}$；

　　　q——排入水体中污水的流量，$\mathrm{m^3 \cdot s^{-1}}$；

　　　C_1——水体中污染物本底浓度，$\mathrm{g \cdot m^{-3}}$；

　　　C_2——污水中污染物浓度，$\mathrm{g \cdot m^{-3}}$。

（二）在污染物瞬时排放的非稳态条件下，如果考虑弥散系数，则式（12-8）可以写作：

$$\frac{\partial C}{\partial t} - D_x \frac{\partial^2 C}{\partial x^2} + u_x \frac{\partial C}{\partial x} + KC = 0 \qquad (12-13)$$

通过拉普拉斯变换对式（12-13）在初始条件 $x=0$，$C=C_0$，$t \to \infty$ 下，$C=0$，则可得到：

$$C(x, t) = \frac{u_x C_0}{\sqrt{4\pi D_x t}} \exp\left[-\frac{(x - u_x t)^2}{4D_x t}\exp(-Kt)\right] \qquad (12-14)$$

在污染物瞬时排放的条件下，$C_0 = M/Q$，$Q = Au_x$，代入式（12-14），得到：

$$C(x, t) = \frac{M}{A\sqrt{4\pi D_x t}} \exp\left[-\frac{(x - u_x t)^2}{4D_x t}\exp(-Kt)\right] \qquad (12-15)$$

式中：M——瞬时排放的污染物量，g；

A——水环境系统截面面积，m^2。

如果忽略弥散作用，即 $D_x = 0$，则式（12-8）可写作：

$$\frac{\partial C}{\partial t} + u_x \frac{\partial C}{\partial x} + KC = 0 \qquad (12-16)$$

利用特征线法对式（12-16）求解，将其写成两个微分方程：

$$\frac{\mathrm{d}x}{\mathrm{d}t} = u_x$$

$$\frac{\mathrm{d}C}{\mathrm{d}t} = -KC$$

式（12-16）的解为：

$$C(x,\ t) = C_0 \exp(-Kt) = C_0 \exp\left[-\frac{Kx}{u_x}\right] \qquad (12-17)$$

在现实情况中，污染源的瞬时排放往往不可能真正在瞬间实现，需要一个短暂过程，设排放的时间过程为 Δt，在 $0 \leqslant t \leqslant \Delta t$ 时，下游任意空间和时间的污染物浓度为：

$$C(x,\ t) = \int_0^{\Delta t} \frac{u_x C_0}{\sqrt{4\pi D_x t}} \exp\left[-\frac{(x - u_x t)^2}{4 D_x t}\right] \mathrm{d}t \qquad (12-18)$$

式中：$C_0 = M/(Q \cdot \Delta t)$，表示在 $0 \leqslant t \leqslant \Delta t$ 内排放入水环境系统中的污染物浓度，$g \cdot m^{-3}$。

代入式（12-18）中，有：

$$C(x,\ t) = \int_0^{\Delta t} \frac{M}{A \Delta t \sqrt{4\pi D_x t}} \exp\left[-\frac{(x - u_x t)^2}{4 D_x t}\right] \mathrm{d}t \qquad (12-19)$$

式中：M——在 Δt 时间段内排放的污染物量，g；

Q——水流流量，$m^3 \cdot s^{-1}$；

A——水环境系统截面面积，m^2。

式（12-19）的解为：

$$
\begin{aligned}
C(x,\ t) = {} & \frac{C_0}{2}\left[\exp(A_1)\operatorname{erfc}(A_2) + \exp(A_3)\operatorname{erfc}(A_4)\right]\exp\left(\frac{u_x x}{2 D_x}\right) \\
& - \frac{C_0}{2}\left[\exp(A_1)\operatorname{erfc}(A_5) + \exp(A_3)\operatorname{erfc}(A_6)\right]\exp\left(\frac{u_x x}{2 D_x}\right)\gamma(t - \Delta t) \quad (12-20)
\end{aligned}
$$

$$\gamma(t - \Delta t) = \begin{cases} 0, & \text{当 } t \leqslant \Delta t \\ 1, & \text{当 } t > \Delta t \end{cases}$$

其中：

$$A_1 = \frac{x}{\sqrt{D_x}} = \sqrt{\frac{u_x^2}{4 D_x} + K}$$

$$A_2 = \frac{x}{2\sqrt{D_x}} + \sqrt{\frac{u_x^2 t}{4 D_x} + Kt}$$

$$A_3 = -A_1$$

$$A_4 = \frac{x}{2\sqrt{D_x t}} - \sqrt{\frac{u_x^2 t}{4D_x} + Kt}$$

$$A_5 = \frac{x}{2\sqrt{D_x(t-\Delta t)}} + \sqrt{\frac{u_x^2(t-\Delta t)}{4D_x} + K(t-\Delta t)}$$

$$A_6 = \frac{x}{2\sqrt{D_x(t-\Delta t)}} - \sqrt{\frac{u_x^2(t-\Delta t)}{4D_x} + K(t-\Delta t)}$$

$\text{erfc}(x)$ 是余误差函数，可由误差函数 $\text{erf}(x)$ 变换而来：

$$\text{erfc}(x) = 1 - \text{erf}(x) \qquad (12-21)$$

其中 $\text{erf}(x)$ 为：

$$\text{erf}(x) = \frac{2}{\sqrt{\pi}}\int_0^x e^{-u}\,du \qquad (12-22)$$

三、二维模型

当污染物的浓度在 x 和 y 方向都存在显著的差异时，可以同时考虑体积元在图 12-4 (a)中 x 和 y 轴两个方向上的质量平衡，得到二维水质模型：

$$\frac{\partial C}{\partial t} = D_x\frac{\partial^2 C}{\partial x^2} + D_y\frac{\partial^2 C}{\partial y^2} - u_x\frac{\partial C}{\partial x} - u_y\frac{\partial C}{\partial y} - KC \qquad (12-23)$$

式中：D_y——坐标轴 y 方向上的弥散系数，$m^2\cdot s^{-1}$；

u_y——坐标轴 y 方向上的速度分量，$m\cdot s^{-1}$。

（一）在稳态条件，即 $\dfrac{\partial C}{\partial t}=0$ 时，式(12-23)转换为：

$$D_x\frac{\partial^2 C}{\partial x^2} + D_y\frac{\partial^2 C}{\partial y^2} - u_x\frac{\partial C}{\partial x} - u_y\frac{\partial C}{\partial y} - KC = 0 \qquad (12-24)$$

在无边界影响下，污染物排放到水体均匀流场中[图 12-4(a)]，式(12-24)的解析解为：

$$C(x,y) = \frac{M}{4\pi h(x/u_x)^2\sqrt{D_x D_y}}\exp\left[-\frac{y-u_y x/u_x}{4D_y x/u_x}\right]\exp\left(-\frac{Kx}{u_x}\right) \qquad (12-25)$$

式中：M——单位时间内污染物排放量，$g\cdot s^{-1}$；

h——深度，m。

对于顺直水体，在水深变化不大的情况下，其横向流速非常小，纵向扩散项远小于推流的影响，此时 D_x 和 u_y 项可以忽略，则式(12-24)可以简化为：

$$D_y\frac{\partial^2 C}{\partial y^2} - u_x\frac{\partial C}{\partial x} - KC = 0 \qquad (12-26)$$

式(12-26)的解析解为：

$$C(x,y) = \frac{M}{hu_x\sqrt{4\pi D_y x/u_x}}\exp\left[-\frac{u_y y^2}{4D_y x}\right]\exp\left(-\frac{Kx}{u_x}\right) \qquad (12-27)$$

在有边界影响下，排放到水体的污染物的扩散会受到阻隔并产生反射，它可以通过建立虚拟源来进行模拟(图 12-4b)，即假设边界后面有一个与实际排放源强度相同、距离相等的虚拟排放源。当有两个边界时，反射会成为连锁式。如果排放源处于两个边界中间，则式(12-27)就成为：

$$C(x, y) = \frac{M}{hu_x\sqrt{4\pi D_y x/u_x}}\exp\left[-\frac{u_y y^2}{4D_y x}\right]\exp\left(-\frac{Kx}{w_x}\right) + \sum_{n=1}^{\infty}\exp\left(-\frac{u_x(nB-y)^2}{4D_y x}\right)$$

$$+ \sum_{n=1}^{\infty}\exp\left(-\frac{u_x(nB-y)^2}{4D_y x}\right)\exp\left(-\frac{Kx}{u_x}\right) \qquad (12-28)$$

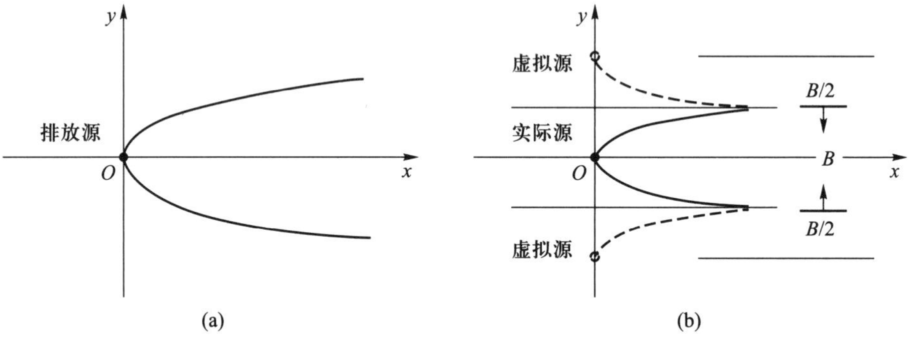

图 12-4　水环境系统中心点污染物排放扩散示意图
（a）宽度无限；（b）宽度有限

假设排放源位于边界上，则对宽度→∞的系统［图 12-5(a)］，式(12-27)就成为：

$$C(x, y) = \frac{2M}{hu_x\sqrt{4\pi D_y x/u_x}}\exp\left[-\frac{u_y y^2}{4D_y x}\right]\exp\left(-\frac{Kx}{u_x}\right) \qquad (12-29)$$

假设水环境系统的宽度为 B［图 12-5(b)］，则式(12-27)就成为：

$$C(x, y) = \frac{2M}{hu_x\sqrt{4\pi D_y x/u_x}}\exp\left[-\frac{u_y y^2}{4D_y x}\right] + \sum_{n=1}^{\infty}\exp\left(-\frac{u_x(2nB-y)^2}{4D_y x}\right)$$

$$+ \sum_{n=1}^{\infty}\exp\left(-\frac{u_x(2nB-y)^2}{4D_y x}\right)\exp\left(-\frac{Kx}{u_x}\right) \qquad (12-30)$$

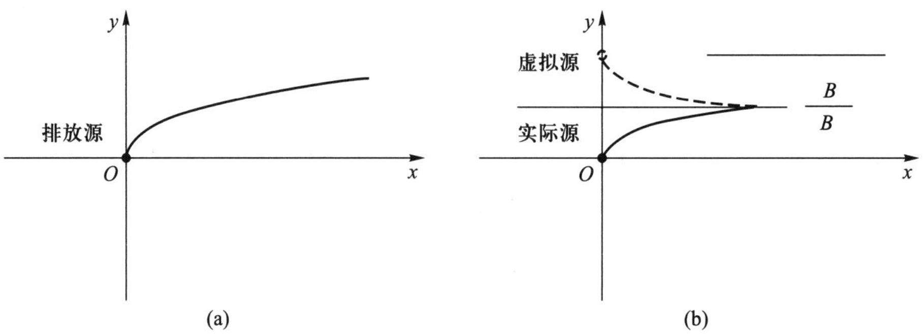

图 12-5　水环境系统边界上污染物排放扩散示意图
（a）宽度无限；（b）宽度有限

虚拟源的作用随着 n 的增加而衰减，通常情况下，计算 $4 \sim 5$ 次反射即可以满足精度要求。

（二）在污染物瞬时排放的非稳态条件下，假设所研究的水环境系统位于 x、y 平面上，即 $\frac{\partial C}{\partial z} = 0$，在无边界条件影响下，当 $y \to \infty$ 时，$\frac{\partial C}{\partial y} = 0$，有

$$C(x, y, t) = \frac{M}{4\pi h \sqrt{D_x D_y t^2}} \exp\left[-\frac{(x - u_x t)^2}{4 D_x t} - \frac{(y - u_y t)^2}{4 D_y t} \right] \exp(-Kt) \qquad (12-31)$$

在有边界限制时，需要增加边界的反射作用，也可以用虚拟排放源来模拟（图 12-6）。假设边界后面有一个与实际源强相等的虚拟源，则式（12-31）变换为：

$$C(x, y, t) = \frac{M}{4\pi h \sqrt{D_x D_y t^2}} \left\{ \exp\left[-\frac{(x - u_x t)^2}{4 D_x t} - \frac{(y - u_y t)^2}{4 D_y t} \right] \right.$$
$$\left. + \exp\left[-\frac{(x - u_x t)^2}{4 D_x t} - \frac{(2b + y - u_y t)^2}{4 D_y t} \right] \right\} \exp(-Kt) \qquad (12-32)$$

式中：b——排放源到边界的距离，m。

当排放源向边界移动，$b = 0$ 时，即污染源在边界上排放的情况，可以得到：

$$C(x, y, t) = \frac{2M}{4\pi h \sqrt{D_x D_y t^2}} \left[\exp\left(-\frac{(x - u_x t)^2}{4 D_x t} - \frac{(y - u_y t)^2}{4 D_y t} \right) \right] \cdot \exp(-Kt)$$
$$(12-33)$$

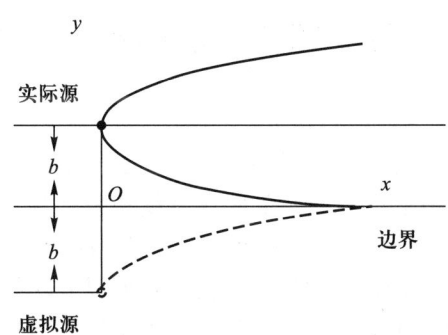

图 12-6　污染源在边界上的污染物二维扩散

四、三维模型

当污染物在水环境系统各空间方向上均存在浓度梯度时，需要采用三维模型进行水质模拟。三维模型的基本形式为：

$$\frac{\partial C}{\partial t} = E_x \frac{\partial^2 C}{\partial x^2} + E_y \frac{\partial^2 C}{\partial y^2} + E_z \frac{\partial^2 C}{\partial z^2} - u_x \frac{\partial C}{\partial x} - u_y \frac{\partial C}{\partial y} - u_z \frac{\partial C}{\partial z} - KC \qquad (12-34)$$

式中：u_z——坐标轴 z 方向上的速度分量，$\mathrm{m \cdot s^{-1}}$；

E_x、E_y、E_z——坐标轴 x、y、z 方向上的湍流扩散系数，$\mathrm{m^2 \cdot s^{-1}}$。

在实际应用中，三维模型的求解比较困难。因而，可以根据污染物的混合状况，进行

简化。

（一）在稳态条件，即 $\dfrac{\partial C}{\partial t}=0$ 时，式（12-34）转换为：

$$E_x\frac{\partial^2 C}{\partial x^2}+E_y\frac{\partial^2 C}{\partial y^2}+E_z\frac{\partial^2 C}{\partial z^2}-u_x\frac{\partial C}{\partial x}-u_y\frac{\partial C}{\partial y}-u_z\frac{\partial C}{\partial z}-KC=0 \qquad (12-35)$$

假设排放源是连续且稳定的点源，当 $u_x\geqslant 1\ \mathrm{m\cdot s^{-1}}$ 时，可以忽略污染物纵向扩散的影响和在 y、z 方向上的流动，即 $E_x=0$，$u_y=0$，$u_z=0$，则式（12-35）可以简化为：

$$E_y\frac{\partial^2 C}{\partial y^2}+E_z\frac{\partial^2 C}{\partial z^2}-u_x\frac{\partial C}{\partial x}-KC=0 \qquad (12-36)$$

其解析解为：

$$C(x,\ y,\ z)=\frac{M}{4\pi x\sqrt{E_y E_z}}\exp\left[-\frac{u_x}{4x}\left(\frac{y^2}{E_y}+\frac{z^2}{E_z}\right)\right]\exp\left(-\frac{Kx}{u_x}\right) \qquad (12-37)$$

（二）在无边界条件瞬时排放的非稳态条件下，式（12-34）的解析解为：

$$C(x,\ y,\ z)=\frac{M}{8\sqrt{(\pi t)^3 E_x E_y E_z}}$$

$$\exp\left[-\frac{1}{4t}\left(\frac{(x-u_x t)^2}{E_x}+\frac{(y-u_y t)^2}{E_y}+\frac{(z-u_z t)^2}{E_z}\right)\right]\exp(-Kt) \qquad (12-38)$$

第三节　湖泊、水库水质模拟

湖泊和水库的水质模拟是在河流水质模型的基础上发展起来的。湖泊水质模拟起始于 20 世纪 60 年代中期，在模型结构上从简单的零维模型发展到目前较为复杂的水质-水动力-生态综合模型和生态结构动力学模型；在理论上发展出了随机理论、灰色理论和模糊理论等理论。根据湖泊或水库的形状和性质，其水质模型可以分为完全混合型和非均匀混合型模型。本节将从这两类模型入手，介绍湖泊、水库的水质模拟，同时对当前应用较为广泛的湖库富营养化模型进行介绍。

一、完全混合型水质模型

对于面积较小、封闭性较强且周围污染源较多的小型湖泊或水库，污染物输入水体后，在湖流和风浪作用下，与湖水混合较为均匀，污染物在湖泊空间各处浓度均匀，此时可以将湖泊看成完全混合的水体。对于完全混合型湖泊、水库的水质模拟，基于质量守恒原理，有如下假设：输入水体的污水，入湖后依次向出水口方向迁移，在迁移过程中与水体完全混合，所以出湖的水质污染物浓度等于湖泊中污染物质的浓度。完全混合型湖泊、水库的水质可以表示为：

$$qC_{in}-QC+S=V\frac{\mathrm{d}C}{\mathrm{d}t} \qquad (12-39)$$

式中：q——输入湖泊污水量，$L \cdot s^{-1}$；

　　C_{in}——输入湖泊污水量中污染物的浓度，$mg \cdot L^{-1}$；

　　C——完全混合后湖水中污染物的浓度，$mg \cdot L^{-1}$；

　　Q——输出湖泊水量，$L \cdot s^{-1}$；

　　V——湖泊中的水量，L；

　　S——湖泊、水库内自然因素引起的污染物浓度变化，$mg \cdot s^{-1}$。

对于难降解物质，式(12-39)中 S 可以忽略，此时假设输入输出水量稳定，即 $q = Q$，且湖泊中的水量 V 和 C_{in} 为常数，则式(12-39)可以简化为：

$$QC_{in} - QC = V\frac{dC}{dt} \tag{12-40}$$

在给定初始条件 $t = 0$，$C = C_0$ 时，式(12-40)的解析解为：

$$C = C_{in} - (C_{in} - C_0)\exp\left(-\frac{1}{T}\right) \tag{12-41}$$

易降解的污染物，如果污染物质的衰减符合一级动力学反应，在其余假设同难降解物质时，式(12-39)可以写成：

$$QC_{in} - QC + K_1VC = V\frac{dC}{dt} \tag{12-42}$$

在给定初始条件 $t = 0$，$C = C_0$ 时，式(12-42)的解析解为：

$$C = \left(C_0 - \frac{C_{in}}{1 + K_1T}\right)\exp\left[-\left(\frac{1}{T} + K_1\right)t\right] - \frac{C_{in}}{1 + K_1T} \tag{12-43}$$

（一）Vollenweider 模型

Vollenweider 模型适用于模拟湖泊、水库富营养化系统，由加拿大学者 Vollenweider 于 20 世纪 60 年代提出。该模型基于以下两点假设：① 湖泊是完全均匀混合的；② 湖泊富营养化状态只和其中的营养物质水平相关。Vollenweider 认为湖泊中污染物质浓度的变化是该物质输入、输出和在水体中沉积速率的函数，可以写成：

$$V\frac{dC}{dt} = QC_{in} - sCV - QC \tag{12-44}$$

式中：s——营养物质在湖泊、水库中的沉积速率常数；其余符号定义同上。

引入冲刷速率常数 $r = \dfrac{Q}{V}$，则式(12-44)可以简化为：

$$\frac{dC}{dt} = rC_{in} - sC - rC \tag{12-45}$$

在给定初始条件 $t = 0$，$C = C_0$ 时，式(12-45)的解析解为：

$$C = \frac{rC_{in}}{s + r} + \frac{V(s + r)C_0 - QC_{in}}{V(s + r)}\exp\left[-(s + r)t\right] \tag{12-46}$$

在湖泊和水库中输入和输出的水量及营养物质量稳定时，当 $t \to \infty$ 时，可以得到营养物质平衡浓度 C_b：

$$C_b = \frac{rC_{in}}{s + r} \tag{12-47}$$

定义水力停留时间 $t_w = \dfrac{1}{r} = \dfrac{V}{Q}$，且 $V = A_s h$，则式（12-47）可以进一步简化为：

$$C_b = \frac{L_c}{sh + \dfrac{h}{t_w}} \qquad (12-48)$$

式中：A_s——湖泊、水库的水面面积，m^2；

　　　h——湖泊、水库的平均深度，m；

　　　L_c——湖泊、水库单位面积营养物质的输入量，$\mathrm{g \cdot m^{-2}}$。

（二）　Kirchner–Dillon 模型

由于 Vollenweider 模型中沉积速率常数 s 难以确定，Kirchner 和 Dillon 等引入了滞留系数的概念，考虑营养物质的沉积、再悬浮作用的影响，建立了 Kirchner–Dillon 模型，表示为：

$$\frac{\mathrm{d}C}{\mathrm{d}t} = rC_{in}(1 - R_c) - rC \qquad (12-49)$$

式中：R_c——某种营养物质在湖泊、水库中的滞留系数。

在给定初始条件 $t=0$，$C=C_0$ 时，式（12-49）的解析解为：

$$C = C_{in}(1 - R_c) + [C_0 - C_{in}(1 - R_c)]\exp(-rt) \qquad (12-50)$$

在湖泊和水库中输入和输出的水量及营养物质量稳定时，当 $t \to \infty$ 时，可以得到营养物质平衡浓度 C_b：

$$C_b = \frac{QC_{in}(1 - R_c)}{rV} = \frac{L_c(1 - R_c)}{rh} \qquad (12-51)$$

滞留系数 R_c 可以根据流入和流出的支流量和营养物质浓度进行估算：

$$R_c = 1 - \frac{\displaystyle\sum_{i=1}^{m} q_{0i}C_{0i}}{\displaystyle\sum_{j=1}^{n} q_{1j}C_{1j}} \qquad (12-52)$$

式中：q_{0i}——第 i 条支流的流出水量，$\mathrm{m^3 \cdot a^{-1}}$；

　　　C_{0i}——第 i 条支流营养物质浓度，$\mathrm{mg \cdot L^{-1}}$；

　　　q_{1j}——第 j 条支流的流入水量，$\mathrm{m^3 \cdot a^{-1}}$；

　　　C_{1j}——第 j 条支流营养物质浓度，$\mathrm{mg \cdot L^{-1}}$；

　　　m——流出的支流数；

　　　n——流入的支流数。

（三）　分层箱式模型

Vollenweider 模型将湖泊、水库看成一个整体，这在考察湖泊、水库水质的长期变化时较为实用，但实际上湖泊、水库内部的水质变化较大。如在夏季，上层和下层的温度差会导致密度差，使得湖泊水质产生明显的分层现象。Snodgrass 等人提出了一个分层的箱式模型，来近似描述水质分层状况。分层箱式模型基于以下假设：① 上层和下层各自满足完全混合模型要求；② 两层之间存在着紊流扩散传递作用。分层箱式模型分为夏季模型和冬季模型。夏季模型主要考虑上下分层现象(图 12-7a),冬季模型则考虑上下层之间的循环作用(图 12-7b)。模拟的对象为正磷酸盐和偏磷酸盐的变化规律。

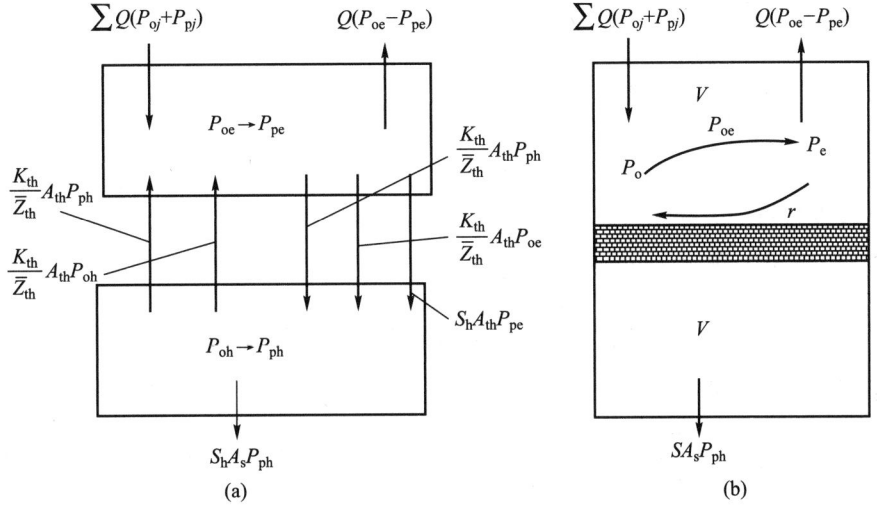

图 12-7 分层箱式水质模型概念图

(a) 夏季分层期; (b) 冬季循环期

1. 夏季分层模型

夏季分层模型可以写成四个独立的微分方程。

对上层正磷酸盐 P_{oe}:

$$V_e \frac{\mathrm{d}P_{oe}}{\mathrm{d}t} = \sum Q_j P_{oj} - QP_{oe} - \rho_e V_e P_{oe} + \frac{K_{th}}{\overline{Z}_{th}} A_{th}(P_{oh} - P_{oe}) \qquad (12-53)$$

对上层偏磷酸盐 P_{pe}:

$$V_e \frac{\mathrm{d}P_{pe}}{\mathrm{d}t} = \sum Q_j P_{pj} - QP_{pe} - S_e A_{th} P_{pe} + \rho_e V_e P_{oe} + \frac{K_{th}}{\overline{Z}_{th}} A_{th}(P_{ph} - P_{pe}) \qquad (12-54)$$

对下层正磷酸盐 P_{oh}:

$$V_h \frac{\mathrm{d}P_{oh}}{\mathrm{d}t} = r_h V_h P_{ph} + \frac{K_{th}}{\overline{Z}_{th}} A_{th}(P_{oe} - P_{oh}) \qquad (12-55)$$

对下层偏磷酸盐 P_{ph}:

$$V_h \frac{\mathrm{d}P_{ph}}{\mathrm{d}t} = S_e A_{th} P_{pe} - S_h A_s P_{ph} + r_h V_h P_{ph} + \frac{K_{th}}{\overline{Z}_{th}} A_{th}(P_{pe} - P_{ph}) \qquad (12-56)$$

式中: e, h——分别表示上层和下层;

th, s——分别表示斜温区和底层沉积区的界面;

ρ, r——分别表示产生和衰减速率常数;

K——竖向扩散系数,包括湍流扩散、分子扩散,也包括内波、表层风波以及其他过程对热传递或物质穿越斜纹层的影响;

$\overline{Z}$——平均水深,m;

V——箱的体积，m^3；

A——界面面积，m^2；

Q_j——由河流流入湖泊的流量，m^3；

Q——流出湖泊的流量，m^3；

S——磷的沉积速率常数。

2. 冬季分层模型

在冬季，由于上部水温下降，密度增加，促使上下层之间的水循环，由上层和下层的磷平衡可以得到两个微分方程。

对于全湖的正磷酸盐 P_o：

$$V\frac{\mathrm{d}P_o}{\mathrm{d}t} = Q_j P_{oj} - QP_o - P_{eu}V_{eu}P_o + rVP_p \qquad (12-57)$$

对于下层的偏磷酸盐 P_p：

$$V\frac{\mathrm{d}P_p}{\mathrm{d}t} = Q_j P_{pj} - QP_p + P_{eu}V_{eu}P_o - rVP_p - SA_s P_p \qquad (12-58)$$

式中：eu——上层富营养区；

其余符号同前。

夏季和冬季两个模型可以用秋季或春季的"翻池"过程形成的完全混合状态作为初始条件进行衔接，因为"翻池"过程中的营养物质浓度的分布是均匀的：

$$P_o = \frac{P_{oe}V_e + P_{oh}V_h}{V} \qquad (12-59)$$

$$P_p = \frac{P_{pe}V_e + P_{ph}V_h}{V} \qquad (12-60)$$

二、　非完全混合水质模型

对于水域面积较为宽阔的湖泊、水库，当其主要污染物来源于某些入湖(库)河流或者某些沿湖点源时，污染往往出现在入湖河口或者排污口附近水域，污染物浓度梯度明显。这种情况下，采用均匀混合模型来模拟水质，会造成很大的误差，因而需要考虑污染物在湖库水体中的稀释和扩散规律，这就需要引入非完全混合水质模型。

（一）卡拉乌舍夫湖泊水质扩散模型

卡拉乌舍夫模型采用圆柱形坐标。取湖库排污口附近的一块水体(图12-8)，其中：q 为入湖污水量($m^3 \cdot d^{-1}$)；r 为湖内某计算点离排污口的距离(m)；C 为所求计算点的污染物浓度($mg \cdot L^{-1}$)；ϕ 为废水在湖水中的扩散角度，取决于排放口附近的地形。

卡拉乌舍夫分析了湖水中的平流和扩散过程，应用质量平衡原理推出如下的扩散方程：

$$\frac{\partial C}{\partial r} = \left(M - \frac{q}{\phi H}\right)\frac{1}{r}\frac{\partial C}{\partial r} + M\frac{\partial^2 C}{\partial r^2} \qquad (12-61)$$

式中：M——径向湍流混合系数，$m^2 \cdot d^{-1}$；

H——水深，m。

当污染源排放稳定，且边界条件取距排放口充分远的某点 r_0 处的现状值 C_{r0}，式(12-61)可以变换为：

$$C_r = C_p - (C_p - C_{r0})\left(\frac{r}{r_0}\right)^{\frac{Q_P}{\phi HM}} \qquad (12-62)$$

式中：C_r——计算点的污染物浓度，mgL^{-1}；

　　　　C_p——排污口的污染物浓度，mgL^{-1}；

　　　　Q_P——排入湖中废水量，m^3。

对于径向湍流混合系数 M，可以采用以下经验公式计算：

$$M = \frac{\rho H^{\frac{2}{3}} d^{\frac{1}{3}}}{f_0 g} \sqrt{\left(\frac{uh}{\pi H}\right)^2 + \bar{u}^2} \qquad (12-63)$$

式中：ρ——水的密度，$kg \cdot m^{-3}$；

　　　　H——研究区域内湖库的平均水深，m；

　　　　d——湖底沉积颗粒物的直径，m；

　　　　g——重力加速度，取 9.81，$m \cdot s^{-2}$；

　　　　f_0——经验系数；

　　　　$\bar{u}$——风浪和湖流造成的湖水平均流速，$m \cdot s^{-1}$；

　　　　h——波高，m。

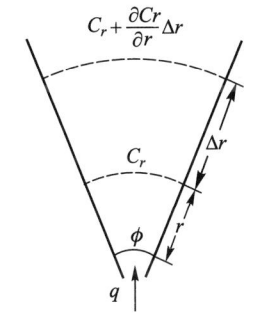

图 12-8　卡拉乌舍夫模型原理图

（二）　易降解物质的简化水质模型

当湖泊、水库流速很小、风浪不大、湖水稀释扩散作用较弱的情况下，可以忽略式(12-61)中的扩散项，并考虑污染物的降解作用，这样即可得到稳态条件下污染物在推流和生化降解共同作用下的基本方程：

$$Q_P \frac{dC}{dr} = -K_1 CH\phi r \qquad (12-64)$$

在给定初始条件，$t=0$，$C=C_0$ 时式(12-64)的解析解为：

$$C = C_0 \exp\left(-\frac{K_1 H\phi r}{172\,800 Q_p}\right) \qquad (12-65)$$

如果研究的水质指标是溶解氧，并只考虑 BOD 的耗氧因素与大气复氧因素，可推导出湖库的氧亏方程：

$$Q_p \frac{\mathrm{d}D}{\mathrm{d}r} = (K_1 L - K_2 D) H \phi r \qquad (12-66)$$

其解析解为：

$$D = \frac{K_1 L_0}{K_1 - K_2}\left[\exp\left(-\frac{K_1 H \phi r^2}{2Q_p}\right) - \exp\left(-\frac{K_2 H \phi r^2}{2Q_p}\right)\right] + D_0 \exp\left(-\frac{K_2 H \phi r^2}{2Q_p}\right) \quad (12-67)$$

式中：D_0——排放口处的氧亏量。

三、富营养化模型

湖泊、水库富营养化是指水体接纳过量的氮、磷等营养物质，使水体中藻类迅速增殖，水体透明度和溶解氧等指标发生变化，造成湖泊水库水质恶化，破坏水生生态系统健康。湖泊、水库的富营养化模型可以让我们了解湖泊中营养物质的循环过程，从而为制定水质污染控制方案提供依据。

（一）化学模型

大多数湖泊、水库中的营养物质比较容易发生横向混合，这种混合过程可以用完全混合水体来表示。其中的营养物质可用一级衰变方程来描述，如果以质量来表示为：

$$\frac{\mathrm{d}W_p}{\mathrm{d}t} = W_{pi} - kW_p - \frac{Q}{V}W_p \qquad (12-68)$$

如果以浓度来表示为：

$$V\frac{\mathrm{d}P_2}{\mathrm{d}t} = W_p - QP - k_p VP \qquad (12-69)$$

式中：W_p——湖中的营养物质总量，g；

$\quad W_{pi}$——入湖的营养物质总量，$g \cdot a^{-1}$；

$\quad k_p$——湖中营养物质沉降率，a^{-1}；

$\quad Q$——出湖流量，$m^3 \cdot s^{-1}$；

$\quad V$——湖泊容积，m^3；

$\quad P$——湖水中营养物质的平均浓度，$mg \cdot L^{-1}$；

$\quad t$——河流入湖时间，a。

该方程可以用于计算负荷率与产物浓度，在经过时间 t 后，营养物质总负荷为：

$$W_{pt} = \frac{W_{p0}}{\dfrac{1}{t_u} + k_p} - \left(\frac{W_{p0}}{\dfrac{1}{t_u} + k_p} - W_{p0}\right)\exp\left[\left(\frac{1}{t_u} + k_p\right)t\right] \qquad (12-70)$$

或总磷浓度为：

$$P_t = \frac{W_{p0}}{(r + k_p)V} - \left[\left(\frac{W_{p0}}{(r + k_p)V} - P_0\right)\right]\exp\left[(\rho_w + k_p)t\right] \qquad (12-71)$$

式中：W_{p0}、W_{pt}——分别为湖泊起始时刻和经过 t 时间后水中磷负荷量；

$\quad P_0$、P_t——分别为湖泊起始时刻和经过 t 时间后水中的营养物质的浓度；

$r = Q/V = 1/t_u$，为冲刷速度常数；

$t_u = V/Q$，为理论水力停留时间。

（二）生物模型

在湖泊、水库中，由于藻类等微生物的生长能引起水质发生重要变化，而一般的化学模型很难模拟这种变化。因而，发展出了生物模型，用以模拟湖泊、水库中藻类生长、死亡、营养物质吸收等单一过程。

1. 藻类生长

藻类的生长速率主要依赖于光强、营养物和温度。藻类生长的直接能量来源是光合作用，受水下光强的控制，而水下光强是深度、色度和日长的函数，为避免积分步少于一整天，这里需要采用日均光强。

光合作用与光强之间的关系可以用下式来表示：

$$P = P_{max} \frac{I}{I_k} \exp\left(1 - \frac{I}{I_k}\right) \tag{12-72}$$

式中：P——光合作用速率，$mol\ CO_2 \cdot (mg\ chl)^{-1} \cdot h^{-1}$；

　　　P_{max}——最大的光合作用速率，$mol\ CO_2 \cdot (mg\ chl)^{-1} \cdot h^{-1}$；

　　　I——光密度；

　　　I_k——对应于 P_{max} 的最佳光强。

对于任何伴随的强度，光辐射是随深度减少而减少的，这一关系可由式（12-73）表示：

$$I(Z + h) = I(Z) \exp(-K_e h) \tag{12-73}$$

式中：$I(Z)$，$I(Z+h)$——分别是深度 Z 和 $(Z+h)$ 时的光强；

　　　K_e——光辐射系数。

如果把所有因素都考虑进去，就可以通过每天的光合作用对整个深度的积分得到藻类产率的表达式：

$$C_A = 0.6 \frac{NP_{max}}{K_e}\left[1.33 \sinh^{-1} - \frac{1}{\Phi}\left(\sqrt{1 + \Phi^2} - 1\right)\right] \tag{12-74}$$

式中：C_A——单位面积的日总生产率；

　　　N——藻类浓度，$mg \cdot L^{-1}$；

　　　Φ——$\dfrac{I}{I_k}$光密度比；

光合作用速率先随着温度增加到最大值，然后减少。这个过程可用下面的公式表示：

$$P_t = P_{max} \frac{t}{t_{opt}} \exp\left(1 - \frac{t}{t_{opt}}\right) \tag{12-75}$$

式中：P_t——温度 t 时的光合作用速率；

　　　t_{opt}——最大光合作用速率时的温度。

2. 呼吸作用

在藻类中，一部分由光合作用产生的有机物是呼吸作用消耗的，可以用一个简单的方程来表示：

$$\frac{\mathrm{d}N}{\mathrm{d}t} = rN \tag{12-76}$$

式中：r——呼吸速率，$\mathrm{mg \cdot g^{-1}}$；

　　　N——藻类浓度，$\mathrm{mg \cdot L^{-1}}$。

3. 沉积与再悬浮

沉积与再悬浮是藻类在水体中去除的一个重要的过程。该过程可以用以下公式表示：

$$S = K_{\mathrm{sed}}N \tag{12-77}$$

式中：S——沉积速率，$\mathrm{cm \cdot a^{-1}}$；

　　　K_{sed}——沉积系数。

4. 营养物质循环

营养物质的再循环取决于底泥中有机物的浓度，可以表示为沉降速率的函数：

$$R = f(S) \tag{12-78}$$

在生物模型中，主要考虑三种磷的形态：溶解态无机磷 P_1，游离态有机磷 P_2 和沉积态磷 P_3。

（1）对于溶解态无机磷 P_1：

$$\frac{\mathrm{d}P_1}{\mathrm{d}t} = -\mu C_{\mathrm{A}}A_{\mathrm{PP}} + (I_3P_3 - I_1P_1) + I_2P_2 \tag{12-79}$$

式中：A_{PP}——藻类的磷含量，$\mathrm{mgP \cdot mg^{-1}A}$；

　　　μ——表示藻类的比增长速率，$\mathrm{d^{-1}}$；

　　　I_1——表示底泥对无机磷的吸收速率，$\mathrm{d^{-1}}$；

　　　I_2——表示无机磷的降解速率，$\mathrm{d^{-1}}$；

　　　I_3——表示底泥中无机磷的释放速率，$\mathrm{d^{-1}}$。

（2）对于游离态有机磷 P_2：

$$\frac{\mathrm{d}P_2}{\mathrm{d}t} = \rho C_{\mathrm{A}}A_{\mathrm{PP}} - (I_4P_2 + I_2P_2) \tag{12-80}$$

式中：I_4——表示底泥中有机磷的富集速率，$\mathrm{d^{-1}}$。

（3）对于沉积态磷 P_3：

$$\frac{\mathrm{d}P_3}{\mathrm{d}t} = I_4P_2 + I_3P_3 \tag{12-81}$$

氮的形态比较复杂，在湖泊、水库的生态模型中，考虑五种形态的氮：有机氮 N_1、氨氮 N_2、亚硝酸态氮盐 N_3、硝酸态氮盐 N_4、沉积态氮 N_5。

（4）对于有机氮 N_1：

$$\frac{\mathrm{d}N_1}{\mathrm{d}t} = -J_4N_1 + \rho_{\mathrm{A}}C_{\mathrm{A}}A_{\mathrm{NP}} - J_6N_1 \tag{12-82}$$

式中：J_4——有机氮的降解速率，$\mathrm{d^{-1}}$；

　　　ρ_{A}——藻类死亡速率，$\mathrm{d^{-1}}$；

　　　A_{NP}——藻类中氮的含量，$\mathrm{mgN \cdot mg^{-1}A}$；

　　　J_6——底泥对有机氮的吸收速率，$\mathrm{d^{-1}}$。

（5）对于氨氮 N_2：

$$\frac{\mathrm{d}N_2}{\mathrm{d}t} = -J_1 N_2 + u C_A A_{NP} \frac{N_2}{N_2 + N_4} + J_4 N_1 + J_5 N_5 \tag{12-83}$$

式中：J_1——氨氮的硝化速率，d^{-1}；

　　　J_5——底泥中有机氮的分解速率，d^{-1}。

（6）对于亚硝酸态氮盐 N_3：

$$\frac{\mathrm{d}N_3}{\mathrm{d}t} = J_1 N_2 - J_2 N_3 \tag{12-84}$$

式中：J_2——亚硝酸盐的硝化速率，d^{-1}。

（7）对于硝酸态氮盐 N_4：

$$\frac{\mathrm{d}N_4}{\mathrm{d}t} = J_2 N_2 - \mu C_A A_{NP} \frac{N_4}{N_2 + N_4} - J_3 N_4 \tag{12-85}$$

式中：$J_2 N_4$——只发生在厌氧条件下；

　　　J_3——表示硝酸盐的反硝化速率，d^{-1}。

（8）对于沉积态氮 N_5：

$$\frac{\mathrm{d}N_5}{\mathrm{d}t} = -J_4 N_5 + J_6 N_1 \tag{12-86}$$

式中：J_4——表示沉积态氮的释放速率，d^{-1}。

5. 氧平衡

在分层的湖泊、水库中，氧平衡出现在温水层，会有效地中断再曝气，氧平衡方程可以表示为：

$$\mathrm{DO}_t = \mathrm{DO}_0 - \frac{R K_D \mathrm{SA}}{V_H} \tag{12-87}$$

式中：DO_0 和 DO_t——开始和时间 t 时氧浓度，$\mathrm{mg \cdot L^{-1}}$；

　　　K_D——水底细菌活性速率转换成氧单位的转换系数；

　　　SA 和 V_H——底泥的表面积和温水层的体积，$\mathrm{m^2}$，$\mathrm{m^3}$。

第四节　河流水质模拟

河流是地球上分布最广泛的一种水体系统，它的最大特点是在水平尺度上存在巨大的差异，其沿程气候、水文、地质等条件一般变化较大，几乎没有一条河流是均匀流场，对河流进行水质模拟，需要先将河流进行分段，使每一段河流尽量满足稳态这一基本条件，分别建立单一河段的模拟模型，利用质量守恒原则，将各段河流的模拟结果进行联合，就可以组成整条河流的水质模拟模型。目前使用的许多单一河段的水质模型是在 S-P 模型的基础上进行修正获得的。本节以 S-P 模型开始介绍各种河流水质模拟方法。

一、单一河段水质模拟

(一) S-P 基本模型

1925 年，美国学者斯特里特(Streeter)和费尔普斯(Phelps)通过对耗氧过程动力学特征研究后发现：当河流接受有机物后，有机物沿水流方向发生的迁移远大于其扩散稀释量，当河水流量与污水流量稳定，且河水温度不变时，有机物生化降解的耗氧量(BOD)与该时间段河水中存在的有机物量成正比。据此提出了 Streeter-Phelps 模型，简称 S-P 模型。

S-P 模型是世界上最早的描述河流水质的模型，其核心内容是建立河流中 BOD 耗氧与氧气恢复之间的耦合关系。S-P 模型主要基于以下假设：① 河流中的耗氧过程是源于水体中厌氧微生物产生的 BOD 衰变反应，且该反应符合一级反应动力学 $\dfrac{\mathrm{d}L}{\mathrm{d}t} = -K_1 L$；② 河流中的溶解氧来源于大气的复氧过程；③ 耗氧和复氧过程的反应速度定常，且复氧速率与水中的氧亏成正比，$D_c = O_s - O$。

在稳态条件下，S-P 模型的方程为

$$\begin{cases} u\,\dfrac{\partial L}{\partial x} = -D\,\dfrac{\partial^2 L}{\partial x^2} - K_1 L \\ u\,\dfrac{\partial O}{\partial x} = D\,\dfrac{\partial^2 O}{\partial x^2} - K_1 L + K_2(O_s - O) \end{cases} \tag{12-88}$$

式中：L——河水中 BOD 浓度值，$\mathrm{mg \cdot L^{-1}}$；

O——河水中 DO 浓度值，$\mathrm{mg \cdot L^{-1}}$；

O_s——河水中氧的饱和浓度，$\mathrm{mg \cdot L^{-1}}$；

D——弥散系数，$\mathrm{m^2 \cdot s^{-1}}$；

K_1——河水中耗氧速率常数，$\mathrm{d^{-1}}$；

K_2——河水中复氧衰减速率常数，$\mathrm{d^{-1}}$；

u——河水流速，$\mathrm{m \cdot s^{-1}}$；

x——河流长度，m；

通常情况下，河流中的弥散可以忽略，因此式(12-88)可以简化为：

$$\begin{cases} u\,\dfrac{\mathrm{d}L}{\mathrm{d}x} = -K_1 L \\ u\,\dfrac{\mathrm{d}O}{\mathrm{d}x} = -K_1 L - K_2(O_s - O) \end{cases} \tag{12-89}$$

式(12-89)即 S-P 模型的基本形式。

(1) 当存在弥散时，S-P 模型在稳态条件下的解析解

在稳态条件下，假设河流不受河流长度限制，BOD 污染源位于河流的初始端 $x=0$，则 S-P 模型满足边界条件：

$$\begin{cases} L(0) = L_0, \quad L(\infty) = 0 \\ O(0) = O_0, \quad O(\infty) = 0 \end{cases} \tag{12-90}$$

将边界条件代入式(12-89)，得其解析解为：

$$\begin{cases} L = L_0 \exp\left[\dfrac{ux}{2D}\left(1 - \sqrt{1 + \dfrac{4DK_1}{u^2}}\right)\right] = L_0 \exp(\beta_1 x) \\ O = O_s - (O_s - O_0)\exp(\beta_2 x) + \dfrac{K_1 L_0}{K_1 - K_2}\left[\exp(\beta_1 x) - \exp(\beta_2 x)\right] \end{cases} \quad (12-91)$$

其中：

$$\beta_1 = \frac{u}{2D}\left(1 - \sqrt{1 + \frac{4DK_1}{u_2}}\right)$$

$$\beta_2 = \frac{u}{2D}\left(1 - \sqrt{1 + \frac{4DK_2}{u_2}}\right)$$

（2）当不存在弥散时，S-P 模型在稳态条件下的解析解

假设初始条件与存在弥散时相同，温度 T 不变，则式(12-89)的解析解为：

$$\begin{cases} L = L_0 \exp\left(-K_1\dfrac{x}{u}\right) \\ O = O_s - (O_s - O_0)\exp\left(-K_2\dfrac{x}{u}\right) + \dfrac{K_1 L_0}{K_1 - K_2}\left[\exp\left(-K_1\dfrac{x}{u}\right) - \exp\left(-K_2\dfrac{x}{u}\right)\right] \end{cases}$$

$$(12-92)$$

（3）S-P 模型的临界点

一般情况下，我们最关心的问题是溶解氧浓度的最低点（临界点），此时河流水质最差。识别临界点，能让人们知道最大氧亏量是多少、最大氧亏发生在哪，以及发生的时间，从而更为有效地进行管理。

通过 S-P 模型基本解式(12-92)，可以获得 S-P 模型的基本图形解（图 12-9）。可以发现在达到临界点时，河水的氧亏值最大，且 DO 的变化率为 0，即 $\dfrac{\mathrm{d}O}{\mathrm{d}x} = 0$。因而，在无弥散时，临界氧亏 D_c 可以表示为：

$$D_c = O_s - L_0\frac{K_1}{K_2}\left\{\frac{K_2}{K_1}\left[1 - \left(\frac{K_2}{K_1} - 1\right)\frac{O_s - O_0}{L_0}\right]\right\}^{\frac{K_1}{K_1 - K_2}} \quad (12-93)$$

在某些情况下，我们需要知道排污物排放入河流后，在哪个地方氧亏达到最大。可以利用下列公式计算临界氧亏距离 x_c：

$$x_c = \frac{u}{K_2 - K_1}\ln\frac{K_2}{K_1}\left[1 - \left(\frac{K_2}{K_1} - 1\right)\frac{O_s - O_0}{L_0}\right] \quad (12-94)$$

在某些情况下，我们需要知道排污物排放入河流后，什么时间氧亏达到最大。可以利用下列公式计算临界氧亏时间 t_c：

$$t_c = \frac{1}{K_2 - K_1}\ln\frac{K_2}{K_1}\left[1 - \left(\frac{K_2}{K_1} - 1\right)\frac{O_s - O_0}{L_0}\right] \quad (12-95)$$

由于 S-P 模型中存在河水耗氧速率取决于其 BOD 浓度的基本假设，因而在 L_0 足够大的情况下，可能产生 D_c 为负值的情况，可以通过一个非线性模型来修正这一不足：

$$\begin{cases} \dfrac{\partial L}{\partial t} + u\dfrac{\partial L}{\partial x} = -\widetilde{K}_1 L O \\[4mm] \dfrac{\partial O}{\partial t} + u\dfrac{\partial L}{\partial x} = -\widetilde{K}_1 L O + K_2(O_s - O) \end{cases} \qquad (12-96)$$

其中 $\widetilde{K}_1$ 是一个常数。

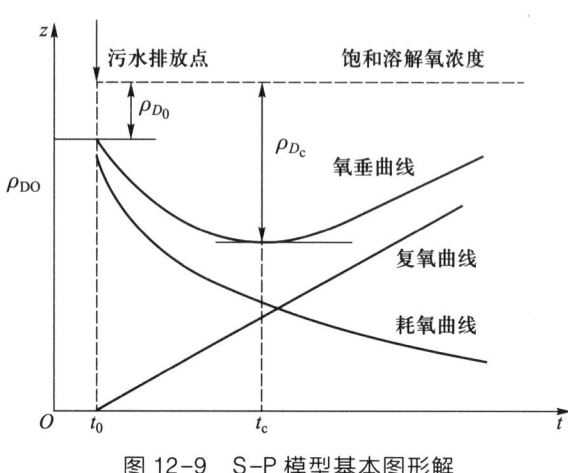

图 12-9　S-P 模型基本图形解

（二）　S-P 模型的修正形式

Streeter 和 Phelps 提出 BOD-DO 耦合模型后的很长一段时间内，河流水质模型的研究进展缓慢。在 20 世纪 60 年代以后，随着环境污染的加剧，水污染问题引起了巨大关注，河流水质模型也得到了快速发展。针对 S-P 模型中的缺陷，研究人员提出了一些修正形式。

1. Thomas 修正型

S-P 模型中存在耗氧速率与 BOD 衰变速率是相等的假设，然而，在某些沉降作用比较大的河流中，BOD 衰变速率可能比耗氧速率大。因而，在 S-P 基本模型的基础上，Thomas 等人引进沉降作用对 BOD 去除的影响，提出了适用于存在明显沉降作用河流的 Thomas 修正型：

$$\begin{cases} \dfrac{\partial L}{\partial t} + u\dfrac{\partial L}{\partial x} = D\dfrac{\partial^2 L}{\partial x^2} - (K_1 + K_3)L \\[4mm] \dfrac{\partial O}{\partial t} + u\dfrac{\partial L}{\partial x} = O\dfrac{\partial^2 O}{\partial x^2} - (K_1 + K_3)L + K_2(O_s - O) \end{cases} \qquad (12-97)$$

在河流处于稳态时，$\dfrac{\partial L}{\partial t} \to 0$，$D \to 0$，$\dfrac{\partial O}{\partial t} \to 0$，式（12-97）可以写成：

$$\begin{cases} \dfrac{\partial L}{\partial t} + u\dfrac{\partial L}{\partial x} = -(K_1 + K_3)L \\[4mm] \dfrac{\partial O}{\partial t} + u\dfrac{\partial L}{\partial x} = -(K_1 + K_3)L + K_2(O_s - O) \end{cases} \qquad (12-98)$$

其中，K_3 是表示与沉降和再悬浮相关的耗氧系数，它是考虑了沉淀、悬浮、吸附以及再悬浮等过程引发的 BOD 变化。

在初始条件 $L(0)=L_0$，$O(0)=O_0$ 下，Thomas 修正型的解析解为：

$$\begin{cases} L = L_0 \exp\left[-(K_1 + K_3)\dfrac{x}{u} \right] \\[2mm] O = O_s - (O_s - O_0)\exp\left(-K_2\dfrac{x}{u} \right) + \dfrac{K_1 L_0}{K_1 + K_3 - K_2} \cdot \\[2mm] \quad \left[\exp(-K_1 + K_2)\dfrac{x}{u} - \exp\left(-K_2\dfrac{x}{u} \right) \right] \end{cases} \qquad (12-99)$$

临界氧亏量 D_c 可以表示为：

$$D_c = D_0 \exp\left(-K_2\dfrac{x}{u} \right) + \dfrac{K_1 L_0}{K_1 + K_3 - K_2}\left\{ \exp\left[-(K_1 + K_3)\dfrac{x}{u} \right] - \exp\left(-K_2\dfrac{x}{u} \right) \right\}$$

$$(12-100)$$

2. Dobbins-Camp 修正型

河流中的 BOD 不仅仅来源于点源排放，也可以通过面源和地表径流输入。Dobbins 和 Camp 等人在 Thomas 修正型的基础上，考虑了底泥分解和光合作用，提出了 Dobbins-Camp 修正型：

$$\begin{cases} \dfrac{\partial L}{\partial t} + u\dfrac{\partial L}{\partial x} = D\dfrac{\partial^2 L}{\partial x^2} - (K_1 + K_3)L + R \\[2mm] \dfrac{\partial O}{\partial t} + u\dfrac{\partial L}{\partial x} = O\dfrac{\partial^2 O}{\partial x^2} - (K_1 + K_3)L + K_2(O_s - O) + P \end{cases} \qquad (12-101)$$

在河流处于稳态时，$\dfrac{\partial L}{\partial t} \to 0$，$D \to 0$，$\dfrac{\partial O}{\partial t} \to 0$，式(12-101)可以写成：

$$\begin{cases} u\dfrac{\partial L}{\partial x} = -(K_1 + K_3)L + R \\[2mm] u\dfrac{\partial L}{\partial x} = -(K_1 + K_3)L + K_2(O_s - O) + P \end{cases} \qquad (12-102)$$

式中：R——底泥释放和地表径流引起的 BOD 变化率，d^{-1}；

$\qquad$ P——藻类光合作用和呼吸作用以及地表径流引起的 DO 变化率，d^{-1}。

在初始条件 $L(0)=L_0$，$O(0)=O_0$ 的稳态条件下，Dobbins-Camp 修正型的解析解为：

$$\begin{cases} L = L_0\beta_1 + \dfrac{R}{K_1 + K_3}(1 - \beta_1) \\[2mm] O = O_s - (O_s - O_0)\beta_2 + \dfrac{K_1 L_0}{K_1 + K_3 - K_2}\left(L_0 - \dfrac{R}{K_1 + K_3} \right)(\beta_1 - \beta_2) \\[2mm] \quad - \left[\dfrac{P}{K_2} + \dfrac{K_1 R}{K_2(K_1 + K_3)} \right](1 - \beta_2) \end{cases} \qquad (12-103)$$

其中：$\beta_1 = \exp\left[-(K_1 + K_3)\dfrac{x}{u} \right]$，$\beta_2 = \exp\left(-K_2\dfrac{x}{u} \right)$

临界氧亏量 D_c 可以通过表示为：

$$D_c = D_0\beta_2 + \frac{K_1}{K_1 + K_3 - K_2}\left(L_0 - \frac{R}{K_1 + K_3}\right)(\beta_1 - \beta_2) + \left[\frac{P}{K_2} + \frac{K_1 R}{K_2(K_1 + K_3)}\right](1 - \beta_2) \quad (12-104)$$

3. O'Connor 修正型

O'Connor 修正型假设河流中 BOD 是由含碳 BOD 和含氮 BOD 组成，即 $L = L_c + L_N$。在初始条件 的稳态条件下，O'Connor 修正型为：

$$\begin{cases} u\dfrac{\partial L_c}{\partial x} = -(K_1 + K_3)L_c \\[2mm] u\dfrac{\partial L_N}{\partial x} = -K_N L_N \\[2mm] u\dfrac{\partial O}{\partial x} = -K_1 L_c - K_N L_N + K_2(O_s - O) \end{cases} \quad (12-105)$$

在初始条件 $L(0) = L_0$，$O(0) = O_0$ 的稳态条件下，Dobbins-Camp 修正型的解析解为：

$$\begin{cases} L_c = L_{0c}\exp\left[-(K_1 + K_3)\dfrac{x}{u}\right] \\[2mm] L_N = L_{0N}\exp\left(-K_N\dfrac{x}{u}\right) \\[2mm] O = O_s - (O_s - O_0)\exp\left(-K_2\dfrac{x}{u}\right) + \dfrac{K_1 L_0}{K_2 - K_1 - K_3}\left\{\exp\left[-(K_1 + K_3)\dfrac{x}{u}\right] - \exp\left(K_2\dfrac{x}{u}\right)\right\} \\[2mm] \quad + \dfrac{K_N L_{0N}}{K_2 - K_N}\left[\exp\left(-K_N\dfrac{x}{u}\right) - \exp\left(-K_2\dfrac{x}{u}\right)\right] \end{cases}$$

$$(12-106)$$

临界氧亏量 D_c 可以通过表示为：

$$D_c = D_0\exp\left(-K_2\dfrac{x}{u}\right) - \frac{K_1 L_0}{K_2 - K_1 - K_3}\left\{\exp\left[-(K_1 + K_3)\dfrac{x}{u}\right] - \exp\left(K_2\dfrac{x}{u}\right)\right\}$$

$$- \frac{K_N L_{0N}}{K_2 - K_N}\left[\exp\left(-K_N\dfrac{x}{u}\right) - \exp\left(-K_2\dfrac{x}{u}\right)\right] \quad (12-107)$$

（三）模型参数的确定

水质模型中的参数估计是水质模型应用过程中非常重要的环节，参数估计的准确与否决定了水质模型最终结果的准确性。本节将简单介绍水质模型中各种参数的估算方法。

1. 耗氧速率常数 K_1

水体中的 BOD 耗氧过程取决于其中存在的微生物种群类型，因而实验室中测定的 K_1 值和河流中实际的值是不同的，Bosko 等人提出可以通过以下方程使两者统一起来：

$$K_{1,R} = K_{1,L} + n_a\frac{u}{f} \quad (12-108)$$

式中：$K_{1,R}$——河流中 BOD 衰变速率，d^{-1}；

$K_{1,L}$——实验室中测得 BOD 衰变常数，d^{-1}；

n_a——河床活度系数，其参考值见表 12-2；

f——河流深度。

表 12-2　河床活度系数经验值

河床坡降/(m·km⁻¹)	河床活度系数 n_a
0.15	0.10
0.95	0.19
1.89	0.25
4.73	0.40
9.47	0.60

此外，由于生化反应和温度之间有很密切的关系，所以其反应速率也是关于反应温度的函数。它们之间的关系可以用阿伦尼乌斯公式来表示：

$$\frac{d(\ln K)}{dT} = \frac{E}{RT^2} \tag{12-109}$$

式(12-109)可以写成：

$$\ln(K) = -\frac{E}{RT} + C \tag{12-110}$$

在其他条件相同的情况下，可以得到不同温度下的反应速率常数 K_1 值。

$$K_1(T_1) = K_1(T_2)\beta^{(T_1-T_2)} \tag{12-111}$$

$$\beta = \exp\left(\frac{E}{RT_1T_2}\right) \tag{12-112}$$

式中：E——反应活化能，J·mol⁻¹；

R——气体常数，J·mol⁻¹·K；

β——温度修正系数，β 取值一般在 1.047~1.140，温度越低，取值越小。

通常情况下，我们遇到的 K_1 都是表示 20℃时的情况，因而在应用过程中式(12-111)可以写成：

$$K_1(T_1) = K_1(20)\beta^{(T_1-20)} \tag{12-113}$$

2. 复氧速率常数 K_2

河流中的复氧指的是河水表面与大气间的交换，这种交换与水体的水力学参数有关，复氧速率常数可以通过水力学参数来估计。O'Connor 和 Dobbins 提出了用于估计河流 K_2 的经验公式：

$$K_2 = C\frac{u^n}{f^m} \tag{12-114}$$

该公式可以用 Chezy 系数 C_c 来估算：

$$C_c = \frac{f^{\frac{1}{6}}}{n} \tag{12-115}$$

在低流速河流中，即 $C_c \geqslant 17$ 时，O'Connor 和 Dobbins 提出用下列公式来估算 K_2：

$$K_2 = \frac{(D_m u)^{\frac{1}{2}}}{f^{\frac{3}{2}}} \qquad (12-116)$$

在高流速河流中，即 $C_c < 17$ 时，O'Connor 和 Dobbins 提出用下列公式来估算 K_2：

$$K_2 = \frac{3.11 \times 480 \times D_m^{0.5} S^{0.25}}{f^{1.25}} \qquad (12-117)$$

式中：D_m——水中氧分子的扩散系数，它是一个关于温度的函数 $D_m = 1.78 \times 10^{-4} \times 1.04^{T-20}$，$m^2 \cdot d^{-1}$；

$\qquad$ S——河床坡度。

因为分子扩散系数 D_m 是与温度相关的函数，所以 K_2 也是与温度相关的函数，其温度修正式为：

$$K_2(T) = K_2(20)\beta^{(T-20)} \qquad (12-118)$$

3. 饱和溶解氧浓度 O_s

可以利用以下经验公式近似估算 T℃时的饱和溶解氧浓度：

$$O_s(T) = \frac{468}{31.6 + T} \qquad (12-119)$$

4. 底泥耗氧速率 R_c

底泥的耗氧速率 R_c（$mg \cdot m^{-2} \cdot h^{-1}$）可以在实验室内测得，其计算公式为：

$$R_c = \frac{\Delta C V}{A \Delta t} \qquad (12-120)$$

式中：ΔC——测量时间段内的溶解氧差，$mg \cdot L^{-1}$；

$\qquad$ A——底泥面积，m^2；

$\qquad$ V——水样体积，m^3。

5. 藻类的呼吸和光合作用 P

藻类的呼吸和光合作用 P 可以通过野外观测溶解氧变化，并利用以下公式进行估算：

$$P = 24 \times 100 \frac{q_m - q_e}{D_m - D_e} \qquad (12-121)$$

式中：q_m，q_e——分别是早上和夜间测得的溶解氧变化速度；

$\qquad$ D_m，D_e——分别是早上和夜间的溶解氧亏。

藻类的呼吸和光合作用也可以采用"黑白瓶技术"来观测溶解氧变化，并通过以下公式进行估算：

$$P = 2[(L_F - L_1) + (D_1 - D_F)]h \qquad (12-122)$$

$$A = \frac{24h(D_1 - D_F)}{t} \qquad (12-123)$$

式中：P——光合作用产氧速率，$g \cdot m^{-2} \cdot d^{-1}$；

$\qquad$ A——呼吸速率，$g \cdot m^{-2} \cdot d^{-1}$；

$\qquad$ L_F、L_1——白瓶中结束和初始的 DO 浓度，$mg \cdot L^{-1}$；

$\qquad$ D_F、D_1——黑瓶中结束和初始的 DO 浓度，$mg \cdot L^{-1}$；

$\qquad$ h——黑白瓶放置的深度，m。

二、 多河段水质模拟

随着环境科学研究的不断发展，借助计算机技术，目前单一河段水质模型开始向多河段河流水质模型发展，形成河网水质模型。河网水质模型突破了原有的研究单一河段的限制，将区域内河网水质视为整体来研究，考虑整个水环境系统内各相互作用的因素，对区域水环境的整体规划与管理具有更大的意义。本节将讨论多河段水质模型的基本结构和具体方法。

（一） 多河段水质模型的基本结构

多河段水质模型是将所有的单一河段水质模型组合成整条河流的水质模型，各河段应该满足下列条件：① 污染源存在于各河段的初始或末端；② 如果某一河流有若干个污染源，则必须将河流分成若干河段；③ 河流的污染处于稳定状态；④ 河流的污染在横向上均匀混合，只有纵向的浓度梯度；⑤ 单一河流水质模型适用于各河段。

河段划分的主要原则是保持所分割的河段中水质参数是稳定的。河段划分是通过在适当的位置设置计算断面实现的，断面设置主要有以下几种方法：① 在河流断面形状变化处，如出现宽、窄变化或深、浅变化处，因为这种变化引起流速及水质参数的变化；② 支流汇流和分流处以及取水口，因为流量的输入和输出会导致流速及水质参数的变化；③ 点源污染排放处；④ 其他如现有的或以前存在的水文、水质监测断面处、码头、桥涵处。

当河段划分得足够小，上述各条件都可以得到满足。河网断面可以划分为外断面和内断面。外断面是指能与河网中的河段发生直接关系的点，外断面的污染物浓度是可测的。设外断面数量为 n_1，除外断面外，其余的断面统称为内断面，设其内断面数为 n_2，所以河网的总断面数 $n = n_1 + n_2$。

如果河段与断面有直接关系，我们称它们相关；否则无关。如果用 S_{ij} 来表示河网中各河段与断面的关系，则这种关系可以用以下函数关系表示：

$$S_{ij} = \begin{cases} 1, & 节点\,i\,与河段\,j\,正相关 \\ -1, & 节点\,i\,与河段\,j\,负相关 \\ 0, & 节点\,i\,与河段\,j\,无相关性 \end{cases} \tag{12-124}$$

式中：i——断面号；

j——河段号。

如果第 i 断面是第 j 河段的流出断面，则称断面 i 与河段 j 正相关；如果第 i 断面是第 j 河段的流入断面，则称断面 i 与河段 j 负相关；否则 i 与河段 j 无相关性。

对于某个河网，其断面和河段间的关系也可以用下面的 $i×j$ 阶矩阵表示：

$$S_{ij} = \begin{vmatrix} 1 & 0 & 0 & 0 & 0 & 1 & 0 & 0 & 0 & 0 \\ 0 & 1 & 0 & 0 & 0 & 0 & 0 & -1 & 0 & 0 \\ 0 & 0 & 0 & 1 & 0 & 0 & 0 & 0 & -1 & 0 \\ 0 & 0 & 0 & 0 & 0 & 0 & 1 & 0 & 0 & -1 \\ -1 & -1 & 0 & 0 & 0 & 0 & 0 & 1 & 0 & 0 \\ 0 & 0 & 0 & 0 & -1 & 0 & 0 & 0 & 0 & 1 \\ 0 & 0 & -1 & 0 & 0 & 0 & 0 & 1 & 0 & 0 \\ 0 & 0 & 0 & 0 & 0 & -1 & 0 & 0 & 1 & 0 \\ 0 & 0 & 0 & 0 & 0 & 0 & -1 & 0 & 0 & 1 \\ 0 & 0 & 0 & 0 & 0 & 0 & 0 & 0 & -1 & 1 \end{vmatrix} \qquad (12-125)$$

定义矩阵 S_1 是矩阵 S 所有 -1 元素变成零的矩阵，矩阵 S_{-1} 是矩阵 S 所有 1 元素变成零的矩阵，则 $S = S_1 + S_{-1}$，我们称 S_1 和 S_{-1} 是关联矩阵。在 S_1 和 S_{-1} 中，将内断面和外断面分开，则有：

$$S_1 = \begin{bmatrix} S_1'' \\ \vdots \\ S_1' \end{bmatrix} \quad S_{-1} = \begin{bmatrix} S_{-1}'' \\ \vdots \\ S_{-1}' \end{bmatrix} \qquad (12-126)$$

其中 S_1'' 和 S_{-1}'' 都是 $i_1 \times j$ 阶矩阵，S_1' 和 S_{-1}' 都是 $i_2 \times j$ 阶矩阵。这里的 S_1' 是内断面中各河段的流出断面，S_{-1}' 是内断面中各河段的流入断面；S_1'' 是外断面中各河段的流出断面，S_{-1}'' 是外断面中各河段的流入断面。

根据以上假设，河网的水量平衡方程可以由以下方程表示：

$$\vec{q} + S_{-1}'Q \begin{bmatrix} 1 \\ \vdots \\ 1 \end{bmatrix}_j = S_1'Q \begin{bmatrix} 1 \\ \vdots \\ 1 \end{bmatrix}_j \qquad (12-127)$$

其中 $\vec{q}$ 是 i_2 维向量，表示各断面污水输入量。Q 是河段的输入水量，可以用对角矩阵表示：

$$Q = \begin{bmatrix} Q_1 & & & \\ & Q_2 & & \\ & & \ddots & \\ & & & Q_j \end{bmatrix} \qquad (12-128)$$

河网的水质平衡方程可以表示为：

$$\vec{V} + S_{-1}'Q \vec{Z_1} = S_1'Q \vec{Z_0} \qquad (12-129)$$

式中：$\vec{V}$——i_2 维向量，表示各内断面污水中污染物 f 的浓度；

　　　$\vec{Z_1}$——j 维向量，表示输入内断面河段末端污染物 f 的浓度；

　　　$\vec{Z_0}$——j 维向量，表示输出内断面河段起始端污染物 f 的浓度；

　　　Q——河段的输入水量，定义同式（12-128）。

根据矩阵 S，可以找出与某河段有正负相关的断面，从而可以根据各河段的水质模型来计算整个河网的污染物浓度变化。也能评估各河段的相互作用,可见河网水质模型是单一河段水质模型的推广。

(二) 多河段水质模型的基本形式

单一河段中,BOD 和 DO 的水质模拟模型为:

$$L = L_0 \exp\left(-\frac{K_1 + K_3}{t}\right) \tag{12-130}$$

$$O = O_0 \exp\left(-\frac{K_2}{t}\right) + \frac{K_1 L_0}{K_1 + K_3 - K_2}\left[\exp\left(-\frac{K_1 + K_3}{t}\right) - \exp\left(-\frac{K_2}{t}\right)\right] \tag{12-131}$$

根据河网水质模型的定义,单一河段的水质模型可以综合成河网水质模型:

$$\vec{L} = A\vec{L_0} \tag{12-132}$$

$$\vec{D} = B\vec{L_0} + C\vec{D_0} + E\vec{R} \tag{12-133}$$

式中:$\vec{L_0}$,$\vec{L}$——河段起始端和末端的 BOD 浓度;

$\vec{D_0}$,$\vec{D}$——河段起始端和末端的 DO 浓度;

A、B、E——$i \times j$ 阶对角矩阵,其表达式为:

$$A = \begin{bmatrix} a_1 & & & \\ & a_2 & & \\ & & \vdots & \\ & & & a_j \end{bmatrix} \quad B = \begin{bmatrix} b_1 & & & \\ & b_2 & & \\ & & \vdots & \\ & & & b_j \end{bmatrix} \quad E = \begin{bmatrix} e_1 & & & \\ & e_2 & & \\ & & \vdots & \\ & & & e_j \end{bmatrix} \tag{12-134}$$

$$a_j = \exp\left(-\frac{K_{1j} + K_{3j}}{t_j}\right) \tag{12-135}$$

$$b_j = \exp(-K_{2j}t_j) \tag{12-136}$$

$$e_j = \frac{1}{K_{2j}}\left[\exp(-K_{2j}t_j) - 1\right] \tag{12-137}$$

$$\vec{R} = \begin{bmatrix} K_{4,\,1} \\ K_{4,\,2} \\ \vdots \\ K_{4,\,j} \end{bmatrix} \tag{12-138}$$

式中:K_{1j}——j 河段的 BOD 变化速率系数,d^{-1};

K_{2j}——j 河段的复氧速率系数,d^{-1};

K_{3j}——j 河段的沉积和悬浮作用引发的 BOD 变化速率系数,d^{-1};

K_{4j}——j 河段的藻类光合作用产氧或呼吸作用耗氧的速率系数,$mg \cdot L^{-1}$。

(三) 河网水质模型的计算方法

在实际应用过程中,首先需要确定河网中各断面的污染物浓度分布,再采用河网水质模拟模型进行计算。如果在所有点源排放点都设置河流断面,式(12-127)和(12-129)可以写成:

$$S'_{-1} Q \begin{bmatrix} 1 \\ \vdots \\ 1 \end{bmatrix}_j = S'_1 Q \begin{bmatrix} 1 \\ \vdots \\ 1 \end{bmatrix}_j \tag{12-139}$$

$$S'_{-1} Q \vec{Z_1} = S'_1 Q \vec{Z_0} \tag{12-140}$$

建立以断面 x 为自变量，其污染物浓度 $f(x)$ 为因变量的递归函数。令 y 为河段号，$W(x)$ 是以断面 x 为起始点的河段数量，在矩阵 S 中，就是 x 行中元素为 1 的个数；$G(x)$ 表示汇流到断面 x 的河段号，在矩阵 S 中，就是 x 行中元素为 -1 的列号；$H(x)$ 表示河段 y 的流出断面号。

根据以上定义，递归函数 $f(x)$ 的表达式为：

$$f(x) = \begin{cases} f_0(x), & x < n_1 \\ \dfrac{1}{QG_{1(x)} + QG_{2(x)} + \cdots + QG_{g(x)}(x)} \big[\, QG_{(x)} \theta(f(H(G_1(x)))) + \cdots \\ \qquad + QG_{g(x)}(x) \theta(f(H(G_{g(x)}(x)))) \,\big], & x \geqslant n_1 \end{cases} \tag{12-141}$$

式中：$f_0(x)$——外断面 x 处污染物的浓度，是一个已知量；

$\theta(f)$——$f(x)$ 的一个已知函数；

Q——河段流量，可以表达为：

$$QG_{1(x)} + QG_{2(x)} + \cdots + QG_{g(x)}(x) = QW_{1(x)} + QW_{2(x)} + \cdots + QW_{w(x)}(x) \tag{12-142}$$

根据上述递归函数的一般形式，可以写出 BOD 和 DO 的递归函数：

$$L(x) = \begin{cases} L_0(x), & x < n_1 \\ \dfrac{1}{QG_{1(x)} + QG_{2(x)} + \cdots + QG_{g(x)}(x)} \big[\, QG_1(x) aG_{(x)} L(H(G_1(x))) + \cdots \\ \qquad + QG_{g(x)}(x) aG_{g(x)}(x) L(H(G_{g(x)}(x))) \,\big], & x \geqslant n_1 \end{cases} \tag{12-143}$$

$$D(x) = \begin{cases} D_0(x) = C_s(x) - C_0(x) = \dfrac{468}{31.6 + T(x)} - C_0(x), & x < n_1 \\ \dfrac{1}{QG_{1(x)} + QG_{2(x)} + \cdots + QG_{g(x)}(x)} \big[\, QG_1(x) cG_{1(x)} L(H(G_1(x))) + \cdots \\ \qquad + QG_{g(x)}(x) cG_{g(x)}(x) L(H(G_{g(x)}(x))) \,\big], & x \geqslant n_1 \end{cases} \tag{12-144}$$

式中：$C_s(x)$——断面 x 处水温为 $T(x)$ 时饱和溶解氧浓度，mg/L；

$C_0(x)$——外断面 x 处溶解氧浓度，mg/L；

$D_0(x)$——外断面 x 处溶解氧亏浓度，mg/L；

$L_0(x)$——外断面 x 处 BOD 浓度，mg/L。

第五节　河口及近岸海域水质模拟基础

河口是连接内陆水体和海洋的通道，它与一般河流最显著的区别是不仅会受上游河段污染的影响，也会受到潮汐作用的影响。潮汐作用对污染物质的影响具有两面性，一方面由于海水入侵会带来大量溶解氧，与上游河段的水体汇合，使其中的污染物质分布更为均匀，从而起到稀释和混合污染物的作用；另一方面，潮流的冲击作用会加大污染物在水体中的停留时间，使污染物与水体中的溶解氧反应得更充分，从而降低水体中的溶解氧。这使得河口水质模拟相对河流更为复杂。本节将介绍河口及近岸海域的水质模拟模型。

一、一维模型

在充分混合端的一维河口中，纵向弥散是影响水质的主要因素，此时可以用本章第二节中提到的一维水质模型来描述河口的水质。假设污染物在横向、纵向的浓度分布是均匀的，一维河口的水质方程的基本形式为：

$$\frac{\partial(AC)}{\partial t} = \frac{\partial}{\partial x}\left(AD\frac{\partial C}{\partial x}\right) - \frac{\partial(uAC)}{\partial x} - K_1 C + S_c \qquad (12-145)$$

式中：A——河口断面面积，m^2；

　　　u——平均流速，$m \cdot s^{-1}$；

　　　D——纵向弥散系数，$m^2 \cdot s^{-1}$；

　　　K_1——污染物衰变速率，d^{-1}；

　　　C——污染物浓度，$mg \cdot L^{-1}$；

　　　S_c——其他污染源或遗漏源。

在稳态条件下，即 $\dfrac{dC}{dt} = 0$，式（12-145）可以简化为：

$$\frac{d(uAC)}{dx} = \frac{d}{dx}\left(AD\frac{dC}{dx}\right) - K_1 C + S_c \qquad (12-146)$$

令上游流量 $Q = uA$，则式（12-145）可以写成：

$$\frac{\partial(AC)}{\partial t} + Q\frac{\partial C}{\partial x} = \frac{\partial}{\partial x}\left(AD\frac{\partial C}{\partial x}\right) - K_1 C + S_c \qquad (12-147)$$

如果 D 是常数，则有：

$$\frac{\partial C}{\partial t} + u\frac{\partial C}{\partial x} = D\frac{\partial^2 C}{\partial x^2} - K_1 C + S_c \qquad (12-148)$$

河口的弥散系数 D 的可以采用示踪法，由测定的盐度来计算：

$$\frac{C}{C_0} = \exp\left(\frac{u}{D}x\right) \qquad (12-149)$$

其中，$x = 0$ 是河口，上游为负值。

式(12-149)的解析解为：

$$D_x = \frac{xu}{\ln C - \ln C_0} \qquad (12-150)$$

河口的弥散系数 D_x 的可以采用一些经验公式计算求得。如淡水含水量百分比法：

$$D_x = 0.097 \frac{QS_a}{A \dfrac{\mathrm{d}S_a}{\mathrm{d}x}} = 0.194 \frac{QS_{a,i}}{A(S_{a,i} - S_{a,i-1})} \qquad (12-151)$$

式中：$S_{a,i}$——河流第 i 断面的平均含盐度。

D_x 的取值在 $10 \sim 100 \ \mathrm{m}^2 \cdot \mathrm{s}^{-1}$。

二、二维模型

一维河口水质模型只能用于均匀的无浓度梯度的河口，而当河口存在横向和垂直方向的浓度梯度变化时，必须增加水质模型的维度，使用二维河口水质模型，其基本方程为：

$$\frac{\partial C}{\partial t} + u \frac{\partial C}{\partial x} = M_x \frac{\partial^2 C}{\partial x^2} + M_y \frac{\partial^2 C}{\partial y^2} - K_1 C \qquad (12-152)$$

由于河口水文水质条件较为复杂，难以求得式(12-152)的解析解，在实际应用过程中，通常采用有限差分法等数值解法。

式(12-152)的显式差分格式为：

$$\frac{C_{i,j}^{l+1} - C_{i,j}^{l}}{\Delta t} + u_{i,j}^{l} \frac{C_{i+1,j}^{l} - C_{i-1,j}^{l}}{\partial x} = M_x \frac{C_{i+1,j}^{l} - 2C_{i,j}^{l} + C_{i-1,j}^{l}}{\Delta x^2}$$

$$+ M_y \frac{C_{i,j+1}^{l} - 2C_{i,j}^{l} + C_{i,j-1}^{l}}{\Delta y^2} - K_1 C_{i,j}^{l} \qquad (12-153)$$

通过整理，式(12-153)可以写成：

$$C_{i,j}^{l+1} = \frac{u_{i,j}^{l} \Delta t}{2\Delta x} + \frac{M_x \Delta t}{\Delta x^2} C_{i-1,j}^{l} + \left(1 - \frac{2M_x \Delta t}{\Delta x^2} - \frac{2M_y \Delta t}{\Delta y^2} - K_1 \Delta t\right) C_{i,j}^{l} +$$

$$\left(\frac{M_x \Delta t}{\Delta x^2} - \frac{u_{i,j}^{l} \Delta t}{2\Delta x}\right) C_{i+1,j}^{l} + \frac{M_y \Delta t}{\Delta y^2}(C_{i,j+1}^{l} + C_{i,j-1}^{l}) \qquad (12-154)$$

式中：上标 l——时间序列号；

Δx，Δy——分别是 x 和 y 方向上的步长；

M_x，M_y——分别是纵向和横向混合系数。

初值 $C_{0,j}^{l}$ 可以由下面的公式计算：

$$\begin{cases} C_{0,j}^{l} = \dfrac{C_P Q_P + CQ}{Q_P + Q} \\ C_{i,j}^{l} = C_h \end{cases} \qquad (12-155)$$

式中：C——河流上游污染物浓度，$\mathrm{mg} \cdot \mathrm{L}^{-1}$；

C_P——污染物排放浓度，$\mathrm{mg} \cdot \mathrm{L}^{-1}$；

Q——河流流量，$\mathrm{m}^3 \cdot \mathrm{s}^{-1}$；

Q_P——废水排放量，$m^3 \cdot s^{-1}$；

C_h——河流上游污染物浓度，$mg \cdot L^{-1}$。

显式差分法的稳定条件为：$\dfrac{2M_x\Delta t(\Delta x^2 + \Delta y^2) + K_1\Delta t}{\Delta x^2\Delta y^2} < 1$。

式（12-152）的隐式差分格式为：

$$\left(\frac{u_{i,j}^l\Delta t}{4\Delta x} - \frac{M_x\Delta t}{2\Delta x^2}\right)C_{i+1,j}^{l+1} + \left(1 + \frac{M_x\Delta t}{\Delta x^2} + \frac{M_y\Delta t}{\Delta y^2} + \frac{K_1\Delta t}{2}\right)C_{i,j}^{l+1} -$$

$$\left(\frac{u_{i,j}^l\Delta t}{4\Delta x} + \frac{M_x\Delta t}{2\Delta x^2}\right)C_{i-1,j}^{l+1} - \frac{M_y\Delta t}{2\Delta y^2}(C_{i,j+1}^{l+1} + C_{i,j-1}^{l+1}) = \left(\frac{M_x\Delta t}{2\Delta x^2} - \frac{u_{i,j}^l\Delta t}{4\Delta x}\right)C_{i+1,j}^l +$$

$$\left(1 - \frac{M_x\Delta t}{\Delta x^2} - \frac{M_y\Delta t}{\Delta y^2}\right)C_{i,j}^l + \left(\frac{u_{i,j}^l\Delta t}{4\Delta x} + \frac{M_x\Delta t}{2\Delta x^2}\right)C_{i-1,j}^l + \frac{M_y\Delta t}{2\Delta y^2}(C_{i,j+1}^l + C_{i,j-1}^l) \quad (12-156)$$

三、BOD-DO 模型

在稳态条件下，即 $\dfrac{dC}{dt} = 0$ 时，氧亏可以表示为：

$$D_x\frac{dD}{dx} - u\frac{dD}{dx} - K_aD + K_dL = 0 \qquad (12-157)$$

若给定初始条件在 $x \to \infty$ 时，$D = 0$ 时，式（12-157）的解析解为：

$$D = \begin{cases} \dfrac{K_dW}{(K_a - K_d)Q}(A_1 - B_1), & x < 0 \\[3mm] \dfrac{K_dW}{(K_a - K_d)Q}(A_2 - B_2), & x > 0 \end{cases} \qquad (12-158)$$

其中：

$$A_1 = \frac{1}{\lambda_1}\exp\left[\frac{u_x}{2D_x}(1 + \lambda_1)x\right]$$

$$A_2 = \frac{1}{\lambda_2}\exp\left[\frac{u_x}{2D_x}(1 + \lambda_2)x\right]$$

$$B_1 = \frac{1}{\lambda_1}\exp\left[\frac{u_x}{2D_x}(1 - \lambda_1)x\right]$$

$$B_2 = \frac{1}{\lambda_2}\exp\left[\frac{u_x}{2D_x}(1 - \lambda_2)x\right]$$

$$\lambda_1 = \sqrt{1 + \frac{4K_dD_x}{u_x^2}}$$

$$\lambda_2 = \sqrt{1 + \frac{4K_aD_x}{u_x^2}}$$

式中：D——氧亏量，$mg \cdot L^{-1}$；

Q——河口径流量，$m^3 \cdot s^{-1}$；

W——单位时间内排放入河口的 BOD 量，mg·s^{-1}；

D_x——河流弥散系数，m^2·s^{-1}；

K_a——河流中的复氧速率常数，d^{-1}；

K_d——河流中的 BOD 衰减速率常数，d^{-1}；

u_x——河流流速，m·s^{-1}。

（一）有限段模型

有限段模型用若干个有限长度的体积单元代替连续的 x 向空间，在每个有限段内是一个假定的完全混合零维模型，而整个河口则是离散的一维模型。有限段模型以潮周平均值作为计算依据，以河流净流量为计算流量。

任一河段的质量平衡包括径流平移、弥散迁移和物质衰变三部分。对河段 i，其径流平移量为：$Q_{i-1}L_{i-1}-Q_iL_i$，其中 Q_{i-1} 和 Q_i 分别是流入第 i-1 和第 i 个河段的净流量；L_{i-1} 和 L_i 分别是流入第 i-1 和第 i 个河段的 BOD 浓度。

由弥散作用引起的第 i 个河段的质量变化为：

$$\begin{cases} D_{i-1,\,i}A_{i-1,\,i}\dfrac{L_{i-1}-L_i}{\Delta x_{i-1,\,i}} - D_{i,\,i+1}A_{i,\,i+1}\dfrac{L_i-L_{i-1}}{\Delta x_{i,\,i+1}} \\ \Delta x_{i,\,i+1} = \dfrac{\Delta x_i + \Delta x_j}{2} \end{cases} \tag{12-159}$$

式中：$D_{i,j}$——第 i 和第 j 个河段间弥散系数；

$A_{i,j}$——第 i 和第 j 个河段间的界面面积，m^2；

$\Delta x_{i,j}$——第 i 和第 j 个河段的中心距，m。

河段内 BOD 的衰减量 $V_iK_{di}L_i$，其中 V_i 为第 i 个河段的容积；其中 K_{di} 为第 i 个河段 BOD 衰减速率常数。

整个河段的质量平衡关系为：

$$V_i\frac{\mathrm{d}L_i}{\mathrm{d}t} = Q_{i-1}L_{i-1} - Q_iL_i + D_{i-1,\,i}A_{i-1,\,i}\frac{L_{i-1}-L_i}{\Delta x_{i-1,\,i}} - D_{i,\,i+1}A_{i,\,i+1}\frac{L_i-L_{i-1}}{\Delta x_{i,\,i+1}} - V_iK_{di}L_i + W_i^L \tag{12-160}$$

式中：W_i^L——由系统外输入第 i 个河段的 BOD 量。

令 $D'_{i,j}=\dfrac{D_{ij}A_{ij}}{\Delta x_{ij}}$，如果以 D_i 表示第 i 个河段的氧亏量，则氧亏量的平衡关系：

$$V_i\frac{\mathrm{d}D_i}{\mathrm{d}t} = Q_{i-1}D_{i-1} - Q_iD_i + D'_{i-1,\,i}(D_{i-1}-D_i) - D'_{i,\,i+1}(D_i-D_{i+1})$$
$$+ V_iK_{di}L_i - V_iK_{ai}D_i + W_i^D \tag{12-161}$$

式中：K_{di}——第 i 个河段的复氧速率常数；

W_i^D——系统外输入第 i 个河段的氧亏量。

（二）稳态与非稳态模型

在稳态条件下，即式（12-160）和式（12-161）中的 $V_i\dfrac{\mathrm{d}L_i}{\mathrm{d}t}=0$ 和 $V_i\dfrac{\mathrm{d}D_i}{\mathrm{d}t}=0$，就可以得到

河

口 BOD 的稳态模型，由以下矩阵表示：

$$SL = W^L \qquad (12-162)$$

式中：L——河段 BOD 量组成的 n 维向量；

W^L——输入河段的 BOD 量组成的 n 维向量；

S——是 n 阶矩阵。

取 $S = [S_{ij}]$，S_{ij} 可以表示为：

$$\begin{cases} S_{ij} = Q_i + D'_{i-1,\,i} + D'_{i,\,i+1} + V_i K_{di} & j = i \\ S_{ij} = -Q_i - D'_{i-1,\,i} & j = i-1 \\ S_{ij} = -D'_{i,\,i+1} & j = i+1 \\ S_{ij} = 0 & 其他 \end{cases} \qquad (12-163)$$

如果知道污染源 W^L，河口的 BOD 分布就可以通过下列方程计算：

$$L = S^{-1} W^L \qquad (12-164)$$

而 DO 的稳态模型，可以由下列矩阵表示：

$$HD = FL + W^D \qquad (12-165)$$

式中：D——河段氧亏值组成的 n 维向量；

W^D——输入河段的氧亏值组成的 n 维向量；

H 和 F——是 n 阶矩阵。

取 $H = [h_{ij}]$，h_{ij} 可以表示为：

$$\begin{cases} h_{ij} = Q_i + D'_{i-1,\,i} + D'_{i,\,i+1} + V_i K_{ai} & j = i \\ h_{ij} = -Q_i - D'_{i-1,\,i} & j = i-1 \\ h_{ij} = -D'_{i,\,i+1} & j = i+1 \\ h_{ij} = 0 & 其他 \end{cases} \qquad (12-166)$$

取 $F = [f_{ij}]$，f_{ij} 可以表示为：

$$\begin{cases} f_{ij} = V_i K_{di} & i = j \\ 0 & 0 \end{cases} \qquad (12-167)$$

将式（12-164）和式（12-165）联立，并对 H 求逆，可以计算河口的氧亏分布：

$$D = H^{-1} F S^{-1} W^L + H^{-1} W^D \qquad (12-168)$$

在河口水质模拟和水质预测中，式（12-165）和式（12-168）的应用较为广泛。式中矩阵 S^{-1} 被称为一维河口 BOD 响应矩阵，$H^{-1} F S^{-1}$ 被称为河口氧亏对 BOD 的响应矩阵，H^{-1} 被称为河口氧亏对输入氧亏的响应矩阵。

河口上、下游的边界条件可以通过以下方式计算。

对上游第一河段，可以写出以下方程：

$$\begin{cases} Q_1 L_1 + D'_{0,\,1} L_1 + D'_{1,\,2} L_1 - D'_{1,\,2} L_2 + V_1 K_{d1} L_1 = W_1^L + Q_0 L_0 - D'_{0,\,1} L_0 \\ Q_1 D_1 + D'_{0,\,1} D_1 + D'_{1,\,2} D_1 - D'_{1,\,2} D_2 - V_1 K_{d1} L_1 + V_1 K_{a1} L = W_1^D + Q_0 L_0 - D'_{0,\,1} D_0 \end{cases}$$

$$(12-169)$$

在计算河段上游的流量 Q_0、BOD 值 L_0、氧亏量 D_0 和弥散系数 $D'_{0,1}$ 时，可以将式（12-169）右边各项都计入输入源中，即令：

$$\begin{cases} W_1^L = W_1^L + Q_0 L_0 - D'_{0,1} L_0 \\ W_1^D = W_1^D + Q_0 L_0 - D'_{0,1} D_0 \end{cases} \qquad (12-170)$$

其余各项计算同前。

对于下游最后一个河段，可以写出以下方程：

$$\begin{cases} Q_{n-1} L_{n-1} - Q_n L_n + D'_{n-1,n}(L_{n-1} - L_n) - D'_{n,n+1}(L_n - L_{n+1}) - V_n K_{dn} L_n - W_n^L = 0 \\ Q_{n-1} L_{n-1} - Q_n L_n + D'_{n-1,n}(D_{n-1} - D_n) - D'_{n,n+1}(D_n - D_{n+1}) + V_n K_{dn} L_n - V_n K_{an} L_n - W_n^D = 0 \end{cases}$$
$$(12-171)$$

式（12-171）中的未知项 L_{n+1} 和 D_{n+1}，可以通过以下方式进行处理。对于水质比较稳定的入海口，L_{n+1} 和 D_{n+1} 可以当作已知条件处理；对于远离污染源的最后一个河段，可以把其浓度梯度视为 0，即令 $L_{n+1} = L_n$ 和 $D_{n+1} = D_n$。

四、 近海海域水质模拟

近年来，随着对海洋开发力度的不断增强，近海水域受到越来越多的污染，造成海水水质恶化，使海域环境质量下降，破坏海洋生态环境，影响人类对海洋的开发利用前景。近海海域污染物质的迁移规律以及污染浓度的分布和变化，需要采用流体力学过程来进行描述，下面将介绍几种应用较为广泛的近海海域水质模型，而在实际应用过程中，需要充分考虑研究海域的主要特征，选择适当的模型。

（一） 二维流体力学模型

对于半封闭的沿岸浅海，其基本运动是由外来潮波引起的潮汐运动，即谐振潮。对于这种类型的海域，我们主要研究潮波及潮余流。潮余流是指经过一个潮汐周期海水微团的净位移。描述潮波运动的参考坐标是在所谓的"f-平面上"，它的特点是不考虑地球曲率的影响，由于水平范围远小于地球，这种近似的描述适用于沿岸海域和海湾。

通常，选用一个固着于"f-平面上"的直接标系（xOy-平面上）和静止的海平面重合，组成右手坐标系，z 轴向上为正，于是描述垂向充分混合海域的平均运动可用下列方程表示：

$$\frac{\partial z}{\partial t} + \frac{\partial}{\partial x}\big[(h+z)u\big] + \frac{\partial}{\partial y}\big[(h+z)v\big] = 0$$

$$\frac{\partial u}{\partial t} + u\frac{\partial u}{\partial x} + u\frac{\partial u}{\partial y} - fv + g\frac{\partial z}{\partial x} + g\frac{u(u^2+v^2)^{\frac{1}{2}}}{C_z^2(h+z)} = 0 \qquad (12-172)$$

$$\frac{\partial v}{\partial t} + v\frac{\partial v}{\partial x} + v\frac{\partial v}{\partial y} - fv + g\frac{\partial z}{\partial x} + g\frac{v(u^2+v^2)^{\frac{1}{2}}}{C_z^2(h+z)} = 0$$

式中：C_z——Chezy（谢才）系数，$\mathrm{m}^{\frac{1}{2}} \cdot \mathrm{s}^{-1}$；

　　　　f——柯氏参数，反映地球自转的影响，$f = 2w\sin\varphi$，w 为地球自转角速度，φ 为北纬纬度；

　　　　h——自静止水面算起的海水深度；

　　　　z——自静止水面算起的水位高度；

u，v——对应 x，y 轴的流速分量。

由于浅海存在较强的湍流耗散作用，因而在实际计算中，无论是二维还是三维问题，初始条件总是取 0 值。因为任何初始能量经过一定时间后总要耗散掉，所以当达到一定时间后，初始效应就会消失，只由谐振潮在起作用。因此计算可以做如下处理。

1. 初值

可以从 0 开始，也可以利用过去的计算结果或实测值直接输入计算。

2. 边界条件

（1）陆边界，在边界的法线方向上流速为 0。

（2）水边界，可以根据开边界上已知的潮汐调和常数的水位表达式或边界点上的实测水位过程。

（3）有水量流入的水边界，当流量较大时，边界点连续方程应该增加 $\dfrac{\Delta t Q_i}{2\Delta x \Delta y}$ 项（Q_i 为流入水量）；当流量较小时则可以忽略。

（二）　潮流混合模型

海湾中污染物的迁移模型是在潮流流场模型的基础上建立的，用以预测新污染负荷排放情况下海域中污染物的浓度分布。常用的二维平流-扩散物质迁移模型为：

$$\frac{\partial[(h+z)C]}{\partial t} + \frac{\partial[(h+z)uC]}{\partial x} + \frac{\partial[(h+z)uC]}{\partial y}$$

$$= \frac{\partial}{\partial x}\left[(h+z)M_x\frac{\partial C}{\partial x}\right] + \frac{\partial}{\partial y}\left[(h+z)M_y\frac{\partial C}{\partial y}\right] + S_P \qquad (12-173)$$

式中：M_x——纵向混合系数；

M_y——横向混合系数；

S_P——污染源的源强。

式（12-173）一般用于难降解污染物的浓度分布预测，而对于易降解污染物，应该考虑污染物的衰减，具体的处理方法类似于河流或湖泊。

由于海域实际边界复杂，并且方程中包含了非线性项，求解十分困难，一般采用数值解法。

第六节　地下水水质模拟基础

地下水资源是大部分干旱缺水地区的重要水源，如我国的华北平原和西北地区，主要依赖地下水提供大部分生活用水。然而，在经济发展过程中，污染物的排放造成了一些地区地下水污染越来越严重，对区域人群的健康造成极大威胁。污染物在土壤及地下水中的迁移、转化和积累过程较为复杂，是物理、化学和生物化学作用的结果。相比于地表水，地下水流动极其缓慢，切断污染源后仅靠其自身的自净能力，基本无法恢复，因而地下水污染具有不可逆转性。目前对地下水污染迁移转化的研究已经存在较为完善的理论和数学模型。本节将介绍地下水质模拟的基本原理及方法。

一、 地下水污染迁移转化

（一） 地下水中污染物的输入

污染物进入地下水的途径和地下水的补给有着密切的关系，具有以下三种主要方式：

1. 通过表土层和包气带渗入

污染物由污染源通过表土层和包气带向地下含水层渗入的作用一般发生在废水坑、污水池、沉淀池、蒸发池、排污水库以及地表水受污染的区域。这种作用方式对地下水污染的严重程度取决于污染源源强、地下水的流动速度、含水介质对污染物的吸附作用及微生物对污染物的降解作用，这些也是影响污染物扩散速度的主要因素。

2. 由集中通道直接注入

利用井、孔、坑道或岩溶通道将废水直接排入到地下岩石孔隙、裂隙中，这是废水地下处理的一种方式。当排放的废水超过岩石对污染物的自净能力，就会污染地下水。在地下水流速比较大时，会向通道附近大范围蔓延，污染大片地下水。

3. 含水层之间的垂直越流

在开采封闭条件比较好的承压含水层时，潜水可以通过承压含水层顶板或者未封堵死的废弃钻孔流入，造成地下水污染。

（二） 地下水中污染物的变化

污染物进入地下水之后会发生三种变化。

1. 稀释作用

地下含水层的厚度可由几米到几十米，因而地下水水体远比含污染的下渗水大，所以污染物进入地下含水层后会被稀释而降低其浓度。

2. 转化作用

污染物在渗滤到含水层后，会与地下水体之间发生复杂的相互作用。例如，进入地下水中的碱性物质可能与含水层中的碳酸盐或游离 CO_2 发生中和作用。

3. 输送迁移

污染物进入地下水之后，会产生沿地下水流方向的纵向弥散和垂直于水流方向的横向弥散以及沿含水层厚度的竖向弥散。此外水体的流动还会产生对流扩散。

（三） 地下水中污染物迁移机理

受到污染的地下水在含水层中的分布是时间和空间的函数。分子扩散、渗透弥散是污染物在地下水中迁移最主要的两个过程。

1. 分子扩散

分子扩散是由于液相中所含污染物的浓度不均一，存在浓度梯度，污染物会从高浓度处向低浓度处运移，使浓度趋向于均一。这种使地下水系统各部分浓度均匀化的过程能在静止的流体中单独存在，所以在地下水流较小并且研究的距离很短的情况下，需要考虑分子扩散。

2. 渗透弥散

由于孔隙系统的存在，当流体在孔隙介质中运动时，各个点的流速向量和横断面平均流速向量的方向、大小各不相同。所以，通过不同孔隙度孔隙的污染物质在一段时间后，到达的位置也会不同，这种作用被称为渗透弥散。渗透弥散具有以下三种情况：

（1）流体本身的黏滞性作用：在多孔介质中运动时，由于流体本身的黏滞性，流体靠近孔隙中心的速度最快而靠近颗粒介质表面的速度较慢，因此流体在同一个孔隙中就会产生速度梯度。

（2）孔隙大小差异：颗粒间孔隙大小不同使得流体流动通道的口径不同，引发各通道轴的最大流速差异，从而造成沿不同孔隙运动的流体产生速度差。

（3）阻挡作用：流体在受到颗粒孔隙中存在的固体颗粒阻挡时，会产生绕行，使得速度发生变化，流向相对于平均流动方向发生变化。

二、　地下水运动

地下水在岩石颗粒间向串珠管状的孔隙之中存储并运动，这种运动被称为渗流。这些孔隙性状、大小和联通程度变化非常大，使得渗流通道十分复杂，在研究过程中，只能采用在一定体积的土层中取其平均值的方法来进行研究。

1856 年，法国水力学家达西（H. Darcy）在大量室内试验的基础上，得到了线性渗透定律，即达西定律：

$$Q = K\omega \frac{h}{l} \tag{12 - 174}$$

式中：Q——地下水通量；

$\quad\quad l$——水的流程；

$\quad\quad h$——水头损失（head loss），水头是指单位重量液体所具有的总机械能；

$\quad\quad \omega$——过水断面，水流通过的包括岩石骨架与孔隙内在内的整个断面；

$\quad\quad K$——渗透系数（coefficient of permeability），由土壤本身的导水性和水的性质决定。

定义 $I = \dfrac{h}{l}$ 为水力梯度（hydraulic gradient），是指沿渗透途径上的水头损失，则式（12-174）可以写成：

$$Q = KI\omega \tag{12 - 175}$$

试验发现，随着雷诺数（Re）的增加，多孔介质中的流体流动状态经历三个区域：① 线性层流区：这个区域的 Re 上限为 10，这时候黏性力占优势，达西定律是成立的；② 非线性层流区：这个区域的 Re 上限约为 100，在上限附近开始有层流到湍流的过渡；③ 湍流区：惯性力占优势，达西定律不成立。

在实际研究中，当 Re 大于 Re 上限数的情况下，可以采用渗流二项式代替达西定律：

$$J = Av + Bv^2 \tag{12 - 176}$$

式中：A 和 B——由流体和介质性质决定的常数。

当 Re 小于 Re 下限的情况下，非线性渗滤定律的一般形式为：

$$v = \frac{k\rho g}{u} Jf(J) \tag{12 - 177}$$

式中：$f(J)$——在小 Re 数情况下，渗透系数随水力坡度的变化关系，可以通过实验确定。

对于多相流体，只需要将渗透系数修正为该相的渗透系数，达西定律对每一相仍然适用。

三、地下水质模拟模型

地下水质模拟模型可以分为确定性模型、随机性模型和黑箱模型三类。

（一）确定性模型

假设水和孔隙可以压缩，固体颗粒不可压缩，在渗流场中取一个微小的平行六面体，其棱长分别为 Δx、Δy、Δz，它的平行面分别垂直于 x、y、z 轴，其中 Δy 与 Δz 取垂直于渗流方向（图 12-10）。

1. 对流项

设 x 方向上渗流流速为 v_x，水中污染物浓度为 C。而由 x 方向流出的单元体的污染物质量为 M_x：

$$M_x = \left(vC + \frac{\partial vC}{\partial x}\Delta x \right) \Delta y \Delta z \Delta t \tag{12-178}$$

在 x 方向上由于对流作用，微元体内增加或减少的污染物的质量 M'_x：

$$M'_x = v_x C \Delta y \Delta z \Delta t - \left(v_x C + \frac{\partial v_x C}{\partial x}\Delta x \right) \Delta y \Delta z \Delta t = -\frac{\partial v_x C}{\partial x}\Delta x \Delta y \Delta z \Delta t \tag{12-179}$$

同理在 y、z 方向上，有：

$$M'_y = -\frac{\partial v_y C}{\partial y}\Delta x \Delta y \Delta z \Delta t \tag{12-180}$$

$$M'_z = -\frac{\partial v_z C}{\partial z}\Delta x \Delta y \Delta z \Delta t \tag{12-181}$$

则在时间 t 内，由于对流作用使微元体中污染物浓度的改变量为：

$$M' = -\left(\frac{\partial v_x C}{\partial x} + \frac{\partial v_y C}{\partial y} + \frac{\partial v_z C}{\partial z} \right) \Delta x \Delta y \Delta z \Delta t \tag{12-182}$$

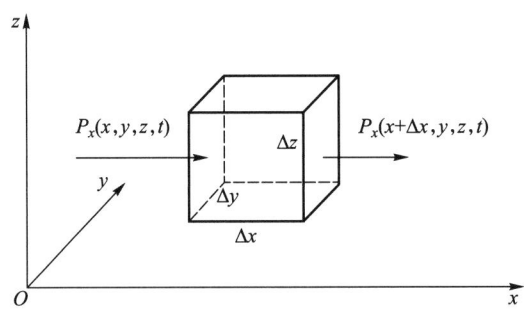

图 12-10　多空介质水均衡单元体

2. 弥散项

设 p 为单位时间在单位渗透介质面积上由于弥散作用通过的物质含量，根据基弥散基本定律：

$$p = -D\,\mathrm{grad}\,C \qquad (12-183)$$

式中：D——弥散系数，包括分子扩散项和渗透分散项；

$\mathrm{grad}\,C$——浓度梯度，负号表示物质向浓度降低的方向迁移。

在 $oxyz$ 坐标系中：

$$\begin{cases} p_x = -D\,\dfrac{\partial C}{\partial x} \\[2ex] p_y = -D\,\dfrac{\partial C}{\partial y} \\[2ex] p_z = -D\,\dfrac{\partial C}{\partial z} \end{cases} \qquad (12-184)$$

在 x 方向上，由于弥散而引起的微元内浓度的变化 M''_x 为：

$$M''_x = -\frac{\partial p_x}{\partial x}\Delta x \Delta y \Delta z \Delta t \qquad (12-185)$$

同理在 y、z 方向上，有：

$$M''_y = -\frac{\partial p_y}{\partial y}\Delta x \Delta y \Delta z \Delta t \qquad (12-186)$$

$$M''_z = -\frac{\partial p_z}{\partial z}\Delta x \Delta y \Delta z \Delta t \qquad (12-187)$$

则在时间 t 内，由弥散作用使微元体中污染物浓度的改变量为：

$$M'' = -\left(\frac{\partial p_x}{\partial x} + \frac{\partial p_y}{\partial y} + \frac{\partial p_z}{\partial z}\right)\Delta x \Delta y \Delta z \Delta t \qquad (12-188)$$

3. 源汇项

微元内由于岩石吸收或从岩石中释放出来的物质引起的污染物浓度的改变量为 M'''，设微元内浓度随时间的变化为 $\dfrac{\partial C}{\partial x}$，则在 Δt 时间段内，微元内污染物总的浓度改变量 M 为：

$$M = n\,\frac{\partial C}{\partial t}\Delta x \Delta y \Delta z \Delta t \qquad (12-189)$$

式中：n——有效孔隙度。

根据质量守恒定律，有：

$$M + M''' = M' + M'' \qquad (12-190)$$

将式(12-182)、式(12-188)、式(12-189)代入其中：

$$\frac{\partial p_x}{\partial x} + \frac{\partial p_y}{\partial y} + \frac{\partial p_z}{\partial z} + \frac{\partial v_x C}{\partial x} + \frac{\partial v_y C}{\partial y} + \frac{\partial v_z C}{\partial z} + M''' = -n + \frac{\partial C}{\partial t} \qquad (12-191)$$

（1）如果弥散方向与坐标轴方向一致，有：

$$\begin{bmatrix} p_x \\ p_y \\ p_z \end{bmatrix} = \begin{bmatrix} D_{xx} & 0 & 0 \\ 0 & D_{yy} & 0 \\ 0 & 0 & D_{zz} \end{bmatrix} \begin{bmatrix} -\dfrac{\partial C}{\partial x} \\ -\dfrac{\partial C}{\partial y} \\ -\dfrac{\partial C}{\partial z} \end{bmatrix} = \begin{bmatrix} -D_{xx}\dfrac{\partial C}{\partial x} \\ -D_{yy}\dfrac{\partial C}{\partial y} \\ -D_{zz}\dfrac{\partial C}{\partial z} \end{bmatrix} \quad (12-192)$$

（2）如果渗流方向与坐标轴方向一致，有：

$$\begin{bmatrix} v_x \\ v_y \\ v_z \end{bmatrix} = \begin{bmatrix} K_{xx} & 0 & 0 \\ 0 & K_{yy} & 0 \\ 0 & 0 & K_{zz} \end{bmatrix} \begin{bmatrix} -\dfrac{\partial h}{\partial x} \\ -\dfrac{\partial h}{\partial y} \\ -\dfrac{\partial h}{\partial z} \end{bmatrix} = \begin{bmatrix} -K_{xx}\dfrac{\partial C}{\partial x} \\ -K_{yy}\dfrac{\partial C}{\partial y} \\ -K_{zz}\dfrac{\partial C}{\partial z} \end{bmatrix} \quad (12-193)$$

（3）假设在坐标轴的方向上 D_{xx}、D_{yy}、D_{zz}、K_{xx}、K_{yy}、K_{zz} 是常量，式（12-191）可以写成：

$$D_{xx}\frac{\partial^2 C}{\partial x^2} + D_{yy}\frac{\partial^2 C}{\partial y^2} + D_{zz}\frac{\partial^2 C}{\partial z^2} + K_{xx}\frac{\partial}{\partial x}\left(C\frac{\partial h}{\partial x}\right) + K_{yy}\frac{\partial}{\partial y}\left(C\frac{\partial h}{\partial y}\right) + K_{zz}\frac{\partial}{\partial z}\left(C\frac{\partial h}{\partial z}\right)$$

$$= M''' + n\frac{\partial C}{\partial t} \quad (12-194)$$

（二）随机模型

由于土壤岩层特性参数具有空间异质性，因而发展出了随机模型。在随机模型中，假设质点从多孔介质中某点进入，大体沿流向的轨迹运动，由于各种随机因素，可能偏离轨迹。如果投入物质的浓度为 C_0，则在 A 点的浓度为 $C(n,k)$，定义点 A 的概率为：

$$P_{(n,k)} = \frac{C_{(n,k)}}{C_0} \quad (12-195)$$

相对浓度在横向上的分布可以用二项式的系数来表示，表示为：

$$P_k = P_{(x-k)} = C_n^k p^k q^{n-k}, \quad (k=0,1,2,\cdots,n) \text{ 且} \sum_{k=0}^{n} P_k = 1 \quad (12-196)$$

式中：x——随机值的分布，其已知值 $k=0,1,2,\cdots,n$ 时，具有概率 P_k；

　　　p——分布的参数，是该研究时间的概率，$p=\dfrac{1}{2}$，$q=1-p=\dfrac{1}{2}$；

　　　C——二项式系数。

当 n 比较大时，二项分布近似正态分布。

（三）黑箱模型

假设污染物的进入是输入信息 $I(t)$，污染物在地下含水层中受到物理、化学、生物等作用及弥散作用发生变化，将这些复杂作用综合为算符 T，则变化后的污染情况 $O(t)$ 为：

$$O = TI \quad (12-197)$$

算符 T 反映了模型的特征，可以称为地下含水层对污染物的"脉冲—响应"或"单位—响应"，即传递函数。输入 $I(t)$ 称为激励或激励函数，输出 $O(t)$ 称为响应或响应函数。

第七节　常用水质模拟软件

目前，全球已经开发了许多水质模拟软件，这些软件的适用范围和特点各不相同，这里列举了 31 个地表水质模拟模型和 34 个地下水质模拟模型（表 12-3，表 12-4）。同时将介绍 QUAL、WASP、FEFLOW、Delft3D 四款水质模拟软件。

表 12-3　地表水质模拟模型

模型名称	适用范围	水文模块	水质模块	模拟对象
CEQICM	河流/河口	一维静态	三维	有机物
CEQRI	湖泊	一维动态	一维	有机物、重金属
CEQRIVI	河流	二维动态	一维	有机物、重金属
CEQW	河流/湖泊/河口	三维动态	二维	有机物、重金属
CORMIX	河流/湖泊/河口/近海	一维动态	三维	难降解有机物
Delft3D	河流/湖泊/河口/近海	三维	三维	有机物、重金属
DYNHYD	河流/河口	一维静态	均质	难降解有机物
EUTRO	河流/湖泊/河口	一维静态	三维	有机物
EXAMS	河流/湖泊/河口	一维动态	三维	难降解有机物
HEC-5Q	河流/湖泊	一维静态	一维	有机物
HEC-6	河流/湖泊	一维动态	一维	难降解有机物
HSPF	河流/湖泊	二维动态	一维	有机物
HYDRO2DV	河流/河口	二维动态	均质	难降解有机物
HYDRO3D	湖泊/河口	三维静态	均质	难降解有机物
MEXAMS	河流/湖泊/河口	一维静态	三维	重金属
MICHRIV	河流	一维静态	一维	难降解有机物
MINTEQA	河流/湖泊/河口	一维静态	均质	重金属
PCPROUTE	河流	三维动态	一维	难降解有机物
PLUMES	河流/湖泊/河口/近海	一维静态	三维	难降解有机物
QUAL2E	河流	一维静态	一维	有机物
REACHSCAN	河流	一维动态	一维	难降解有机物
RIVMOD	河流/湖泊/河口	一维静态	一维	难降解有机物
SEDDEP	河口/近海	一维静态	三维	难降解有机物

续表

模型名称	适用范围	水文模块	水质模块	模拟对象
SLSA	河流/湖泊	一维静态	一维	难降解有机物
SMPTOX	河流	三维动态	二维	重金属
TOXI5	河流/湖泊/河口	一维静态	三维	难降解有机物
TWQM	河流	一维动态	一维	有机物、重金属
WASP	河流/湖泊/河口	一维静态	三维	有机物
WQAM	河流/湖泊/河口	一维静态	一维	有机物
WQRRS	河流/湖泊	一维静态	一维	有机物

表 12-4　地下水质模拟模型

模型名称	适用区域	水文模块	水质模块	溶解相	含水层数量	污染源类型
BIOPLUMEII	非饱和带	二维均质	二维	多相	单个	点源
CATTI	饱和带	二维均质	二维	单一相	多个	点源/线源
CEFST	饱和带	三维非均质	三维	单一相	多个	点源/线源/面源
CHAINT	饱和带	二维均质	二维	单一相	单个	点源/线源/面源
CHEMFLO	非饱和带	一维均质	一维	单一相	单个	点源
DPCT	饱和带	二维非均质	二维	单一相	多个	点源/线源/面源
FEMWASTE	任意	二维非均质	二维	单一相	多个	点源/线源/面源
FEFLOW	任意	三维非均质	三维	多相	多个	点源/线源/面源
GETOUT	饱和带	一维均质	一维	单一相	单个	点源
GLEAMS	非饱和带	一维均质	一维	单一相	多个	点源/线源/面源
HST3D	饱和带	三维非均质	三维	单一相	单个	点源/线源/面源
MMT	饱和带	一维均质	三维	单一相	单个	点源/线源/面源
MOCEDNSE	饱和带	二维非均质	二维	单一相	单个	点源/线源/面源
NWFT/DVM	饱和带	一维非均质	一维	单一相	单个	点源
PRINCETON	饱和带	三维非均质	三维	单一相	多个	点源/线源/面源
PRZM	非饱和带	一维均质	一维	单一相	多个	点源/线源/面源
PITZ	非饱和带	一维均质	一维	多相	单个	点源
RUSTIC	任意	三维非均质	三维	单一相	多个	点源/线源/面源
RWH	饱和带	二维均质	二维	单一相	单个	点源/线源/面源
SAFTMOD	饱和带	二维非均质	二维	单一相	多个	点源/线源/面源

续表

模型名称	适用区域	水文模块	水质模块	溶解相	含水层数量	污染源类型
SESOIL	任意	一维均质	一维	单一相	多个	点源/线源/面源
SHALT	饱和带	二维非均质	二维	单一相	多个	点源/线源/面源
SUTRA	任意	二维非均质	二维	单一相	多个	点源/线源/面源
SWANFLOW	任意	三维非均质	三维	多相	单个	点源/线源/面源
SWENT	饱和带	三维非均质	三维	单一相	多个	点源/线源/面源
SWIFT	饱和带	三维非均质	三维	单一相	多个	点源/线源/面源
SWIP2	饱和带	三维非均质	三维	单一相	多个	点源/线源/面源
TETRANS	非饱和带	一维均质	一维	单一相	多个	点源/线源/面源
TRAFRAP-WT	饱和带	二维非均质	二维	单一相	单个	点源/线源/面源
TRANS	任意	二维均质	二维	单一相	单个	点源/线源/面源
TRUST	饱和带	三维均质	三维	单一相	多个	点源/线源/面源
USGS2D-MOC	饱和带	二维非均质	二维	单一相	单个	点源/线源/面源
VADOFT	非饱和带	一维非均质	一维	单一相	多个	点源
WORM	任意	一维非均质	一维	单一相	多个	点源

一、QUAL 河流水质模拟软件

（一）软件简介

1970 年，美国环境保护署推出了一个具有多种用途的河流综合水质模型——QUAL I 水质综合模型。1973 年，推出了 QUAL II 模型，此后经过多次修改和增强，于 1982 年推出了 QUAL2E，在我国得到了广泛应用。QUAL2E 模型是一个一维准动态水质模型，适用于模拟混合良好的枝状河流，可以同时模拟 15 种水质组分：BOD、DO、温度、叶绿素 a、有机氮、氨氮、亚硝态氮、硝态氮、有机磷、溶解性磷、大肠杆菌、任意非守恒物质和 3 种守恒物质。QUAL2E 模型最多可以计算 25 个河段，每个河段最多包含 20 个计算单元；最多可包含 7 个源头、6 个汇合单元以及 25 个输入和输出单元。这种限制束缚了该软件的应用。

经过多次修改和增强，USEPA 于 2003 年推出了 QUAL2E 的升级版本 QUAL2K。QUAL2K 和 QUAL2E 一样，都是一维水质模型，它的改进之处在于：① QUAL2K 能将需要模拟的系统分为不相等的河段，源和汇可以输入任一河段；② QUAL2K 采用两种碳化 BOD 代表被降解的有机碳，根据氧化速率的快慢将碳化 BOD 分为慢速和快速；③ 可以模拟非活性有机物颗粒（碎屑）；④ 在低氧条件下将氧化反应减少为零调节缺氧状态。⑤ 反硝化反应很明确地模拟为一级反应；⑥ 模拟了沉积物水体间的交互作用、底栖藻类、光线衰减、pH、病原体；⑦ 不仅适用于完全混合的树枝状河系，且允许多个排污口、取水口的存在及支流汇入和流出；⑧ 矫正了藻类、营养物质、光三者间的相互作用；⑨ 改进输入和输出等程序，并扩展了计算功能；⑩ 增加了新的因子，如藻类 BOD、反硝化作用和固着植物引起的 DO 变化；⑪ QUAL2K 具有更高的模拟精确度。

（二）　模型原理

QUAL2E 模型假设平流和扩散都沿着河流干流方向，在河流的横向与垂直方向上水质组分是完全均匀混合的。QUAL2E 的基本方程式是一维平流—扩散污染物迁移方程：

$$\frac{\partial C}{\partial t} = \frac{\partial \left(A_x D_L \frac{\partial C}{\partial x} \right)}{A_x \partial x} - \frac{\partial QC}{A_x \partial x} + \frac{\mathrm{d}C}{\mathrm{d}t} + S \qquad (12-198)$$

式中：C——污染物质的浓度，$\mathrm{mg \cdot L^{-1}}$；

A_x——距离排污口 x 处河流断面面积，$\mathrm{m^2}$；

D_L——纵向弥散系数，$\mathrm{m^2 \cdot s^{-1}}$；

S——污染物的外部源和汇，$\mathrm{mg \cdot L^{-1} \cdot s^{-1}}$；

Q——河流流量，$\mathrm{m^3 \cdot s^{-1}}$；

式（12-198）等号右端的 4 项分别代表扩散、平流、污染物在河段内的反应和在外部的源和漏项。

（三）　QUAL2E 软件应用

1. 河流基本信息获取

通过现场勘测和实地调查获取河流空间分布信息、河流水文资料、水质监测资料、污染源情况和流域气象资料，为河流概念化提供所需的信息。

2. 计算单元的划分和河网的概化

采用 QUAL2E 模拟水质，首先要将需要模拟的河流划分为一系列恒定的非均匀河段，再将每个河段划分为首尾相连、均匀混合的反应计算单元，它是 QUAL2E 中最小的计算单位。河流数据以河段组织，同一河段具有相同的水力、水质特性和参数（图 12-11）。为了描述河流的空间分布特征，QUAL2E 中的计算单元具有以下 8 种类型：

源头单元 H：干流和支流的源头，源头单元是源头河段的第一个单元；

交汇点单元 J：有支流汇入的单元；

交汇点上游单元 U：干流中交汇点单元上一个单元；

系统最后单元 L：模拟系统中的最后一个计算单元；

取水口单元 P：含有取水口的单元；

排放口单元 W：含有排放口的单元；

水工建筑物单元 D：含有水工建筑的单元；

标准单元 S：除以上 7 种单元外的单元。

通过划分河段单元，QUAL2E 将模拟河段概念化为一系列通过输移、扩散机理首尾相连、均匀混合的反应计算单元。一组具有相同水力、水质特性和参数的单元构成河段。

3. 模型参数的确定

（1）水力学参数

QUAL2E 软件中假设河流的水力特征是稳态的，即 $\frac{\partial Q}{\partial t} = 0$，每段河流的水力特征都符

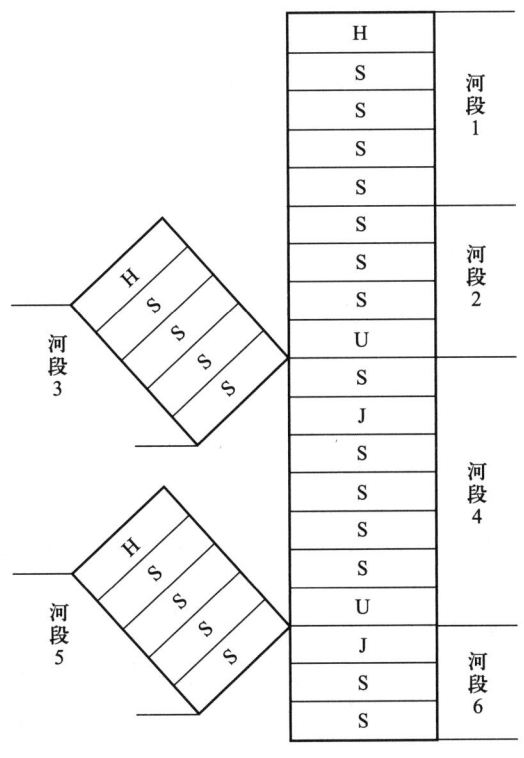

图 12-11　河网的概化

合以下形式：

$$\begin{cases} u = aQ^b \\ D = cQ^d \end{cases} \qquad (12-199)$$

式中：　　Q——河流流量，$\mathrm{m^3 \cdot s^{-1}}$；

　　　　　u——河流流速，$\mathrm{m \cdot s^{-1}}$；

　　　　　D——河流深度，m；

a，b，c，d——经验系数。

　　纵向弥散系数 D_L 是另一个重要的水利参数，可以通过试验模拟，示踪剂法或经验公式来获得。其计算公式为：

$$D_L = 3.82 K n u d^{\frac{5}{6}} \qquad (12-200)$$

式中：n——曼宁粗糙系数，$\mathrm{m^3 \cdot s^{-1}}$；

　　　　u——河流流速，$\mathrm{m \cdot s^{-1}}$；

　　　　d——河流深度，m。

（2）水质参数

　　软件所需的水质参数与模拟的项目相关，常用的水质参数包括 BOD 降解系数 K_1、复氧系数 K_2、BOD 沉降系数 K_3、底泥耗氧系数 K_4 等。水质参数可以通过实测法和经验公式法测得。由于这些参数具有随机性，所以通常要求用于估算参数的监测资料个数不得少于参数个数的 5 倍。将每组资料计算出的平均值供计算使用。

4. 模型的检验

模型的检验是将一组与使用的模型无关的污染负荷、水文数据与模型的计算结果相对照，检验模型的计算结果与现场实测数据的相符性，来确定模型的可靠性和适用性。通过检验，与实测数据相符较好的模型就可用于实际工作，进行河流水质的模拟。

5. 不确定性分析

（1）灵敏度分析

QUAL2E-UNCAS 允许使用者采用单个、一组或因子组合策略的输入，用户指定变异变量并输入变异系数，QUAL2E-UNCAS 可以计算由于输入变量值的扰动引起的输出值的变化。灵敏度分析能帮助使用者了解模型计算结果的偏差和模型的可靠性。

（2）一阶误差分析

一阶误差分析采用多变量环境下计算变量间关系的一阶近似，并假设输入的变量是独立变化的，并且模型是线性的。QUAL2E-UNCAS 经计算输出一个规格化的灵敏度系数矩阵和一个变差矩阵的元素。灵敏度系数矩阵表示由输入变量 1% 的扰动所引起的输出变量的变化。变差矩阵表示输出变量的变化归因于每个输入变量的比率。

（3）蒙特卡罗模拟

蒙特卡罗模拟把输入变量从一个由使用者确定的概率分布中进行随机取样，通过反复计算，对输出变量的分布进行统计分析。蒙特卡罗模拟要求用户输入变量的变化值、概率分布和模拟次数，通过计算机随机采样，给出输出变量的总结性统计和频率分布。

6. 模拟结果的处理

QUAL2E 拥有一个图形化的数据后处理模块 QALGR。QALGR 模块可以将模型计算输出的结果以沿程曲线的方式输出，具有模拟结果数据的二维作图功能。使用者可以选择需要输出的数据结果，将选择的多种水质数据的浓度曲线实现在二维图中，并允许使用者打印和保存屏幕拷贝。

二、 WASP 综合水质模拟软件

（一） 软件简介

水质分析模拟程序（water quality analysis simulation program，WASP）是 USEPA 开发的水质模拟软件，它能对稳态和非稳态下河流、湖泊、河口、水库等多种水体的水文水动力、常规污染物（包括 DO、BOD、营养物质以及海藻污染）和有毒污染物（有机化学物质、重金属和沉积物）在水中的迁移和转化规律进行模拟，是一个综合的水质模型。

USEPA 综合了以前其他许多模型概念后，于 1983 年发布了 WASP 的早期版本。经过几次修正和增强，目前已经成为 USEPA 开发的最为成熟的模型之一。WASP 5.0 以及之前的版本只能在 DOS 系统上运行，而 WASP 6.0 之后的版本则是可以在 Windows 下使用的程序，兼容 Windows 98 操作系统。2005 年发布的 WASP 7.0 已经兼容 Windows 2000 和 Windows XP。目前的最新版本为 WASP 7.52，具有可视化的操作界面，以及高效的富营养化和有机污染物的处理模块。但是其源代码不公开，不利于模型的二次开发。

（二） 模型原理

WASP 软件由两个独立的计算机程序 DYNHYD 和 WASP 组成。前者是水动力程序，后者是水质模拟分析程序。两个程序可以连接运行，WASP 也可以和其他水动力程序（如一维 RIVMOD 和三维 SED3D）连接运行。如果有已知的水动力参数，还可以单独运行。WASP 由两个子程序组成：TOXI（有毒化学物模型）和 EUTRO（富营养化模型）。TOXI 用于有毒物质（有机化学物、金属和沉积物等）的迁移转化。EUTRO 用于模拟传统污染物（DO、BOD 和富营养化）的迁移转化。

1. DYNHYD 模块

DYNHYD 适用于一维水动力模拟。其适用条件是假设流动是一维的；科里奥力加速度和其他加速度相对于流动方向可以忽略；渠道水深可变而水面宽度基本不变；波长远大于水深；水底坡度适度。

DYNHYD 模块的基本方程式是由一个运动方程和连续方程组成的方程组：

（1）运动方程：预测水体流速和流量

$$\frac{\partial U}{\partial t} = -U\frac{\partial U}{\partial x} + \alpha_{g,\lambda} + \alpha_f + \alpha_{w,\lambda} \tag{12-201}$$

式中：$\dfrac{\partial U}{\partial t}$——时变加速度，$\mathrm{m\cdot s^{-2}}$；

$\dfrac{\partial U}{\partial x}$——位变加速度，$\mathrm{m\cdot s^{-2}}$；

$\alpha_{g,\lambda}$——沿渠道方向重力加速度，$\mathrm{m\cdot s^{-2}}$；

α_f——阻力加速度，$\mathrm{m\cdot s^{-2}}$；

$\alpha_{w,\lambda}$——沿渠道方向风加速度，$\mathrm{m\cdot s^{-2}}$；

λ——渠道方向；

t——时间，s；

∂U——沿渠道的流速，$\mathrm{m\cdot s^{-1}}$；

U——沿渠道的距离，m。

（2）连续方程：预测水位和河道体积

$$\frac{\partial H}{\partial t} = -\frac{1}{B}\frac{\partial Q}{\partial x} \tag{12-202}$$

式中：Q——流量，$\mathrm{m^3\cdot s^{-1}}$；

B——宽度，m；

H——水面高度（水头），m。

2. WASP 模块基本方程

WASP 的水质模块的基本方程是一个平移-扩散质量迁移方程：

$$\frac{\partial C}{\partial t} = -\frac{\partial}{\partial x}(u_x C) - \frac{\partial}{\partial y}(u_y C) - \frac{\partial}{\partial z}(u_z C) + \frac{\partial}{\partial x}\left(E_x\frac{\partial C}{\partial x}\right) + \frac{\partial}{\partial y}\left(E_y\frac{\partial C}{\partial y}\right)$$
$$+ \frac{\partial}{\partial z}\left(E_z\frac{\partial C}{\partial z}\right) + S_L + S_B + S_K \tag{12-203}$$

式中：u_x，u_y，u_z——河流纵向、横向、垂向流速，$\mathrm{m\cdot s^{-1}}$；

C——水质指标浓度，$\mathrm{mg\cdot L^{-1}}$；

E_x，E_y，E_z——河流纵向、横向、垂向扩散系数，$\mathrm{m^2\cdot s^{-1}}$。

S_L——点源和非点源负荷，$\mathrm{g \cdot m^{-3} \cdot d^{-1}}$；

S_B——上游、下游、底部和大气的边界负荷，$\mathrm{g \cdot m^{-3} \cdot d^{-1}}$；

S_K——动力转换项，$\mathrm{g \cdot m^{-3} \cdot d^{-1}}$；

3. TOXI 模块

TOXI 模块通常用于模拟水体中的毒性物质传输和转化过程。但是，污染物在河流中的迁移转化机理受到水体流动因素，气象因素以及物质本身的一系列物理化学性质等的影响，非常复杂。因此 TOXI 模型考虑了转化、吸附和挥发等动力过程，生物降解、水解（酸性水解、中性水解、碱性水解）、光解、氧化反应及其他化学反应等转化过程。其中吸附作用是一个可逆的平衡过程，包括 DOC 吸附、固体吸附。挥发过程与气象条件等有关。

4. EUTRO 模块

EUTRO 模块模拟了 NH_3-N、NO_3-N、无机磷、浮游植物、CBOD、DO、有机氮和有机磷这 8 个常规水质指标。这 8 个指标分为浮游植物动力学子系统、磷循环子系统、氮循环子系统和 DO 平衡子系统这 4 个相互作用子系统。在 EUTRO 模型中，充分考虑了各系统间的相互转化关系，即 S_K 项反映了这 4 个系统，8 个指标之间的相互转化和影响。而这些指标除了相互影响之外，还会受到光照、温度等的影响。

（三）WASP 软件应用

孙文章等（2008）利用 WASP 软件对东昌湖水质进行了模拟，取得了较好的效果，介绍如下：

1. 水动力和水质现状分析

通过水利局资料调查：东昌湖有两个入水口，分别位于东南湖区和东北湖区与小运河的连接处。东昌湖通过两种方式补水：一是经二干渠从黄河引水，这种引水方式受黄河丰枯情况的影响比较大；二是通过地下管道从谭庄水库引水。东昌湖有 1 个出水口，位于西南湖区，主要给电厂用水供水。因此，湖水流动性较差，流速缓慢，置换周期较长。

现场调查：东昌湖内无点源污染排入水体，污染源主要来自雨水和地表径流两个方面。雨水污染可利用降雨量和雨水水质数据计算得出。地表径流污染主要是引水时，水体中所包含的污染物也被引入东昌湖内造成的污染。

2. 时空概化

根据研究目标以及数据的可获得性，确定以月为时间尺度对东昌湖水动力学和水质变化进行模拟。

由于东昌湖为浅水湖，垂直方向不再分层，因此将东昌湖概化为 4 个单元格的二维系统：东北湖区、西北湖区、西南湖区和东南湖区。

3. 模拟结果

采用 WASP 子程序中的 EUTRO 模块对东昌湖各湖区特定时段的水质状况进行了检验性模拟（表 12-5）。WASP 模型对东昌湖水质进行模拟的结果可见：模拟值与实测值的平均相对最大误差为 12.99%，最小误差为 4.16%。可见，模拟值与实测值的相对误差较小，且模拟值与实测值的变化规律趋于一致。因此，利用 WASP 对东昌湖进行水质模拟是可行的和有效的。

表 12-5　东昌湖各湖区水质模拟值与实测值比较

湖区	DO/(mg · L⁻¹)		BOD/(mg · L⁻¹)		TN/(mg · L⁻¹)		TP/(mg · L⁻¹)	
	实测值	模拟值	实测值	模拟值	实测值	模拟值	实测值	模拟值
东北湖区	8.21	8.62	9.83	10.76	2.08	1.96	0.095	0.107
西南湖区	9.28	9.01	9.45	10.64	2.09	1.91	0.091	0.104
东南湖区	8.73	8.72	9.49	10.89	2.12	1.98	0.093	0.105
西北湖区	8.98	8.65	9.62	10.44	2.16	2.04	0.099	0.111

三、FEFLOW 地下水质模拟软件

（一）软件简介

有限元地下水模拟系统（Finite Element subsurface FLOW system，FEFLOW）是由德国 WASY 公司在 1979 年开发的地下水数值模型。最初用 FORTRAN 编写，此后不断得到改进。20 世纪 90 年代初期 FEFLOW4.0 版本已扩展为 3D 并应用于水流、质运移模拟；1996—1998 年间 FEFLOW 的数值性能和数据界面得到扩展，模型后处理器功能增强；目前的最新版本为 FEFLOW6.0，其具备良好的 GIS 数据接口，优化的剖分网格技术，良好的网格技术以及友好的用户界面等很多优点。能提供图形人机对话功能、具备地理信息系统数据接口、能够自动产生空间各种有限单元网、具有空间参数区域化、快速精确的数值算法和先进的图形视觉化技术等特点。在 FEFLOW6.0 系统中，用户可以方便快速地产生空间有限元网格，设置模型参数和定义边界条件，运行数值模拟以及实时图形显示结果与成图。软件自问世以来，在理论研究和实际问题的处理上，经过了不断地发展、修改、扩充、提高，日趋完善。FEFLOW6.0 具有交互式图形输入输出和地理信息系统数据接口，能自动产生空间多种有限单元网格，可以进行空间参数的区域化，并且在内部采用了多种快速、准确的数值计算方法，如时间步长的自动优选方法。这些优点使它成为基于 GIS 的地下水模拟软件的代表。

（二）模型原理

FEFLOW 是一款以有限元法进行复杂的三维非稳定水流和污染物运移模拟的软件。它采用以伽辽金法为基础的有限单元法来控制和优化求解过程，其内部配备了若干个先进的数值求解法来控制和优化求解过程：

1. 采用快速直接求解法，如 PCG、BICGSTAB、CGS、GMRES；

2. 采用灵活多变的 up-wind 技术，如流线 up-wind 技术，奇值捕捉法（shock capturing），以减少数值弥散；

3. 采用皮卡和牛顿迭代法求解非线性流畅场问题，据此自动调节模拟时间步长；

4. 为非饱和带模拟提供了多种参数模型，如指数式、Van Genuchten 式和多种形式的 Richard 方程；

5. 采用变动上界 BASD 技术处理带自由表面的含水系统以及非饱和带的模拟；采用实

时显示非稳定流模拟过程中的水位和污染物动态变化值。

伽辽金法是从剩余加权法出发对连续性的微分方程进行离散，从而求其满足水文地质约束条件的控制方程数值解的。所以计算过程均由 FEFLOW 的内置语言自动求解。

（三）FEFLOW 软件应用

1. 水文地质条件分析

通过历史资料调取、实地调查和现场勘测获取岩体地质结构、渗流场、突水点等信息，为含水系统、边界条件、输入输出条件、裂隙水运动状态的概化提供基础信息。

2. 建立地下水流数学模型

结合研究区域水文地质条件以及初始水文、边界条件，根据地下水的水均衡原理和达西定律，建立含水层水流的数学模型。较为常用的二维数学模型为：

$$\begin{cases} \dfrac{\partial}{\partial x}\left(T\dfrac{\partial H}{\partial x}\right) + \dfrac{\partial}{\partial y}\left(T\dfrac{\partial H}{\partial y}\right) + w = u\dfrac{\partial H}{\partial t} & -(x,\ y,\ z \in \Omega) \\[2mm] H(x,\ y,\ t)\big|_{t=0} = H_0(x,\ y) & \text{初始条件} \\[2mm] H(x,\ y,\ t) = \varphi(x,\ y) & \text{第一类边界} \\[2mm] \dfrac{\partial H}{\partial n} = 0 & \text{第二类边界} \end{cases} \qquad (12-204)$$

式中：　T——导水系数，表示水力坡度等于 1 时，含水层厚度上的单宽流量；

　　　　W——源汇项，d^{-1}；

　　　　u——多孔介质的贮水系数，表示当水头下降一个单位时，从单位体积孔隙介质中贮存或释放的水量；

$H_0(x,\ y)$——水头；

$\varphi(x,\ y)$——第一类边界上的水头；

　　　　Ω——研究的空间区域。

3. 建立溶质运移模型

根据研究的污染物本身化学性质的稳定程度，建立溶质运移模型。

4. 含水层分层

在 FEFLOW 中，其认为各个含水层在水平方向上都连续延伸至整个研究区域，在山前单一层的地方，认为下面的含水层厚度无限小，模型内部自动给默认值 0.01m，其水文地质参数参考单一层的值给定。

5. 单元剖分

FEFLOW 中对地下水系统部分采用三角形或四边形剖分，十分灵活。在网格绘制时，可以先绘制超级网格，在此基础上再进行有限单元网格剖分，这样的处理方法速度快，网格质量高，同时可以把各行政界线、河流、参数分区界线、点击加载到网格节点上，可以更加精确地进行模拟、对于地下水开采程度大的区域以及水力梯度变化大的山区与平原区交接地带可以进行网格加密，达到克服尺度效应，更好地达到控制水位变化的目的。

6. 离散点插值

FEFLOW 中提供了克里金、阿基玛和反距离权重三种插值方法。在小区域中，一般采用克里金插值法；对数据量大的大区域，一般采用后两种方法。

7. 数据转换

FEFLOW 既可以输入 ASCII 码文件，也可以输入 GIS 地理信息系统文件。所有的图形文件只要转换为 .shape 格式，都可以在建模时输入。而大批量的纯数据文件可以按照 FE-FLOW 内部源代码格式整理后批量导入。

8. 模型识别与检验

运行计算程序，可以得到建立的水文地质概念模型以及在给定水文地质参数和各均衡项条件下的地下水位时空分布。通过拟合同时期的流场和长观孔的历史曲线，识别水文地质参数、边界值和其他均衡项，使建立的模型更加符合研究区的水文地质条件，以便更精确地定量研究模拟区的补给与排泄。

（四）　污染物迁移数值模拟

直接运行 FEFLOW 中溶质运移分析模块，对地下水水质的影响进行预测分析。

四、 Delft3D 软件包

（一）　软件简介

Delft3D 软件是由荷兰 Delft 水力学研究所研究开发的一套水流、泥沙、环境完全集成的计算机软件包，可用于海岸、内河、河口区域的三维计算。该软件具有灵活的框架，能模拟二维（水平或垂向）和三维的水流、波浪、水质、生态、泥沙输移和床底地貌，以及各个过程之间的相互作用。它是目前世界上最先进的水动力-水质模型之一。

Delft3D 软件由核心模块和前、后处理工具组成。Delft3D 七大核心模块包括：水动力模块（FLOW），波浪模块（WAVE）、水质模块（WAQ）、颗粒跟踪模块（PART）、生态模块（ECO）、泥沙输移模块（SED）和床底地貌模块（MOR）。Delft3D 还拥有三个前、后处理工具：网格生成工具（RGFGRID）、地形编辑工具（QUICKIN）和后处理工具（GPP 和 QUICK-PLOT）。所有子模块都具有高度的整合性和互操作性；能直接应用最新过程知识；采用最为友好的图形用户界面（GUI）。

Delft3D 的总体思想是先生成网格和网格节点上的水深文件，再通过相应的模块来计算相应的水流问题，最后根据计算结果处理得到数据。

（二）　模型原理

Delft3D 模型的水动力模块数值模拟的理论建立在 Navier-Stokes 方程的基础之上，其求解的基本思路是：根据浅水特性和 Boussinesq 假设，求解不可压缩流体的 Navier-Stokes 方程，垂向动量方程在不计垂向加速度的情况下变成流体静压方程，三维模型中的垂向流速可以从连续方程推导。方程求解的数值方法基于有限差分法交替方向法。构成方程的三维控制微分方程组为：

1. 连续方程：

$$\frac{\partial U}{\partial x} + \frac{\partial V}{\partial y} + \frac{\partial W}{\partial z} = 0 \tag{12-205}$$

2. 动量方程：

$$\frac{\partial U}{\partial t} + \frac{\partial(U^2)}{\partial x} + \frac{\partial UV}{\partial y} + \frac{\partial UW}{\partial z} + \frac{1}{\rho}\frac{\partial P}{\partial x} = \frac{\partial}{\partial x}\left(V_e\frac{\partial U}{\partial x}\right) + \frac{\partial}{\partial y}\left(V_e\frac{\partial U}{\partial y}\right) + \frac{\partial}{\partial z}\left(V_e\frac{\partial U}{\partial z}\right) + \Omega V$$

$$\tag{12-206}$$

$$\frac{\partial V}{\partial t} + \frac{\partial (V^2)}{\partial x} + \frac{\partial UV}{\partial y} + \frac{\partial VW}{\partial z} + \frac{1}{\rho}\frac{\partial P}{\partial Y} = \frac{\partial}{\partial x}\left(V_e\frac{\partial V}{\partial x}\right) + \frac{\partial}{\partial y}\left(V_e\frac{\partial V}{\partial y}\right) + \frac{\partial}{\partial z}\left(V_e\frac{\partial V}{\partial z}\right) - \Omega U$$

$$(12-207)$$

3. 浓度方程：

$$\frac{\partial C_i}{\partial t} + \frac{\partial (UC_i)}{\partial x} + \frac{\partial VC_i}{\partial y} + \frac{\partial WC_i}{\partial z} = \frac{\partial}{\partial x}\left(\frac{V_e}{\sigma_x}\frac{\partial C_i}{\partial x}\right) + \frac{\partial}{\partial y}\left(\frac{V_e}{\sigma_y}\frac{\partial C_i}{\partial y}\right) + \frac{\partial}{\partial z}\left(\frac{V_e}{\sigma_z}\frac{\partial C_i}{\partial z}\right) + XC_i + I_i$$

$$(12-208)$$

式中：　t——时间，s；

$\qquad C_i$——水质指标浓度，$mg \cdot L^{-1}$；

U，V，W——河流纵向、横向、垂向扩散系数；

$\qquad \Omega$——柯氏系数；

$\qquad X$——颗粒物沉降速度，$m \cdot s^{-1}$；

$\qquad I_i$——物质迁移过程的源汇项。

该模型在三维模拟过程中，垂向网格采用 σ 坐标离散，可以保证整个计算场的垂面层数保持不变，从而大大提高计算效率。此外，该模型采用曲线网格离散格式，可以与边界拟合得更好。为方便特殊边界及大尺度模拟，该模型还提供了球坐标系。网格必须满足下列标准：曲线网格尽可能地与模拟区域的陆地—水边界相贴近；必须是正交的，则网格线必须相互垂直；网格的间隔在计算区域内必须非常平滑，以减小在有限差分计算中的误差。所以网格的生成是模拟结果准确与否的关键。

（三）　Delft3D 软件应用

陆仁强等（2012）利用 Delft3D 软件对近海水环境质量进行了模拟，取得了较好的效果。介绍如下：

1. 模拟区域的网格化处理

利用 Delft3D 软件中的 RGFGRID 工具将天津市近岸海域进行网格化处理，将整个研究海域划分为 2 562 个正交曲线网格。在网格划分时，网格角度的余弦值越小越好，其中靠近岸边网格的余弦值应小于 0.02，在局部区域可略大，由网格正交化结果分析可知，模拟区域网格边界拟合较好，其中有效的计算网格为 2 509 个，占网格数的 97.9%。由于天津市近岸海域海岸低缓平直，为典型的淤泥质海岸，水下地形变化不大，岸滩坡度平缓（$I = 1/2\,000 \sim 1/1\,000$），潮间带宽度大，泥沙运移的主要形态是悬移质，因此将水下地形作为一个平面进行简化处理。

2. 边界条件选择

天津市近岸海域主要有大沽口、海河口、北塘口、子牙新河口和独流减河口 5 个主要陆源排污口，所以将包括上述 5 个陆源排污口在内的天津市海岸线作为模拟区域的闭边界，并将 5 个陆源排污口的排污量、排污浓度等监测数据作为闭边界取值进行输入，闭边界采用自由滑移条件。开边界取天津市近岸海域的外海边界，边界条件所取平均海面由模拟区域的潮汐条件设定，驱动力为谐波驱动。

3. 模拟时段与步长

根据研究海域面积及空间步长，模拟时段为 18 个月。

4. 参数设定

根据研究海域特点及气象资料等，确定模拟模型相关参数如下：模拟区域所在纬度为 38°N—39°N，经度为 117°E—118°E；主要驱动力为地球引力、自转力、入海河流推动力、潮汐、波浪等，考虑水面风速对流场的影响，风速和风向按照模拟区域的气象条件确定；模型的重力加速度 g 取 9.81 $m^2 \cdot s^{-1}$，海水密度取 1 024 $kg \cdot m^{-3}$，大气密度取 1.0 $kg \cdot m^{-3}$；潮型为不规则半日潮；温度按照模拟区域的气候条件设定；湍流模型采用 k-ε 模型，水平方向和垂直方向的紊动黏滞系数分别取 10 $m^2 \cdot s^{-1}$ 和 1.0×10^{-6} $m^2 \cdot s^{-1}$；利用非恒定态对恒定态的逐渐逼近来计算模型入海口流量及出口水位随时间变化的情况。根据 Delft3D 数学模型的特点，当模拟时间超过 6 个月时，初始条件的设定对模拟结果影响很小，因此，初始条件以零启动的形式给出，初始海平面值和初始浓度场由实际观测值确定。

5. 模拟结果

选择近海水质管理中比较典型的水质指标 COD 进行研究，并根据天津市近岸海域最近 5 a 的实际监测数据，将模拟模型中 COD 的背景值确定为 1.70 $mg \cdot L^{-1}$，并将天津市近岸海域功能区的 14 个实际监测点位作为模拟区域的监测点。模拟分析结果以及历史监测数据与天津市近岸海域各个监测点的区域化特征分析结果相一致，表明该数值模拟结果的准确性较高，可用于天津市近海水环境管理。

思考题与习题

1. 水质模型主要研究哪些内容？基本思路是怎样的？
2. 叙述推流平移、分子扩散、湍流扩散和弥散的概念、机理与公式表达。
3. 采用一维水质模型的前提条件是什么？有哪些情况适用一维水质模型？
4. 氧垂曲线指的是什么？临界点发生的物理条件是什么？
5. 论述 Vollenweider 模型的基本假设，并推导该模型的微分形式和解析解。
6. 试论述湖泊分层正磷酸盐和偏磷酸盐耦合模型的适用条件，并推导该模型的微分形式。
7. 污染物沉淀、再悬浮、底泥释放将怎样影响 BOD 浓度的沿程改变，进而影响 DO 的变化规律？

主要参考文献

[1] 孙文章，曹升乐，徐光杰. 应用 WASP 对东昌湖水质进行模拟研究[J]. 山东大学学报，2008，38(2)：83-85.

[2] 陆仁强，何璐珂. 基于 Delft3D 模型的近海水环境质量数值模拟研究[J]. 海洋环境科学，2012，31(6)：877-880.

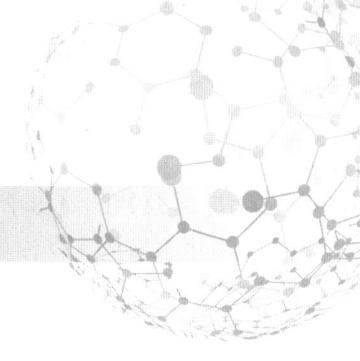

第十三章

大气质量模拟

大气质量与我们日常生活密切相关，而要想把握大气质量的实时变化过程，就需要进行大气质量模拟。大气质量模拟模型主要研究排放到空气中的污染物在迁移、扩散、转化过程中的浓度变化。最简单的大气质量模型为箱式模型，较复杂的为点源扩散和非点源扩散模型。利用计算机模拟技术，能够很直观地开展大气质量模拟分析。

第一节　大气污染物迁移扩散转化过程

大气中的污染物一般会发生物理、化学和生物过程，其中物理过程包括迁移、扩散与弥散、物理吸附等；化学过程包括化学吸附与解吸附、溶解与沉淀、氧化与还原、配合、水解、离子交换等作用；生物过程包括生物降解与转化。本小节主要介绍大气污染物迁移、扩散与弥散、生物或者化学衰减与转化等迁移（advection）、扩散（diffusion）、转化（transformation）过程。

一、大气污染物迁移过程

描述大气污染物迁移过程的有效工具是推流迁移计算。推流迁移（advection）是指在气流的作用下，大气污染物发生空间位置移动的过程，即从一个地方转移到另一个地方的过程。如果用迁移通量来描述大气污染物的迁移状况，那么在三维空间中有如下数学表达：

$$\begin{cases} f_{A,x} = u_x C \\ f_{A,y} = u_y C \\ f_{A,z} = u_z C \end{cases}$$

写成向量的表达为：

$$\boldsymbol{f}_A = \boldsymbol{u} C$$

式中：$\boldsymbol{f}_A = (f_{A,x},\ f_{A,y},\ f_{A,z})^{\mathrm{T}}$，推流迁移通量；

$f_{A,x}$、$f_{A,y}$、$f_{A,z}$——f_A 在 x、y、z 方向上的分量，量纲为 $[\mathrm{ML^{-2}T^{-1}}]$；

$\boldsymbol{u} = (u_x,\ u_y,\ u_z)^{\mathrm{T}}$，断面平均流速；

u_x、u_y、u_z——u 在 x、y、z 方向上的分量，量纲为 $[LT^{-1}]$；

　　　　C——大气污染物在断面上的平均浓度，量纲为 $[ML^{-3}]$。

二、大气污染物扩散与弥散过程

描述大气污染物扩散与弥散过程的有效工具包括：分子扩散、机械弥散和湍流扩散。

（一）分子扩散

分子扩散（molecular diffusion）是大气污染物中的分子随机热运动引起的质点分散现象，其扩散通量满足菲克定律，即大气污染物的分子扩散通量与其浓度梯度成正比，扩散方向与浓度梯度方向相反，可以写成如下数学表达式：

$$\begin{cases} f_{m,x} = -D_{m,x}\dfrac{\partial C}{\partial x} \\[2mm] f_{m,y} = -D_{m,y}\dfrac{\partial C}{\partial y} \\[2mm] f_{m,z} = -D_{m,z}\dfrac{\partial C}{\partial z} \end{cases}$$

写成矩阵表达为：

$$\boldsymbol{f}_m = -\boldsymbol{D}_m \nabla C$$

式中：$\boldsymbol{f}_m = (f_{m,x}, f_{m,y}, f_{m,z})^T$，分子扩散通量；

$f_{m,x}$、$f_{m,y}$、$f_{m,z}$——$\boldsymbol{f}_m$ 在 x、y、z 方向上的分量，量纲为 $[ML^{-2}T^{-1}]$；

$\boldsymbol{D}_m$——分子扩散系数张量，写成矩阵的形式为：

$$\boldsymbol{D}_m = \begin{bmatrix} D_{m,x} & 0 & 0 \\ 0 & D_{m,y} & 0 \\ 0 & 0 & D_{m,z} \end{bmatrix}$$

$D_{m,x}$、$D_{m,y}$、$D_{m,z}$ 分别是其在主轴方向上的分量，量纲为 $[L^2T^{-1}]$。大气分子扩散系数可以看作是一个标量，其数值为 $1.6\times10^{-5}\,m^2 \cdot s^{-1}$。

（二）机械弥散

机械弥散（mechanical dispersion）是大气流动断面上实际流速或浓度与平均流速或浓度不一致导致的分散现象。由于机械弥散和分子扩散两者是一起的，无法把机械弥散从分子扩散中分离出来，因此，分子扩散和机械弥散合起来称为水动力学弥散（hydrodynamic dispersion）。由于机械弥散过程引起的机械弥散通量也可以通过菲克定律描述，即大气污染物的机械弥散通量与其断面浓度均值梯度成正比，扩散方向与浓度梯度方向相反，可以写成如下数学表达式：

$$\begin{cases} f_{d,\,x} = -\,D_{d,\,x}\,\dfrac{\partial \overline{C}}{\partial x} \\[3mm] f_{d,\,y} = -\,D_{d,\,y}\,\dfrac{\partial \overline{C}}{\partial y} \\[3mm] f_{d,\,z} = -\,D_{d,\,z}\,\dfrac{\partial \overline{C}}{\partial z} \end{cases}$$

写成矩阵表达为：

$$\boldsymbol{f}_{d} = -\,\boldsymbol{D}_{d}\,\nabla\,\overline{C}$$

式中：$\boldsymbol{f}_{d} = (f_{d,x},\ f_{d,y},\ f_{d,z})^{\mathrm{T}}$，为机械弥散通量；

$f_{d,x}$、$f_{d,y}$、$f_{d,z}$——f_d 在 x、y、z 方向上的分量，量纲为 $[\,\mathrm{ML^{-2}T^{-1}}\,]$；

$\boldsymbol{D}_{d}$——机械弥散系数张量，写成矩阵的形式为：

$$\boldsymbol{D}_{d} = \begin{bmatrix} D_{d,\,x} & 0 & 0 \\ 0 & D_{d,\,y} & 0 \\ 0 & 0 & D_{d,\,z} \end{bmatrix}$$

$D_{d,x}$、$D_{d,y}$、$D_{d,z}$ 分别是其在主轴方向上的分量，量纲为 $[\,\mathrm{L^{2}T^{-1}}\,]$。水动力学弥散系数张量为分子扩散系数张量与机械弥散系数张量之和，即 $\boldsymbol{D} = \boldsymbol{D}_{m} + \boldsymbol{D}_{d}$，$\overline{C}$ 为大气污染物的平均浓度，量纲为 $[\,\mathrm{ML^{-3}}\,]$。

（三）湍流扩散

湍流扩散（turbulent diffusion）是指在大气湍流流场中由于湍流脉动导致的污染物质点由浓度高向浓度低分散的现象。湍流流场中质点的流速和浓度等都是围绕某一平均值迅速变化的随机变量。同样，湍流扩散通量也可以通过菲克定律描述，即大气污染物的湍流扩散通量与其断面浓度均值梯度成正比，扩散方向与浓度梯度方向相反，可以写成如下数学表达式：

$$\begin{cases} f_{t,\,x} = -\,E_{t,\,x}\,\dfrac{\partial \overline{C}}{\partial x} \\[3mm] f_{t,\,y} = -\,E_{t,\,y}\,\dfrac{\partial \overline{C}}{\partial y} \\[3mm] f_{t,\,z} = -\,E_{t,\,z}\,\dfrac{\partial \overline{C}}{\partial z} \end{cases}$$

写成矩阵表达为：

$$\boldsymbol{f}_{t} = -\,\boldsymbol{E}_{t}\nabla\,\overline{C}$$

式中：$\boldsymbol{f}_{t} = (f_{t,x},\ f_{t,y},\ f_{t,z})^{\mathrm{T}}$，为湍流扩散通量；

$f_{t,x}$、$f_{t,y}$、$f_{t,z}$——f_t 在 x、y、z 方向上的分量，量纲为 $[\,\mathrm{ML^{-2}T^{-1}}\,]$；

$\boldsymbol{E}_{t}$——湍流扩散系数张量，写成矩阵的形式为：

$$E_t = \begin{bmatrix} E_{t,x} & 0 & 0 \\ 0 & E_{t,y} & 0 \\ 0 & 0 & E_{t,z} \end{bmatrix}$$

$E_{t,x}$、$E_{t,y}$、$E_{t,z}$分别是其在主轴方向上的分量，量纲为$[L^2T^{-1}]$；$\overline{C}$为大气污染物的平均浓度，量纲为$[ML^{-3}]$。

三、 大气污染物转化过程

大气污染物在光、热、微生物及其他环境因素的作用下发生结构或者组成上的变化。在多数情况下，这些污染物会被分解成环境中能够稳定存在的小分子，如CO_2、H_2O，这一过程是大气污染物降解（degradation）过程。大气污染物降解或者转化过程有快有慢，根据大气污染物降解或者转化速度可以将其分为守恒污染物和非守恒污染物两类。其中，非守恒污染物在大气环境中能够以较快速度降解，在进入大气环境以后，除了随环境介质的流动不断改变位置、不断分散降解浓度外，还会因为自身的衰减而加速浓度的下降。通常，大气污染物降解过程满足一级反应动力学规律，即：

$$\frac{dC}{dt} = -KC$$

式中：C——大气污染物浓度；

　　　t——降解时间；

　　　K——降解速率常数。

第二节　大气污染物迁移转化基本数学模型

一、 连续性方程

连续性方程（continuity equations）用于模拟变量的浓度或混合比随时间的变化，并考虑了变量的传输，外部源和汇。假设大气污染源排口处烟羽污染物浓度为$C = C(x_t, y_t, z_t, t)$。这里C是时间和空间的函数，将C对时间做全微分，可以得到：

$$\frac{dC}{dt} = \frac{\partial C}{\partial t}\frac{\partial t}{\partial t} + \frac{\partial C}{\partial x}\frac{\partial x}{\partial t} + \frac{\partial C}{\partial y}\frac{\partial y}{\partial t} + \frac{\partial C}{\partial z}\frac{\partial z}{\partial t}$$

$$= \frac{\partial C}{\partial t} + u_x\frac{\partial C}{\partial x} + u_y\frac{\partial C}{\partial y} + u_z\frac{\partial C}{\partial z}$$

$$= \frac{\partial C}{\partial t} + (\boldsymbol{u} \cdot \nabla)C$$

式中：u_x、u_y、u_z分别是烟羽在x、y、z方向上的运动速度，即：

$$\boldsymbol{u} = \boldsymbol{i}u_x + \boldsymbol{j}u_y + \boldsymbol{k}u_z$$

∇为梯度算子，满足：

$$\nabla = \boldsymbol{i}\,\frac{\partial}{\partial x} + \boldsymbol{j}\,\frac{\partial}{\partial y} + \boldsymbol{k}\,\frac{\partial}{\partial z}$$

因此，

$$\boldsymbol{u}\cdot\nabla = (\boldsymbol{i}u_x + \boldsymbol{j}u_y + \boldsymbol{k}u_z)\cdot\left(\boldsymbol{i}\,\frac{\partial}{\partial x} + \boldsymbol{j}\,\frac{\partial}{\partial y} + \boldsymbol{k}\,\frac{\partial}{\partial z}\right)$$

$$= u_x\,\frac{\partial}{\partial x} + u_y\,\frac{\partial}{\partial y} + u_z\,\frac{\partial}{\partial z}$$

另外，可以得到：

$$\nabla\cdot\boldsymbol{u} = \left(\boldsymbol{i}\,\frac{\partial}{\partial x} + \boldsymbol{j}\,\frac{\partial}{\partial y} + \boldsymbol{k}\,\frac{\partial}{\partial z}\right)\cdot(\boldsymbol{i}u_x + \boldsymbol{j}u_y + \boldsymbol{k}u_z)$$

$$= \frac{\partial u_x}{\partial x} + \frac{\partial u_y}{\partial y} + \frac{\partial u_z}{\partial z}$$

这里$\nabla\cdot\boldsymbol{u}$表示速度散度。当流体为不可压缩流体时，满足如下条件：

$$\nabla\cdot\boldsymbol{u} = \frac{\partial u_x}{\partial x} + \frac{\partial u_y}{\partial y} + \frac{\partial u_z}{\partial z} = 0$$

当空气在封闭的空间中运动且没有任何化学或物理过程对其产生影响时，整个空间中总计的空气质量将不会发生改变，也就是质量守恒定律。连续性方程本质上就是质量守恒方程。在大气模型中，将研究区域划分成一个个网格（grid cell），对于每一个网格而言，质量的流入减去质量的流出，就等于最终网格内的质量减去初始时网格内的质量（图 13-1）。

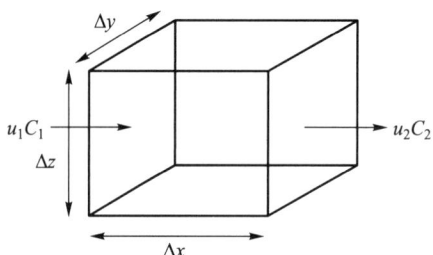

图 13-1　连续性方程概念图

对于图中给出的 Δx、Δy、Δz 网格，其中输入网格的气体速率和浓度分别为 u_1 和 C_1，输出网格的气体速率和浓度分别为 u_2 和 C_2。那么输入和输出网格的气体污染物推流迁移通量分别为 $u_1 C_1$ 和 $u_2 C_2$。根据以上条件，可以计算出在时间段 Δt 内输入、输出的气体污染物质量分别为 $u_1 C_1 \Delta y \Delta z \Delta t$ 和 $u_2 C_2 \Delta y \Delta z \Delta t$，那么网格内累积的污染物质量为：

$$\Delta C \Delta x \Delta y \Delta z = u_1 C_1 \Delta y \Delta z \Delta t - u_2 C_2 \Delta y \Delta z \Delta t$$

两边同时除以 $\Delta t \Delta x \Delta y \Delta z$ 可以得到：

$$\frac{\Delta C}{\Delta t} = -\frac{u_2 C_2 - u_1 C_1}{\Delta x}$$

当 $\Delta t \rightarrow 0$ 和 $\Delta x \rightarrow 0$ 时，上式近似于：

$$\frac{\partial C}{\partial t} = -\frac{\partial(u_x C)}{\partial x}$$

上式即为一维连续性方程，将其扩展到三维空间，即可以得到：

$$\frac{\partial C}{\partial t} = -\frac{\partial(u_x C)}{\partial x} - \frac{\partial(u_y C)}{\partial y} - \frac{\partial(u_z C)}{\partial z} = -\nabla \cdot (\boldsymbol{u}C) = -\nabla \cdot \boldsymbol{f}_A$$

这里 $\boldsymbol{f}_A$ 为推流迁移通量，考虑到：

$$\nabla \cdot (\boldsymbol{u}C) = C(\nabla \cdot \boldsymbol{u}) + (\boldsymbol{u} \cdot \nabla)C$$

那么可以得到：

$$\frac{\partial C}{\partial t} = -C(\nabla \cdot \boldsymbol{u}) - (\boldsymbol{u} \cdot \nabla)C$$

由全微分方程：

$$\frac{\mathrm{d}C}{\mathrm{d}t} = \frac{\partial C}{\partial t} + (\boldsymbol{u} \cdot \nabla)C$$

可以得到：

$$\frac{\mathrm{d}C}{\mathrm{d}t} = -C(\nabla \cdot \boldsymbol{u})$$

二、广义连续性方程

上述推导仅仅考虑到了大气污染物的推流迁移，如果再考虑分子扩散及与外界的物质交换及自身降解，那么可以得到：

$$\frac{\partial C}{\partial t} = -\nabla \cdot \boldsymbol{f}_A - \nabla \cdot \boldsymbol{f}_m + \sum_{n=1}^{N_{e,t}} R_n$$

这里，R_n 表示一些外部过程，如化学反应，污染排放等，$N_{e,t}$ 为外部过程的数量。由于：

$$\nabla \cdot \boldsymbol{f}_m = \nabla \cdot (-\boldsymbol{D}_m \nabla C) = -D\nabla^2 C$$

这里，分子扩散系数 $\boldsymbol{D}_m$ 为标量 D。那么有：

$$\frac{\partial C}{\partial t} = -\nabla \cdot (\boldsymbol{u}C) + D\nabla^2 C + \sum_{n=1}^{N_{e,t}} R_n$$

其中，∇^2 为拉普拉斯算子，满足：

$$\nabla^2 = \left(\boldsymbol{i}\frac{\partial}{\partial x} + \boldsymbol{j}\frac{\partial}{\partial y} + \boldsymbol{k}\frac{\partial}{\partial z}\right) \cdot \left(\boldsymbol{i}\frac{\partial}{\partial x} + \boldsymbol{j}\frac{\partial}{\partial y} + \boldsymbol{k}\frac{\partial}{\partial z}\right)$$

$$= \frac{\partial^2}{\partial x^2} + \frac{\partial^2}{\partial y^2} + \frac{\partial^2}{\partial z^2}$$

展开上式，可以得到：

$$\frac{\partial C}{\partial t} + \frac{\partial(u_x C)}{\partial x} + \frac{\partial(u_y C)}{\partial y} + \frac{\partial(u_z C)}{\partial z} = D\left(\frac{\partial^2 C}{\partial x^2} + \frac{\partial^2 C}{\partial y^2} + \frac{\partial^2 C}{\partial z^2}\right) + \sum_{n=1}^{N_{e,t}} R_n$$

对于湍流扩散过程，我们可以将浓度的变化分成两个部分，即均值+扰动项，均值是主要的数值模拟过程，扰动项则是模拟次级网格尺度下发生的物理过程。上述处理方式叫作雷诺平均（Reynolds averaging），使用雷诺平均处理湍流的模型称为雷诺平均模型（Reynolds-averaged models）。在雷诺平均中，每个变量都被分解为平均项和扰动项，这种分解

方式也被称为雷诺分解(Reynolds decomposition)。对于大气污染物浓度，其雷诺分解为

$$C = \overline{C} + C'$$

式中：C——大气污染物实际(精确或者瞬时)浓度；

　　　$\overline{C}$——平均浓度；

　　　C'——瞬时扰动浓度。

在一个给定的网格和时间步长范围内，$\overline{C}$ 可以用积分的形式表示：

$$\overline{C} = \frac{1}{h\Delta x \Delta y \Delta z} \int_{t}^{t+h} \left\{ \int_{x}^{x+\Delta x} \left[\int_{y}^{y+\Delta y} \left(\int_{z}^{z+\Delta z} C \mathrm{d}z \right) \mathrm{d}y \right] \mathrm{d}x \right\} \mathrm{d}t$$

式中：h——时间步长；

　　　Δx、Δy、Δz——网格空间增量。

这里浓度平均值是针对某一网格一段时间的平均值，对于不同网格不同的时间范围平均值也不一样。C' 分布于平均值两侧，且满足 $\overline{C'} = 0$。同样，对于流速而言，满足：

$$\begin{cases} u_x = \overline{u}_x + u'_x \\ u_y = \overline{u}_y + u'_y \\ u_z = \overline{u}_z + u'_z \end{cases}$$

写成向量的形式为：

$$\boldsymbol{u} = \overline{\boldsymbol{u}} + \boldsymbol{u}'$$

式中，$\overline{\boldsymbol{u}} = \boldsymbol{i}\overline{u}_x + \boldsymbol{j}\overline{u}_y + \boldsymbol{k}\overline{u}_z$ 为时间和空间上的平均速度，$\boldsymbol{u}' = \boldsymbol{i}u'_x + \boldsymbol{j}u'_y + \boldsymbol{k}u'_z$ 为扰动速度。

基于以上推导，可以得到：

$$\overline{\frac{\partial(\overline{C} + C')}{\partial t}} + \overline{\frac{\partial(\overline{u}_x + u'_x)(\overline{C} + C')}{\partial x}} + \overline{\frac{\partial(\overline{u}_y + u'_y)(\overline{C} + C')}{\partial y}} + \overline{\frac{\partial(\overline{u}_z + u'_z)(\overline{C} + C')}{\partial z}}$$

$$= D \left[\overline{\frac{\partial^2(\overline{C} + C')}{\partial x^2}} + \overline{\frac{\partial^2(\overline{C} + C')}{\partial y^2}} + \overline{\frac{\partial^2(\overline{C} + C')}{\partial z^2}} \right] + \sum_{n=1}^{N_{e,t}} R_n$$

由于 $\overline{\partial(\overline{C}+C')/\partial t} = \partial(\overline{C}+C')/\partial t$，$\overline{\overline{C}+C'} = \overline{\overline{C}} + \overline{C'}$，$\overline{\overline{C}} = \overline{C}$，$\overline{C'} = 0$，那么上式中第一项为：

$$\overline{\frac{\partial(\overline{C} + C')}{\partial t}} = \frac{\partial(\overline{\overline{C}} + \overline{C'})}{\partial t} = \frac{\partial \overline{C}}{\partial t}$$

由于 $\overline{u'_x\overline{C}} = 0$，$\overline{\overline{u}_x C'} = 0$，$\overline{\overline{u}_x \overline{C}} = \overline{u}_x \overline{C}$，那么上式中第二项为：

$$\overline{\frac{\partial(\overline{u}_x + u'_x)(\overline{C} + C')}{\partial x}} = \frac{\partial(\overline{\overline{u}_x \overline{C}} + \overline{u'_x \overline{C}} + \overline{\overline{u}_x C'} + \overline{u'_x C'})}{\partial x} = \frac{\partial(\overline{u}_x \overline{C} + \overline{u'_x C'})}{\partial x}$$

式中，$\overline{u'_x C'}$ 代表由于次级网格尺度涡流(subgrid-scale eddies)引起的 x 轴上的扰动浓度 C' 的传输，$\partial \overline{u'_x C'}/\partial x$ 为湍流散度项。

同样，我们对 y 轴和 z 轴方向作变换，可以最终得到：

$$\frac{\partial \overline{C}}{\partial t} + \frac{\partial(\overline{u}_x \overline{C})}{\partial x} + \frac{\partial(\overline{u}_y \overline{C})}{\partial y} + \frac{\partial(\overline{u}_z \overline{C})}{\partial z} + \frac{\partial(\overline{u'_x C'})}{\partial x} + \frac{\partial(\overline{u'_y C'})}{\partial y} + \frac{\partial(\overline{u'_z C'})}{\partial z}$$

$$= D\left(\frac{\partial^2 \overline{C}}{\partial x^2} + \frac{\partial^2 \overline{C}}{\partial y^2} + \frac{\partial^2 \overline{C}}{\partial z^2}\right) + \sum_{n=1}^{N_{e,t}} R_n$$

对大于分子尺度的运动，分子扩散项远小于湍流项，因此上式可以简化为：

$$\frac{\partial \overline{C}}{\partial t} + \frac{\partial (\overline{u}_x \overline{C})}{\partial x} + \frac{\partial (\overline{u}_y \overline{C})}{\partial y} + \frac{\partial (\overline{u}_z \overline{C})}{\partial z} + \frac{\partial (\overline{u'_x C'})}{\partial x} + \frac{\partial (\overline{u'_y C'})}{\partial y} + \frac{\partial (\overline{u'_z C'})}{\partial z} = \sum_{n=1}^{N_{e,t}} R_n$$

上式写成算子的形式如下：

$$\frac{\partial \overline{C}}{\partial t} + \boldsymbol{\nabla} \cdot (\overline{\boldsymbol{u}}\,\overline{C}) + \boldsymbol{\nabla} \cdot (\overline{\boldsymbol{u}'C'}) = \sum_{n=1}^{N_{e,t}} R_n$$

三、 K-理论参数化

K-理论，也叫作梯度传输理论（gradient transport theory），可以用来将湍流扩散通量 $\overline{u'_x C'}$ 进行参数化。在 K-理论中，运动湍流由一个常数和一个波动变量平均值梯度的乘积代替。以气体浓度为例，可以得到：

$$\begin{cases} \overline{u'_x C'} = -E_{t,x}\dfrac{\partial \overline{C}}{\partial x} \\[2mm] \overline{u'_y C'} = -E_{t,y}\dfrac{\partial \overline{C}}{\partial y} \\[2mm] \overline{u'_z C'} = -E_{t,z}\dfrac{\partial \overline{C}}{\partial z} \end{cases}$$

式中：$E_{t,x}$、$E_{t,y}$、$E_{t,z}$——x、y、z 方向上的涡流扩散系数（eddy diffusion coefficients）。

涡流扩散系数代表所有小于网格的尺寸的涡流的平均扩散系数。涡流扩散系数也称为涡流转移、涡流交换、湍流转移和梯度转移系数。

涡流扩散系数是能量和动量的次网格规模输运的参数化。在垂直方向，这种运输是由机械剪切力（机械湍流）和/或浮力（热湍流）引起的。当风在粗糙表面上流动时，水平风切变会产生涡流，涡流的大小会增加。浮力造成不稳定，导致剪切诱导的涡流变得越来越宽和越来越高。涡流中的垂直运动使地面空气向上流动，而上层空气向下流动。涡流也可以水平交换空气。

将上式代入连续性方程，可以得到：

$$\frac{\partial \overline{C}}{\partial t} + \frac{\partial (\overline{u}_x \overline{C})}{\partial x} + \frac{\partial (\overline{u}_y \overline{C})}{\partial y} + \frac{\partial (\overline{u}_z \overline{C})}{\partial z}$$

$$= \frac{\partial}{\partial x}\left(E_{t,x}\frac{\partial \overline{C}}{\partial x}\right) + \frac{\partial}{\partial y}\left(E_{t,y}\frac{\partial \overline{C}}{\partial y}\right) + \frac{\partial}{\partial z}\left(E_{t,z}\frac{\partial \overline{C}}{\partial z}\right) + \sum_{n=1}^{N_{e,t}} R_n$$

为简单起见，去除上式中的横线，该连续性方程可以写成如下的算子形式：

$$\frac{\partial C}{\partial t} + \boldsymbol{\nabla} \cdot (\boldsymbol{u}C) = (\boldsymbol{\nabla} \cdot \boldsymbol{E}_t \boldsymbol{\nabla})C + \sum_{n=1}^{N_{e,t}} R_n$$

如果我们针对某一气体中的第 i 种污染物（$i = 1, \cdots, N$），将源汇项简单拆解，得到该气体连续方程如下：

$$\frac{\partial C_i}{\partial t} + \nabla \cdot (\boldsymbol{u} C_i) = (\nabla \cdot \boldsymbol{E}_t \nabla) C_i$$
$$+ R_{emisg} + R_{depg} + R_{washg} + R_{chemg}$$
$$+ R_{nucg} + R_{c/eg} + R_{dp/sg} + R_{ds/eg} + R_{hrg}$$

式中：R_{emisg}——排放；

$\quad\quad R_{depg}$——干沉降；

$\quad\quad R_{washg}$——水洗；

$\quad\quad R_{chemg}$——光化学反应过程；

$\quad\quad R_{nucg}$——成核过程；

$\quad\quad R_{c/eg}$——冷凝/蒸发；

$\quad\quad R_{dp/sg}$——沉积/升华；

$\quad\quad R_{ds/eg}$——溶解/蒸发；

$\quad\quad R_{hrg}$——异相反应。

如果忽略湍流扩散作用，上式可以变为常微分方程：

$$\frac{dC_i}{dt} = R_{emisg} + R_{depg} + R_{washg} + R_{chemg}$$
$$+ R_{nucg} + R_{c/eg} + R_{dp/sg} + R_{ds/eg} + R_{hrg}$$

对于箱室模型，一般可以用上述方式进行求解。

如果风速远小于声速，且空气的垂直运动小于 1 km 时，可以将空气视为不可压缩流体，此外，污染物降解满足一级动力学方程，且忽略其他源汇与过程，此时的连续方程可以表示为：

$$\frac{\partial C}{\partial t} + u_x \frac{\partial C}{\partial x} + u_y \frac{\partial C}{\partial y} + u_z \frac{\partial C}{\partial z} = \frac{\partial}{\partial x}\left(E_{t,x}\frac{\partial C}{\partial x}\right) + \frac{\partial}{\partial y}\left(E_{t,y}\frac{\partial C}{\partial y}\right) + \frac{\partial}{\partial z}\left(E_{t,z}\frac{\partial C}{\partial z}\right) - KC$$

另外假设大气流场是均匀的，$E_{t,x}$、$E_{t,y}$、$E_{t,y}$ 都是常数，C 为湍流时平均浓度，如果忽略污染物扩散过程中自身的衰减，即 $K=0$，同时风向与 x 轴方向一致，忽略 y 轴方向和 z 轴方向上的流动，即 $u_y=u_z=0$，上式可以简化为：

$$\frac{\partial C}{\partial t} + u_x \frac{\partial C}{\partial x} = E_{t,x}\frac{\partial^2 C}{\partial x^2} + E_{t,y}\frac{\partial^2 C}{\partial y^2} + E_{t,z}\frac{\partial^2 C}{\partial z^2}$$

当给定不同的初始条件和边界条件，求解上述方程即可得到不同气象条件、不同污染源排放情况下的大气污染物时空分布。

第三节 箱 式 模 型

箱式大气质量模型是一种较为流行的大气质量模型，它的基本假设是：在模拟大气的污染物时可以把研究的空间范围看成是一个尺寸固定的"箱子"，这个箱子的高度就是从地面计算的混合层高度，而污染物浓度在箱子内处处相等。箱式大气质量模型可以分为单箱模型和多箱模型。

一、单箱模型

单箱模型是计算一个区域或城市的大气质量的最简单的模型，箱子的平面尺寸就是所研究的区域或城市的平面，其长度记为 l(量纲[L])，宽度记为 b(量纲[L])，箱子的高度是由地面计算的混合层高度 h(量纲[L])。进入箱体的大气污染物源强为 Q(单位面积单位时间上污染物的排放量，即排放通量，量纲为[ML^{-2}T^{-1}])。进入箱体的平均风速为 u(量纲[LT^{-1}])，大气污染物浓度为 C_0(量纲为[ML^{-3}])。单箱模型示意图如图 13-2 所示。假设降解系数为 K(量纲为[T^{-1}])，箱体内大气污染物浓度为 C(量纲为[ML^{-3}])，那么在单位时间 Δt 内，进入箱体的大气污染物的量为 $C_0 bhu\Delta t + blQ\Delta t$，离开箱体的大气污染物的量为 $Cbhu\Delta t + ClbhK\Delta t$，在这个过程中，箱体浓度会发生变化，假设变化量为 ΔC，那么污染物质量的变化为 $\Delta Clbh$，根据质量守恒可以得到：

$$\Delta Clbh = C_0 bhu\Delta t + blQ\Delta t - (Cbhu\Delta t + ClbhK\Delta t)$$

整理后可以得到：

$$\frac{\Delta C}{\Delta t} = \frac{u}{l}(C_0 - C) + \frac{Q}{h} - KC$$

当 $\Delta t \to 0$ 时，可以得到：

$$\frac{dC}{dt} = \frac{u}{l}(C_0 - C) + \frac{Q}{h} - KC$$

该方程即为不考虑大气扩散与弥散作用下的大气污染物迁移转化模拟模型，该模型以常微分方程的形式呈现。

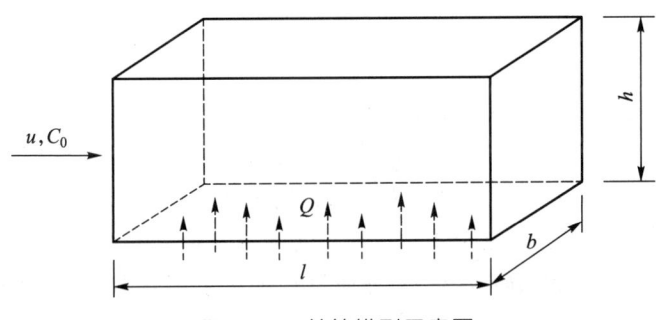

图 13-2 单箱模型示意图

在初始条件 $C(0) = 0$ 的条件下，求解上述模型可以得到：

$$C(t) = C_0 + \frac{Q/h - C_0 K}{u/l + K}\left\{1 - \exp\left[-\left(\frac{u}{l} + K\right)t\right]\right\}$$

当 $t \to \infty$ 时，污染物浓度 C 不随时间而变化，此时的污染物浓度为平衡浓度，记为 C_p，那么其计算公式如下：

$$C_p = C_0 + \frac{Q/h - C_0 K}{u/l + K}$$

当不考虑降解过程时，即 $K = 0$ 时，污染物浓度计算公式为：

$$C(t) = C_0 + \frac{Ql}{uh}\left[1 - \exp\left(-\frac{ut}{l}\right)\right]$$

此时的平衡浓度为：

$$C_p = C_0 + \frac{Ql}{uh}$$

单箱模型不考虑空间位置的影响，也不考虑地面的污染源分布的不均匀性，因此该模型主要用于从宏观上粗略地进行估计，以大体了解一个区域的污染水平。

二、多箱模型

考虑到单箱模型忽略了空间位置，而在实际分析过程中空间位置又十分重要，同时考虑到气象因素也具有空间差异性，如图 13-3 中的风速随高度变化而变化。为此，将横向（x 轴）和垂向（z 轴）围成的平面划分成不同的网格（忽略纵向 y 轴方向，每个网格就是一个单箱，如图 13-3 所示。那么，如果假设每个箱体中的大气污染物浓度均一，结合单箱模型的求解结果，如何得到每个箱体中污染物的浓度？即如何构建与求解多箱模型？

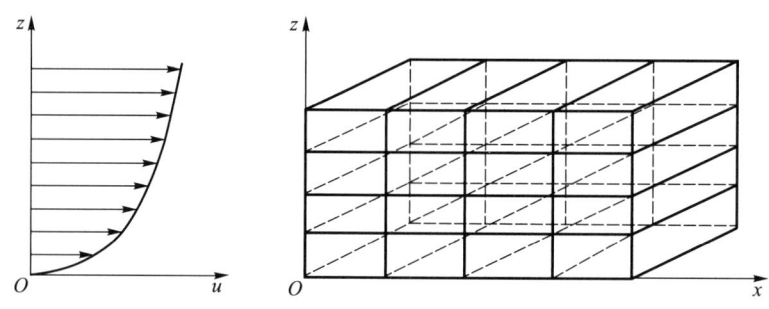

图 13-3　多箱式模型示意图

为了解决上述问题，首先将 x 轴和 z 轴划分成不同网格，从而形成如图 13-4 所示的平面网格图。在例子中，长度 l 和混合层高度 h 都被四等分，从而形成了 4×4 的 16 个箱体，并对每个箱体进行编号。其中水平方向的分层风速为 $u_i(i=1, 2, 3, 4)$，分层浓度为 $C_{0i}(i=1, 2, 3, 4)$，垂直方向在第 1、5、9、13 号单元格里输入的污染物源强分别为 Q_1、Q_5、Q_9、Q_{13}。令 $\Delta l = l/4$ 和 $\Delta h = h/4$，另外假设每个箱子都是混合均匀的系统，为了计算

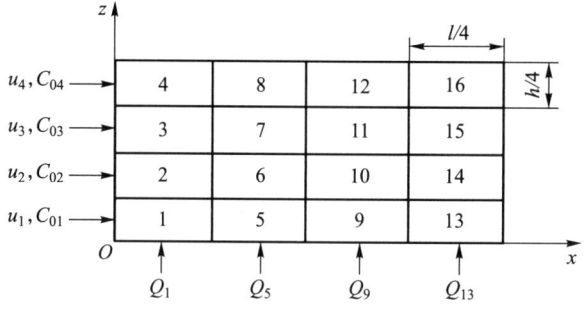

图 13-4　多箱式模型求解示意图

上的方便，忽略横向(x轴方向)的扩散作用和垂向(z轴方向)的推流作用，那么对于第 1 个箱体，在单位时间 Δt 内，输入的污染物包括两个部分：横向推流输入量 $C_{01}b\Delta hu_1\Delta t$ 和垂向源强输入量 $b\Delta lQ\Delta t$，输出的污染物也包括两个部分：横向推流输出量 $C_1b\Delta hu_1\Delta t$ 和垂向扩散输出量 $E_{1,2}\dfrac{C_2-C_1}{\Delta h}b\Delta l\Delta t$(这里 $E_{1,2}$ 指从第 1 号箱子扩散到第 2 号箱子的扩散系数)，在平衡条件且不考虑污染物降解的条件下，根据质量守恒原理，可以得到：

$$C_{01}b\Delta hu_1\Delta t + b\Delta lQ\Delta t = C_1b\Delta hu_1\Delta t - E_{1,2}\frac{C_2-C_1}{\Delta h}b\Delta l\Delta t$$

两边同时除以 $b\Delta t$，上式可以简化为：

$$C_{01}\Delta hu_1 + \Delta lQ = C_1\Delta hu_1 - E_{1,2}\frac{C_2-C_1}{\Delta h}\Delta l$$

令 $a_i=u_i\Delta h(i=1,2,3,4)$ 和 $e_i=E_{i,i+1}\Delta l/\Delta h(i=1,2,3)$，那么上式可以写成：

$$C_{01}a_1 + \Delta lQ = C_1a_1 + e_1(C_1-C_2)$$

同样的方法，我们可以得到第 2 号箱体满足：

$$C_{02}a_2 + e_1(C_1-C_2) = C_2a_2 + e_2(C_2-C_3)$$

第 3 号箱体满足：

$$C_{03}a_3 + e_2(C_2-C_3) = C_3a_3 + e_3(C_3-C_4)$$

第 4 号箱体满足：

$$C_{04}a_4 + e_3(C_3-C_4) = C_4a_4$$

如果以 C_1、C_2、C_3、C_4 为变量，那么可以将以上方程组整理成如下形式：

$$\begin{bmatrix} a_1+e_1 & -e_1 & 0 & 0 \\ -e_1 & a_2+e_1+e_2 & -e_2 & 0 \\ 0 & -e_2 & a_3+e_2+e_3 & -e_3 \\ 0 & 0 & -e_3 & a_4+e_3 \end{bmatrix}\begin{bmatrix} C_1 \\ C_2 \\ C_3 \\ C_4 \end{bmatrix} = \begin{bmatrix} Q_1\Delta l+a_1C_{01} \\ a_2C_{02} \\ a_3C_{03} \\ a_4C_{04} \end{bmatrix}$$

上述方程可以写成如下形式：

$$AC = D$$

式中：

$$A = \begin{bmatrix} a_1+e_1 & -e_1 & 0 & 0 \\ -e_1 & a_2+e_1+e_2 & -e_2 & 0 \\ 0 & -e_2 & a_3+e_2+e_3 & -e_3 \\ 0 & 0 & -e_3 & a_4+e_3 \end{bmatrix}$$

$$C = \begin{bmatrix} C_1 \\ C_2 \\ C_3 \\ C_4 \end{bmatrix}$$

$$D = \begin{bmatrix} Q_1 \Delta l + a_1 C_{01} \\ a_2 C_{02} \\ a_3 C_{03} \\ a_4 C_{04} \end{bmatrix}$$

对于编号为 1-4 的箱子，由于 A 和 D 均已知，那么通过矩阵计算可以得到：

$$C = A^{-1} D$$

同理，对于第 5-8 号箱子，相对于 1-4 号箱子而言，其模型参数 $a_i = u_i \Delta h$ ($i = 1$，2，3，4) 和 $e_i = E_{i,i+1} \Delta l / \Delta h$ ($i = 1$，2，3) 不变，模型结构也不变，唯一变化的就是边界条件从 C_{0i} ($i = 1$，2，3，4) 变成了 C_i ($i = 1$，2，3，4)，源强由 Q_1 变成 Q_5，即 D 变成了如下形式：

$$D = \begin{bmatrix} Q_5 \Delta l + a_1 C_1 \\ a_2 C_2 \\ a_3 C_3 \\ a_4 C_4 \end{bmatrix}$$

同样求解方程可以得到：

$$\begin{bmatrix} C_5 \\ C_6 \\ C_7 \\ C_8 \end{bmatrix} = A^{-1} \begin{bmatrix} Q_5 \Delta l + a_1 C_1 \\ a_2 C_2 \\ a_3 C_3 \\ a_4 C_4 \end{bmatrix}$$

对 9-12 号箱及 13-16 号箱重复上述过程，可以得到：

$$C = \begin{bmatrix} C_4 & C_8 & C_{12} & C_{16} \\ C_3 & C_7 & C_{11} & C_{15} \\ C_2 & C_6 & C_{10} & C_{14} \\ C_1 & C_5 & C_9 & C_{13} \end{bmatrix}$$

这样就得到了 16 个箱体在平衡状态下的浓度分布。如果在宽度方向上也作离散化处理，例如，可以考虑水平方向上的湍流扩散，那么所形成的模型就是三维的多箱模型。三维多箱模型在计算方法上与二维多箱模型类似，但要复杂得多。事实上，多箱模型只是连续性方程的一种离散化数值计算方法。在本例中，求解的是如下方程：

$$u_x \frac{\partial C}{\partial x} = E_{t,z} \frac{\partial^2 C}{\partial z^2}$$

可以按照这种思路对更复杂的连续性方程进行数值求解，求解方法可以参照相关数值计算的书籍。

第四节 点源扩散模型

一、 无边界点源扩散模型

（一） 无风瞬时点源排放模型

假设无边界空间存在一个大气污染源，该污染源在瞬时排放了一定量的污染物，在无风的条件下可以构建污染物扩散模型，如下：

$$\frac{\partial C}{\partial t} = E_{t,\,x}\frac{\partial^2 C}{\partial x^2} + E_{t,\,y}\frac{\partial^2 C}{\partial y^2} + E_{t,\,z}\frac{\partial^2 C}{\partial z^2}$$

为了便于模型的求解和理解，我们首先探讨一维下的情景（这里首先忽略 y 方向和 z 方向）：

$$\frac{\partial C}{\partial t} = E_{t,\,x}\frac{\partial^2 C}{\partial x^2}$$

式中，$t \geqslant 0$，$-\infty < x < +\infty$。其满足如下初始条件：

$$C(x,\ 0) = \begin{cases} +\infty, & x = 0 \\ 0, & x \neq 0 \end{cases}$$

和边界条件：

$$C(\pm\infty,\ t) = 0$$

求解上述偏微分方程，可以得到在 $t = 0$ 时刻、$x = 0$ 位置上释放的单位源强随着时间 t 变化在全空间 x 上的浓度分布（记为 $C_x(x,\ t)$），如下：

$$C_x(x,\ t) = \frac{1}{2\sqrt{\pi t E_{t,\,x}}}\exp\left(-\frac{x^2}{4t E_{t,\,x}}\right)$$

如果源强为 M（其量纲为 $[M]$），那么可以得到在该源强下的浓度分布（记为 $C(x,\ t)$，显然 $C(x,\ t) = C_x(x,\ t) \cdot M$），即：

$$C(x,\ t) = \frac{M}{2\sqrt{\pi t E_{t,\,x}}}\exp\left(-\frac{x^2}{4t E_{t,\,x}}\right)$$

为了进一步理解上述表达式的实际含义，本小节通过数值可视化的方式加以说明。

【例题 13-1】假设某时刻有一个含有 1 000 mg 污染物的烟团释放在一维无边界环境中，其湍流扩散系数为 500 $m^2 \cdot s^{-1}$，那么根据上述公式，可以模拟得到如图 13-5 所示的结果。

从图 13-5 中可以看出，浓度分布在 $t = 0$ 时刻、$x = 0$ 位置是最高峰。进一步，我们可以做出如下等值线图（图 13-6）。

等值线图与 3D 图的含义一致，只是呈现方式不同。因上述二者都只能相对直观地理解其变化趋势，难以准确把握浓度数值的变化，为此我们分别做出了 x 为 0 m、25 m、50 m、75 m、100 m 处污染物浓度随时间 t 的变化，以及 t 为 1 s, 2.5 s, 5 s, 7.5 s, 10 s

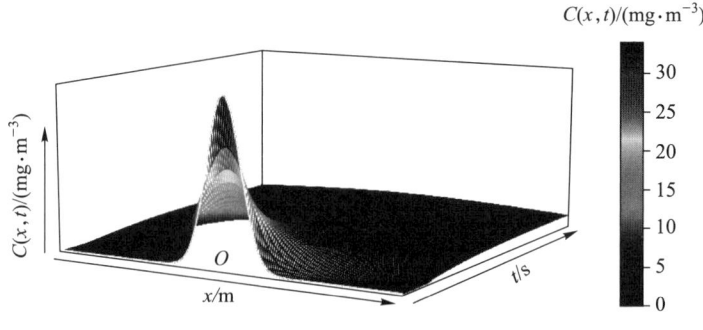

图 13-5　大气污染物扩散 3D 图

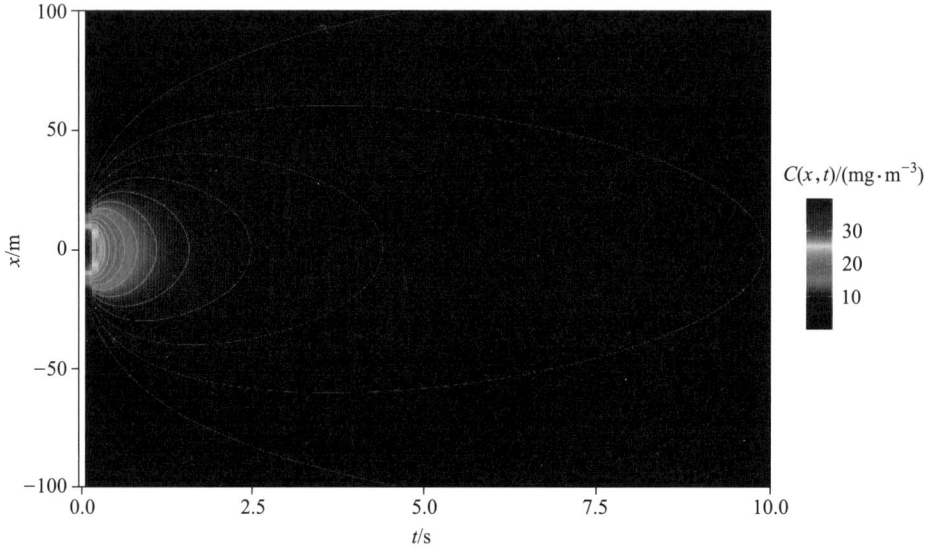

图 13-6　大气污染物扩散 2D 等值线图

时污染物浓度在空间 x 上的分布（图 13-7）。

从图 13-7 中可以看出，不同位置浓度变化趋势大相径庭，大体上分为 3 类：① 递减型（如 $x=0$）；② 先增后减型（如 $x=25$）；③ 递增型（如 $x=50$、$x=75$、$x=100$）。最终，经过比较长的时间，空间中所有点的浓度值将收敛为一个值。

从图 13-8 中可以看出，所有时刻大气污染物浓度的空间分布曲线都呈现高斯分布的形状，只是随着时间的变化，高斯分布曲线的形状趋于水平，即浓度的空间分布趋于均质化。

由于一维的结果具有明显高斯分布的特性，那么我们可以将其推广到三维的情景，考虑到三个维度相互独立，即 $C(x,\ y,\ z,\ t)=M\cdot C_x(x,\ t)\cdot C_y(y,\ t)\cdot C_z(z,\ t)$，那么可以得到：

$$C(x,\ y,\ z,\ t)=\frac{M}{8(\pi t)^{3/2}\sqrt{E_{t,\ x}E_{t,\ y}E_{t,\ z}}}\exp\left[-\frac{1}{4t}\left(\frac{x^2}{E_{t,\ x}}+\frac{y^2}{E_{t,\ y}}+\frac{z^2}{E_{t,\ z}}\right)\right]$$

当然，可以将上式代入到偏微分方程中验证其是否为方程的解。

如果令

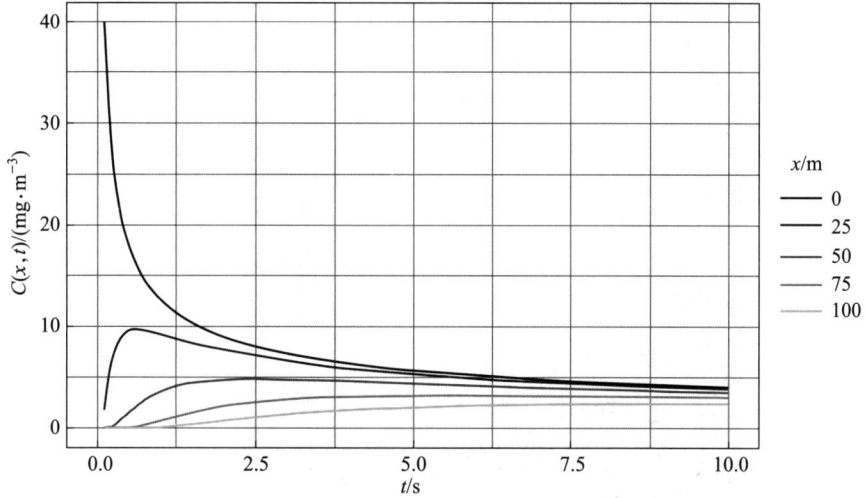

图 13-7　大气污染物不同位置浓度变化

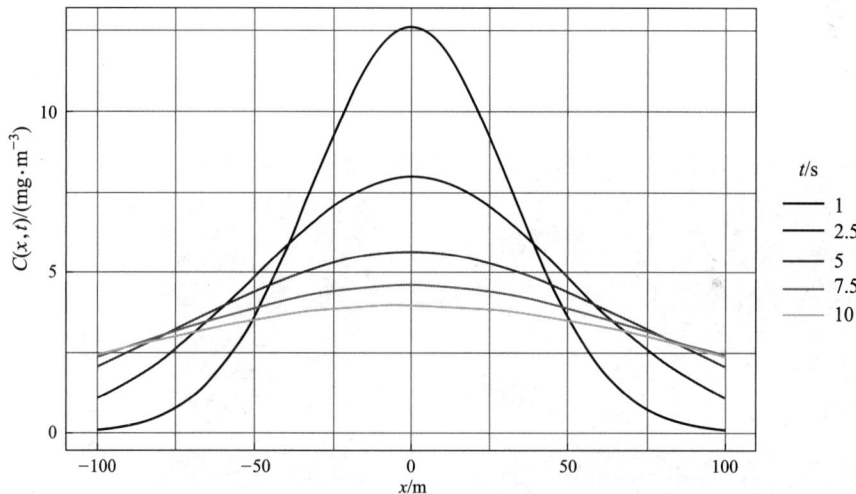

图 13-8　大气污染物不同时间浓度分布

$$\sigma_x^2 = 2E_{t,\,x}t, \qquad \sigma_y^2 = 2E_{t,\,y}t, \qquad \sigma_z^2 = 2E_{t,\,z}t$$

那么有：

$$C(x,\ y,\ z,\ t) = \frac{M}{(2\pi)^{3/2}\sigma_x\sigma_y\sigma_z}\exp\left[-\left(\frac{x^2}{2\sigma_x^2} + \frac{y^2}{2\sigma_y^2} + \frac{z^2}{2\sigma_z^2}\right)\right]$$

当 $M = 1$ 时，上式完全是三维高斯分布概率密度函数的表达式。

【例题 13-2】假设某时刻有一个含有 1 000 mg 污染物的烟团释放在三维无边界大气环境中，其 x 轴方向和 y 轴方向湍流扩散系数为 500 m² · s⁻¹，z 轴方向湍流扩散系数为 0.1 m² · s⁻¹，那么根据上述公式，可以模拟得到如图 13-9 所示的结果。

从图 13-9 中可以看出，由于 x 轴方向和 y 轴方向湍流扩散系数相同，因此在 x 轴方向和 y 轴方向形成的平面上污染物浓度扩散各向同性，故等值线呈现出同心圆的形式。

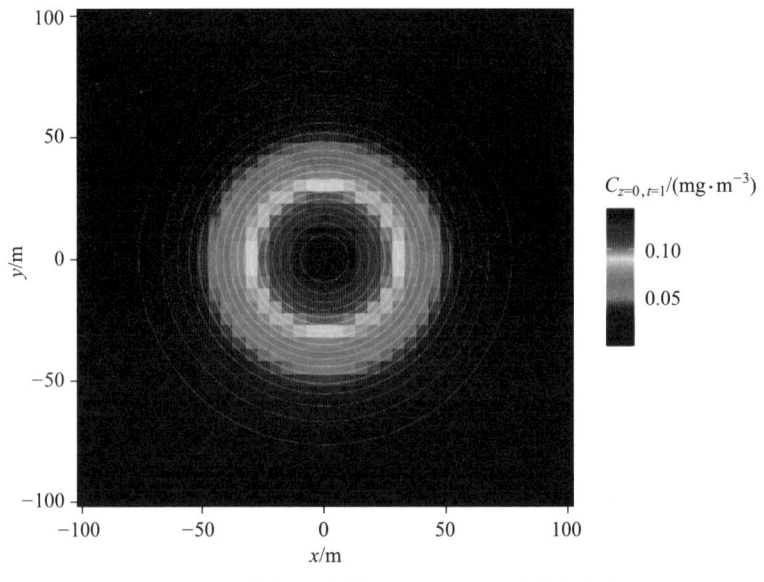

图 13-9　大气污染物 $t=1$ 且 $z=0$ 时浓度分布

从图 13-10 中可以看出，由于 x 轴方向和 z 轴方向湍流扩散系数不同，因此等值线呈现出同心椭圆的形式。

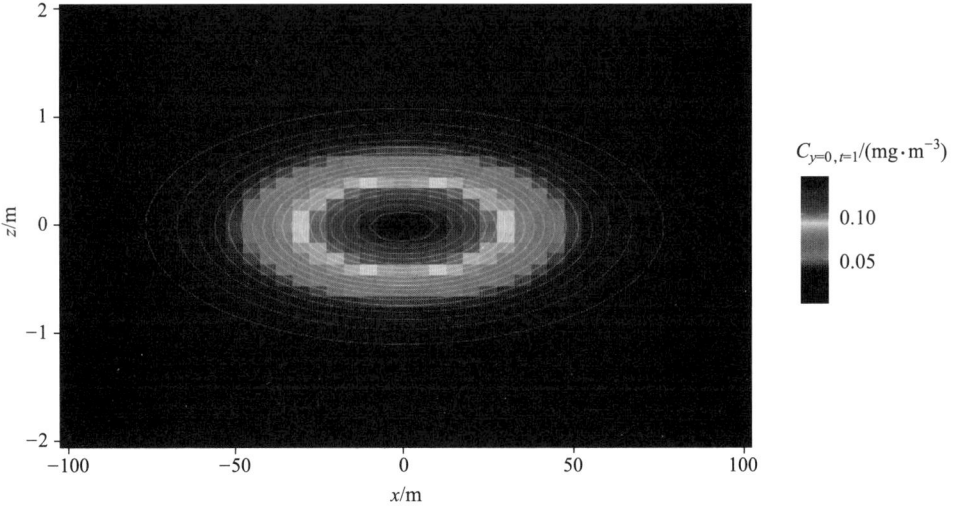

图 13-10　大气污染物 $t=1$ 且 $y=0$ 时浓度分布

从图 13-11 中可以看出，扩散过程很快就将浓度降低到一个相对较低的水平。

（二）　有风瞬时点源排放模型

假设在 x 轴方向上有风速为 u_x（假设为恒定值）的风作用于上述点源，那么不难想象，在该风的作用下，瞬时点源中的污染物质点会发生 $u_x t$ 的位移，那么，我们可以对无风时的方程进行修正，从而得到如下表达式。我们也可以将上式代入到偏微分方程中验证其是否为方程的解。

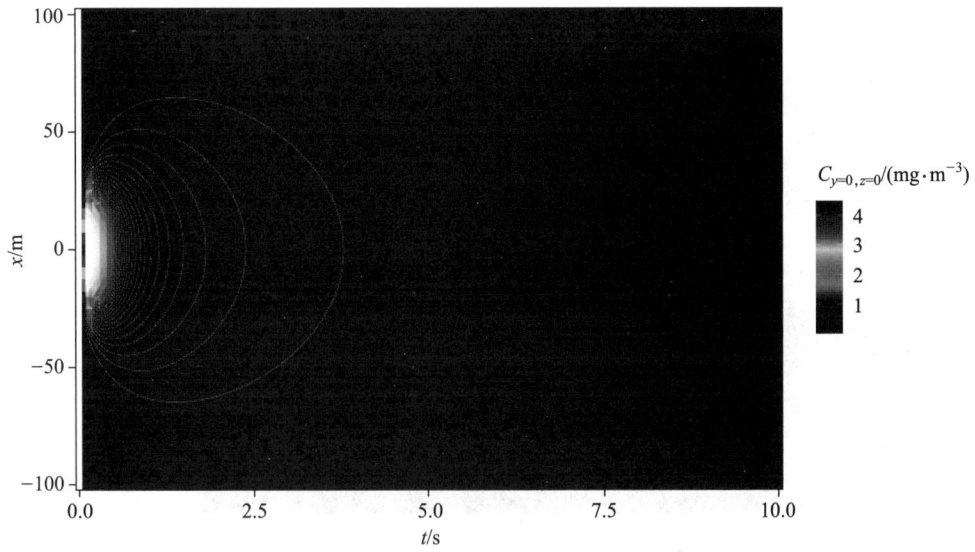

图 13-11 大气污染物 $y=0$ 且 $z=0$ 时浓度分布

$$C(x, y, z, t) = \frac{M}{(2\pi)^{3/2}\sigma_x\sigma_y\sigma_z}\exp\left\{-\left[\frac{(x-u_xt)^2}{2\sigma_x^2}+\frac{y^2}{2\sigma_y^2}+\frac{z^2}{2\sigma_z^2}\right]\right\}$$

【例题 13-3】假设某时刻有一个含有 1 000 mg 污染物的烟团释放在三维无边界大气环境中，其 x 轴方向和 y 轴方向湍流扩散系数为 500 $m^2 \cdot s^{-1}$，z 轴方向湍流扩散系数为 0.1 $m^2 \cdot s^{-1}$，当一阵沿 x 轴方向风吹来时，风速为 20 $m \cdot s^{-1}$，那么根据上述公式，可以模拟得到如图 13-12 所示的结果。

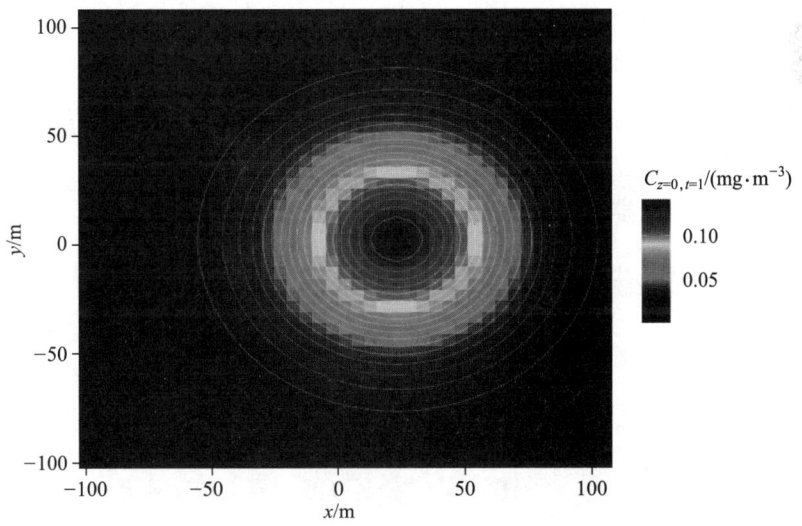

图 13-12 有风时大气污染物 $t=1$ 且 $z=0$ 时浓度分布

从图 13-12 中可以明显看出，由于风的作用，等值线图（图 13-9）发生了整体性的偏移。由于 $t=1$，所以偏移量刚好是 20 m。

从图 13-13 中可以看出，在风的作用下，x 轴方向和 t 轴方向的等值线图发生了形变，形变方向为风的方向。

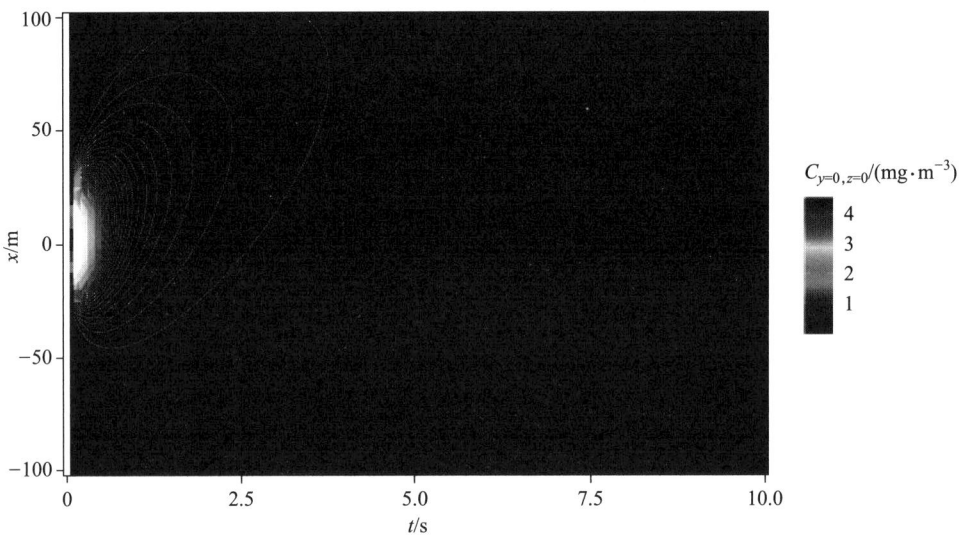

图 13-13 有风时大气污染物 $y=0$ 且 $z=0$ 时浓度分布

如果风速为任意方向，其 x 轴方向、y 轴方向和 z 轴方向的分量分别为 u_x、u_y 和 u_z，那么可以得到如下更加一般化的表达式：

$$C(x, y, z, t) = \frac{M}{(2\pi)^{3/2}\sigma_x\sigma_y\sigma_z}\exp\left\{-\left[\frac{(x-u_xt)^2}{2\sigma_x^2} + \frac{(y-u_yt)^2}{2\sigma_y^2} + \frac{(z-u_zt)^2}{2\sigma_z^2}\right]\right\}$$

（三） 有风连续点源排放模型

假设空间有一个连续点源排放源强为 $\boldsymbol{Q}$（量纲为 $[\mathrm{MT^{-1}}]$）的大气污染物，在风速 u_x 的作用下进行湍流扩散。考虑到排放源为连续点源，可以认为该湍流扩散过程是定常态，即 $\frac{\partial C}{\partial t}=0$，也即浓度仅仅是空间坐标的函数。当风速大于 $1\ \mathrm{m\cdot s^{-1}}$ 时，可以认为在 x 轴方向上的湍流扩散作用远小于推流迁移作用，即 $u_x\frac{\partial C}{\partial x} \gg E_{\mathrm{t},x}\frac{\partial^2 C}{\partial x^2}$，这时可以忽略在 x 轴方向上的湍流扩散作用，那么连续性方程可以写成如下形式：

$$u_x\frac{\partial C}{\partial x} = E_{\mathrm{t},y}\frac{\partial^2 C}{\partial y^2} + E_{\mathrm{t},z}\frac{\partial^2 C}{\partial z^2}$$

上式满足如下初始条件：

$$C(x, y, z) = \begin{cases} +\infty, & x=y=z=0 \\ 0, & x\neq 0 \text{ 或 } y\neq 0 \text{ 或 } z\neq 0 \end{cases}$$

以及边界条件：

$$C(\pm\infty, \pm\infty, \pm\infty) = 0$$

由于在扩散过程中没有发生污染物的降解或其他源的输入，那么在下风向每个由 x 轴方向和 y 轴方向形成的平面上污染物的总量为恒定值，该值等于源强，写成数据公式如下：

$$Q = \int_{-\infty}^{+\infty} \int_{-\infty}^{+\infty} Cu_x \mathrm{d}y\mathrm{d}z$$

求解上述偏微分方程可以得到如下公式，我们也可以将该公式代入到偏微分方程中验证其是否为方程的解。

$$C(x,\ y,\ z) = \frac{Q}{4\pi x\sqrt{E_{\mathrm{t},\,y}E_{\mathrm{t},\,z}}}\exp\left[-\frac{u_x}{4x}\left(\frac{y^2}{E_{\mathrm{t},\,y}} + \frac{z^2}{E_{\mathrm{t},\,z}} \right) \right]$$

上式可以进一步写成：

$$C(x,\ y,\ z) = \frac{Q}{2\pi u_x\sigma_y\sigma_z}\exp\left[-\frac{1}{2}\left(\frac{y^2}{\sigma_y^2} + \frac{z^2}{\sigma_z^2} \right) \right]$$

式中：

$$\sigma_y^2 = 2E_{\mathrm{t},\,y}t = \frac{2E_{\mathrm{t},\,y}x}{u_x},\qquad \sigma_z^2 = 2E_{\mathrm{t},\,z}t = \frac{2E_{\mathrm{t},\,z}x}{u_x}$$

【例题 13-4】假设某时刻有一个源强为 1 000 mg·s^{-1}连续点源向三维无边界环境中排放大气污染物，其 y 轴方向湍流扩散系数为 500 m^2·s^{-1}，z 轴方向湍流扩散系数为 0.1 m^2·s^{-1}，当一阵沿 x 轴方向风吹来时，风速为 20 m·s^{-1}，那么根据上述公式，可以模拟得到如图 13-14 所示的结果。

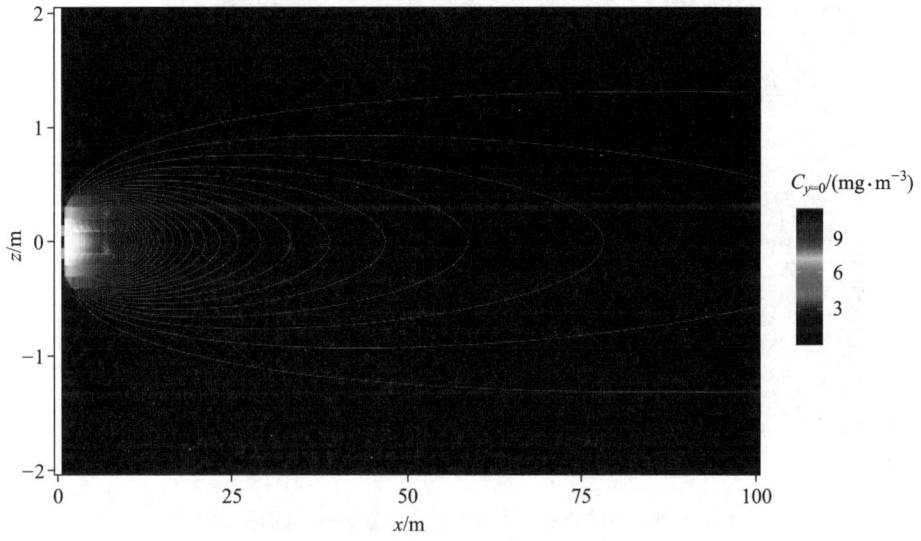

图 13-14　有风连续点源大气污染物 $y=0$ 时浓度分布

从图 13-14 中可以看出，在由 x 轴方向和 z 轴方向（即垂直方向）形成的平面上，在风的作用下污染物的迁移呈现仿射状，该等值线的形状与烟囱中排放的烟气很相似，但浓度沿 x 轴方向的衰减还是相对较快的。

从图 13-15 中可以看出，在由 x 轴方向和 y 轴方向（即水平方向）形成的平面上，在风的作用下污染物的迁移也呈现仿射状，只是由于水平方向上的湍流扩散系数远大于垂直方向上的，因此扩散得更快，形成的等值线也更开阔。

从图 13-16 中可以看出，在 $x=25$ 的截面上，沿 x 轴方向和 y 轴方向湍流扩散的等值线呈现同心椭圆的形状，表明在该平面上，浓度分布呈现二元高斯分布。

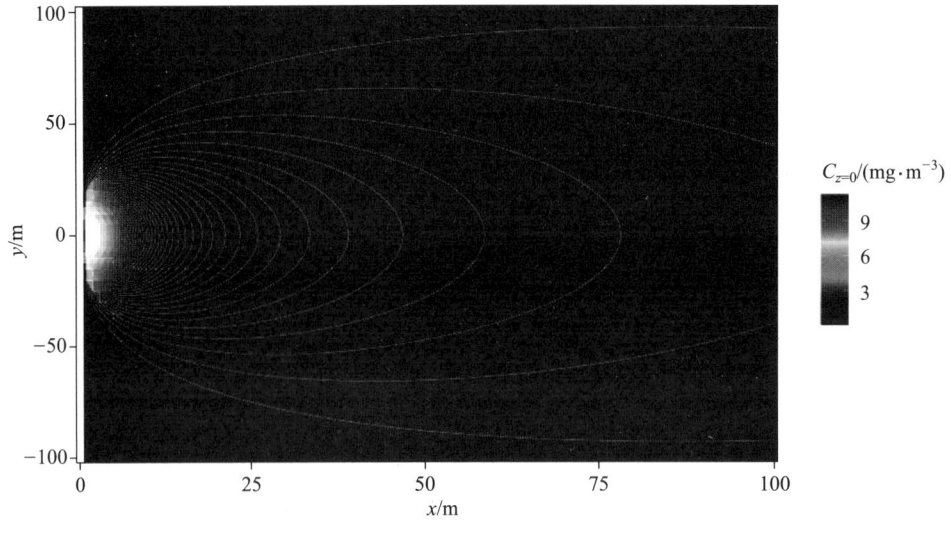

图 13-15　有风连续点源大气污染物 $z=0$ 时浓度分布

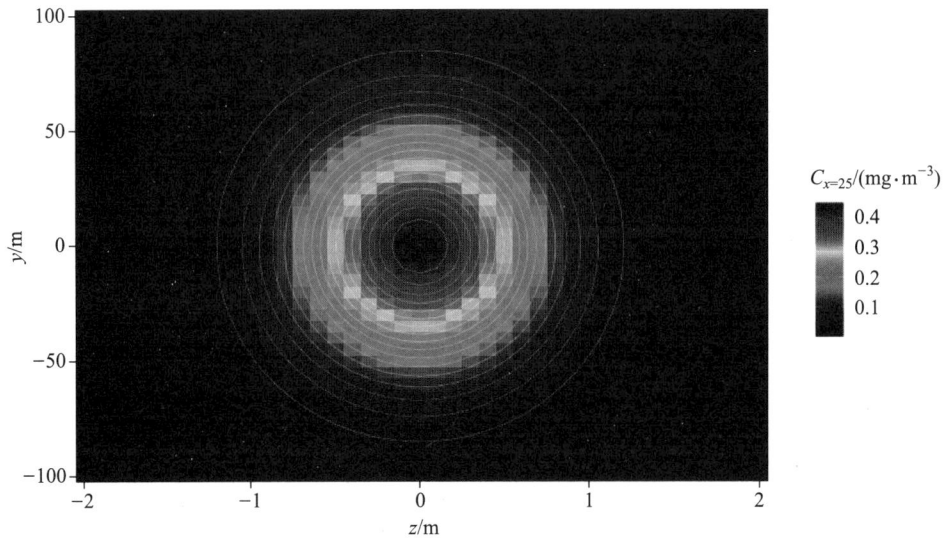

图 13-16　有风连续点源大气污染物 $x=25$ 时浓度分布

二、高架点源扩散模型

从前面无边界有风连续点源排放扩散模型的探讨中可以看出，从烟囱排放出来的烟气，随着大气沿下风向移动，同时也向水平和垂直方向扩散，其污染物浓度在烟气的中心轴线上最高，但随着向下风向延伸，烟气中的污染物浓度逐渐降低。可见，离烟囱排口越远，烟气中污染物浓度可能越低。那么，在开阔平坦的地形上，高烟囱产生的地面污染物浓度比具有相同源强的低烟囱要低。因此，烟囱高度是建模过程中必须考虑的一个因素。

事实上，这里所说的烟囱高度是指它的有效高度。烟囱的有效高度包括两部分：物理

高度 H 和烟气抬升高度 ΔH。其中，物理高度是烟囱实体的高度，烟气抬升高度是指烟气在排出烟囱口之后在动量和热浮力的作用下能够继续上升的高度，烟气的抬升对减轻地面的大气污染有很大作用。烟囱的有效高度可用下式计算：

$$H_e = H + \Delta H$$

烟气离开排出口之后，向下风方向扩散，假定大气流场均匀稳定，横向、竖向流速和纵向扩散作用可以忽略，那么，一个以烟囱底部中心为坐标原点 $z = 0$、有效高度为 H_e 的连续点源，其坐标为 $(0,0,H_e)$，即在有风连续点源排放模型的基础上，通过平移坐标轴就可以得到高架点源下风向的污染物分布，可按下式计算：

$$C(x,y,z \mid H_e) = \frac{Q}{2\pi u_x \sigma_y \sigma_z} \exp\left\{ -\left[\frac{y^2}{2\sigma_y^2} + \frac{(z - H_e)^2}{2\sigma_z^2} \right] \right\}$$

当烟气到达地面时，无法继续向下扩散。地面作为烟气的扩散边界，对其起到了反射作用，可以引入虚源模拟地面反射作用（图 13-17）。虚源坐标为 $(0,0,-H_e)$，同样可以通过平移的方式得到虚源的计算公式为：

$$C(x,y,z \mid H_e) = \frac{Q}{2\pi u_x \sigma_y \sigma_z} \exp\left\{ -\left[\frac{y^2}{2\sigma_y^2} + \frac{(z + H_e)^2}{2\sigma_z^2} \right] \right\}$$

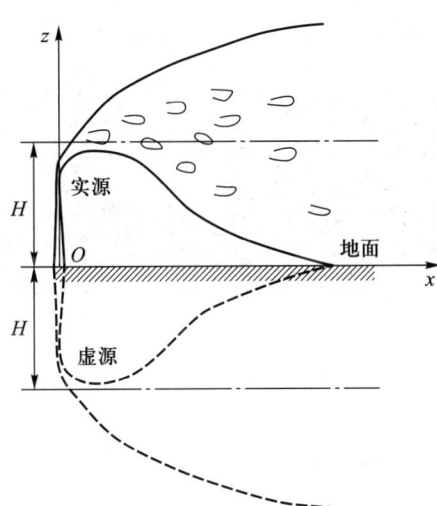

图 13-17　地面对烟羽的反射

将实源和虚源的作用进行叠加，就可以得到高架点源扩散模型的一般表达式，如下：

$$C(x,y,z \mid H_e) = \frac{Q}{2\pi u_x \sigma_y \sigma_z} \exp\left(-\frac{y^2}{2\sigma_y^2} \right) \left\{ \exp\left[-\frac{(z - H_e)^2}{2\sigma_z^2} \right] + \exp\left[-\frac{(z + H_e)^2}{2\sigma_z^2} \right] \right\}$$

式中：$C(x,y,z \mid H_e)$——在坐标点 (x,y,z) 处的污染物浓度；

　　　　H_e——烟囱的有效高度；

　　　　Q——烟囱排放源强，即单位时间排放的污染物量。

其余符号意义同前。该式是高架连续点源的一般解析式，又称高斯模型。根据该公式，可以推导出各种条件下的常用大气扩散模型。

（一）　高架连续点源排放地面污染物浓度模型

当 $z=0$ 时，我们可以得到高架连续点源排放在地面任意位置上的污染物浓度，计算公式如下：

$$C(x, y, 0 \mid H_e) = \frac{Q}{\pi u_x \sigma_y \sigma_z} \exp\left(-\frac{y^2}{2\sigma_y^2} - \frac{H_e^2}{2\sigma_z^2}\right)$$

【例题 13-5】某烟囱有效高度为 40 m，稳定连续释放某种污染物，其源强为 18 kg·h^{-1}，假设大气的稳定度是 C（大气稳定度决定了其扩散能力，假定 $\sigma_y = \gamma_y x^{\alpha_y}$，$\sigma_z = \gamma_z x^{\alpha_z}$，这里 $\gamma_y = 0.177\,154$、$\gamma_z = 0.106\,803$、$\alpha_y = 0.924\,279$、$\alpha_z = 0.917\,595$），当风速为 2.5 m·s^{-1} 时，地面任意位置上的污染物浓度分布如图 13-18 所示。

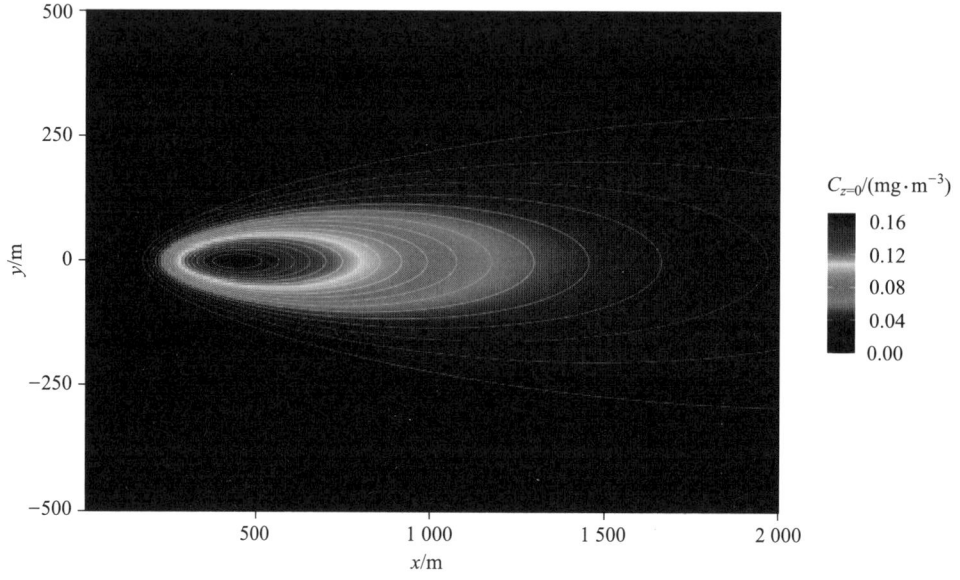

图 13-18　高架点源大气污染物地面浓度分布

（二）　高架连续点源排放地面轴线污染物浓度模型

地面轴线是烟囱底部坐标原点向下风方向延伸的那条线，当 $y=0$、$z=0$ 时，我们可以得到地面轴线上的污染物浓度计算公式，如下：

$$C(x, 0, 0 \mid H_e) = \frac{Q}{\pi u_x \sigma_y \sigma_z} \exp\left(-\frac{H_e^2}{2\sigma_z^2}\right)$$

对于前面的例子，地面轴线上的污染物浓度分布如图 13-19 所示，在接近坐标原点的地方（即烟囱底部），地面轴线上的污染物浓度接近于 0，然后沿着轴线方向逐渐上升，当到达某个距离 x^* 时，其浓度值到达最大值 C^*，然后浓度会逐渐降低，最终达到某一水平。

（三）　高架连续点源排放最大落地污染物浓度模型

根据前面的分析，高架连续点源排放最大落地污染物浓度应该落在 x 轴线上（即地面轴线），由于 $\sigma_y^2 = 2E_{t,y}t = 2E_{t,y}x/u_x$、$\sigma_z^2 = 2E_{t,z}t = 2E_{t,z}x/u_x$，我们可以得到：

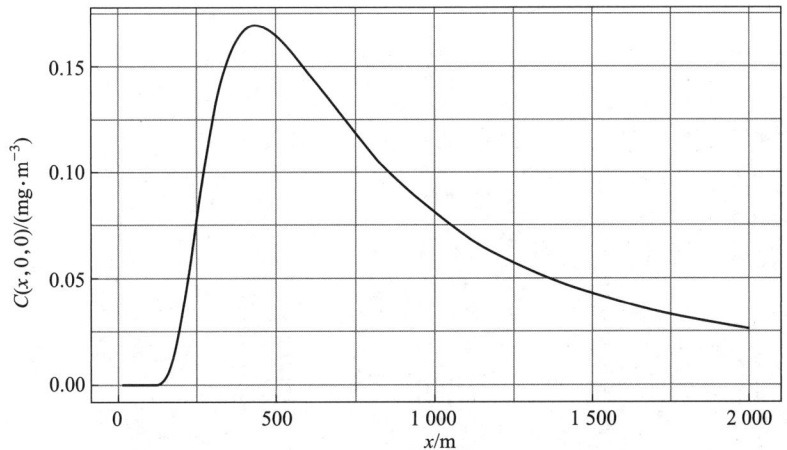

图 13-19　高架点源大气污染物地面轴线浓度分布

$$C(x, 0, 0 \mid H_e) = \frac{Q}{2\pi x \sqrt{E_{t,y} E_{t,z}}} \exp\left(-\frac{u_x H_e^2}{4 E_{t,z} x}\right)$$

将其对 x 进行求导，可以得到：

$$\frac{\mathrm{d}C}{\mathrm{d}x} = \frac{Q}{2\pi x^2 \sqrt{E_{t,y} E_{t,z}}} \exp\left(-\frac{u_x H_e^2}{4 E_{t,z} x}\right) + \frac{Q u_x H_e^2}{8\pi x^3 E_{t,z} \sqrt{E_{t,y} E_{t,z}}} \exp\left(-\frac{u_x H_e^2}{4 E_{t,z} x}\right)$$

令 $\dfrac{\mathrm{d}C}{\mathrm{d}x} = 0$，那么可以得到达到最大落地浓度值的距离为：

$$x^* = \frac{u_x H_e^2}{4 E_{t,z}} = \frac{x H_e^2}{2\sigma_z^2}$$

当 $x = x^*$ 时，

$$\sigma_z = \frac{H_e}{\sqrt{2}}$$

可以求得高架连续点源的最大落地浓度为：

$$C^* = C(x^*, 0, 0 \mid H_e) = \frac{2Q\sqrt{E_{t,z}}}{\pi e u_x H_e^2 \sqrt{E_{t,y}}} = \frac{2Q\sigma_z}{\pi e u_x H_e^2 \sigma_y} = \frac{Q}{\pi e u_x \sigma_z \sigma_y}$$

从以上公式中可以看出，当增加有效高度 H_e 时，对应的 σ_z 也会增加，当其他条件不变时，最大落地浓度 C^* 会降低，同时达到最大落地浓度值的距离 C^* 也会变大。

（四）　地面连续点源排放污染物浓度模型

当有效高度 $H_e = 0$ 时，点源直接在地面排放，其浓度公式如下：

$$C(x, y, z \mid 0) = \frac{Q}{\pi u_x \sigma_y \sigma_z} \exp\left(-\frac{y^2}{2\sigma_y^2} - \frac{z^2}{2\sigma_z^2}\right)$$

在此基础上，当 $z = 0$ 时即可以求出地面上的污染物浓度，公式如下：

$$C(x, y, 0 \mid 0) = \frac{Q}{\pi u_x \sigma_y \sigma_z} \exp\left(-\frac{y^2}{2\sigma_y^2}\right)$$

如果将前面例子中的高架点源排放放到地面上,那么可以得到如图 13-20 所示的结果。

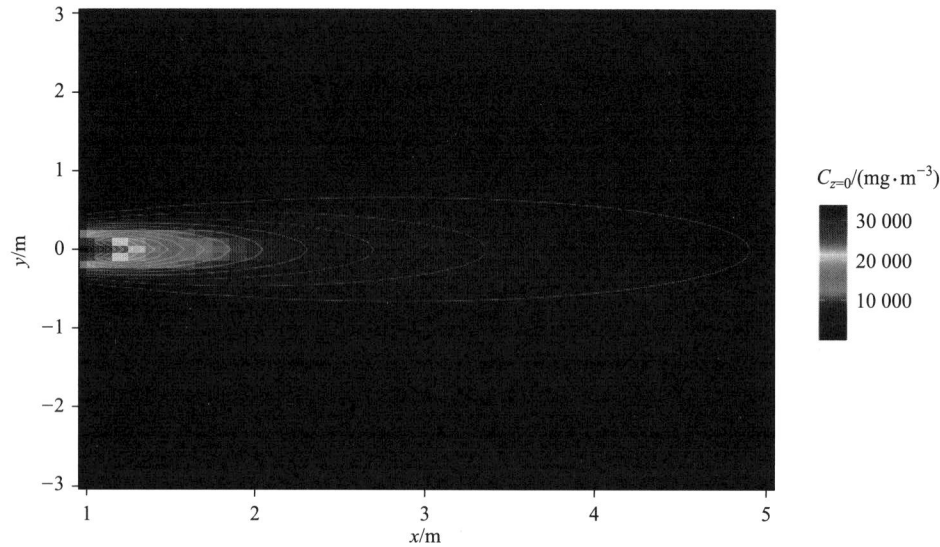

图 13-20 地面连续点源大气污染物地面浓度分布

同样,当 $y=0$、$z=0$ 时,可以得到地面轴线上的污染物浓度计算公式,如下:

$$C(x,\ 0,\ 0\mid 0) = \frac{Q}{\pi u_x \sigma_y \sigma_z}$$

续前例,可以得到地面轴线上的污染物浓度变化如图 13-21 所示。

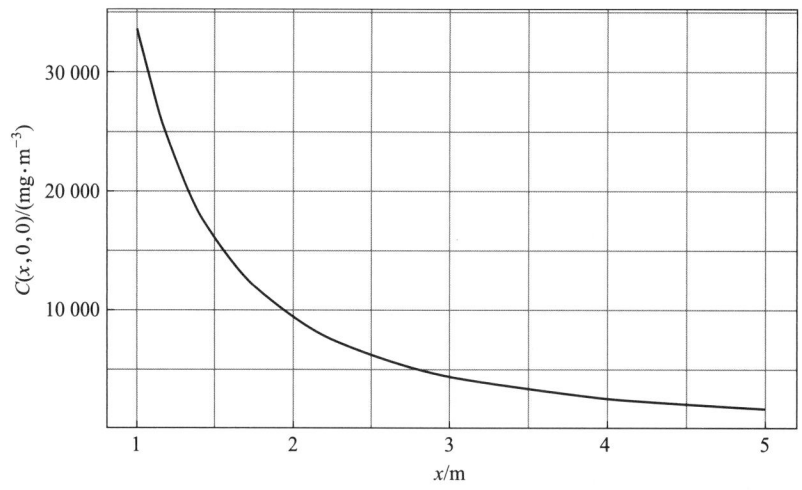

图 13-21 地面点源大气污染物地面轴线浓度分布

(五) 逆温条件下高架连续点源排放污染物浓度模型

如果在烟囱排出口上空几百米至 1~2 km 存在逆温层,从地面到逆温层的底部的高度为 h,这时,烟囱的排烟不仅要受到地面的反射,还要受到逆温层的反射(图 13-22)。在逆温条件下,当将地面及逆温层的反射看成为全反射时,同样可以用虚源模拟地面及逆温层的反射作用，其中实源在 z 轴上的坐标为 $\xi_1 = H_e$，ξ_1 以地面为镜面的虚源坐标为 $\xi_2 = -\xi_1 = -H_e$，ξ_1 以逆温层为镜面的虚源坐标为 $\xi_3 = 2h - \xi_1 = 2h - H_e$，$\xi_3$ 以地面为镜面的虚源坐标为 $\xi_4 = -\xi_3 = -2h + H_e$，$\xi_2$ 以逆温层为镜面的虚源坐标为 $\xi_5 = 2h - \xi_2 = 2h + H_e$，$\xi_5$ 以地面为镜面的虚源坐标为 $\xi_6 = -\xi_5 = -2h - H_e$，$\xi_4$ 以逆温层为镜面的虚源坐标为 $\xi_7 = 2h - \xi_4 = 4h - H_e$，$\xi_7$ 以地面为镜面的虚源坐标为 $\xi_8 = -\xi_7 = -4h + H_e$，$\xi_6$ 以逆温层为镜面的虚源坐标为 $\xi_9 = 2h - \xi_6 = 4h + H_e$，$\xi_9$ 以地面为镜面的虚源坐标为 $\xi_{10} = -\xi_9 = -4h - H_e$，……，以此类推，可以得到如下递推公式：

$$\begin{cases} \xi_1 = H_e, \\ \xi_{2i} = -\xi_{2i-1}, & i \geqslant 1 \\ \xi_{2i+1} = 2h - \xi_{2i-2} & i \geqslant 2 \end{cases}$$

式中：$i = 1$，2，3，…。根据上述递推公式可以得到 $\xi_i \in \{\pm H_e, \ \pm 2h \pm H_e, \ \pm 4h \pm H_e, \ \cdots\}$，相当于有效高度为 $\{H_e, \ H_e \pm 2h, \ H_e \pm 4h, \ \cdots\}$ 这么多个烟囱在 $0 \leqslant z \leqslant h$ 范围内所产生的污染物浓度分布的叠加。

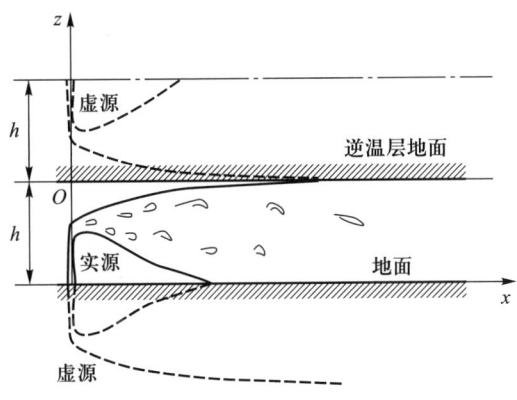

图 13-22　逆温条件下大气扩散

据此，逆温条件下高架连续点源排放污染物浓度模型表达式如下：

$$C(x, \ y, \ z \mid H_e) = \frac{Q}{2\pi u_x \sigma_y \sigma_z} \exp\left(-\frac{y^2}{2\sigma_y^2}\right) \cdot$$

$$\sum_{i=-n}^{n} \left\{ \exp\left[-\frac{(z - H_e + 2ih)^2}{2\sigma_z^2}\right] + \exp\left[-\frac{(z + H_e - 2ih)^2}{2\sigma_z^2}\right] \right\}$$

式中，$n \to \infty$，$0 \leqslant z \leqslant h$。通常 n 取值为 2~4 时就可以达到足够的精度。

【例题 13-6】某烟囱有效高度为 60 m，稳定连续释放某种污染物，其源强为 18 kg·h^{-1}，假设大气的稳定度是 C（大气稳定度决定了其扩散能力，假定 $\sigma_y = \gamma_y x^{\alpha_y}$，$\sigma_z = \gamma_z x^{\alpha_z}$，这里 $\gamma_y = 0.177\,154$、$\gamma_z = 0.106\,803$、$\alpha_y = 0.924\,279$、$\alpha_z = 0.917\,595$），当风速为 2.5 m·s^{-1}，地区的混合层高度为 1 600m 时，地面任意位置上的污染物浓度分布如图 13-23 所示。

当 $y = 0$ 和 $z = 0$ 时，地面轴线上的污染物浓度分布为：

$$C(x, \ 0, \ 0 \mid H_e) = \frac{Q}{\pi u_x \sigma_y \sigma_z} \sum_{i=-n}^{n} \exp\left[-\frac{(2ih - H_e)^2}{2\sigma_z^2}\right]$$

上述例子中逆温条件下高架连续点源大气污染物地面轴线浓度分布如图 13-24 所示。

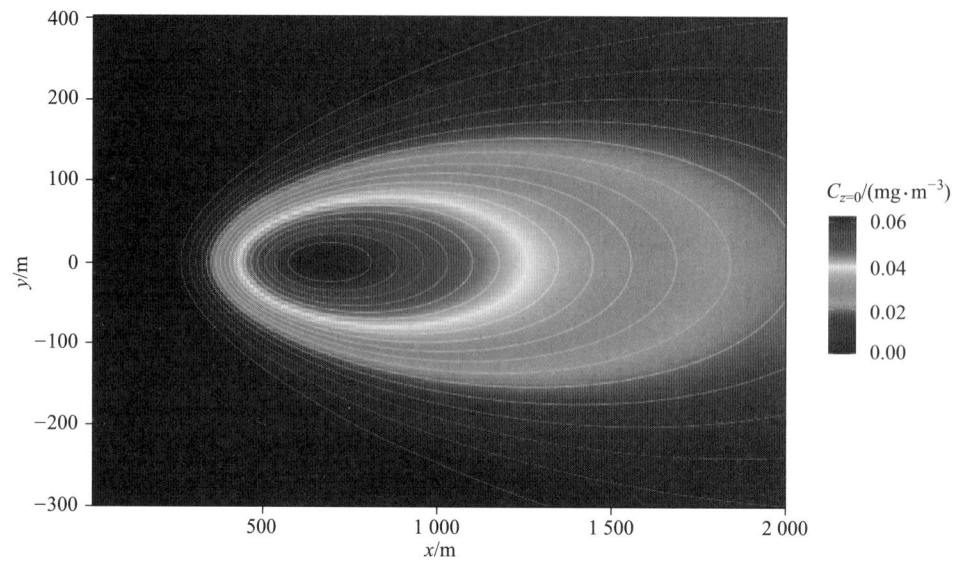

图 13-23　逆温条件下高架连续点源大气污染物地面浓度分布

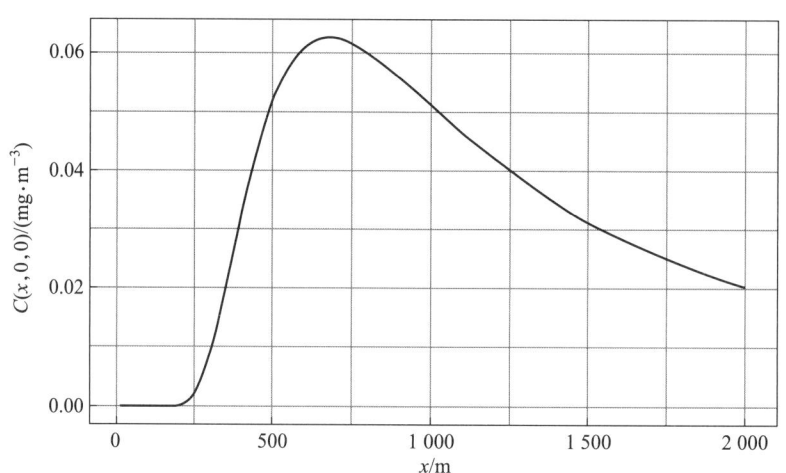

图 13-24　逆温条件下高架连续点源大气污染物地面轴线浓度分布

（六）高架连续点源沉降颗粒物浓度模型

当颗粒物的粒径小于 10 μm 时，在空气中的沉降速度小于 1 cm·s^{-1}，由于垂直湍流和大气运动的支配，不可能自由沉降到地面，颗粒物的浓度分布仍可用前面所述各式计算。

当颗粒物的粒径大于 10 μm 时，在空气中的沉降速度在 1~100 cm·s^{-1}，颗粒物除了随流场运动以外，还由于重力下沉的作用，使扩散羽的中心轴线逐渐向地面倾斜，假设颗粒物在沉降过程中以速度 u_s 向下沉降，相当于有效源高在减少，那么可以根据修正后的有效源高 $H_e - \dfrac{u_s x}{u_x}$，在考虑地面反射的情况下，导出可沉降颗粒物的浓度分布：

$$C(x,\ y,\ z\mid H_e) = \frac{\alpha Q}{2\pi u_x\sigma_y\sigma_z}\exp\left(-\frac{y^2}{2\sigma_y^2}\right)\cdot$$

$$\left\{\exp\left[-\frac{\left(z-H_e+\dfrac{u_s x}{u_x}\right)^2}{2\sigma_z^2}\right] + \beta\exp\left[-\frac{\left(z+H_e-\dfrac{u_s x}{u_x}\right)^2}{2\sigma_z^2}\right]\right\}$$

式中：α——可沉降颗粒物在总悬浮颗粒物中所占的比重，其范围为 $0\leqslant\alpha\leqslant1$；

β——地面反射系数，其范围为 $0\leqslant\beta\leqslant1$；

u_s——颗粒物沉降速度；

u_x——轴向平均风速；

其余符号意义同前。

颗粒物沉降速度 u_s 可以由斯托克斯公式计算：

$$u_s = \frac{\rho_p g d_p^2}{18\mu}$$

式中：ρ_p——颗粒物的密度，单位为 $g\cdot cm^{-3}$；

g——重力加速度，取值为 $980\ cm\cdot s^{-2}$；

d_p——颗粒直径，单位为 cm；

μ——空气黏滞系数，取值 $1.8\times10^2\ g(m\cdot s)^{-1}$。

当 $z=0$ 时，可以得到如下的地面颗粒物浓度计算公式：

$$C(x,\ y,\ 0\mid H_e) = \frac{\alpha(1+\beta)Q}{2\pi u_x\sigma_y\sigma_z}\exp\left(-\frac{y^2}{2\sigma_y^2}\right)\exp\left[-\frac{\left(H_e-\dfrac{u_s x}{u_x}\right)^2}{2\sigma_z^2}\right]$$

当 $\beta=1$ 时，即地面对颗粒物全反射，那么地面颗粒物浓度计算公式为：

$$C(x,\ y,\ 0\mid H_e) = \frac{\alpha Q}{\pi u_x\sigma_y\sigma_z}\exp\left(-\frac{y^2}{2\sigma_y^2}\right)\exp\left[-\frac{\left(H_e-\dfrac{u_s x}{u_x}\right)^2}{2\sigma_z^2}\right]$$

【例题 13-7】某烟囱有效高度为 35 m，稳定连续释放某种含锌颗粒物，其密度接近于锌的密度，即为 7 140 $kg\cdot m^{-3}$，粒径为 40 μm，源强为 80 $t\cdot a^{-1}$，假设 $\gamma_y=0.34$、$\gamma_z=0.275$、$\alpha_y=0.82$、$\alpha_z=0.82$、$\alpha=1$、$\beta=1$，当风速为 5 $m\cdot s^{-1}$ 时，地面任意位置上的污染物浓度分布如图 13-25 所示。

高架连续点源沉降颗粒物地面轴线浓度分布如图 13-26 所示。

如果不考虑颗粒物本身的沉降作用，地面任意位置上的污染物浓度分布如图 13-27 所示。

相应的地面轴线浓度分布如图 13-28 所示。

从上面的结果可以看出，沉降作用是十分明显的。一方面提高了地面颗粒物的浓度，另一方面也将地面轴线浓度最高点的位置向坐标轴原点方向进行了平移。

（七）　高架多点源连续排放模型

假设在空间中有 N 个高架点源，在连续排放某种大气污染物，其风向为 x 轴方向，每

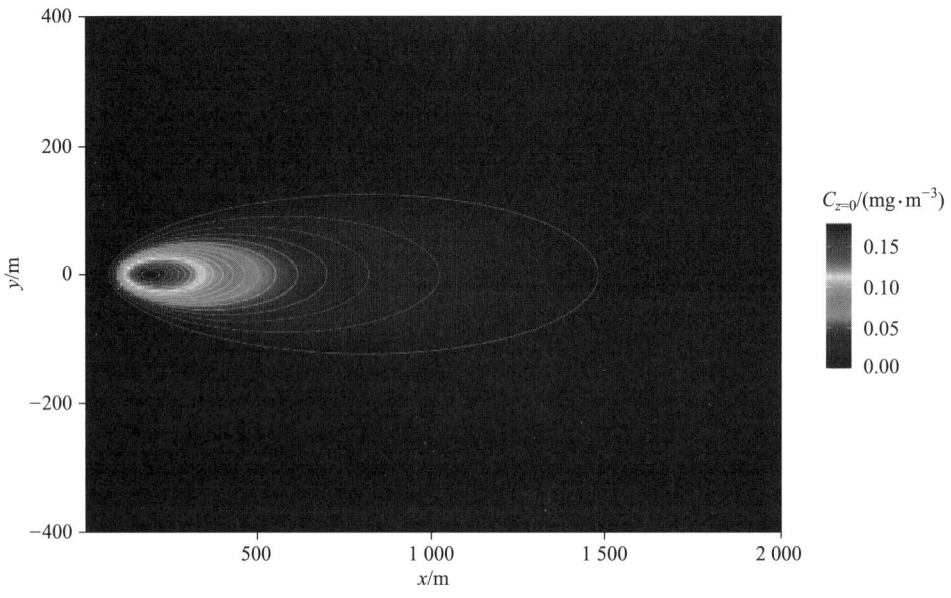

图 13-25 高架连续点源沉降颗粒物地面浓度分布

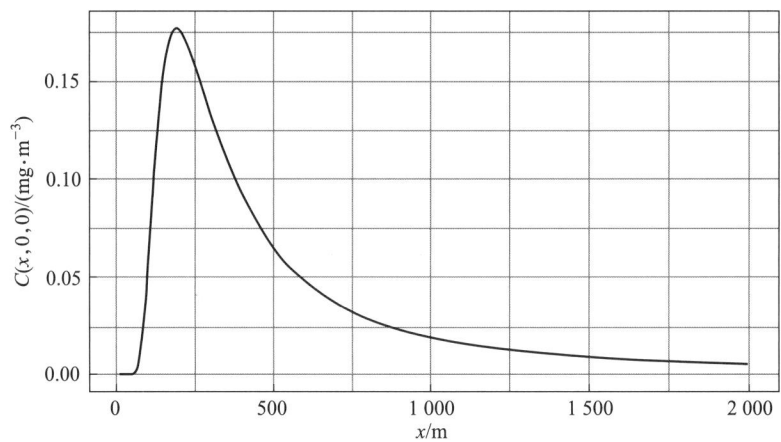

图 13-26 高架连续点源沉降颗粒物地面轴线浓度分布

个点源在地面上的坐标为(x_i, y_i)，那么在这些点源的作用下，空间中每个点上的浓度分布满足如下计算公式：

$$C(x, y, z) = \sum_{i=1}^{N} C_i(x, y, z) = \sum_{i=1}^{N} C_i'(x - x_i, y - y_i, z)$$

式中：$C(x, y, z)$——总的污染物浓度分布情况；

$\quad\quad C_i(x, y, z)$——每个点源单独产生的污染物浓度分布情况；

$C_i'(x-x_i, y-y_i, z)$——将$(x_i, y_i, 0)$作为坐标原点时的每个点源单独产生的污染物浓度分布情况。

当$x > x_i$时，每个点源产生的污染物浓度的计算公式如下：

图 13-27　高架连续点源颗粒物地面浓度分布

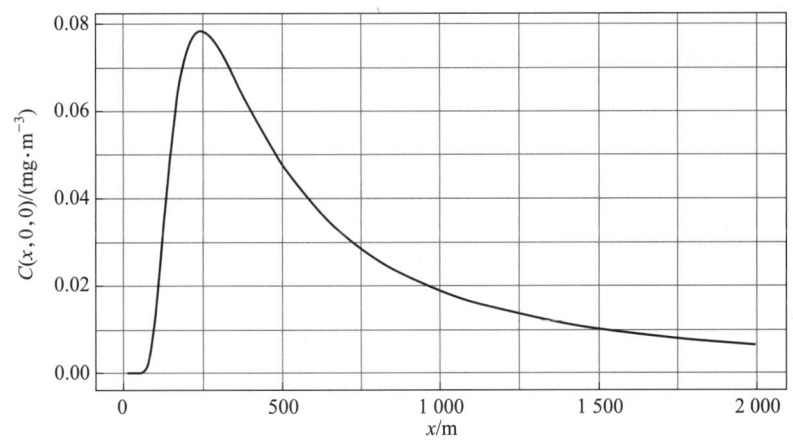

图 13-28　高架连续点源颗粒物地面轴线浓度分布

$$C_i(x, y, z) = \frac{Q_i}{2\pi u_x \sigma_{y_i} \sigma_{z_i}} \exp\left(- \frac{(y - y_i)^2}{2\sigma_{y_i}^2}\right) \left\{ \exp\left[- \frac{(z - H_{e_i})^2}{2\sigma_{z_i}^2} \right] + \exp\left[- \frac{(z + H_{e_i})^2}{2\sigma_{z_i}^2} \right] \right\}$$

式中：σ_{y_i} 和 σ_{z_i} 计算方式如下：

$$\begin{cases} \sigma_{y_i} = \gamma_{y_i} (x - x_i)^{\alpha_{y_i}} \\ \sigma_{z_i} = \gamma_{z_i} (x - x_i)^{\alpha_{z_i}} \end{cases}$$

当 $x \leqslant x_i$ 时，每个点源的计算公式如下：

$$C_i(x, y, z) = 0$$

【例题 13-8】假设在一个区域内（$x \in [0, 2\,000]$，$y \in [-100, 400]$）有 4 个高架点源（单位：m），其地面坐标为分别为（288，77）（记为 A）、（308，207）（记为 B）、（900，293）（记为 C）和（1 093，186）（记为 D），烟囱高度分别为 15 m、35 m、15 m 和 15 m，排

放的烟气中污染物的源强分别为 $35\ t\cdot a^{-1}$、$80\ t\cdot a^{-1}$、$15\ t\cdot a^{-1}$ 和 $5\ t\cdot a^{-1}$，当扩散参数 $\gamma_y = 0.34$、$\gamma_z = 0.275$、$\alpha_y = 0.82$、$\alpha_z = 0.82$，风速为 $5\ m\cdot s^{-1}$ 时，地面任意位置上的污染物浓度分布如图 13-29 所示。

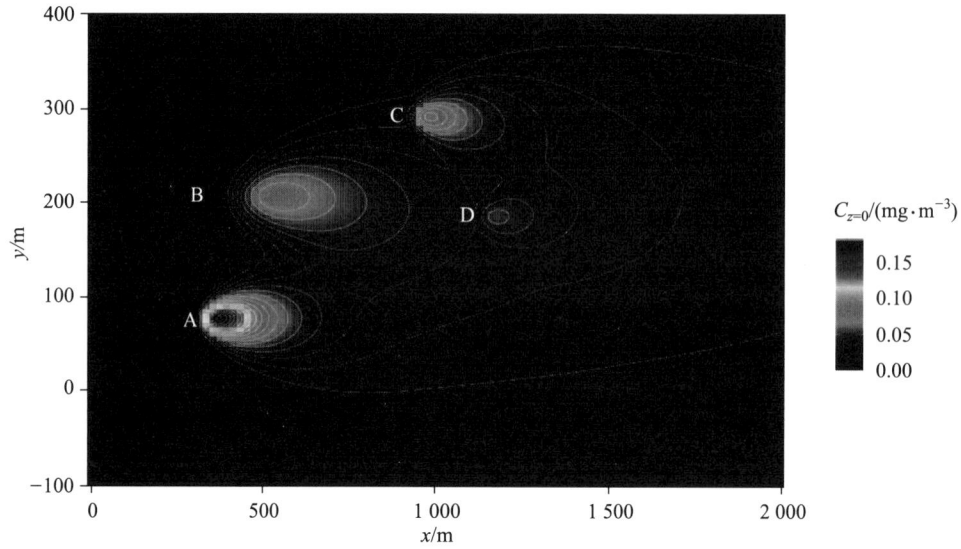

图 13-29　高架多点源连续排放大气污染物地面浓度分布

第五节　非点源扩散模型

除了点源扩散模型外，大气污染扩散模型还有非点源扩散模型，包括线源模型、面源模型和体源模型。这些非点源模型在某些条件下可以根据高斯扩散模型进行推导，从而得到相应的解析解。

一、线源模型

大气污染源在空间上连续线性分布就组成了线性污染源。线源模型主要用以模拟预测流动源以及其他线状污染源对大气环境质量的影响，例如，川流不息的交通干线上的汽车废气的排放，内河航船废气的排放等。线源可以认为是由无穷多个点源排列而成，其源强 Q_l 用单位长度线源在单位时间内排放的污染物质量表示（量纲为 $[ML^{-1}T^{-1}]$），线源在空间点产生的大气污染物浓度可以看作线源上所有点在这一点的浓度贡献之和。

（一）风向与线源垂直

当风向与线源垂直时，与高架点源高斯模型类似，以风向为 x 轴方向，以线源方向为 y 轴方向，假设线源的范围为 $[y_1, y_2]$（$y_1 < y_2$），对于空间中任意一点 (x, y, z)，采用类似于高架点源高斯模型的处理方式，对坐标轴进行平移，使坐标原点落到线源 $(0, y_l, 0)$ 上（即 $y_1 < y_l < y_2$），同时对 y_l 进行积分，可以得到如下的浓度分布计算公式：

$$C_l(x, y, z) = \int_{y_1}^{y_2} C(x, y - y_l, z \mid H_e)\,\mathrm{d}y_l$$

$$= \int_{y_1}^{y_2} \frac{Q_l}{2\pi u_x \sigma_y \sigma_z} \exp\left[-\frac{(y - y_l)^2}{2\sigma_y^2} \right] \cdot$$

$$\left\{ \exp\left[-\frac{(z - H_e)^2}{2\sigma_z^2} \right] + \exp\left[-\frac{(z + H_e)^2}{2\sigma_z^2} \right] \right\} \mathrm{d}y_l$$

式中：$C(x, y, z \mid H_e)$ 表示高架点源的计算公式。

采用变量分离的方法将与积分无关的变量写在积分外面，可以将上式变成如下形式：

$$C_l(x, y, z) = \frac{Q_l}{\sqrt{2\pi}\,u_x \sigma_z} \left\{ \exp\left[-\frac{(z - H_e)^2}{2\sigma_z^2} \right] + \exp\left[-\frac{(z + H_e)^2}{2\sigma_z^2} \right] \right\} \cdot$$

$$\int_{y_1}^{y_2} \frac{1}{\sqrt{2\pi}\,\sigma_y} \exp\left[-\frac{(y - y_l)^2}{2\sigma_y^2} \right] \mathrm{d}y_l$$

标准正态分布（高斯分布）的概率分布函数为：

$$\phi(x) = \frac{1}{\sqrt{2\pi}} \int_{-\infty}^{x} \exp\left(-\frac{t^2}{2} \right) \mathrm{d}t$$

那么，上式可以进一步简化为：

$$C_l(x, y, z) = \frac{Q_l}{\sqrt{2\pi}\,u_x \sigma_z} \left\{ \exp\left[-\frac{(z - H_e)^2}{2\sigma_z^2} \right] + \exp\left[-\frac{(z + H_e)^2}{2\sigma_z^2} \right] \right\} \cdot$$

$$\left[\phi\left(\frac{y - y_1}{\sigma_y} \right) - \phi\left(\frac{y - y_2}{\sigma_y} \right) \right]$$

【例题 13-9】假设在 y 轴上有一个有限长线源，其范围为 $[-25, 25]$（单位为 m），在这个线源上连续释放某种大气污染物，源强为 $100\ \mathrm{mg \cdot m^{-1} \cdot s^{-1}}$，排放口的高度为 2 m，风向沿 x 轴方向，假设扩散参数 $\gamma_y = 0.34$、$\gamma_z = 0.275$、$\alpha_y = 0.82$、$\alpha_z = 0.82$，当风速为 $5\ \mathrm{m \cdot s^{-1}}$ 时，地面任意位置上的污染物浓度分布如图 13-30 所示。

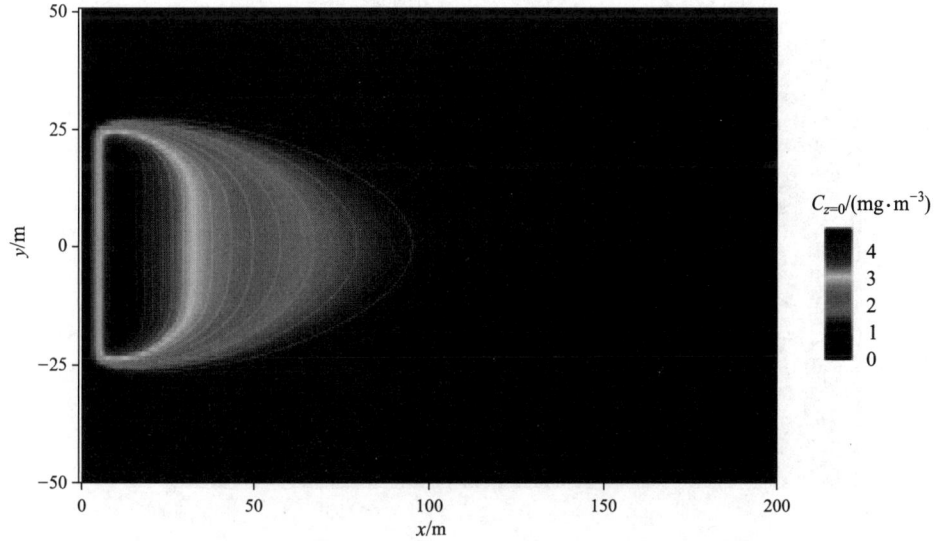

图 13-30 有限长垂直线源大气污染物地面浓度分布

其地面 x 轴轴线上的浓度分布如图 13-31 所示。

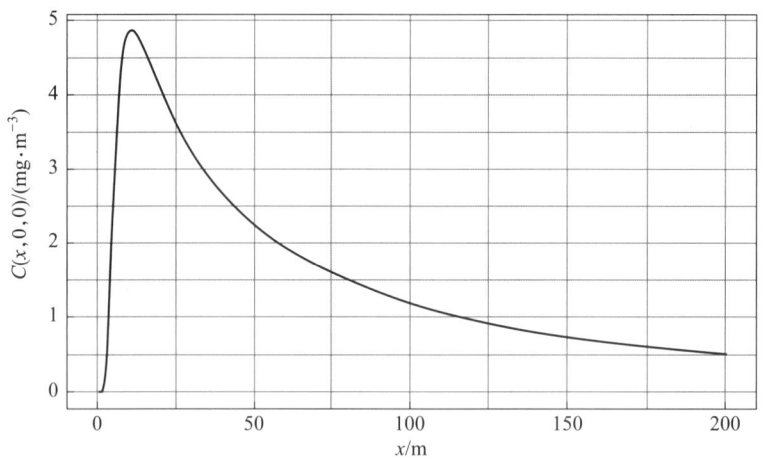

图 13-31　有限长垂直线源大气污染物地面轴线浓度分布

当 $y_1 \rightarrow -\infty$、$y_2 \rightarrow +\infty$ 时，即线源为无限长线源时，$\phi\left(\dfrac{y-y_1}{\sigma_y}\right) = 1$、$\phi\left(\dfrac{y-y_2}{\sigma_y}\right) = 0$，那么，上式可以写成：

$$C_l(x,\ y,\ z) = \frac{Q_l}{\sqrt{2\pi}\,u_x\sigma_z}\left\{\exp\left[-\frac{(z-H_e)^2}{2\sigma_z^2}\right] + \exp\left[-\frac{(z+H_e)^2}{2\sigma_z^2}\right]\right\}$$

此时，地面上的污染物浓度为：

$$C_l(x,\ y,\ 0) = \sqrt{\frac{2}{\pi}}\,\frac{Q_l}{u_x\sigma_z}\exp\left(-\frac{H_e^2}{2\sigma_z^2}\right)$$

由于上式与 y 无关，因此地面轴线上的污染物浓度 $C_l(x,\ 0,\ 0) = C_l(x,\ y,\ 0)$。

【例题 13-10】假设前面例子中在 y 轴上的线源为无限长，其范围为 $(-\infty,\ +\infty)$，那么在此条件下，地面任意位置上的污染物浓度分布如图 13-32 所示。

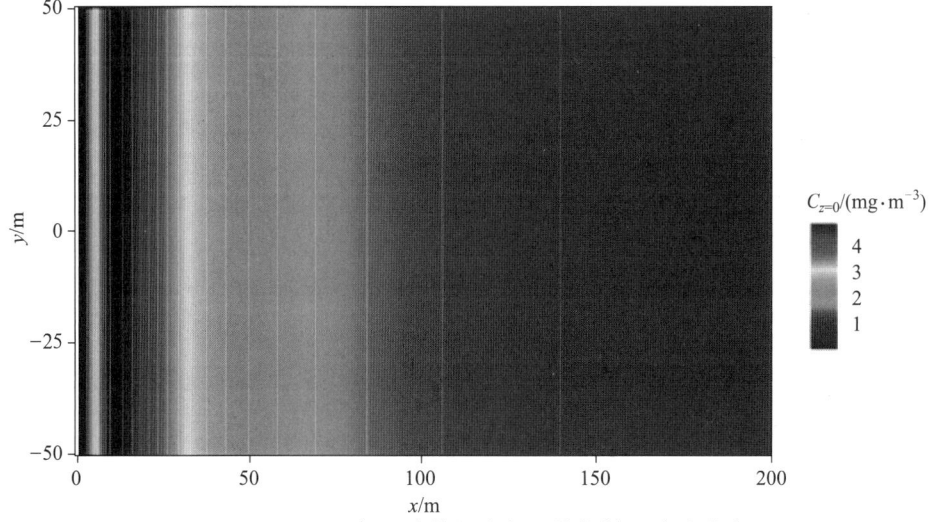

图 13-32　无限长垂直线源大气污染物地面浓度分布

其地面 x 轴轴线上的浓度分布如图 13-33 所示。

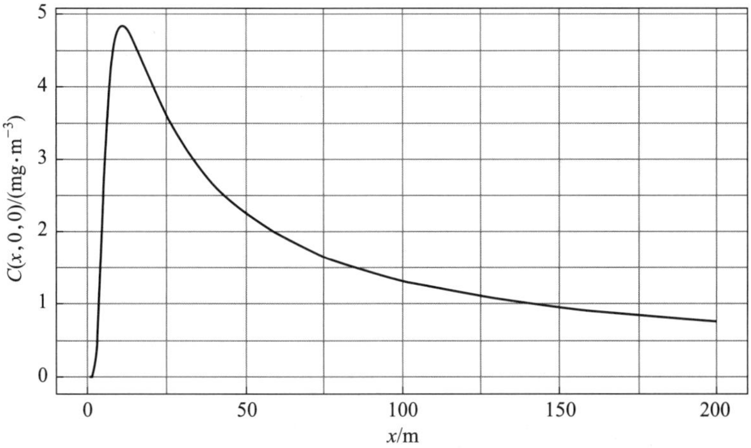

图 13-33 无限长垂直线源大气污染物地面轴线浓度分布

（二） 风向与线源平行

当风向与线源平行时，仍然以风向为 x 轴方向，同时线源方向也为 x 轴方向，假设线源的范围为 $[x_1, x_2]$ $(x_1 < x_2)$，对于空间中任意一点 (x, y, z)，同样采用平移坐标轴的变换方式，使坐标原点落到线源 $(x_l, 0, 0)$ 上（即 $x_1 < x_l < x_2$），同时对 x_l 进行积分，可以得到其浓度分布计算公式如下：

$$C_l(x, y, z) = \int_{x_1}^{x_u} C(x - x_l, y, z \mid H_e) dx_l$$

$$= \int_{x_1}^{x_u} \frac{Q_l}{2\pi u_x \sigma_{y_l} \sigma_{z_l}} \exp\left(-\frac{y^2}{2\sigma_{y_l}^2}\right) \cdot$$

$$\left\{ \exp\left[-\frac{(z - H_e)^2}{2\sigma_{z_l}^2}\right] + \exp\left[-\frac{(z + H_e)^2}{2\sigma_{z_l}^2}\right] \right\} dx_l$$

式中，$C(x, y, z \mid H_e)$ 表示高架点源的计算公式，σ_{y_l} 和 σ_{z_l} 是关于 x_l 的函数，其计算公式如下：

$$\begin{cases} \sigma_{y_l} = \gamma_{y_l} (x - x_l)^{\alpha_{y_l}} \\ \sigma_{z_l} = \gamma_{z_l} (x - x_l)^{\alpha_{z_l}} \end{cases}$$

特别需要注意一点是，范围是 $[x_1, x_u]$，而不是 $[x_1, x_2]$，其原因是如果 $x_1 < x < x_2$，线源的有效范围是 $[x_1, x]$，$[x, x_2]$ 范围内的源不会对 x 产生影响，因此有：

$$x_u = \begin{cases} x, & x_1 \leqslant x \leqslant x_2 \\ x_2, & x > x_2 \end{cases}$$

假设 $\alpha_{y_l} = \alpha_{z_l} = 1$，且 $z = 0$ 时，该计算公式可以变成：

$$C_l(x, y, 0) = \int_{x_1}^{x_u} \frac{Q_l}{\pi u_x \gamma_{y_l} \gamma_{z_l} (x - x_l)^2} \exp\left[-\frac{y^2}{2\gamma_{y_l}^2 (x - x_l)^2} - \frac{H_e^2}{2\gamma_{z_l}^2 (x - x_l)^2}\right] dx_l$$

令

$$t = \frac{1}{x - x_l}$$

则

$$dt = \frac{1}{(x - x_l)^2} dx_l$$

通过变量替换，可以得到：

$$C_l(x, y, 0) = \int_{1/(x-x_1)}^{1/(x-x_u)} \frac{Q_l}{\pi u_x \gamma_{y_l} \gamma_{z_l}} \exp\left[-\left(\frac{y^2}{\gamma_{y_l}^2} + \frac{H_e^2}{\gamma_{z_l}^2}\right) \frac{t^2}{2}\right] dt$$

令

$$\eta = \sqrt{\frac{y^2}{\gamma_{y_l}^2} + \frac{H_e^2}{\gamma_{z_l}^2}}$$

且 $s = \eta t$，即 $dt = \eta^{-1} ds$，那么，该公式可以进一步写成：

$$C_l(x, y, 0) = \int_{\eta/(x-x_1)}^{\eta/(x-x_u)} \frac{Q_l}{\pi u_x \gamma_{y_l} \gamma_{z_l} \eta} \exp\left(-\frac{s^2}{2}\right) ds$$

考虑到正态分布概率分布函数的表达式：

$$\phi(x) = \frac{1}{\sqrt{2\pi}} \int_{-\infty}^{x} \exp\left(-\frac{t^2}{2}\right) dt$$

那么上式可以写成：

$$C_l(x, y, 0) = \sqrt{\frac{2}{\pi}} \frac{Q_l}{u_x \gamma_{y_l} \gamma_{z_l} \eta} \frac{1}{\sqrt{2\pi}} \int_{\eta/(x-x_1)}^{\eta/(x-x_u)} \exp\left(-\frac{s^2}{2}\right) ds$$

$$= \sqrt{\frac{2}{\pi}} \frac{Q_l}{u_x \gamma_{y_l} \gamma_{z_l} \eta} \left[\phi\left(\frac{\eta}{x - x_u}\right) - \phi\left(\frac{\eta}{x - x_1}\right)\right]$$

当 $y = 0$、$z = 0$ 时，即 $\eta = H_e / \gamma_{z_l}$，据此可以得到地面轴线上的浓度分布为：

$$C_l(x, 0, 0) = \sqrt{\frac{2}{\pi}} \frac{Q_l}{u_x \gamma_{y_l} H_e} \left[\phi\left(\frac{H_e}{\gamma_{z_l}(x - x_u)}\right) - \phi\left(\frac{H_e}{\gamma_{z_l}(x - x_1)}\right)\right]$$

【例题 13-11】假设在 x 轴上有一个有限长线源，其范围为 $[0, 100]$（单位为 m），在这个线源上连续释放某种大气污染物，源强为 $50 \text{ mg} \cdot \text{m}^{-1} \cdot \text{s}^{-1}$，排放口的高度为 2 m，风向沿 x 轴方向，假设扩散参数 $\gamma_y = 0.34$、$\gamma_z = 0.275$、$\alpha_y = 1$、$\alpha_z = 1$，当风速为 $5 \text{ m} \cdot \text{s}^{-1}$ 时，地面任意位置上的污染物浓度分布如图 13-34 所示。

其地面 x 轴轴线上的浓度分布如图 13-35 所示。

当该线源为无限长线源时，即 $x_1 \to -\infty$ 且 $x_2 \to +\infty$ 时，

$$\phi\left(\frac{\eta}{x - x_u}\right) \to 1, \quad \phi\left(\frac{\eta}{x - x_1}\right) \to \frac{1}{2}$$

$$C_l(x, y, 0) = \frac{Q_l}{\sqrt{2\pi} u_x \gamma_{y_l} \gamma_{z_l} \eta}$$

地面轴线上的浓度分布为：

$$C_l(x, 0, 0) = \frac{Q_l}{\sqrt{2\pi} u_x \gamma_{y_l} H_e}$$

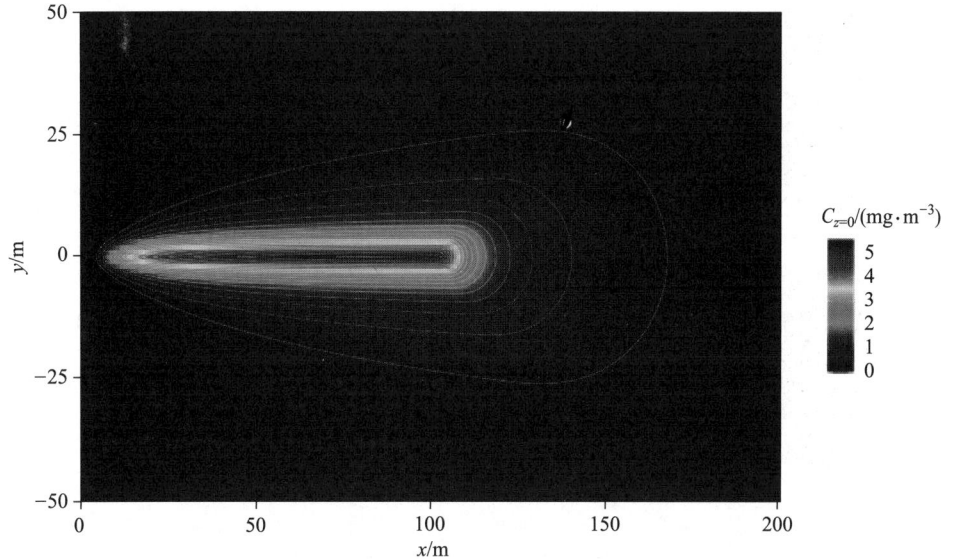

图 13-34　有限长平行线源大气污染物地面浓度分布

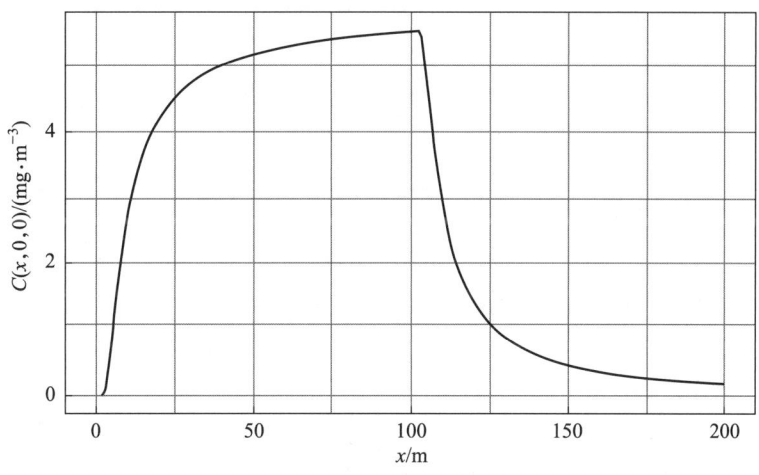

图 13-35　有限长平行线源大气污染物地面轴线浓度分布

【例题 13-12】假设前面例子中在 x 轴上的线源为无限长，其范围为 $(-\infty, +\infty)$，那么在此条件下，地面任意位置上的污染物浓度分布如图 13-36 所示。

其地面 x 轴轴线上的浓度分布如图 13-37 所示。

更一般地，如果假设

$$\eta_1 = \sqrt{\frac{y^2}{\gamma_{y_l}^2} + \frac{(z - H_e)^2}{\gamma_{z_l}^2}}$$

和

$$\eta_2 = \sqrt{\frac{y^2}{\gamma_{y_l}^2} + \frac{(z + H_e)^2}{\gamma_{z_l}^2}}$$

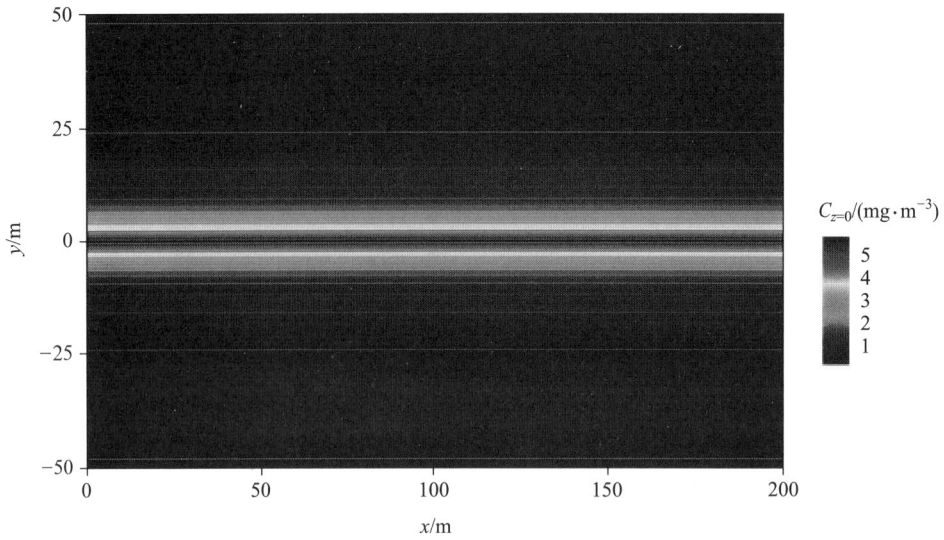

图 13-36　无限长平行线源大气污染物地面浓度分布

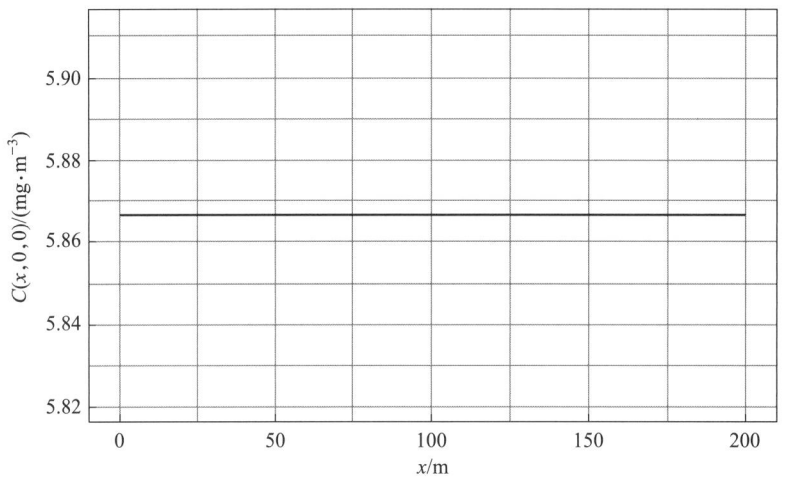

图 13-37　无限长平行线源大气污染物地面轴线浓度分布

那么有

$$C_l(x,\ y,\ z) = \frac{Q_l}{\sqrt{2\pi}\,u_x \gamma_{y_l} \gamma_{z_l} \eta_1}\left[\phi\left(\frac{\eta_1}{x-x_u}\right) - \phi\left(\frac{\eta_1}{x-x_1}\right) \right] +$$

$$\frac{Q_l}{\sqrt{2\pi}\,u_x \gamma_{y_l} \gamma_{z_l} \eta_2}\left[\phi\left(\frac{\eta_2}{x-x_u}\right) - \phi\left(\frac{\eta_2}{x-x_1}\right) \right]$$

以上求解都是在特殊条件下的求解，因此能够得到比较好的解析解的形式，对于更一般的模型求解，例如，风向与线源既不平行也不垂直，而是呈现一定夹角，或者更一般地所谓线源并非是直线而是曲线或者更复杂的线形的时候，解析解一般很难得到，而数值计算则是实际中更常用的一种方法。

二、面源模型

面源模型模拟在平面上均匀分布的大气污染源在风的作用下所形成的污染物浓度分布。在实际研究中，对于某平面区域上源强较小、排出口较低，但数量多、分布比较均匀的大气污染源扩散问题均可作为面源处理。如居民区或居住集中的家庭炉灶和低矮烟囱数量很多，单个排放量很小，若按点源处理计算量较大，此时可作为面源处理。在平原地区，如果排气筒高度不高于 30 m 或排放量小于 0.04 t/h 的许多个排放源也可以按面源处理。此外，在城市和工业区，将低矮的小点源群和线源作为面源处理。

面源模型其实是很大一类模型，因为平面本身可以是规则的，也可以是不规则的。对于规则的矩形平面，也同样会遇到该矩形的边与风速平行、垂直或者呈现任意夹角的问题，这样处理起来十分复杂。为此，本书仅从最容易解决的一类面源模型入手，来给大家介绍解决面源模拟问题的思路和方法。假设研究的面源问题是一个矩形平面，且该平面有两条边平行于 x 轴，两条边平行于 y 轴。在 x 轴方向的取值范围为 $[x_1, x_2]$ $(x_1 < x_2)$，在 y 轴方向的取值范围为 $[y_1, y_2]$ $(y_1 < y_2)$。风沿 x 轴方向，面源源强为 Q_a（量纲为 $[\mathrm{ML^{-2} \cdot T^{-1}}]$），表示单位时间通过单位面积的大气污染物的质量。假设平面上每一个点排放都符合高架点源高斯模型，那么采用平移坐标轴的变换方式，可以使坐标原点落到平面区域某个点 $(x_a, y_a, 0)$ 上（即 $x_1 < x_a < x_2$，$y_1 < y_a < y_2$），对其中每个点求积分，即可以得到如下的浓度分布公式：

$$C_a(x, y, z) = \int_{y_1}^{y_2} \int_{x_1}^{x_u} C(x - x_a, y - y_a, z \mid H_e) \, \mathrm{d}x_a \mathrm{d}y_a$$

$$= \int_{y_1}^{y_2} \int_{x_1}^{x_u} \frac{Q_a}{2\pi u_x \sigma_{y_a} \sigma_{z_a}} \exp\left[-\frac{(y - y_a)^2}{2\sigma_{y_a}^2} \right] \cdot$$

$$\left\{ \exp\left[-\frac{(z - H_e)^2}{2\sigma_{z_a}^2} \right] + \exp\left[-\frac{(z + H_e)^2}{2\sigma_{z_a}^2} \right] \right\} \mathrm{d}x_a \mathrm{d}y_a$$

式中，$C(x, y, z \mid H_e)$ 表示高架点源的计算公式，σ_{y_a} 和 σ_{z_a} 是关于 x_a 的函数，其计算公式如下：

$$\begin{cases} \sigma_{y_a} = \gamma_{y_a} (x - x_a)^{\alpha_{y_a}} \\ \sigma_{z_a} = \gamma_{z_a} (x - x_a)^{\alpha_{z_a}} \end{cases}$$

同样，x_a 的积分上限满足如下条件：

$$x_u = \begin{cases} x, & x_1 \leqslant x \leqslant x_2 \\ x_2, & x > x_2 \end{cases}$$

假设 $\alpha_{y_a} = \alpha_{z_a} = 1$，且 $z = 0$，那么上面的式子可以写成如下形式：

$$C_a(x, y, 0) = \int_{y_1}^{y_2} \int_{x_1}^{x_u} \frac{Q_a}{\pi u_x \gamma_{y_a} \gamma_{z_a} (x - x_a)^2} \cdot$$

$$\exp\left[-\frac{(y - y_a)^2}{2\gamma_{y_l}^2 (x - x_a)^2} - \frac{H_e^2}{2\gamma_{z_l}^2 (x - x_a)^2} \right] \mathrm{d}x_a \mathrm{d}y_a$$

该式即为所研究的面源污染在风的作用下所形成的大气污染物浓度在地面的分布情况。该积分难以求出解析解，通常可以用 MATLAB、Python 或者 R 等求解积分的软件包来进行求解。

【例题 13-13】假设我们讨论的面源如图 13-38 所示，其中 $a=100$（单位：m），$b=50$（单位：m），在该区域内均匀地连续排放某种污染物，其源强为 $1 \text{ mg} \cdot \text{m}^{-2} \cdot \text{s}^{-1}$，排放口的高度为 2 m，风向沿 x 轴方向，假设扩散参数 $\gamma_y=0.34$、$\gamma_z=0.275$、$\alpha_y=1$、$\alpha_z=1$，当风速为 $5 \text{ m} \cdot \text{s}^{-1}$ 时，地面任意位置上的污染物浓度分布如图 13-39 所示。

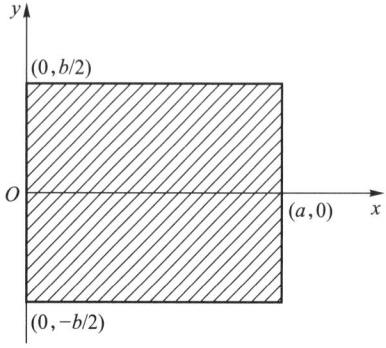

图 13-38 大气面源污染源示意图

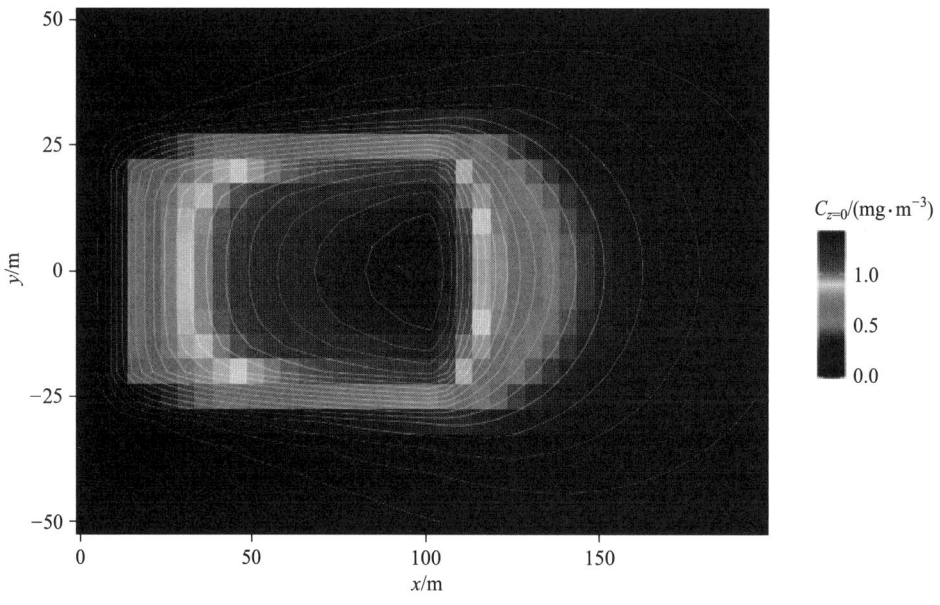

图 13-39 面源大气污染物地面浓度分布

第六节　常用大气质量模拟模型

大气质量模拟模型已经有数十年的发展历史，形成了适用于不同尺度和不同目标的数十种模型，主要包括适用于中小尺度的 ISC3、AERMOD、ADMS、CALPUFF 等模型，适用于区域尺度的 NAQPMS、CAMx、WRF-CHEM、CMAQ 等模型和适用于全球大尺度的 GEOS-CHEM、MOZART 等模型。

一、中小尺度模型

（一）ISC3 模型

ISC3（Industrial Source Complex 3）模型是美国环境保护署开发的一个针对工业源的大气质量扩散模型，该模型采用稳态封闭型高斯扩散方程，模拟物质一般为一次污染物，包括 SO_2、TSP、PM_{10}、NO_x 等，适用范围一般小于 50 km。ISC3 模型可处理包括静风、风廓线指数、烟囱顶端尾流、城市建筑下洗、污染物转化、沉积和沉降等各种烟气抬升和扩散过程。ISC3 模型可对点源、面源、线源、体源等多种污染源进行逐时、数小时、日、月及年等多种平均时段模拟，进而输出多种污染物浓度以及颗粒物的沉积和干、湿沉降量等计算结果。ISC3 操作简单，需要的输入数据相对较少，而且可以利用美国国家气象局（NWS）航空数据。当污染物质为惰性物质，气象条件单一时，除污染源排放参数以外，ISC3 要求气象数据为风向、风向角、大气稳定度、混合层高度、接受点地形高度、建筑物的维度。

（二）AERMOD 模型

AERMOD 模型是由美国国家环境保护局联合美国气象学会开发的一个用来替代 ISC3 的法规模型，该模型采用与 ISC3 相同的输入与输出结构，并将最新的扩散理论应用其中。AERMOD 模型系统以高斯统计扩散理论为基础，形成了包括 AERMET 气象数据预处理器、AREMAP 地形数据预处理器、AESURFACE 表面特征预处理器、BPIPPRIM 多建筑尺寸程序、AERSCREEN 筛选版本的模型体系，可用于乡村环境和城市环境、平坦地形和复杂地形、低矮面源和高架点源等多种排放扩散情形的模拟和预测。该模型适用范围一般小于 50km。

（三）ADMS 模型

ADMS 模型是由英国剑桥环境研究中心（CERC）开发的一套先进的三维高斯型大气扩散模型，可模拟点源、面源、线源和体源排放出的污染物在短期（小时平均、日平均）和长期（年平均）的浓度分布，适用范围一般小于 50 km。ADMS 模型适用于简单和复杂地形，同时也可考虑建筑物下洗、湿沉降、重力沉降和干沉降以及化学反应等功能。ADMS 模型使用了最小莫宁-奥布霍夫（Monin-Obukhov）长度和边界结构的最新理论，精确定义边界层特征参数；另外 ADMS 模型在不稳定条件下摒弃了高斯模型体系，采用高斯概率密度函数(PDF)及小风对流模型。

（四） CALPUFF 模型

CALPUFF 模型是三维非稳态拉格朗日扩散模型系统，是一种多层、多物种的非稳态烟团扩散模型，模拟时空变化的气象条件对污染迁移、转化和清除的影响。与传统的稳态高斯扩散模型相比，它能更好地处理长距离污染物传输(50 km 以上的距离范围)。它由西格玛研究公司(Sigma Research Corporation)开发。它包括用于亚网格尺度效应(如地形撞击)以及更远距离效应(如由于湿沉降和干沉积、化学转化和颗粒物浓度的能见度效应所导致的污染物去除)的算法。CALPUFF 模型系统包括三部分：CALMET 气象模型用于在三维网格模型区域上生成小时风场和温度场；CALPUFF 烟团输送模型利用 CALMET 生成的风场和温度场文件，模拟污染源排放的污染物烟团的扩散和转化过程；CALPOST 通过处理 CALPUFF 输出文件，生成所需浓度文件用于后处理及可视化。

二、 区域尺度模型

（一） NAQPMS 模型

嵌套网格大气质量预报系统(NAQPMS)是由中国科学院大气物理研究所自主开发研制。NAQPMS 模型系统由 4 个子系统构成，即基础数据系统(FTP 数据自动下载系统)、中尺度天气预报系统(MM5)、空气污染预报系统(NAQM)和预报结果分析系统。NAQPMS 模型为三维欧拉输送模型，垂直坐标采用地形追随坐标，垂直方向不等距分为 18 层；水平结构为多重嵌套网格，采用单向和双向嵌套技术，水平分辨率一般为 3~81 km。NAQPMS 模型可用于多尺度污染问题的研究，包括区域尺度的大气污染问题(如臭氧、细颗粒物、酸雨、沙尘等污染物的跨界跨国输送等)、城市尺度大气污染的发生机理及其变化规律和不同尺度之间的相互影响过程。NAQPMS 模型目前主要应用于大气质量预报领域，已在北京、上海、深圳、郑州等城市的大气质量预报业务中得到大量应用。

（二） WRF-Chem 模型

WRF-Chem 模型是美国开发的区域大气动力-化学耦合模型，是在美国国家大气研究中心(NCAR)开发的中尺度数值预报气象模型(WRF)中加入大气化学模块集成而成。该模型在模拟气象的同时，可以模拟痕量气体和气溶胶的排放、传输、混合和化学转化。中尺度数值预报模型(WRF)是一个完全可压非静力模型，对湍流交换、大气辐射、积云降水、云微物理及陆面等多种物理过程均有不同的参数化方案，可以为化学模型在线提供大气流场，模拟污染物输送(包括平流、扩散和对流过程)、干湿沉降、气相化学、气溶胶形成、辐射和光分解率、生物所产生的放射、气溶胶参数化和光解频率等过程。WRF-Chem 的优势是气象模型与化学传输模型在时间和空间分辨率上完全耦合，实现真正的在线反馈。

（三） CAMx 模型

CAMx 模型是美国 ENVIRON 公司在 UAM-V 模型基础上开发的光化学网格模型，可用来对气态和颗粒物态的大气污染物在城市和区域的多种尺度上进行综合性评估。CAMx 模型可从单独的天气预测模型(如 WRF、MM5 和 RAMS)输入气象条件，同时也可以从外部预处理系统(例 SMOKE 和 EPS3)输入污染物排放清单信息。CAMx 模型特点包括：双向嵌套及弹性嵌套、多种气相化学机理选项(CB6、CB05、SAPRC07)、在线云和气溶胶调整功能的高级外部光解模型(TUV)、两种粒径处理(模态和截面)的综合气溶胶化学、多种干沉积选项(Wesely89、Zhang03)、网格烟羽(PiG)模块、臭氧源分配技术(OSAT)、颗粒物源分配技术(PSAT)等。自 1996 年以来,CAMx 模型已被全球 20 多个国家和地区政府机构、学术和研究机构以及私人顾问广泛采用,用于美国和世界各地的监管评估和一般研究。

(四) CMAQ 模型

CMAQ 模型是美国环境保护署开发的用于处理复杂大气污染问题(如对流层的臭氧、PM、毒化物、酸沉降及能见度等问题)的综合模型,CMAQ 模型采用了"one-atmosphere"的设计理念,能对多种尺度、各种复杂的大气环境污染问题进行系统模拟。该模型的特点在于:① 可以同时模拟多种大气污染物,包括臭氧、PM、酸沉降以及能见度等各种环境污染问题在不同空间尺度范围内的行为;② 充分利用了最新的计算机硬件和软件技术,如高性能计算、模块化设计、可视化技术等,使大气质量模拟技术更高效、更精确,且应用领域趋于多元化。CMAQ 模型系统由排放清单处理模型(SMOKE)、中尺度气象模型(MM5 模型或 WRF 模型等)和通用多尺度大气质量模型(CMAQ)三部分组成,其中 CMAQ 是整个系统的核心。CMAQ 模型主要由边界条件模块 BCON、初始条件模块 ICON、光解速率模块 JPROC、气象-化学预处理模块 MCIP 和化学输送模块 CCTM 构成。其中,关键部分是化学输送模块 CCTM,污染物在大气中的扩散和输送过程、气相化学过程、气溶胶化学过程、液相化学过程、云化学过程以及动力学过程都由该模块模拟完成。其他模块的主要功能是为 CCTM 提供输入数据和相关参数。

三、全球大尺度模型

(一) GEOS-Chem 模型

GEOS-Chem 模型是一个由美国宇航局全球建模和同化办公室戈达德地球观测系统(GEOS)的气象输入作为驱动的全球大气化学 3D 模型,在全世界范围的大气化学研究组中被广泛使用。GEOS-Chem 模型可用于模拟全球尺度大气污染物的长距离传输及化学反应过程,还可以与卫星遥感资料结合反演近地面大气污染物浓度,如 Aaronvan Donkelaar 等基于卫星观测的气溶胶光学厚度和 GEOS-Chem 模型成功反演了 2001—2006 年全球 $PM_{2.5}$浓度,首次揭示了全球 $PM_{2.5}$浓度的空间分布特征。GEOS-Chem 模式的代码是开源公开的,用户可自由下载、使用、修改和反馈,因此在全球多个研究组得到广泛应用,并且在不断改进和更新。

(二) MOZART 模型

MOZART 模型是由美国大气研究中心(NCAR)研发的全球三维大气化学传输模型。MOZART 模型主要由对流传输、垂直扩散、干湿沉降以及平流传输部分构成,可以由任意气象数据集与排放清单数据驱动,从而模拟任意气体在大气中的浓度。MOZART 化学传递模型(CTM)自 2010 年 MOZART-4 开发以来就没有更新过,MOZART-4 考虑了 85 个气相化学物种、12 种气溶胶物种、39 个光解反应及 157 个气相化学反应,化学物种包括 NH_3、NO_x、SO_2、O_3、CO 等。MOZART 模型还被用于 CAM-Chem 和 WACCM 中。

思考题与习题

1. 已知某开发区位于一山谷地区，计算的混合高度为 120 m，该地区长 45 km，宽 5 km，上风向的风速为 2 m·s^{-1}，SO_2 的本地浓度为 0。该开发区建成后的计划燃煤量为 5 000 t·d^{-1}，煤的含硫量为 5%，SO_2 转化率为 90%，试用单箱模型估计该地区的 SO_2 浓度。

2. 数据同上题，若将混合高度等分为 4 个子高度，将长度 45 km 等分为 5 个子长度，各层间的弥散系数为 0.3 m^2·s^{-1}。试写出用多箱模型计算 SO_2 浓度的矩阵方程，并计算各子箱的 SO_2 浓度。

3. 某火力发电厂向大气中以 670 g·s^{-1} 的速率连续排放 SO_2，其烟囱高度为 80 m，烟气抬升高度为 100 m，实测平均风速为 5.8 m·s^{-1}，大气稳定度参数 $\sigma_y = 220.5$ m，$\sigma_z = 184.5$ m，试计算沿平均风向轴线下风向 900 m，距离地面高度 250 m 处的 SO_2 的浓度值。

4. 某地区高架点源连续排放 SO_2，有效源高为 160 m，实测平均风速为 3.0 m·s^{-1}，排烟量为 4.5×10^5 m^3·h^{-1}，其中烟尘的浓度为 1 000 mg·m^{-3}。当 $\sigma_y = \sigma_z = 97.7$ m 时，试求该高架连续点源在下风向距离烟囱 500 m，距离地面 x 轴线 50 m 处 SO_2 的地面浓度值，以及该高架点源排出 SO_2 的地面最大浓度值。

5. 某电厂排放的烟气中 SO_2 的排放量为 180 g·s^{-1}，烟囱的有效高度为 250 m，实测平均风速为 6 m·s^{-1}，混合层高度为 1 600 m，烟流垂直扩散高度刚好达到逆温层底时的水平距离为 5 000 m，在下风向 4 km、7 km、12 km 处的 σ_y 分别是 400 m、800 m 和 1 200 m，σ_z 分别是 360 m、640 m 和 2 500 m，试求这三处 SO_2 的地面轴线浓度。

6. 某水泥厂排放水泥烟尘，排气筒高度为 100 m，平均风速为 6 m·s^{-1}，烟气平均抬升高度为 15 m，排气量为 3.5×10^5 m^3·h^{-1}，其中烟尘的浓度为 120 mg·m^{-3}，废气中粒径为 20 μm 的粉尘占 25%，30 μm 的粉尘占 15%，50 μm 的粉尘占 60%。已知大气稳定度参数 $\sigma_y = 121$ m，$\sigma_z = 56.7$ m，水泥降尘密度为 3.12 g·cm^{-3}，空气黏滞系数 $\mu = 1.8×10^{-4}$ g·cm^{-1}·s^{-1}。试计算排气筒下风向 2 500 m 处地面轴向降尘浓度。

主要参考文献

[1] 程声通，陈毓龄. 环境系统分析[M]. 北京：高等教育出版社，1990.

[2] Tiwary A, Williams I. Air pollution: measurement, modelling and mitigation[M]. Forth edition. Florida: CRC Press, 2018.

[3] Zannetti P. Air pollution modeling: theories, computational methods and available software[M]. New York: Springer Science & Business Media, 2013.

[4] Vallero D. Fundamentals of air pollution[M]. Fifth edition. New York: Academic Press, 2014.

[5] Jacobson M Z, Jacobson M Z. Fundamentals of atmospheric modeling[M]. Second edition. Cambridge: Cambridge University Press, 1999.

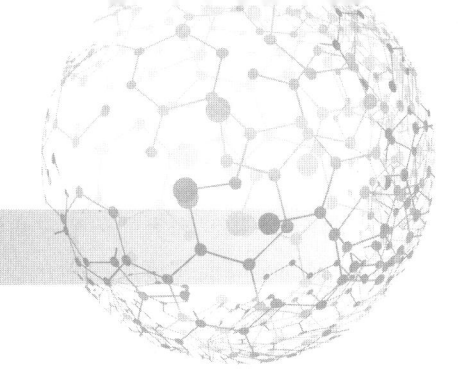

第十四章

环境系统变化效应

污染物通过人类活动排放进入环境后，在同一环境介质内或者不同环境介质之间发生物理迁移，并可能同时发生各种物理、化学和生物转化过程，进而使特定环境介质中污染物浓度升高或者降低环境质量，最后以不同的途径和方式影响人类健康与生态系统安全。

第一节　环境效应的定义与分类

环境效应是指自然过程或者人类活动对环境产生影响，并导致环境系统结构和功能发生变化的过程。环境效应按其来源一般可以分为自然环境效应和人为环境效应。环境科学研究中的环境效应一般是指人为造成的环境效应。按照效应产生机理的不同，可以将环境效应分为环境物理效应、环境化学效应和环境生物效应。

一、环境物理效应

环境物理效应是物理作用引起的环境效果，如噪声、地面沉降、热岛效应、温室效应等。

（一）噪声

噪声是指发声体做无规则振动时发出的声音，环境科学中的噪声污染往往是指人为造成的噪声。从生理学观点来看，凡是干扰人们休息、学习、工作以及对你所要听的声音产生干扰的声音，即不需要的声音，统称为噪声。产业革命以来，各种机械设备的创造和使用，给人类带来了繁荣和进步，但同时也产生了越来越多而且越来越强的噪声，对人们的生活工作有一定的干扰。噪声不但会对听力造成损伤，还能对人的心理产生负面影响，甚至诱发癌症等多种致命疾病。

（二）地面沉降

大量开采地下水资源使许多城市发生地面沉降。决定地面沉降的因素一方面是地下水的水位和开采量，另一方面是土层的岩性和厚度、土地的力学性质等。地下水位大幅度下降，促使上部易压缩黏性土层中的孔隙水排出，进而引起土层固结压缩，这是地面沉降最常见的原因。有关资料表明，我国已有 70 余座城市发生地面沉降，沉降范围达 6.4 万 km^2，大部分集中在沿海地区和大的河流三角洲地区，如上海、天津、苏州、无锡等城市。华北平原是我国地面沉降面积最大的地区，由于长期超采地下水，该区深层地下水已形成跨京、津、冀、鲁的区域地下水降落漏斗，产生地面沉降的面积已经超过平原总面积的 1/3。

地面沉降会造成一系列危害。主要包括：① 损失地面高程，使洪涝灾害加剧，防洪、排涝工程效能下降；② 地面沉降特别是不均匀沉降破坏建筑物地基，严重影响建筑物的正常使用和寿命，导致铁路、公路及地下埋藏的各种管线产生斜偏扭曲、坡度变化，甚至被拉裂或折断；③ 地表河流、湖泊、水库、工业和民用水井及地下含水层等各种水体产生水裂隙，引起水资源大量渗漏；④ 地下水过量抽取导致潜水位下降，在城市地下形成缺水漏斗，造成地面建筑物、构筑物下沉、倾斜和开裂，沿海城市社区出现海水倒灌；⑤ 土壤生态系统遭到严重侵蚀，有用矿物质、养分和水汽漏失或挥发，绿色植物生长环境被破坏，甚至引起肥沃土壤沙化、盐渍化或沼泽化。

（三）热岛效应

城市热岛效应是城市气候的典型特征之一，是城市气温比郊区气温高的现象。形成城市热岛的原因包括：① 现代化大城市中居民生产生活所释放的热量，例如，工厂生产、交通运输以及居民生活都需要燃烧各种燃料，每天都在向外排放大量的热量。② 城市中建筑群密集，沥青和水泥路面比郊区的土壤、植被具有更小的比热容，并且反射率小，吸收率大，使得城市白天吸收储存太阳能比郊区多，夜晚城市降温缓慢以至于同期气温比郊区高。城市热岛是以市中心为热岛中心，有一股较强的暖气流在此上升，而郊外上空为相对冷的空气下沉，这样便形成了城郊环流，空气中的各种污染物在这种局地环流的作用下，聚集在城市上空，如果没有很强的冷空气，城市空气污染将加重。

（四）温室效应

温室效应是指太阳短波辐射可以透过大气射入地面，而地面增暖后放出的长波辐射却被大气中的二氧化碳等物质所吸收，从而产生大气变暖的效应。地球大气中具有温室效应的气体被称为温室气体，主要有二氧化碳、甲烷、臭氧、一氧化二氮、氟利昂及水汽等。温室效应主要是由于大量燃烧煤炭、石油和天然气等化石燃料，大量二氧化碳气体被排放入大气造成的。温室效应会造成全球变暖并进而使全球降水量重新分配、冰川和冻土消融、海平面上升等，不仅危害自然生态系统平衡，还威胁人类生存。

二、环境化学效应

环境化学效应是在各种环境条件的影响下，物质之间发生化学反应所引起的环境效果，如环境酸化、土壤盐碱化、地下水硬度升高、光化学烟雾等。

（一）环境酸化

环境酸化是大气遭受人为污染形成酸化，以及由此形成的酸性降水落到地表后造成的土壤、水体酸化及环境功能衰退现象，是全球性环境污染问题之一。环境酸化首先是大气环境的酸化，即大气中含有大量人类排放的酸性气体。酸性气体随降雨、降雪直接落入水体和土壤中可能造成水环境和土壤酸化。在学术上通常将 pH 低于 5.6 的降水称为酸雨，酸雨是酸性湿沉降物的总称，是人类社会工业化的产物，造成酸雨的酸性气体主要是二氧化硫和氮氧化物。同这些酸性气体的自然排放相比，人类活动排放占据了排放总量的绝大部分，但由于人类排放酸性气体的不均匀性，使得局部地区产生严重酸雨污染，酸雨严重地区的金属、建筑材料、雕塑和古建筑等往往被腐蚀、损坏。环境酸化对人类生活以及生态环境具有严重的影响，而且水体和土壤酸化是酸沉降的长期影响结果，难于治理。

水体酸化不仅会影响水生生物的繁殖和生长，还会增高金属的迁移率。酸化水体中高含量的铅可以损伤鱼鳃，引起鱼的大量死亡；高含量的镉会对鱼骨架造成损害，会妨碍硅藻的生长，此外，镉还可以通过食物链富集，危害食物链上层的有机体。土壤被酸化后，将导致土壤微生物活性降低，土壤营养元素溶出，导致氮不能在土壤中被转化为可供植物吸收的硝酸盐或铵盐，磷酸盐也会变成难溶性的沉淀，从而造成土壤贫瘠化。

此外，环境酸化对生态系统中钙平衡有巨大影响。随着 pH 下降，海水中 $CaCO_3$ 浓度降低，富钙海洋生物无法维持其体内 $CaCO_3$ 形成的硬质结构，造成珊瑚钙化生长变缓、翼足目软体动物外壳腐蚀穿孔等，影响其种群繁衍。陆地生态系统中，酸雨长期淋溶会造成生物可利用钙从生态系统中流失，动植物无法获得充足的钙来满足其生理需要，导致蜗牛、水蚤等土壤及湖泊中高钙动物的生长、繁殖受抑制，鸟类也由于缺钙而种群数量下降。陆地植物体内依赖于钙的信号转导系统也遭受干扰，进而影响光合、抗逆和繁殖等诸多生理过程，表现出不同程度的生产力、物种多样性下降和森林的衰退。

（二）　土壤盐碱化

与环境酸化相反的环境化学效应是环境碱化。环境碱化是由于大量的可溶性盐、碱类物质在水体和土壤中长期积累，或者受到海水长期浸渍造成的。土壤盐碱化是指土壤底层或地下水的盐分随毛管水上升到地表，水分蒸发后，盐分积累在表层土壤中的过程。中国盐碱土（或称盐渍土）的分布范围广、面积大、类型多，总面积约 1 亿 hm^2，主要发生在干旱、半干旱和半湿润地区。盐碱土的可溶性盐主要包括钠、钾、钙、镁等的硫酸盐、氯化物、碳酸盐和重碳酸盐。长期利用含盐碱成分的工业废水灌溉农田也会造成土壤盐碱化。土壤盐碱化不仅使农作物生长受阻而造成减产，还会导致土壤和地下水的质量降低。

（三）　地下水硬度升高

地下水硬度升高现象在中国北方一些大城市如北京、西安、沈阳等地普遍存在，这是需氧有机物和酸、碱、盐等污染物与一定的环境条件综合作用引起的环境化学效应。地下水硬度升高的主要原因有：① 地表污水中含有的酸、碱、盐类物质被带进土壤层，经过化合分解、离子交换与离子效应等化学作用，把土壤中的钙镁物质溶解或置换出来，造成地下水硬度升高。同时由于这些水中含有大量的有机质，在生物降解过程中会产生较多二氧化碳，打破原来地下水中二氧化碳的平衡，促使碳酸钙的溶解，也会使地下水的硬度升高。② 在水资源缺乏地区长期用污水灌溉，污水中含有的钠、氯等离子，这些富含可溶盐的污水下渗，经过富含饱和钙镁胶体的土层时就能发生离子交换反应，使地下水硬度升高。地下水过量开采引起水动力场和水文地球化学环境的改变，污染载体与包气带和含水围岩之间发生一系列的水文地球化学作用，促使土壤及其下层沉积物中的钙镁易溶盐、难溶盐及交换性钙镁由固相向水中转移，从而使地下水硬度升高。③ 固体废物被随意堆放，它们在阳光、氧气、二氧化碳、水分以及生物的作用下，发生分解、氧化，把土壤中的钙镁置换出来，这些钙镁又随雨水、灌溉水和污水、废水渗入地下，从而引起浅层地下水硬度升高。④ 酸雨也会导致地下水含盐量增加，从而使硬度变大。⑤农药化肥的大量使用也会使地下水硬度升高。

（四）　光化学烟雾

光化学烟雾是汽车、工厂等污染源排入大气的碳氢化合物和氮氧化物等一次污染物在阳光（紫外光）作用下发生光化学反应生成二次污染物，参与光化学反应过程的一次污染物和二次污染物的混合物（其中有气体污染物，也有气溶胶）所形成的烟雾污染现象，是碳氢化合物在紫外线作用下生成的有害浅蓝色烟雾。光化学烟雾多发生在阳光强烈的夏秋季节，随着光化学反应的不断进行，反应生成物不断蓄积，光化学烟雾的浓度不断升高，光化学烟雾可随气流漂移数百千米。

光化学烟雾的潜在危害包括：① 损害人和动物健康，主要是眼睛和黏膜受刺激、头痛、呼吸障碍、慢性呼吸道疾病恶化、儿童肺功能异常等；② 植物受到臭氧损害，开始时表皮褪色，呈蜡质状，经过一段时间后色素发生变化，影响植物生长，降低植物对病虫害的抵抗力；③ 因平流层臭氧损耗导致阳光紫外线辐射的增加会加速建筑、喷涂、包装及电线电缆等所用材料，尤其是聚合物材料的降解和老化变质；④ 大气的能见度降低、视程缩短，妨害汽车与飞机等交通工具的安全运行，导致交通事故增多。

三、 环境生物效应

环境生物效应是指由于环境要素变化而导致生态系统变化的效果。生态系统由生物和非生物共同构成，生态环境是人类和不同生物种群共同的生存空间，它们既相互依存，又相互制约。对生态系统的任何干扰都会在整个生态系统中传播、扩展并发生连锁反应，受到危害的生物不仅是非人类生物种群，而且也会涉及人类。

工业革命以前，人类生产和生活排放的污染物种类和数量有限，在自然界物理、化学、生物作用下，基本上都得到了自然净化。然而，工业社会后中，人类借助科学技术对自然资源，尤其是以化石能源为主体的非生物资源进行了超强度的开发利用，使得自然环境系统和人类社会经济系统之间的物质循环种类、路径、强度、效率等都发生了根本性的变化，严重超出了自然生态系统自我调节的"生态阈值"，从而导致自然生态系统失衡。生态平衡失调初期往往是不易被察觉的，一旦发展到出现生态危机，就很难恢复到生态平衡状态。如现代大型水利工程的建设使陆地变为水域，浅水变为深水，流水变为静水等，从而影响生物的生存环境。生物对这种变化的反应，以多种形式表现出来，主要有迫迁、阻隔、增殖、伤害、分布变化和病原生物扩散等。陆生生物的影响主要是水利工程修建将会淹没大片陆地，直接破坏陆生生物生存的生境；水生生物的影响主要是水库的兴建抬高了水位，改变了河流水生生态系统，破坏了水生生物的生长、产卵所必需的水文条件和生长环境，如切断鱼、虾、蟹的洄游途径，从而使水生生物的繁殖受到影响。

随着工业发展与人口增长，大量工业、生活废水排入江河、湖泊和海洋，改变了水体的物理、化学和生物条件，致使鱼类受害，数量减少，甚至灭绝。例如，随着现代工业的发展，大量化肥、农药等施用进入土壤，在提高农产品产量的同时，部分残留化肥、农药也随着地表径流进入周围水体，引起生物所需的氮、磷含量升高，从而导致藻类等浮游生物迅速繁殖，水体溶解氧量下降，鱼类及其他水生生物缺氧并大量死亡。此外，环境中的重金属等污染物会在植物或动物体内富集，人类摄取食物后，这些富集在植物或动物内的污染物会进入人体，从而危害人体健康。致畸、致癌物质的污染引起畸形者和癌症患者增多。这些都是人们熟知的环境生物效应的例证。

根据环境生物效应引起后果时间与程度上的差异，可分为急性环境生物效应和慢性环境生物效应，前者如某种细菌传播引起的疾病流行，后者如日本汞污染引起的水俣病和镉污染引起的骨痛病都是经过较长时间的生物富集后才出现的。几个世纪以来，汞一直是工业用催化剂和电极材料，该过程中汞不断被排放至生态系统中，虽然汞在环境中的浓度很低，但由于汞在微生物中可以转化为脂溶性的有机汞，如甲基汞，它的毒性比无机汞高100余倍，而且易被生物吸收和富集。日本水俣病发生地水俣湾的海水中汞的浓度不到 $1~\mu g/L$，海藻中达到 $100~\mu g/L$，鱼体中达 $1~122~\mu g/L$，导致以被污染的鱼为食物的当地居民发生甲基汞中毒，引起水俣病，分析发现，受害人体的肾中含汞达 $14~mg/L$。环境生物效应会影响人类与生物的生存与发展，因此对这种效应的机理及其反应过程的研究至关重要，例如，进行各种污染物的毒性、毒理、吸收、分布和积累的研究，各种污染物的拮抗作用和协同作用的研究，生物解毒酶的种类、数量及对各种污染物的解毒作用研究等。

第二节　污染物种类及其环境效应

研究各种污染物排放可能造成的潜在环境影响类别及强度，是开展环境效应评估的前提。一般而言，环境影响可分为直接影响和间接影响，常规污染物类别及其直接和间接环境影响如表 14-1 所示。基于该表可以分析特定污染物排放可能造成的环境影响类别。

表 14-1　常规污染物类别及其可能的环境影响

清单项目	直接影响	间接影响
酸性物质	酸雨	湖泊酸化
光化学氧化物质	烟雾	健康危害
臭氧破坏物质	臭氧层破坏	皮肤癌
恶臭化学物	美观度降低	健康危害
有毒化学物	毒性	栖息地破坏
固态废物	土地利用	健康危害
营养物质	富营养化	沼泽化

在明确各类污染物的潜在环境影响类别后，需要建立各种环境影响类别的评估指标体系。美国环境毒理与化学协会(Society of Environmental Toxicology and Chemistry，SETAC)提出环境影响包括生态健康、人类健康、资源消耗三个类别，如表 14-2 所示。

表 14-2　环境影响类别及其内涵

生态健康	结构：种群和生态系统；营养级；栖息地
	功能：种族繁衍、物质循环（如碳、氮和硫的循环）
	生物多样性：栖息地丧失、稀有及濒临灭绝物种
人类健康	急性效果：安全议题（如意外、暴露和火灾）
	慢性效果：疾病议题（如癌症）
	审美观（如视觉、噪声和恶臭议题）
资源消耗	不可再生资源（存量）、可再生资源（流量）
	空气、水及土地质量（如使用危害）
	自然资源生产力（如鱼、木材、作物和纤维的产量）

在进行环境效应评估时，一般会将环境效应归结为三个方面，即：① 自然资源的影响，主要用于度量自然资源使用可能对人类可利用自然资源耗竭程度的影响，包括可再生资源使用、不可再生资源使用、能量使用、固体废物填埋空间等；② 非生命生态系统的影响，主要用于度量污染物排放可能对人类赖以生存的自然环境质量的损害程度，包括全球变暖、臭氧层破坏、光化学烟雾、酸化、大气污染等；③ 人类健康和生态毒性的影响，主要用于度量污染物排放和环境质量退化可能对生命系统造成的损失程度，包括慢性职业健康影响、慢性公众健康影响、恶臭等感官影响、水生生态毒性、陆生生态毒性等。

第三节　环境效应评估方法

环境效应评估就是定量评估污染物排放可能引起的环境质量变化及其潜在的生态系统和人体健康损害。

一、技术框架

依据 ISO14044 提出的环境影响评估技术框架（图 14-1），环境影响评估主要包括以下步骤：① 环境影响类型、类型参数和特征化模型选择，即确定影响类型、相应的类型参数和特征化模型；② 分类，即将污染物排放清单（LCI）结果对应到相应的环境影响类别；③ 特征化，即用特征化因子计算影响类型的参数；④ 归一化，即根据基准信息计算类型参数结果（LCIA）；⑤ 分组，即对影响类型进行分类，必要时加以排序；⑥ 加权，即用基于价值选择的权重因子对各种影响类型的参数结果进行转化，必要时加以合并以期得到总的环境影响水平；⑦ 数据质量分析，即进一步分析参数结果的可靠性。前面三步是必备要素，后面四步是备选要素。

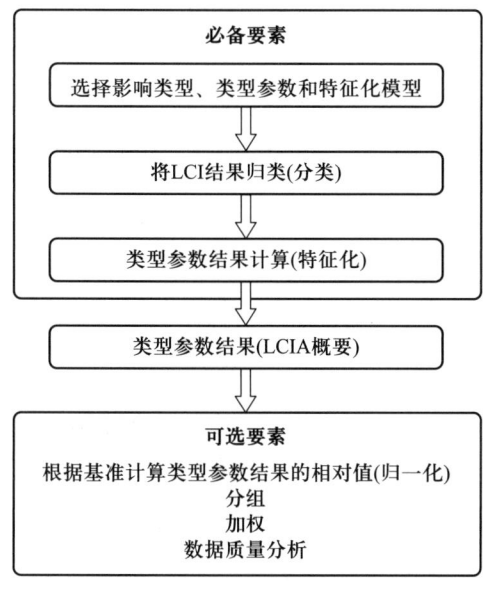

图 14-1　ISO 环境影响评估技术框架

二、 评估模型

根据所定义的类型参数在环境效应链中的位置，可将环境效应评估模型分为两大类：一类是中点类型，即面向环境问题的评价方法；另一类是终点类型，即面向保护目标的损害评价方法。中点(midpoint)模型是对与全球气候变化、酸化、富营养化、潜在的光化学臭氧生产及人体毒性相关的环境影响进行评价，目前比较主流的评估模型有 CML2001。终点(endpoint)模型是划分为各种环境主题，对每一个和人类、生态环境与资源相关的主题造成的损害进行建模，比较主流的有 Eco-indicator99 方法。其中，ReCiPe、IMPACT2002+评估模型中包含中点与终点(损害)两种类型评估方法。

中点类型方法由于中间参数与事实现象相关，更容易解释清单所产生影响结果；终点类型方法由于终点参数与社会和人类所关注的问题相关，更容易让人们理解产品给人类造成的直接的影响。同时，中点类型方法通过相关较健全的环境模型来计算参数，对于参数的不确定性较低；而终点类型方法参数的计算较为复杂，不可能包含所有相关的环境机制，不确定性较中点类型方法较高。

三、 评估步骤

目前常用的分类体系是将环境影响类型分为资源耗竭、人体健康和生态系统健康三类，还可以继续细分为温室效应、臭氧层耗竭、酸化、富营养化、光化学烟雾等。环境效应评估主要包括以下步骤：

（一） 选择环境影响类型和特征化模型

对选定的环境影响类型，要量化特定污染物排放对该类环境影响类型的贡献大小，就需要了解其作用机理，然后建立污染物负荷和环境影响之间的关系模型，即特征化模型。

（二）分类

通过清单分析，建立特定人类活动所引起的物料输入、输出清单，包括原辅材料和能源输入、产品及三废排放等，分类就是将清单分析中所得到的数据分到不同的环境影响类型中去。

（三）特征化

将不同的环境压力-环境影响关系综合到一个通用的框架的过程。例如，用臭氧消耗潜势（ODP）指数，可以定量比较不同物质分子对臭氧层造成的影响。

（四）归一化

特征化得到了各种环境影响类型参数的大小，这些参数必须通过归一化后才能汇总。一般是将特征化结果与基准量进行比较，从而使不同环境影响类型的特征化结果具有可比性。基准量一般为一个区域资源总量或污染物排放总量。

（五）加权

加权是指根据有社会共识所确定的相对重要性对不同种类的环境影响赋予相应权重的过程。例如，一个评估者或者一个国际标准组织可能会认为臭氧消耗影响的重要性是能见度下降的 2 倍，并相应地将权重系数应用到已经标准化的影响上。

四、环境效应热点诊断

热点（hotspot）是指造成特定地理位置或者影响类别"环境效应"显著的因素。环境效应热点诊断通常是在对环境影响评价结果进行辨识、量化、核实的基础上，识别热点过程、热点基础流（与环境直接进行交换的物质流或能量流），然后提出人类活动调控建议，或者为环境政策制定提供理论依据。

环境效应热点诊断是基于前期构建的物料清单和环境效应评估结果，通过解析"热点"形成机制、识别关键物料、活动及其影响因素的过程。传统环境效应评估模型大多是欧美学者开发的，因此模型构建是基于欧美背景值，例如，ReCiPe2008 在地理上代表欧洲，TRACI 在地理上代表美国。考虑到这些方法忽视了基础物质承载环境的空间异质性，大大降低了评估结果的精确度与科学性。因此，环境效应热点诊断应该考虑区域特点，这是改善评估结果代表性与可靠度的有效途径，主要体现在两个方面：① 通过构建区域化物料清单，改善研究系统的空间代表性，从而降低由于缺乏空间信息所带来的不确定性，为后续的区域化评估方法的应用提供可能；② 基于受体环境空间分异特征开发环境影响评估方法。目前，越来越多区域化的物料清单数据库与区域化的环境影响评价模型被开发出来，这些区域化数据库与评估模型为更精确的环境效应热点诊断提供了支撑。

第四节　USEtox 毒性效应评估模型

一、USEtox 模型框架

污染物终点环境效应评估必须涉及四个方面：① 污染物被释放到环境中；② 进入生物体，包括有化学形态改变的和没有化学形态改变的；③ 一个或多个靶器官受暴露；④ 发生个体、种群、群落的反应。

USEtox 模型由 Rosenbaum 于 2007 年的工作项目中提出，在美国环境保护署的专家研讨会上对其进行了同行审查，并由该专家小组建议在生命周期倡议内进一步发展框架。它是为实现毒性影响特征化（characterization）而建立的共识模型，其构建机理如图14-2 所示。该模型根据化学物质排放进入环境至产生人体与生态系统影响的效应路径原理，建立环境归趋-人体与生态系统暴露-毒性效应模型。

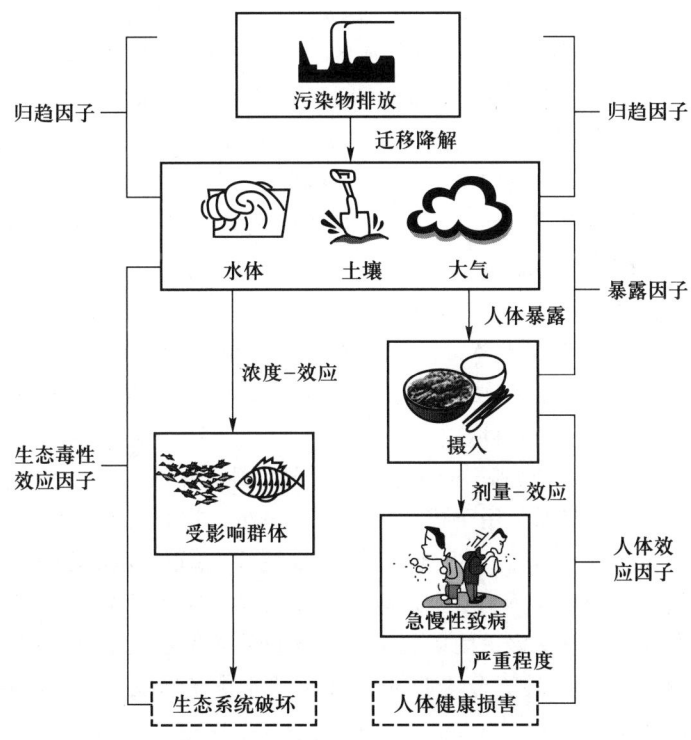

图 14-2　USEtox 毒性影响特征化模型构建机理图

以人体毒性模型为例，模型涵盖污染物在环境中一系列过程，包括：污染物由排放源（如工厂排污口等）排入大气、水体、土壤环境介质中，在环境介质中产生迁移、转化等环境归趋过程；通过多种暴露途径（如呼吸、饮水、摄食等）进入人体，在人体产生生物可利用性；在人体内发生剂量-效应反应，诱发人体疾病，产生致癌和非致癌等效应结果，即产生人体健康毒性效应。该模型利用产生影响机制将污染物的环境归趋、暴露和效应联结在一起，模拟污染物排入环境后的迁移、转化、暴露、产生效应的过程，评估排放入环境中的污染物导致的人体与生态毒性的影响，并通过计算上千种物质的人体及生态毒性影响的特征化因子（characterization factor，CF）而量化排放入环境中的污染物导致的人体与生态毒性影响。USEtox 模型目前涵盖三个影响类别分别是：人体致癌毒性、人体非致癌毒性以及淡水生态毒性，其数据库公布了近 1 000 种物质的"推荐特征化因子"和近 3 000 种物质的"暂定特征化因子"。

USEtox 模型由归趋、暴露和效应三个子模型构成，分别对应归趋因子（FF）、暴露因子（XF）和效应因子（EF）三个因子，描述单位排放量产生的归趋、暴露和效应的量或比例。中点水平特征化模型的输出结果使用比较毒性单位（comparative toxic unit，CTU），即综合了人体健康和生态毒性的结果，特征化因子的计算公式如下所示：

$$CF = FF \times XF \times EF \qquad (14-1)$$

CF（characterization factor）：人体潜在毒性以比较毒性单位（CTU_h）表示，提供估计每单位质量的污染物排放造成的总人口发病率增加，假设癌症和非癌效果权重相等，即 $[CTU_h \text{ per kg emitted}] = [\text{disease cases per kg emitted}]$。水生生态毒性影响以相对毒性单位（$CTU_e$）表示，估算出随时间和单位质量释放的化学物质对物种潜在的影响（potentially affected fraction，PAF），即 $[CTU_e \text{ per kg emitted}] = [\text{PAF } m^3 \cdot d \text{ per kg emitted}]$。

FF（fate factor）：归趋因子用于表征化学物质在环境中的滞留时间和分布，USEtox 模型利用多介质归趋模型确定归趋因子，人体毒性和生态毒性的归趋因子是相同的，表示由于环境介质 i 排放的化学物质（S_i，$kg \cdot day^{-1}$）迁移至环境介质 j 中的物质质量比（$\Delta M_{i,j}$，kg），单位：$(kg_{in\,compartment} \text{ per } kg_{emitted}) \cdot d^{-1}$。公式如下所示：

$$FF_{i,j} = \Delta M_{i,j}/S_i \qquad (14-2)$$

XF（exposure factor）：对于人体毒性，暴露因子表示在特定时间段（如一天）内污染物从环境介质中通过不同暴露途径（如饮水、呼吸和饮食等）转移到受体群体的比例，采用多途径暴露模型进行计算，单位：$kg_{intake} \cdot (d \cdot kg_{in\,compartment})^{-1}$。对于淡水生态系统暴露因子是无量纲的，仅考虑能够被生物利用的化学物质的量，即利用淡水中溶解的化学物来表示。

EF（effect factor）：效应因子用于描述环境介质中污染物浓度增加对受体造成的影响变化。中点水平的生态毒理效应因子反映了由于浓度变化而引起的物种潜在受影响比例（PAF）的变化，单位：$PAF \ m^3 \cdot kg^{-1}$。人体毒性效应因子反映了由于污染物的终生摄入量变化而引起的终生患病概率变化，用单位摄入量导致的病例数表示，单位：$\text{disease cases} \cdot kg_{intake}^{-1}$。人体毒性效应因子的计算分为吸入、摄入两种暴露途径，并区分癌症和非癌症的不同致病效应的影响。

归趋因子和暴露因子对污染物的重要性取决于物质的理化性质和环境条件。对于引起人体毒性的化学物质，归趋因子和暴露因子通常可以结合起来反映一种化学物质的摄入比例，计算公式如下：

$$IF = FF \times XF \qquad (14-3)$$

IF（human intake fraction）：代表排入环境中的污染物最终通过不同的暴露途径进入人体的比例，该模型描述了人类个体通过吸入和摄入两种途径从特定的环境介质（空气、土壤、水)中有效的污染物摄入量,单位无量纲($kg_{intake} \cdot kg_{emitted}^{-1}$)。

毒性特征化因子分为中点(midpoint)效应和终点(endpoint)效应,两者的区别是对效应的衡量标准不同。人体毒性的中点效应以污染物造成暴露人群的发病率表示,终点(损害)效应是在中点效应的基础上,将增加的病例数折算成伤残调整生命年(disability adjusted life years,DALY)进一步推算污染物对人体健康的损害。其中,中点层面的致癌效应因子与终点健康损害因子的转换关系为:1 cases = 11.5 DALY,非致癌效应因子与终点健康损害因子的转换关系为:1 cases = 2.7 DALY。USEtox 模型人体健康损害(终点)层面特征化因子的单位表达为:CDU_h(comparative damage units),$[CDU_h \cdot kg_{emitted}^{-1}] = [DALY \cdot kg_{emitted}^{-1}]$。

生态毒性的中点效应以单位质量化学物质随时间释放对物种潜在的影响(PAF)来表达,生态毒性终点(损害)效应是在中点效应的基础上,将物种潜在受影响比例(PAF)转换为物种潜在消失比例(potentially disappeared fraction,PDF)。根据 Jolliet 等人的研究,PDF 被定义为 PAF 的线性组成部分,PDF = 0.5×PAF。在上述公式的推导过程中,PAF 是基于 EC50(median effective concentration,EC50)对 PAF(PEF_{50})的估算来定义的,表示在生态毒性试验中超过 EC50 终点的物种的比例。USEtox 模型淡水生态质量损害(终点)层面特征化因子的单位表达为:CDU_e(comparative damage units),$[CDU_e \cdot kg_{emitted}^{-1}] = [PDF \ m^3 \cdot d \cdot kg_{emitted}^{-1}]$。

为了支持环境管理决策,USEtox 模型将污染物的接收介质定义为室内空气、环境大气(城市/农村地区的低大气层)以及大陆淡水和农业土壤。特征化阶段,基于归趋-人体暴露-健康损害模型框架,量化污染物由家庭或工厂室内环境排放至各类环境介质,对环境和生物产生的影响。潜在影响在综合考虑各污染物排放介质、接收介质基础上,使用污染物排放量与其相关的潜在损害特征化因子进行加权,计算出特定污染物排放造成的人体健康及生态毒性影响,公式如下所示:

$$IS = \sum_i \sum_x CF_{x,i} \times M_{x,i} \tag{14-4}$$

IS(impact score)为人体或生态毒性影响;$CF_{x,i}$ 为排入环境介质 i 的污染物 x 的特征化因子;$M_{x,i}$ 为排入环境介质 i 的污染物 x 的质量。人体毒性影响值 IS 在中点水平表示癌症或非癌症病例数(单位:cases),在终点水平表示残疾调整生命年(单位:disability adjusted life year,DALY)。生态毒性影响值 IS 在中点水平(midpoint)表示按暴露量和时间综合的淡水物种潜在受影响比例(单位:potentially affected fraction,PAF),在终点水平(endpoint)表示按暴露量和时间综合的淡水物种潜在灭绝比例(单位:potentially disappeared fraction,PDF)。

二、 模型研究尺度

环境归趋-人体暴露-健康损害模型中的归趋因子和暴露因子的计算基于四个不同的空间尺度:室内(家庭、工厂)、城市、大陆、全球。污染物在每个尺度内的迁移、转化、损失(降解、沉积等)均基于质量守恒定律。暴露因子取决于人体在特定环境介质中对空气、水、食物的摄入。模型的尺度划分以及污染物在不同尺度、各环境介质中的迁移过程如图

14-3 所示。

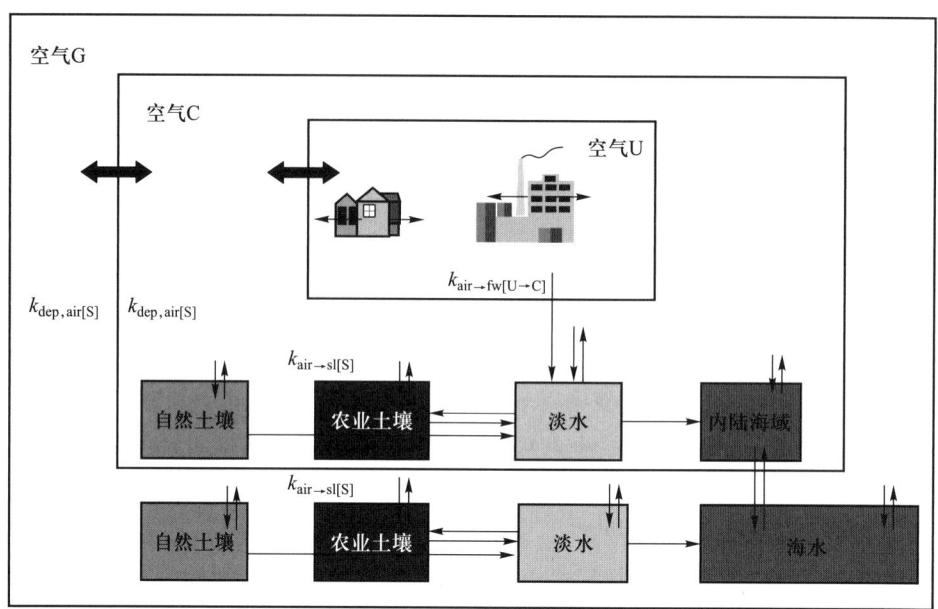

图 14-3　模型尺度设置

　　室内尺度包含工厂和家庭，又被嵌入在城市尺度内。三个尺度都仅包含与气溶胶结合的空气相。空气中的物质主要通过沉积、化学反应、降解和空气过滤等方式损失。城市尺度的空气与室内尺度、大陆尺度的大气进行交换，损失的途径主要是化学转化（降解）、进入平流层（在模型中不考虑）、沉降在铺设和未铺设路面（其中一部分渗出系统外）。沉降在铺设路面的物质将会随着降雨径流进入大陆淡水介质。

　　大陆尺度的介质包括城市尺度隔间，并涵盖大气、淡水、大陆海水、农业土壤和自然土壤介质。大陆尺度的大气会与城市空气、全球尺度空气进行交换，并通过干湿沉降进入土壤和淡水、海水介质；土壤、淡水、海水介质的物质又可以通过蒸发作用进入大陆尺度的空气介质。大陆尺度的海洋介质会与全球尺度的海洋进行物质交换。大陆系统的大气、土壤、淡水和海水介质间不仅将发生界面转移，还会通过液相/固相的平流方式进行物质输入和输出。农业和自然土壤介质的物质迁移将通过径流作用进入淡水介质，进而从淡水介质进入大陆海水介质。大陆尺度的物质去除过程主要包括化学降解、空气转移至平流层、从土壤中渗出到更深一层，本研究中模型的构建将不考虑离开系统外的过程。

　　全球尺度包含大陆尺度的环境介质，并在环境介质内部进行物质交换。该尺度的环境介质包括大气介质、淡水介质、海水介质、自然土壤介质、农业土壤介质。全球尺度的大气介质与大陆规模的大气以及全球尺度的农业土壤、自然土壤、淡水和海洋进行质量交换。全球尺度的海洋与大陆尺度的海水介质进行双向流动，从而实现物质在两种水体之间的物质交换。在全球尺度的系统中，与大陆尺度的物质迁移原理相似，在大气、土壤、淡水和海水介质间不仅将发生界面转移，还会通过液相/固相的平流方式进行物质输入和输出。全球尺度的物质去除过程主要包括化学降解、空气转移至平流层、从土壤中渗入至更深一层土壤，以及在水体中发生的掩埋过程。

三、 归趋模型

归趋模型的构建是对有毒有害物质在多种环境介质的传输和迁移过程进行模拟。该模型将环境介质分为水、土壤、空气环境介质，考虑的尺度包括室内、城市、大陆和全球，综合考虑污染物的归趋和环境行为，利用多介质归趋模型来确定污染环境的归趋因子，量化污染物在各环境介质中的滞留时间和分布，表示由于环境介质 i 排放的化学物质（S_i，$kg \cdot d^{-1}$）迁移至环境介质 j 中的物质质量变化（$\Delta M_{i,j}$，kg），单位：$kg \cdot d^{-1}$（in compartment per kg emitted）。

多介质归趋模型的原理是将各环境介质假设为包含污染物并进行物质交换的均质盒子，利用环境介质的污染物总质量、总体积，各环境介质中固相、液相和气相质量分数进行描述。污染物通过一系列运输和转换过程在介质之间移动并在介质内发生形态变化，这些过程在数学上可以表示为一阶损失，这取决于建模化学物质的理化特性和所考虑介质的物理化学特性。USEtox 多介质传输和转化模型中的地貌参数包括：淡水比例、土地面积、自然和农业土壤面积、海域面积、温度、风速、降雨率、淡水深度以及从大陆向全球系统排放的淡水比例、降雨比例、渗入土壤的速率、土壤侵蚀和灌溉。城市地形数据，其中包含市区非铺装和铺装面积的比例、城市人口等。

在特定的环境介质中，排放入环境介质中污染物的迁移取决于：① 这类污染物在排放介质的滞留时间；② 通过介质间的迁移，包括分散（介质间转移）、平流（输入和输出）以及蒸发、降雨等跨介质迁移过程；③ 通过物理、化学、生物降解过程在特定介质中转化（水解、氧化等）；④ 通过沥滤或埋藏等不可逆的方式去除。污染物在相邻两个环境介质间的输入项包括：污染物的排放、相邻介质和系统外的传输；输出项包括：降解、渗出/平流至系统外、迁移至相邻介质；转化过程包括：降解过程（生物降解、光解、水解等）。环境介质间的物质迁移转化过程如图 14-4 所示。

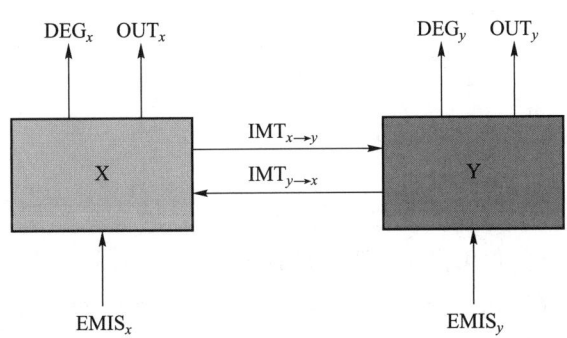

图 14-4　环境介质间的物质迁移转化过程图

污染物在每个环境介质的归趋过程将遵循质量守恒的原理，公式如下：

$$\left[\mathrm{d}\,\overrightarrow{m_x}(t) \right] / \mathrm{d}t = \mathrm{EMIS}_x + \mathrm{IMT}_{y \to x} \times m_y - \mathrm{IMT}_{x \to y} \times m_x - \mathrm{DEG}_x \times m_x - \mathrm{OUT}_x \times m_x$$

$$(14 - 5)$$

式中：$m_x m_y$——环境介质 x，y 中污染物的质量，kg；

　　　t——时间，d；

　　EMIS$_x$——污染物进入介质 x 的速率，kg·d^{-1}；

　　IMT$_{y \to x}$——从介质 y 进入介质 x 的迁移速率，d^{-1}；

　　IMT$_{x \to y}$——从介质 x 进入介质 y 的迁移速率，d^{-1}；

　　DEG$_x$——从介质 x 的降解速率，d^{-1}；

　　OUT$_x$——从介质 x 迁移出边界外的迁移速率，d^{-1}。

四、暴露模型

暴露模型用来量化基于不同环境介质污染物浓度增加导致人体内污染物浓度的增量。人体暴露因子的计算考虑不同地理尺度上（城市和农村）呼吸空气、饮水（未经处理的地表水）、摄食叶类农作物、根茎类作物、肉类、牛奶或海水鱼类各种途径受到的污染物暴露，其实质是描述污染物从环境介质中通过不同路径进入人体的比例。

根据以上两种暴露途径可将暴露因子分为直接暴露因子和间接暴露因子。直接暴露因子包括呼吸和饮水，其中，饮水暴露因子的计算公式如下：

$$XF_{ing,\,water}^{direct} = \frac{IR_{ing,\,water} \cdot P}{\rho_{water} \cdot V_{freshwater}} \qquad (14-6)$$

式中：$IR_{ing,water}$——代表通过暴露途径饮水的方式，从被污染的环境介质 i 中，一天内对污染物的直接摄入率，kg·d^{-1}；

　　P——人口；

　　ρ_{water}——淡水介质的密度，kg·m^{-3}；

　　$V_{freshwater}$——与饮水暴露途径有关的淡水环境介质的体积，m^3。

呼吸暴露因子的计算公式如下：

$$XF_{inh}^{direct} = \frac{IR_{inh} \cdot P}{V_{air}} \qquad (14-7)$$

式中：IR_{inh}——人体呼吸速率，m^3·d^{-1}；

　　P——人口；

　　V_{air}——全球、大陆、城市尺度的大气体积，m^3。

间接暴露是通过摄食（食用肉类、蛋奶等）摄入的污染物量。考虑到生物可利用性，需要用到物质的物理化学性质数据——生物累计因子（bio-accumulation factor，BAF）计算暴露量，具体公式如下所示：

$$XF_{xp,\,i}^{indirect} = \frac{BAF_{xp,\,i} \cdot IR_{xp,\,i} \cdot P}{\rho_i \cdot V_i} \qquad (14-8)$$

式中：$IR_{xp,i}$——通过暴露途径 xp 从被污染的环境介质 i 中对污染物直接摄入率，kg·d^{-1}；

　　ρ_i——介质 i 的密度，kg·m^{-3}；

　　V_i——与暴露途径 xp 有关的环境介质的体积，m^3；

　　P——人口；

BAF——生物累积因子，$BAF = C_{xp}/C_i$ 代表污染物从环境介质向生物基质的转移以及随后在基质内的生物累积比例，$kg \cdot kg^{-1}$。

五、 效应模型

人体毒性效应模型将人群通过特定暴露途径摄入的化学品及其数量与对人类的不利影响（或潜在风险）联系起来，用来描述归趋与暴露模型对人体产生的健康影响。效应因子 $EF_{hum,ef,xr}$ 表示暴露途径 xr 产生的人体健康效应，利用效应矩阵 EF_{hum} 进行量化。在该矩阵中，列表示暴露途径 xr（如吸入、摄入或皮肤），行表示效应类型 n_{ef}（如癌症、非癌症）；效应因子矩阵 EF 的行名称为 cancer，non-cancer，列名称为 inhalation，ingestion。

EF_{hum} 的大小由效应类型 n_{ef} 的数量和所考虑的暴露路径的数量 n_{xr} 决定，矩阵的大小为 $(n_{ef} \times n_{xr})$。$EF_{hum,ef,xr}$ 作为效应因子，其物理含义可以解释为由于污染物排放至介质 m，在环境中迁移转化，通过不同的人体暴露途径，导致人群摄入或吸入单位质量的污染物，引发人群中出现不同类型疾病（如癌症或非癌性疾病）的发病率增加。

通过吸入和摄入途径产生的非致癌效应因子，公式如下所示：

$$EF_{xr,nc} = \frac{f_{nc}}{ED_{50,xr,nc}} \qquad (14-9)$$

式中：$EF_{xr,nc}$——吸入或摄入途径产生的非致癌效应因子，例 $\cdot kg^{-1}$；

f_{nc}——非致癌乘数因子，模型中取 0.5；

$ED_{50,xr,nc}$——导致 50% 人群中发生非致癌疾病的一生吸入或摄入剂量。

$$EF_{xr,c} = \frac{f_{nc}}{ED_{50,xr,nc}} \qquad (14-10)$$

式中：$EF_{xr,c}$——吸入或摄入途径产生的致癌效应因子，例 $\cdot kg^{-1}$；

$ED_{50,xr,nc}$——导致 50% 人群中发生致癌疾病的一生吸入或摄入剂量。

由于有毒有害物质的毒性数据大多都是基于动物实验的数据，因此，ED50 的值将通过物种间的生长异速因子来推算（具体如公式 14-11 所示），选择毒性效应敏感度最接近人体（使用最低物种关联度来衡量）的物种来推算人体毒性数据。

$$ED50_{h,j} = \frac{ED50_{a,t,j} \cdot BW \cdot LT \cdot N}{AF_a \cdot AF_t \cdot 10^6} \qquad (14-11)$$

式中：$ED50_{h,j}$——通过暴露途径 j（吸入或摄入）得到的人体毒性 ED50 的值；

$ED50_{a,t,j}$——在一定暴露时间内，动物 a（如大鼠、小鼠、猴子、兔子等）通过暴露途径 j 导致 50% 致病率的剂量，$mg \cdot kg^{-1} \cdot d^{-1}$；

AF_a——种间异速增长因子；

AF_t——以暴露时间长短确定急性毒性和慢性毒性数据之间的转化因子，其中，急性毒性数据转慢性毒性数据的转化因子为 2，亚慢性毒性数据转慢性毒性的转化因子是 5；

BW——人类平均体重（70kg）；

LT——人类平均寿命（70a）；

N——每年有 365d。

第五节 案例分析：中国纯棉 T 恤的资源消耗与环境影响评估

产品是人类生产与消费活动的载体，从资源开采、产品制造加工、产品消费与报废的各个环节都伴随着资源能源消耗与污染物排放，降低环境质量，进而影响人体与生态健康。通过构建各个环节的资源消耗与污染物排放清单，基于影响评估方法量化产品系统的潜在环境影响，由描述对环境产生潜在影响的特征化因子和排入环境的污染物的乘积之和来表示，评估结果可以识别热点并为所有与生产消费活动相关的对策提供环境信息支持。

一、目标与范围确定

中国作为世界上最大的纺织品生产国和出口国。一方面，纺织行业为我国 GDP 的增长以及外汇获取贡献了重要的作用；另一方面纺织行业也给我国带来了环境污染问题。因此，纺织行业的绿色可持续性发展对我国国民经济有着至关重要的意义。本案例以纯棉 T 恤为例，通过定量评估中国纯棉 T 恤产品各过程的资源与环境影响，识别重点工序工段，并针对"热点"提出可行性改进建议。

二、系统边界和功能单位

本案例的系统边界及纯棉 T 恤的各阶段如图 14-5 所示。将纯棉 T 恤的生命周期过程分成三个阶段，分别是：① 棉花种植和棉花纤维生产与运输，物料消耗包括直接和间接的能量投入、灌溉用水、化肥、农药等；② 纺织品制造，包括纺纱、针织、印染（预处理、染色、后整理）、裁制（剪裁、缝纫和包装），物料消耗包括直接和间接能源消耗、化学品和水的使用等；③ 运输、消费者使用（穿着、洗涤、烘干、熨烫，物料消耗包括电力、洗涤剂的使用，污水排放也考虑在内）和废弃阶段（垃圾填埋）。此外，本案例中的人类劳动、主要设备的制造和辅助设备的维护和操作等阶段不在本研究系统边界内。纯棉布料可通过多种方式进行染色，本案例选取我国 T 恤常见的针织和染色技术。根据现场调研发现，使用活性染料染色的布料更加柔软，上色牢固不易褪色，在国内市场更受欢迎。此外，色织布在全球棉纺织市场只能占据 7% 的份额，所以色织布不包含在本案例研究中。

三、数据获取与清单构建

通过对具有行业代表性的纺织企业进行现场调研获取生产数据，对消费者进行问卷调查获得纯棉 T 恤使用阶段的数据。纯棉 T 恤生命周期各阶段的资源消耗与污染物排放清单数据来源如表 14-3 所示。需要说明的是，棉花种植、煤炭、电力等上游生产数据来自 Ecoinvent 数据库，这些数据均基于我国生产情况，而其他助剂等原辅料的背景数据基于欧洲的生产情况。当一手数据无法获取或者相互矛盾时，本研究将选用文献数据或权威统计数据。因为从工厂收集的数据是总量数据，那么需要根据生产阶段的相关系数来分配。针对有多个输出的过程，本案例根据各输出流的质量来分配其环境影响。棉花生产阶段的环境影响根据棉纤维和棉籽的经济价值来分配。

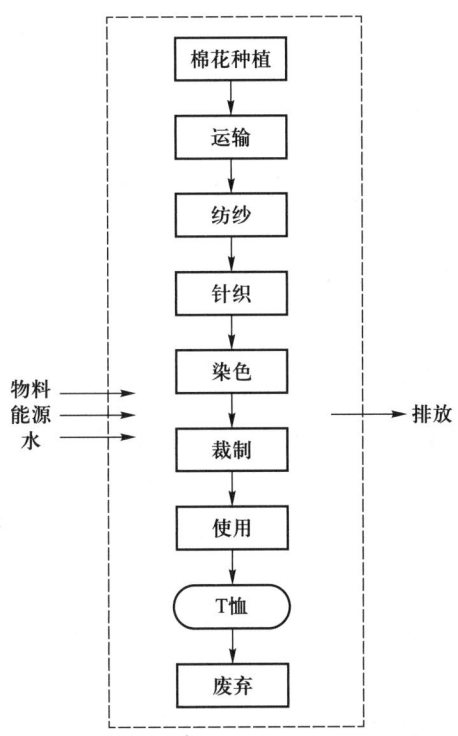

图 14-5　系统边界及纯棉 T 恤的各阶段

表 14-3　资源消耗与污染物排放清单数据来源

生命周期阶段	数据类型	来源	数据质量
棉花种植	农田棉花纤维"摇篮到坟墓"的资源消耗与污染物排放清单	Ecoinvent 数据库 v2.2	中等
运输	棉花纤维的运输距离	Google Map	中等
	运输过程"摇篮到坟墓"的资源消耗与污染物排放清单，卡车	Ecoinvent 数据库 v2.2	较差
纺纱	来源、运输工具和棉花损失率	企业调研	较好
针织	现场能源和材料使用；纱线损失率	企业调研	较好
染色	现场能源，水和材料(织物、染料、助剂)使用；纤维损失率；现场向水体排放；用活性染料印花的100%棉织物的生产数据的分配因数；活性染料的固定利率；现场排放到空气的二氧化硫	企业调研	较好
	现场排放到空气的氮氧化物和二氧化碳	文献数据	较差

续表

生命周期阶段	数据类型	来源	数据质量
裁制	现场能源和材料使用；面料的损失率；T恤的尺寸信息	企业调研	较好
使用	T恤的消费者行为；洗涤的生命时间、使用频率和洗涤习惯，例如洗涤剂的使用、干燥和熨烫	问卷调查	较好
	能源、水和每次洗涤时洗涤剂使用、干燥和熨烫周期；污水排放和污染物的浓度	专家评估、标准和文献	中等偏差
处置	垃圾填埋场纺织品、报纸和塑料填埋的资源消耗与污染物排放清单	PE专业数据库	较差
背景数据	能源、水、活性染料上游产生的资源消耗与污染物排放清单(红色、蓝色、黄色、黑色、紫色、橙色等)，辅剂(无机物：氢氧化钠、苏打、元明粉、过氧化氢等，复杂有机物：软化剂、固色剂、防皱剂、脱脂剂等)，洗涤剂等	Ecoinvent 数据库 v2.2、PE专业数据库、技术手册、专利报告和文献	中等偏差

四、资源与环境影响评估结果分析

本研究采用的环境效应评价方法体系是CML2001，该方法是荷兰莱顿大学环境研究中心在2001年发表的一种方法。CML2001考虑的影响被分成三类。第一类影响类别是原材料或资源消耗总量，用资源消耗(元素和化石燃料)来衡量。第二类影响类别是对大气和水体的影响。对大气影响又进一步分为三个方面，包括酸化潜势、全球变暖潜势和光化学臭氧合成潜势；对水的影响包括富营养化潜势。第三个影响类别为毒性，包括人体致癌毒性、人体非致癌毒性和生态毒性潜势。该方法是面向问题的方法，是基于传统清单分析特征及标准化的方法，采用中点分析减少了假设的数量和模型的复杂性。一件纯棉T恤的资源与环境影响评估结果如表14-4所示。

表14-4　一件纯棉T恤的资源与环境影响评估结果

影响类比	值	单位
资源消耗潜力(元素)	9.65×10^{-6}	kg Sb-equiv.
资源消耗潜力(化石)	5.76×10^{1}	$\times 10^6$ J
酸化潜力	5.34×10^{-2}	kg SO_2-equiv.
富营养化潜力	2.05×10^{-2}	kg P-equiv.
温室效应潜力	6.01×10^{0}	kg CO_2-equiv.
臭氧消耗潜力	1.54×10^{-7}	kg R11-Equiv.

影响类比	值	单位
光化学潜力	$3.13×10^{-3}$	kg Ethene-equiv.
淡水水生生态毒性潜力	$1.01×10^{0}$	kg DCB-Equiv.
海水水生生态毒性潜力	$4.32×10^{3}$	kg DCB-Equiv.
人体毒性潜力	$1.51×10^{0}$	kg DCB-Equiv.
陆生生物毒性潜力	$2.37×10^{-1}$	kg DCB-Equiv.

　　一件纯棉 T 恤各阶段对每个影响类别的相对贡献如图 14-6 所示，结果显示：棉花种植、印染、包装和消费阶段环境影响贡献较大，因此上述过程是纯棉 T 恤生产过程中的重点工序工段。

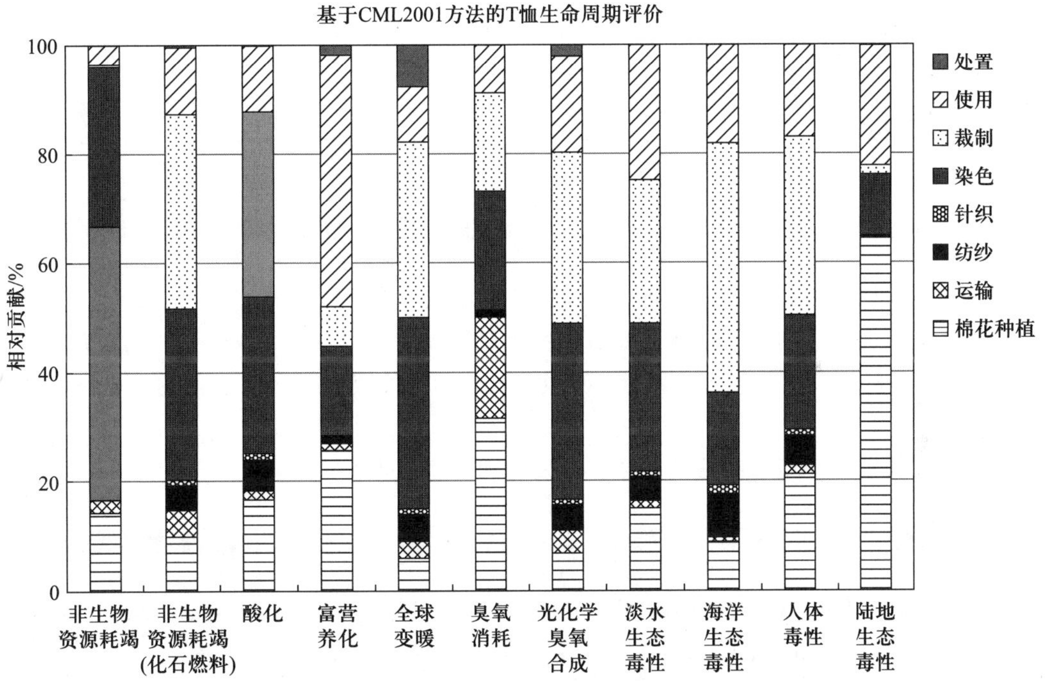

图 14-6　纯棉 T 恤各资源环境影响类别的相对贡献图谱

　　在影响类别的相对贡献图谱的基础上可以根据以下步骤进行潜在热点诊断并分析其影响机制与类别：首先基于结果识别对每个环境影响贡献最大的主要过程；然后基于 CML 2001 体系和资源消耗与污染物排放清单识别每个过程，分析导致其环境影响的基础流；最后确定引发基础流的主要人类活动为热点（表 14-5）。

表 14-5　纯棉 T 恤资源环境效应热点及其影响机制

潜在热点	影响机制	影响类别
棉花种植中化肥农药的使用	化肥农药使用时其中含有的重金属会伴随排入农田	生态系统
	化肥随地表径流流入附近水体及化肥使用导致氨气排放	生态系统
棉花种植中的水耗	灌溉消耗大量的水	资源
染色工艺的能耗	现场燃煤导致的温室气体的排放	生态系统
	电，煤及蒸汽上游生产过程中消耗矿产资源并排放污染物	资源；生态系统；人类
染色环节中水的使用	在漂白与水洗阶段会消耗大量的水	资源
裁制过程中的电耗	电产生的上游过程中消耗矿产资源并向环境排放污染物	资源；生态系统；人类
使用环节中洗涤剂的使用	洗涤剂上游生产所需物料的种植使用有毒的农药；洗涤用水会排入附近水体	生态系统
使用环节中的水耗	T 恤洗涤时会消耗自来水	资源

思考题与习题

1. 环境效应如何分类，引发各种环境效应的主要人类活动是什么？

2. 环境效应评估的技术框架主要有哪些重要的步骤？

3. USEtox 的生态毒性与人体毒性特征化因子分别是如何计算的？它们的基本模型图与原理是怎样的？

4. 开展规范的环境效应评估工作，主要分为哪些内容？

主要参考文献

[1] Guinée J B, Heijungs R, Huppes G, et al. Life cycle assessment：past, present, and future[J]. Environmental Science and Technology. 2011, 45(1)：90-96.

[2] International Organization for Standardization. ISO 14040 series：Environmental management -life cycleassessment- principles and framework[S]. Geneva, Switzerland：International Organization for Standardization, 2006.

[3] Zhang Y, Liu X, Xiao R, et al. Life cycle assessment of cotton T-shirts in China[J]. The International Journal of Life Cycle Assessment. 2015, 20(7)：994-1004.

[4] Bulle C, Margni M, Patouillard L, et al. IMPACT World+：a globally regionalized life cycle impact assessment method[J]. The International Journal of Life Cycle Assessment. 2019, 24, 1653-1674.

[5] Dreyer L C, Niemann A L, Hauschild M Z. Comparison of three different LCIA methods：EDIP97, CML2001 and Eco-indicator 99-Does it matter which one you choose[J] Interna-

tional Journal of Life Cycle Assessment. 2003, 8(4): 191−200.

[6] Guinée J B, Heijungs R, Huppes G, et al. Handbook on life cycle assessment: Operational guide to the ISO standards[M]. Dordrecht: Kluwer Academic Publishers, 2002.

[7] Goedkoop M, Spriensma R. The Eco−indicator 99: A Damage Oriented Method for Life Cycle Assessment[R]. Amersfoort: product ecology consultants, 2001.

[8] Huijbregts M A J, Steinmann Z J N, Elshout P M F, et al. ReCiPe2016: a harmonised life cycle impact assessment method at midpoint and endpoint level[J]. The International Journal of Life Cycle Assessment. 2017, 22(2): 138−147.

[9] Goedkoop M, Heijungs R, Huijbregts M, et al. ReCiPE 2008: A life cycle impact assessment method which comprises harmonised category indicators at the midpoint and the endpoint level[R]. [2008−01−01].

[10] Jolliet O, Margni M, Charles R, et al. IMPACT 2002+: A new life cycle impact assessment methodology[J]. The International Journal of Life Cycle Assessment. 2003, 8(6): 324−330.

[11] Bare J. TRACI 2.0: the tool for the reduction and assessment of chemical and other environmental impacts 2.0[J]. Clean Technologies and Environmental Policy. 2011, 13(5): 687−696.

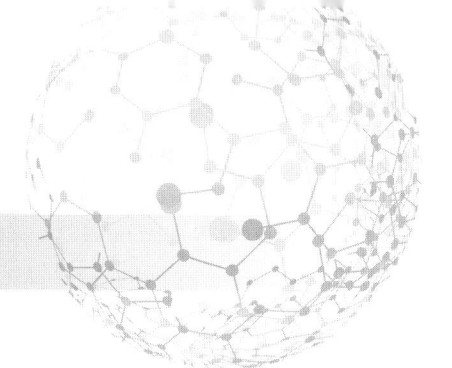

第十五章

全球环境问题分析

当前有很多环境问题已经成为跨区、跨界、跨国的环境问题，甚至上升为全球环境问题，如碳排放与温室效应、臭氧层破坏、酸雨等，还有些环境问题是全球普遍存在的环境问题，如水体富营养化、生物多样性降低等，这些问题只依靠一个国家或者一个区域内部很难解决，需要站在全球的视角上，共同努力解决。为此，需要了解全球环境问题的发生机制，通过科学分析发现解决问题的途径，通过全球合作实现对问题的最终解决。

第一节　全球变化基本概念

一、地球系统

地球可划分为地核、地幔、岩石圈、水圈、大气圈、生物圈等多个性质不同的圈层，气候变化是上述各圈层相互作用的结果。20 世纪 80 年代，地球系统学科应运而生，它将地球视作一个不同圈层之间相互关联的协同物理系统，每一个圈层在接受其他圈层影响的同时，也对其他圈层产生影响，因此不同圈层之间以一定的方式相互作用。地球系统是这些相互作用的圈层的集合，而不是单个组分的堆积。

地球系统可划分为地圈和生物圈，其中，地圈是指地球物理状态的集合，可以进一步划分为大气圈、水圈和岩石圈。大气圈是围绕在地球表面的一薄层气体，从地面至高空分别是贴近地表的表层大气，平均厚度约为 12 km 的对流层，距离地表 10~50 km 处的平流层，平流层顶到距离地表 85 km 处的中间层，中间层顶至距离地表约 800 km 处的电离层和位于最外层距离地表 800 km 至 2 000~3 000 km 的逸散层。水圈是水的不同形式所形成的储备库，有时也将冰分离出来作为冰冻圈。岩石圈包括地表及地球内部所有的岩石、岩石碎片、土壤及其他物质的固态结晶混合物，可以进一步划分为地核、地幔和地壳。地核是由金属铁和镍的致密混合物组成，一部分是固态的，另一部分是液态的。地幔是位于地核和地壳之间的非常厚的岩石层。地壳是地球最外层的低密度岩石薄层。岩石圈是地壳与地幔上层的软流部分。对地圈组分进一步整合，可以得到以大气圈和水圈为主体的物理气候系统和以岩石圈为主体的固体地球系统。物理气候系统包括大气圈、水圈、冰冻圈、陆地表面和生物圈，能够通过地球表层水分和能量交换及时空运移，决定气候形成、分布和变化，从而调控地球的水循环。固体地球系统决定着地球表面的海陆分布和地表形态，调控固体地球物质循环。生物圈是指地球上所有生物及其所处环境的总和，包括地球上多种多样的生物群落与生态系统，是地球上最大的生态系统，又称为全球生态系统，可以调控生物地球化学循环。生物圈的范围包括大气圈的底部、水圈大部和岩石圈表面。在生物圈中，人类作为高等动物，具有主观能动性，能够开发利用自然资源，显著影响自然的进化方向和速度，人类圈成为生物圈的重要组成部分，而人类生态系统也对水循环、生物地球化学循环和固体地球物质循环有显著影响。

地球系统的不同圈层之间的相互作用既重要又复杂，通过借助一系列物理、化学和生物过程，地球系统中的物质和能量得以在很长的时间尺度和较大空间范围内进行输送和转化。发生在地球系统中的各种变化具有很宽的时间和空间尺度谱，其中，时间尺度是指一个过程或者一种现象所持续的时间长度；而空间尺度是指过程或者现象所覆盖的空间规模，按照空间规模的大小可以进一步划分为局地尺度、区域尺度和全球尺度等。作为传统地球科学新领域，地球系统科学强调用尺度分析的方法来明确研究对象。由于地球系统各圈层间的相互作用所造成的影响多发生在全球尺度上，因此地球系统科学的研究对象被定义为具有全球尺度和所有时间尺度的变化。其中，全球尺度是指覆盖的空间范围达到地球的半径，而所有时间尺度是指包括从几秒到几十亿年之间的所有时间长度。

地球系统能量主要有两大来源：一个是来自地球外部，另一个是地球内部的放射性和原生热。它们共同推动地球系统复杂的循环过程的发生。而随着人类活动强度的增加和范围的扩展，人类生态系统逐渐发展并取代自然生态系统，成为生物圈的重要组成部分，也成为对地球系统影响越来越大的重要因素。

二、 全球变化概念

"全球变化"一词最早源于 20 世纪 70 年代，用于表示人类社会经济系统趋向于变化和不稳定。到了 20 世纪 80 年代，学者将其含义延伸至全球自然环境变化。具体来说，全球变化是指由于自然和人为因素所引起的地球系统结构和功能的变化，及其所导致的可能改变地球承载能力的全球环境变化（包括气候、土地生产力、海洋和其他水资源、大气化学及生态系统的改变）。

全球变化过程包括空间尺度和时间尺度两个维度。从空间尺度看，全球变化具有全球尺度，即过程发生的范围大于地球半径，或者虽然过程本身的空间尺度不够大，但过程所造成的影响是全球性的。从时间尺度看，全球变化研究的时间尺度跨越较大，覆盖从几秒到几十亿年的所有时间长度，一般可以划分成五个不同的时间段：几百万年至几十亿年，是地球形成、结构演变和生命演化等过程所需要的时间段；几千年至几十万年，对应着全球冰期和间冰期的周期性交替；几十年至几百年，气候变化、臭氧层空洞、大气化学成分变化、水体富营养化、土地盐碱化等关键性物理气候系统变化和生物地球化学过程变化都发生在这一时间尺度内；几天至几个季度，此时间尺度内发生的主要是受到太阳辐射周期性变化影响的过程，包括全球植被生长、天气变化、洋流循环等；几秒至几小时，这一时间尺度内的典型过程包括大气湍流、大气对流和火山喷发等。值得注意的是，当前为学者广泛关注的全球变化过程是几十年至几百年时间尺度内的变化。因为这个时间尺度内，人类活动和自然环境之间的相关关系最为强烈，人类活动对地球系统的影响最显著，而地球环境的变化对人类生活的影响也最直接。

因此，在目前的全球变化研究中，人类活动是重要的影响因素。事实上，全球变化总是由某些因素的变化所引起这些因素包括太阳辐射等地球外力，岩石圈内部的地球内力，地球系统不同圈层之间的相互作用，还有人类活动。根据上述驱动力的类型，可以把全球变化区分成自然变化和人类变化两种类型。前者的驱动力是除了人类活动以外的其他因素，而后者的驱动力只有人为因素，包括人类活动领域扩张所引起的土地利用类型的大规模变化、人类开发活动所引起的自然资源耗竭、自然生态系统破坏。当地球系统受到某一驱动力的作用，某一关键过程可能发生改变，进而由于地球系统内部不同圈层和过程之间的相互联系，引发其他关键过程的改变，最终导致整个地球系统从原有平衡状态的偏离。例如，臭氧层破坏的根本原因是人类在工业活动中排放氟氯烃等气体污染物，氟氯烃进入平流层之后可以催化臭氧分解，从而造成平流层臭氧浓度显著减小，南北两极甚至出现臭氧层空洞以至于无法吸收紫外线辐射，进而导致地球生态系统可能遭到破坏，从而影响地球生物化学循环，进而再次引起地球大气环境、水循环变化等。

在了解全球变化概念的同时，还需要对全球环境变化、全球气候变化、地球系统科学等其他几个相似的概念进行厘定。全球环境变化和全球气候变化均为全球变化的重要组成部分，全球环境变化是指全球变化中地球在物理学、生物学、化学和生态学的变化，全球气候变化仅指跨地区的气候变化。两者并不完全独立，存在交叉部分。而全球变化的概念更为广泛，包括所有由于自然或人为因素所引起的地球系统的变化。另外，20世纪80年代，地球系统科学在传统地球科学由分到合的发展趋势中得以建立。虽然地球系统科学为全球变化研究提供了学科基础，可是两者的着眼点不同。地球系统科学更强调地球系统结构和功能，而全球变化则更关注地球系统发生的变化。两者也有交叉领域，在交叉领域内，地球系统科学从科学理念、思维方式和理论基础等方面研究全球变化问题。

伴随着地球系统科学的不断发展和对人类活动在全球变化中作用的日益关注，相关科学技术水平的提高，也促进了全球变化研究的兴起。近年来，以系统科学理论、遥感观测技术、地理信息系统和现代化分析测试手段等领域为代表的科学技术的发展，为全球变化研究提供了高效研究工具和强有力的理论支撑。

三、全球变化研究

全球变化学科是一个新兴的交叉科学领域，它以"地球系统"为研究对象，将大气圈、水圈、岩石圈和生物圈视为整体，探讨各个圈层之间由于一系列物理、化学和生物作用所联系起来的复杂非线性多重耦合系统——地球系统的变化。其科学目标是描述和理解人类赖以生存的地球环境系统的运转机制、变化规律，以及人类活动与地球环境相互作用的规律，从而提高对未来环境变化及其对人类社会发展影响的预测和评估能力。

当前，国际全球变化研究形成了以国际地圈-生物圈研究计划（International Geosphere-Biosphere Programme，IGBP）、世界气候研究计划（World Climate Research Programme，WCRP）、全球环境变化人文因素研究计划（International Human Dimensions Programme on Global Environmental Change，IHDP）和国际生物多样性计划（International Programme of

Biodiversity Science，DIVERSITAS)四大研究计划为主要内容的研究体系。

IGBP 成立于 1987 年，由国际科学理事会(International Council for Science，ICSU)(1998 年以前称"国际科学联盟理事会")发起和组织，旨在协调全球和区域尺度上的地球生物、化学和物理过程及其与人类系统的相互作用。IGBP 的研究对象主要包括生物地球化学循环及其与物理气候系统之间的相互作用。其关注的主要问题大致分成三方面：地球系统及其变化的理论知识、人类活动与地球系统之间的相关关系、重大全球变化。IGBP 重点关注的全球变化过程是时间尺度在几十年至几百年之内，对生物圈影响最大，受到人类活动影响最大，且具有可预测性的过程。

WCRP 由世界气象组织(World Meteorological Organization，WMO)和国际科学联盟理事会于 1980 年联合主持。其研究对象是地球系统中与气候相关的物理过程，研究范围主要涉及全球大气、海洋、冰冻圈和陆地等大气系统的重要组成部分，研究目标是发展与自然气候系统和气候过程相关的基础研究，从而确定气候的可预报度和人类活动对气候的影响。根据 WCRP2019-2028 年战略计划，WCRP 的目标包括：① 促进对气候系统过程和变化的基本认识；② 预测气候系统的近期演化；③ 提高预测未来气候系统变化路径的能力；④ 支持自然科学与社会科学融合的理论与实践发展。通过这些目标，WCRP 将在建立气候物理和生物化学理论基础、开发气候系统组成预测能力、提高对过去模拟和对未来预测的准确度方面取得进展。

IHDP 起源于 1990 年国际社会科学联盟理事会(ISSC)发起的人文因素计划(Human Dimensions Programme，HDP)。1996 年 2 月，国际科学联盟理事会联合 ISSC 共同发起了 IHDP，成为跨学科、非政府的国际科学计划。IHDP 侧重描述、分析和理解全球环境变化中的人文因素，主要研究由人类活动引起的环境变化的起因、变化导致的结果，以及人类对这些变化的响应，尤其侧重研究全球环境变化背景下土地利用/土地覆盖变化，全球环境变化的制度因素，人类安全，可持续性生产、消费系统，以及食物和水、全球碳循环等重大问题。

DIVERSITAS 成立于 1991 年，由三个国际组织：联合国教育、科学及文化组织(UNESCO)，环境问题科学委员会(SCOPE)和国际生物科学联盟(IUBS)共同建立。1996 年，DIVERSITAS 迎来了两个新的赞助者，国际科学联盟理事会和国际微生物学会联盟(IUMS)。DIVERSITAS 的科学目标是：解决生物多样性和生态系统服务丧失所带来的复杂科学问题，并为这一危机提供科学的解决方案。DIVERSITAS 的发展历史可以大致分为三阶段，第一阶段是 1991—2001 年，研究主题是全球尺度的生物多样性理论，包括探索生物多样性的起源、损失和全球生态系统的功能；系统性建立生物多样性清单和分类标准等。第二阶段是 2002—2011 年，重点在于通过完成物种起源、生物发现、生态服务、生物可持续性、农业生物多样性、生态健康和淡水生物多样性等项目，建立起生物多样性科学的国际框架。第三阶段是 2012—2020 年，此阶段内，DIVERSITAS 依托现有基础，包括建立生物多样性观测网络(GEO BON)、搭建生物多样性和生态系统服务政府间科学政策平台(IPBES)等，以生物多样性和生态系统服务科学可持续发展为目标继续开展研究。

2001 年 7 月，在荷兰阿姆斯特丹全球变化开放科学会议上，以上四大计划联合发起了地球系统科学联盟(Earth System Science Partnership，ESSP)。作为对地球系统进行集成研究的综合体，地球系统科学联盟设立了四项研究计划：全球碳计划、全球水系统计划、全球环境变化与食物系统计划、全球环境变化与人类健康计划，这四项联合计划分别关注碳循环、水循环、粮食和人类安全四大关乎地球系统正常运转和人类生存发展的关键问题。

第二节　碳排放与温室效应

一、温室效应及温室气体

温室效应是指大气中存在某些特定气体，它们对太阳的短波辐射没有阻挡作用，使其辐射向地面，而对地表受热后向外放出的长波辐射有吸收作用，从而使得地表与低层大气温度上升，这些气体则被称为温室气体。温室气体包括 CO_2、CH_4、N_2O、O_3 和水蒸气等大气常见气体及 HFCs、PFCs、CFCs 和 SF_6 等大气微量气体。这些温室气体的辐射特性和生命期长短均有所不同。例如，CO_2、CH_4、N_2O 的化学性质稳定，在大气中不易被清除，属于长生命期的温室气体，而且 CO_2 可以在大气圈、水圈、生物圈之间不停地循环，没有特定的生命期长度。CO_2 对波长为 $13\sim17\ \mu m$ 的长波辐射有着强烈的吸收能力，这使得地表辐射被截留在大气层内，大气温度升高，再以逆辐射的形式射向地面，升高地表温度。而 SO_2 和 CO 是化学反应性气体，可通过自然氧化过程被清除，在大气内转化速率较快，属于短生命期的温室气体。

在人为活动干预大气组分之前，大气中就有温室气体，这些温室气体使得地球维持适宜生物生存的温度，起到保温作用。然而，随着人类活动的加剧，尤其是大量消耗化石燃料、乱砍滥伐森林、工业迅速发展等，温室气体在大气中的浓度迅速增加，温室效应快速增强（图 15-1）。1850 年至 2019 年的历史累计 CO_2 净排放量为 $2400\pm240\times10^9$ t，这些排放

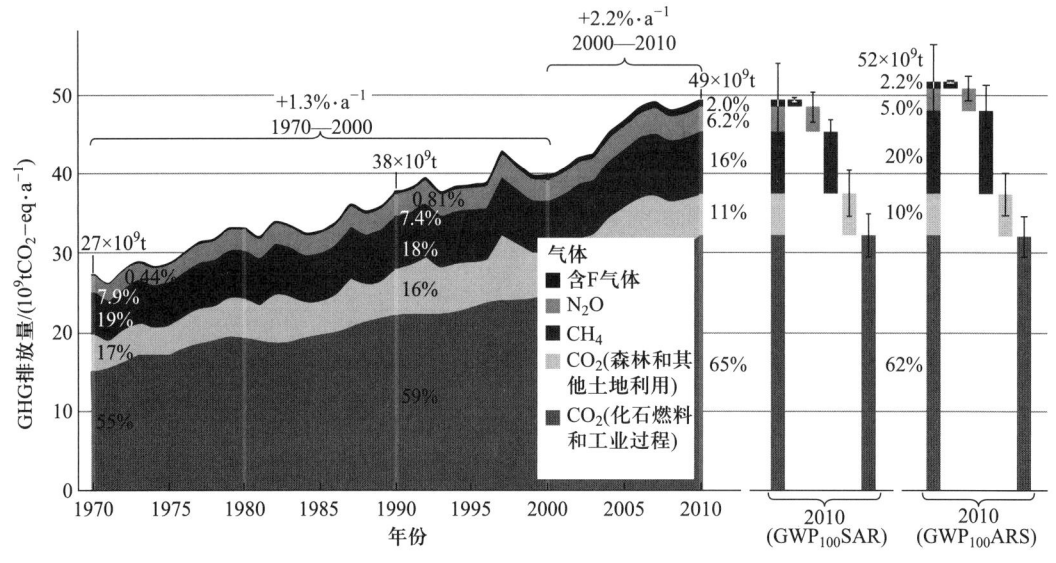

图 15-1　1850—2019 年人为温室气体年排放量

注：来源于 IPCC 第六次评估报告 AR6 Synthesis Report：Climate Change 2023

中有40%留在大气中，而剩余的CO_2被陆地和海洋吸收并储存。其中，超过一半（58%）的CO_2排放发生在1850年至1989年之间（$1400\pm195\times10^9$ t），约42%发生在1990年至2019年之间（$1000\pm90\times10^9$ t）。据估计，2019年全球人为温室气体净排放量为$59\pm6.6\times10^9$ t，比2010年高约12%（6.5×10^9 t），比1990年高54%（21×10^9 t）。

温室效应的不断加剧，导致了全球变暖现象。全球变暖是指由于温室效应不断积累，导致地气系统吸收与发射能量不平衡，能量不断在地气系统累积，从而导致气温上升，造成全球气候变暖。根据联合国政府间气候变化委员会（IPCC）第五次评估报告，自1850年，每10年间的地表温度持续升高，而2011—2020年全球地表温度比1850—1900年高出1.1℃。其中陆地表面温度（1.59[1.34~1.83]℃）高于海洋表面温度（0.88[0.68~1.01]℃）。21世纪头20年（2001—2020年）全球地表温度比1850—1900年高0.99[0.84~1.10]℃。英国东英吉利大学气候研究所（CRU）的长序列全球陆地气温观测资料进一步表明，从19世纪以来，全球陆地表面年平均气温显著升高，且北半球的平均升温幅度明显高于南半球。1951—2016年，北半球陆地表面平均气温上升0.22℃/10a，南半球陆地表面平均气温上升0.13℃/10a，全球陆地表面平均气温上升0.19℃/10a（图15-2）。

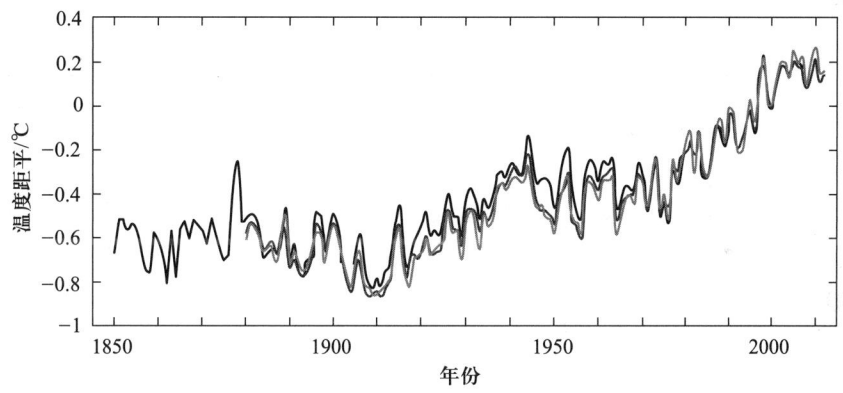

图15-2　1850—2020年全球平均地表温度变化

注：来源于IPCC第六次评估报告AR6 Synthesis Report: Climate Change 2023

长序列地面观测资料显示，近百年来中国地表年均气温呈显著上升趋势。2022年，全球平均气温10.51℃，较常年偏高0.62℃，为1951年以来历史次高（图15-3），而在空间差异方面，北方地区气温增长速度明显高于南方，西部地区高于东部地区，华南地区和西南地区的升温幅度较为缓慢。1994年以来，全国历年平均高温日数普遍高于1981—2010年平均值（图15-4）。

大气中CO_2浓度的增加，是受人类活动影响最大、且对未来气候变化可能带来最大影响的大气成分组成变化，它对全球变暖的贡献量为64%。计算结果表明，1850年以来，大气中CO_2浓度（体积分数）已经增加46%，从280×10^{-6}增长至410×10^{-6}（图15-5）。而这些增长的CO_2有2/3来源于化石燃料，另外1/3来源于土地利用变化。

CH_4是重要性仅次于CO_2的大气温室气体，它对全球变暖现象的贡献约为18%。大气中CH_4浓度（体积分数）从1850年至2019年增长了139%，从780×10^{-9}增长至$1\,866\times10^{-9}$

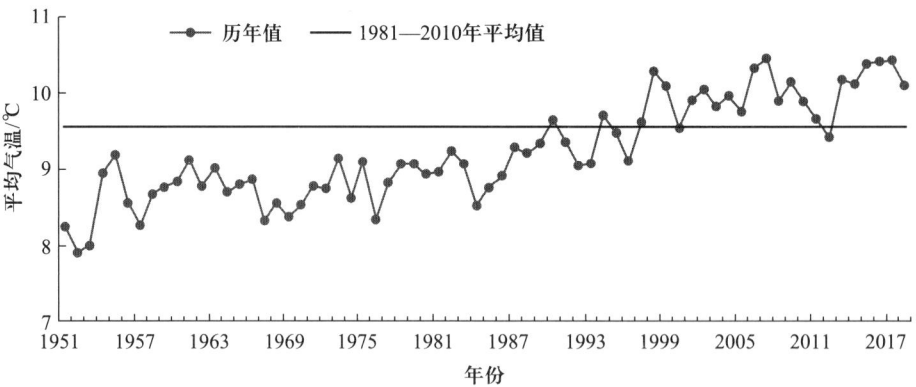

图 15-3 1951—2022 年全国平均气温历年变化

注：来源于《2018 年中国气候公报》

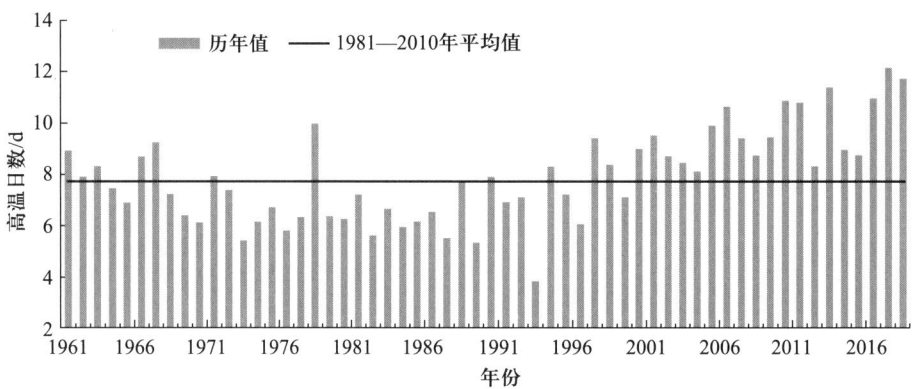

图 15-4 1961—2022 年全国平均高温日数历年变化

注：来源于《2022 年中国气候公报》

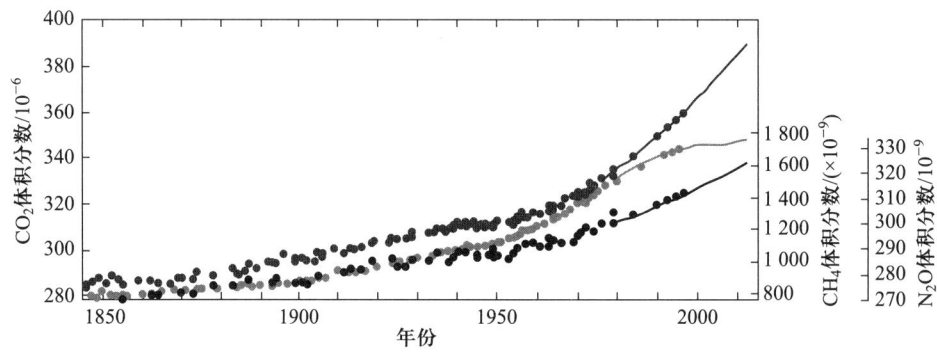

图 15-5 全球平均温室气体浓度变化

注：来源于 IPCC 第五次评估报告 Climate Change 2014：Synthesis Report

（图 15-5）。CH_4 浓度的增加主要来源于人类活动，如水稻种植、化石燃料开发、垃圾厌氧发酵、牛羊反刍等，占甲烷总排放量的 60%，而其余 40% 来源于湿地等自然来源。

N_2O 也是一种重要的温室气体，其辐射效应是等量 CO_2 的 298 倍。1850 年以来，N_2O 对全球变暖的贡献约为 7%，已经成为第三重要的温室气体。N_2O 主要来源于化肥使用、工业排放、生物质燃烧和海洋排放。

二、碳排放与碳减排

1850 年至 2019 年的历史累计净 CO_2 排放量为 $2\,400\pm10^9$ t，这些排放到大气中的 CO_2，有 40% 继续存留在大气中，剩余的 CO_2 从大气中清除，循环进入其他圈层，有 25% 被储存在陆地生态系统中，另外 35% 被海洋吸收。全球不同地区的人为 CO_2 排放量呈现以下分布形式（图 15-6），这往往受到能源结构、经济发展水平、人口规模与城市化程度影响。经济发展水平较高的地区，尤其是工业化程度较高的国家，需要大量能源消耗，同时会排放更多的 CO_2。

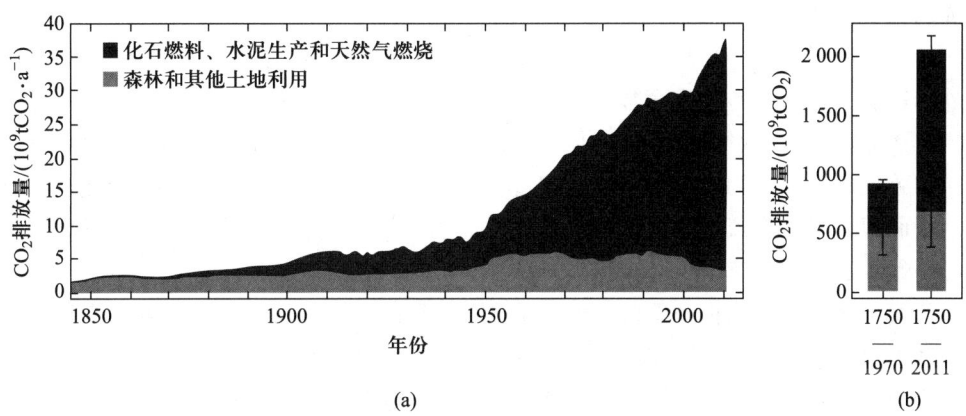

图 15-6　全球人为 CO_2 排放量（a）及全球累积 CO_2 排放量（b）

注：来源于 IPCC 第六次评估报告 AR6 Synthesis Report：Climate Change 2023.

近几十年中，我国经济增长迅速，能源消耗快速增加，而以煤炭为主的能源消费结构，使得我国的碳排放不断增长。1995—2021 年，全国碳排放总量增长 2.65 倍，人均碳排放量增长了 2.13 倍。以碳排放总量来看，中国各省之间碳排放总量存在较大差异。以 2019 年为例，碳排放总量最大的前五省份（区、市）为山东、河北、江苏、内蒙古、广东，五省合计占全国碳排放总量超过 1/3（36.65%）；而碳排放总量最小的后五、后十个省份的合计碳排放总量则分别仅贡献了全国碳排放总量的 4.58% 和 13.10%，从人均碳排放量看，中国各省的人均碳排放量情况与碳排放强度表现存在一定同步性。仍以 2019 年为例，30 省份中人均碳排放量最小的五个为云南、北京、四川、海南与河南，最高的省份则主要来自西北地区。云南省人均碳排放量全国最低，为 3.94t，内蒙古的人均碳排放量则达到 33.29t，排名全国第一。总体来看，由于受到各地区宏观经济和技术进步差异的影响，不同地区间能源消耗强度差异明显。

第三节 臭氧层破坏及其生态效应

一、臭氧层及其环境功能

臭氧是一种痕量气体，仅占大气组分的 0.001 2%。在地球大气中，臭氧主要集中分布在距地面 10~40 km 的高度范围内。根据其所在的高度，大气臭氧又可以分为对流层臭氧（近地层臭氧）与平流层臭氧。其中，近地层臭氧是一种重要的光化学烟雾，主要来源于交通污染源和工业污染源排放的氮氧化物所发生的光化学反应。近年来，随着近地层臭氧浓度的不断升高，臭氧已经成为我国大气主要污染物之一，对人体呼吸系统和植物生理结构造成刺激和破坏。

相较于近地层臭氧，平流层臭氧受到更多学者的关注。这是因为平流层臭氧能大量吸收紫外线辐射，从而为地球生命体提供必要的保护屏障。因此本书中所谈臭氧层多指平流层臭氧。然而，自 20 世纪 80 年代初期臭氧层空洞问题被首次发现起，学术界对臭氧层破坏机制和致臭氧层破坏物质展开了广泛研究，各国政府也积极采取措施，力图修复臭氧层空洞。全面深入了解平流层臭氧及其环境功能，将有助于理解臭氧层的重要性和修复臭氧层的必要性。

臭氧层位于距地球表面 30~50 km 的高空中，是位于平流层中臭氧浓度较高的大气层，平均厚度大概为 3 mm（图 15-7）。臭氧层的作用之一是吸收太阳光中波长为 200~300 nm 的紫外线（包括波长为 280~300 nm 的 UV-B 和波长为 200~280 nm 的 UV-C）。臭氧层对

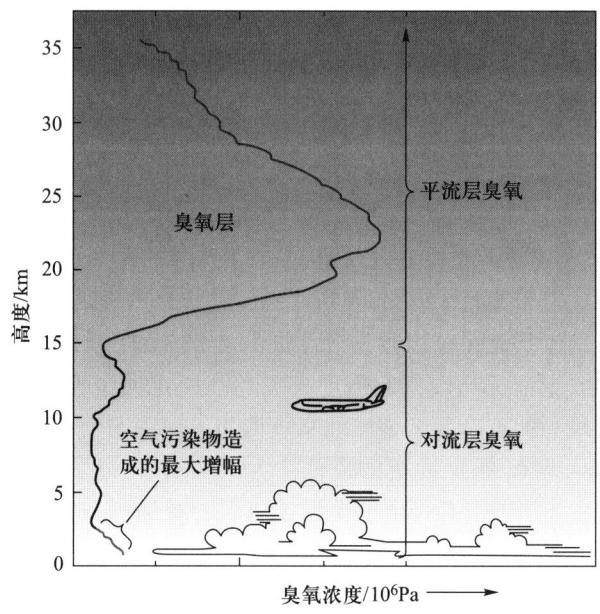

图 15-7 大气层中臭氧浓度随高度变化示意图

地球生态系统和人体健康最重要的作用之一是保护作用。太阳光穿过臭氧层后，只有长波紫外线 UV-A 和少量的中波紫外线 UV-B 能到达地面，而长波紫外线要比中波紫外线和短波紫外线对生物细胞的伤害低。UV-B 辐射的增加，将对人体健康产生很大影响，主要伤害皮肤、眼睛及免疫系统。有研究证明，UV-B 的增加能明显诱发人类患皮肤疾病、白内障、眼球晶体变形等疾病和人体免疫系统机能衰退。紫外线对生物体的损害作用包括损伤植物激素和叶绿素，降低光合作用等。

　　臭氧层的另一个重要环境功能是加热作用。臭氧层能吸收紫外线并将光能转化为热能从而加热大气。因此，在距离地球表面 15～50 km 高度的大气层中存在一个升温层，从而形成了下部温度低、上部温度高的平流层。目前的研究表明，地球以外的星球不存在臭氧和氧气，因此也不存在平流层。可以说，只有存在臭氧层才能有平流层的产生，臭氧层对大气结构、大气循环具有重要意义。此外，在对流层上部与平流层底部的臭氧对维持地球表面大气层温度也有重要影响。如果这一高度的臭氧浓度减少，将导致地球表面气温下降，而如果臭氧浓度升高，将产生温室效应。

二、臭氧的形成与损耗机制

　　1930 年，Chapman 提出了在纯氧体系中平流层臭氧生成与清除的光化学机制。Chapman 提出的纯氧体系中氧的光解离和再结合的平衡模型，对臭氧层中 O_3 的稳定存在及吸收紫外辐射的机制做出解释。然而，此模型解释的是纯氧体系，未能考虑平流层中其他痕量组分。事实上，1974 年 Johnston 通过对 Chapman 模型进行核算，认为臭氧的清除反应太慢，不足以和生成反应相平衡，推测存在更重要的臭氧清除机制。相关研究就臭氧清除反应的催化机制开展了大量研究。Hampson 和 Hunt 分别于 1965 年、1966 年提出了 HO_x 对臭氧清除的催化反应。由于在此循环反应中，自由基未被消耗，一个羟基自由基（·OH）可以破坏成百上千个臭氧分子。

$$\cdot OH + O_3 \longrightarrow O_2 + HO_2$$
$$HO_2 + O_3 \longrightarrow \cdot OH + 2O_2$$

　　Crutzen 于 1969 年进一步提出了 $NO—NO_2$ 的催化循环，并认为这是臭氧损失的最重要的反应。

$$NO + O_3 \longrightarrow NO_2 + O_2$$
$$NO_2 + O \longrightarrow NO + O_2$$

　　1974 年，Cicerone 和 Stolarski 提出平流层中的氯原子也会催化臭氧损耗：

$$Cl\cdot + O_3 \longrightarrow ClO\cdot + O_2$$
$$ClO\cdot + O \longrightarrow Cl\cdot + O_2$$

　　此后，Molina 和 Rowland 提出人类活动排放出来的氟氯烃类化合物（CFCs）的化学性质稳定，一经排放到地面大气中不易分解，而一旦进入平流层大气则可在紫外线的作用下分解产生氯原子。

　　目前已知的对臭氧清除反应有催化作用的物质包括氮氧化物 NO_x（NO、NO_2）、氢氧化物 HO_x（H、·OH、HO_2）、卤素化合物 ClO_x（Cl·、ClO·）、BrO_x（Br·、BrO·）。其中，HO_x 和 NO_x 主要是自然活动产生的，而 Cl· 主要来源于人类活动排放的氟氯烃分子。虽然

Br·对臭氧的损耗作用比 Cl· 更严重，然而 Br· 的量相对较少。另外，其他卤素原子，如 F· 和 I·，也会催化消除臭氧，然而 F· 性质不稳定，能在大气中与水分子和甲烷分子反应生成稳定的氢氟酸，而 I· 容易在近地面层被有机分子固化，两者在平流层的浓度都很小。这些催化物质虽然在平流层的浓度很低，体积分数仅为 10^{-9} 量级，但是由于在反应中催化物质不被破坏，反应可以循环进行，一个活性分子往往能导致上百甚至上万个臭氧分子被破坏，对臭氧层造成损害。

三、臭氧层破坏历史过程

多布森单位（Dobson unit，简称 DU）是用来测量臭氧总量的单位，它表示在标准温度（0℃）和一个标准大气压下（$1.013\,25\times10^5\,\mathrm{Pa}$），从地面到高空垂直柱中臭氧的总厚度，正常大气中臭氧的总厚度只有 3 mm 左右，即臭氧柱浓度约为 300 DU。而如果臭氧的柱浓度小于 200 DU，也就是臭氧浓度较正常情况减少超过 30% 时，即可认为出现了臭氧层空洞。

自 20 世纪 70 年代起，美国气象卫星（total ozone meteorological satellite，TOMS）的监测结果显示，在春季和初夏的南极地区臭氧层厚度会迅速减少，而 1985 年英国南极考察队在南纬 60° 地区观测发现臭氧层空洞，报告南极地区夏季上空的臭氧层浓度降低了 30%，引来了人们对于臭氧层日益广泛的关注（图 15-8）。1990 年，南极上空臭氧层持续减薄 40%~50%。此外，北极上空也出现了臭氧层空洞现象，大致减少了 30%。在中低纬度地区，臭氧浓度则未出现明显变化。臭氧层空洞只出现在两极，且南极的臭氧浓度下降更快，这主要是由于南极的极夜会有极地涡旋，阻止臭氧的补给。此外，南极冬天的低温使得水汽形成冰晶云，冰晶云可吸收氟氯烃，而当春季来临，温度的上升使得氟氯烃快速释放，从而致使南极上空臭氧快速削减。

1987 年联合国邀请会员国在加拿大蒙特利尔签订了《关于消耗臭氧层物质的蒙特利尔议定书》（Montreal Protocol on Substances that Deplete the Ozone Layer），规定氟氯烃的使用限额，自此，国际社会逐渐减少氟氯烃的生产和消费。有研究表明，南极平流层中的氯含量已经从最大值下降了约 11%。自 1995 年起，每年的 9 月 16 日被定为"国际保护臭氧层日"，在各国的不懈努力下，南极上空的臭氧层空洞正在逐渐缩小。监测结果显示，臭氧层空洞最大值发生在 2000 年 9 月，面积高达 2 990 km^2。2012 年所观测到的臭氧层空洞的平均面积是 1 790 km^2。由于氟氯烃等物质在大气中存留时间较长，臭氧层的逐步修复也将耗时较长，有研究认为，直至 2065 年，南极上空的臭氧层才有可能恢复至破坏前水平。

四、臭氧层破坏的生态效应

臭氧层受到破坏，其吸收紫外线辐射的能力将大幅降低，给人类健康、生态安全和地球气候带来多重影响。

长期受到过量紫外线辐射，将大大提高人类患皮肤病的风险，统计数据表明，平流层中臭氧浓度减少 1%，皮肤癌的发病概率将增加 2%。此外，紫外线对晶状体和眼角膜将产生影响，轻症只是眼睛刺痛流泪、视网膜细胞发生变异，严重者将引发眼角膜永久性损伤。

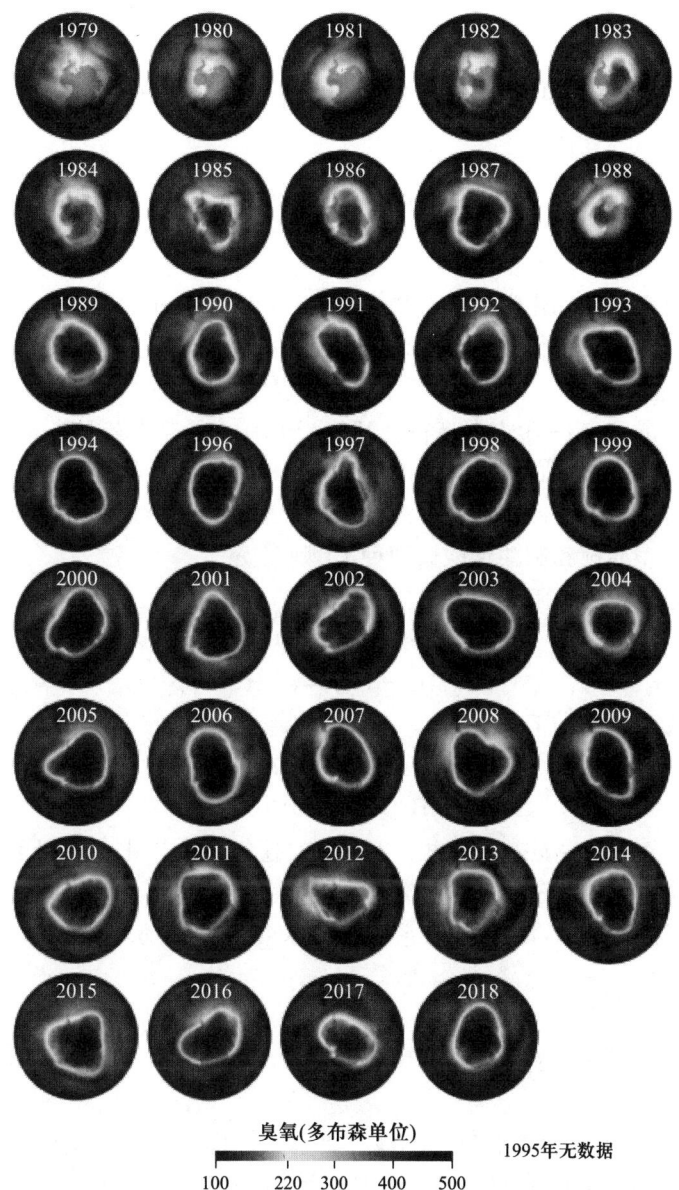

臭氧(多布森单位)

1995年无数据

100　220　300　400　500

图 15-8　1979—2018 年间南极上空臭氧空洞

资料来源：NASA，1979—2018 年

　　地球生物对波长为 280~320 nm 的紫外线有强烈反应，紫外线过量辐射将影响植物激素和叶绿素的产生，影响植物的光合作用，进而延缓植物生长。紫外线对水生生物也有很大影响，导致水生生物发育不健全、繁殖力下降，对海洋生物链、生态平衡有较大影响。

　　臭氧层破坏对地球气候也有不良影响。平流层臭氧一方面可以吸收太阳辐射中的紫外线，减少紫外线对地球表面大气的辐射作用，起到降低地球表面气温的作用。另一方面，平流层臭氧是一种温室气体，可以起到给地球表面大气保温的作用。如果平流层臭氧浓度只有较小波动，两种效应可以相互抵消，而如果波动剧烈，地球表面温度也将产生强烈变化。

第四节　酸雨成因及其生态效应

一、酸雨的成因

酸雨是一种复杂的大气化学和大气物理过程，由于空气中含有二氧化碳，降雨时二氧化碳溶解在水中，形成酸性很弱的碳酸，因此正常降水 pH 一般为 5.6~5.7。酸雨是指 pH 小于 5.6 的降水（包括雨、雪、霜、雾等）。研究表明，酸雨中含有多种无机酸和有机酸，其中绝大部分是硫酸（65%~70%）和硝酸（25%~30%），通常状态下其 pH 为 4.2~4.4。酸雨一般来源于大气污染物中的 SO_2 和 NO_x，SO_4^{2-} 和 NO_3^- 作为凝结核，形成含酸雨滴，在下降过程中不断合并吸附、冲刷其他含酸雨滴和含酸气体，最后形成酸雨。酸雨形成的化学机理可以用硫酸型酸雨和硝酸型酸雨两种类型来表示。

硫酸型酸雨形成机理如下：

$$SO_2 + H_2O == H_2SO_3$$
$$2H_2SO_3 + O_2 == 2H_2SO_4$$

硝酸型酸雨形成机理如下：

$$2NO + O_2 == 2NO_2$$
$$3NO_2 + H_2O == 2HNO_3 + NO$$

二氧化硫（SO_2）排放主要来自发电、工业和交通等行业，化石燃料的燃烧一方面会排放颗粒物，另一方面也会排放 SO_2。氮氧化物主要由交通和工业部门排放，氧化亚氮主要由农业排放。它们对大气、陆地生态系统、淡水和海洋生态系统及人类健康都有多重影响。

二、我国酸雨特点及规模

早在 1979 年，研究人员在北京、上海、南京、重庆、贵阳等城市开展了研究，并认为这些地区存在不同程度的酸雨污染，并且以西南地区最为严重。随后，在 1982—1984 年间，国家环境保护局牵头开展了酸雨调查。1985—1986 年，全国范围内共计布设了 189 个监测站，监测结果显示，我国酸雨主要分布在重庆、贵阳、柳州等所在的西南地区。到了 90 年代，我国酸雨区域发生明显变化，快速扩大到华中、华南、西南及华东地区，其中以长沙、赣州、南昌、怀化等区域最为严重，这些地区降水的平均 pH 小于 4，酸雨频率高达 90% 以上。北方地区整体情况较好，只有少数的北京、天津、丹东、图们等地出现了酸雨。2018 年，在我国 463 个市（区、县）开展的降水监测中，有 18.3% 的城市出现了酸雨，约占我国国土面积的 6.4%，约为 62 万 km²，全国范围内酸雨频率为 10.8%。从地域上看，酸雨区域主要分布在长江以南、云贵高原以东地区，包括浙江、上海大部分地区，江西中北部、福建中北部、湖南中东部、广东中部、重庆南部、江苏南部、安徽南部的小部分地区。

我国酸雨类型主要是硫酸型酸雨,降水中的 SO_4^{2-} 浓度较国外明显偏高,并且降水中的 NH_4^+ 和 Ca^{2+} 浓度也较国外偏高。前者是因为我国农田中 NH_3 的挥发损失,而后者是由我国的自然条件特殊性所决定的。此外,在我国北方城市,降水中的 SO_4^{2-} 和 NO_3^- 平均浓度之和是南方酸雨区的 1.7 倍,然而北方酸雨现象却很少。这是因为我国北方土壤偏碱性,pH 为 7~8,而南方土壤 pH 为 5~6,北方土壤中的 Na、Ca 含量较高,且碱性土壤的 NH_3 挥发量大于酸性土壤。由于我国酸雨主要受到人为 SO_2 排放的影响。因此,控制 SO_2 的排放,成为我国治理酸雨的重要措施。

三、 酸雨的危害及生态效应

酸雨作为一种酸性液体,具有腐蚀作用,给生态环境、人体健康和社会经济都带来重大影响。

酸雨引起的硫酸雾和盐酸雾可侵入肺部,引发肺水肿和肺硬化等疾病。研究表明,当空气中含有 0.8 mg/L 的硫酸雾时,就会导致人体患病,而长期生活在酸雨频发地区,还可能诱发动脉硬化等疾病。另外,酸雨中含有的甲醛、丙烯酸等污染物质对眼睛有强烈的刺激作用。酸雨对人类健康的影响还表现在酸雨促进土壤和底泥中重金属溶入地下水和河流湖泊,致使饮用水和鱼类有毒害作用,并随着食物链逐渐积累进入人体,对人类造成危害。

酸雨将严重损害植物叶片,从而影响植物光合作用,减缓植物生长,甚至导致植物死亡。与此同时,酸雨将导致土壤酸化,影响并破坏土壤中的微生物数量和种群结构,抑制土壤中有机质的代谢,淋洗土壤中 Ca、Mg、K 等营养元素,改变土壤性质、降低土壤功能,最终影响陆生植物的生长。

此外,酸雨将导致河流、湖泊酸化。水体酸化一方面会促进底泥中的重金属释放进入水体毒害鱼类,另一方面,当水体中 pH 下降至 5.0 以下时,鱼卵不能正常孵化,水生生物出现骨骼畸形。在社会经济系统中,酸雨会加速建筑物和文物古迹的腐蚀,造成经济、文化和社会损失。

第五节 水体富营养化成因及效应

一、 水体富营养化的成因

水体富营养化是指在人类活动的影响下,生物所需的氮、磷等营养物质大量进入湖泊、河口、海湾等缓流水体,引起藻类及其他浮游生物迅速繁殖,水体溶解氧量下降,水质恶化,鱼类及其他生物大量死亡的现象。目前判断水体富营养化的常用指标是:氮含量超过 0.3 mg/L,磷含量超过 0.02 mg/L,BOD 超过 10 mg/L,pH 为 7~9 的淡水水体中,细菌总数超过 10 万个/mL,叶绿素 a 含量大于 10 μg/L。当富营养化现象发生时,水中浮游生物大量繁殖,致使水体透明度降低,水面呈现绿色、蓝色、红色等,这种现象在湖泊中称为"水华"，在近海中则称为"赤潮"。在自然条件下，湖泊有自身发生、发展、衰老和消亡的必然过程，随着沉积物不断增多，湖泊从初始阶段的贫营养化状态转变为富营养化状态，直到消亡，这个过程需要几千年甚至上万年的时间，而人类活动所致的废水排放，可在短期内引发水体富营养化现象。

湖泊富营养化是复杂的物理、化学和生物过程。水体中的藻类、光合细菌等自养型生物可以利用水中的无机盐制造有机物。当工业废水、生活污水、农田雨水径流等含有大量氮和磷的废水进入水体后，水体中营养物质增多，促进自养型生物旺盛生长。水体中的藻类本来以硅藻和绿藻为主，发生富营养化以后，蓝藻爆发式增长，蓝藻生长周期短且繁殖迅速，死亡的蓝藻在微生物作用下分解，消耗水中溶解氧，而在厌氧条件下，蓝藻则会产生 H_2S，使水质不断恶化，同时加速沉积物产生，加快湖泊消亡速度。此外，富营养化现象一旦出现，水体中氮、磷等营养物质被水生植物吸收，随着水生植物死亡，其体内营养物质又被分解重新释放到水体中，形成营养物质的循环。因此，在自然环境下的富营养化水体，即使切断营养物质的外界来源，也难以自我恢复。

在人类活动中，工业废水、生活污水及农业面源污染是水体中氮磷污染的主要来源，此外，水体底泥污染物释放也是氮磷的重要来源。

根据生态环境部于 2018 年印发的《关于加强固定污染源氮磷污染防治的通知》，通知将总氮总磷重点行业规定为畜牧业、农副食品加工业、食品制造业、纺织业、皮革毛皮羽毛及其制品和制鞋业、造纸和纸制品业、化学原料和化学制品制造业、医药制造业、汽车制造业、计算机通信和其他电子设备制造业、水的生产和供应业。根据我国环境统计数据，化工业、纺织业、农副食品加工业、造纸业及饮料制造业的总氮和总磷排放均位于行业前列，占全部工业排放量的74%以上。

研究表明，相比于工业废水，生活废水的总氮总磷排放总量更高，为工业废水总氮总磷排放总量的10倍左右。核算结果表明，在我国的总氮总磷总负荷中，生活污水排放量的占比分别为28%和18%，而工业废水排放量的占比分别为3%和1%。因此，相比于工业废水，生活污水是更加重要的富营养化来源。此外，由于化肥、肥料和农药的过度使用，农业面源污染也是非常重要的水体总氮总磷贡献者。其中，种植业在总氮总磷的总负荷中占比为24%和18%，而水产养殖业对中国总氮总磷的总负荷的贡献高达45%和63%。我国农业面源污染负荷严重，主要原因是化肥和农药的大量使用，2016年，全国化肥用量将近6 000 万 t，占全球使用量的1/3，而农药使用量达到了174 万 t，占全球使用量的近一半左右。

以上均为外源污染，而水体沉积物也是重要的污染来源，属于内源污染。水体中的营养盐经过一系列物理、化学和生物作用，绝大部分沉积到水体底泥，而底泥中的营养物质又可以经过微生物厌氧分解重新释放进入水体，从而引发二次污染。根据对湖泊底泥的调查数据，太湖底泥沉积物每年向水体释放的总氮和总磷约占水体总负荷的 25%~35%，而西湖底泥每年大约释放 7.22 t 总磷，相当于外源磷的两倍。

二、 我国水体富营养化现状

我国淡水富营养化问题严峻，从湖泊数量来看，近3/4 的湖泊已达富营养程度，所占面积也已经接近我国湖泊总面积的 2/3，其中太湖、巢湖、滇池等湖泊蓝藻水华频繁爆发。

根据中国科学院南京地理与湖泊研究所牵头的中国第二次湖泊现状调查结果，在我国 138 个面积大于 10 km² 的湖泊中，有 85.4% 的湖泊超过了富营养化标准，其中达到重度富营养化标准的占 40.1%，而全湖全年均为贫营养化水平的湖泊仅有泸沽湖。从富营养化湖泊数量来看，东北平原和山地湖区湖泊富营养化比例最高，达到 96.0%，其次是东部平原和长江中下游地区，达 85.9%，而云贵高原湖区的富营养化比例最低，为 61.5%。此外，我国湖泊富营养化与其他国家相比具有明显特征：首先，湖泊水体中氮、磷浓度普遍较高；其次，由于我国很多湖泊流域水土流失严重，水体中悬浮泥沙量较大，使水体的透明度与叶绿素 a 间的相关关系在很多湖泊中并不明显；同时，我国湖泊底泥中的氮、磷等营养物质的释放对湖泊富营养化起着重要作用。

三、 水体富营养化的危害

水体富营养化将引发水华现象，大量藻类漂浮在水面，水质浑浊，透明度降低。富营养化严重的水体透明度仅为 0.2 m，阳光难以投射进入湖泊深层，深层水体的光合作用受到明显限制，水中溶解氧减少。与此同时，藻类死亡后不断形成沉积物向湖底沉积，藻类残体分解也会消耗深层水体中的溶解氧。这使得好氧生物无法生存，进而发生大面积的死亡和生态系统的破坏。此外，厌氧状态下，底泥中积累的营养物质的释放速度得以加快，从而增加水体中的污染物浓度。水体富营养化，将对水生生态、用水功能及湖泊的演替造成影响。

在富营养化水体中，水生生物种类将减少，生物结构趋于单一，多样性遭到破坏。富营养化水体的水面聚集大量藻类，容易造成局部溶解氧的过饱和，而深层水体易出现溶解氧缺乏，这两种情况都对水生生态系统中的其他生物有害，包括浮游动物、底栖动物、大型水生植物和鱼类等。此外，富营养化水体沉积物在厌氧条件下将快速分解产生硫化物、甲烷等有害气体，而微囊藻属、鱼腥藻属、颤藻属和束丝藻属等都会产生蓝藻毒素及其衍生物，包括甲硫醇、甲硫醚、亚硝酸盐和硝胺等。从而对鱼类和浮游动物产生毒害作用，阻碍鱼类的繁殖和生长。太湖自 20 世纪 90 年代以来，富营养化程度不断加重，蓝藻频繁爆发，鱼类种群结构发生了巨大变化。优质土著鱼类的分布区域和种群数量都急剧萎缩，在重度富营养化区域沉水植物则完全消失。同时，滇池在 20 世纪 50 年代尚处于贫营养状态，到 80 年代已经转变为富营养化水体，在此期间，沉水植物的面积不断缩减。60 年代，水生植被占湖泊面积的比例高达 90%，水生植物生长深度达水下 4 m，而 80 年代末的植被分布面积仅为 13%。

富营养化将严重损害水体的水环境功能。在用水功能方面，水源地富营养化将增加水处理成本，过量的藻类给供水厂的过滤过程带来障碍，需要增加过滤措施的运营和维护费用。水藻所分泌的有毒物质及厌氧分解产生的硫化氢、甲烷、氨等有害气体也都需要去除，增加了水处理的技术难度，甚至导致用水危机。例如，2007 年太湖的太湖蓝藻污染事件，造成无锡全城的自来水受到污染，生活用水和饮用水严重短缺。

在富营养化水体中，藻类和浮游生物快速生长和死亡，溶解氧快速下降，水中鱼类和其他生物大量死亡，导致水体中的沉积物快速增加，从而加速湖泊的演替和消亡。蓝藻在生长和死亡过程中，会过度吸收和释放大量的氮、磷等物质，从而影响水生生态系统中的氮和磷的生物地球化学循环过程。

第六节　生物多样性降低及其影响

一、生物多样性含义及面临压力

《生物多样性公约》(Convention on Biological Diversity，CBD)将生物多样性定义为："所有来源的活的生物体中的变异性，这些来源包括陆地、海洋和其他水生生态系统及其所构成的生态综合体；这包括物种内、物种之间和生态系统的多样性"。生物多样性是生物及其与环境形成的生态复合体以及与此相关的各种生态过程的总和，由遗传(基因)多样性、物种多样性和生态系统多样性三个层次组成。

广义的遗传多样性是指地球上所有生物携带的遗传信息的总和，是生物多样性的基础和重要组成部分，代表着物种进化和适应新环境的能力。物种多样性是指一定区域内物种及物种变化的综合，是生物多样性的核心和重要指标。生态系统多样性是生态系统结构、生态系统类型和生态过程的多样化。《生物多样性公约》的三个目标是保护生物多样性、持久使用其组成部分和公平合理分享利用遗传资源所得利益。当前，生物多样性所承受压力包括栖息地丧失和退化、过度开发、外来物种入侵、气候变化和污染等，这些压力目前在持续增加。

陆地栖息地丧失主要由农业用地扩张引起。一方面，农业用地扩张引起了动植物多样性锐减，另一方面，近年来快速发展的大型商业化农业对农业生物多样性产生不利影响。与此同时，水产养殖对水生生物栖息地产生严重威胁。淡水养殖使得淡水生态系统破碎化，底栖栖息地也受到影响。而海底拖网及其他毁灭性捕鱼方式已导致海底栖息地退化。

为满足消费者需求而过度开发野生物种对生物多样性产生了消极影响，导致了陆水生态系统衰退。陆地生态系统开发很难量化，主要开发产品包括木料、粮食和药材植物、肉食和捕猎哺乳动物、药材和食品两栖动物。其中，脊椎动物受到过度开发威胁尤其严重。在海洋生态系统中，过度捕捞不仅会使得鱼类多样性和数量锐减，更会导致群落组成发生重大变化。例如，过度捕捞食草动物，珊瑚群落将变成以海藻为主导系统。因此，毁灭性捕鱼法进一步放大了不可持续渔业对海洋生物多样性和栖息地的影响。另外，技术进步虽会显著减少捕鱼方法的破坏性，但也会增加海洋生物多样性受影响强度和范围，且丢弃和遗失的捕鱼装置即所谓幽灵捕捞，也对生态环境产生影响。

外来入侵物种威胁当地生物多样性。随着国际旅行和贸易增加，外来物种经有意无意引入而扩散。外来物种主要扩散渠道有欠规划经济性引进、航空运输、船只所携污垢和压载水及宠物、园林和观赏鱼贸易。外来物种影响当地物种的主要方式有捕食、竞争和改变栖息地，会带来巨大经济成本。几乎所有国家和栖息地均有外来物种，包括海洋和淡水生态系统。外来物种对小岛屿陆地生物多样性影响尤其严重。

气候变化对物种和栖息地产生的威胁日益严重。物候变化如物种繁殖和迁徙时机、生理机能、行为方式、形态学、种群密度和分布都受气候变化影响。北极地区由于树线北移，苔原栖息地收缩。海洋由于水温上升和海洋酸化，大面积珊瑚礁相继死亡。北极冰盖正迅速消退，影响依赖冰生物种，并导致物候及海洋物种分布变化。降水和蒸发模式改变可能对湿地水文产生重大影响，从而改变迁徙和定居物种。气候变化还会与疾病和外来物种入侵等其他威胁共同发挥影响，然而许多情况下难以单独分辨某种威胁影响。

此外，污染也是导致生物多样性锐减的原因之一。农林业的杀虫剂和化肥外流、采矿和石油天然气开采废水、城市和郊区径流等污染可通过杀死动植物和降低繁殖率直接影响生物多样性，也可通过退化栖息地间接影响生物多样性。内陆湿地和沿海栖息地严重受到水污染威胁。对于陆地栖息地，大气污染物也有影响，尤其是含氮、硫等的营养物或酸性化合物沉降依然严重威胁陆生物种生物多样性。

二、 生物多样性降低的影响

生物多样性和生态系统服务提供人类生活和福祉所需食物、药物、鱼类和木材产品，以及生物质、能源和与水有关服务。因此，调节和支撑服务对整个生态系统功能及其应对长期变化的适应能力和人类福祉都非常重要，例如，地表水资源管理对于提高地表水质非常重要，而地表水质又将影响人类社会经济系统的生产和生活用水安全。供应服务下降是生态系统服务能力超越了生物物理阈值的明确信号，如渔业捕捞难度增加明确警示了渔业崩溃的潜在风险。

陆地生态系统生产的食物和药物包括野生产品及农作物、牲畜、鱼类和水产品。野生食物，如野生肉类、森林产品、野生水果和淡水资源对保障粮食安全、健康、文化身份和适应力很重要。虽然没有全球植物数据，但在部分依赖药用植物的地区，这类药用植物面临很高灭绝风险。这显示了生物多样性丧失对人类健康和福祉的影响程度，直接依赖于野生物种可用性。

渔业是提供食物、收入和就业的重要来源，每年全球从海洋中捕获生物质超过 8 000 万 t，陆地水体中也可获得大量生物质。随着鱼类资源耗尽，这种供给日益依赖于水产养殖，这样又会带来一些负面影响，如污染和引入外来物种等。

农业生产中，农业多样性可以通过提高气候变化适应性而提高食物安全保障。小型畜牧饲养和放牧对维持生物多样性和地方可持续性经济、应对气候变化、提高疾病和文化多样性适应力都有帮助。然而，过度放牧会导致土壤侵蚀和荒漠化，进而降低其供给服务。因此，减少食物过度消费、降低鱼类和肉类食用比例、减少农作物损失和食物浪费等，可能降低农业和水产养殖业对土地、水和生物多样性的压力。

纵观生物多样性退化历史过程和现状，虽然目前生物多样性趋势还未可知，但其在物种、种群和生态系统级别上都发生了退化，遗传多样性也在减少。在物种水平，哺乳动物、鸟类和珊瑚红色名录指数显示，近几十年来，面临灭绝威胁增加的物种比减少者更多，而灭绝威胁速度增加最快当属珊瑚。生物群落组成日益由于人类活动尤其是过度开发而遭到破坏。例如，在海洋生态系统中，由于渔业以掠食者和大型鱼类物种为目标，导致群落结构向低营养级转变。在许多海域渔业降低了食物网级别。在栖息地水平，发生了许多栖息地丧失，而且栖息地退化在加速，还日益破碎化。

三、 生物多样性保护方法

生物多样性是人类生产和生物必需的物质来源，是地球生命存续的基础。目前被广泛应用的生物多样性保护方法包括就地保护和迁地保护。就地保护包括建立自然保护区、森林公园等；迁地保护包括建立动物园、植物园等，是当物种数量极低或者物种原有生存环境遭到严重破坏时所采用的重要手段。除了生物多样性保护方法和实践外，此领域的学者也对基本原理进行了探究，主题包括探索生物多样性消失机制和为生物多样性保护创建理论依据等。在众多理论中，缓冲区和廊道理论被应用于生物保护区划定和建设。该理论的主要研究内容是探求自然保护区的合理布局，包括缓冲区、廊道及保护区网状分布等。其中，缓冲区是指为保护核心保护区不受外界干扰而设立在其外围的区域。廊道是供野生动物生活使用的带状植被，一般可以促进两地间生物因素的相互作用。斑块是景观格局的基本组成单元，是指与周围环境不同的相对均质的非线性区域，一般来说，斑块面积越大，物种多样性越高。两个大型的自然斑块是保护某一物种的最低斑块数目，4~5个同类型斑块对维持物种长期健康与安全较为理想。用廊道连接相互隔离的斑块，促进斑块间物种流动和基因交换，有助于减少生境破碎化对物种带来的负面影响，同时引导物种多样性保护由岛屿式自然保护区转变为网络化保护模式。然而，在设计廊道时需要注意其要有一定的宽度，并且采用当地本土自然物种，以防止外来物种入侵，威胁本土物种生存。

第七节　污染转移及其社会环境影响

一、 污染转移含义

污染转移是指一个国家、地区或行业、企业将环境污染行为或污染物转移给另一个主体，使其发生空间位置变化的现象。污染转移按照转移途径可以分成两类：自然因素污染转移和人为因素污染转移。其中，自然因素转移是指污染物通过大气、水等自然介质进行扩散和迁移，而人为因素污染转移包括跨区域投资、商品贸易、固体废物转移等受到人为控制的污染物转嫁过程。本书重点关注人为因素污染转移。

要理解污染转移含义，首先需要理解产业链和生命周期的概念。随着技术的发展，生产过程被划分成一系列有关联的生产加工环节，上游和下游环节之间通过中间产品相互联系，两者分别为中间产品的生产部门和深加工部门，从原材料开采、中间产品生产再到终端产品制造需要相关部门共同协作，连接成完整的产业链条。而广义的生产链进一步拓宽了生产链的范围，将其尽可能地向上游和下游拓展延伸，将上游拓展到基础产业环节和技术研发环节，将下游扩宽到市场销售环节和废旧品处理处置环节。在产业链中的不同环节，往往采用不同的生产工艺、原辅料输入和产品输出，为了形成规模效应并充分利用不同地区的资源能源禀赋，从而降低成本，产业链上不同环节往往由分布在不同国家或地区的不同公司所承担。产业"片段化"的趋势随着经济全球化日益发展，产品设计、原料开采、中间产品加工、终端产品组装、销售、服务、废物处理处置往往在不同国家或地区完成。

生命周期是指产品或服务所涉及的所有过程，以此定义为基础，发展出生命周期评价。它定量评估产品或者服务生命周期内所造成的环境影响的常用方法。这里关注的产品生命周期，主要包括原料开采、产品制造、运输和销售、产品使用、废物处理处置等过程。不同生命周期过程的污染排放强度有很大差异，资源开采、产品制造和废物处理处置过程的排污强度较大。

因此，人为因素污染转移的原因可以概括为三类：第一类是产业片段化而产生的中间产品贸易导致污染转移，例如，一国生产并出口铜矿石或阴极铜等初级产品，另一国进口阴极铜用来制造器械，产业链分工造成了污染转移。第二类是产品生产和消费的空间错位所导致的污染转移，例如，本国生产加工的蛋类肉类等农产品出口到他国，本应该由消费者承担的环境污染则转移到生产者区域。第三类是报废产品转移到别国进行处理处置，例如，将报废电子产品出口到别国进行可再生资源回收和固体废物处理，固体废物处理地区承担了本应由消费地区承担的环境责任。我国政府已经于 2017 年 7 月颁布《禁止洋垃圾入境推进固体废物进口管理制度改革实施方案》，持续开展洋垃圾禁止工作，2020 年，生态环境部、商务部、国家发展和改革委员会和海关总署联合发布《关于全面禁止进口固体废物有关事项的公告》，要求自 2021 年 1 月 1 日起，禁止以任何方式进口固体废物，禁止我国境外固体废物进境倾倒、堆放、放置。

当前，关于环境污染转移，学者们已经普遍认可了污染避难所假说（pollution haven hypothesis，PHH），假说主要探讨区域间环境规制标准的差异对国际资本流动和对外贸易模式的影响，认为在全球贸易和资本自由流动背景下，为了降低环境管制成本、提高竞争优势，资本尤其是污染密集型产业会从环境规制较严格的地方转移到相对宽松的地方，使得环境管制落后地区逐渐成为"污染避难所"。有研究认为，现阶段我国仍存在"污染避难所"，且主要分布在中西部。一方面，外商投资的污染密集型产业已经逐渐从东部转移到中西部，东部地区的外商投资和对外贸易大多为高新技术清洁型产业，而中西部地区多为高能耗高污染的外资企业；另一方面，随着我国产业升级的发展，由于我国东西部资源禀赋的差异和社会经济发展水平的差距，高能耗高污染产业逐渐从东部转移至中西部。

二、 污染转移的社会环境影响及减排措施

污染转移的背后是产业转移。产业转移可以充分发挥不同区域的资源禀赋、社会环境优势，促进资源的有效配置和形成企业比较优势，同时可以促进区域间和国际贸易规模不断扩大，从而促进相关各个区域的经济发展。对于生产区域来说，产业转移带来了先进的技术工艺、装置设备和管理方式，提供了就业机会，促进了当地经济发展和产业化程度提高。

然而从整体上看，生产区域仍然是通过牺牲环境而换来经济增长，不利于当地可持续发展。污染转移严重危害了当地的生态环境安全和人体健康。如果没有获得与治理污染同等额度的经济补充，这些区域实际上承担了其他区域生产或消费的外部性。从我国实际情况来看，中西部地区虽然能源储备量大，但是生态环境非常脆弱，一旦破坏很难修复，因

此，污染密集型产业很容易给当地带来永久性环境破坏。采取适当措施，减少东部到中西部及外资到中西部的污染转移，成为重中之重。首先，在政策上推进生态补偿政策，对落后地区实行财政转移支付政策，逐步提高当地污染排放标准，严格环境管制制度；与此同时，通过政策倾斜引进高端技术和人才，支持高新技术、清洁型产业到中西部投资，逐步优化产业结构，减少污染转移。另外，需要发展先进技术或工艺，完善污染排放监测和管理体系，减少生产过程的污染排放。对于消费者，也需要倡导绿色消费理念，减少隐含污染系数高的产品消费。

思考题与习题

1. 地球系统包括哪些圈层？
2. 全球变化研究的科学目标是什么？
3. 温室效应是什么？温室气体包括哪些？
4. 目前已知的对臭氧清除反应有催化作用的物质有哪些？
5. 请简述羟基自由基催化臭氧分解的原理。
6. 请简述酸雨的定义、分类和形成机理。
7. 请简述水体富营养化的定义及判断水体富营养化的常用指标。
8. 请简述生物多样性的定义。
9. 导致污染转移的人为因素包括哪些？

主要参考文献

[1] 朱诚，马春梅，陈刚，等. 全球变化科学导论［M］. 4 版. 北京：科学出版社，2017.

[2] 唐孝炎，张远航，邵敏. 大气环境化学［M］. 2 版. 北京：高等教育出版社，2006.

[3] 曾永平. 全球环境问题概论［M］. 北京：科学出版社，2019.

[4] IPCC，AR6 Climate Change 2022：Synthesis Report［R］. Contribution of Working Groups Ⅰ，Ⅱ and Ⅲ to the Fifth Assessment Report of the Intergovernmental Panel on Climate Change. IPCC，Geneva，Switzerland，151，2022.

[5] 李方一，刘卫东，唐志鹏. 中国区域间隐含污染转移研究［J］. 地理学报，2013，68（6）：791-801.

郑重声明

高等教育出版社依法对本书享有专有出版权。任何未经许可的复制、销售行为均违反《中华人民共和国著作权法》，其行为人将承担相应的民事责任和行政责任；构成犯罪的，将被依法追究刑事责任。为了维护市场秩序，保护读者的合法权益，避免读者误用盗版书造成不良后果，我社将配合行政执法部门和司法机关对违法犯罪的单位和个人进行严厉打击。社会各界人士如发现上述侵权行为，希望及时举报，我社将奖励举报有功人员。

反盗版举报电话　(010)58581999　58582371
反盗版举报邮箱　dd@ hep. com. cn
通信地址　北京市西城区德外大街 4 号
　　　　　高等教育出版社知识产权与法律事务部
邮政编码　100120

读者意见反馈

为收集对教材的意见建议，进一步完善教材编写并做好服务工作，读者可将对本教材的意见建议通过如下渠道反馈至我社。

咨询电话　400-810-0598
反馈邮箱　hepsci@ pub. hep. cn
通信地址　北京市朝阳区惠新东街 4 号富盛大厦 1 座
　　　　　高等教育出版社理科事业部
邮政编码　100029

防伪查询说明

用户购书后刮开封底防伪涂层，使用手机微信等软件扫描二维码，会跳转至防伪查询网页，获得所购图书详细信息。

防伪客服电话　(010)58582300

数字课程账号使用说明

一、注册/登录

访问 https://abooks. hep. com. cn，点击"注册/登录"，在注册页面可以通过邮箱注册或者短信验证码两种方式进行注册。已注册的用户直接输入用户名加密码或者手机号加验证码的方式登录。

二、课程绑定

登录之后，点击页面右上角的个人头像展开子菜单，进入"个人中心"，点击"绑定防伪码"按钮，输入图书封底防伪码(20 位密码，刮开涂层可见)，完成课程绑定。

三、访问课程

在"个人中心"→"我的图书"中选择本书，开始学习。